Allert
Distressed M&A

Distressed M&A

Kauf und Verkauf von mittelständischen Unternehmen in Krisenzeiten

von

Arnd Allert

Verlag Franz Vahlen München

ISBN Print: 978 3 8006 6586 0
ISBN E-Book (ePDF): 978 3 8006 6587 7

Satz: Fotosatz Buck
Zweikirchener Str. 7, 84036 Kumhausen
Druck und Bindung: Beltz Grafische Betriebe GmbH
Am Fliegerhorst 8, 99947 Bad Langensalza
Umschlaggestaltung: Ralph Zimmermann – Bureau Parapluie
Bildnachweise: © nestampak – depositphotos.com;
© Blue Planet Studio – adobe.stock.com

CO_2 neutral
vahlen.de/nachhaltig

Gedruckt auf säurefreiem, alterungsbeständigem Papier
(hergestellt aus chlorfrei gebleichtem Zellstoff)

Inhaltsverzeichnis

1 Eine Einleitung, die Mut als Lösung vorschlägt

Seit über zwei Jahrzehnten gehören meine Begeisterung, mein Interesse, ein Großteil meiner Publikationen und vor allem meine Lebens- und Arbeitszeit vor allem einem Thema: Wie kann man Unternehmenstransaktionen im Mittelstand für alle Beteiligten erfolgreich gestalten? Nicht nur bei der immer schwieriger werdenden Regelung von Unternehmensnachfolgen geht es um das Wertvollste, das man sich vorstellen kann: die Würdigung von Lebenswerken. Allein schon deshalb muss und sollte sich der Mittelstand als eine der nach wie vor treibenden Kräfte für Wachstum und Entwicklung in Deutschland beim Verkauf von Unternehmen oder Unternehmensteilen niemals mit mittelmäßigen Methoden begnügen. Dazu stehe ich noch heute. Erfreulich ist: Seit damals haben sich die Prozess- und Qualitätsstandards in dieser Art des Umgangs mit unternehmerischen Werten bei M&A-Transaktionen merkbar gehoben. Durch diese Wahrnehmung und auch durch die durchweg dankbaren Rückmeldungen auf meine Publikationen gestärkt, begann ich vor zwei Jahren, über eine neue Monografie nachzudenken, die im Wesentlichen die Unternehmensphase behandeln sollte, in der professionelle Hilfe am nötigsten ist: beim Verkauf von Unternehmen in Krisensituationen oder deren Unternehmensteilen. Die Idee zu diesem Buch entstand Ende 2019. Dass der Zeitpunkt des Erscheinens in eine Zeit fallen würde, die ein aktuelles Werk über die Rettung von Unternehmen in Financial Distress nicht nur hilfreich, sondern womöglich wichtig machen könnte, hätte wohl keiner gedacht.

Die wirtschaftlichen Auswirkungen der COVID-19-Pandemie haben globales Ausmaß – alle Menschen und Wirtschaftsräume wurden oder werden von ihr betroffen. Wie so oft korreliert die Härte des Schlages dabei mit der Härte des Materials, auf das er trifft. Je besser eine Volkswirtschaft oder eben auch ein Unternehmen aufgestellt und vorbereitet ist, desto besser kann sie reagieren.

Wie immer zeigt sich in solchen Sondersituationen, dass es Menschen gibt, die mit einer Krise besser umgehen können als andere. Sehr schnell zeigte sich dann auch: Begriffe wie Responsiveness, also schnelle Reaktionen, Innovationsfähigkeit, Agilität, also eine ausgeprägte Adaptionsbereitschaft und damit der Mut zu Veränderung, verwandelten sich von Schlagworten in Fachzeitschriften zu realen und am besten sofort gebrauchten Notwendigkeiten des unternehmerischen Handels.

Und nun sollten wir uns diese Erkenntnis nicht ersparen: Wie man ja weiß, steht das Wort „Krise" von seinem Ursprung her nicht für Verzweiflung oder Hoffnungslosigkeit, sondern für Momente, in denen man Entscheidungen treffen muss. Gerade wenn es im eigenen Unternehmen oder in den bearbeiteten Märkten hart auf hart kommt, können M&A-Transaktionen die Geschwindigkeit der essenziellen Veränderungsprozesse deutlich erhöhen.

Dieser Gedanke ist im Grunde immer richtig, weil er immer zentral sein sollte: Man muss versuchen, den Driver Seat zu erobern – was ja auch nur ein Bild für einen Zustand ist, in dem man sich entscheidet, Entscheidungen zu treffen. Der Philosoph Theodor W. Adorno fand dafür einmal eine schöne Formel: „Nur wenn das, was ist, sich ändern lässt, ist das, was ist, nicht alles."

Es geht also in diesem Buch um die Gestaltung von Veränderung in Momenten, die ein Handanlegen erfordern. Sei es ein Abtrennen bisheriger unternehmerischer Aktivitäten oder aber eine Hinzunahme von Aktivitäten, mit denen die eigene Wettbewerbsposition gestärkt werden könnte. Im Grunde ist das alles nicht neu: Jede größere Krisensituation, sei sie individuell auf einen Lebenszyklus von Märkten oder pandemiebezogen, führt zu Distress. Wenn aber viele marktteilnehmende Unternehmen in „financial distress" geraten, bietet das für die Mutigen immer auch die Chance, nicht nur günstig, sondern vor allem auch sinnvoll unternehmerische Einheiten einzukaufen.

Diese Bedingungen, gepaart mit dem Zeitdruck der voranschreitenden Krisenphasen, erschweren den Transaktionsablauf und erfordern ein hohes Maß an Fach-, Methoden- und Sozialkompetenz des die Transaktion organisierenden Beraters, um erfolgreich Unternehmensübernahmen abzuschließen. Der Distressed M&A-Advisor muss dementsprechend nicht nur betriebswirtschaftliche und verkäuferische Kompetenzen aufweisen, sondern auch Wissen über die unter normalen (oder klassischen) Situationen hinausgehenden gesellschaftsrechtlichen, steuerlichen und restrukturierungsrechtlichen Rahmenbedingungen vorhalten. Dementsprechend kann man bei Distressed M&A-Transaktionen mit Fug und Recht von der „Masterclass" der M&A-Beratung sprechen.

Dabei darf gelten: Unternehmerische Aktivitäten unterliegen spätestens seit 2008/2009 einer so großen Volatilität, dass Krisensituationen schon fast zum Teil des Handwerks geworden sind. Deshalb muss gelten: Der Unternehmer trägt natürlich Verantwortung, aber eben nur für das, was er selbst steuern und verändern kann. Das ist ganz besonders wichtig, weil der Würde des Menschen auch im härtesten Geschäft und der schlimmsten Krisen angemessen ist, dass das unternehmerische Scheitern für den entscheidenden Unternehmer auf gar keinen Fall als etwas wie eine „Schmach" verstanden oder empfunden werden darf und muss. Es gibt immer Hilfe, es gibt immer einen besseren Weg. Die Instrumente der außergerichtlichen Sanierung und der Insolvenzverfahren gehören zum Werkzeugkasten vielleicht nicht des einzelnen Unternehmers, aber doch zur Unternehmerschaft. Sie sind vorhanden und können genutzt werden, um das zu tun, was zu tun ist.

Distressed M&A-Transaktionen sind vor diesem Hintergrund ein absolut probates Mittel zur Reaktion auf Veränderungsprozessen in einer Industrie oder in Geschäftsmodellen.

Allerdings stellen wir immer wieder fest, dass in diesen Situationen häufig ein Null-Summen-Denken vorherrscht, frei nach dem Motto: „Ich nehme einem anderen Stakeholder einen Claim ab und dadurch gewinne ich“ oder „Wenn ein anderer verzichtet, erhalte ich mehr“. Viele Transaktionen sind zu sehr am vorhandenen Instrumentarium und den daraus resultierenden Möglichkeiten orientiert und zu wenig an dem, was eigentlich eine erfolgreiche Transaktion ausmacht, nämlich dem Strategischen Fit – entscheidend ist, auch in diesen Situationen „wertorientierte Unternehmenstransaktionen“ abzuschließen, die allen Stakeholdern einen Mehrwert bieten.

Man muss sich nicht darüber freuen, aber man sollte es nie vergessen: Der Schnelle schlägt den Langsamen, der Mutige schlägt den Zaudernden, der Schlaue meist den Dummen und wie immer und vor allem gilt: Der Fachkundige schlägt den Unwissenden.

2 Ein Glossar für die wichtigsten Begriffe

Die aus dem angelsächsischen Raum stammende Formulierung Mergers and Acquisitions ist heute auch im deutschen Wirtschaftsgeschehen sprachlich kaum noch wegzudenken. Während die Fusion (Merger) zweier Unternehmen gesellschaftsrechtlich eher selten vorkommt, werden die meisten Transaktionen im Wege des Kaufs (Acquisition) der Gesellschaftsanteile eines Unternehmens (Share Deal) oder durch den Erwerb der Vermögensgegenstände (Asset Deal) abgewickelt.

„Distressed M&A" kennt dagegen noch keine allgemein gültige Definition. Wir verstehen darunter das Folgende: „Distressed M&A" steht für Unternehmensübernahmen und Fusionen von Unternehmen, bei denen sich mindestens ein Transaktionspartner in einer Krisensituation befindet.

Während bei klassischen M&A-Transaktionen wirtschaftlich gesunder Unternehmen der Verkäufer der wesentliche Entscheidungsträger beim Verkauf des Zielunternehmens (Target) ist, kommen bei Distressed M&A-Transaktionen im zeitlichen Verlauf einer sich verschärfenden Unternehmenskrise eine Reihe von zusätzlichen Prozessbeteiligten (Stakeholder) hinzu, beispielsweise Kreditgeber, die Belegschaft, der Betriebsrat und Gewerkschaften bis hin zur Gesamtheit der Gläubiger oder einem Insolvenzverwalter bei Transaktionen aus gerichtlichen Sanierungen.

Die folgende Abbildung zeigt die Eingrenzung des Begriffs „Distressed M&A" in der Praxis und auch die Vielzahl der Rahmenbedingungen, die einzubeziehen sind, im Überblick.

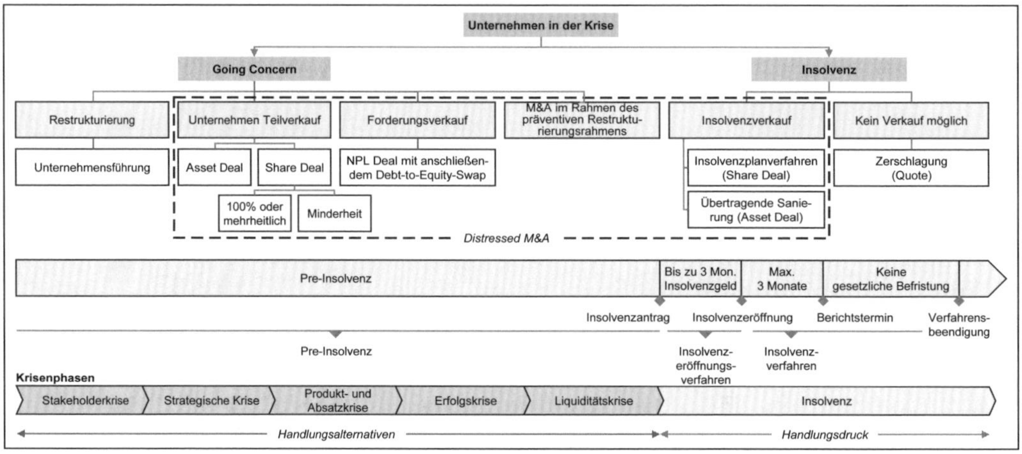

Abbildung 2-1: Distressed M&A im Kontext der Unternehmensrestrukturierung[1]

Betrachtet man den unteren Teil der Abbildung, so wird deutlich, dass der Startzeitpunkt, an dem man von einer Distressed M&A-Transaktion spricht, nicht eindeutig definiert sein kann, denn der Übergangszeitpunkt einzelner Krisenphasen ist ebenso wenig klar abgegrenzt. Das Oxford Dictionary umschreibt den Begriff „distressed“ mit „difficulty caused by lack of money” und den Begriff „distress“ mit „in the state of being in extreme danger and needing urgent help”. Damit beginnen M&A-Transaktionen im Distressed-Umfeld an der Grenze zwischen Ertrags- und Liquiditätskrise, also dort, wo das „lack of money“ beginnt und es eben auch tatsächlich dringend wird, dieses Problem zu beheben.

Distressed M&A-Transaktionen unterscheiden sich von klassischen Transaktionen im Wesentlichen:

- im zeitlichen Prozessablauf,
- in den rechtlichen Transaktionsmöglichkeiten,
- der wirtschaftlich schwierigen Unternehmensbewertung bzw. Preisfindung sowie
- durch die komplexere Verhandlungssituation.

Geht man bei konventionellen Transaktionen von einer Zeitspanne von vier bis 16 *Monaten* aus, so liegt der Verkaufsprozess bei Unternehmen in Krisensituationen häufig zwischen vier und 16 *Wochen*, da durch die Liquiditätskrise unter Umständen bereits die Frist zur Insolvenzantragstellung läuft. In diesen Phasen sind deutlich komplexere rechtliche Parameter zu berücksichtigen, denn nicht nur das reine Gesellschaftsrecht schafft einen die schlussendliche Transaktion definierenden Rahmen. Auch die Bereiche Insolvenzrecht und Arbeitsrecht sind wichtige und relevante Rechtsgebiete. Die Preisfindung gestaltet sich hier häufig ausschließlich durch Angebot und Nachfrage und koppelt sich – im Gegensatz zu klassischen Transaktionen – deutlich mehr von der finanzmathematischen Unternehmenswertkomponente ab. Allein die aufgeführten Parameter in Verbindung mit der oben erwähnten gestiegenen Anzahl von Prozessbeteiligten zeigt, dass auch der Verhandlungsprozess deutlich erschwert ist.

Die Beratung bei Distressed M&A-Transaktion umfasst die Konzeption, Koordination und Durchführung alle finanztechnischen und rechtlich notwendigen Maßnahmen, um ein Unternehmen aus einer bedrohlichen Liquiditäts- oder Insolvenzsituation im Rahmen einer Umstrukturierung der Eigen- (Gesellschafter) und ggf. in Verbindung mit den Fremdkapitalpositionen (Gläubiger) in einen „sicheren Hafen" zu überführen und die Krisenherde durch eine Transaktion zu beseitigen.

Das Thema, über das zu schreiben ich mir vorgenommen hatte, ist extrem vielfältig. Vor diesem Hintergrund erheben meine Ausführungen keinen Anspruch auf rechtliche Vollständigkeit, sondern sind als Impulse für Unternehmer und Investoren für Gespräche mit hierzu standesrechtlich legitimierten Rechts- und Steuerberatern zu verstehen.

Es gibt viele Bücher über Unternehmenskauf in Krisensituationen (für Distressed-Investoren), jedoch nur wenige, die das Thema aus Verkäufersicht und aus der des Beraters erläutern. Vor diesem Hintergrund sind meine Ausführungen, wenn nicht explizit beschrieben, immer aus Verkäufersicht. Ausgeklammert habe ich die Themen der öffentlichen Übernahmen sowie der Restrukturierung von Anleihen.

Jede M&A-Transaktion ist individuell, jede Transaktion ist einmalig.

Zum besseren Verständnis des Buches seien zuvor einige Grundbegriffe erläutert, die für das Verständnis der einzelnen Kapitel wichtig sind, jedoch keine sequenzielle Logik aufweisen, im Sinne einer Gliederung, die schlüssig durchs Buch führen würde.

1. M&A-Transaktionen bei wirtschaftlich gesunden Unternehmen bezeichne ich in diesem Buch als „klassische M&A-Transaktionen". M&A-Transaktionen bei Unternehmen, die bereits in einer der Krisenphasen angelangt sind, bezeichne ich als „Distressed M&A-Transaktionen".
2. Bei Distressed M&A-Transaktionen ist es entscheidend, ob bei einem Unternehmen
   a. keinerlei *Zahlungsunfähigkeit* zu befürchten ist („normaler" Rechtsrahmen),
   b. es drohend zahlungsunfähig (rechtliche Optionen des *StaRUG* oder einer Eigenverwaltung) oder
   c. bereits zahlungsunfähig ist und damit ausschließlich die Regelungen der *InsO* beachtet werden können und müssen (siehe hierzu auch Kasten weiter unten).
3. Eine Unternehmung kann im Wege eines
   a. *Asset Deals* (Verkauf des Geschäftsbetriebes im Wege der Übertragung von Einzelwirtschaftsgütern) oder
   b. *Share Deals* (Verkauf von Gesellschaftsanteilen)

   veräußert werden.
4. Der *Enterprise Value* bezeichnet den Wert des Unternehmens auf „fiktiver, schuldenfreier Basis" und damit unabhängig von der Finanzierungsstruktur. Zieht man vom Enterprise Value die Netto-Finanzverbindlichkeiten und ähnliche Verpflichtungen ab, gelangt man zum *Equity Value*. Dieser Equity Value beschreibt den wirtschaftlichen Wert des Eigenkapitals und damit grundsätzlich den Kaufpreis für das Unternehmen „wie es steht und liegt".

5. Investoren unterteilen sich in die Hauptkategorien der
   a. strategischen Investoren (mit bereits vorhandenen Aktivitäten in der relevanten Branche oder einer vor- oder nachgelagerten Wertschöpfungsebene), früher häufig auch als Trade Buyers bezeichnet, und
   b. Finanzinvestoren (häufig auch Private Equity-Unternehmen, Distressed-Investoren oder fälschlicherweise in der Tages- und Wirtschaftspresse als Hedgefonds bezeichnet).
6. Eine Bank kann bei einer vorinsolvenzlichen Sanierung unter anderem durch folgende Instrumente helfen:
   a. die Gewährung von Fresh Money im Rahmen von Überbrückungs- und Sanierungskrediten,
   b. die Umfinanzierung bestehender Kreditfazilitäten („amend-and-extend"),
   c. die Umwandlung von Forderungen, z. B. in Genussrechte oder
   d. der (teilweise) Forderungsverzicht

Entscheiden sich Banken für die Option des Sanierens, so ist grundsätzlich die Anfertigung eines Sanierungsgutachtens nach IDW S 6 (im internationalen Kontext als IBR Independent Business Review bezeichnet) bzw. gemäß der Rechtsprechung des BGH notwendig, um sich nicht §§ 130 InsO Anfechtungsrisiken auszusetzen bzw. in den Verdacht der Gläubigerbenachteiligung oder gar der Beihilfe zur Insolvenzverschleppung zu geraten. Ein Sanierungsgutachten zeigt auf, ob ein Unternehmen langfristig am Markt eine branchenübliche und adäquate Wettbewerbs- und Renditefähigkeit erlangen kann. Das seit Beginn des Jahres 2021 in Kraft getretene StaRUG fordert die Dokumentation eines Restrukturierungskonzeptes, das aller Voraussicht nach inhaltlich dem IDW S 6-Standard entsprechen wird.

Rechtlicher Rahmen

Gerät ein Unternehmen in eine Krise und ist zu befürchten, dass sich die Liquiditätssituation verschlechtert, so sind eine Reihe von Prüfungshandlungen zu unternehmen, um keine rechtlichen Fehler zu begehen.

Zunächst ist zu überprüfen, ob die Insolvenzantragsgründe:

- Zahlungsunfähigkeit (§ 17 InsO),
- drohende Zahlungsunfähigkeit (§ 18 InsO) und/oder
- die Überschuldung (§ 19 InsO) vorliegen.

Hat ein Unternehmen seine Zahlungen eingestellt, muss die Geschäftsführung innerhalb von drei Wochen Antrag auf Insolvenzeröffnung aufgrund von *Zahlungsunfähigkeit* stellen.

Von einer *drohenden Zahlungsunfähigkeit* spricht man, wenn ein Unternehmen seine Zahlungen zwar nicht eingestellt hat, aber in den nächsten 24 Monaten die Einstellung zu erwarten ist. Eine drohende Zahlungsunfähigkeit im insolvenzrechtlichen Sinn besteht jedoch nicht, wenn ein Unternehmen seine Verpflichtungen für einen Zeitraum von 24 Monaten nachkommen kann. Dies ist durch einen entsprechenden Liquiditätsplan nachzuweisen.

Die *Überschuldung* liegt vor, wenn das Vermögen des Schuldners (Aktiva zu Verkehrswerten) die bestehenden Verbindlichkeiten nicht mehr deckt. Hier besteht nur dann keine Pflicht zur Antragstellung, wenn es für die nächsten 12 Monate eine sogenannte *positive Fortbestehensprognose* gibt, die anhand eines Liquiditätsplans zeigt, dass eine Fortführung überwiegend wahrscheinlich ist. Die Frist für die Antragstellung bei Überschuldung beträgt in diesem Fall sechs Wochen, auch damit das Unternehmen die Möglichkeiten hat, die Einleitung eines StaRUG-Verfahrens zu wählen, einen ernsthaft realisierbaren Restrukturierungsplan aufzustellen, um damit die drohende Zahlungsunfähigkeit damit abzuwenden.

Bei einem Antrag auf Eigenverwaltung ist nach § 270 ff. InsO ein Finanzplan beizufügen, der den Zeitraum von sechs Monaten abdeckt und eine fundierte Darstellung der Finanzierungsquellen enthält, durch welche die Fortführung des gewöhnlichen Geschäftsbetriebes und die Deckung der Kosten des Verfahrens in diesem Zeitraum sichergestellt werden soll.

Zeigt der Plan, dass eine Zahlungsunfähigkeit zwischen dem 13. Monat und dem 24. Monat entstehen könnte, so besteht zwar keine Pflicht zur Antragstellung, aber aufgrund der drohenden Zahlungsunfähigkeit das Recht dazu. Dieses Recht umfasst auch die Möglichkeit, einen Antrag auf ein Schutzschirmverfahren zu stellen. Bei einem Antrag auf ein Schutzschirmverfahren muss nach § 270d InsO darüber hinaus eine Bescheinigung eines unabhängigen Sachverständigen beigefügt werden, aus der sich ergibt, dass – wie oben erwähnt – drohende Zahlungsunfähigkeit oder Überschuldung, aber keine Zahlungsunfähigkeit vorliegt und die angestrebte Sanierung nicht offensichtlich aussichtslos ist, so bestimmt das Insolvenzgericht auf Antrag des Schuldners eine Frist zur Vorlage eines Insolvenzplans. Die Frist darf höchstens drei Monate betragen.

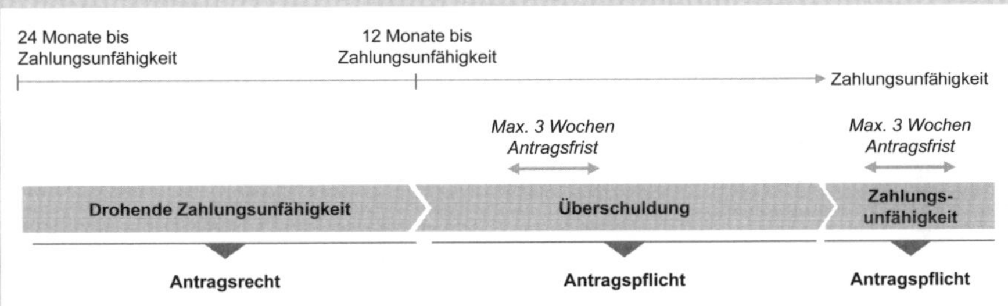

Abbildung 2-2: Zeitlicher Verlauf und Antragsfristen[2]

Ein Buch für Praktiker in diesem Bereich zu schreiben, stellt den Autor vor große Herausforderungen, stellen Distressed-M&A-Transaktionen doch die Schnittmenge

- aus Theorie und Praxis,
- aus Betriebswirtschaftslehre, Gesellschafts-, Arbeits- und Insolvenzrecht,
- aus Finanzierungskenntnissen und einem tiefen Verständnis der rechtlichen Situation,
- aus Steuer- und Bewertungs-Know-how und schließlich – denn wir sind alle nur Menschen –
- aus Ratio und Emotion

dar.

Seit dem Inkrafttreten des Gesetzes zur Erleichterung der Sanierung von Unternehmen (ESUG), des Sanierungs- und Insolvenzrechtsfortentwicklungsgesetzes (SanInsFoG) sowie des Ende 2020 in Kraft getretenen Gesetzes über den Stabilisierungs- und Restrukturierungsrahmen für Unternehmen (StaRUG) ist die Bedeutung Distressed M&A nochmals deutlich gestiegen. Dass die Anzahl der Insolvenzen im Jahr 2021 wiederum rückläufig war, darf getrost den Instrumenten Kurzarbeitergeld und COVID-19-Krisenfinanzierungen zugeschrieben werden, jedoch keinesfalls dem niedriger werdenden Veränderungsdruck, der auf mittelständische Unternehmen einwirkt.*

* Der Ukraine-Russland-Krieg wird die Volatilität im Wirtschaftsleben weiterhin erhöhen.

3 Ausgangssituation und Motivlage der Marktteilnehmer und Stakeholder bei Distressed M&A-Transaktionen

Nicht selten existiert in Deutschland – im Gegensatz zu vielen anderen Ländern – gesellschaftlich häufig eine Verknüpfung des unternehmerischen Schaffens inhaltlich und sprachlich mit einem Lebenswerk. Erst in den letzten Jahren kam der Begriff des Serienentrepreneurs auf. In diesem Zuge wurde es auch legitim, trotz jüngeren Lebensalters, ein entwickeltes Unternehmen einzig aus Gründen der Gewinnrealisierung heraus zu verkaufen. Dies kann auch zu einem Zeitpunkt erfolgen, wo der Unternehmer grundsätzlich noch in der Lage wäre, das Unternehmen aus sich heraus weiterzuentwickeln, jedoch schlichtweg im Rahmen der eigenen Lebensplanung daran kein Interesse hat.

Häufig ist jedoch der Zeitpunkt der Gewinnrealisierung verknüpft mit einer Unternehmenssituation, wo sich der Unternehmer am Ende der eigenen Fähigkeiten sieht, das Unternehmen strategisch weiterzuentwickeln. Beispiele hierfür können die fehlenden Fähigkeiten zur Digitalisierung des Geschäftsmodells oder der Globalisierung des Unternehmens sein. Es gibt Unternehmer, die hervorragende Gründer sind und in dieser Phase sowohl die Instrumente der Skalierung beherrschen als auch der Mitarbeiterführung, jedoch erhebliche Schwierigkeiten haben, ein reifes Unternehmen zu entwickeln. Erkennt dies ein Unternehmer, spricht vieles dafür, das Unternehmen zu diesem Zeitpunkt zu veräußern.

Je nach Ausprägung dieses Umstandes kann es gemäß der dargestellten Definition der Krisenstadien bereits eine Stakeholder- oder Strategiekrise sein, die der Auslöser der Verkaufsüberlegungen ist.

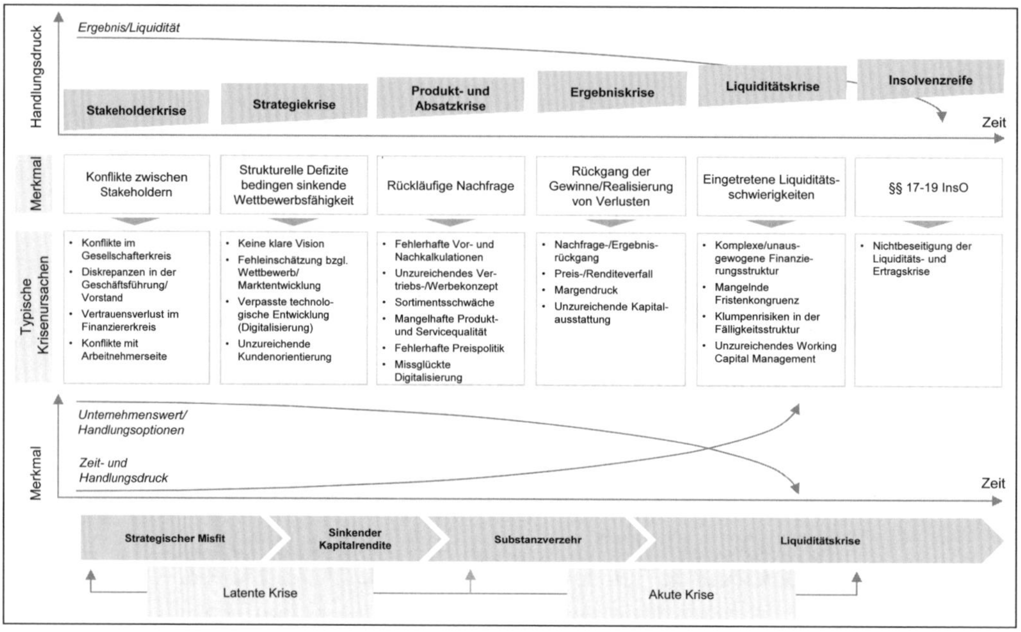

Abbildung 3-1: Krisenstadien und Krisenursachen[1]

In vielen Fällen geht diese Notwendigkeit des Wandels einher mit der Notwendigkeit, finanzielle Ressourcen für strategische Weichenstellungen aufbringen zu müssen. Verfügt ein Unternehmen nicht über die hierfür notwendigen Mittel, kann ein Verkauf unter Umständen unabdingbar sein, um unternehmerische Werte einigermaßen zu erhalten. Hierfür gibt es vielfältige Beispiele. Der Eintritt von EBAY als Internetanbieter in den klassischen Markt für (bis dato gedruckte) Kleinanzeigen (Classifieds) forderte alle etablierten Marktteilnehmer heraus, ihr Geschäftsmodell zu wandeln. Die hierfür notwendigen Mittel waren in vielen Fällen nicht verfügbar, sodass eine Reihe von Unternehmern ihre Firmen verkauften. Gleiches gilt in abgemilderter Form für das Auftreten von ZALANDO im Textileinzelhandel und der sich durch die COVID-19-Pandemie verstärkten Notwendigkeit des Wandels des „Brick-and-Mortar"-Geschäftsmodells hin zum Onlinehandel.

Sind die Notwendigkeiten zum Wandel erkannt und die finanziellen Ressourcen zur Umsetzung der Maßnahmen vorhanden, so gibt es jedoch einen weiteren Faktor, der eine entscheidende Rolle spielt, nämlich der Zeitfaktor. Gewisse unternehmerische Maßnahmen benötigen einen mittel- bis längerfristigen Zeitkorridor. Fällt der Zeitpunkt dieses notwendigen Wandels zusammen mit einem hohen Lebensalter des Unternehmers, so gibt es Situationen, in denen schlichtweg die Zeit zur Begleitung dieses Wandels fehlt. Natürlich gibt es immer die Möglichkeit, Unternehmen entweder an die nächste Generation innerhalb der Familie weiterzugeben oder auch durch Fremdmanagement eine adäquate Geschäftsführung zu besetzen. Gleichwohl ist es beim letztgenannten Punkt notwendig, Instrumente zu schaffen, die das Principal-Agent-Problem (Prinzipal = Gesellschafter; Agent = Geschäftsführung) lösen.

Bei der familieninternen Nachfolge ist die Grundvoraussetzung für eine solche Lösung die positive Antwort auf die Frage: „Würde Ihre Tochter/Ihr Sohn auch bei Ihrem größten Wettbewerber die Position des CEOs erhalten?" Kann ein Unternehmer diese Frage mit einem klaren Ja beantworten, so stellt der Abkömmling auch den richtigen Nachfolger auf Unternehmensleitungsebene dar. Ist diese Frage nicht klar zu beantworten, darf dieser Nachkomme eigentlich auch nicht die Geschäftsführung des Unternehmens wahrnehmen.

Die Gründe für Verkaufsüberlegungen lassen sich also in vier Punkten zusammenfassen:

- Gewinnrealisierung
- Ende der Kompetenz, das Unternehmen aus eigenen Fähigkeiten heraus strategisch weiterzuentwickeln (i. d. R. angesiedelt im Krisenstadium der Strategiekrise, Produkt- und Absatzkrise und unter Umständen auch bereits im Stadium der Ergebniskrise)
- Regelung der Altersnachfolge (i. d. R. angesiedelt im Krisenstadium der Shareholder/Stakeholder-Krise)
- Ende der finanziellen Leistungsfähigkeit (i. d. R. angesiedelt im Krisenstadium der Ergebniskrise und der Liquiditätskrise und unter Umständen auch bereits im Stadium der Insolvenzreife)

Diese vier genannten Motive beziehungsweise Situationen, die zu einem Verkauf eines Unternehmens führen können, haben unterschiedliche Dringlichkeiten des Beginns eines Verkaufsprozesses. Sicherlich ist der Handlungsdruck bei der Gewinnrealisierung am niedrigsten. An zweiter Stelle rangiert der Verkauf aus Gründen der nicht gelösten Unternehmensnachfolge.

Der Handlungsdruck wird ungemein größer, wenn es darüber hinaus finanzielle Probleme oder sogar Liquiditätsengpässe gibt. Abbildung 3-1 zeigt auch die Verschiebung des Umfangs der Handlungsoptionen und das Aufkommen von Handlungsdruck. M&A-Transaktionen zur Rettung des Unternehmens sind in jeder Phase möglich, jedoch gibt es rechtliche Rahmenbedingungen, die M&A-Optionen im Krisenverlauf beeinträchtigen bzw. sogar beschränken.

Je früher die Krisensituation erkannt und als solche definiert ist, desto mehr Handlungsmöglichkeiten bieten sich den Gesellschaftern. Dies gilt auf Unternehmensebene sowohl hinsichtlich der Unternehmensstrategie und der operativen Umsetzung als auch auf der übergeordneten Gesellschafterebene.

Betrachtet man bei Krisensituationen die Stellung des Gesellschafters, so wird der enorme Unterschied zwischen der Gesellschaftersituation in klassischen M&A-Transaktionen und in Distressed M&A-Transaktionen deutlich. Für den Distressed M&A-Berater ist entscheidend, die Situation, in der sich der Gesellschafter eines Unternehmens befindet, richtig einzuschätzen. Deutlich wird dies bei der Einordnung der Unternehmersituation in der Maslowschen Bedürfnispyramide.

Abbildung 3-2: Die Maslowsche Bedürfnispyramide

Während die Unternehmen in klassischen M&A-Situationen häufig im obersten Segment der Maslowschen Bedürfnispyramide angesiedelt sind (Selbstverwirklichung durch den Verkauf des Unternehmens und damit die Krönung des unternehmerischen Schaffens), so ist die Motivlage eines Unternehmers in Distressed M&A-Situationen in den unteren Segmenten der Bedürfnispyramide einzuordnen.

Häufig kommt es in Krisensituationen nicht nur zu einer ausbleibenden Gewinnrealisierung, sondern aufgrund der Haftungs- und Sicherheitenkonstellation der Fremdfinanzierung im Falle einer Insolvenz sogar zu einer signifikanten Vermögensschmälerung durch die persönliche Haftung in Form von Bürgschaften oder Sicherheiten aus dem Privatvermögen, die für Firmenkredite gestellt wurden. In diesen Fällen bewegen wir uns auf der untersten Ebene der Bedürfnispyramide, nämlich der Sicherung der Grundbedürfnisse.

Eine wesentliche Erkenntnis dieser Analyse ist, dass die Transaktionspartner – und in vielen Fällen auch die sonstigen Stakeholder einer Unternehmenskrise – nicht auf der gleichen Ebene der Bedürfnispyramide einzuordnen sind und dementsprechend eine andere Form der Kommunikation, der Notwendigkeit der Transaktion und des Umgangs mit Emotionen mit sich bringen. In klassischen M&A-Situationen streben die Entscheidungsträger der Transaktionspartner häufig die Verwirklichung eigener unternehmerischer Visionen durch die Transaktion an. In Distressed M&A-Transaktionen gilt diese unternehmerische Selbstverwirklichung vielleicht weiterhin für den Käufer eines in einer Krisensituation steckenden Unternehmens, jedoch nicht für den Verkäufer, der sein Unternehmen verkaufen und sich mit der Sicherung eines nur noch geringeren Teils seines Vermögens auseinandersetzen muss. Dies erschwert in erheblichem Maße die Kommunikation, sind doch die Transaktionspartner „auf unterschiedlichen Seiten des gleichen Buchs".

Nur mit enormer Erfahrung, kann diese emotionale Übersetzungsleistung bzw. Transformation durch einen M&A-Berater erbracht werden.

4 Grundmotive für M&A-Transaktionen auf Verkäuferseite und Handlungsoptionen des Verkäufers

Da das Thema dieses Buches Distressed M&A ist, führe ich das Motiv der Gewinnrealisierung nicht weiter aus, sondern widme mich den krisenrelevanten Themen.

Schwinden der eigenen strategischen Entwicklungsfähigkeit

Ein gängiges Mittel zur Analyse eines Unternehmens und des Markumfelds ist die SWOT-Analyse. Dabei werden auf Mikro-Ebene die gegenwartsbezogenen Stärken und Schwächen des Unternehmens analysiert. Ergänzend werden Erkenntnisse aus einer zukunftsbezogenen Makro-Umfeld-Analyse in Form von Chancen und Risiken erfasst. Die SWOT-Analyse stellt die Basis zur Ableitung von Strategien dar. Diese werden durch das TOWS-Modell ergänzt, dass vier grundlegende Strategieoptionen ableitet, die in der folgenden Grafik ersichtlich sind:

		Interne Analyse	
		Stärken (Strengths)	**Schwächen (Weaknesses)**
Externe Analyse		• Welche Faktoren führen zu Erfolg? • Worin sind wir besser als andere? • Haben wir einzigartige Ressourcen? • Welche Vorteile haben wir? • Was ist unser USP?	• Was können wir verbessern? • Was sollten wir vermeiden? • Welche Faktoren führen zum Misserfolg? • Worin sehen andere unsere Schwächen?
Chancen (Opportunities)	• Welche Chancen bestehen • Sind wir uns neuer Trends bewusst? • Welche Gesetzesänderungen gibt es? • Haben gesellschaftliche Entwicklungen Einfluss? • Bieten lokale Ereignisse neue Chancen?	**Aus welchen Stärken ergeben sich neue Chancen?**	**Schwächen eliminieren um neue Chancen zu nutzen?**
Risiken (Threats)	• Welche Risiken bestehen? • Was macht der Wettbewerb? • Haben wir Schulden oder finanzielle Probleme? • Stellen Schwachstellen eine Gefahr dar? • Ändern sich Qualitätsstandards?	**Welchen Stärken minimieren Risiken?**	**Verteidigungsstrategien, damit Schwächen nicht zu Risiken werden**

Abbildung 4-1: SWOT-Analyse mit TOWS-Strategie-Ableitung

Die Frage, die sich ein Unternehmer nach Vorliegen der Ergebnisse der SWOT-Analyse stellen muss, lautet: Kann ich mit den vorhandenen Ressourcen

a) meine Stärken ausbauen und
b) meine Schwächen beseitigen, um
c) die sich am Markt bietenden Chancen zu nutzen und
d) den möglicherweise aufkommenden Risiken zu begegnen?

Dabei beziehen sich die Ressourcen nicht nur auf finanzielle Ressourcen, sondern im Wesentlichen auch auf die Fähigkeit, Menschen zu finden, zu rekrutieren und zum Wohle des Unternehmens so zu führen, dass diese an der Umsetzung der Strategien mitwirken.

Hinzu kommt, dass es durch die Digitalisierung von Geschäftsprozessen zu einer erheblichen Steigerung der Geschwindigkeit von unternehmerischen Aktionen und Reaktionen im Wirtschaftsleben gekommen ist und sich die Volatilität als – in diesem Zusammenhang nicht im finanziellen Sinne zu interpretierendes – Risikomaß von unternehmerischen Aktivitäten ungemein erhöht hat. Diese ständige Konfrontation mit Geschwindigkeit und Risiko macht viele Unternehmer müde. Die Fähigkeit, das Unternehmen aus eigenen Kräften und aus eigenem Antrieb weiterzuentwickeln, schwindet. Vor diesem Hintergrund muss sich ein Unternehmer wie bei einer Aktienanalyse simplifiziert fragen: „Steigt 'die Aktie' (meines Unternehmens) noch?" Kann diese Frage nicht mit einem klaren Ja beantwortet werden, muss sich der Unternehmer mit einem Verkauf beschäftigen.

Nachfolgeprobleme

Vor diesem Hintergrund und dem der Alterspyramide ist in Deutschland in den nächsten Jahren mit einer Vielzahl von Unternehmensnachfolgen zu rechnen. Es gibt keine verlässliche Statistik über die Alterspyramide deutscher Unternehmer. Geht man von einer der Bevölkerungspyramide analogen Verteilung des Alters von Unternehmern innerhalb der deutschen Bevölkerung aus, so wird deutlich, welche geburtenstarke

Unternehmergeneration im Nachfolgealter (Menschen ab einem Lebensalter von 65 Jahren), Nachfolger in einem Lebensalter zwischen 35 Jahren und 50 Jahren suchen, die vom Alter betrachtet, für eine Übernahme und die weitere, mittelfristige Unternehmensentwicklung in Frage kommen.

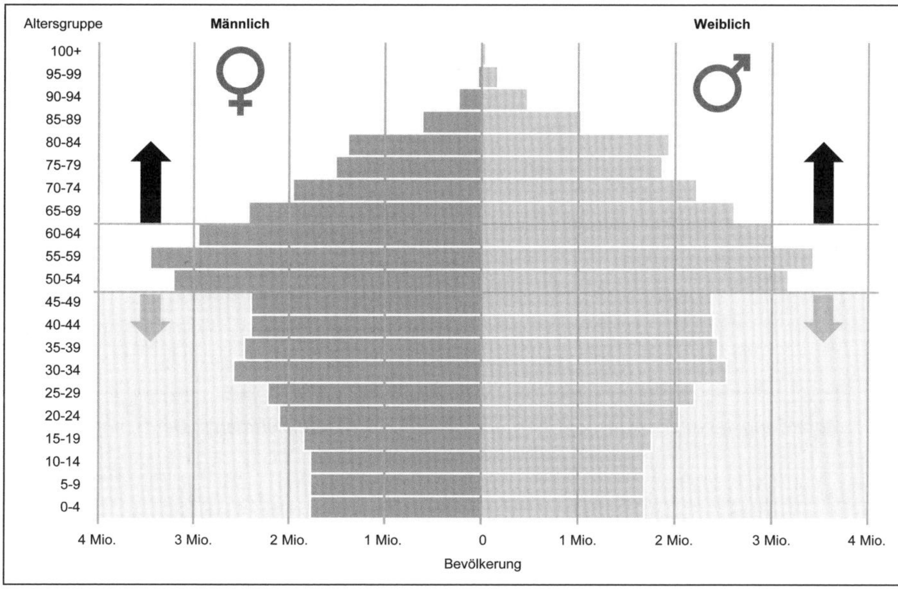

Abbildung 4-2: Alterspyramide in Deutschland 2021[1]

Das IfM Bonn schätzt seit Beginn der 1990er-Jahre in regelmäßigen Abständen die Anzahl der anstehenden Unternehmensübertragungen in Deutschland. Nach aktuellen Schätzungen steht im Zeitraum von 2022 bis 2026 in rund 159.000 Familienunternehmen die Übergabe an. Dies entspricht ca. 38.000 Übergaben pro Jahr.

Auf den ersten Blick erscheint nun die absolute Zahl der Unternehmen, nämlich 190.000 in fünf Jahren, eine beeindruckende Größe und damit ein Treiber von M&A-Transaktionen.

Betrachtet man jedoch die Umsatzgrößenklasse der hier aufgeführten Unternehmen, so zeigt sich, dass ein Großteil der Unternehmen einen Umsatz von weniger als € 10 Mio. aufweist und damit das Geschäftsvolumen in vielen Fällen zu klein sein wird, um erfolgreich eine M&A-Transaktion zu inittieren. Es gibt Unternehmensgrößen, ab denen ein Unternehmen keine gefestigte Struktur mehr aufweist, sondern das Unternehmen bei Ausscheiden des Unternehmers „erodiert" und damit aus Käufersicht nicht für eine Übernahme geeignet erscheint.

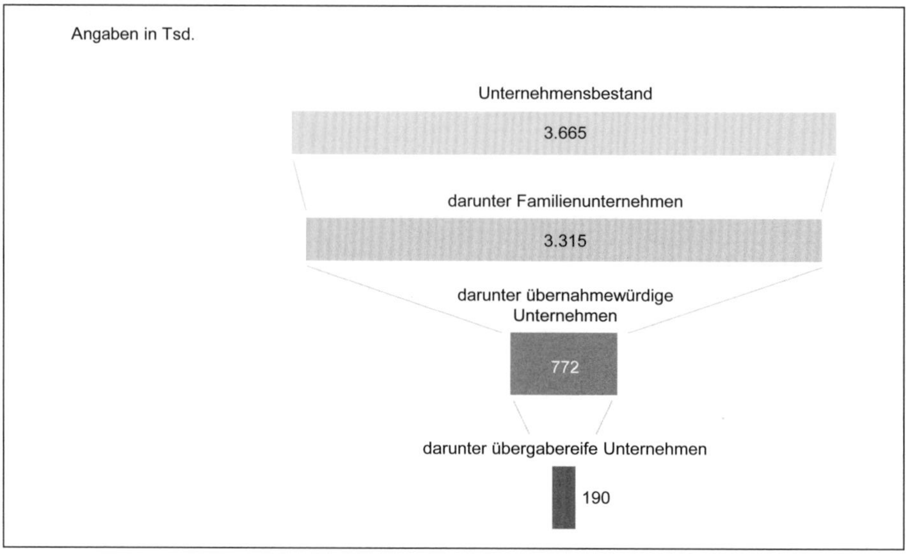

Abbildung 4-3: Anzahl der zur Übergabe anstehenden Unternehmen in Deutschland im Zeitraum von 2022 bis 2026

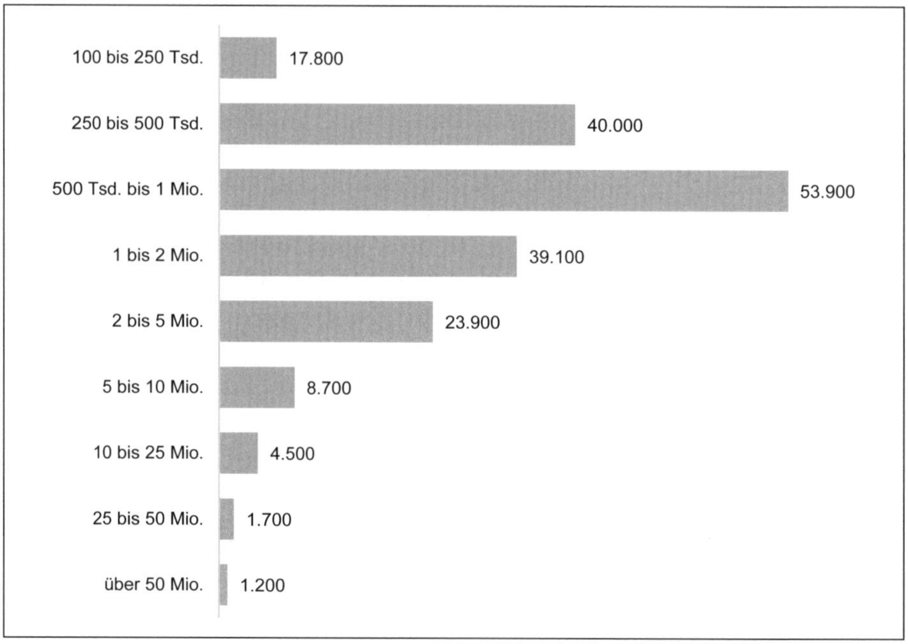

Abbildung 4-4: Zur Übergabe anstehende Unternehmen in Deutschland 2022 bis 2026 nach Umsatzgrößenklassen[2]

Finanzierungs- und Liquiditätsprobleme

Die Entwicklung von Unternehmensinsolvenzen in Deutschland ist in den letzten Jahren rückläufig gewesen. Die untenstehende Grafik zeigt, dass die Unternehmensinsolvenzen 2018 und 2019 auf ähnlichem Niveau lagen und ab März 2020 deutlich gesunken sind.

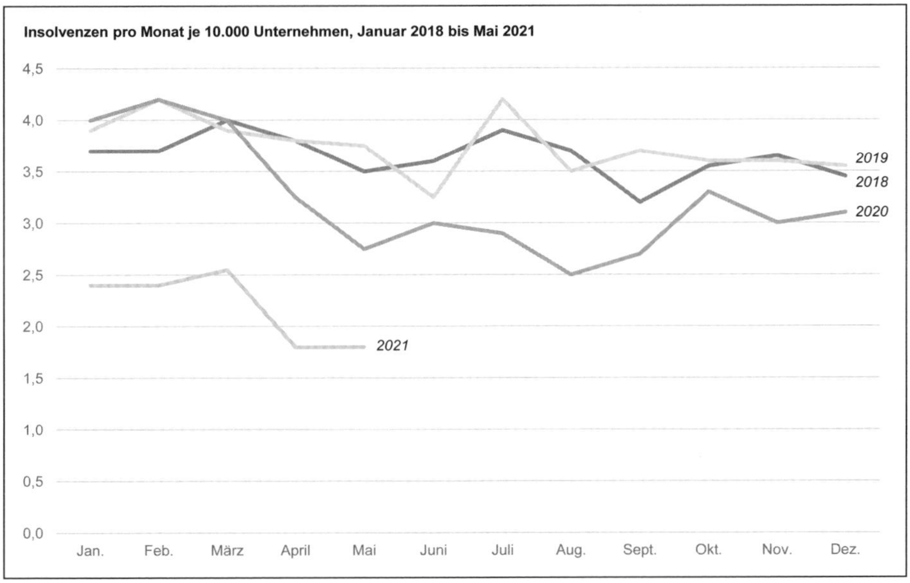

Abbildung 4-5: Überblick über die Unternehmensinsolvenzen in Deutschland[3]

Dies mag zwar einerseits am Aussetzen der Insolvenzantragspflicht im Zuge der COVID-19-Pandemie gelegen haben, aus meiner Sicht ist dies jedoch viel mehr auf die vereinfachten Möglichkeiten zur Erlangung von Kurzarbeiter-Geld sowie die zu Recht offensive Finanzierungspolitik der Bundesrepublik zum Auffangen von Pandemie-bedingten Liquiditätsschwierigkeiten zurückzuführen. Sobald diese Rahmenbedingungen wieder auf das Vor-COVID-19-Niveau angepasst werden, wird es meines Erachtens zu einem Anziehen von Unternehmensinsolvenzen kommen.

Grundmotive für M&A-Transaktionen von strategischen Investoren auf Käuferseite

Ohne Kenntnis der Motivlage auf Käuferseite kann ein Unternehmen nicht optimal verkauft werden. Bei der Suche nach einem „Best Owner" kann nur erfolgreich sein, wer die Ziele und Motive seines Gegenübers kennt.

Unter einem strategischen Investor versteht man ein Unternehmen oder eine natürliche Person, die bereits über unternehmerische Aktivitäten innerhalb der Branche des Zielunternehmens verfügt bzw. über unternehmerische Aktivitäten einer vor- oder nachgelagerten Wertschöpfungsstufe. Grundsätzlich will der strategische Investor mit dem Erwerb (Buy) des Zielunternehmens seine eigenen strategischen Ziele schneller oder in einem qualitativ besseren Umfang erreichen, anstelle eigener unternehmerischer Aktivitäten (Make). Dabei können M&A-Transaktionen in jeder Phase der Unternehmensentwicklung helfen. Grundsätzlich gibt es nicht „the one and only strategy“, die ein Unternehmen in die Lage versetzt, bestimmte Ziele zu erreichen. Es gibt auch kein allgemein gültiges und auf jedes Unternehmen und jede Unternehmenssituation zu übertragendes Strategie-Denkmodell, das hilft, die eigenen Ziele zu ordnen und in taktische Maßnahmen zu übersetzen. Letztendlich ist die Unternehmensstrategie der unternehmerischen Vision oder Mission untergeordnet und bezeichnet die „grundsätzliche, langfristige Verhaltensweise (Maßnahmenkombination) der Unternehmung und relevanter Teilbereiche gegenüber ihrer Umwelt“ zur Verwirklichung der langfristigen Ziele, die sich aus Vision und Mission ableiten.

Ein sehr einfacher, aber in seiner Schlichtheit überzeugender Ansatz ist, die Strategien auf der Ebene der Planungseinheit zu unterteilen. Dabei ist zunächst zu unterscheiden, ob ein Unternehmen eine Strategie auf

- Wachstum,
- Stabilisierung oder
- Desinvestition

verfolgt. In allen Phasen können M&A-Transaktionen helfen, diese Strategien auf Corporate Level zu verwirklichen. Mit dem Einsatz von M&A-Transaktionen auf Basis der Erzielung von Wachstumsabsichten befassen wir uns im nachfolgenden Unterkapitel – hier sind M&A-Transaktionen zur Expansion evident. Aber auch in Phasen der Stabilisierung können M&A-Transaktionen helfen, Robustheit im Geschäftsmodell, in der Wertschöpfung oder der Organisation zu erreichen, indem entweder Geschäftsbereiche arrondierend hinzugekauft werden, um beispielsweise Lücken in der Wertschöpfung zu schließen oder um schlichtweg die Wettbewerbsintensität zu senken und damit die eigene Position zu stabilisieren. Ebenso können Desinvestments, sprich Verkäufe von defizitären Unternehmensteilen oder Beteiligungen, dazu verhelfen, die finanzielle Stabilität zu verbessern. Im Rahmen von Desinvestitionsstrategien können gezielte Verkäufe von Teilbereichen erfolgen oder aber das gesamte Unternehmen zur Disposition gestellt werden.

Eine Planungsebene tiefer, nämlich auf Geschäftsbereichsebene, können für jede dieser Corporate-Strategien wiederum Wettbewerbsstrategien definiert werden. Prof. Michael E. Porter von Harvard Business School hat in seinem Standardwerk „Wettbewerbsstrategie – Methoden zur Analyse von Branchen und Konkurrenten“ drei generelle Wettbewerbsstrategien definiert. Diese werden als Basis zur Formulierung und Umsetzung von nachhaltig erfolgreichen Wettbewerbspositionierung verstanden.

Erste Wettbewerbsstrategie: (umfassende) Kostenführerschaft

Die Kostenführerschaft beschreibt den Vorteil eines Unternehmens im Vergleich zu seinen Marktbegleitern innerhalb der Branche in Bezug auf seine Kostenstruktur. Dieser Vorteil kann durch verschiedene Maßnahmen erreicht werden: Die Erhöhung der Produktionsmenge, die Senkung der (variablen) Kosten und damit die Erzielung von

Skaleneffekten sowie weitere ähnliche Maßnahmen können einem Unternehmen die Kostenführerschaft innerhalb einer Branche sichern. Der strategische Vorteil – den Unternehmen durch die Einnahme der Kostenführerschaft erreichen – ist, dass höhere Eintrittsbarrieren gebildet werden.[4] Damit wird der Eintritt (potenzieller) Wettbewerber in einen (spezifischen) Markt erschwert. Mit dem Kauf bzw. der Verschmelzung von Unternehmen(-steilen) geht – ob gezielt oder zufällig – i. d. R. immer eine Volumenexpansion einher. Damit beabsichtigt ein Erwerber Betriebsgrößenersparnisse, d. h. die Auslastung wird optimiert und eine Fixkostendegression erreicht. Darüber hinaus bieten M&A-Transaktionen eine wichtige Quelle für Lernkurveneffekte. Die leistungswirtschaftlichen Erfahrungen des erworbenen Unternehmens führen u. U. zu einer Prozessoptimierung und damit Kostensenkung des Käuferunternehmens. Darüber hinaus können mengenbezogene Kostenvorteile im Beschaffungsprozess des Käufers entstehen oder Kostensynergien in anderen Bereichen zu einer besseren Profitabilität und damit Stärkung der Wettbewerbsposition führen.[5]

Zweite Wettbewerbsstrategie: Differenzierung

Differenzierungsstrategien basieren auf dem Umstand, dass sich ein Unternehmen eine Alleinstellung innerhalb einer oder mehrerer Dimensionen aufbaut und diese aufrechterhält. Dieses Alleinstellungsmerkmal kann im Produkt-, Marketing-, Technologie- oder anderen leistungswirtschaftlichen Bereich sein. Die den Kunden suggerierte Einzigartigkeit führt zu Eintrittsbarrieren und erschwert (potenziellen) Wettbewerbern den Eintritt in das jeweilige Marktsegment, indem das Unternehmen tätig ist. Die Differenzierungsstrategie zielt meist darauf ab, die Kundenloyalität zu erhöhen und damit höhere Preise zu rechtfertigen bzw. eine geringere Preiselastizität der Kunden herbeizuführen. Im Rahmen von M&A-Transaktionen können Alleinstellungsmerkmale für den Käufer und/oder das Zielunternehmen entstehen. Das Käuferunternehmen kann z. B. durch die Akquisition eines Unternehmens mit großem technologischen Know-how die eigenen Produkte und/oder Dienstleistungen verbessern und als Technologieführer am Markt anerkannt werden Eine weitere Möglichkeit stellt die Akquisition eines komplementären Service-Anbieters dar. Durch die Akquisition positioniert sich der Käufer als Full-Service-Anbieter gegenüber seinen Kunden und erhöht deren Umstellungskosten.

Dritte Wettbewerbsstrategie: Konzentration auf eine Nische

Die Konzentration auf eine Nische beschreibt die Strategie, den Gesamtmarkt fragmentiert zu betrachten und nur bestimmte Kunden-, Produkt- oder geografische Segmente zu bedienen. Marktteilnehmer, die eine Marktnische abdecken, generieren ihren strategischen Vorteil durch eine Unterform der Kostenführerschaft und/oder der Differenzierung. Entweder die Produkte oder Dienstleistungen des Nischenanbieters erfüllen die Anforderungen der engen Kundengruppe in besonderem Maße oder das Unternehmen ist in der Lage, am kostengünstigsten die Produkte oder Dienstleistungen in dieser speziellen Nische anzubieten. M&A-Transaktionen können dazu genutzt werden, den Eintritt in Nischenmärkten zu ermöglichen.[6] Beispielweise kann eine Akquisition in einem stark regulierten (geografischen) Markt die einzige Möglichkeit darstellen, diesen zu erschließen.

M&A-Transaktionen auf Basis von Expansionsmotiven

Da auf Käuferseite in der Regel Wachstumsstrategien zu M&A-Transaktionen führen, werden nachstehend die Expansionsmotive systematisch unterteilt. Grundsätzlich lassen sich Expansionsmotive in folgende Kategorien[7] unterteilen:

- Volumenexpansion,
- regionale Expansion,
- Produktexpansion,
- Kompetenzexpansion,
- Vorwärtsexpansion,
- Rückwärtsexpansion,
- Diversifizierung.

Volumenexpansion

Das klassischste Motiv einer Akquisition liegt sicherlich in der Volumenexpansion, d.h. der Erhöhung des Geschäftsvolumens durch den Erwerb eines direkten Wettbewerbers. Damit werden Marktanteile erhöht und es entstehen gegebenenfalls Skaleneffekte zur Erlangung einer Kostenführerschaft, da eine Vielzahl von identischen primären und sekundären Aktivitäten entlang der Wertschöpfungskette schlichtweg doppelt vorgehalten werden und es hier zu Kostensynergien kommen kann. Allerdings liegt hierin auch oft der Stolperstein dieses Akquisitionsmotivs. In vielen Fällen haben Kunden eine eigene Lieferanten- oder Dienstleisterlandschaft definiert. Dabei wurden bewusst mehrere Geschäftspartner gewählt, um Abhängigkeiten zu vermeiden oder um Wettbewerb zwischen vergleichbaren Anbietern erzeugen zu können. Kommt es nun zu einem Zusammenschluss dieser Anbieter, führt dies u. U. aus Kundensicht zu einer Neuordnung der eigenen Lieferantenlandschaft und zu einem etwaigen Wegfall einer Geschäftsbeziehung. In einem solchen Fall wird aus Eins plus Eins weder das synergiegetriebene Drei oder noch nicht einmal Zwei. Ebenso scheitern solche Akquisitionen häufig an einer anschließenden zu großen Post-Merger-Konzentration auf das Heben von Kostensynergien. Erfolgsfaktor Nr. 1 bei solchen Zusammenschlüssen ist die Aufrechterhaltung des Wachstums der einzelnen Unternehmungen und die kurzfristige Aufrechterhaltung der Kundennähe beider Unternehmungen. In den kundenabgewandten Bereichen (wie z.B. Verwaltung, Einkauf u.a.) können sicherlich Synergien gehoben werden, aber zunächst nicht in den Bereichen, die Cashflow generieren. Ebenso muss bei dieser Art der Übernahmen auf die unterschiedlichen Unternehmenskulturen geachtet werden. Eine Fusion unter Gleichen hat in vielen Fällen nicht funktioniert, wie die prominenten Beispiele früherer Jahre wie z.B. Daimler/Chrysler oder Deutsche Bank/Dresdner Bank zeigen. Bereits in der Phase der Due Diligence sollte hier ein Post-Merger-Integration-Plan erstellt werden, der sowohl die Phasen der Integration bestimmter Abteilungen aufzeigt, als auch auf die Vermeidung von kulturellen Dissonanzen abzielt. Positive Beispiele für eine volumen-motivierte Übernahme ist die von First Wise Media als Value-added-Distributor im Elektronik-Segment durch die Zeitfracht-Logistik-Gruppe, die damit ihre produktspezifischen Logistik-Kapazitäten im Medienbereich ausbaut.

Regionale Expansion

Unter einer regionalen Expansion versteht man die Akquisition eines Unternehmens mit gleichem Produkt- oder Leistungsprogramm, jedoch unterschiedlichen geografischen Absatzgebieten. Auch hier liegen die Vorteile eines solchen Zusammenschlusses in der Erzielung von Skaleneffekten, aber auch in der Verringerung von Absatzrisiken durch regionale Diversifikation. Darüber hinaus können die Unternehmen durch die gleichen Produkt- oder Leistungsangebote Best-Practice-Vergleiche entwickeln und daraus resultierend zu verbesserten Angeboten gelangen. Auch hier besteht die größte Gefahr in den unterschiedlichen regionalen Kulturen und vor allem in der mittelfristigen Schaffung eines einheitlichen Produkt- und Leistungsangebotes, das unter Umständen vorhandene regionale Besonderheiten nicht adäquat berücksichtigt. Beispiel hierfür sind der Erwerb der Lubrication-Sparte der insolventen Bielomatik durch die italienische DropSa-Gruppe, die hierdurch ihren Marktanteil in Deutschland signifikant begründen konnte.

Produktexpansion

Bei der Akquisition eines Unternehmens, dessen Übernahme eine Erweiterung der eigenen Produktpalette mit sich bringt, liegen die Vorteile im Wesentlichen in den Cross-Selling-Möglichkeiten und der Schaffung von Differenzierungs- bis hin zu Alleinstellungsmerkmalen durch eine geschickte Produktkombination. Gelingt diese für den Kunden nachvollziehbare, Mehrwert schaffende Produktkombination und wird diese vom Kunden auch akzeptiert, so lassen sich anschließend auch Synergien in kundenzugewandten Bereichen, wie z. B. Marketing und Vertrieb, erzielen. Die negativen Auswirkungen können rund um Marken und Positionierung entstehen. Unzureichendes Produktwissen kann dazu führen, dass eine intelligente Produktkombination nur unzureichend angeboten werden kann. Ebenso kann es während der Zusammenlegung der erwähnten kundenzugewandten Bereiche zu einem Brain-drain der Leistungsträger kommen, die sich – bevor sie von Restrukturierungsmaßnahmen betroffen sind – aufgrund von vorhandenen Alternativen am Arbeitsmarkt am schnellsten neu orientieren können. Die italienischen Persico-Gruppe hat durch den Erwerb des Bielomatik-Kunststofffügesysteme-Segmentes aus dem Insolvenzverfahren ihr Produkt- und Serviceportfolio erheblich erweitern können.[0]

Kompetenzexpansion

Bei einer kompetenzgetriebenen Akquisition versucht der Käufer, bestimmte Fähigkeiten eines Unternehmens, die zumeist im immateriellen Bereich zu suchen sind, zu erwerben, um dadurch das eigene Produkt- und Leistungsangebot zu erweitern. Damit sollen neue Kompetenzen aufgebaut werden, beispielsweise durch Technologietransfer, patentiertes Know-how oder auch Vertriebsexpertise. Die Gefahr besteht in zu großen Integrationsbarrieren und kulturellen Unterschieden. Heute ist das Know-how eher in den Köpfen der Mitarbeiter zu finden als in Patentakten. Von daher kommt einer erfolgreichen Integration eine besondere Bedeutung zu, ebenso der Kommunikation gegenüber den neuen Mitarbeitern. Kommt es anschließend zum Verlust von Schlüsselmitarbeitern und daraus resultierend zum Verlust von Schlüsselkunden, stellt der beabsichtigte Erwerb des Unternehmens nur den Erwerb einer rechtlichen Einheit ohne die eigentlich, angestrebte Kompetenzerweiterung dar. Der Erwerb der insolventen Microtherm-Gruppe mit Tochtergesellschaften in China, Tschechien und Indien durch die Prettl-Gruppe kann als eine kombinierte Kompetenz und Produktexpansion verstanden werden.[9]

Vorwärtsexpansion

Unter Vorwärtsexpansion versteht man den Erwerb von Unternehmen zur Erweiterung der Wertschöpfung hin zum Endkunden. Dies können Akquisitionen von Vertriebsunternehmen oder Montageunternehmen oder auch der Erwerb eines Tier-I-Unternehmens durch einen Second-Tier-Zulieferer sein. Dabei ist das Ziel, durch eine Erweiterung der eigenen Wertschöpfung eine Margenstabilität oder -expansion sowie größeren Einfluss auf das finale Produkt- und Leistungsangebot zu erreichen. Problematisch an dieser Form des Zusammenschlusses ist die veränderte Wahrnehmung des Abnehmers hinsichtlich der Kompetenz des neuen, erweiterten Unternehmens. Beispielsweise haben Stahlhandelsunternehmen Mitte der 2000er-Jahre versucht, durch den Erwerb von Stahlbearbeitungs- und -verarbeitungsunternehmen der eigenen Wertschöpfung Mehrwert zu addieren, was jedoch in vielen Fällen scheiterte, da die Kunden häufig keine Produkt-, Prozess und Entwicklungskompetenz der somit neu entstandenen Unternehmensgruppe zuwiesen. Darüber hinaus sind die in vielen Branchen anzutreffenden, auf unterschiedlichen Wertschöpfungsstufen differierenden Unternehmenskulturen Grund für eine erschwerte Integration. Außerdem werden häufig die Kosten unterschätzt, die durch eine Schnittstelleintegration entstehen. Diese Schnittstellen können im IT-Bereich entstehen, aber auch bei der Definition der internen und externen Logistikprozesse.

Rückwärtsexpansion

Unter Rückwärtsintegration versteht man den Erwerb eines Lieferanten mit dem Ziel, Hoheit über den Einkauf strategisch wichtiger Ressourcen zu erlangen, Einfluss auf die Produktqualität zu erreichen und schlussendlich die eigene Marge zu verbessern. Hier gelten die im vorhergehenden Abschnitt über Vorwärtsakquisitionen genannten Gründen im Umkehrschluss.

Diversifizierung

Der Nobelpreisträger Harry M. Markowitz wies 1952 nach, dass eine breite Streuung von Wertpapieren das Gesamtrisiko eines Portfolios senkt, ohne unbedingt die Rendite zu schmälern. Betrachtet man ein Unternehmen als Portfolio von einzelnen (wertpapier- bzw. aktienähnlichen) unternehmerischen Aktivitäten, so sollte eine Diversifizierung durch den Kauf grundsätzlich nicht korrelierender Aktivitäten theoretisch zu einer Senkung des Gesamtunternehmensrisikos führen. Um eine echte Diversifizierung zu erreichen, müssen jedoch eine Vielzahl von Aktivitäten erworben werden. Einige wenige Geschäftsfelder schmälern zwar die Abhängigkeit von einer speziellen Branche, schaffen jedoch keine echte Diversifizierung, sondern eher eine Ansammlung „weniger Klumpenrisiken". Das größte Risiko der Diversifizierung besteht in der Führung eines ursprünglich unternehmensfremden Geschäftsbereichs. Nur wenige Unternehmen sind in der Lage, eine Vielzahl von Geschäftsfeldern in unterschiedlichen Branchen erfolgreich zu führen, wie es der aus der Portfolio-Theorie in die Unternehmenswelt übertragene Ansatz fordert. Der Aufbau einer industriespezifischen Kompetenz zur Führung der operativen Geschäftsführung ist theoretisch leichter ausgesprochen als in der Praxis adäquat aufgebaut.

5 Investoren

Grundsätzlich lassen sich Investoren in strategische Investoren und Finanzinvestoren unterteilen. Die Bedeutung von Finanzinvestoren ist in den letzten Jahren zunehmend gestiegen, gleichwohl stellen Transaktionen mit Finanzinvestoren – im Vergleich zu Transaktionen mit strategischen Investoren – einen noch deutlich geringeren Anteil dar.

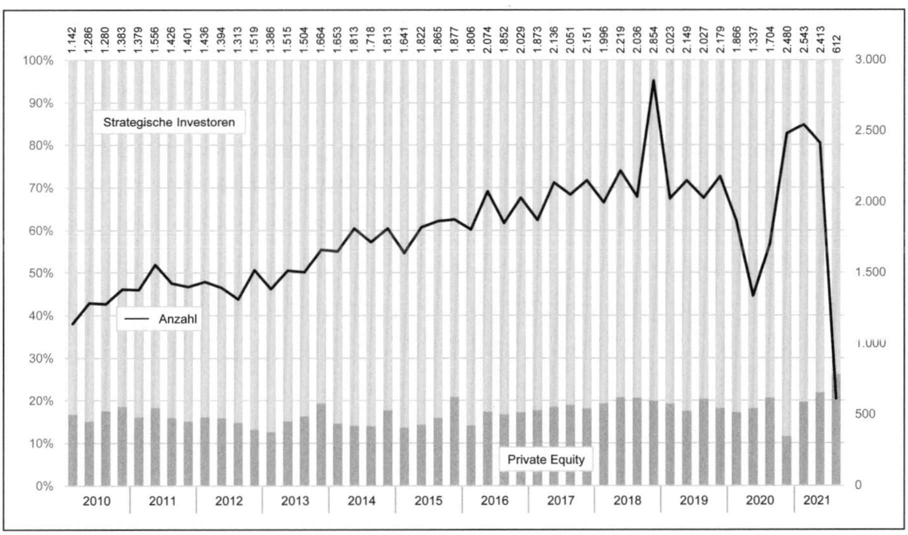

Abbildung 5-1: Anteil der Transaktionen mit Finanzinvestoren vs. strategische Investoren

Diese Unterscheidung vermittelt den Anschein einer klaren Trennlinie, doch in den letzten 20 Jahren sind die Grenzen zwischen diesen Investorenkategorien in zunehmendem Maße verschwommen. Immer mehr Unternehmen sind durch Private Equity – und damit durch einen Finanzinvestor – finanziert. Family Offices und sogenannte alternative Investoren (u. a. Hedgefonds, Vulture Fonds) ergänzen die Flut an Investorenbezeichnungen.

Am pragmatischsten ist die Unterscheidung in Investoren, die bereits Aktivitäten in der relevanten Branche des Krisenunternehmens (oder in vor- bzw. nachgelagerten Wertschöpfungsstufen) unterhalten und für die eine Akquisition eine Umsetzung der eigenen strategischen Überlegungen darstellt (*Strategische Investoren*), und andererseits in *Finanzinvestoren*. Unter einem Finanzinvestor versteht man ein Unternehmen oder eine natürliche Person, die eigenes oder zur spezifischen Anlage von Dritten zur Verfügung gestellte Finanzmittel verwendet, um Unternehmen zu erwerben oder finanziell auszustatten, über eine positive Unternehmensentwicklung diese finanzielle Beteiligung wieder zu veräußern (Exit) und damit eine risikoadäquate Rendite auf das eingesetzte Kapital zu erzielen.

Diese beiden Ausprägungen von Investoren werden in den nachfolgenden Kapiteln näher beleuchtet, ist doch das Verständnis deren Denk- und Sichtweise entscheidend sowohl für die Auswahl erfolgversprechender Investoren als auch für den verkäuferischen Prozess bei der Anberaumung einer M&A-Transaktion.

Strategische Investoren

Wie oben bereits erwähnt versteht man unter einem strategischen Kaufinteressenten einen Investor, der bereits Aktivitäten in der Branche des zum Verkauf stehenden Krisenunternehmens unterhält bzw. durch den Erwerb des Unternehmens seine strategischen Überlegungen umsetzen kann. M&A-Transaktionen sind stets „nur" ein Instrument zur Umsetzung strategischer Ziele, wie z.B. der vorstehend bereits erwähnten Kostenführerschaft durch Skaleneffekte, Differenzierung durch überlegene Produkte oder Ähnliches. Der strategische Kaufinteressent wird seine Entscheidung immer unter dem Aspekt „Make" oder „Buy" abwägen, nämlich der Überlegung, sein strategisches Ziel durch eigene Aktivitäten oder schneller und sicherer durch die Übernahme eines Unternehmens zu erreichen.

Grundsätzlich lassen sich Übernahmen aus Sicht eines strategischen Investors wie folgt untergliedern:

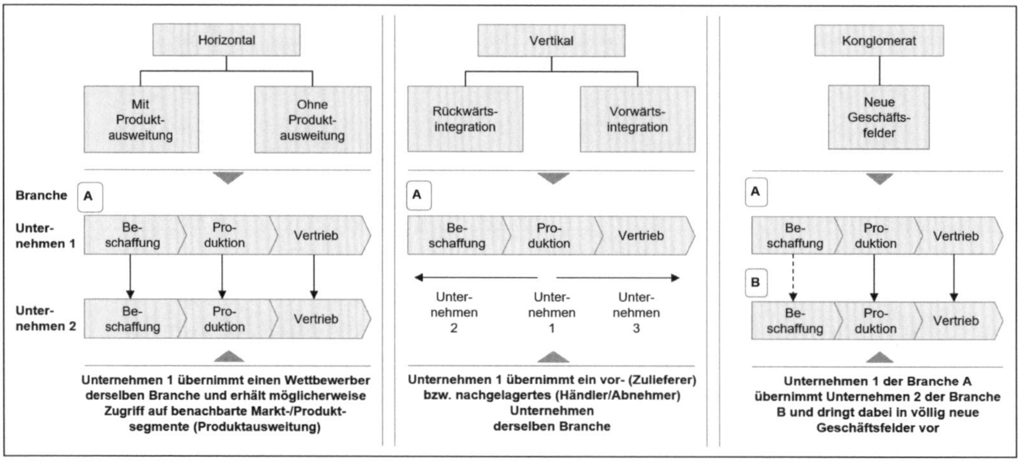

Abbildung 5-2: Unternehmenszusammenschlüsse im engeren Sinne[1]

Dabei ist aus Sicht des Erwerbers entscheidend, dass er beim Zusammenschluss Synergien erzielen kann. Unter Synergien versteht man den messbaren Effekt, der auftritt, wenn zwei Faktoren zusammen eine größere Wirkung erzielen als die Summe der beiden unabhängig voneinander wirkenden Faktoren. Auf M&A-Transaktionen übertragen bedeutet dies, dass die zusammengeschlossenen Unternehmen mehr wert sind als beide Unternehmen allein. Es gibt eine Reihe von Untersuchungen, die davon ausgehen, dass die Mehrzahl der M&A-Transaktionen keinen Mehrwert generiert[2]. Diese Untersuchungen beziehen sich größtenteils auf börsennotierte Unternehmen und nicht auf mittelständische Unternehmen; die Messung der Wertsteigerung orientiert sich an der Aktienkursentwicklung, die wiederum nicht ausschließlich an die operative Ergebnisentwicklung gekoppelt ist. Ebenso ist die Bereinigung der Performance-Entwicklung um exogene Faktoren, wie z. B. der Einfluss der Digitalisierung, Wettbewerbsverhalten etc. nicht möglich, um die reine Sinnhaftigkeit des Zusammenschlusses messbar zu machen.

Synergien lassen sich grundsätzlich wie folgt unterteilen:

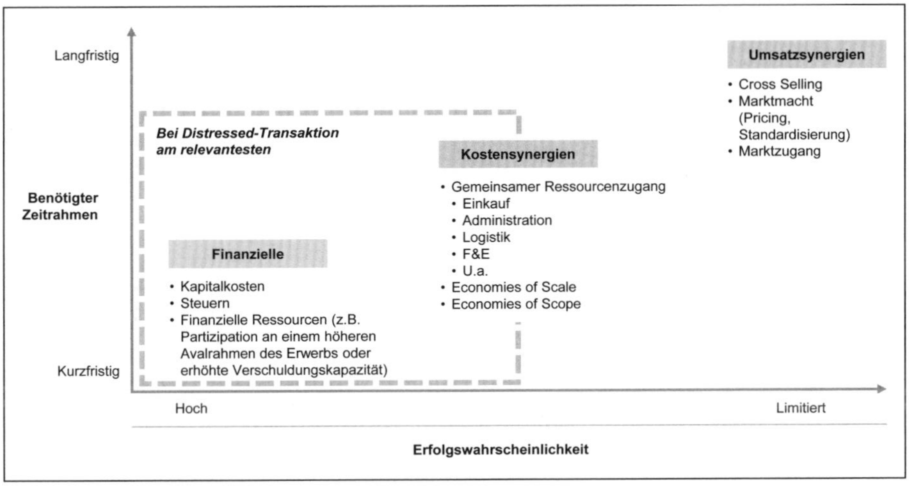

Abbildung 5.3: Distressed M&A-relevante Arten von Synergien[3]

Erwirbt ein Unternehmen ein krisenbehaftetes Unternehmen kommt der Abschätzung von Quick Wins in Form von Finanzierungs- und Kostensynergien enorme Bedeutung zu, denn diese sind am schnellsten zu heben und haben unmittelbaren Einfluss auf den (negativen) Cashflow des Zielobjektes.

Darüber hinaus sind auch Effekte zu beachten, die man als negative Synergien bezeichnen könnte, wie z. B.

- Komplexitätserhöhung
- Marktkannibalisierung
- Kultureller Misfit
- Kundenschwund

Um Synergien im Transaktionsprozess in die Preisfindung mit einzubeziehen, gibt es detaillierte Varianten, wie z. B.

- der vereinfachte Trade Buyers Approach als Praktikerregel[4]
- die Bewertung des Synergiepotenzials durch eine erweiterte Discounted-Cashflow-Analyse
- die Bewertung des Synergiepotenzials unter Zuhilfenahme einer Monte-Carlo-Simulation

Unter dem Trade Buyers Approach versteht man eine Faustformel, die den Unternehmenswert in drei Komponenten unterteilt.

Beispiel: Die Maier GmbH erwirtschaftete in den letzten drei Jahren die nachfolgenden Gewinne (EAT):

Komponente	Bezeichnung	Zinssatz	Quelle	NPV	t(1)	t(2)	t(3)	TV
I	Stabiler Gewinn	10%	Historische Analyse, Durchschnitt der letzten drei Jahre	54.781	5.000	5.000	5.000	55.556
			Discount Factor		*0,953*	*0,867*	*0,788*	*0,751*
			PV		*4.767*	*4.334*	*3.940*	*41.740*
II	Ungewisser Gewinn	30%	Business Plan	4.385	1.100	1.200	1.250	4.310
			Discount Factor		*0,877*	*0,675*	*0,519*	*0,455*
			PV		*965*	*810*	*649*	*1.962*
III	Synergien	20%	Synergieschätzung	7.117	750	1.200	1.500	7.895
			Discount Factor		*0,913*	*0,761*	*0,634*	*0,579*
			PV		*685*	*913*	*951*	*4.569*
Barwert der Synergien				**66.283**	**6.417**	**6.056**	**5.540**	**48.270**

mit:

Eternal Growth Rate	*1%*					
Year Convention			*0,5*	*1,5*	*2,5*	*3*

	t(-3)	t(-2)	t(-1)	LTM	Average L3Y
Gewinn	3.900	5.000	6.100	6.100	5.000

Abbildung 5-4: Beispiel Trade Buyers Approach 1/2

Die Komponente widmet sich dem stabilen Gewinn, der in unserem Beispiel unten als Durchschnittsgewinn der letzten drei Jahre definiert ist.

Auch wenn das Unternehmen eine deutliche Gewinnsteigerung in den letzten Jahren erzielen konnte, wird ein stabiler Gewinn in Höhe des Mittelwerts des Zeitraums t(-3) bis t(-1) angenommen. Da dieser Gewinn als „relativ sicher" eingestuft wird, erfolgt eine Diskontierung mit einem aus Erfahrungswerten abgeleiteten Zinssatz von „nur" 10 %.

Der aktuelle Mehrgewinn von rund T€ 1.100, der sowohl im letzten abgelaufenen Geschäftsjahr als auch in den letzten zwölf Monaten erzielt wurde, wird als „ungewisser Gewinn" in der Komponente II abgebildet. Dieser ungewisse Gewinn wird mit einem deutlich höheren Zinssatz von z. B. 30 % abgezinst.

Darüber hinaus hat man die Synergien (Komponente III) in der Due Diligence geschätzt und diese beginnend in t(1) mit T€ 750 p. a. steigend geplant. Da auch diese Synergien (hier zum Beispiel Kostensynergien) eher zwar mit Unsicherheit behaftet, aber sicherer als Komponente II erscheinen, werden diese mit z. B. 20 % abgezinst.

Komponente:	Bezeichnung	Zinssatz	Quelle:	NPV	t(1)	t(2)	t(3)	TV
I	Stabiler Gewinn	10%	Historische Analyse, Durchschnitt der letzten drei Jahre	54.781	5.000	5.000	5.000	55.556
			Discount Factor		*0,953*	*0,867*	*0,788*	*0,751*
			PV		*4.767*	*4.334*	*3.940*	*41.740*
II	Ungewisser Gewinn	30%	Business Plan	4.385	1.100	1.200	1.250	4.310
			Discount Factor		*0,877*	*0,675*	*0,519*	*0,455*
			PV		*965*	*810*	*649*	*1.962*
III	Synergien	20%	Synergieschätzung	4.982	750	1.200	1.500	7.895
			Discount Factor		*0,913*	*0,761*	*0,634*	*0,579*
			Steuern auf Synergien		*225*	*360*	*450*	*2.368*
			PV		*479*	*639*	*666*	*3.198*
Barwert der Synergien				**64.148**	**6.211**	**5.783**	**5.254**	**46.900**
mit:								
Unternehmenssteuersatz		*30%*						
Eternal Growth Rate		*1%*						
Year Convention					*0,5*	*1,5*	*2,5*	*3*

Abbildung 5-5: Beispiel Trade Buyers Approach 2/2

Für alle drei Komponenten wird auch ein Terminal Value[5] (bei einer unterstellten Wachstumsrate von 1 %) gebildet. Der Barwert aller Komponenten beläuft sich auf T€ 64., Der Barwert der Synergien beläuft sich auf T€ 4.982.

Dieser pragmatische Ansatz weist eine Reihe von methodischen und finanzwissenschaftlichen Fehlern auf, ist aber in der Praxis häufig anzutreffen.

Deutlich besser eignen sich Discounted-Cashflow-Analysen, die nachstehend in zwei Varianten dargestellt werden.

				NPV	t_1	t_2	t_3	TV
Umsatz-synergien	Cross-Selling				222	303	304	2.238
		Worst Case	10%		120	168	168	1.239
		Base Case	40%		200	280	280	2.064
		Management Case	30%		240	336	336	2.477
		Upside Case	20%		290	365	370	2.728
	Produktneuentwicklung				0	65	326	2.403
		Worst Case	10%		0	36	180	1.327
		Base Case	40%		0	60	300	2.212
		Management Case	30%		0	72	360	2.654
		Upside Case	20%		0	80	400	2.949
		Summe Umsatzsynergien			**222**	**368**	**630**	**4.642**
Kosten-synergien	Administrationstätigkeit				108	128	163	1.202
		Worst Case	10%		60	72	90	664
		Base Case	40%		100	120	150	1.106
		Management Case	30%		120	144	180	1.327
		Upside Case	20%		130	150	200	1.474
	Vertrieb				161	171	192	1.413
		Worst Case	10%		90	96	108	796
		Base Case	40%		150	160	180	1.327
		Management Case	30%		180	192	216	1.592
		Upside Case	20%		190	200	220	1.622
	F&E				41	65	81	530
		Worst Case	10%		23	36	45	332
		Base Case	40%		38	60	75	395
		Management Case	30%		45	72	90	664
		Upside Case	20%		50	80	95	700
		Summe Kostensynergien			**310**	**365**	**435**	**3.144**
	Synergien gesamt vor Steuer				**532**	**733**	**1.065**	**7.786**
	Steuern auf Synergien				(160)	(220)	(319)	(2.336)
	Synergien nach Steuern				**372**	**513**	**745**	**5.450**
	Diskontierung				0,93	0,81	0,71	0,66
	Barwert der Synergien			**4.906**	**348**	**417**	**529**	**3.612**

Abbildung 5-6: Synergiequantifizierung anhand eines mehrwertigen Discounted-Cashflow-Modells

Zunächst wird die oben dargestellte einwertige Synergieplanung des Trade Buyers Approach durch eine mehrwertige Planung ersetzt. Mehrwertig bedeutet, dass verschiedenen Szenarien mit deren Eintrittswahrscheinlichkeiten gewichtet werden und damit ein sogenannter Erwartungswert gebildet wird. Mit diesem Erwartungswert werden nun die Synergien berechnet. Da durch diese Wahrscheinlichkeitsgewichtung ein Teil des Risikos bereits „herausgenommen“ wurde, muss auch der Zinssatz für die Kapitalisierung angepasst werden. In unserem Beispiel wird dieser Zinssatz auf der Basis des Capital-Asset-Pricing-Models (kurz CAPM) definiert und beträgt 14,7 %. Auf dieser Basis sieht man, dass sich der Barwert der Synergien auf T€ 4.906 ermäßigt hat.

Ein weiterer, zwar komplexer, jedoch methodisch geeigneterer Ansatz besteht in der Anwendung einer Monte-Carlo-Simulation[6] bei der ebenfalls auf Basis von Wahrscheinlichkeitsverteilungsfunktionen die Unsicherheit durch eine Vielzahl von Simulationen modelliert wird. In unserem Fall haben wir eine Dreiecksverteilung gewählt, bei der das Management die Synergien jeweils mit einem Mindestwert, einem höchst wahrscheinlichen und einem Maximalwert quantifiziert hat.

			NPV	t_1	t_2	t_3	TV
Umsatz-synergien	Cross-Selling			187	261	261	1.927
		Minimum		120	168	168	1.239
		Most likely		200	280	280	2.064
		Maximum		240	336	336	2.477
	Produktneuentwicklung			0	56	280	2.064
		Minimum		0	36	180	1.327
		Most likely		0	60	300	2.212
		Maximum		0	72	360	2.654
		Summe Umsatzsynergien		**187**	**317**	**541**	**3.991**
Kosten-synergien	Administrationstätigkeit			93	112	140	1.032
		Minimum		60	72	90	664
		Most likely		100	120	150	1.106
		Maximum		120	144	180	1.327
	Vertrieb			140	149	168	1.239
		Minimum		90	96	108	796
		Most likely		150	160	180	1.327
		Maximum		180	192	216	1.592
	F&E			35	56	70	516
		Minimum		23	36	45	332
		Most likely		38	60	75	553
		Maximum		45	72	90	664
		Summe Kostensynergien		**268**	**317**	**378**	**2.787**
	Synergien gesamt vor Steuer			**455**	**635**	**919**	**6.778**
	Steuern auf Synergien			(137)	(190)	(276)	(2.033)
	Synergien nach Steuern			**319**	**444**	**644**	**4.744**
	Diskontierung			0,93	0,81	0,71	0,66
	Barwert der Synergien		**4.260**	**297**	**362**	**457**	**3.144**

Abbildung 5-7: Synergiequantifizierung anhand einer mehrwertigen Monte-Carlo-Simulation

Die folgende Grafik zeigt die Verteilung der Ergebnisse.

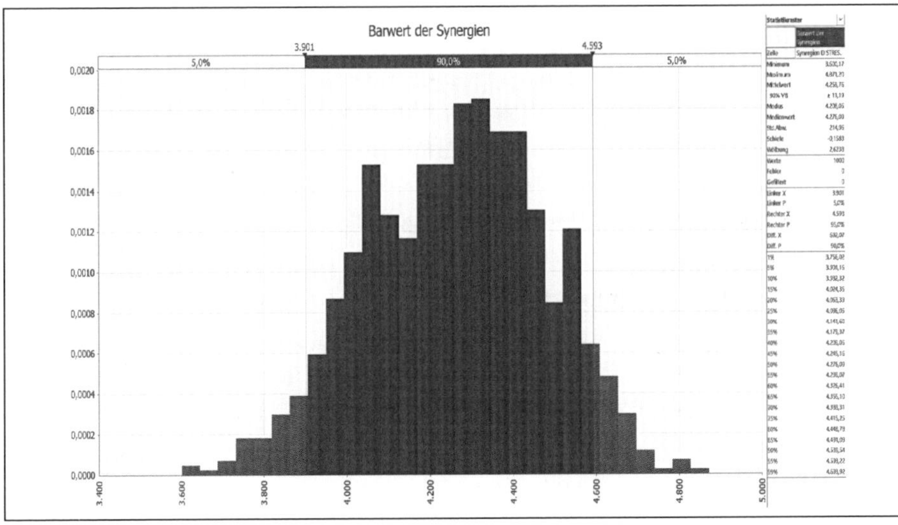

Abbildung 5-8: Synergiequantifizierung mithilfe einer Monte-Carlo-Simulation (grafische Darstellung)

Synergien lassen sich in Verhandlungen mit Transaktionspartnern in Form eines sogenannten Tornado-Diagramms visualisieren[7]. Beispielhaft seien auf Basis der vorstehenden Monte-Carlo-Simulation die fünf Hauptsynergiearten (ohne die Auswirkungen des Terminal Values) dargestellt. Es zeigt sich, dass die Effekte aus dem Cross-Selling im zweiten Jahr nach der Übernahme am bedeutendsten sind. Ebenso wird in unserem Beispiel der geplanten gemeinsamen Produktneuentwicklung, die im dritten Jahr zu Erlösen führen soll, eine enorme Bedeutung beigemessen.

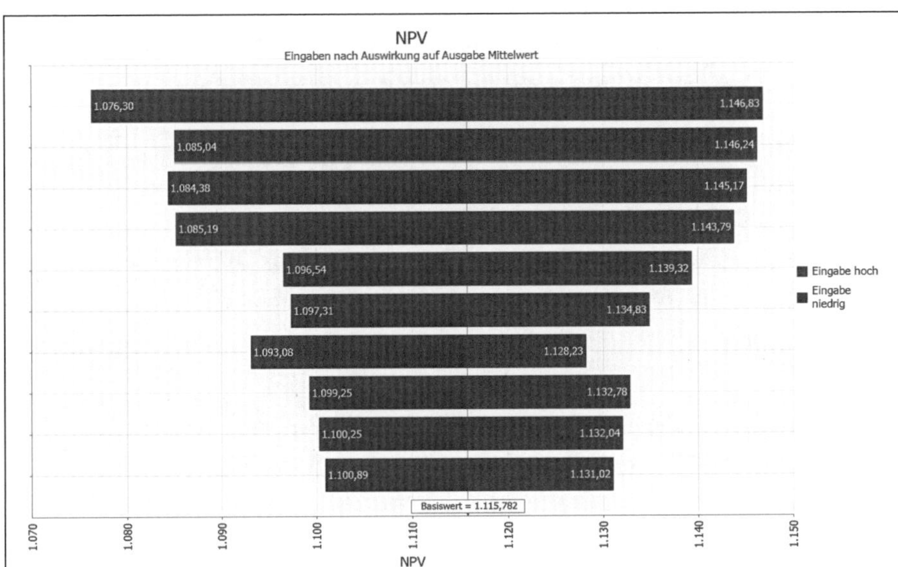

Abbildung 5-9: Beispielhafte Darstellung von Synergien anhand eines Tornado-Diagramms

Ebenso zeigt sich in diesem Beispiel, dass die ursprünglich im Trade Buyers Approach noch mit rund T€ 4.982 geschätzten Synergien bei genauer Betrachtung durch eine Risikosimulation in Form der Monte-Carlo-Simulation nur noch in wenigen Fällen auftreten kann. Der „Most-likely"-Wert der Simulation liegt bei T€ 4.276 und damit deutlich unter den Ergebnissen der beiden anderen Verfahren.

Die Boston Consulting Group hat in einer Untersuchung die Faktoren herausgearbeitet, die entscheidend für den Erfolg der Hebung von Synergien sind:[8]

1. Der Barwert der Synergien nach Steuern und Transaktionskosten darf den Wert der gezahlten Übernahmeprämie bei börsennotierten Übernahmen nicht unterschreiten.
2. Die Rentabilität nach Steuern muss durch Benchmarking mit anderen Marktteilnehmern plausibilisiert werden. Margen, die bei keinem anderen Unternehmen zu beobachten sind, lassen auf ein Überschätzen des Synergiepotenzials schließen.
3. Bereits in der Due Diligence muss ein Team installiert werden, dass eine klare Roadmap zur Erreichung der Synergien (und in Distressed-Situationen zur Wiedererlangung der Rentabilität bzw. einem Ende des Cash Drains) festlegt.
4. Bei der Bekanntmachung der Übernahme müssen die Synergien kommuniziert und damit dem Kapitalmarkt die Chance eingeräumt werden, dieses Synergiepotenzial unmittelbar im Aktienkurs zu berücksichtigen, sprich mit steigenden Kursen zu reagieren.

Nach Erfahrung des Autors muss ein Investor insbesondere bei mittelständischen Distressed M&A-Transaktionen auf folgende Parameter achten:

- Exakte Definition der Synergieart sowie deren Mindest-, Erwartungs- und Maximalwertes unter besonderer Berücksichtigung der Maßnahmen zur Beseitigung etwaiger rechtlicher Fristen im Sinne des Insolvenzrechts
- Beachtung eines „natürlichen" Overconfidence Bias bei der Quantifizierung
- Benchmarking durch Vergleich mit den Marktführern oder vergleichbaren Unternehmen anderer Branchen
- Aufstellen einer Roadmap zur Hebung von Synergien während der Due Diligence und Verifizierung in den Gesprächen mit dem Management des Targets
- Berücksichtigung eines Sicherheitspuffers für Herausforderungen bei der Hebung von Synergien, aufgrund unterschiedlicher Unternehmenskulturen sowie
- Berücksichtigung von Aufwendungen zur kulturellen Integration.

Umgekehrt sind aus Sicht des (Beraters des) Verkäufers diese Pro und Contra des Interessenten zu antizipieren. Sowohl bei der Informationsbereitstellung für die Due Diligence als auch in den Gesprächen und Verhandlungen müssen diese Synergiepotenziale immer wieder zur Sprache gebracht werden, vergrößern Sie doch den zur Verteilung anstehenden „Verhandlungskuchen" respektive Kaufpreis.

Finanzinvestoren

Unter einem Finanzinvestor versteht man einen Investor, dessen Ziel die Mehrung des ihm zur Anlage in risikobehaftete unternehmerische Direktinvestments zur Verfügung gestellten Kapitals ist. Dabei verwendet ein Finanzinvestor in der Regel einen signifikanten Anteil von Fremdkapital, um über den sogenannten Leverage-Effekt die Eigenmittelrentabilität zu erhöhen.

Kommt es nach dem Kapitaleinsatz zu einer Steigerung des Gesamtunternehmenswertes, so steigert sich der Wert des Eigenkapitals überproportional zur Wertsteigerung des Gesamtunternehmenswertes, da das Fremdkapital nominal gleichbleibt oder sogar getilgt wird und ceteris paribus die Wertsteigerung dem Eigenkapitalgeber zufließt.

	t_0	t_1	t_2	t_3	t_4	t_5	t_6	t_7
Enterprise Value	100,0	103,0	106,1	109,3	112,6	115,9	119,4	123,0
Steigerung		3%	3%	3%	3%	3%	3%	3%
Fremdkapital	60	60	60	60	60	60	60	60
Eigenkapital	40,0	43,0	46,1	52,6	52,6	55,9	59,4	63,0
Steigerung		**7,5%**	**7,2%**	**6,7%**	**6,7%**	**6,4%**	**6,2%**	**6,0%**

	t_0	t_1	t_2	t_3	t_4	t_5	t_6	t_7
Enterprise Value	100,0	103,0	106,1	109,3	112,6	115,9	119,4	123,0
Steigerung		3%	3%	3%	3%	3%	3%	3%
Fremdkapital	60	54	48	42	36	30	24	18
Eigenkapital	40,0	49,0	58,1	67,3	76,6	85,9	95,4	105,0
Steigerung		**22,5%**	**18,6%**	**15,8%**	**13,8%**	**12,2%**	**11,0%**	**10,0%**

Abbildung 5-10: Entwicklung von Eigen- und Fremdkapital bei Steigerung des Gesamtunternehmenswertes

Die Begriffe „Private Equity", „Beteiligungsgesellschaft" oder „Sponsor" werden mittlerweile annähernd synonym verwendet. Der Begriff „Private Equity" grenzt sich klar von „Public Equity" ab, das für Unternehmen über Kapitalmärkte im Rahmen eines Initial Public Offerings/Börsengangs möglich ist. Da bei einem Börsengang grundsätzlich eine Reihe von Parametern (u. a. Rentabilität, professionelles Rechnungs- und Berichtswesen, adäquate Finanzmarktkommunikation) zu erfüllen sind, steht dieser Weg der Eigenkapitalbeschaffung nicht jedem Unternehmen und schon gar nicht Unternehmen in schwierigem wirtschaftlichem Fahrwasser zur Verfügung.

Mittlerweile sind in Deutschland eine Vielzahl von Finanzinvestoren am Markt aktiv, die sich anhand verschiedener Kriterien unterscheiden. Diese sind:

- Rechtliche Struktur des verwalteten Vermögens (Fondsstruktur, Deal-by-Deal-Strukturen),
- Phasen der Unternehmensentwicklung (von Seed Financing im Bereich des klassischen Venture Capitals über Wachstumsfinanzierungen, LBO-Finanzierungen reifer Unternehmen bis hin zu Distressed Investments),
- Höhe der Beteiligung (Mehrheitsbeteiligungen oder Minderheitsbeteiligungen),

- Einflussnahme auf das operative Geschäft (von einer reinen Finanzbeteiligung über Mitwirkung in Beirat oder Aufsichtsratsgremien bis hin zur aktiven Mitwirkung in der Geschäftsführung),
- Finanzierungsstrukturen (von all-equity bis zu Leveraged Buy-out-Strukturen)
- Exitüberlegungen (von klassischen Haltedauern, die durch die Fondslaufzeit bestimmt sind bis hin zu sog. Evergreen-Strukturen).

Die Investoren, die das eigentliche Private Equity zur Verfügung stellen, werden als Limited Partners (LPs) bezeichnet. Der Fondsmanager, der sich um die Akquise und operative Wertentwicklung der Unternehmen kümmert, ist der sogenannte General Partner (GP). Der GP wirbt von den LPs Gelder ein, um diese in eine gemäß den Fondsprospekten (Private Placement Memorandum) definierte Anlageklasse zu investieren. Nur wer den Investoren einen entsprechend positiven Track Record also Investitionserfolge vorweisen kann, wird auch für einen neuen Fonds entsprechende Zeichnungen erhalten. Vor diesem Hintergrund ist es notwendig, entsprechende Erfolge durch den Erwerb, die Weiterentwicklung und den anschließenden Verkauf der Unternehmen zu erzielen und damit die Renditeanforderungen der Investoren zu erfüllen.

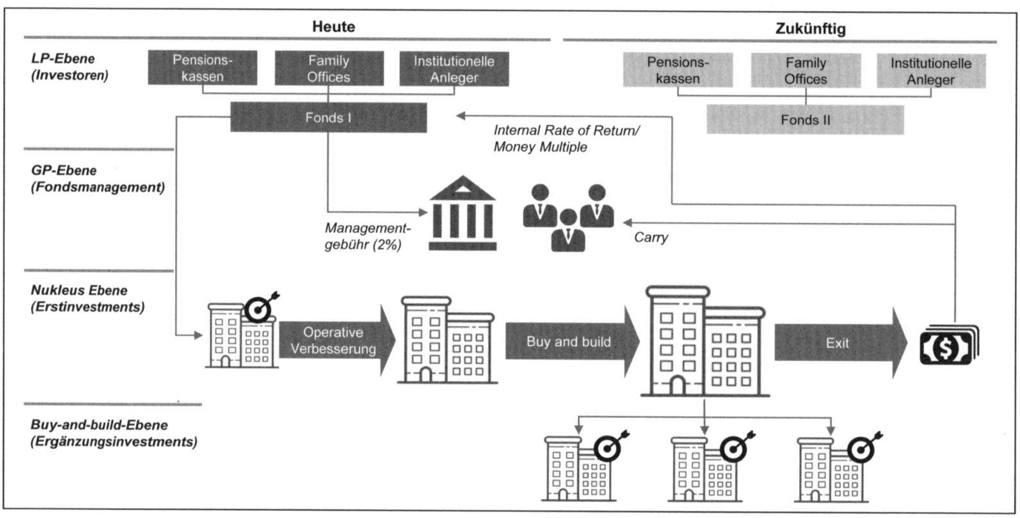

Abbildung 5-11: Die verschiedenen Ebenen des Geschäftsmodells von Private-Equity-Gesellschaften

Finanzinvestoren messen ihre eigene Leistung (Performance) an den Kennzahlen IRR (Internal Rate of Return) und dem Money Multiple. Unter IRR versteht man die annualisierte Verzinsung des eingesetzten Eigenkapitals. Diese Verzinsung enthält einen Zeitaspekt, der bei einer ausschließlichen Orientierung an dieser Kennzahl zu kurzfristigem Denken führen könnte. Je kürzer ein Unternehmen gehalten wird, desto höher ist der IRR bei einer schnellen Wertsteigerung (z. B. durch Kostensenkungsmaßnahmen). Die unten dargestellte Tabelle zeigt die grundsätzliche Problematik. Vor diesem Hintergrund hat eine weitere Kennzahl, der sogenannte Money Multiple, Einzug in die Performancemessung von Finanzinvestoren gefunden. Der Money Multiple zeigt auf, das Wievielfache des eingesetzten Eigenkapitals mit einer Investition realisiert worden ist.

Die Vergütung von Private-Equity-Gesellschaften und deren Managern basiert auf dem „Two-and-Twenty"-Prinzip. Dieses besagt, dass 2 % des Kapitals für die Verwaltung des Fonds notwendig sind („Management Fee" oder Verwaltungsgebühr). Diese Verwaltungsgebühr wird zumeist auf die Zeichnungshöhe, also dem von einem Investor zugesagten Kapital, oder in selteneren Fällen auf das investierte Kapital berechnet. 20 % ist als „Carried Interest" oder kurz „Carry" strukturiert. Aus Investorensicht sollte die Management Fee nur der Höhe der internen Verwaltungskosten, sowie die operativen Kosten der Managementgesellschaft (u. a.: Personalkosten, Miete, Büroeinrichtung, EDV) entsprechen. Der monetäre Anreiz für das Management muss aus der Carry kommen und somit strukturell einen Gleichklang der Interessen der Investoren und des Managements darstellen.

Die Auszahlung der Gewinnbeteiligung ist etwas komplexer, denn diese richtet sich nach dem wirtschaftlichen Erfolg einer Beteiligung und dem sogenannten „Auszahlungs-Wasserfall" (Waterfall Distribution). Dieser gliedert die Ergebnisverteilung zwischen Investoren und Management. Die nachfolgende Berechnung zeigt das Prinzip:

Entry Equity Value		**30,0**				
Hurdle Rate:		**8%**				
Carry Verhätnis:	Investoren	**80%**				
	Management	20%				
Exit Equity Value		**100,0**				
			1	**2**	**3**	**4**
		t_0	t_1	t_2	t_3	t_4
1	Equity Investment	-30,0				100,0
2	Rückzahlung des Investierten Kapitals					30,0
3	Hurdle		2,4	5,0	7,8	10,8
4	Zwischensumme Investor (Summe Zeile 2 + 3)					56,0
5	Differenz Equity Value (1-4)					44,0
6	Catch Up (Max)					14,0
7	Differenz nach Zahlungen an Investoren und Catch-Up					30,0
8	Davon 80% an Investoren					24,0
9	Davon 20% an Equity-Gesellschaft					6,0
10	Gesamt Investor (4 + 8)					80,0
11	Gesamt Management (6 + 9)					20,0

Abbildung 5-12: Erfolgsabhängige Vergütung des Private Equity Fonds-Managements

Im ersten Schritt wird den Investoren 100 % des eingezahlten Kapitals zurückerstattet (Zeile 2). Anschließend wird die sogenannte Vorzugsrendite, auch „Hurdle" (Zeile 3) genannt fällig, welche das eingesetzte Kapital für die Dauer der effektiven Kapitalbindung kompensieren soll. Häufig liegt diese Vorzugsrendite bei 8 %[9]. Historisch geht dies auf die Anfangsphase der Private Equity-Gesellschaften in den 80er-Jahren zurück, als die zehnjährige Rendite einer US-Anleihe bei 8 % lag, welche damals als risikofreie Gewinnmarge und damit als Mindestrendite angesehen wurde[10]. Bis zu diesem Verteilungszeitpunkt haben ausschließlich die Investoren Zahlungen erhalten. Nun beginnt im dritten Schritt (Zeile 6) die Aufholphase (Catch-Up) des Managements. Das Fondsmanagement erhält in dieser Phase (meist) sämtliche Auszahlungen, bis das Verhältnis zwischen der Summe der aus Kapitalrückzahlungen und Vorzugsrendite einerseits und dem Aufholbetrag andererseits den vereinbarten Prozentsatz des Carried Interest (meist 20 %) widerspiegelt[11]. Die Intention hinter dem Carried Interest ist der bereits oben erwähnte Interessensgleichklang zwischen Management und Investoren.

Um diesen Effekt zu verstärken und eine Maximierung des eingesetzten Fondskapitals zu erreichen, werden die meisten Manager dazu angehalten, ebenso einen Teil des eigenen Vermögens in den Fond zu investieren. Die Struktur der Carry kann auf Dealbasis („Deal-by-Deal") oder auf Fondbasis („Whole-of-Fund") gestaltet werden. Der Unterschied zwischen beiden Methoden liegt – bei gleichbleibender Rendite der Investments – nur im Zeitpunkt der Auszahlung. Bei der Dealbasis erhält das Management früher den Carry (nach jedem abgeschlossenen Investment), bei der Fondbasis am Ende der Fondslaufzeit. Da ein Investor immer sein Gesamtengagement in einen Private Equity Fonds betrachten wird, ist das Whole of Fund-Vergütungssystem mittlerweile beliebter. Auf Deal-Basis kann es vorkommen, dass das Management bei frühen erfolgreichen Transaktionen eine Carry-Zahlung erhalten hat, welche später bei schlechten Transaktionen wieder zurückerstattet werden müssten, um – bezogen auf den gesamten Fonds – das vereinbarte Carry Verhältnis wiederherzustellen. Diese Rückzahlung des Managements an die Investoren nennt man auch „Clawback". Dabei handelt es sich nicht um eine gesamte Rückzahlung, sondern nur um den Nachsteuerbetrag der zu viel gezahlten Carry. Um den Clawback im Fall einer Überzahlung der Carry zu sichern, verwenden manche Fonds neben persönlichen Garantien auch „Escrow"-Accounts (Sperrkonten). Auf diese Konten wird der entstandene Carry für das Management einbezahlt, bis auf den Teil, der genutzt wird, um die Steuerlast zu decken, somit kommt es zu keiner vollständigen Auszahlung der Carry bis zur Endabrechnung des Fonds.

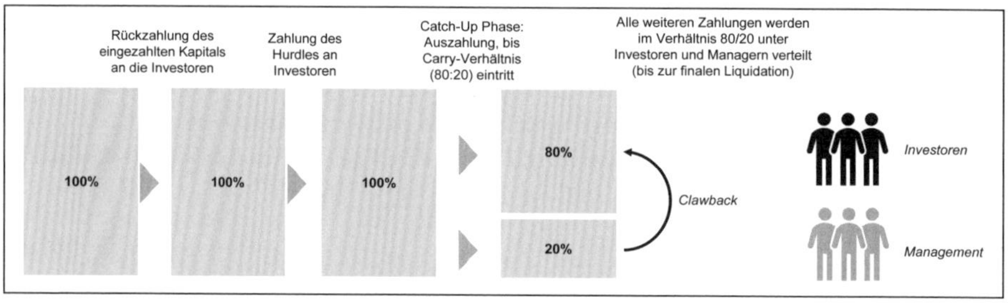

Abbildung 5-13: Waterfall Distribution bei Priavte Equity-Fondsmanagement-Vergütungen

Um Wertsteigerung auf das eingesetzte Eigenkapital zu erzielen, stehen Private Equity-Unternehmen in der Regel die nachfolgend beschriebenen Instrumente zur Verfügung:

- Operative Wertsteigerung,
- Multiple Expansion,
- Leverage und Deleverage.

Die operative Wertsteigerung kann an einer Vielzahl von Hebeln ansetzen. Natürlich ist ein stringentes Kostenmanagement die einfachste Form zur Erzielung von Ergebnisverbesserungen und damit der Unternehmenswertsteigerung. Da häufig die Personalkosteneinsparung die einfachste Form von Kostenmanagement ist, rührt hier die oft vernehmbare Kritik an Finanzinvestoren her. Allerdings stellt dies nur einen Wertsteigerungshebel dar, der zudem in der Höhe limitiert ist, da die meisten Unternehmen bereits vor Erwerb durch einen Investor ein stringentes Personalkostenmanagement betreiben. Mittlerweile müssen Private Equity-Unternehmen im Wettbewerb mit intelligenteren Wertsteigerungsstrategien Unternehmer und Unternehmen vorab vom

Vorteil ihres Einstiegs überzeugen. Insbesondere Buy-and-Build-Strategien (Unternehmen mit komplementären/ ergänzenden Geschäftsmodellen zu akquirieren und so fragmentierte Branchen und Märkte zu konsolidieren) und die Digitalisierung von Geschäftsmodellen sind die am weitesten verbreiteten Strategien zur Wertsteigerung.

In den 1980er-Jahren wurde – insbesondere geprägt durch die US-amerikanische Junk-Bond-Ära – der Leverage-Effekt als Hauptwertsteigerungshebel eingesetzt. In dieser Zeit konnten hochverzinsliche Anleihen zur Finanzierung von Unternehmensübernahmen platziert werden, die jedoch aufgrund des hohen Verschuldungsgrades der Akquisitionsfinanzierung (Leveraged Buy-out) eben auch ein hohes Risiko trugen. Da diese Anleihen teilweise auch ausfielen, wurde diesen der Name „Schrott-Anleihe“ oder „Junk-Bond“ zu teil.

In den 1990er-Jahren, begünstigt durch ein günstiges wirtschaftliches Kapitalmarktumfeld, wurde die größte Wertsteigerung durch Multiple Expansion erzielt, sprich der Multiplikator beim Verkauf (Exit-Multiple) lag – teilweise sogar deutlich – über dem Multiplikator beim Erwerb (Entry-Multiple).

Die 2000er-Jahre können als Buy-and-Build-Zeitraum und damit als eine Phase der Wertsteigerung durch Umsatzwachstum bezeichnet werden. Seit den 2010er-Jahren verfolgen erfolgreiche Private Equity-Unternehmen ihre Wertsteigerung im Wesentlichen durch operative Verbesserungen. Gleichwohl muss nach Untersuchungen von Bain und Prequin attestiert werden, dass weiterhin der Hauptwertsteigerungshebel in der Multiple Expansion zu sehen ist.

Unter Multiple Expansion versteht man – wie oben bereits erwähnt – die schlichte Kaufmannsregel „Der Gewinn liegt im Einkauf“ oder die Börsenweisheit „Buy low, sell high“. Häufig wird die Chance auf einen höheren Bewertungsmultiplikator durch eine Repositionierung des Unternehmens erst eröffnet. Durch eine verbesserte Rentabilität oder durch ein deutlich erhöhtes Umsatzniveau sinkt aus Investorensicht das Investmentrisiko und rechtfertigt damit höhere Multiplikatoren. Hinzu kommen z. B. auch Änderungen in der Unternehmensstrategie, die das Unternehmen einem neuen Umfeld zuordnen, das unter Umständen eine höhere Bewertung aus Investorensicht rechtfertigt.

Die nachfolgenden Rechenbeispiele zeigen das Grundschema eines Private Equity-Investments und die Auswirkungen der Änderungen der wesentlichen Wertsteigerungshebel (im Beispiel um jeweils 30 %).

Im Grundschema erwirbt das PE-Unternehmen ein Unternehmen mit € 3 Mio. EBITDA zu einem Enterprise-Value/EBITDA-Multiple von 4,0x. Der sich daraus ergebende Enterprise Value (Gesamtunternehmenswert) von € 12 Mio. wird zu zwei Dritteln mit Fremdkapital finanziert und zu einem Drittel mit Eigenkapital.

Im nächsten Jahr wir das EBITDA durch operative Wertsteigerungsmaßnahmen um 10 % verbessert, doch diese Verbesserungsrate nimmt in den Folgejahren um 20 % pro Jahr ab. Die Tabelle zeigt im unteren Teil die Kennzahlen IRR und Money Multiple bei einem unterstellten Exit zum Zeitpunkt t_n. Würde das Unternehmen bei der unterstellten operativen Wertsteigerung im Jahr 4 verkauft, so ergibt sich – bei konstantem Fremdkapital – ein IRR von 18,7 % und Money Multiple von 2,0x.

		t_0	t_1	t_2	t_3	t_4	t_5	t_6	t_7
EBITDA		3,0	3,3	3,6	3,8	4,0	4,1	4,3	4,4
EBITDA-Steigerung			**10%**	8%	6%	5%	4%	3%	3%
Abnahme EBITDA-Steigerung	**20%**								
EBITDA-Multiple		**4,0x**	4,0x	4,0x	4,0x	4,0x	4,0x	4,0x	**4,0x**
Enterprise Value		12,0	13,2	14,3	15,2	15,9	16,6	17,1	17,6
Debt	**66,7%**	8,0	8,0	8,0	8,0	8,0	8,0	8,0	8,0
Equity	33,3	4,0	5,2	6,3	7,2	7,9	8,6	9,1	9,6
Investment		**-4,0**	0	0	0	0	0	0	0
Exit in t_1		-4,0	**5,2**						
Exit in t_2		-4,0	0	**6,3**					
Exit in t_3		-4,0	0	0	**7,2**				
Exit in t_4		-4,0	0	0	0	**7,9**			
Exit in t_5		-4,0	0	0	0	0	**8,6**		
Exit in t_6		-4,0	0	0	0	0	0	**9,1**	
Exit in t_7		-4,0	0	0	0	0	0	0	**9,6**
IRR			**30,0%**	**25,0%**	**21,5%**	**18,7%**	**16,5%**	**14,8%**	**13,3%**
Money Multiple			**1,3x**	**1,6x**	**1,8x**	**2,0x**	**2,1x**	**2,3x**	**2,4x**

Abbildung 5-14: Basisschema eines klassischen Private Equity Investments

In der ersten Modifikation wird die Rate der operativen Wertsteigerung um 30 % nach oben variiert. In diesem Beispiel ergibt sich – bei konstantem Fremdkapital – ein IRR von 23,5 % und ein Money Multiple von 2,3x bei einem Exit in Jahr 4.

		t_0	t_1	t_2	t_3	t_4	t_5	t_6	t_7
EBITDA		3,0	3,4	3,7	4,1	4,3	4,6	4,7	4,9
EBITDA-Steigerung			**13%**	10%	8%	7%	5%	4%	3%
Abnahme EBITDA-Steigerung	**20%**								
EBITDA-Multiple		**4,0x**	4,0x	4,0x	4,0x	4,0x	4,0x	4,0x	**4,0x**
Enterprise Value		12,0	13,6	15,0	16,2	17,3	18,2	19,0	19,6
Debt	**66,7%**	8,0	8,0	8,0	8,0	8,0	8,0	8,0	8,0
Equity	33,3%	4,0	5,6	7,0	8,2	9,3	10,2	11,0	11,6
Investment		**-4,0**	0	0	0	0	0	0	0
Exit in t_1		-4,0	**5,6**						
Exit in t_2		-4,0	0	**7,0**					
Exit in t_3		-4,0	0	0	**8,2**				
Exit in t_4		-4,0	0	0	0	**9,3**			
Exit in t_5		-4,0	0	0	0	0	**10,2**		
Exit in t_6		-4,0	0	0	0	0	0	**11,0**	
Exit in t_7		-4,0	0	0	0	0	0	0	**11,6**
IRR			**39,0%**	**32,0%**	**27,1%**	**23,5%**	**20,6%**	**18,3%**	**16,5%**
Money Multiple			**1,4x**	**1,7x**	**2,1x**	**2,3x**	**2,6x**	**2,7x**	**2,9x**

Abbildung 5-15: Modifikation I des Private-Equity-Investment-Schemas

Die zweite Modifikation unterstellt eine 30 % höhere Fremdkapitalfinanzierung und damit eine deutlich verbesserte IRR und einen signifikant höheren Money Multiple.

		t_0	t_1	t_2	t_3	t_4	t_5	t_6	t_7
EBITDA		3,0	3,3	3,6	3,8	4,0	4,1	4,3	4,4
EBITDA-Steigerung			**10%**	8%	6%	5%	4%	3%	3%
Abnahme EBITDA-Steigerung	**20%**								
EBITDA-Multiple		**4,0x**	4,0x	4,0x	4,0x	4,0x	4,0x	4,0x	**4,0x**
Enterprise Value		12,0	13,2	14,3	15,2	15,9	16,6	17,1	17,6
Debt	**86,7%**	10,4	10,4	10,4	10,4	10,4	10,4	10,4	10,4
Equity	13,3%	1,6	2,8	3,9	4,8	5,5	6,2	6,7	7,2
Investment		**-1,6**	0	0	0	0	0	0	0
Exit in t_1		-1,6	**2,8**						
Exit in t_2		-1,6	0	**7,0**					
Exit in t_3		-1,6	0	0	**3,9**				
Exit in t_4		-1,6	0	0	0	**5,5**			
Exit in t_5		-1,6	0	0	0	0	**6,2**		
Exit in t_6		-1,6	0	0	0	0	0	**6,7**	
Exit in t_7		-1,6	0	0	0	0	0	0	**7,2**
IRR			**75,0%**	**55,2%**	**43,9%**	**36,4%**	**31,1%**	**27,1%**	**23,9%**
Money Multiple			**1,7x**	**2,4x**	**3,0x**	**3,5x**	**3,9x**	**4,2x**	**4,5x**

Abbildung 5-16: Modifikation II des Private-Equity-Investment-Schemas

Die größten Auswirkungen auf beide Kennzahlen liegt damit im Leverage.

		t_0	t_1	t_2	t_3	t_4	t_5	t_6	t_7
EBITDA		3,0	3,3	3,6	3,8	4,0	4,1	4,3	4,4
EBITDA-Steigerung			**10%**	8%	6%	5%	4%	3%	3%
Abnahme EBITDA-Steigerung	**20%**								
EBITDA-Multiple		**4,0x**	4,0x	4,0x	4,0x	4,0x	4,0x	4,0x	**4,0x**
Enterprise Value		12,0	13,2	14,3	15,2	15,9	16,6	17,1	17,6
Debt	**86,7%**	10,4	10,4	10,4	10,4	10,4	10,4	10,4	10,4
Equity	13,3%	1,6	2,8	3,9	4,8	5,5	6,2	6,7	7,2
Investment		**-1,6**	0	0	0	0	0	0	0
Exit in t_1		-1,6	**2,8**						
Exit in t_2		-1,6	0	**3,9**					
Exit in t_3		-1,6	0	0	**4,8**				
Exit in t_4		-1,6	0	0	0	**5,5**			
Exit in t_5		-1,6	0	0	0	0	**6,2**		
Exit in t_6		-1,6	0	0	0	0	0	**6,7**	
Exit in t_7		-1,6	0	0	0	0	0	0	**7,2**
IRR			**75,0%**	**55,2%**	**43,9%**	**36,4%**	**31,1%**	**27,1%**	**23,9%**
Money Multiple			**0,7x**	**1,0x**	**1,2x**	**1,4x**	**1,5x**	**1,7x**	**1,8x**

Abbildung 5-17: Modifikation III des Private-Equity-Investment-Schemas

Auch ein um 30 % verbesserter Exit-Multiple vermag die Erhöhung des Verschuldungsgrades nicht zu kompensieren.

Private Equity-Investments werden grundsätzlich als Non-recourse-Finanzierungen strukturiert. Kein Investment haftet für ein weiteres Investment eines Private Equity-Unternehmens.

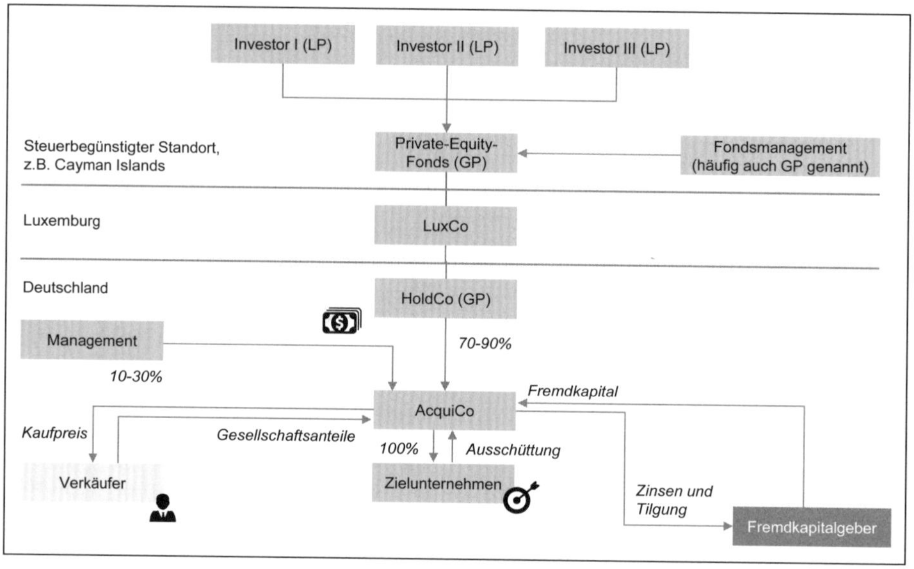

Abbildung 5-18: Exemplarische Private Equity-Basis-Transaktionsstruktur

Zwischen dem eigentlichen Private Equity-Fonds und der das Zielunternehmen erwerbenden Gesellschaft sind in der Regel eine Reihe von Gesellschaften „zwischengeschaltet", um sowohl laufende Gewinnausschüttungen als auch den Exiterlös steueroptimiert zu vereinnahmen. Häufig kommt es auch durch Verschmelzungen zu einem sogenannten Debt-push-down[12]. Hierbei wird die Finanzierung der Akquisition in die Sphäre der operativ tätigen Gesellschaft verlegt.

Auch wenn sich die finanzierenden Banken dingliche Sicherheiten einräumen lassen, ist die Finanzierung im Wesentlichen auf die Cashflows des Zielunternehmens abgestellt. Vor diesem Hintergrund definieren die finanzierenden Banken Finanzkennzahlen (sog. Financial Covenants), die bei Nichterfüllung den finanzierenden Banken Handlungsoptionen einräumen.

Diese Finanzkennzahlen beziehen sich in den meisten Fällen auf die Höhe des Fremdkapitalanteils. Diese sogenannten Leverage Covenants werden um Cashflow Covenants oder Interest Cover Covenants ergänzt. Häufig werden auch absolute Beträge als einzuhaltende Kennzahlen definiert, wie z. B. ein Minimum-EBITDA oder ein Mindesteigenkapital.

Seitdem die Kapitalmärkte durch ein anhaltend niedriges Zinsniveau geprägt sind, ist auch der Wettbewerb unter Leveraged-Buy-out-finanzierenden Banken gestiegen. Vor diesem Hintergrund hat sich die Anzahl der in Kreditverträge aufgenommenen Covenants deutlich reduziert und immer häufiger kommen Kreditverträge ohne oder mit nur einer Kennzahl zum Einsatz (sog. Covenant-lite-Strukturen).

Kommt es zur Nichteinhaltung von Covenants (Event of Default oder Covenant Breach) gibt es entweder die Möglichkeit zur Kündigung durch die Banken oder das Aussprechen eines sogenannten Waivers (zumeist gegen eine Gebühr) und die anschließende Anpassung der Kreditmargen an die sich verschlechterte Struktur. Bei größeren LBO-Finanzierungen können auch sogenannte Equity Cure Rights eingeräumt werden, die ein „Nachschießen" von Eigenkapital oder sonstiger Liquidität durch den Investor ermöglichen und damit den Covenant Breach heilen.

Die Finanzierungskomponenten von klassischen LBO-Finanzierungen lassen sich wie folgt gliedern:

- **Senior-Kredit:**
  Hierbei handelt es sich um einen erstrangigen Kredit. Senior-Kredite haben die höchste Besicherung und dementsprechend aus Bankensicht auch die niedrigsten Margen. Zumeist werden diese Kredite von einer oder zwei Banken initiiert und anschließend in Teilen syndiziert. Senior-Kredite sind zumeist in verschiedene Laufzeittranchen unterteilt, die auch unterschiedliche Rückzahlungsmodalitäten aufweisen. Man unterscheidet hierbei in Term Loan A, B und C, wovon der Term Loan A in der Regel getilgt wird und die Term Loans B und C in einer Summe am Laufzeitende rückzahlbar sind. Zusätzlich können Fazilitäten für Betriebsmittel (Revolving Credit Facilities oder kurz Revolver) oder auch sogenannte Ancillary Facilities vereinbart werden. Diese können auch wahlweise durch Avale, Akkreditive oder andere Kreditderivate in Anspruch genommen werden.

- **Second-Lien-Kredit:**
  Second-Lien-Kredite sind hinsichtlich des Zahlungsanspruchs gleichrangig zu Senior-Krediten, partizipieren jedoch nur nachranging an den Sicherheiten. Second-Liens werden in der Regel zur Überbrückung einer Differenz zwischen den Anforderungen des Senior-Kredits und des Eigenkapitalbetrags strukturiert.

- **Mezzanine-Kredite:**
  Mezzanine-Darlehen stehen – wie der Name impliziert – als „Zwischenstock" zwischen Eigen- und Fremdkapital. Mezzanine-Darlehen sind nachrangig und in einer Summe am Ende der Laufzeit rückzahlbar, zumeist im Rahmen des angestrebten Exits. Aufgrund der Nachrangigkeit sind diese höher zu verzinsen. Zumeist sind Mezzanine-Fazilitäten mit einem Optionsrecht (Warrant) ausgestattet, bei Eintritt bestimmter Ereignisse (sogenannter Trigger Events) Gesellschaftsanteile zu erhalten.

Seit ca. 15 Jahren gibt es darüber hinaus sogenannte PIK-Notes oder Darlehen. PIK steht hierbei für Payment-in-Kind und bezeichnet die Rückzahlungen aller mit dem Darlehen zusammenhängenden Ansprüche des Gläubigers (Zinszahlungen und Tilgung) in einer Summe am Ende der Laufzeit. Ebenso gibt es immer häufiger sogenannte Unitranches, die als Differenzierungsmerkmal von Debt-Fonds gegenüber den klassischen LBO-Finanzierern konzipiert wurden. Unitranches sind in der Regel Kreditfinanzierungen in Form von Schuldverschreibungen oder Schuldscheindarlehen. Dabei werden sowohl Senior- als auch nachrangige Fremdkapitalkomponenten in einer Tranche kombiniert. Für das Unternehmen stellt die Unitranche nur eine Fremdkapitaltranche dar, die mit einer „Blended Rate" – die zwar häufig etwas teurer ist als eine reine Bankenfinanzierung, aber zum Beispiel einen höheren Verschuldungsgrad ermöglicht – verzinst wird.

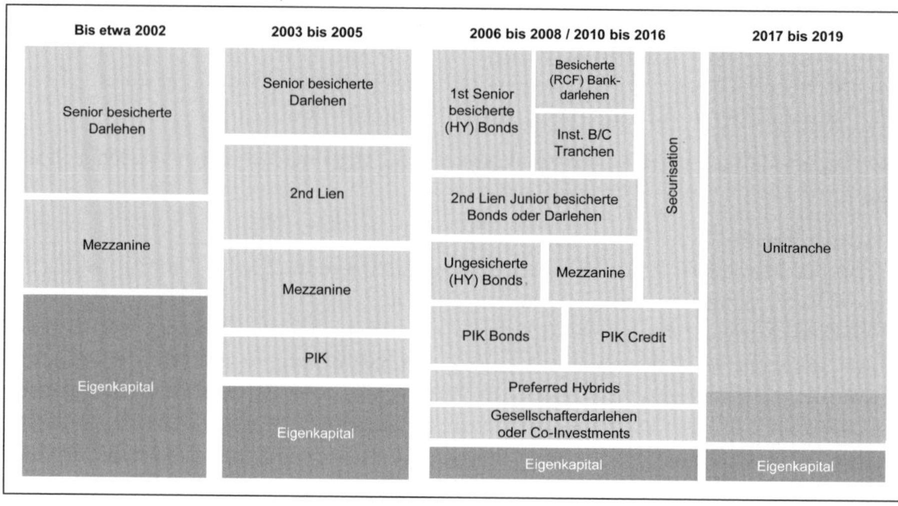

Abbildung 5-19: Strukturveränderungen in LBO-Kapitalstrukturen[13]

Seit 2019 ist eher wieder die Rückbesinnung auf eine einfachere Struktur zu erkennen. Zumeist wird eine Senior-Kredit-Fazilität gewährt, die hälftig endfällig ist und die andere Hälfte getilgt wird.

Weitere Finanzierungsbausteine werden in vielen Fällen erst bei einer Nachfinanzierung in Anspruch genommen.

Nach erfolgreicher Entwicklung des erworbenen Unternehmens erfolgt bei exitorientierten Finanzinvestoren in der Regel nach drei bis sieben Jahren

- der Weg an die Börse im Rahmen eines IPO,
- der Verkauf an einen strategischen Investor (Trade Sale) oder
- der Verkauf an einen weiteren Finanzinvestor (sogenannte Secondaries).

Lässt das Markt- oder Kapitalmarktumfeld einen dieser Wege nicht zu, kann eine Kapitalrückzahlung auch im Wege einer Rekapitalisierung (Recap) erfolgen. Ein Recap bezeichnet eine Neufinanzierung, bei der Teile des neuaufgenommenen Fremdkapitals an den Finanzinvestor ausgeschüttet werden. Der Begriff der Rekapitalisierung wird auch bei Restrukturierungen verwendet, meint hier jedoch die Neuordnung der Finanzierung angepasst an die Krisenverhältnisse.

Die Bedeutung von Private Equity in der Unternehmensfinanzierung wird anhand der beiden untenstehenden Grafiken deutlich. Seit 2003 hat sich das weltweite Volumen von Private Equity vervielfacht. Trotz eines Einbruchs als Folge der Finanzmarktkrise 2008/2009 ist der Siegeszug von Private Equity als Renditemöglichkeit für institutionelle Investoren nicht aufzuhalten.

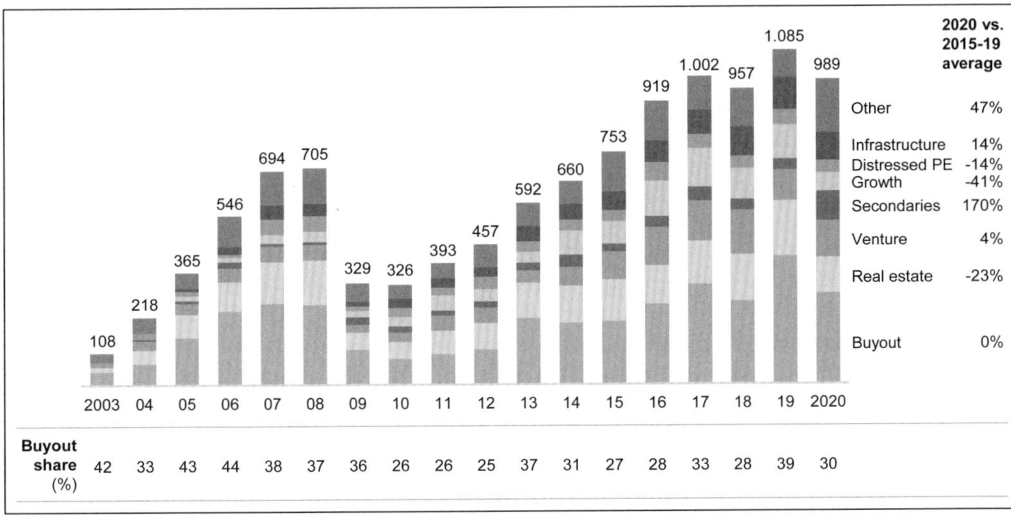

Abbildung 5-20: Aufteilung der verschiedenen Segmente von Buy-outs[14]

Das vorhanden Dry Powder, das heißt die verfügbaren Finanzmittel für Private Equity-Investments kumulierten sich 2019 auf rund $ 2.500 Milliarden.

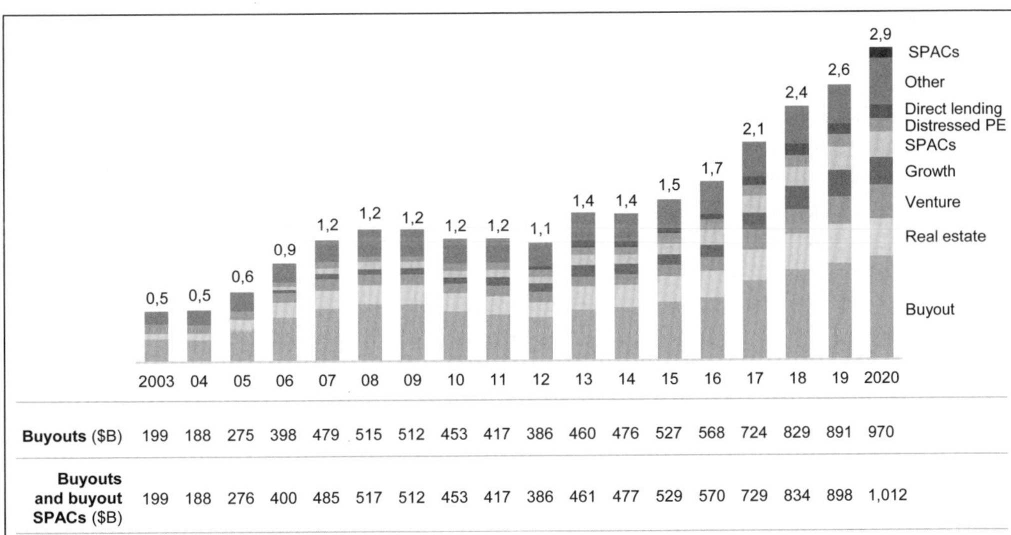

Abbildung 5-21: Global Dry Powder[15]

Neben den klassischen Private Equity-Investoren, die sich ursprünglich nur auf Leveraged-Buy-outs bei reifen, Cashflow starken Unternehmen konzentrierten, haben sich auch spezialisierte Distressed-Private-Equity-Investoren etabliert, die insbesondere in Krisen- und Umbruchsituationen investieren. Die Begrifflichkeiten und Bezeichnungen dieses Investorentypus verschwimmen – wie eingangs des Kapitels bereits erwähnt – deutlich. Hedgefonds, Distressed-Investors, Special Situations oder Vulture Fonds sind Begrifflichkeiten, die letztendlich Finanzinvestoren bezeichnen, die den unterschiedlichen Lebensphasen der zum Erwerb stehenden Unternehmen geschuldet unterschiedliche Instrumente anwenden. Häufig ist in diesen Sondersituationen das Investmentkalkül nicht auf langfristige Unternehmensentwicklung ausgerichtet, sondern durchaus auch auf kurze taktische Investments, die zu einer Optimierung des eingesetzten Kapitals führen.

Der Begriff „Hedgefonds" wurde ursprünglich Mitte des letzten Jahrhunderts durch Alfred Winslow Jones geprägt, der mit 100.000 US-Dollar einen Fonds auflegte und in diesem sowohl kreditfinanzierte Long-Positionen als auch Leerverkäufe tätigte. Diese Mischung aus „Hedging" und „Leverage" bescherten ihm im Zeitraum von 1960 bis 1965 eine Rendite von 325 %. Er begründete damit einen Investmentstil, der bis heute einer ständigen Weiterentwicklung unterzogen ist. Hedgefonds, die bei Distressed M&A-Transaktionen in Erscheinung treten, verfolgen zumeist eine sogenannte event-driven-strategy. Dies kann durch Übernahme von Fremdkapitalpositionen mit dem Ziel erfolgen, diese im Rahmen einer außergerichtlichen oder gerichtlichen Sanierung entweder gewinnbringend wieder zu verkaufen oder in Eigenkapital zu wandeln. Diese Loan-to-own-Strategien erfolgen zumeist durch Debt-Equity-Swaps.

Ein weiteres Instrument von Hedgefonds kann der Leerverkauf von Aktien börsennotierter, krisenbehafteter Unternehmen sein, mit dem Ziel, diese zu einem späteren Zeitpunkt, wenn der Aktienkurs gefallen ist, einzukaufen und damit das Geschäft glattzustellen. Die Abgrenzung von Hedgefonds zu Distressed-Private-Equity-Investoren kann am ehesten im zeitlich kurzfristigeren Ansatz von Hedgefonds gesehen werden. Erwerben Hedgefonds Fremdkapitalpositionen mit einem Abschlag, so ist das Ziel dieses Investorentypus nicht unbedingt der operative Turnaround, die Rettung des Unternehmens und damit die „Full Recovery" der Forderung, sondern eine Preissteigerung gegenüber dem Kaufkurs. Wird der Kauf der Forderung darüber hinaus auch noch mit einem hohen Einsatz von Fremdkapital finanziert, greift auch hier der eingangs zu diesem Kapitel erwähnte Leverage-Effekt und beschert dem Hedgefonds eine hohe Verzinsung des eingesetzten Kapitals, unabhängig von der tatsächlichen Rettung des Unternehmens. Hedgefonds werden in der Regel nur bei größeren Unternehmen aktiv, bei denen eine Vielzahl unterschiedlichster Fremdkapitalinstrumente im Einsatz sind und die idealerweise handelbar sind, sodass die eingegangenen Positionen idealerweise auch jederzeit wieder am Markt veräußert werden können.

Distressed Debt-Investoren versuchen, im Gegensatz zu Distressed Private Equity-Investoren, die – in der ursprünglichen Ausprägung – Eigenkapital ins Unternehmen zur Sanierung investieren, durch den Erwerb von Fremdkapitalrechten, entweder:

a) einen kurzfristigen Gewinn durch eine Neubewertung des Fremdkapitals zu erzielen (analog zur oben beschriebenen Strategie der Hedgefonds), oder
b) im Rahmen einer Loan-to-control oder Loan-to-own-Strategie das Fremdkapital – gegebenenfalls unter Zuführung von Fresh Money zur Umsetzung operativer Maßnahmen – zu einem späteren Zeitpunkt in Eigenkapitalrechte zu wandeln und damit bei einem späteren Exit eine deutliche Wertsteigerung auf das eingesetzte Kapital zu erfahren,

c) oder durch Mischformen eine adäquate Kapitalisierung des Unternehmens zu erreichen.

Diese Investoren investieren ausschließlich in Fremdkapital von krisenbehafteten Unternehmen, in sogenannte sub- oder non-performing loans. Das Konzept dieser Investoren ist es, den Unterschied zwischen den Nominal- und Marktwerten des Fremdkapitals auszunutzen. Dabei ist häufig auch die Einflussnahme auf die Unternehmensstrategie und -finanzierung insgesamt notwendig, um den Marktwert des erworbenen Fremdkapitals zu heben bzw. in Eigenkapital zu tauschen (siehe hierzu auch die Ausführungen bei Hedgefonds). Diese Loan-to-own-Strategie ist zweifelsohne eher im gehobenen Mittelstand und bei Großunternehmen anzutreffen als bei kleineren und mittleren Unternehmen.

Das nachstehend aufgeführte Beispiel zeigt die Vorgehensweise und die vereinfachte Sichtweise auf den Unterschied zwischen Buch- und Marktwert: In einer idealtypischen Welt stimmen die Buchwerte des Rechnungswesens mit den Marktwerten, die aus der Einschätzung der Investoren entstehen, überein.

Ausgangssituation

Rechnungswesen				Marktbewertung			
AKTIVA		PASSIVA		AKTIVA		PASSIVA	
Materielle Assets	550	Equity	300	Assets	600	Equity	300
Cash	50	Debt	300			Debt	300
	600		**700**		**600**		**600**

nachrichtlich:	Nominal/Stück	Kurs	Wert
Equity	100	3	300
Debt	300	100%	300

Abbildung 5-22: Fallbeispiel Distressed Debt – Ausgangssituation

Den Unterschied zwischen der Buchwert- und der Marktwertbetrachtung wird erstmals deutlich bei der beispielhaften Kapitalerhöhung um 20 Aktien zu einem Preis von je 5. Das Eigenkapital steigt durch den gestiegenen Aktienkurs; dementsprechend schätzen Investoren auch den Wert der Assets abweichend vom Buchwert auf 900.

Kapitalerhöhung 20 Stück für 5,-

Rechnungswesen				Marktbewertung			
AKTIVA		PASSIVA		AKTIVA		PASSIVA	
Materielle Assets	550	Equity	400	Assets	900	Equity	600
Cash	150	Debt	300			Debt	300
	700		**700**		**900**		**900**

nachrichtlich:	Nominal/Stück	Kurs	Wert
Equity	120	5	600
Debt	300	100%	300

Abbildung 5-23: Fallbeispiel Distressed Debt – Kapitalerhöhung

Bei einer weiteren positiven Wahrnehmung des Unternehmens durch Investoren steigt der Aktienkurs und die oben erwähnte Buchwert-/Marktwert-Differenz steigt weiter.

Aktienkurs steigt aufgrund der positiven Wahrnehmung der Strategie durch die neuen Investoren

Rechnungswesen				Marktbewertung			
AKTIVA		PASSIVA		AKTIVA		PASSIVA	
Materielle Assets	550	Equity	400	Assets	1.500	Equity	1.200
Cash	150	Debt	300			Debt	300
	700		**700**		**1.500**		**1.500**

nachrichtlich:	Nominal/Stück	Kurs	Wert
Equity	120	10	1.200
Debt	300	100%	300

Abbildung 5-24: Fallbeispiel Distressed Debt – Aktienkurs steigt aufgrund der positiven Wahrnehmung der Strategie durch die neuen Investoren

In unserem Beispiel erwirbt nun das Unternehmen eine Start-up-Company, bei der die Buchwerte 20 betragen für 300. Finanziert wird die M&A-Transaktion durch Aufnahme eines Nachrangdarlehens in Höhe des Kaufpreises.

Kauf eines Start-ups für 300 (Buchwert Assets 20), Finanzierung durch Nachrangdarlehen

Rechnungswesen				Marktbewertung			
AKTIVA		PASSIVA		AKTIVA		PASSIVA	
Immaterielle Vermögensgegenstände	280	Equity	400	Assets	1.800	Equity	1.200
Materielle Assets	570	Debt	300			Senior Debt	300
Cash	150	Nachrangdarlehen	300			Nachrangdarlehen	300
	1.000		**1.000**		**1.800**		**1.800**

nachrichtlich:	Nominal/Stück	Kurs	Wert
Equity	120	10	1.200
Senior Debt	300	100%	300
Nachrangdarlehen	300	100%	300

Abbildung 5-25: Fallbeispiel Distressed Debt – Kauf eines Start-ups für 300 (Buchwert Assets 20), Finanzierung durch Nachrangdarlehen

Die materiellen Assets steigen um die Buchwerte (20); der Differenzbetrag zum Kaufpreis wird der Position „Immaterielle Vermögenswerte“ zugeschlagen.

Allerdings erweist sich die Akquisition als wenig vorteilhaft. Der Aktienkurs fällt auf 2. Darüber hinaus glaubt der Markt nicht mehr an die Rückzahlung des Fremdkapitals zum Nominalwert. Die Kurse fallen auf 60 % bzw. 20 %.

Akquisition erweist sich als Flop; Aktienkurs fällt auf 2,-; Investoren glauben nicht an Rückzahlung

Rechnungswesen				Marktbewertung			
AKTIVA		PASSIVA		AKTIVA		PASSIVA	
Immaterielle Vermögensgegenstände	280	Equity	400	Assets	540	Equity	60
Materielle Assets	570	Debt	300			Senior Debt	180
Cash	150	Nachrangdarlehen	300			Nachrangdarlehen	300
	1.000		**1.000**		**540**		**540**

nachrichtlich:	Nominal/Stück	Kurs	Wert
Equity	120	0,5	60
Senior Debt	300	60%	180
Nachrangdarlehen	300	20%	60

Abbildung 5-26: Fallbeispiel Distressed Debt – Akquisition erweist sich als Flop; Aktienkurs fällt auf 2,-; Investoren glauben nicht an Rückzahlung

Akquisition erweist sich als Flop; Aktienkurs fällt auf 2,-; Investoren glauben nicht an Rückzahlung

Rechnungswesen				Marktbewertung			
AKTIVA		PASSIVA		AKTIVA		PASSIVA	
Immaterielle Vermögens-gegenstände	280	Equity	400	Assets	195	Equity	60
		Debt	300			Senior Debt	90
Materielle Assets	570	Nachrangdarlehen	300			Nachrangdarlehen	45
Cash	150						
	1.000		**1.000**		**195**		**195**

nachrichtlich:	Nominal/Stück	Kurs	Wert
Equity	120	0,5	60
Senior Debt	300	30%	90
Nachrangdarlehen	300	15%	45

Kombinierte Betrachtung: Rechnungswesen/Marktbewertung

AKTIVA		PASSIVA	
Assets	195	Equity	0
Neg. Equity	405	Senior Debt	300
		Nachrangdarlehen	300
	600		**600**

nachrichtlich:	Nominal/Stück	Kurs	Wert
Equity	120	0	0
Senior Debt	300	30%	90
Nachrangdarlehen	300	15%	45

Abbildung 5-27: Fallbeispiel Distressed Debt – Unternehmen kommt in schwieriges Fahrwasser; Markt sieht Rückzahlung der Darlehen mit überwiegender Wahrscheinlichkeit schwierig an

Ein Distressed-Investor wird nun den Eigenkapital- und Darlehensgebern aufzeigen, dass das Unternehmen bereits einen negativen Equity Value aufweist und eine Gesundung nur erreicht werden kann, wenn diese teilweise auf deren Rechte verzichten. Er schlägt vor die Fremdkapitalrechte mit einem Discount zu erwerben und im Rahmen eines Debt-Equity-Swaps das Darlehen in Eigenkapital zu wandeln. Da er seine (Nachrang-)Forderung zum Marktwert einbringt, erhöht sich Anzahl der Aktien um 90 (45 dividiert durch 0,5 (Kurs)[16].

Finanzielle Restrukturierung durch Erwerb der Fremdkapitalpositionen durch einen Investor und Debt-Equity-Swaps des Nachrangdarlehens

Rechnungswesen				Marktbewertung			
AKTIVA		PASSIVA		AKTIVA		PASSIVA	
Immaterielle Vermögens-gegenstände	0	Equity	105	Assets	195	Equity	105
		Debt	**90**			Senior Debt	90
Materielle Assets	185	Nachrangdarlehen	**0**				
Cash	10						
	195		**195**		**195**		**195**

nachrichtlich:	Nominal/Stück	Kurs	Wert
Equity	210	0,5	105
Senior Debt	90	100%	90
Nachrangdarlehen	0	0%	0

Abbildung 5-28: Fallbeispiel Distressed Debt – Finanzielle Restrukturierung durch Debt-Equity-Swap

In unserem Beispiel gelingt die Restrukturierung sowohl finanziell (Passivseite), als auch operativ. Der Aktienkurs steigt wieder auf 2,5 und nach einem Jahr kann der Investor sein Investment mit einem IRR in Höhe von 67 % abschließen.

Aktienmarkt goutiert Restrukturierung und Wertsteigerungsmaßnahmen, Aktienkurs steigt nach einem Jahr auf 2,5

Rechnungswesen

AKTIVA		PASSIVA	
Immaterielle Vermögens-gegenstände	0	Equity	360
Materielle Assets	440	Debt	**90**
Cash	10	Nachrangdarlehen	**0**
	450		**450**

Marktbewertung

AKTIVA		PASSIVA	
Assets	840	Equity	750
		Senior Debt	90
	840		**840**

nachrichtlich:	Nominal/Stück	Kurs	Wert
Equity	300	2,5	750
Senior Debt	90	100%	90
Nachrangdarlehen	0	15%	0

	Jahr 1	Jahr 2
Cash-in-Flow	0	225
Cash-out-Flow	-135	0
Summe	-135	225
IRR	**67%**	

Abbildung 5-29: Grundsätzliche Denkweise eines Distressed Debt-Investors

Dieses vereinfachte Beispiel zeigt die grundsätzliche Denkweise eines Distressed Debt-Investors. In der Praxis ist die Vorgehensweise und Strukturierung häufig viel komplexer, da viele Unternehmen im Verlauf einer oftmals zeitlich längerfristigen Restrukturierung eine Vielzahl von sich in der Rangfolge unterscheidenden Fremdkapitalinstrumenten aufweisen. Deshalb kommt der Bestimmung des „Wasserfalls“ (Waterfall)[17], sprich der Verteilung von Cashflows im Falle einer teilweisen Rückführung von Fremdmitteln eine gesteigerte Bedeutung zu. Sie bestimmt in der Regel die Reihenfolge der „Abfindung“/Kaufpreise und Forderungsverzichte (Haircuts) der Kapitelgeber im Rahmen einer Gesamttransaktion.

Distressed Debt-Investoren erwerben entweder einzelne Kreditforderungen (sogenannte single name transactions) oder ganze Portfolios von non- oder sub-performing loans (Portfolio-Käufe, d. h. zumeist zwischen 10 bis 15 Darlehen oder ganze Pools mit 100 bis 1.000 Darlehen). In zunehmendem Maße verschwimmen die Grenzen zwischen den verschiedenen Distressed-Situations-Investoren, da häufig der Einsatz aller Instrumente (Debt und Private Equity) notwendig ist, um die Ziele zu erreichen, die mit dem Investment verbunden sind[18]. Häufig muss erst eine Debt-Position aufgebaut werden, um anschließend mit frischem Kapital (häufig als super senior secured loan und damit vorrangig befriedigt), das existierende Fremdkapitalgeber nicht mehr bereit sind zu gewähren, eine dominierende Position im Restrukturierungsprozess einzunehmen.

Eine mögliche Übersicht der Typisierung der einzelnen Investoren zeigt die folgende Tabelle[19].

	Passiver Handel	Aktiver Handel	Distressed for Control	Turnaround
Strategie	Ausnutzen von Preis-Anomalitäten (Arbitrage), präziser Kreditanalyse und Handelsexpertise	Beeinflussung der Restrukturierung durch Minderheitsposition, deren Erwerb eine Blockade ermöglicht	Kontrollerwerb der besicherten Schicht oder Fulcrum Schicht Aufkauf; gefolgt von Restrukturierung und Wertsteigerung durch operative Expertise	Erwerb einer notleidenden Gesellschaft und Umsetzung eines operativen Turnarounds vor Eintritt der Insolvenz
Maßnahmen	Handel	Direkte Einflussnahme auf die Restrukturierung	Kontrolle über den Restrukturierungsprozess, um das Asset zu kontrollieren	Kontrollerwerb der Gesellschaft durch Kauf des Eigenkapitals
Sachkunde-voraussetzungen	Handel und Kreditanalyse	Handel, Kreditanalyse, Restrukturierungen, Verhandlungsgeschick	Handel, Kreditanalyse, Restrukturierungs- und Verhandlungsgeschick sowie operative Sachkunde	LBO, operative Expertise zur Wertsteigerung der Zielgesellschaft
Investment in folgende Papiere	Bankschulden/Anleihen	Bankschulden/Anleihen	Bankschulden/Anleihen	Eigenkapital
Liquiditäts-anforderungen	Hoch (Large-Cap-Zielgesellschaften)	Mittel (Large- und Mid-Cap-Zielgesellschaften)	Mittel bis gering (ganze Bandbreite)	Gering (Mid- und Small-Cap Gesellschaften)
Haltedauer	Wenige Tage bis zu 12 Monaten	1 bis 2 Jahre	3 bis 5 Jahre	3 bis 5 Jahre
Neuausrichtung des Investments	Sehr wahrscheinlich	Weniger wahrscheinlich	Unwahrscheinlich	Unwahrscheinlich
Ungefähre Fonds IRR – Zielvorstellungen	12 bis 18%	15 bis 20%	20 bis 25%	25% +
	Distressed Opportunity Fonds			**LBO Buyout Fonds**

Abbildung 5-30: Distressed Single Name Debt Investment-Marktsegmente

Die grundsätzlichen Fragen, die sich ein Investor in Sondersituationen stellen muss lauten wie folgt:

1. Handelt es sich grundsätzlich nur um einen zu hohen Verschuldungsgrades eines ansonsten im Kern soliden Unternehmens?
2. Gibt es Fremdkapitaltranchen, die fehlerhaft bewertet sind?
3. Gibt es Fremdkapitaltranchen, deren Gläubiger bis zu einem gewissen Zeitpunkt komplementäre Ziele haben?
4. Wie würde sich der Marktwert der einzelnen Tranchen ändern, wenn das Unternehmen
   a) eine Refinanzierung bewerkstelligen und damit den operativen Turnaround erreichen könnte,
   b) bestimmte Assets („Tafelsilber") veräußern würde,
   c) einen Insolvenzantrag stellen würde.
5. Wann ist der richtige Zeitpunkt zum Investieren von Fresh Money – außergerichtlich oder – wie im US-amerikanischen als Debtor-In-Posession – im Rahmen einer gerichtlichen Sanierung?
6. Wie hoch ist der Wert der Assets unter Liquidationsgesichtspunkten und unter Berücksichtigung von Transaktionskosten und wie lange dauert es, bis der Kapitalrückfluss stattfindet?
7. Bei der finanztechnischen Modellierung des Unternehmenswertes und der Transaktion sind folgende Schritte zu bedenken:
   a) Modellierung von operativen Szenarien,
   b) Modellierung unterschiedlicher Trigger Events/Ereignisse, wie z.B. Insolvenzantragstellung, Rekapitalisierung usw.,
   c) Modellierung jeder einzelnen Fremdkapital-Tranche, auch um die Tranche zu identifizieren, die den größten Stellhebel in der aktuellen Situation aufweist,
   d) Einbau von Entscheidungspunkten, z.B. im Wege eines Entscheidungsbaums, der die Dynamik eines Restrukturierungsprozesses im Modell berücksichtigt.

Die oben aufgeführten Punkte verdeutlichen, wieso ich im Vorwort die Distressed M&A-Disziplin als „Masterclass" beschrieben habe.

6 Komplexe Stakeholder-Strukturen

Wie zuvor beschrieben schwindet mit zunehmendem Fortschritt der Unternehmenskrise der Einfluss der Gesellschafter und andere Anspruchsgruppen (Stakeholder) versuchen ihre Rechte durchzusetzen. Vor diesem Hintergrund sind Distressed M&A-Transaktionen häufig in einem Umfeld durchzuführen, in dem ein Einbeziehen dieser Stakeholder mindestens empfehlenswert und häufig sogar unumgänglich ist. In den nachfolgenden Unterkapiteln werden die Positionen und gängigen Sichtweisen dieser einzelnen Stakeholder beschrieben und die sich daraus ergebenden Handlungsnotwendigkeiten für eine erfolgreiche Transaktion aufgezeigt.

Wie zuvor beschrieben schwindet mit zunehmendem Fortschritt der Unternehmenskrise der Einfluss der Gesellschafter und andere Anspruchsgruppen (Stakeholder) versuchen ihre Rechte durchzusetzen. Vor diesem Hintergrund sind Distressed M&A-Transaktionen häufig in einem Umfeld durchzuführen, in dem ein Einbeziehen dieser Stakeholder mindestens empfehlenswert und häufig sogar unumgänglich ist. In den nachfolgenden Unterkapiteln werden die Positionen und gängigen Sichtweisen dieser einzelnen Stakeholder beschrieben und die sich daraus ergebenden Handlungsnotwendigkeiten für eine erfolgreiche Transaktion aufgezeigt.

Unternehmensrestrukturierungen und in diesem Zuge Distressed M&A-Transaktionen sind komplexe Situationen. Diese sind zumeist geprägt durch:

- Eine Vielzahl von Beteiligten, die unter Umständen auch während des Prozesses wechseln (z. B. Bankenvertreter beim Wechsel aus der Normalbetreuung in die Intensive Care-Abteilungen)
- (Intransparente) Kommunikationsnetze, d. h. Vertreter der Einfluss- und Anspruchsgruppen kommunizieren miteinander. Dabei gibt es sowohl eine formelle Kommunikationsebene (im Rahmen von z. B. Bankenpool-Sitzungen), als auch eine informelle Kommunikationsebene (z. B. im Rahmen von sog. „Nicht-Gesprächen").
- Zielkomplementarität und Zielkonflikte – in bestimmten Situationen gibt es komplementäre Ziele der Einfluss- und Anspruchsgruppen (z. B. haben Betriebsrat und

Management grundsätzlich das gleiche Ziel in der Gesundung des Unternehmens) und in anderen Situationen sich widersprechende Ziele (z. B. Betriebsrat und Management in der Anzahl der abzubauenden Mitarbeiter)

- Das Spannungsfeld zwischen zeitlichen Restriktionen (wie z. B. Gremienzusammenkünfte mit entsprechendem Vorlauf für Entscheidungsvorlagen) und zeitliche Dynamik (z. B. beim Wegfall von Kunden und ggfls. insolvenzrechtlichen Fristen)
- Das Spannungsfeld zwischen Vertraulichkeit zur Wahrung von z. B. Transaktionschancen und offener Kommunikation zur Vermeidung von Risiken, z. B. durch das Abwandern von Mitarbeitern bei einer sich aus deren Sicht verschlechternden Unternehmenssituation.

Grundsätzlich gilt, dass ein aktives Steuern der Kommunikationsprozesse in Distressed M&A-Situationen notwendig sind. Dabei gilt jedoch der alte „Quiz-Show-Grundsatz: Denken, drücken, sprechen", sodass eine exakte Vorbereitung der Kommunikationsinhalte, -wege und -zeitpunkte empfehlenswert ist. Dabei hat sich folgender Prozessablauf bei der Vorbereitung in der Praxis bewährt:

a) Interne und externe Einfluss- und Anspruchsgruppen identifizieren

b) Motive klären und Positionen der Einfluss- und Anspruchsgruppen definieren

c) Ziele setzen

d) Vom Ende her planen

e) Storytelling entwickeln – Emotionen beachten

f) Externe und interne Kommunikation verzahnen

g) Offene Kommunikation vs. „Bande spielen" – Wer spricht wann mit wem?

h) Konsequent und transparent handeln

Banken

Die Beratung bei Fusionen und Übernahmen beschäftigt sich grundsätzlich mit der Beratung bei der Übertragung von Eigenkapital. Kommt es in klassischen M&A-Situationen bei wirtschaftlich gesunden Unternehmen zu einem Wechsel des Mehrheitsgesellschafters des Unternehmens, so wird entweder die finanzierende Bank abgelöst oder – je nach Unternehmenspolitik – durch den neuen Gesellschafter bei der finanzierenden Bank angefragt, ob diese die Unternehmung weiter als Hausbank begleiten möchte. Bewertungstechnisch (als auch praktisch) steht in klassischen Situationen der überwiegende bzw. mindestens ein positiver, signifikanter Teil des Gesamtunternehmenswertes (Enterprise Value) den Eigenkapitalgebern zu. Wenn nun im Laufe einer Unternehmenskrise der Enterprise Value sinkt, jedoch der Fremdkapitalanteil nominal gleichbleibt, so wächst dementsprechend der Anteil und die Bedeutung der Fremdkapitalgeber am Gesamtunternehmenswert. Ist die Krise weit fortgeschritten, kommt es häufig zur Situation, in der der Enterprise Value auch nicht mehr die gesamten Bankverbindlichkeiten abdeckt, sodass die Banken wirtschaftlich zum bedeutendsten Stakeholder werden.

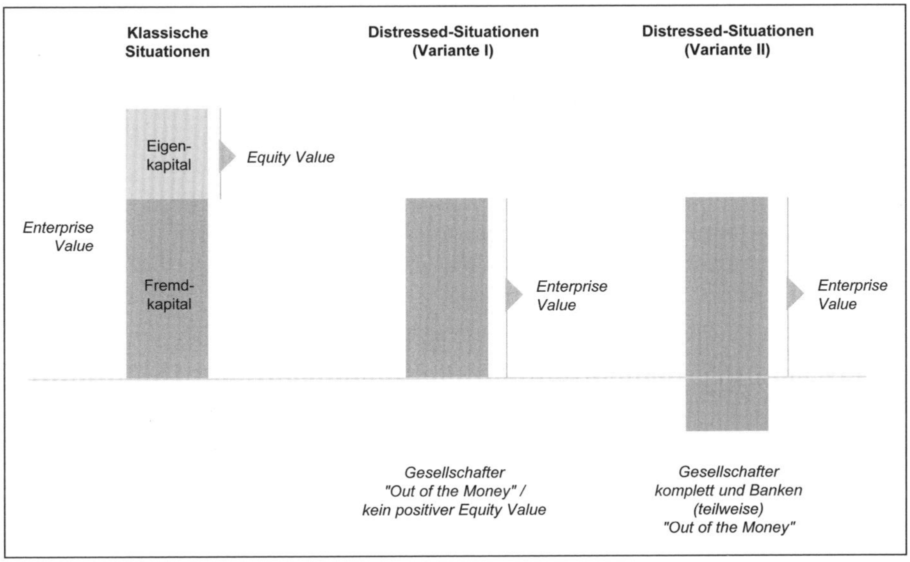

Abbildung 6-1: Vereinfachte Darstellung des Anteils der Finanziers am Enterprise Value

Darüber hinaus kann es zum Eintreten eines sogenannten credit events kommen, dass unter Umständen eine Fälligkeit bzw. Kündbarkeit der Kreditfazilität mit sich bringt. Solche Kreditereignisse können sein:

- Ende der Laufzeit des Kredites,
- Leistungsstörung, d.h. ausbleibende Zins- und Tilgungszahlungen,
- Verstoß gegen die Regelungen des Kreditvertrags, z.B. durch unerlaubte Sicherheitengewährung an einen neuen Finanzierer.

Um ein Gesamtbild über die Finanzierungssituation zu erlangen ist häufig die Bestimmung des Enterprise Values der erste Schritt. Unter Umständen kann diese Unternehmenswertermittlung auch im Rahmen eines speziell hierfür eingeleiteten M&A-Prozesses/Markttest durch eingereichte, unverbindliche Angebote erfolgen. Allerdings ist aus Sicht des Eigenkapitalgebers darauf zu achten, dass solche „testing the waters"-Aktionen häufig auch eine Eigendynamik entwickeln und je nach aufgerufenem Unternehmenswert und gezeigtem Interesse, eine Begehrlichkeit der finanzierenden Banken mit sich bringen kann. Der Enterprise Value wird anschließend fiktiv auf die einzelnen Kapitalgeber/Anspruchsgruppen entsprechend deren Rangfolge, die sich aus den Finanzierungs- und Kreditvereinbarungen ergibt, aufgeteilt. Zunächst wird

- ein voll besicherter (Senior-)Kredit abgezogen,
- danach die nachrangigen (Junior-)Fazilitäten,
- anschließend etwaige Mezzanine-Tranchen oder unbesicherte Anleihen und
- der verbleibende Anteil entfällt als Equity Value auf die Eigenkapitalgeber.

Leasing- und Factoringfinanzierungen, Verbindlichkeiten aus Zins- und Währungssicherungs-geschäften, (gefährdete) Avale komplizieren diese Rechnung weiter.

In vielen Krisensituationen endet dieser Wert-Wasserfall auf einer Zwischenebene, sodass nachrangigen Anspruchsgruppen „aus dem Geld/out of the money" sind. Die Gruppen, deren Forderungen komplett abgedeckt sind, werden auf deren Rechte und Bedienung der Kredite bestehen. Je mehr eine Gruppe „out of the money" ist, desto größer ist deren Bereitschaft zu Zugeständnissen, hat sie doch „nichts mehr zu verlieren". Diejenigen, deren Forderungen teilweise gedeckt sind (diese Grenze wird häufig auch „value break" genannt), können eigentlich als wirtschaftliche Eigentümer des Unternehmens angesehen werden. Gerade im Mittelstand, bei dem in der Regel keine Kapitalmarktinstrumente eingesetzt werden, sind dies meist die (Haus-)Banken. Häufig wird im Rahmen von Umfinanzierungen durch Debt Advisor die sogenannte Debt Capacity, d. h. der optimale Verschuldungsgrad, ermittelt.

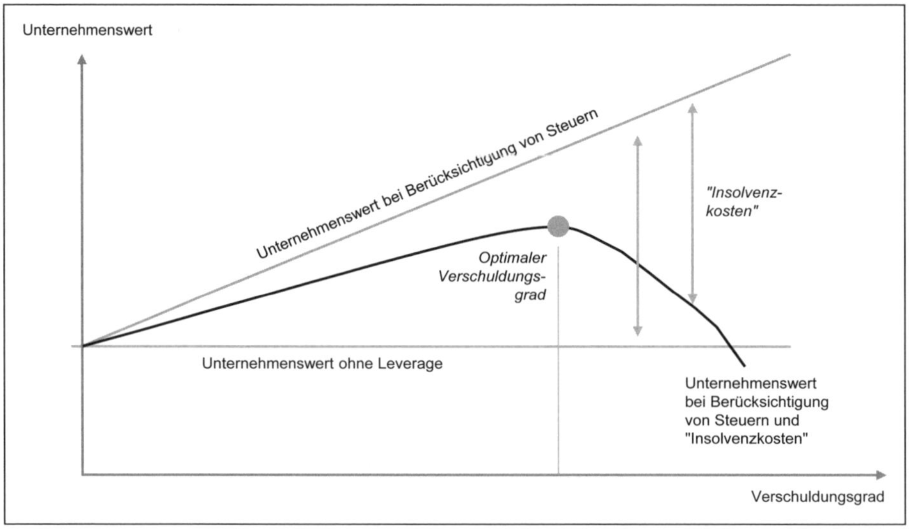

Abbildung 6-2: Einfluss von Verschuldungsgrad, Steuereffekte und Insolvenzkosten auf der Unternehmenswert

Modigliani/Miller wiesen nach, dass die Kapitalstruktur grundsätzlich keinen Einfluss auf den Unternehmenswert hat. Darüber hinaus zeigten die beiden, dass aufgrund der steuerlichen Abzugsfähigkeit von Fremdkapitalzinsen der Unternehmenswert bei zunehmender Verschuldung steigt. Diese Wertsteigerung findet dort ihr Ende, wo die zunehmenden Kosten, die durch ein steigendes Insolvenzrisiko verursacht werden, den Steuervorteil überkompensieren. Eine solche Berechnung und deren Kommunikation ist von großer Bedeutung, um alle Anspruchsgruppen auf eine einheitliche Sichtweise hinsichtlich der Verschuldungskapazität zu bringen und eine gemeinsame Sichtweise darauf zu entwickeln, was vom Unternehmen im Hinblick auf Fremdkapitalaufnahme erwartet werden kann und was nicht.

Banken selbst bewegen sich bei der Kreditvergabe – und insbesondere bei der Kreditvergabe in Krisensituationen –seit Jahren in einem engen rechtlichen Korsett. Vor diesem Hintergrund ist es bei der ganzheitlichen Betrachtung des Themas Distressed M&A wichtig, die grundlegenden Rahmenbedingungen auf Bankenseite bei Krisensituationen zu verstehen, um zum Wohle der Eigenkapitalgeber optimal beraten zu können.

Grundsätzlich hat eine Bank mehrere Möglichkeiten, in Krisensituationen zu reagieren bzw. zu agieren:

- stillhalten,
- sanieren,
- Exit bzw.
- sogar Schadenersatz.

Vor diesem Hintergrund haben sich verschiedene Workflows bei Banken etabliert, die Einfluss auf den Eigenkapitalgeber und dessen Handlungsoptionen nehmen. Grundsätzlich ist zu beachten, dass es sich bei Banken zwar um Finanzinstitutionen handelt, jedoch die handelnden Personen – in erster Linie und durchaus verständlich – keine Fehler im Rahmen deren Handelns begehen wollen, die die eigene berufliche Karriere beeinträchtigt. Darüber hinaus darf in diesen Situationen nicht vergessen werden, dass Banken als Fremdkapitalgeber zwar einen Zins für die Kapitalbereitstellung erhalten, aber darüber hinaus in der Regel kein „upside“, das die Übernahme unternehmerischer Risiken entlohnt.

Bei all diesen Optionen haben Banken die Risiken zu berücksichtigen, die sich aus Gesetzgebung und Rechtsprechung ergeben. Diese sind im Wesentlichen:

- Anfechtungsrisiken gem. §§ 129 ff. InsO
- Gläubigerbenachteiligung/Beihilfe zur Insolvenzverschleppung
- Kündigung zur Unzeit
- Faktische Geschäftsführung
- Nachrangprobleme
- Sittenwidriges Verhalten mit der Folge der Nichtigkeit der Maßnahmen bis hin zu Schadenersatzforderungen

Vor dem Hintergrund der weitreichenden Konsequenzen eines nicht kontrollierbaren Alleingangs eines Finanziers sind gerade in der Phase der deutlichen Krisenwahrnehmung bilaterale Gespräche mit den Finanzierungspartnern notwendig, die unter Umständen aktiv oder auch nur im Hintergrund durch erfahrene Corporate-Finance-/Debt-Advisor begleitet werden.

Das **Stillhalten** der Banken ist in der Regel eher eine passive Strategie, die zunächst die Aufrechterhaltung bestehender Kreditlinien zum Inhalt hat. Dies beinhaltet auch das Zulassen weiterer Inanspruchnahmen im Rahmen bestehender Kreditlinien. Darüber hinaus können Stundungsvereinbarungen (Moratorium) getroffen werden, sofern die Bank annimmt, dass das Unternehmen aus eigener Kraft die Krise überwinden und einen Turnaround erreichen kann. Häufig ist es auch ausreichend durch Stundung von Zins- und Tilgungsleistungen einen entsprechenden Liquiditätsbedarf zu decken. Teilweise werden auch sogenannte PIK-Vereinbarungen (Payment in kind) getroffen, die Zins- und Tilgungsleistungen kumulieren und am Ende der Laufzeit fällig stellen. Bei PIK-Vereinbarungen ist zu beachten, dass diese bei Endfälligkeit nur dann erbracht werden können, wenn entweder die Sanierung erfolgreich abgeschlossen ist und Banken bereit sind, den Betrag in ein Tilgungsdarlehen umzuwandeln oder aber das Unternehmen zum Verkauf gestellt wird. Im Rahmen des M&A-Prozesses wird der Kaufpreis sodann zur Gesamtrückzahlung verwendet.

Häufig werden in Kreditverträgen sogenannte Financial Covenants vereinbart, d. h. Finanzkennzahlen, die Frühindikatoren und Rahmenparameter der (finanz-)wirtschaftlichen Entwicklung des Unternehmens darstellen und deren Ausprägung mit der Bonitätseinschätzung der Bank(en) korreliert. Die gängigsten dieser Covenants sind:

- Eigenkapitalquote: Eigenkapital/Gesamtkapital
- Verschuldungsgrad (Gearing Ratio): Fremdkapital/Eigenkapital
- Interest Cover Ratio: EBIT/Interest Expenses
- Eigen- und Gesamtkapitalrendite: EBIT/Eigenkapital bzw. EBIT/Gesamtkapital
- Leverage Ratio: Verzinsliche Passiva abzüglich Liquide Mittel/EBITDA
- Debt Service Cover Ratio (DSCR): Operativer Cashflow vor Schuldendienst/Schuldendienst (Zinsen + Tilgung)

Mittlerweile ist die Vereinbarung von Covenants Standard bei Kreditverträgen und hat sich im Hinblick auf die Anzahl der Covenants und dem Regelmechanismus auf ein vernünftiges, praktikables Maß zurückbewegt, da zu Zeiten der „Markteinführung" von Covenants häufig eine Mehrzahl an Kennzahlen zu überkomplexen Regelungen führte.

Kommt es jedoch zum Bruch solcher Covenants sind Banken im Rahmen der Regelungen des zugrundeliegenden Kreditvertrags in der Regel berechtigt, das Kreditverhältnis zu kündigen, was jedoch in der Praxis bei Erstverstößen („Default") nicht zur Anwendung kommt. Vielmehr werden Banken in der Regel sogenannte „Waiver" (gegen Bezahlung einer „Waiver-Fee") aussprechen bzw. Kreditparameter neu verhandeln und einen sogenannten „Covenant Reset" (Anpassung der Ausprägung der Kennzahlen) oder gar einen „Covenant Holiday" (Aussetzung der Überprüfung) vornehmen. Zumeist hat ein Gesellschafter darüber hinaus ein sogenanntes „Equity Cure" Right, d. h. die Möglichkeit zur Heilung des Defaults durch Zuführung weiteren Eigenkapitals.

Entscheiden sich Banken für die Option des **Sanierens**, so ist grundsätzlich die Anfertigung eines Sanierungsgutachtens IDW S 6 (im internationalen Kontext als IBR Independent Business Review bezeichnet[1]) gemäß der Rechtsprechung des BGH notwendig, um einerseits den Mindestanforderungen an das Risikomanagement gemäß der Vorgaben der Bundesanstalt für Finanzdienstleistungsaufsicht (MaRisk) und den Basel-Richtlinien zu entsprechen.

Sanieren bedeutet:

- die Gewährung von Fresh Money im Rahmen von Überbrückungs- und Sanierungskrediten,
- die Umfinanzierung bestehender Kreditfazilitäten („amend-and-extend"),
- die Umwandlung von Forderungen, z. B. in Genussrechte, oder
- der (teilweise) Forderungsverzicht.

Ein Sanierungsgutachten bildet für Banken die Grundlage, alle diese Optionen wahrnehmen zu können und dabei nicht in die oben erwähnten rechtlichen Probleme, insbesondere in Anfechtungsrisiken gem. §§ 129 ff. InsO bzw. der Gläubigerbenachteiligung oder gar der Beihilfe zur Insolvenzverschleppung zu geraten.

Ein Sanierungsgutachten zeigt auf, ob ein Unternehmen langfristig am Markt eine branchenübliche und adäquate Wettbewerbs- und Renditefähigkeit erlangen kann. Bei der Erstellung gibt es ein zweistufiges Vorgehen:

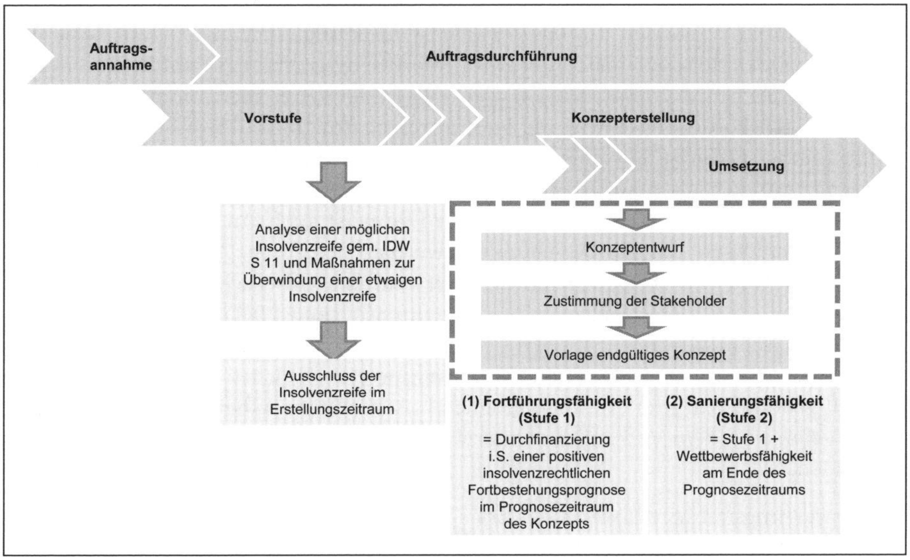

Abbildung 6-3: Das Zwei-Stufen-Konzept des IDW S 6[2]

Das seit Beginn des Jahres 2021 in Kraft getretene StaRUG fordert die Dokumentation eines Restrukturierungskonzeptes, das aller Voraussicht nach inhaltlich dem IDW S 6-Standard entsprechen wird.

Die vom BGH beschriebenen Anforderungen hat das IDW in seinem Standard S6 betriebswirtschaftlich konkretisiert. Grundsätzlich gelten jedoch die Rahmenbedingungen, die BGH und Rechtsprechung definiert haben:

1. Beurteilung durch einen unvoreingenommenen, branchenkundigen Fachmann, dem die vorgeschriebenen und üblichen Buchhaltungsunterlagen vorlagen.
2. Das Gutachten analysiert die wirtschaftliche Lage und die wesentlichen Krisenursachen.
3. Das Gutachten gibt ein zutreffendes Bild der Vermögens-, Finanz- und Ertragslage wieder.
4. Das Unternehmen ist objektiv sanierungsfähig.
5. Es existiert eine positive Fortführungsprognose und damit die Aussicht auf Wiederherstellung einer uneingeschränkten Zahlungsfähigkeit.
6. Sanierungsmaßnahmen sind bereits anfänglich umgesetzt bzw. die Maßnahmen eingeleitet[3].

Betrachtet man die Gesamtheit der Finanzierer so lassen sich drei Kategorien von Fremdkapitalgebern unterteilen:

1. Hausbanken
2. Nebenbanken
3. Spezialfinanzierer[4]

Um eine Sanierung aktiv zu begleiten ist das „Ausscheren“ einer einzelnen finanzierenden Bank zu vermeiden. In diesen Fällen wird häufig ein Banken- und Sicherheitenpool gebildet, der die Herstellung eines Interessengleichklangs zum Inhalt hat und für ein stabiles Umfeld der Banken sorgen soll. In der Regel übernimmt die Bank mit dem höchsten Forderungsbetrag die Poolführerschaft[5]. Im Rahmen des Poolvertrags werden grundsätzlich unterschiedliche Kreditlaufzeiten auf eine einheitliche Laufzeit gebracht und auch die gewährten Sicherheiten im Rahmen der neuen Vereinbarung in einen Pool gebracht. In diesem Zuge wird zumeist auch ein Intercreditor-Agreement abgeschlossen, das die Beziehungen zwischen den finanzierenden Banken, den Sicherheitentreuhändern, dem Kreditnehmer und den Gesellschaftern regelt. Dieses Intercreditor-Agreement regelt auch die Handlungsoptionen bei einer sich verschlechternden wirtschaftlichen Situationen bis hin zur Erlösverteilung im Verwertungsfall. Vor diesem Hintergrund ist bei der Verhandlung einer solchen Vereinbarung große Sorgfalt geboten, um – sofern noch möglich – Automatismen bei der Verwertung der Sicherheiten bzw. dem Verkauf des Unternehmens aus Sicht des Eigenkapitalgebers zu vermeiden.

Im Verwertungsfall wird sodann der Erlös unter den Banken quotal – nach vorhergehendem Abzug von Gebühren und Steuern – verteilt. Häufig dauert die Bildung eines Bankenpools eine gewisse Zeit und vor dem Hintergrund der Neuordnung der Sicherheiten auch die Schaffung der rechtlichen Basis in Form eines Sanierungsgutachtens. Hierfür wird in der Regel ein Überbrückungskredit benötigt.

Unter einem *Überbrückungskredit* versteht man die unmittelbare Gewährung eines kurzfristigen Kredites bis zur Vorlage eines Sanierungsgutachtens. Voraussetzung für die Kreditgewährung ist, dass die Sanierungsmaßnahmen eingeleitet wurden, was in der Regel zumindest durch die Vorlage des Auftragsschreibens des Sanierungsberaters, der das Gutachten fertigt, dokumentiert wird. Darüber hinaus werden Banken sich durch Vorlage einer 13-Wochen-Cashflow-Planung die Liquidität nachweisen lassen, die wiederum die Höhe des Überbrückungskredites determiniert. Die Laufzeit entspricht in der Regel der antizipierten Dauer der Fertigstellung des Gutachtens. Eine Besicherung ist grundsätzlich zulässig und als Bargeschäft nach § 142 InsO zu betrachten, sofern zwischen Sicherheitenbestellung und Valutierung des Überbrückungskredites nicht mehr als zwei Wochen liegen.

Liegt ein Sanierungsgutachten vor, so kann sich die Bank bei ihren Entscheidungen darauf berufen und riskiert nur dann eine Haftung, wenn sie die Unrichtigkeit der Angaben im Rahmen einer Plausibilitätsprüfung hätte erkennen können.

Auf Basis dieses Sanierungsgutachtens entscheidet die Bank über die vorstehend aufgeführten Optionen, deren wesentliche Parameter nachstehend in Grundzügen dargestellt werden.

Die Gewährung von Fresh Money im Rahmen von Überbrückungs- und Sanierungskrediten bzw. die Umfinanzierung bestehender Kreditfazilitäten

Bei einer Kreditgewährung im Stadium der Sanierungsbedürftigkeit oder auch bereits bei Vorliegen der Insolvenzreife, kann eine Bank einen *Sanierungskredit* vergeben und zusätzliche Sicherheiten vereinbaren. Wichtig ist, dass es sich hierbei nicht um einen ausschließlich eigennützigen Kredit handelt,[6] um sich ausschließlich Vorteile gegenüber anderen Anspruchsgruppen zu verschaffen[7] (*Unzulässiger Sanierungskredit*). Voraussetzung ist auch hier das Vorliegen eines Sanierungsgutachtens. Dies verhindert auch die mögliche Anfechtung wegen einer unzulässigen Nachbesicherung im Sinne von § 134 InsO der neu vereinbarten Sicherheiten im Rahmen eines neuen Gesamtfinanzierungs- und Sanierungskontextes.

Ein Sanierungsgutachten ist gem. IDW S 6 grundsätzlich wie folgt aufgebaut:

I. Auftrag und Auftragsdurchführung

II. Zusammenfassung wesentlicher Ergebnisse

III. Beschreibung des Unternehmens
   1. Historische Entwicklung und Unternehmensprofil
   2. Organisatorische, rechtliche und steuerrechtliche Verhältnisse
   3. Übersicht über Geschäftsfelder und Produkte

IV. Analyse der wirtschaftlichen Lage des Unternehmens in seiner Branche
   1. Leistungswirtschaftliche Analyse
   2. Finanzwirtschaftliche Analyse
   3. Markt und Wettbewerb
   4. SWOT

V. Krisenursachen und Stadium der Krise sowie Ausschluss der Insolvenzreife

VI. Strategisches Leitbild und Ableitung von Sanierungsmaßnahmen
   1. Strategische Marktausrichtung und Leitbild
   2. Maßnahmen zur Umsetzung des Sanierungskonzepts

VII. Integrierte Sanierungsplanung
   1. Planungssystematik und Annahmen
   2. Vermögens-, Finanz- und Ertragslage
   3. Chancen und Risiken der Planung

VIII. Aussage zur Sanierungsfähigkeit
   1. Einschätzung der Sanierungsfähigkeit
   2. Zusammenfassende Schlussbemerkung

Auch wenn aufgabegemäß der Restrukturierungsberater das „Glas eher halb leer" als „halb voll" beurteilen wird, eignen sich viele hier erhobenen Daten bereits für die Anfertigung eines im Distressed M&A-Prozess benötigen Informationsmemorandums und sollten – auch im Hinblick auf Konsistenz – in bestimmten Bereichen herangezogen werden.

Forderungsumwandlung

In der Regel haben Banken kein Interesse über einen Debt-Equity-Swap „ins Eigenkapital zu gehen" (die Möglichkeiten und Rahmenbedingungen eines Debt-Equity-Swaps sind im Kapitel „Alternative Investoren" beschrieben), sondern bevorzugen in solchen Situationen eher die Forderungsumwandlung in Genussrechte, seltener in Optionsvereinbarungen oder Profit Participating Loans (PPLs). Genussrechte sind schuldrechtliche Ansprüche gegen ein Unternehmen, die zumeist als Nachranganspruch im Insolvenz- und Liquidationsfall ausgestattet sind, keine gesellschaftsrechtlichen Stimmrechte aufweisen, jedoch eine Gewinnbeteiligung verbriefen. Genussrechte sind dementsprechend ein Finanzierungsinstrument, das rechtlich zwischen Anteils- und reinem Gläubigerrecht angesiedelt ist und auf die jeweilige Situation maßgeschneidert werden kann.

Forderungsverzicht

Ein Forderungsverzicht (haircut) ist aus Bankensicht die Ultima Ratio und nur dann denkbar, wenn in Vergleichsrechnungen alternativer Szenarien (wie z. B. M&A-Optionen und/oder Insolvenzverfahren) kein höherer Verwertungserlös in Aussicht ist. Bei einem Verzicht sind zwei Varianten denkbar:

- Teilverzicht gegen Rückzahlung des nicht verzichteten Teils,
- Forderungsverzicht gegen Einräumung eines Besserungsscheins, eines sogenannten „Equity Kickers" (mit und ohne Fortführung der Geschäftsbeziehung).

Ein Equity Kicker regelt, dass bei einer zukünftigen Wiedererlangung von Profitabilität und Liquidität (zumeist geregelt durch Kennzahlen oder durch die absolute Höhe des Bilanzgewinns) ein Ausgleich für diesen Verzicht gezahlt wird.

Exit-Optionen

Gelingt eine Sanierung nicht oder treten die Effekte nicht in dem erhofften Maße ein, die eine mittel- und langfristig vollständige Rückzahlung der Kredite in Aussicht stellen, sind häufig weitere, härtere Maßnahmen zur Sanierung notwendig oder Banken prüfen Ausstiegsoptionen.

Ausstiegsoptionen können sein:

- Forderungsverkauf,
- Insolvenzverfahrensoptionen,
- Einleiten eines M&A-Prozesses (gegebenenfalls über eine Treuhandlösung).

Zu den beiden Optionen „Forderungsverkauf" und „Insolvenzverfahrensoptionen" sei auf die Kapitel „Alternative Investoren" und „Rechtliche Rahmenbedingungen des Verkaufs von Unternehmen in Krisensituationen" verwiesen. An dieser Stelle sei darauf hingewiesen, dass ein Forderungsverkauf einer Bank in den meisten Fällen die von den anderen Banken erwünschte Stabilität auf der Finanzierungsseite konterkariert und damit häufig ein „Stein ins Rollen gebracht wird, der nicht mehr aufzuhalten ist".

In vielen Fällen kommt es im Zuge der fortschreitenden Krise und einem Divergieren der Interessen der Eigen- und Fremdkapitalgeber zu Konflikten, die den Restrukturierungsfortschritt behindern. In vielen Fällen besteht bei einem Gesellschafterkreis aus mehreren natürlichen Personen (bzw. häufig auch Familienstämmen) in solchen Drucksituationen oft Uneinigkeit über den adäquaten Sanierungsweg. Banken fordern hier häufig die Einrichtung einer Treuhandschaft, die durchaus auch im Interesse des Gesellschafters sein kann, wenn hierdurch „Akkordstörer" im Gesellschafterkreis, aber auch unter den Banken vermieden und wieder ein Konsens im Sinne der Restrukturierung des Unternehmens geschaffen werden kann. In diesen Fällen hilft die Treuhandlösung zur Poolung der Gesellschaftsanteile und zur Wiederherstellung der Handlungsfähigkeit auf Gesellschafterebene respektive den klaren Weisungen an die Geschäftsführung. Ein Treuhänder hat in der Regel zuvor abgestimmte realistische Verkaufspreiserwartungen, die am Markt erreichbar sind.

Banken selbst wollen in einer Unternehmenskrise nicht in die Rolle eines Gesellschafters gelangen bzw. gedrängt werden. Die hierfür notwendigen branchenindividuellen, unternehmerischen Fähigkeiten sind nicht nur außerhalb der Kompetenz der Bank, sondern ein solches Vorgehen birgt auch die Gefahr einer Signalwirkung für andere krisenbehaftete Engagements. Umgekehrt sind Banken, wie eingangs dieses Artikels besprochen, bereits wesentliche Stakeholder mit dem größten Anteil am Gesamtunternehmenswert. Vor diesem Hintergrund würde sich als Vorstufe zur Verwertung die Verpfändung der Gesellschaftsanteile anbieten, die jedoch bei einer späteren Verwertung im Rahmen einer öffentliche Versteigerung gemäß § 23 GmbH Gesetz erhebliche Nachteile durch die fehlende Diskretion dieses Verfahrens mit sich bringt. In solchen Situationen hilft eine Treuhandlösung. Durch die Übertragung der Gesellschaftsanteile auf einen Treuhänder, werden diese quasi zum Sicherungsmittel für die Banken. Eine echte Besicherung der Kredite durch eine Übertragung auf die Bank ist im Hinblick auf die oben erwähnten Haftungsprobleme der Banken nicht angestrebt.

Zu Beginn einer Treuhandschaft stehen grundsätzlich beide Wege zur „Recovery" der Kredite und der Wiedererlangung eines positiven Equity Values zur Verfügung. Dies sind

a) eine erfolgreiche Sanierung und die Wiedererlangung der Profitabilität und Schuldendienstfähigkeit oder
b) der Verkauf des Unternehmens und die Auskehr des Veräußerungserlöses an die verschiedenen Anspruchsgruppen.

Grundsätzlich gibt es zwei Arten von Treuhandverhältnissen.

1. Die fiduziarische Treuhand regelt die Übertragung der Anteile auf einen Treuhänder, der im Sinne des Treugebers und nach vertraglichen Regelungen handelt.

2. Die doppelnützige Treuhand hält die Gesellschaftsanteile – wie der Name bereits vermuten lässt – nicht ausschließlich zum Nutzen des Gesellschafters, sondern stellt einen Vertrag zu Gunsten Dritter dar, der bei einer Veräußerung des Treugutes, sprich der Gesellschaftsanteile, den Verkaufserlös gemäß der Verteilungspräferenz im Treuhandvertrag (Wasserfallregelung) verteilt. Die dingliche Übertragung der Gesellschaftsanteile wird durch einen Treuhandvertrag zwischen Treuhänder und Altgesellschafter geregelt. Wirtschaftlich und steuerlich verbleiben jedoch die Anteile im Eigentum des Altgesellschafters.

Grundsätzlich soll eine Treuhand nie eine langfristige Lösung sein, sondern sie dient nur als „Katalysator" in einer Unternehmenskrise oder zur Wiederherstellung entweder der Werthaltigkeit der Eigenkapital- oder Fremdkapitalpositionen bzw. zur bestmöglichen Verwertung der Gesellschaftsanteile im Falle des Eintritts des Bedingungsfalls.

Ein Unternehmer wird jedoch einer Treuhandlösung nur dann zustimmen, wenn diese ihn besserstellt, als die Antragstellung auf Eröffnung eines Insolvenzverfahrens und er mittelfristig mit einem verbesserten Equity Value für sich zu rechnen hat.

Insbesondere wenn der Gesellschafter mit Sicherheiten aus dem Privatvermögen haftet, ist die Treuhandschaft häufig das letzte Instrument zur Vermeidung negativer Cashflows, sprich weiteren Zahlungen aus dem Privatvermögen, bei einer Sicherheitenverwertung im Rahmen eines Insolvenzverfahrens. Wenn ein Unternehmer keine privaten Sicherheiten gestellt hat und ein Verkaufserlös im Wege des Share Deals ihm keinen Verkaufspreis für seine Gesellschaftsanteile, sondern ausschließlich die Ablösung der Bankverbindlichkeiten, in Aussicht stellt, hat der Unternehmer „nichts zu verlieren" und wird dementsprechend in den meisten Fällen eine Blockadehaltung einnehmen.

Gelingt die Sanierung nicht und tritt – z. B. durch das Reißen von im Sanierungskreditvertrag vereinbarten Covenants – der Bedingungsfall ein, so wird hierdurch die Verwertung der Gesellschaftsanteile im Zuge eines M&A-Prozesses durch den Treuhänder eingeleitet.

In vielen Fällen werden Banken in diesen Situationen auch einen Gesellschafterbeitrag fordern, der in der

- Zuführung neuen Eigenkapitals oder der
- Umwandlung von Gesellschafterdarlehen in Eigenkapital bzw. Erklärung des Nachrangs für Gesellschafterdarlehen

zu sehen ist.

Zu diesem Zeitpunkt muss der Gesellschafter für sich eine Entscheidung treffen. Dabei sind folgende Fragen zu beantworten und im Rahmen einer Ziel- und Maßnahmenhierarchie zu strukturieren:

1. Schafft ein aktuell zu leistender Gesellschafterbeitrag einen mittel- bis langfristig höheren Equity Value?
2. Sind weitere Forderungen nach Gesellschafterbeiträgen bis zur Erlangung eines verbesserten Equity Values zu erwarten?
3. Gibt es andere Optionen (wie die Einleitung eines StaRUG-, eines Insolvenzverfahrens oder eines M&A-Prozesses), die einen höheren Equity Value erwarten lassen?

4. Stellen diese Optionen die Banken schlechter als ein ausbleibender Gesellschafterbeitrag?
5. Welche Optionen haben die Banken bei einem ausbleibenden Gesellschafterbeitrag?
6. Werden bei einer Blockadesituation bzw. bei der Wahrnehmung anderer Optionen unternehmerische Werte vernichtet und ist dies – im Sinne einer Zielhierarchie des Gesellschafters – bei den Antworten auf die Fragen 1 bis 5 adäquat berücksichtigt?

Für einen Unternehmer, der den Druck der Banken verspürt, stellt sich die Frage, ob durch weitere Kapitalzufuhr das Unternehmen ausreichend finanziert werden kann, um einen positiven Equity Value zu erreichen, der über der Höhe des zusätzlichen Beitrags liegt. Wenn dies nicht der Fall ist, sind M&A-Optionen in Kalkül zu ziehen. Gelingt es dem M&A-Berater, einen Wettbewerb unter Interessenten zu schaffen, die z. B. Synergien eines Zusammenschlusses einpreisen, so resultiert dies zumeist in einem Kaufpreis, der über dem rechnerischen Unternehmenswert liegt und der unter Umständen eine Situation schafft, in der der Unternehmer nicht nur die Banken durch eine Transaktion zufriedenstellt, sondern auch selbst einen positiven Kaufpreis für die Gesellschaftsanteile erhält.

Kunden

Ein breit diversifiziertes Kundenportefeuille gilt seit jeher als erstrebenswert. Als ebenso erstrebenswert galt jahrelang die enge Verzahnung in die Wertschöpfungskette der Kunden, um die Geschäftsbeziehung so intensiv wie möglich und damit resilient für immer wieder auftretende Versuche von Wettbewerbern zu machen, in diese Beziehung einzudringen. Darüber hinaus gibt es Situationen – insbesondere in der Automobilzulieferindustrie – bei denen für einen Zulieferer eine Fokussierung auf Just-in-Time/-Sequence-Konstellationen und Entwicklungskooperationen beim oder mit dem Automobilhersteller (OEM) erfolgsentscheidend für die Kundenbeziehung ist. Häufig nominieren die OEMs auch nur einige wenige ausgesuchte Lieferanten für bestimmte Bauteile. Jahrelange Modellzyklen und damit längere Laufzeiten der Lieferverträge bieten dem Zulieferer eine feste Kalkulationsgrundlage und mach(t)en solche Vertragsusancen attraktiv. Gleichzeitig entstand hier häufig eine gegenseitige, meist jedoch nicht synchrone Abhängigkeit voneinander. In den letzten zwanzig Jahren kam es immer wieder zu konjunkturellen Abschwüngen in der Automobilindustrie, die mit rückgehenden Umsätzen auf allen Wertschöpfungsstufen (OEM, Tier-I-Supplier, Second Tier usw.) zu niedrigeren Auslastungen führten. Je kleiner das Zuliefererunternehmen und je wichtiger der einzelne Auftrag für den wirtschaftlichen Erfolg ist, desto schneller gerät ein Zuliefererunternehmen in eine Krisensituation. Ist die Krise weit fortgeschritten und muss der OEM um die Sicherheit seiner Belieferung befürchten, ist ein konzertiertes Zusammenspiel der Beteiligten gefordert, um im Extremfall einen millionenschweren Bandstopp beim OEM zu vermeiden. In diesen Situationen gibt es zwei unterschiedliche „Pfadunterscheidungen“:

a) Der OEM bzw. ein vorgelagerter Zulieferer hat eine Second Source für die entsprechenden Bauteile
b) Es existiert(e) Single Sourcing oder die strategische Notwendigkeit den Zulieferer bei der Existenzsicherung zu unterstützen.

Die Lösung dieser Problemsituation kann außergerichtlich erfolgen oder im gerichtlichen Sanierungsverfahren, sprich nach Antrag auf Eröffnung des Insolvenzverfahrens. Die Vorteile, die aus der Sicht der OEMs bzw. des vorgelagerten Zulieferers für eine gerichtliche Sanierung sprechen, sind im Wesentlichen die folgenden[8]:

- Durchsetzung der Kundeninteressen im gerichtlichen Verfahren, da die Fortführung an die Aufträge der wesentlichen OEMs oder des vorgelagerten Zulieferers gekoppelt ist;
- benötigt in der Regel weniger interne personelle Ressourcen bei den Kunden;
- Akkordstörer werden weitestgehend ausgeschaltet;
- Prozesssicherheit und Sicherheit über die Teileversorgung
  - der Insolvenzverwalter wird so lange weiter produzieren lassen, wie die OEMs oder Tier-1-Zulieferer den Verlustausgleich zahlen;
  - Auslaufproduktionsvereinbarungen, die zu einer Sicherung der Teileversorgung bis zur Liquidation/Stilllegung führt.

Vereinbarungen, die die beiden letztgenannten Punkte umfassen, werden allgemein mit dem Oberbegriff der Fortführungsvereinbarung bezeichnet. Dieser Begriff ist nicht gesetzlich geregelt. Eine solche Vereinbarung regelt die Betriebsfortführung innerhalb eines Insolvenzverfahrens, um den gesamten Verfahrensablauf für alle Parteien mit möglichst hoher Planungssicherheit zu versehen Dieser damit abgesicherte Zeitraum muss genutzt werden, um Restrukturierungsansätze zu planen und die Verwertungsmaßnahmen umzusetzen, die im Idealfall masseanreichernd wirken[9]. Der Fortführungszeitraum wird zwischen Verwalter und den Kunden individuell verhandelt. Während der Insolvenzverwalter das Ziel verfolgt, über einen möglichst langen Zeitraum Sicherheit für eine (An-)Sanierung zu verschaffen und damit das Unternehmen solide für einen M&A-Prozess (oder einen Insolvenzplan) aufzustellen, verfolgen Kunden meistens das Ziel, die Laufzeit so kurz wie möglich zu halten. Je kürzer die Laufzeit, desto größer ist bei allen Beteiligten auf Unternehmensseite der Umsetzungsdruck für eine Fortführungslösung.

Automobilzulieferer erhalten in der Regel im Verfahrenszeitraum keine neuen Aufträge von den Kunden. Hierdurch können wichtige Anschluss- und Neuaufträge verloren gehen, die wiederum den Unternehmenswert respektive den Kaufpreis in hohem Maße beeinflussen. Vor diesem Hintergrund ist grundsätzlich ein kurzer Zeitraum zu präferieren. In der Praxis sind Laufzeiten zwischen drei und neun Monaten üblich, Verlängerungen sind möglich[10]. Um für den Fortführungszeitraum eine weitgehende Stabilität in der Planung zu ermöglichen, bestätigen die OEMs oder Tier-1-Zulieferer, keine Produktionsaufträge abzuziehen bzw. die vereinbarten Mengenzuordnungen im Rahmen der vereinbarten Bedarfsquote nicht zu ändern, sofern das Schuldnerunternehmen seine Lieferverpflichtungen gegenüber den OEMs oder Tier-1-Zulieferern hinsichtlich Qualität, Quantität und Liefertreue im Wesentlichen erfüllt. Der Verwalter bestätigt, die Preise der Bauteile nicht zu erhöhen. Im Gegenzug verpflichten sich die OEMs oder Tier-1-Zulieferer, mögliche Verluste, die durch die Fortführung des Unternehmens verursacht werden, zu decken. Generell gibt es zwei unterschiedliche Methoden, den vom Verwalter ermittelten Gesamtverlust auf die teilnehmenden OEMs oder Tier-1-Zulieferer zu verteilen:

Entweder orientiert sich der Anteil am prozentualen Umsatzanteil des jeweiligen OEMs oder Tier-1-Zulieferers in einer spezifizierten Periode oder es wird versucht, den Verlust verursachergerecht auf Teilepreisebene mithilfe der betrieblichen Kostenrechnung zu verteilen. Auch wenn die zweitgenannte Variante als wünschenswert erscheint, so scheitert sie in der Praxis jedoch häufig an der Verfügbarkeit valider Daten aus der betrieblichen Kostenrechnung und Kalkulation sowie an dem zeitlichen Druck, solch eine Vereinbarung schließen zu müssen. Aus Sicht der OEMs oder Tier-1-Zulieferer ist es weiter erforderlich, einen Maximalverlustbeitrag festzulegen und einen Mechanismus zu vereinbaren, falls dieser Betrag überschritten wird. Durch die verbindlichen Zusagen der OEMs oder Tier-1-Zulieferer ist es dem Insolvenzverwalter erst möglich, für die Schuldnerin während der Laufzeit der Vereinbarung auf einer gesicherten betriebswirtschaftlichen Grundlage zu planen. Dies unterscheidet die Automotive-Insolvenz von vielen anderen Verfahren, bei denen der Verwalter eben keine festen Zusagen der Kunden über den weiteren Bezug von Waren erhält und somit auch ein größeres Risiko in Bezug auf die Fortführung eines Unternehmens besteht. Für OEMs oder Tier-1-Zulieferer, die nicht in die Fortführungsvereinbarung miteingebunden sind, muss im Einzelfall entschieden werden, wie mit diesen verfahren wird. Die Spannbreite reicht von einer Weiterbelieferung zu unveränderten Konditionen für OEMs oder Tier-1-Zulieferer, die sonst auch andere Bezugsquellen aktivieren könnten, bis zur Aussprache eines Lieferstopps für diejenigen, deren weitere Abhängigkeit vorausgesetzt wird. Für eine sichere Zusage für die Weiterbelieferung der Bauteile gehen die Kunden (OEMs oder Tier-1-Zulieferer) Verpflichtungen ein, insbesondere in Bezug auf Verlustdeckung, Gewährleistungseinschränkung und Kundentreue. Bei insolventen Industrieunternehmen gibt es erhebliche Gefahren, was die Leistungsfähigkeit aufgrund eingeschränkter Wartung und fehlenden Fachpersonals betrifft. Dadurch können die Fortführungsverluste steigen und die OEMs oder Tier-1-Zulieferer erhalten gegebenenfalls nicht die erforderliche und bestellte Anzahl von Bauteilen, um ihrerseits die Endkunden vollständig beliefern zu können. Eine Erhöhung der Fortführungskosten über das vereinbarte Niveau hinaus geht üblicherweise mit der Aufforderung des Verwalters an die OEMs oder Tier-1-Zulieferer einher, entweder auch diesen höheren Betrag zu übernehmen oder die Vereinbarung kurzfristig zu kündigen. Dies kann dazu führen, dass einige OEMs oder Tier-1-Zulieferer, die zwischenzeitlich eine alternative Bezugsquelle aufgebaut haben, das erneute Angebot des Verwalters und damit auch den Bezug weiterer Waren zu höheren Kosten ablehnen und der nun noch höhere Verlust und der fehlende Deckungsbeitrag von den verbleibenden OEMs oder Tier-1-Zulieferern getragen werden muss, sofern diese auch weiterhin Teile benötigen.

Ein weiteres Risiko für die OEMs oder Tier-1-Zulieferer besteht in Abwicklungsverfahren, bei denen weder ein Insolvenzplan noch eine Verkaufslösung schlussendlich zum Tragen kommt. Zur Sicherstellung der Weiterbelieferung bis zur Schließung ist es in vielen Fällen notwendig, für die Mitarbeiter Halte-, Qualitätsprämien oder Sozialpläne im Rahmen des Verlustbeitrags zu finanzieren. In der Praxis können hier sehr hohe Zahlungen erforderlich werden, um den Geschäftsbetrieb aufrecht zu erhalten. Diese hierfür notwendigen Beträge sind wiederum von den Kunden zu erbringen. Die Beiträge werden in einer auf der Fortführungsvereinbarung aufsetzenden Stilllegungs- oder Liquidationsvereinbarung geregelt. Ein „Bandstillstand" auf Ebene der nächsthöheren Wertschöpfungsstufe führt in der Regel zu immer höheren Kosten. Somit bietet eine Fortführungsvereinbarung neben der Sicherstellung der weiteren Belieferung einen abgesicherten Zeitraum zur Planung von Restrukturierungs- und Distressed M&A-Optionen bzw. deren Umsetzung. Diese Zeit muss gemeinsam mit den Kunden und sonstigen Stakeholdern genutzt werden, den besten neuen Eigentümer zu finden, denjenigen, der strategisch die größte Schnittmenge aufweist, um das Unternehmen langfristig in einen sicheren Hafen zu führen. In der Regel ist dieser Investor auch derjenige, der mittelfristig die meisten Arbeitsplätze sichern und zumeist auch einen attraktiveren Preis zahlen kann, da er Synergien heben kann.

Um eine Fortführungsvereinbarung zu schließen, ist eine Planungsrechnung, die auf Basis des Mengengerüstes, die Verluste ausweist, die im Fortführungszeitraum anfallen, notwendig. Diese Planungsrechnung sollte detailliert produzierte und ausgelieferte Mengen zeigen, um alle Beteiligten über den Stand des Prozesses zu informieren. Diese Informationen werden darüber hinaus in regelmäßigen Meetings mit den Risikomanagementabteilungen der OEMs bzw. Zulieferern besprochen. Umgekehrt ist für den Insolvenzverwalter und auch einen neuen Investor wichtig, dass die OEMs und nachgelagerten Zulieferer kein Pufferlager aufbauen, um schlussendlich doch keine Übernahme zu unterstützen, sondern andere Strategien zu verfolgen. Dementsprechend sind die bestellten Stückzahlen auch grundsätzlich mit historischen und etwaigen veröffentlichten Verkaufszahlen der OEMs abzugleichen.

Zumeist wird das Management des Unternehmens unterstützt von Automotive- und insolvenzerfahrenen Interimsmanagern, die dafür sorgen, dass nicht nur die Zahlenbasis stimmt, sondern im Wesentlichen die Arbeitsabläufe in Produktion (sowohl Menge als auch Qualität) und Logistik auf einem adäquaten Niveau bleiben.

In vielen Fällen wird parallel zur Fortführungsvereinbarung ein M&A-Prozess initiiert. Hier gibt es jedoch Besonderheiten zu beachten, die einerseits einen insolvenz- (und wünschenswert) auch Automotive-erfahrenen M&A-Berater notwendig machen. Der Berater muss in der Lage sein, potenziellen Interessenten die zeitlichen und inhaltlichen Anforderungen eines Investments zu kommunizieren. Darüber hinaus werden die OEMs selbst auf den Investorenprozess dahingehend einwirken, dass potenzielle Interessenten, die strategisch nicht in deren Zuliefererlandschaft passen, keine Chance haben werden, die für eine dauerhafte Gesundung des Unternehmens notwendigen zukünftigen Aufträge (Trade Agreements) zu erhalten. Diese Trade Agreements sind in der Regel im Wesentlichen neue Preis- und Mengenabsprachen (unter Umständen auch verbesserte Zahlungskonditionen für einen bestimmten Zeitraum), die die Sanierung des Unternehmens erleichtern. Hier ist es besonders wichtig, im Vorfeld die Erwartungshaltung der OEMs zu kennen, denn ansonsten erfolgt möglicherweise die Auswahl der Investoren nach Kriterien, die anschließend nicht von dem OEM goutiert werden. Müssen in einem zweiten Schritt neue Interessenten gesucht und angesprochen werden, verliert man wichtige Zeit hin zu einem Abschluss, der wiederum allein deshalb dringend notwendig ist, damit das Unternehmen die Chance hat, den in Insolvenzsituationen typischen Auftragsvergabestopp zu beenden. Ohne Anschlussaufträge kommt es – insbesondere bei den oben erwähnten, über eine Modellzykluszeit andauernden längeren Aufträgen – zu „Löchern im Auftragsportfolio" und damit wiederum zu absehbaren, zeitlich verlagerten Schwierigkeiten.

Erfolgsfaktoren aus Sicht eines M&A-Advisors in kundenzentrierten Insolvenzverfahren:

1. Schnelles Anfertigen einer ersten Longlist und Abstimmung der Liste, sowohl mit dem Auftraggeber als auch mit den involvierten Kunden
2. Verschaffen von Klarheit über mögliche strukturelle Quick-Wins, die das Interimsmanagement identifiziert hat und die eine – unter Zeit-/Nutzenaspekten – signifikante Verbesserung der Verkaufsfähigkeit bzw. des Wertes darstellen
3. Schnellstmögliche Ansprache der Entscheidungsträger bei den potenziellen Interessenten
4. Konsequentes Nachfassen auf allen Ebenen (d. h. beim Interessenten, als auch beim Kunden), um das Interesse des jeweiligen Kandidaten zu verifizieren
5. Aufstellen eines verbindlichen Zeitplans zur Umsetzung des M&A-Prozesses
6. Wettbewerb entsteht nicht von allein, sondern durch aktives Gestalten seitens des M&A-Beraters. Allerdings darf dieser Wettbewerb – in prozessualer Hinsicht – nicht durch dem potenziellen Interessenten kommunizierte Präferenzen der OEMs beeinflusst bzw. abgelöst werden.

Fazit: Der Erfolg eines M&A-Prozesses spiegelt den Grad der Einsatzbereitschaft, Integrität und der verkäuferischen Stärke des M&A-Beraters wider. Menschen gestalten erfolgreiche Transaktionen, nicht Institutionen.

Lieferanten

In der Regel zahlt ein Unternehmen seinen Lieferanten nicht unmittelbar, sondern nach Ablauf des durch den Lieferanten eingeräumten Zahlungsziels (Lieferantenkredit). Dies macht den Lieferanten zu einem bedeutenden Finanzierer. In evidenten Krisensituationen kann und muss sich ein Lieferant entscheiden, ob er den Restrukturierungsprozess unterstützt. Diese Unterstützung kann durch

- Stundungsvereinbarungen,
- Forderungsverzichte und
- die einfache Weiterbelieferung

erfolgen.[11]

In solchen Situationen stellt sich jedoch die Fragen der Alternativen. Häufig lassen sich die gelieferten Produkte gar nicht anders verwerten, insbesondere dann, wenn es sich in der Zuliefererkette um Modul- bzw. Systemlieferanten handelt, die nur für dieses eine Produkt speziell gefertigte Vorprodukte vertreiben. Erschwert wird die Situation aus Sicht des Lieferanten darüber hinaus, dass häufig sehr viele Teile an den krisenbehafteten Kunden geliefert werden. Abstimmung und Kommunikation unter den Lieferanten kann in der Regel mangels Kenntnis und Umfang der einzelnen Lieferbeziehungen nicht erfolgen. In Krisensituationen, die bereits weiter fortgeschritten sind und bei Unternehmen, die sich in Insolvenzsituationen befinden, können Lieferanten ihre Interessen durch die Bündelung in einem Lieferantenpool sichern. Vor allem steht hier die Wahrung der Sicherheitenrechte, der zukünftigen Belieferungs- und Finanzierungskonditionen im Vordergrund der Arbeit des Lieferantenpools. Allerdings können Lieferanten, die durch ihren Lieferantenkredit das Unternehmen kontinuierlich finanzieren, keine bank-üblichen Sicherheiten verlangen, denn diese sind in der Regel eben diesen vorbehalten. Die einzigen Sicherheiten sind somit Eigentumsvorbehaltsrechte. Man unterscheidet:

- Einfacher Eigentumsvorbehalt: Der gelieferte Gegenstand bleibt so lange im Eigentum, bis er vollständig bezahlt wird.
- Eigentumsvorbehalt mit Verarbeitungsklausel: Der Lieferant wird Miteigentümer am neu produzierten Produkt.
- Verlängerter Eigentumsvorbehalt: Abtretung der Forderung aus der Lieferung des weiterverarbeiteten Produktes.

Vor diesem Hintergrund wird deutlich, dass auch die Lieferanten an einer Weiterführung des operativen Geschäftes, auch durch Distressed M&A-Optionen, interessiert sind.

Kreditversicherer

Im Finanzierungsinstrumentarium mittelständischer deutscher Unternehmen spielen Handelskredite eine der wichtigsten Rollen im Rahmen der gesamten Fremdfinanzierung. Handelskredite können in Form von erhaltenen Anzahlungen oder Verbindlichkeiten aus Lieferung und Leistung unterschieden werden. Letztgenannte Kategorie lässt sich wiederum in unversicherte Positionen oder im Rahmen von durch Warenkreditversicherer abgesicherte Positionen unterteilen. Lieferantenkredite sind die wichtigste Finanzierungsquelle im Mittelstand; das Volumen aller Lieferantenkredite übersteigt das Volumen aller kurzfristiger Bankkredite in der Bundesrepublik deutlich. Das Grundprinzip der Warenkreditversicherung ist im nachstehend angeführten Schaubild dargestellt.

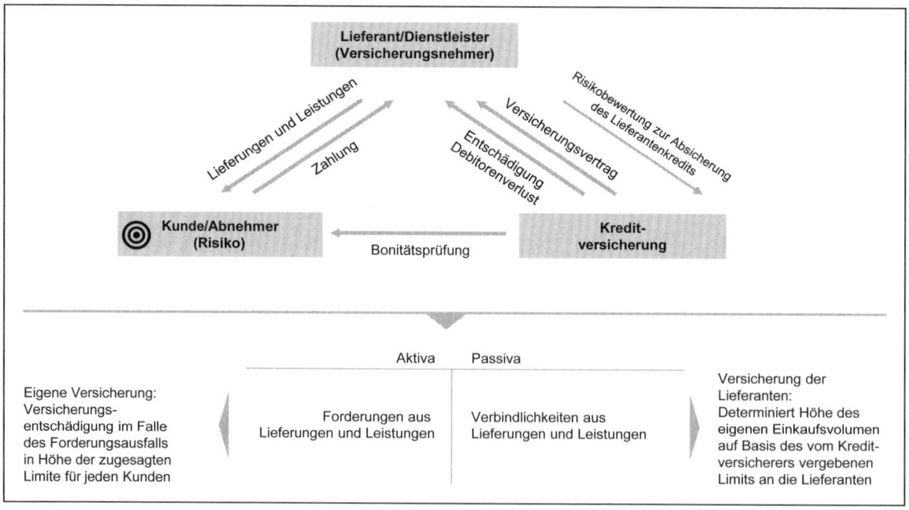

Abbildung 6-4: Das Grundprinzip der Warenkreditversicherung

Ein Kreditversicherungsunternehmen bewertet fortlaufend Unternehmen und stellt auf Basis dieser Bonitätsbeobachtungen seinen versicherten Kunden Kreditlimits zur Verfügung.

Kreditversicherer treten entweder im Rahmen von Warenkreditversicherern oder als Avalgeber auf. Im Gegensatz zur Bank ist das zu sanierende Unternehmen kein direkter Kunde des Warenkreditversicherers (zumindest nicht aufgrund eines Warenkreditversicherungsvertrags), sondern ist vielmehr Kunde des Kunden des Warenkreditversicherers. Damit ist der Warenkreditversicherer in einer Sanierungssituation grundsätzlich nicht vertraglich direkt involviert. Im Unterschied zum Factoring stellt ein Warenkreditversicherer keine Liquidität unmittelbar zur Verfügung, sondern deckt erst im Schadensfall den Forderungsausfall abzüglich des Selbstbehalts. Gleichwohl ist der Warenkreditversicherer eigentlich wichtigster Kreditgeber in einer Restrukturierung, denn bei einer Verkürzung von Limits oder gar einem kompletten Streichen aller Limits für das in Rede stehende Unternehmen werden Lieferanten nur noch gegen Vorkasse liefern. Damit entsteht eine deutlich höhere Liquiditätsbelastung und Restrukturierungskonzeptionen können allein daran scheitern.

Die Einbindung eines Warenkreditversicherers in Restrukturierungsprozesse kann im Rahmen von Stand-Still-Vereinbarungen erfolgen. Eine bedeutende Hilfe stellt die Unterstützung des Warenkreditversicherers dar, der im Rahmen von „bedarfsgerechten" Limits für eine auch zukünftige Lieferantenfinanzierung zu einer entsprechenden Finanzierung die Basis schafft. Herausfordernd in diesem Zusammenhang ist, dass der Warenkreditversicherer in der Regel die Ausnutzung aller zur Verfügung gestellter Limits zum aktuellen Zeitpunkt nicht kennt. Er nennt seinen Kunden die Limits. Ob jedoch der Kunde zum Zeitpunkt des Auftretens der Sanierungserfordernisse diese Limits nicht genutzt oder gänzlich ausgeschöpft hat erschließt sich zunächst dem Warenkreditversicherer nicht.

Häufig reduziert ein Warenkreditversicherer in solchen Situationen sein Risiko zunächst auf die aktuellen Außenstände. Dadurch wird ihm seine eigentliche Risikoposition bekannt und er kann auf dieser Basis über bedarfsgerecht Limits für zukünftige Lieferungen entscheiden. Dies erfolgt dann schlussendlich über aktualisierte Kreditentscheidungen an alle Lieferanten. Dadurch wird eine sinnvolle und eben bedarfsgerechte Allokation des Limitvolumens vorgenommen und Vorhaltelinien werden nicht mehr aufrechterhalten.

Wenn ein Warenkreditversicherer frühzeitig und auch in die Ermittlung des zukünftigen Cashbedarfs eingebunden ist, so kann eine optimale Allokation der Limits erfolgen und dadurch eine solide Zahlenbasis und Berechenbarkeit für einen M&A-Prozess/ Investorenprozess geschaffen werden. In M&A-Prozessen sind Warenkreditversicherer auch deshalb wichtig, weil sie z. B. durch Tätigkeiten in Gläubigergremien ihr Wissen um die Sinnhaftigkeit eines Zusammenschlusses einbringen können. Warenkreditversicherer haben ein ungeheures Wissen und eine ungeheuer große Datenbasis, um gesamtwirtschaftliche Situationen ganzheitlich beurteilen zu können. Warenkreditversicherer steuern durch ihre Limits ganze Handelskreditketten und leisten damit einen wichtigen Beitrag zur Sicherung der Flexibilität und vor allem der Stabilität der Unternehmensfinanzierung. Durch Wissen aus anderen Transaktionen können Warenkreditversicherer im Rahmen der Mitwirkung im M&A-Prozess Limits erhöhen, sie können Gefahrensituationen, die bei einem Zusammengehen mit einem gegebenenfalls nicht solventen Investor entstehen, entgegenwirken. Und dies alles, obwohl eigentlich ein Warenkreditversicherer nur mittelbar beteiligt ist. Entscheidend für den Erfolg solcher Transaktionen ist jedoch, dass auch Warenkreditversicherer vollumfänglich und frühzeitig in Finanzierungsüberlegungen der sonstigen Stakeholder eingebunden werden.

Pensions-Sicherungs-Verein

Der Pensions-Sicherungs-Verein Versicherungsverein auf Gegenseitigkeit (PSVaG) ist der gesetzlich bestimmte Träger der Insolvenzsicherung der betrieblichen Altersversorgung (baV). Seine ausschließliche Aufgabe ist die Gewährleistung der betrieblichen Altersversorgung für den Fall der Insolvenz des Arbeitgebers nach den Vorschriften des Betriebsrentengesetzes (BetrAVG). Der PSVaG erhält die Informationen, die er zur Feststellung der Leistungspflicht benötigt, in aller Regel erst mit Eintritt der Insolvenz.[12]

Bei der Erstellung eines Insolvenzplans für einen aus betrieblicher Altersversorgung verpflichteten Arbeitgeber sind zahlreiche Aspekte zu berücksichtigen, die sich aus den jeweiligen Besonderheiten der erteilten Versorgungszusagen und des Betriebsrentengesetzes ergeben. Dies zu erkennen, erleichtert die Konzeption eines Insolvenzplans und bietet zugleich Möglichkeiten der Plangestaltung.

Mit der Eröffnung des Insolvenzverfahrens über das Vermögen des Arbeitgebers gehen die Ansprüche und Anwartschaften aus betrieblicher Altersversorgung auf den PSVaG über (§ 9 Abs. 2 BetrAVG). Der PSVaG ist aufgrund des gesetzlichen Forderungsübergangs im Regelfall Insolvenzgläubiger (§ 38 InsO). Im Insolvenzverfahren erhält der PSVaG nach Maßgabe der insolvenzrechtlichen Verteilungsregeln zum Ausgleich seiner Forderungen eine Quotenzahlung. Die Rechtsstellung des PSVaG kann im Insolvenzplan abweichend von den Vorschriften der Insolvenzordnung geregelt werden (§ 217 InsO). Die praktische Erfahrung zeigt, dass eine möglichst frühzeitige Einbindung des PSVaG bei der Plankonzeption eine gute Voraussetzung ist, damit unternehmensspezifisch tragfähige Regelungen für die betriebliche Altersversorgung geschaffen werden können. In einem Insolvenzplan, der die Fortführung eines Unternehmens oder eines Betriebes vorsieht, ist für den PSVaG eine besondere Gruppe zu bilden, sofern er hierauf nicht verzichtet (§ 9 Abs. 4 Satz 1 BetrAVG).

„Im Insolvenzplan soll vorgesehen werden, dass bei einer nachhaltigen Besserung der wirtschaftlichen Lage des Arbeitgebers die vom PSVaG zu erbringenden Leistungen ganz oder zum Teil vom Arbeitgeber oder sonstigen Träger der Versorgung wieder übernommen werden (§ 7 Abs. 4 Satz 5 BetrAVG). Diese gesetzliche Besserungsregelung gilt ergänzend zu und unabhängig von den im gestaltenden Teil des Insolvenzplans vorgesehenen Regelungen zu den Forderungen des PSVaG aus betrieblicher Altersversorgung. § 7 Abs. 4 Satz 5 BetrAVG ist eine Soll-Vorschrift, welche den Verfahrensbeteiligten ein Tun für den Regelfall vorgibt. Enthält der Insolvenzplan keine Besserungsklausel für den PSVaG, ohne dass dies durch besondere Umstände gerechtfertigt ist, so muss das Insolvenzgericht den Plan gemäß § 231 Abs. 1 InsO von Amts wegen zurückweisen (BT-Drucksache 12/3803, S. 111). Wenn die Besserungsklausel ausnahmsweise durch eine andere, als Kompensation zugunsten des PSVaG dienende Maßnahme ersetzt werden soll, muss der Insolvenzplan eine für das Insolvenzgericht und den PSVaG nachvollziehbare Begründung enthalten. Maßgebliches Kriterium für die Beurteilung, ob und in welchem Umfang in einem Insolvenzplan eine Besserungsregelung zugunsten des PSVaG aufgenommen werden muss, ist die wirtschaftliche Leistungsfähigkeit des sanierten Arbeitgebers. Zur Bestimmung der Versorgungsverpflichtungen, die vom sanierten Unternehmen wieder selbst erfüllt werden können, kann eine versicherungsmathematische Prognose über die Entwicklung der Pensionsrückstellungen und Rentenzahlungen hilfreich sein. Gegenstand der Besserungsklausel sind nur die nach Bedingungseintritt noch zu erfüllenden Leistungen. Die bis zum Bedingungseintritt planmäßig vom PSVaG bereits erfüllten Rentenansprüche leben nicht wieder auf; ihre Sanierungswirkung ist endgültig."[13]

Mit Eröffnung des Insolvenzverfahrens übernimmt der PSVaG die bis dahin angefallenen Verpflichtungen im Sinne des § 1 BetrAVG. Nach der Rechtsprechung des Bundesarbeitsgerichtes haftete ein Erwerber nach § 613a BGB durch den Betriebsübergang für alle zukünftigen Anwartschaften, nicht jedoch für die vorhergehenden. Ob es sich hierbei um eine übertragende Sanierung in einem Regelinsolvenzverfahren, einem Schutzschirmverfahren einer Eigenverwaltung handelt ist hierfür unerheblich.

Wie auch bei den vorgenannten Stakeholdern gilt: Der PSVaG sollte frühzeitig – durch den Insolvenzverwalter bzw. den Planersteller – in die strukturellen Überlegungen des Distressed M&A-Prozesses bzw. des Insolvenzplans hinsichtlich der betrieblichen Altersversorgung sowie deren Formulierung im gestaltenden Teil des Insolvenzplans einbezogen werden.

Bundesagentur für Arbeit

Die Bundesagentur für Arbeit gewährt auf Antrag maximal drei Monatsarbeitsentgelte vor Insolvenzeröffnung, um die Chance auf eine Betriebsfortführung zu wahren. In dieser Zeit des vorläufigen Insolvenzverfahrens werden die Weichen für eine übertragende Sanierung oder einen Insolvenzplan gestellt. Der Bundesagentur für Arbeit kommt es in solchen Situationen darauf an, den Investor zu finden, der die meisten Arbeitsverhältnisse übernimmt.

Da die Bundesagentur für Arbeit jedoch einfacher Insolvenzgläubiger ist, ist der verfahrens- und transaktionsbestimmende Faktor nicht so groß, wie z. B. der der Kreditinstitute, die aufgrund ihrer Sicherheiten in der Regel über die Assets (Anlagervermögen, Vorratsvermögen) „die Hand halten", die für einen Erwerber zur Betriebsfortführung besonders wichtig sind. Vor diesem Hintergrund wird ein Erwerber eher darauf achten, diese Gläubiger für sich zu gewinnen, als Rücksicht auf die Belange eines einfachen Insolvenzgläubiger zu nehmen. Nichtsdestotrotz ist die Bundesagentur für Arbeit in den Verfahren ein bedeutender Gläubiger, der häufig eine große Kenntnis der Marktteilnehmer (auch und insbesondere der Finanzinvestoren) und deren Verhalten in anderen Distressed M&A-Prozessen mitbringt.

Betriebsrat und Gewerkschaften

Der Betriebsrat ist stets am Überleben des Unternehmens interessiert. Dabei sind ihm sowohl die Anzahl der Mitarbeiter wichtig, die nach einer Restrukturierung, die in der Regel immer Auswirkungen auf die Anzahl der Arbeitsplätze hat, verbleiben als auch die zukünftigen Arbeitsbedingungen. Ebenso liegt ein Augenmerk bei einem etwaigen Personalabbau auf den Konditionen des Ausscheidens der Mitarbeiter. Diese Konditionen können

- einerseits rein monetär im Hinblick auf mögliche Abfindungsleistungen sein,
- auf die Auswahl der im Unternehmen verbleibenden Mitarbeiter,
- als auch auf die Konditionen etwaiger Beschäftigungs- und Qualifizierungsgesellschaften einwirken.

Häufig wird ein Investor sein Angebot in Form eines sogenannten Erwerberkonzeptes formulieren, d.h. er wird die Übernahme des Geschäftsbetriebs unter die Auflage stellen, dass bestimmte Abteilungen und Mitarbeiter im Unternehmen verbleiben und er andere Leistungsbereiche und darin angesiedelte Mitarbeiter wiederum nicht übernehmen muss. Hier kommt es regelmäßig zu Verhandlungen mit dem Betriebsrat, der seinen Einfluss bei der notwendigen Sozialauswahl geltend macht.

Da Betriebsräte nicht immer das in einer Restrukturierung benötigte Spezial-Know-how vorweisen können, schalten sie grundsätzlich und verständlicherweise ihre jeweiligen verantwortlichen Ansprechpartner bei den Gewerkschaften ein.

Grundsätzlich hat eine Gewerkschaft ebenso Interesse an der Gesundung des Unternehmens, der damit verbundenen Möglichkeit einen höheren Organisationsgrad (Mitgliederanzahl) im Unternehmen zu erreichen und damit die eigene Existenzberechtigung zu untermauern. Eine Gewerkschaft ist darüber hinaus in der Regel daran interessiert, die Bindung eines Unternehmens an einen Flächentarifvertrag zu realisieren. In vielen Fällen wird der Investor aufgrund der schwierigen wirtschaftlichen Situation jedoch zumindest zeitweise einen Sanierungstarifvertrag oder Haustarifvertrag aushandeln wollen, der ihm die Restrukturierung ermöglicht. Ob die Gewerkschaft hier ihre Zustimmung erteilt, hängt nicht immer vom jeweils konkreten Fall ab. Aufgrund etwaiger dem jeweiligen Krisenfall übergeordneten strategischen Überlegungen kann es sein, dass ein Sanierungstarifvertrag verhindert wird, um keine Signalwirkung in der relevanten Branche oder Bezirk zu erzeugen, die gegebenenfalls bei späteren bedeutenderen Krisenfällen nicht erwünschte Wirkung entfalten könnte. Zum Beispiel könnte ein Sanierungstarifvertrag, mit dem für ein kleineres mittelständisches, sanierungsfähiges Unternehmen vorübergehend die tariflichen Leistungen ausgesetzt, verändert oder herabgesetzt werden, zum Exempel für eine unmittelbar bevorstehende Konzernrestrukturierung werden. Um dies zu verhindern, kann es unter Umständen sein, dass eine Gewerkschaft hierzu ihre Zustimmung verweigert.

> Es ist ratsam, frühzeitig den Kontakt zu den Arbeitnehmervertretern zu suchen und das Gewerkschaftsverhalten des jeweiligen Zuständigkeitsbereichs vorab zu analysieren. In der Regel geschieht dies nicht durch den M&A-Berater, sondern durch vom Insolvenzverwalter oder CRO eingeschaltete Arbeitsrechtsspezialisten, die das notwendige Know-how mitbringen und über die entsprechenden Kontakte verfügen.

Öffentlichkeit

In vielen Fällen ist die Öffentlichkeit oder die kommunale, regionale oder sogar Bundespolitik nicht direkter Stakeholder im jeweiligen Krisenfall, kann jedoch positive wie negative Einflussnahme auf die Restrukturierung nehmen. Diese Einflussnahme reicht von negativer Kommunikation über das Unternehmen bis hin zu Diskreditierung einzelner Investorengruppen, zum Beispiel Finanzinvestoren. Darüber hinaus können Indiskretionen durch Veröffentlichung vertraulicher Informationen (die z.B. über involvierte öffentliche Stellen erlangt werden) zu einer Einflussnahme auf den Distressed M&A-Prozess fördernden Wettbewerb unter den Investoren nehmen.

Insbesondere hier gilt: Nicht immer sind die Ziele dieser Gruppierungen komplementär zu den Zielen des Unternehmens, das sowohl kurz- als auch langfristig wieder in ein ruhiges Fahrwasser gelangen möchte. Es empfiehlt sich grundsätzlich bei Restrukturierungsfällen, die aufgrund der Unternehmensgröße, der -historie oder der regionalen Bedeutung ein besonderes Interesse der Öffentlichkeit erwarten lassen, einen erfahrenen Kommunikationsberater, der auf solche Krisensituationen spezialisiert ist, einzuschalten.

7 Der Prozessablauf bei Distressed M&A-Transaktionen

Der Prozessablauf beim Verkauf von Unternehmen in Krisensituationen unterscheidet sich im Hinblick auf den Inhalt der Prozessschritte nicht wesentlich vom Verkauf von Unternehmen in „klassischen" Situationen der Unternehmensentwicklung. Allerdings gibt es Parameter, die die Rahmenbedingungen definieren und damit – je nach Krisenstadium – die Abfolge der Prozessschritte wesentlich verändern:

- Unternehmenstransaktionen in vorinsolvenzlichen/außergerichtlichen Sanierungssituationen
- im Rahmen des StaRUG
- im Rahmen von Insolvenzverfahren

Im Folgenden werden die Prozessschritte bei der Suche nach einem Investor in vorinsolvenzlichen Krisensituationen beschrieben und anschließend auf die Besonderheiten der unter den beiden letztgenannten rechtlichen Rahmenbedingungen eingegangen.

Grundsätzlich unterteilt sich der Ablauf einer M&A-Transaktion aus Verkäufersicht in die nachfolgend aufgeführten, sieben Prozessschritte:

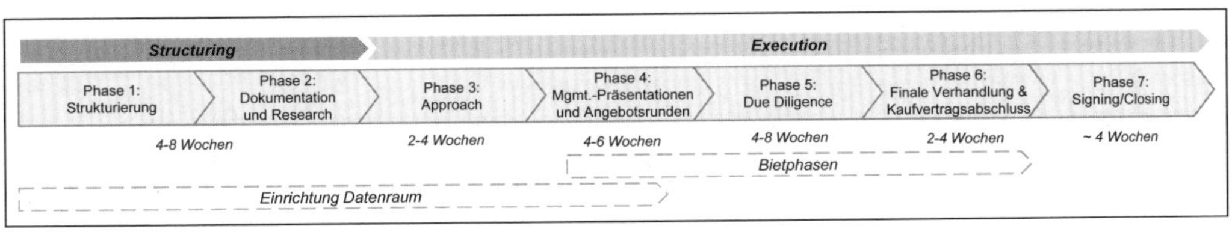

Abbildung 7-1: Der Prozessablauf bei außergerichtlichen Distressed M&A-Transaktionen

Wie in der vorstehenden Grafik ersichtlich, lässt sich der Prozess in eine Strukturierungs- (Structuring) und eine Durchführungsphase (Execution) unterteilen.

Die hier aufgeführten Zeitspannen für die einzelnen Projektschritte addieren sich zu ca. 20 Wochen bis 34 Wochen und sind eher als ein optimaler Zeithorizont bei Transaktionen in früheren Krisenstadien (Shareholder-Krise bzw. Strategiekrise) zu verstehen als in späteren Phasen der Unternehmenskrise (Ertragskrise bzw. Liquiditätskrise). Hier kann sich der Zeithorizont dramatisch, oft auf eine Zeitspanne von sechs bis 18 Wochen verkürzen und die Handlungsoptionen werden unter Umständen durch die rechtlichen Fristen einer Insolvenzantragstellung reduziert.

In diesem Zusammenhang wird oft von sogenannten „Fire Sales" gesprochen. Diese Begrifflichkeit ist zwar eingängig, aber unangebracht. Die Bezeichnung „Fire Sale" suggeriert ein Abbrennen und den hohen Verlust, der in dieser Situation zu befürchten sei. Neueste Untersuchungen aus den USA haben jedoch gezeigt, dass aus Käufersicht die Rentabilität aus solchen Akquisitionen nur um 2 % höher liegt als bei klassischen M&A-Transaktionen[1]. Diese 2 % rühren nach Analysen von Meier/Servaes aus der schwächeren Verhandlungsposition des Verkäufers. Im Umkehrschluss bedeutet dies, dass bei professioneller Prozessführung keine weiteren – neben dem sicherlich bereits niedrig(er)en Unternehmenswert – den Transaktionspreis wesentlich negativ beeinflussenden Elemente hinzukommen müssen.

Die nachfolgende Abbildung zeigt zeitliche Rahmenbedingungen, die bei fortschreitender Unternehmenskrise den Startzeitpunkt, den Inhalt und die Dauer der Distressed M&A-Prozessschritte determinieren.

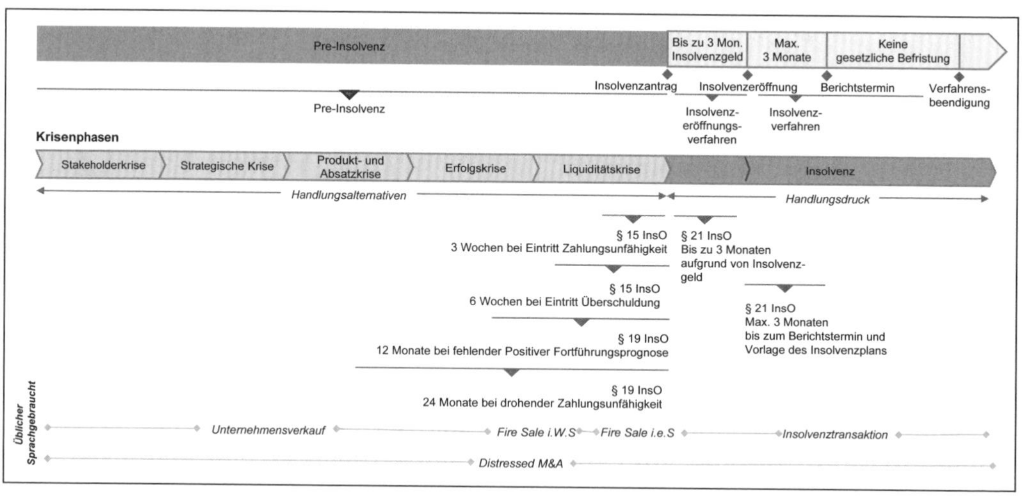

Abbildung 7-2: Unterscheidung des Zeithorizonts von Investorenprozessen nach Stadien der Unternehmenskrise

Kommt es zur Anzeige der Aufnahme einer Sanierung im Rahmen des Gesetzes über den Stabilisierungs- und Restrukturierungsrahmen für Unternehmen (Unternehmensstabilisierungs- und -restrukturierungsgesetz – StaRUG), ruht die Antragspflicht nach § 15a (1-3) der Insolvenzordnung. Die Antragspflichtigen sind jedoch verpflichtet, dem Restrukturierungsgericht den Eintritt einer Zahlungsunfähigkeit im Sinne des § 17 (2) InsO oder einer Überschuldung im Sinne des § 19 (2) InsO ohne schuldhaftes Zögern anzuzeigen. Die Stellung eines den Anforderungen des § 15a der InsO genügenden Insolvenzantrags gilt als rechtzeitige Erfüllung der Anzeigepflicht.

Vor dem Hintergrund dieses komplexen rechtlichen Geflechts ist ein eingehendes Verständnis für die Motive einer Unternehmenstransaktion in dieser Prozessphase die entscheidende Grundlage für die Definition der nachfolgenden Prozessschritte im Transaktionsprozess, wie etwa die Recherche nach möglichen Investoren, die Festlegung der Transaktionsstruktur und den angestrebten Zeitplan.

Phase 1: Strukturierung

Dabei ist ein tiefes Verständnis sowohl der Ziele aller involvierten Prozessbeteiligten bzw. Stakeholder als auch der für diese Gruppierungen handelnden Personen notwendig. Diese vorstehende Differenzierung ist deshalb so wichtig, da es zwar im Idealfall eine Interessensidentität gibt, dies jedoch in besonderen Situationen – und speziell in Krisensituationen – nicht zwangsläufig gegeben ist. In vielen Lehrbüchern wird der wirtschaftliche und daraus resultierende emotionale Druck des Unternehmers beschrieben, aber auch der Druck der auf Seiten der weiteren Anspruchsgruppen handelnden Menschen (z. B. Firmenkundenbetreuer bei den finanzierenden Banken, Betriebsrat), die ebenfalls im Laufe der Zusammenarbeit gegebenenfalls Enttäuschungen verbuchen, Irrtümer erleben bis hin zu Täuschungen erfahren mussten und dementsprechend auch emotional betroffen sind. Darüber hinaus gibt es häufig auch mit der Krise verbundene wirtschaftliche Auswirkungen bei den Anspruchsgruppen, die erheblich sind. Dementsprechend gibt es Situationen, in denen auch die Vertreter der weiteren Anspruchsgruppen, außerhalb des Verkäufers und des Käufers, unter enormem Druck stehen.

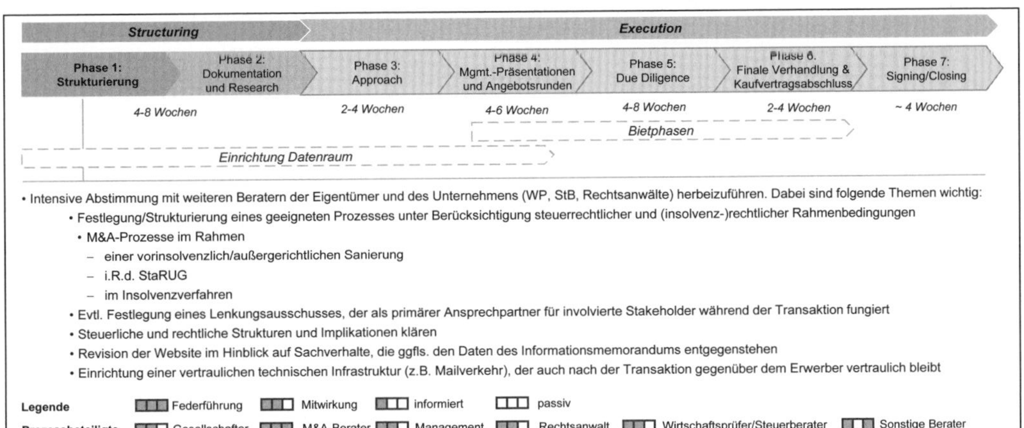

Abbildung 7-3: Phase 1 des Prozessablaufs bei außergerichtlichen Distressed M&A-Transaktionen

Mögliche Interessensdifferenzen können sich aus folgenden beispielhaften und nicht vollzählig aufgeführten Situationen ergeben:

- **Management:** Loyalitätskonflikte gegenüber Gesellschaftern, Belegschaft oder gegenüber den Ansprechpartnern bei Fremdkapitalgebern, gegebenenfalls auch ausgelöst durch rechtliche Rahmenbedingungen, wie z. B. § 93 AktG bzw. § 43 GmbHG
- **Aufsichtsrat:** Vermeidung von Sachverhalten, die gegebenenfalls Haftungsansprüche nach sich ziehen
- **Betriebsrat:** Versprechungen zu Gunsten der Mitarbeiter, die im Rahmen einer anstehenden Restrukturierung durch einen neuen Investor nicht zu halten sind
- **Gewerkschaften:** Nichterteilung der Zustimmung zu einem Restrukturierungsprogramm, das gegebenenfalls Signalwirkung auf weitere Restrukturierungen anderer Unternehmen im Zuständigkeitsbereich des Gewerkschaftsvertreters haben könnte
- **Bankenvertreter:** Keine Gefährdung der eigenen beruflichen Karriere, z. B. bei nicht ausreichender Klarheit eines etwaigen Widerspruchs der Mitwirkung in einem Gläubigerausschuss (Konflikt zwischen den Pflichten des Arbeitsvertrags und den Pflichten als Mitglied des Gläubigerausschusses als Vertreter aller (!) Gläubiger)
- **Steuerberater/Wirtschaftsprüfer:** Verlust eines lukrativen Mandates beim Verkauf des Unternehmens bzw. des Geschäftsbetriebs
- **Weitere Berater:** Vergütungsmodelle, die im Widerspruch (z. B. zu einer schnellen Sanierung) zu der Einleitung gerichtlicher Maßnahmen stehen

Grundsätzlich ist die Motivlage des Managements bei der Analyse der Ausgangssituation besonders zu berücksichtigen. Auftretende Konfliktfelder können nicht nur eine Verzögerung des Verkaufsprozesses bedeuten, sondern die Verhandlungen auch völlig zum Scheitern bringen. Auch hier treten Formen des vorgenannten Principal-Agent-Problems auf. Dr. Ronald Weihe definiert für solche Sondersituationen: Das Management nimmt möglicherweise „eigennützig und eventuell unter Einsatz von Täuschungen eine oder mehrere für den Unternehmensverkäufer nachteilige Handlung(en) vor oder unterlässt vorteilhafte Handlungen, die es bei Fehlen oder mangelnder Wahrnehmung des Interessensgegensatzes nicht vorgenommen hätte bzw. nicht unterlassen hätte."[2] Die nachfolgende Tabelle liefert einen guten Überblick über die einzelnen Problemfelder, die sich ergeben können.

Form des Interessenkonflikts	Interessen des Unternehmensverkäufers	Interessen des Managements
Preiskonflikt	Möglichst hoher Kaufpreis	Möglichst niedriger Kaufpreis*; Management-Buy-out oder Börseneinführung
Vollständigkeitskonflikt	Möglichst vollständige Veräußerung	Zurückbehalten von Teilen*; Management-Buy-out oder Börseneinführung
Abschlusskonflikt	Abschluss der Transaktion	Kein Abschluss der Transaktion
Qualitätskonflikt	Auswahl eines aus Verkäufersicht attraktiven Investors	Präferenz für einen anderen Investor*; Management-Buy-out oder Börseneinführung
Timingkonflikt	Veräußerung bis zu einem bestimmten Zeitpunkt	Veräußerung zu einem späteren Zeitpunkt

** Beim Unternehmensverkauf an Dritte*

Abbildung 7-4: Formen der Interessenskonflikte zwischen Verkäufer und Management

Kommen neben den oben aufgeführten Interessen des Managements auch noch das Interesse an einem Erwerb des Unternehmens im Rahmen eines Management-Buy-outs hinzu, so wird ein Konflikt mit den Zielen des Verkäufers evident. MBO-Manager können bei der eigenen Wert- respektive Kaufpreisermittlung im Gegensatz zu strategischen Kaufinteressenten keine Synergien einpreisen, sodass deren Kaufpreisangebote regelmäßig deutlich niedriger sind als die eines strategischen Investors, z.B. eines direkten Wettbewerbers. Hieraus können massive Konflikte mit anderen Bietern entstehen, die z.B. höhere Kaufpreise bieten. Dieses „Friendly Fire", d.h. Konflikte auf der gleichen Seite des Tisches, ist im Vorfeld einer Transaktion zu antizipieren. Dabei sind im Wesentlichen folgende Fragen zu stellen:

1. Welche Personen sind direkt in den Verkaufsprozess zu involvieren?
2. Wann werden diese Personen in den Verkaufsprozess involviert?
   a) Vor Ansprache des Interessenten
   b) Zum Zeitpunkt der Ansprache des Interessenten
   c) Anlässlich der Managementpräsentationen
   d) Bei der Due Diligence des Interessenten
   e) Bei den Vertragsverhandlungen
   f) Zwischen Signing und Closing
3. Werden diese Personen direkten Kontakt zum Kaufinteressenten haben?
4. Welche wirtschaftlichen Auswirkungen hat ein Verkauf für diese Personen?
5. Welche Auswirkungen hat ein Verkauf auf das soziale Umfeld bzw. das gesellschaftliche Leben dieser Personen?
6. Sind die oben genannten Konfliktfelder zu erwarten?
7. Können diese Personen incentiviert werden, um eine Interessenskongruenz zu den Motiven des Verkäufers zu erreichen?

Incentivierungen bzw. Anreizinstrumente können sowohl verhaltens- als auch ergebnisorientiert sein.

	Gestaltung von Anreizsystemen	
	Ausprägung (niedrig bzw. hoch)	
Situationsmerkmal	Eher verhaltens-orientiert	Eher ergebnis-orientiert
Intensität der Interessenkonflikte		X
Ergebnismessbarkeit		X
Risikoaversion des Verkäufers		X
Ergebnisunsicherheit	X	
Risikoaversion des Managements	X	
Einsatz von Informationsverfahren zur Verhaltensaufklärung	X	
Dauer des Anstellungsverhältnisses	X	
Einsatz expliziter Verhaltensnormen/ "Programmierbarkeit"	X	

	Ergebnisorientiert	Verhaltensorientiert
Monetär	• Bei Abschluss der Transaktion, vollständiger Veräußerung, Erreichen eines gewünschten Kaufpreises, Verkauf an einen bestimmten Investor und/oder Verkauf innerhalb eines bestimmten Zeitraums: • Prozentuale Beteiligung am diskontierten Verkaufserlös • Prozentuale Beteiligung am nominellen Verkaufserlös • Fixe Sonderzahlung bzw. Sachleistung • Ermessensprämie • Kapitalbeteiligung am Verkaufsunternehmen • Kaufoption auf Anteile am Verkaufsunternehmen • Zinsvergünstigtes Darlehen • Höheres Grundgehalt unter einem neuen Eigentümer • Beteiligung am Erfolg und/oder Kapital des Käuferunternehmens	• Bei kooperativem Verhalten • Fortschrittsprämien • Einmalige fixe Sonderzahlung bzw. Sachleistung • Ermessensprämie • Bleibeprämie (Golden Handcuff) • Beteiligung am Unternehmenserfolg • Kapitalbeteiligung am Verkaufsunternehmen • Kaufoption auf Anteile am Verkaufsunternehmen • Zinsvergünstiges Darlehen • Verlängerung des Anstellungsvertrags • Anstellungsgarantie in Verbundunternehmen
Nicht-monetär	• Bei Abschluss der Transaktion, vollständiger Veräußerung, Erreichen eines gewünschten Kaufpreises, Verkauf an einen bestimmten Investor und/oder Verkauf innerhalb eines bestimmten Zeitraums: • Öffentliche Danksagung • Persönliche Verbundenheit • Attraktive nicht-monetäre Perspektiven unter einem neuen Eigentümer z.B. zusätzliche Entscheidungsbefugnisse, angenehmes Arbeitsumfeld, Macht, erweitertes Investitionsbudget, beruflicher Aufstieg • Freizeit/Sonderurlaub zwischen Signing und Closing	• Bei kooperativem Verhalten • Lob und verbale Anerkennung durch den Unternehmensverkäufer • Erteilung eines sehr wohlwollenden Zeugnisses • Weiterempfehlung an andere potenzielle Arbeitgeber • Vermittlung von Titeln, Auszeichnungen, Aufsichtsrats-/Beiratspositionen, Vereinsmitgliedschaften • Erklärtes Vertrauen des Verkäufers auf ein weiterhin loyales Verhalten des Managements • Verweis auf positive Wahrnehmung des Engagements des Managements durch potenzielle Investoren

Quelle: In Anlehnung an Weihe/Elschen „Interessenskonflikte bei M&A-Prozessen"

Abbildung 7-5: Gestaltung von Anreizsystemen bei M&A-Transaktionen

Wie in Abbildung 7-5 zu erkennen ist, reichen die Anreizinstrumente dabei von monetären Anreizen bis hin zu öffentlichem Lob und Danksagungen. Je nach Situation und Motivlage der entsprechenden Person ist hier im Vorfeld ein Instrumentarium anhand der nebenstehenden Matrix zu definieren, bereits an dieser Stelle des Prozesses zu kommunizieren und gegebenenfalls sogar vertraglich zu regeln. Werden monetäre Anreize gesetzt so ist zu beachten, dass diese im Rahmen der Gespräche mit Kaufinteressenten frühzeitig offenzulegen sind. Nichts ist unangenehmer und kontraproduktiver als erst in den finalen Kaufvertragsverhandlungen gegenüber einem Erwerber erklären zu müssen, dass das Management in erheblichem Maße bei Zustandekommen der Transaktion Zuwendungen erhält. Ein Erwerber wird zwangsläufig die ihm bis zu diesem Zeitpunkt mitgeteilten Informationen hinterfragen, in wirtschaftlicher Hinsicht gegebenenfalls Abschläge vornehmen oder gar gänzlich das Vertrauen in die Transaktion verlieren.

Vor diesem Hintergrund ist es in der frühen Phase wichtig,

- die handelnden Personen „an einen Tisch" zu bekommen oder im Rahmen von bilateralen Gesprächen die Motive, die mit einer Transaktion tangierten Interessen zu analysieren und gegebenenfalls Instrumente zu definieren (z. B. monetäre Incentivierung des Managements bei Abschluss der Transaktion), die solche Konflikte minimieren bzw. auflösen können.
- die vereinbarten Incentivierungsinstrumente einem potenziellen Erwerber frühzeitig offenzulegen.

Auf Seiten des Verkäufers ist es ratsam auf Beraterebene ein sogenanntes Deal-Team zu definieren, d. h. den Personenkreis, der hauptverantwortlich für die Prozessteuerung ist. Dieses Deal-Team besteht in der Regel aus den Mitarbeitern des M&A-Advisors, den involvierten Rechtsanwälten und unter Umständen Mitarbeitern des die Transaktion begleitenden Wirtschaftsprüfers. In gerichtlichen Situationen ist dieses Deal-Team durch den Insolvenzverwalter und dessen verfahrensleitende Sachbearbeiter zu ergänzen. Innerhalb des Deal-Teams empfiehlt es sich, Berichtswege und Berichtsumfang zu definieren. Beispielsweise ist es nach der erfolgten Ansprache von Interessenten eminent wichtig, dass alle involvierten Berater stets auf dem aktuellen Stand des Prozesses sind. Dies wird in der Regel durch sogenannte Prozessübersichten erreicht, die die einzelnen, angesprochenen Interessenten ausweist, den Stand dieser im Prozess (z. B. Vertraulichkeitsvereinbarung versandt, Vertraulichkeitsvereinbarung unterzeichnet zurückerhalten; Management-Präsentation terminiert o. ä.). Diese Prozessübersichten können in Excel geführt werden, jedoch ist es ratsam mit einer integrierten Software zu arbeiten, die keinen Zeitverlust zwischen dem eingetretenen Prozessschritt (z. B. Informationsmemorandum versandt) und der Erfassung, z. B. in Excel zulässt. Mittlerweile gibt es hierfür auch Standardsoftware, die genau diese Aufgaben erfüllt, wie z. B. Navatar/Salesforce, Affinity oder Dealcloud.

Häufig wird hier auch der Ruf nach einem detaillierten Projektplan laut. Ein solcher Projektplan macht Sinn, wenn es sich um klassische M&A-Situationen handelt oder das Unternehmen sich in einer sehr früheren Krisenphase befindet. Je weiter die Krise vorangeschritten ist, desto schneller und flexibler müssen alle involvierten Berater auf die jeweiligen Situationen reagieren. Das Pflegen eines Projektplans in einer solchen

Phase permanenter Änderung erfordert einen aus Sicht des Autors viel zu hohen Aufwand. Viel entscheidender ist es eine unmittelbare und reibungslose Kommunikation innerhalb des Deal-Teams (so z.B. durch weekly calls, E-Mail-Verteiler u.a.) zu gewährleisten. Gerade in späteren Phasen des Prozesses ist ein kurzes tägliches Briefing (daily huddle) unabdingbar – häufig sogar zu Beginn und am Ende des Arbeitstages.

Ebenso sind in dieser ersten Phase der Vorbereitung der Investorensuche die steuerlichen Auswirkungen sowie die Rahmenbedingungen in rechtlicher Hinsicht zu analysieren. Rechtliche Rahmenbedingungen können z.B. Vertragskonstellationen sein, die z.B. einen Asset Deal nicht möglich machen. Beispielhaft sind hier vorteilhafte, langfristige Kunden-, Lieferanten- oder Mietverträge zu nennen, die man im Rahmen eines Asset Deals nicht ohne Zustimmung des Vertragspartners übertragen kann. Ist anzunehmen, dass dieser Vertragspartner heute nicht mehr dem Inhalt und den Konditionen des Vertrags zustimmen würde, so scheidet grundsätzlich ein Asset Deal aus. Ebenso ist z.B. der Transaktionsgegenstand eindeutig zu definieren und Vermögensgegenstände in die Transaktion einzubeziehen (oder umgekehrt auszuschließen), die (eigentumsrechtlich) z.B. außerhalb der zur Veräußerung anstehenden rechtlichen Einheit beheimatet, jedoch betriebsnotwendig sind, wie z.B. Grundstücke oder ausgelagerte IP-Rechte.

Wie bereits erwähnt, muss ebenso eine Analyse der Krisenphase erfolgen und der sich daraus ergebende Zeitrahmen für eine Transaktion definiert werden. Der Zeitrahmen wiederum definiert den Handlungsspielraum für die Vorbereitungsphase und Prozessgestaltung. In vielen Fällen und insbesondere in frühen Krisenstadien herrscht von Seiten des Verkäufers leider wenig Bereitschaft, Kosten für diese transaktionsvorbereitenden und -erleichternden Analysen aufzuwenden. In späteren Krisenphasen sind diese Analysen zumeist vorhanden, da die rechtlichen Rahmenbedingungen und insbesondere Fristen und Anforderungen des Insolvenzrechts diese unabdingbar gemacht haben, jedoch ist hier auch der Zeithorizont für eine Transaktion und damit die Handlungsoptionen deutlich geringer. Vor diesem Hintergrund ist es ratsam, auch in früheren Krisenstadien die Ausgangssituation umfassend zu beleuchten.

Ist in naher Zukunft der Eintritt von Insolvenzantragsgründen zu befürchten, sind entweder entsprechende rechtliche Rahmenbedingungen zur Vermeidung zu schaffen oder der hieraus resultierende vorhandene Zeitdruck reduziert den Umfang der einzubeziehenden potenziellen Kaufinteressenten.

Wurde der Investorenprozess faktisch auf Drängen der finanzierenden Banken initiiert, ist es ratsam, einen Lenkungsausschuss zu definieren. Dieser Lenkungsausschuss kann in regelmäßigen Abständen über den Stand der Investorensuche informiert werden. Eine solche Projektorganisation legitimiert den M&A-Berater, dessen Vertragspartner grundsätzlich ausschließlich der Gesellschafter ist, auch die sonstigen wichtigen Anspruchsgruppen (i.d.R. Fremdkapitalgeber) im Sinne eines erfolgreichen Abschlusses des Projektes zu involvieren. Dies kann im Hinblick auf eine zeitlich notwendige Konzentration auf bestimmte Investoren oder Strukturvarianten notwendig und u.U. sogar vorteilhaft sein.

Da es sich bei M&A-Prozessen in hohem Maße um Kommunikationsprozesse handelt und aufkommende Unplausibilitäten den Erfolg des M&A-Prozesses gefährden können, sind störende Faktoren zu antizipieren. Beispielsweise ist die Website im Hinblick auf Sachverhalte zu untersuchen, die möglicherweise den Daten des anzufertigenden Informationsmemorandums widersprechen könnten. Zwar sind Webseiten keine vollends geeigneten Informationsmedien für die Prüfung einer Beteiligung, gleichwohl werden Kaufinteressenten während oder nach dem Studium des Informationsmemorandums immer auch einen Blick auf die Website oder öffentlich verfügbare, sonstige Unternehmensinformationen (z. B. negative Pressemeldungen der Vergangenheit) des Unternehmens werfen und dabei Plausibilitäts- und Verständniskontrollen durchführen. Stimmen Angaben in früheren Lageberichten mit den Aussagen im Informationsmemorandum überein? Gab es Interviews in Fachorganen oder frühere YouTube-Videos, deren Inhalt entsprechend aufzuarbeiten ist?

Auf den ersten Blick lapidar, aber ungemein wichtig: Gerade bei Distressed-Situationen kleinerer Unternehmen empfiehlt es sich – da unter Umständen die Kenntnis der Notwendigkeiten bei M&A-Transaktionen nicht bei allen zunächst involvierten Beratern gleichermaßen ausgeprägt ist – den Gesellschaftsvertrag und idealerweise die lückenlose Kette der Eigentumsverhältnisse am Unternehmen zu überprüfen, um die rechtliche Veräußerungsfähigkeit der Gesellschaftsanteile festzustellen. Grundsätzlich ist die Klärung dieser Themen den hierfür standesrechtlich legitimierten Rechtsanwälten vorbehalten, jedoch sind diese ebenso für Hinweise dankbar, zumal häufig die zu Beginn der Transaktion involvierten Rechtsberater zwar die langjährigen Wegbegleiter des Unternehmers sind, jedoch keine ausgewiesenen M&A-Transaktionsspezialisten.

Auch ist zu klären, ob es gegebenenfalls notwendig ist, eine technische Infrastruktur zur Kommunikation zwischen dem Auftraggeber, dem M&A-Berater oder weiteren Beratern zu schaffen, die außerhalb der (Mail-)Server-Umgebung des Unternehmens liegt. Häufig haben IT-Administratoren Zugriff auf alle E-Mail-Postfächer, sodass hier ein potenzielles Informationsleck entstehen und die Transaktion empfindlich stören bzw. sogar scheitern lassen kann, z. B. wenn im Rahmen eines Erwerberkonzeptes die IT-Abteilung im Unternehmen zentralisiert wird und der jeweilige Mitarbeiter mit dem Verlust seines Arbeitsplatzes rechnen muss. Entweder können E-Mail-Postfächer bei dritten Betreibern eingerichtet oder die Services spezieller Provider (wie z. B. Cryptshare) genutzt werden.

Ebenso sind in dieser ersten Prozessphase auch etwaige rechtliche oder technische Probleme mit der Übertragbarkeit von immateriellen Vermögensgegenständen zu antizipieren. Insbesondere kann es bei der Wahl der Transaktionsstruktur für einen Asset Deal zu Problemen mit der Übertragung von Software-Lizenzen kommen, die ohne Zustimmung des Dritten, sprich des Software-Herstellers, nicht übertragen werden können. Insbesondere bei Insolvenzsituationen kann dieses Problem erhebliche Ausmaße annehmen, vor allem, wenn der Software-Hersteller, z. B. im Rahmen von Software-as-a-service-Verträgen seit Monaten keine Gebühr mehr erhalten hat und sich auf den Standpunkt stellt, dass erst bei einer vollständigen Begleichung seiner Forderungen (die aus Sicht der anderen quotal zu befriedigenden Gläubiger eine Benachteiligung darstellen würde) seine Zustimmung zur Übertragung gibt.

Dieser Analyseprozess muss bei Distressed M&A-Prozessen in Insolvenzsituationen zeitlich verkürzt innerhalb weniger Tage durchgeführt werden. Auch wenn bestimmte Berater oder im und für das Unternehmen handelnde Personen im Rahmen von gerichtlichen Sanierungen rechtlich keinen Einfluss mehr ausüben oder ausüben können, gibt es zwischen den rechtlichen und den operativ-realen Gegebenheiten häufig Unterschiede, sodass die oben aufgeführten Analysehandlungen ebenso vorzunehmen sind.

Im unteren Teil der Grafiken zum M&A-Prozessablauf sind die Prozessbeteiligten abgebildet und die Intensität deren Einbindung in der jeweiligen Prozessphase.

Phase 2: Dokumentation und Research

Die zweite Strukturierungsphase widmet sich im Wesentlichen der Recherche nach potenziellen Interessenten sowie der Erstellung der prozessrelevanten Dokumentation.

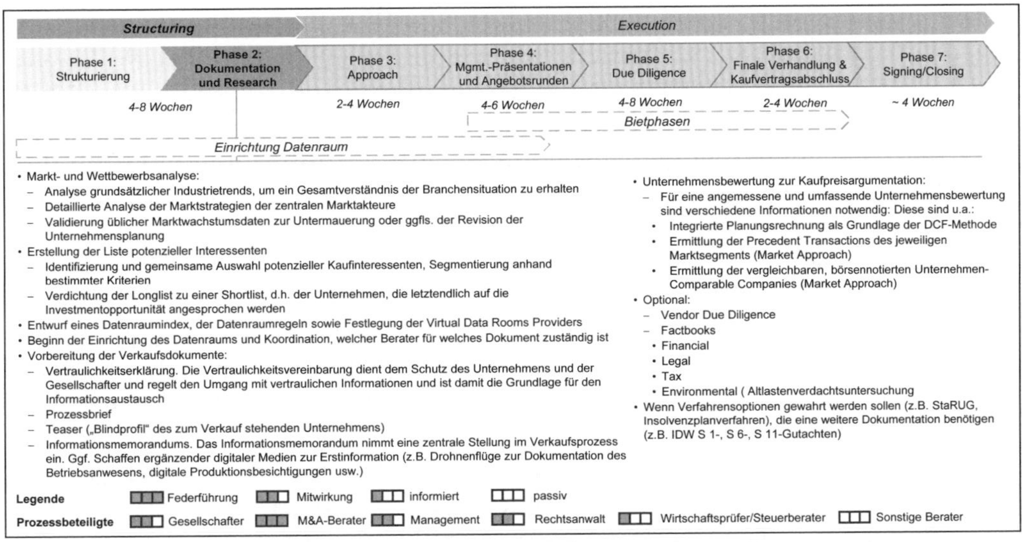

Abbildung 7-6: Phase 2 des Prozessablaufs bei außergerichtlichen Distressed M&A-Transaktionen

> Eine der Kernaufgaben des M&A-Beraters ist die Suche nach potenziellen Investoren und im Idealfall nach dem „New Best Owner", also dem Interessenten, der unter Berücksichtigung aller aktuellen und zukünftigen Rahmenbedingungen den besten neuen Eigentümer darstellt.

Dies ist nur möglich nach einer detaillierten Markt- und Wettbewerbsanalyse. Ziel ist es, grundsätzliche Industrietrends zu erkennen, um ein Gesamtverständnis der Branchensituation zu erlangen. Industrietrends können beispielsweise die Erweiterung der Wertschöpfungskette durch Rückwärtsintegration oder die Erlangung von Skalenvorteilen durch Akquisitionen von Wettbewerbern (siehe hierzu auch Kapitel „Grundmotive für M&A-Transaktionen strategischer Investoren auf Käuferseite") sein. Dieses Gesamtverständnis ist wichtig, um die Erfolgsaussichten bei der Ansprache potenzieller Interessenten abschätzen zu können. Aus diesem Gesamtverständnis erwächst das strategische Rational für die beabsichtigte Transaktion, das nicht für alle Investorengruppen identisch sein muss. Die Kommunikation dieses strategischen Rationals ist bei der Erstellung des Informationsmemorandums genauso wichtig, wie bei der Erstansprache der potenziellen Investoren sowie der Konzeption des ersten Treffens zwischen dem potenziellen Investor und dem Management des zum Verkauf stehenden Unternehmens.

Bei der Analyse des Marktes wird auch nach Marktwachstumsprognosen recherchiert, die zur Validierung des Business- oder Restrukturierungsplans herangezogen werden können oder gegebenenfalls eine Revision eben dieser notwendig machen. Wenn beispielsweise der Businessplan der zum Verkauf stehenden unternehmerischen Einheit ein Umsatzwachstum von 7 % aufweist, das Marktwachstum jedoch mit „nur" 3 % von allen renommierten Marktforschungsinstituten prognostiziert wird, dann kann das 4-Prozentpunkte-Mehr-Wachstum nur durch Verdrängung von anderen Marktteilnehmern erreicht werden. Hierzu muss es eine ausgefeilte und kommunizierbare Wettbewerbsstrategie geben, und auch die im Businessplan hinterlegte Produktionsplanung (zum Beispiel) muss „zahlentechnisch" mit der Finanzplanung und der Wettbewerbsstrategie synchronisiert werden.

Die Ziele und Motive auf Käuferseite sind in vielen Fällen komplex und ebenso zu antizipieren. Hier geht es zwar einerseits um die Zahlung eines möglichst niedrigen Kaufpreises, dessen Höhe sich u. a. an den durch die Transaktion geschaffenen Möglichkeiten der Umsetzung von eigenen strategischen Überlegungen orientiert. Andererseits spielt für den Käufer eine Risikominimierung durch eine adäquate Vertragsgestaltung und entsprechende Garantien und Gewährleistungen des Verkäufers eine nicht unwesentliche Rolle.

Frei nach dem Motto „der Köder muss dem Fisch schmecken und nicht dem Angler" muss der M&A-Berater des Verkäufers die Perspektive des Käufers einnehmen und vor diesem Hintergrund das strategische Rational für den Abschluss der Transaktion herausarbeiten.

Michael E. Porter, Professor an der Harvard Business School, hat – wie vorstehend ausgeführt – in seinem Buch „Wettbewerbsstrategie: Methoden zur Analyse von Branchen und Konkurrenten" die drei generellen Wettbewerbsstrategien

- umfassende Kostenführerschaft,
- Differenzierung und
- Konzentration auf eine Nische

definiert, die es bei der Erstellung einer Longlist zu berücksichtigen gilt.

Eine häufig unterschätzte, oben unter Punkt 1 Strukturierung aufgeführte, Fragestellung ist die Phase, in der sich die relevante Branche befindet. Der Zustand von Branchen lässt sich häufig durch deren Konsolidierungssituation beschreiben. Je nachdem, wie groß der Marktanteil der dominierenden Marktteilnehmer ist, lassen sich daraus Marktstrategien und die Erfolgsaussichten von Unternehmenszusammenschlüssen zur Erfüllung der Marktstrategie ableiten.

Beispielsweise dominieren in konsolidierten Branchen meist solche Unternehmen das Marktgeschehen, die in der Lage sind, durch die Schaffung oder das Vorhalten hoher Produktionskapazitäten niedrige Stückkosten zu erzielen und damit die Preisführerschaft am Markt zu übernehmen. Vor diesem Hintergrund müssen in solchen Situationen auch die Erfolgsaussichten einer Ansprache dieser Unternehmen gut durchdacht sein.

Eine der wohl wichtigsten Fragen aus Verkäufersicht also lautet: Kann ein Erwerber durch den Kauf meines Unternehmens für sich noch einen Mehrwert im Kontext der Branchensituation generieren?

Häufig kommt die Käuferseite zu der Antwort, dass die Akquisition eigentlich keinen wirklich signifikanten Mehrwert für die Branchenpositionierung bringt und dass sie deshalb entweder gar nicht oder wenn, dann nur zu einem absoluten „Schnäppchenpreis“ realisiert werden kann. Dieses simplifizierte Beispiel zeigt, dass die Betrachtung der Situation einer Branche und insbesondere die aktuelle Konsolidierungsphase für die Erfolgsaussichten einer M&A-Transaktion von gesteigerter Bedeutung ist.

Die Beratungsgesellschaft A.T. Kearney hat vor rund 20 Jahren mit der so bezeichneten „Merger-Endgame-Studie“ einen Beitrag zur Visualisierung der Branchenkonsolidierungen geleistet.[3] Danach konsolidieren Branchen immer nach dem gleichen Schema in Form einer S-Kurve. Dabei unterteilte man die einzelnen Branchenstadien in die vier Phasen:

- Öffnungsphase
- Kumulationsphase
- Sättigungsphase und
- Reifephase

Hierzu untersuchte man über einen Zeitraum von 25 Jahren die Marktanteile der Top-3-Wettbewerber einer Branche und stellte fest, dass sich diese im Zeitablauf über alle Branchen hinweg S-Kurven-förmig entwickeln.

Die A.T. Kearny-Merger-Endgame-Kurve zeigt im Überblick die Erkenntnisse der damaligen, wie gesagt aus 2002 datierenden, Erhebung.

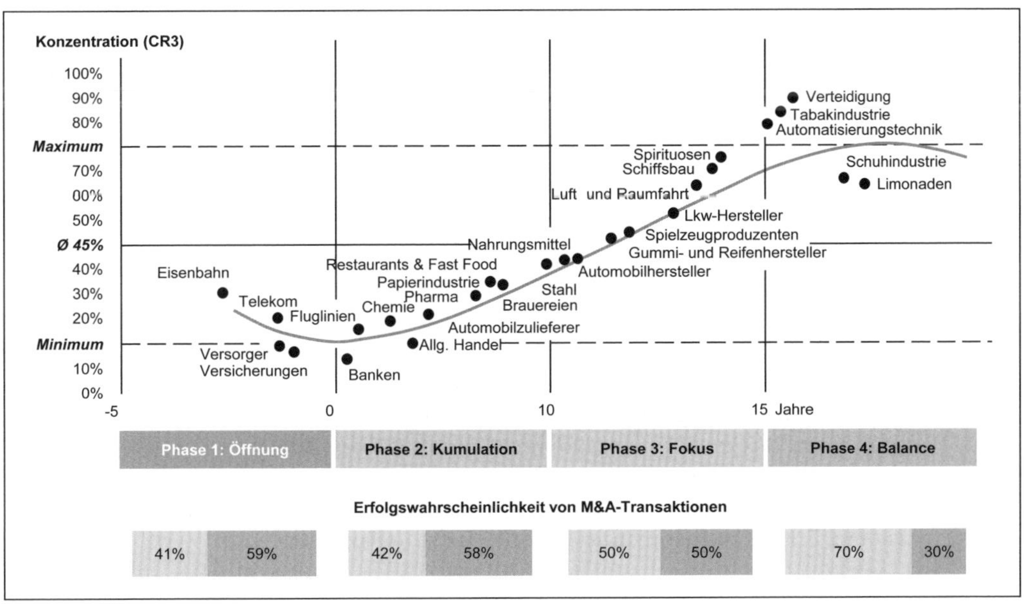

Abbildung 7-7: Die A.T. Kearny-Merger-Endgame-Kurve

In den letzten beiden Jahrzehnten gab es jedoch – durch immer wiederkehrende, nachfolgend beschriebene Faktoren – Umwälzungen innerhalb von Branchen, die eine Modifikation der oben dargestellten Endgame-Theorie notwendig macht. Mittlerweile erkennt man immer wieder Branchenphasen, die mit dem Begriff „Re-Opening“ tituliert werden können. Diese Phasen sind gekennzeichnet durch Innovationen, disruptive Technologien oder wie im COVID-19-Pandemie-Zeitraum erkennbar durch exogene Einflüsse und Veränderungen, die die gesamte Struktur einer Branche und die daraus resultierenden Wettbewerbsstrategien komplett neu definieren. Auch in diesen Situationen zeigen sich unterschiedliche Erfolgsaussichten für M&A-Transaktionen.

Die in der Abbildung 7-7 dargestellte S-förmige Branchenkonsolidierungskurve zeigt über vier Phasen hinweg, dass mit zunehmender Branchenkonzentration die Erfolgsaussichten für M&A-Transaktionen abnehmen. Aus Verkäufersicht darf hier das alte Sprichwort gelten: „Den Letzten beißen die Hunde.“

Berücksichtigt man darüber hinaus, dass in der dritten Phase das Umsatzwachstum am höchsten ist, dann wird ersichtlich, dass idealerweise gegen Ende der Phase 2 ein Verkaufsprozess geplant werden sollte, um in die Phase 3 des starken Umsatzwachstums „hineinzuverkaufen“ (siehe die folgende Abbildung).

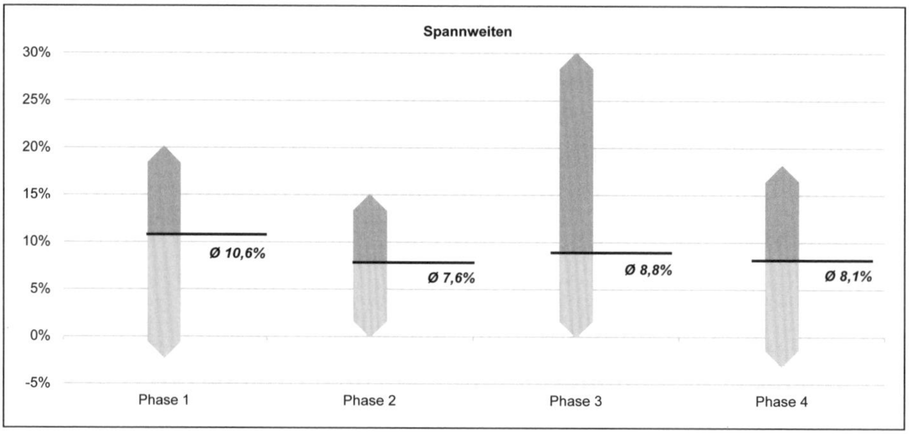

Abbildung 7-8: Umsatzwachstum in den verschiedenen Phasen des Merger-Endgame-Modells

Dies mutet alles sehr theoretisch an und in der Tat hat sich das Wirtschaftsleben seit dem Auswertungszeitraum von 1989 bis 2001 der vorgenannten Merger-Endgame-Kurve dramatisch verändert. Die Geschwindigkeit der Branchenveränderung hat in den letzten Jahren enorm zugenommen und Branchen verändern sich auch, indem sie eine komplett neue Definition erfahren und damit eine neue Eröffnungsphase eingeleitet wird. So hat die A.T. Kearney sein damaliges Modell verfeinert und wie in Abbildung 7-9 das Merger-Endgame-Modell zusammengefasst.

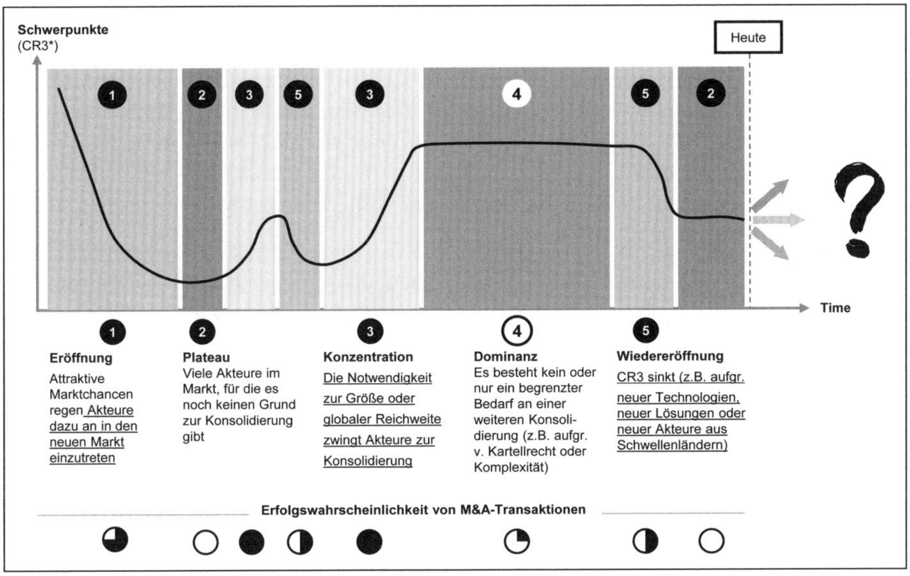

Abbildung 7-9: Das aktualisierte Merger-Endgame-Modell[4]

Auffällig ist hierbei, dass die Anfangs- oder Eröffnungsphase (1) durch einige wenige Unternehmen, die einen Markt begründen, geprägt ist, aber dann auch sehr viele neue Marktteilnehmer eintreten (damit geht eine sinkende Marktkonzentration einher), bis die in Rede stehende Branche ein Plateau (2) erklimmt (und es zu einer leicht steigenden Marktkonzentration kommt). Konkret bedeutet dies, dass durch viele in dieser Phase neu hinzutretende Marktteilnehmer M&A-Transaktionen zu diesem Zeitpunkt relativ wenig Sinn machen.

Erst – und zumeist eingeleitet durch wenige große Marktteilnehmer – kommt es zu Konzentrationen, die mit Fixkostendegression einhergehen und damit den aktiven Konsolidierern, d. h. den Unternehmen, die sukzessive weitere Unternehmen dazukaufen, die Möglichkeit eröffnen, günstigere Preise anzubieten. In dieser Konzentrationsphase (3) ist es eminent wichtig, durch eine Vielzahl von Akquisitionen so schnell wie möglich eine Marktposition zu erreichen, die zunächst nicht mehr angreifbar ist. Man sollte dabei zu den wenigen Marktteilnehmern gehören, die einen Markt dominieren. Wer nicht über die hierfür notwendigen Management- und Finanzressourcen verfügt, muss über einen Verkauf nachdenken, denn nach diesem Zeitpunkt (4) machen Akquisitionen aus Käufersicht nur noch unter Innovationsgesichtspunkten Sinn. Das heißt konkret: Kann ein Unternehmen keine nennenswerten Innovationen als Akquisegrund vorweisen, wird es Schwierigkeiten haben, überhaupt einen Käufer zu finden, denn ein bloßer Zugewinn an (geringen) Marktanteilen hat in dieser Phase, aus Sicht eines Käufers, keine strategische Bedeutung mehr und rechtfertigt häufig nicht mehr den Aufwand eines M&A-Prozesses und der erforderlichen Post-Merger-Aktivitäten.

Fast will man sagen: „Zum Glück“. Abbildung 7-9 zeigt aber auch, dass es anschließend wieder zu Neudefinitionen von Branchen (5) kommen kann. Dies hat auch mit technischen Entwicklungen zu tun, die eine Branche innerhalb kürzester Zeit in ein neues „Fahrwasser" bringen, so z. B. die Einführung von Touchscreens auf die Handy- bzw. Smartphone-Branche. Dabei ist in „bloße" Innovationen und in disruptive Veränderungen zu unterscheiden. Die frühere Offertenzeitungsbranche war weltweit in hohem Maße konsolidiert und erfuhr mit dem Markteintritt von ebay eine völlig neue Definition, nämlich den Umschwung von Printprodukten zu (zumindest) print-online-kombinierten Produkten. Heute findet man den Classified-Media-Markt fast ausschließlich online im Internet und auf einem völlig anderen Konzentrationsgrad.

Und wie neuerdings immer wieder zu sehen, kann auch ein durch exogene Einflüsse stark verändertes Kundenverhalten zu völlig neuen Branchensituationen führen. Ein gutes Beispiel hierfür wäre die in dieser Phase deutlich gestiegene Akzeptanz von Videokonferenzen seit der COVID-19-Pandemie, die aktuell die Cloud-Dienstleistungsbranche neu definiert.

Der Begriff „Disruption" wird mittlerweile häufig leider inflationär verwendet und mit einfachen „Innovationen", die einen Markt verändern, gleichgesetzt.[5] „Disruptive Innovationen" im Sinne von Christensen[6], der diese Theorie 1997 begründete, gehen aber viel weiter. Disruption sollte nicht fahrlässig mit den Effekten konventionellen Wettbewerbsdrucks oder schlechter Unternehmensführung gleichgesetzt werden. Christensen unterscheidet in zwei Arten der Disruption:

- die Low-End-Disruption und
- die New-Market-Disruption

Diese beiden Entwicklungspfade sind in Abbildung 7-10 dargestellt.

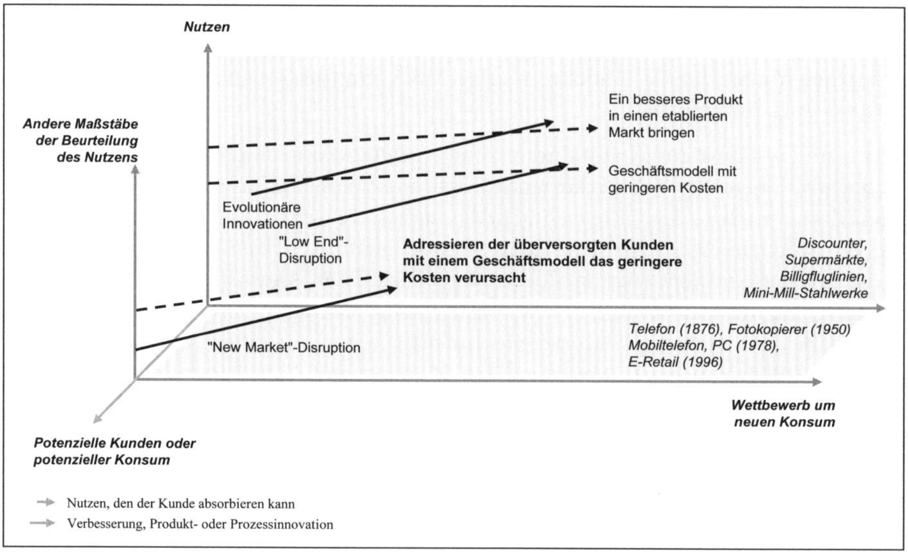

Abbildung 7-10: Die zwei charakteristischen Muster der Branchendisruption[7]

Bei einer „Low-End-Disruption" (siehe Abbildung 7-11) nutzt ein Marktteilnehmer die Möglichkeit und kreiert ein Produkt, das eine nach etablierten Indikatoren geringere Leistung, aber dafür andere Nutzenkomponenten, wie z. B. eine einfachere Bedienung, den zweckmäßigeren Einsatz oder einen geringeren Preis besitzt. Dieses Produkt kann er nun unter Zuhilfenahme eines neuen Geschäftsmodells zu geringeren Kosten anbieten.

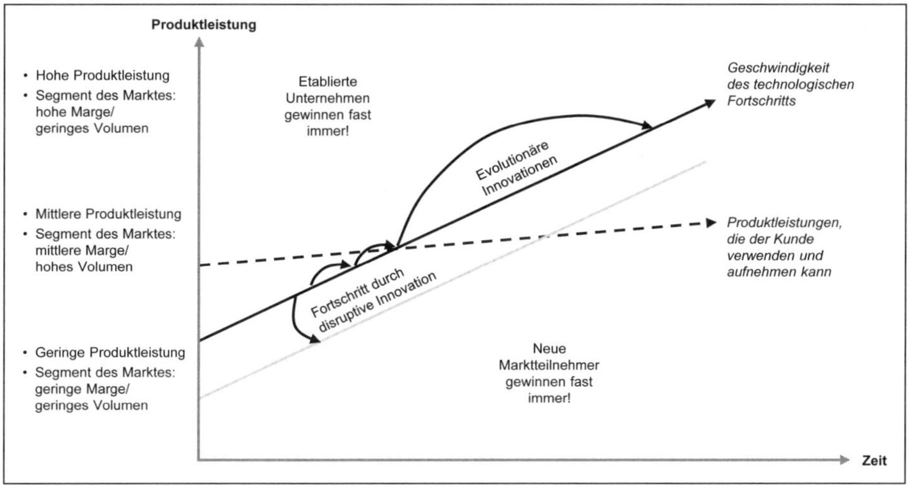

Abbildung 7-11: Die Low-End-Disruption als charakteristisches Muster der Branchendisruption

Da das untere Ende des Marktes mit hohen Kundenvolumina, aber geringeren Margen nicht von den etablierten Unternehmen bedient wird, kann sich dieser neue Marktteilnehmer normalerweise mehr oder minder ungestört, das heißt ohne wettbewerbliche Gegenmaßnahmen der etablierten Unternehmen, diesen vernachlässigten Käufern widmen. Den Kunden werden Produkte mit weniger Eigenschaften oder geringerer Qualität angeboten, die aber ein akzeptables Preis-Leistungsverhältnis besitzen.

Mit der Zeit erschließt der Marktneuling auch weitere Marktsegmente, indem er sein Angebot ausweitet und die Produktqualität immer weiter verbessert. Mit zunehmender Bekanntheit des neuen Unternehmens und der Verbreitung seiner Produkte wechseln mehr und mehr Kunden vom etablierten Anbieter zum neuen Unternehmen. Paradoxerweise erfahren häufig genau die Unternehmen „Low-End-Disruption", die jahrzehntelang hoch erfolgreich waren und Gewinne erzielten, sich aber in der Folge dieser führenden Marktposition nur mit der Verbesserung von Qualität beschäftigt haben, um durch diese bessere Qualität höhere Preise, respektive höhere Margen, erzielen zu können.

Die „New-Market-Disruption" bezeichnet eine Branchenveränderung, in der ein neues Unternehmen mithilfe einer disruptiven Innovation neue Produkte oder Dienstleistungen offeriert, die bisher unbekannte Kunden adressiert, die überhaupt nicht oder in anderer Art das Produkt oder die Dienstleistung verwendeten. Da hier wirklich ein neuer (Teil-)Markt entsteht, existieren noch keine etablierten Leistungsindikatoren zur Beurteilung des Produkts. In diesem Findungsprozess werden durch die Käufer völlig neue Beurteilungskriterien angewandt. Die innovativen Produkteigenschaften in Verbindung mit dem neuen Geschäftsmodell lassen das neue Unternehmen prosperieren. Oftmals ignorieren etablierte Unternehmen solche neu entstehenden Märkte, sodass das neue Unternehmen ohne den im Kernmarkt vorherrschenden hohen Wettbewerbsdruck zügig signifikante Marktanteile gewinnen kann und eine Disruption der Branche wahrscheinlicher wird. Hierfür wird als Beispiel häufig das iPhone angeführt, dass den einstigen Marktführer Nokia verdrängte.

Der Anfangserfolg des iPhones basierte sicherlich auf dessen attraktiven, in den damals vorgestellten komplett neu zusammengefügten und zum Produkt gemachten Produkteigenschaften:

Das iPhone wurde für die gesamte Mobiltelefonbranche zu einer „New-Market-Disruption", weil es als erstes „Smartphone" von den Konsumenten zunehmend als PC-Ersatz verwendet werden konnte, etwa, um im Internet zu surfen oder Kurznachrichten und Emails zu versenden. Das iPhone wurde durch eine völlig neue Kundenklientel wahrgenommen, für die Funktelefone schon lange zum Arbeitsmittel geworden und nicht mehr „sexy" genug waren. Die Attraktivität der Apple-Strategie förderte die Vielseitigkeit des iPhones kontinuierlich, indem es mit dem App Store den Software-Entwicklern rund um den Globus durch die App-Entwicklung neue Ertragsquellen schuf und so den Markt mit immer mehr, immer besserer Software versorgen konnte. Apple hatte hier weit über die Produktion des Gerätes hinaus eine Lieferkette aufgebaut, die es in dieser Form noch nicht gegeben hatte. Dieses erfolgreiche neue Geschäftsmodell steigerte wiederum die Beliebtheit und den Absatz des iPhones. Der Rest der Geschichte dürfte bekannt sein: Nokia übersah diese Entwicklung und konnte diesem neuen, plattformzentrierten Geschäftsmodell nichts entgegensetzen. Vielmehr versuchte Nokia durch evolutionäre Innovation, bessere Produkte auf den Markt zu bringen und wurde schlussendlich Opfer des später so bezeichneten „Innovators Dilemma".

Entsteht Disruption (egal an welchem Ende verursacht) wird zunächst der Markt neu definiert. In dieser frühen Phase machen M&A-Transaktionen – außer bei der einen einzigen Transaktionsmöglichkeit, nämlich dem Erwerb des Disruptors – in der Phase des durch die Disruption ausgelösten „Reopening" (im Sinne des Merger-Endgames nach A.T. Kearny) weniger Sinn als in späteren Phasen.

Für die Betrachtung der Erfolgswahrscheinlichkeit der Ansprache bestimmter Investoren macht es deshalb auch aus Verkäufersicht viel Sinn, die eigene Branche auf deren Konsolidierungsgrad hin zu überprüfen. Auf Basis dieses Konsolidierungsgrades – gewissermaßen als Messwert für die Reife – sollte zur Absicherung der Wahrnehmung anschließend die Sichtweise eines potenziellen Käufers eingenommen werden.

Auf Basis dieser Erkenntnisse sucht das Analystenteam des M&A-Beratungsunternehmens in den einschlägigen Unternehmensdatenbanken (wie z. B. ORBIS, CapitalIQ, Bloomberg, ThomsonEikon/Refinitv, Pitchbook) nach Unternehmen, die für eine Akquisition in Frage kommen. Darüber hinaus komplettieren brancheindividuelle Datenquellen (wie z. B. Fachzeitschriften, Messekataloge, Mitgliederverzeichnisse der relevanten Verbände) die Suche.

„Alternative Recherchewege"

- **„Netzwerk-Recherche"**
  Mit Vorsicht zu genießen ist in dieser Phase das, was in manchen Fällen in die Transaktion involvierte Personen (ich vermeide hier bewusst das Wort „Berater") als soge-

nannte „Netzwerk-Recherche" bezeichnen, nämlich mehr oder weniger vertrauliche Gespräche mit Brancheninsidern. Problematisch ist hier, dass ein der Komplexität einer Transaktion gerecht werdendes Gespräch nicht „an der Oberfläche" geführt werden kann und ich nur dann relevante Informationen erhalten kann, wenn ich diese auch reziprok gebe. Damit sind Indiskretionen Tür und Tor geöffnet und diese können bei Bekanntwerden beispielsweise einer Krisensituation oder eines Fire Sales zu erheblichem Schaden führen. Vertrauensvolle Kontakte sind sicherlich ein Werkzeug eines erfahrenen M&A-Beraters, aber dennoch gilt „Kunst ist Kenntnis des Standards plus Abweichung" und in diesem Zusammenhang ist der Standard die unbedingte „Vertraulichkeit" und die Kunst liegt in dem Hineindenken in eine Branche und nicht in – salopp gesprochen und überzeichnet – „Getratsche".

- **Deal-Marktplätze**
  Getrieben durch eine Plattform- und Marktplatzökonomie, in der wir uns aktuell befinden, werden immer häufiger auch M&A-Deal-Plattformen im Internet erwähnt und angeboten. Die untenstehende Darstellung, die keinen Anspruch auf Vollständigkeit erhebt, zeigt die verschiedenen Software- und App-Anbieter in den einzelnen Segmenten.

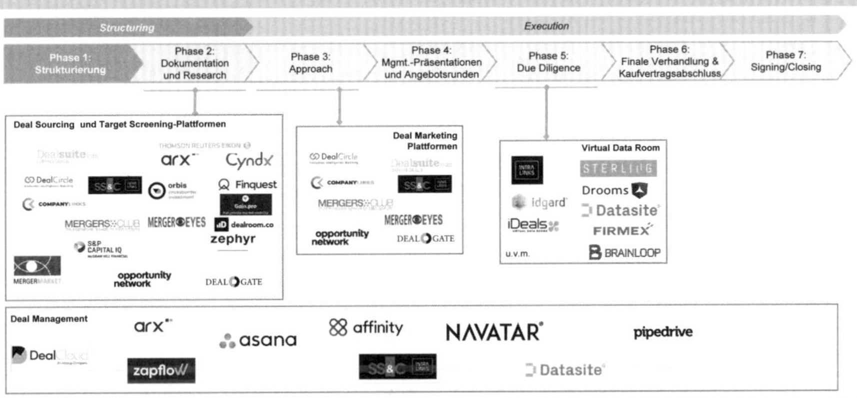

Abbildung 7-12: Phase 1 des Prozessablaufs bei außergerichtlichen Distressed M&A-Transaktionen

Die Funktionsweise dieser Plattformen basiert im Wesentlichen auf dem Matching von Branchencodes und Akquisitionskriterien. Ob sich diese an Klassifizierungen orientierten Software-Lösungen durchsetzen werden, bleibt abzuwarten. Sicher ist jedoch: Plattformen können kein Matching realisieren, dass ein kreatives „Um-die-Ecke-Denken" erfordert. Dieses „Um-die-Ecke-Denken" ist jedoch in vielen Fällen exakt das, was einen erheblichen Mehrwert schafft und genau den „Best Owner" definiert, der das krisengebeutelte Unternehmen in einen langfristig sicheren Hafen führt. Die Akquisition von ADLER Modemärkte durch die Zeitfracht-Gruppe oder der Erwerb der Autohaus-Ebert-Gruppe durch Pfenning Logistics sind Beispiele für solche „Um-die-Ecke-Denken-Transaktionen". Es gibt keine perfekte Formel, um einen Käufer und einen Verkäufer zusammenzubringen. Die Übereinstimmung hinsichtlich der Sinnhaftigkeit einer Transaktion kann aufgrund einer zufälligen Begegnung oder auf einer Konferenz bei einem Gespräch bei einem Kaffee entstehen – oder sie kann das Ergebnis eines geplanten, bewussten Prozesses sein.

Das Ergebnis dieser vorstehend beschriebenen, individuellen und intensiven Recherche des M&A-Advisors wird in einer sogenannten Longlist zusammengefasst und gemeinsam mit dem Mandanten zu einer Shortlist verdichtet. Dabei sind auch kartellrechtliche Überlegungen und teilweise auch Einschränkungen der Shortlist notwendig, wenn eine Versagung des Zusammenschlusses möglich erscheint.[8]

Häufig ist der Übergang von der Longlist zur Shortlist fließend und es herrscht in der Praxis kein einheitliches Verständnis der beiden Begriffe, sodass nachstehend auch von Investorenliste gesprochen wird.

Häufig stellt sich die Frage nach dem Umfang der Investorenliste, d. h. der Anzahl der Unternehmen, die angesprochen werden sollen. Im Jahr 2019 hat Allert & Co. die Transaktionen der letzten 15 Jahre ausgewertet und dabei versucht, statistisch Erfolgsfaktoren im M&A-Prozess zu identifizieren. Dabei haben wir auch untersucht, ob rentable Unternehmen grundsätzlich mehr Interessenten anziehen und dementsprechend anzunehmen ist, dass in Distressed-Situationen die Longlist deutlich breiter und umfangreicher gestaltet werden muss. Die Ergebnisse zeigt die folgende Abbildung.

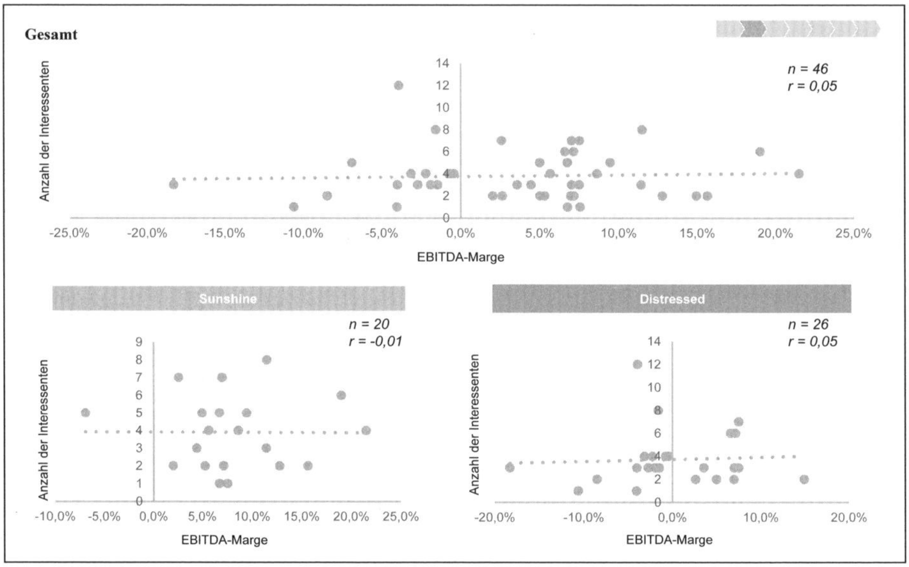

Abbildung 7-13: Zusammenhang zwischen der Anzahl interessierter Investoren bei Standard- und Distressed M&A-Transaktionen

Der von uns untersuchte Datensatz zeigt keine Unterscheidung bei der Anzahl der interessierten Parteien und der Rentabilität der Unternehmen. Auch die Unternehmenssituation „Sunshine" (Nachfolgeregelung bei rentablen Unternehmen) oder „distressed" (Krisensituation, vor der Insolvenz oder in der Insolvenz) zeigt keinen Unterschied.

Allerdings konnte ein Zusammenhang zwischen Unternehmensgröße, gemessen am Umsatz, und der Attraktivität für potenzielle Interessenten festgestellt werden. Größere Unternehmen ziehen in der Regel eine größere Anzahl von Interessenten an.

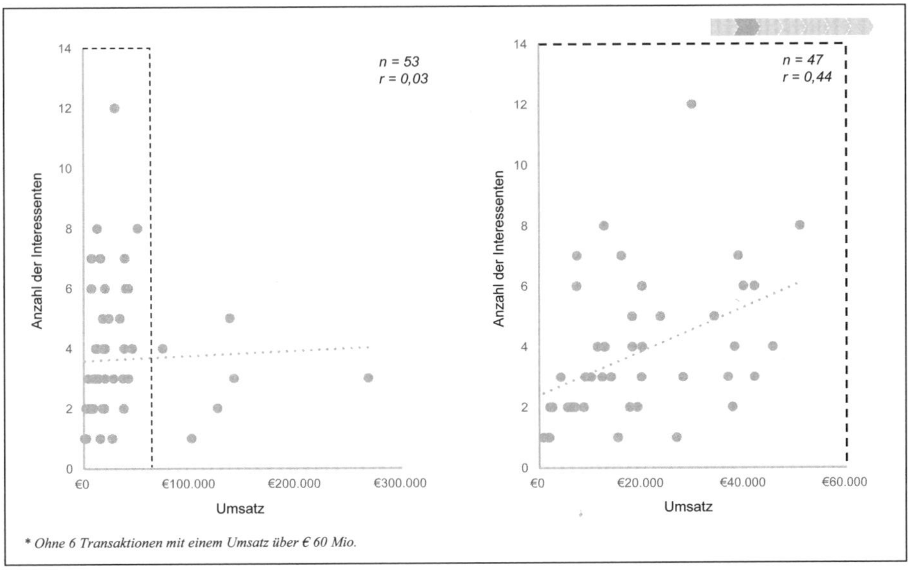

Abbildung 7-14: Zusammenhang zwischen Unternehmensgröße und Anzahl der Interessenten bei M&A-Transaktionen

Die Shortlist stellt die Unternehmen dar, die letztendlich auf die Investmentopportunität angesprochen werden.

Es empfiehlt sich, die Shortlist durch Unterzeichnung des Mandanten „freigeben zu lassen", um einerseits einwandfrei den Nachweis im Sinne des Maklerrechts zu erbringen (u. a. §§ 652 ff. BGB), aber vielmehr noch, um „Awareness" für die anschließend beginnende Investorenansprache zu schaffen.

In Insolvenzsituationen bleibt häufig keine Zeit für eine detaillierte und abschließende Marktanalyse. Vor diesem Hintergrund sind – parallel zu weiteren, vollumfänglichen Analysearbeiten – vorhandene Markt- und Wettbewerbsanalysen, z. B. interne Unternehmensinformationen, Auszüge und Datengrundlagen aus S6-Gutachten sowie zunächst breiter angelegte Datenbankrecherchen durchzuführen, um schnell eine umfassende Liste möglicher Interessenten zu erhalten.

Auch empfiehlt es sich, in der Phase 2 bereits mit der Vorbereitung des Datenraums für eine spätere Due-Diligence-Prüfung des Investors zu beginnen. Je früher dieser Prozess gestartet wird, desto weniger Zeitdruck ist vorhanden und desto weniger werden Mitarbeiter im Unternehmen, die z. B. mit dem Zusammentragen der Informationen beauftragt werden, misstrauisch ob des Grundes dieser Daten-„Sammelaktionen". Darüber hinaus sind die Daten, die für die Anfertigung des Informationsmemorandums verwendet werden, im Idealfall auch die Daten, die einen Teil der Informationen des Datenraums darstellen. Beispielsweise können rechtliche Informationen vom Rechtsanwalt, Finanzdaten zunächst vom Wirtschaftsprüfer oder Steuerberater gesammelt werden, ohne dass im Unternehmen Verdacht geschöpft werden kann, ob die Informationssammlung zum Zwecke eines Unternehmensverkaufs geschieht. Idealerweise koordiniert der M&A-Berater die Informationssammlung und legt fest, welcher Berater/ Prozessbeteiligter für welche Dokumente zuständig ist.

Zu diesem Zeitpunkt der Vorbereitung werden auch weitere transaktionsrelevante Dokumente erstellt.

Die Vertraulichkeitsvereinbarung, häufig auch als NDA (non-disclosure agreement) oder CA (confidentialty agreement) bezeichnet, dient dem Schutz des Auftraggebers und des Unternehmens. Ein Bruch der Vertraulichkeit über die Tatsache, dass ein Unternehmen zum Verkauf steht, kann massive Schäden durch Vertrauensverlust bei Mitarbeitern, Kunden und Lieferanten in das Unternehmen zur Folge haben. Dementsprechend sind Vertraulichkeitsvereinbarungen und das daraus resultierende Vorleben der Vertraulichkeit im Prozess mehr als ein bloßes Formerfordernis. Der Umfang und die Härte der Vertraulichkeitsvereinbarungen können in Distressed-Situationen erheblich variieren. Bereits mit dem Versand der Vertraulichkeitsvereinbarung kann es zu den ersten Verhandlungen mit potenziellen Interessenten über den Inhalt der Vereinbarung und deren Anwendbarkeit kommen. Typische Diskussionspunkte sind in diesem Zusammenhang beispielsweise:

- das Abwerbeverbot und die gleichzeitige Definition des Ausschlusses der Weitergabe von Informationen z. B. an Tochtergesellschaften. Interessenten führen häufig an, dass sie nicht kontrollieren können, ob eine Tochtergesellschaft gerade Mitarbeiter versucht, zu gewinnen, und ohne ein Inkenntnissetzen der Gesellschaft kann dies nicht verhindert werden
- Haftungszurechnung für dritte Berater
- Zurverfügungstellung einer Liste der Personen, die sich unternehmensintern/-extern mit dem Projekt befassen
- Verbot der Kommunikation mit dritten Investoren bzw. Fremdkapitalgebern ohne vorherige Zustimmung durch den Verkäufer
- eine sofort fällige Vertragsstrafe, die im aktuellen Marktumfeld zumeist nur noch in direkten Wettbewerbssituationen Anwendung findet

Bereits hier zeigt sich, wie stark das Interesse am Unternehmen ist und eine Vertraulichkeitsvereinbarung kann – sofern der Zeitdruck des Abschlusses der Transaktion noch nicht die Oberhand gewonnen hat – als Filter für „Investorentouristen“ genutzt werden. Andererseits ist darauf zu achten, dass eine Vertraulichkeitsvereinbarung auch den Marktstandards entspricht und nicht zu viel wichtige Zeit für die Verhandlung dieser Basisvereinbarung verwandt wird.

Ergänzt wird häufig der Versand der Vertraulichkeitsvereinbarung durch einen Prozessbrief (procedure letter).

In einem Prozessbrief beschreibt der M&A-Berater die Rahmenbedingungen des Transaktionsablaufs in zeitlicher und rechtlicher Hinsicht.

Die hier aufgeführten Parameter sind häufig:

1. Grund des Verkaufs und Beschreibung des Transaktionsgegenstands
2. Zeitliche Definition des Ablaufs der Transaktion, z. B.
   - den Zeitraum für die Prüfung des Informationsmemorandums

   - Abgabetermin eines unverbindlichen Angebotes
   - Zeitraum für Management-Gespräche und Due-Diligence-Handlungen
   - Abgabetermin eines verbindlichen Angebotes
3. Parameter, die im unverbindlichen Angebot aufgeführt sein sollten, z. B.
   - Beschreibung des Kaufinteressenten und des strategischen Hintergrunds der geplanten Transaktion seitens des Kaufinteressenten
   - bevorzugte Transaktionsstruktur
   - Wertfindungsparameter und Bewertungsmethoden
   - Finanzierung
4. Weiterer Prozessablauf
5. Rechtliche Rahmenbedingungen und Haftungsausschlüsse
6. Kommunikationswege

Der Sinn eines Prozessbriefes ist die Definition des Verkaufsprozesses, der vom Verkäufer bzw. dessen Beratern vorgegeben wird und signalisiert, dass es klare Regeln gibt, an die sich ein Interessent halten muss, um im Verkaufsprozess Berücksichtigung zu finden. Gleichzeitig vermittelt er durch die Vorgabe von Regeln, dass es einen Wettbewerb unter Interessenten gibt, der den Verkäufer in die Lage versetzt, allein aufgrund dessen Regeln aufzustellen, da er Alternativen zu Interessenten hat, die sich eben nicht an die Regeln halten. Und genau darin liegt auch die Krux eines solchen Prozessbriefs. In Zeiten, wie z. B. während der COVID-19-Pandemie, erleben wir ständig veränderte, gesetzliche Auflagen. Diese verhindern u. U. die Einhaltung von bestimmten Parametern durch Unternehmen, wie z. B. die Einhaltung von Terminen für Betriebsbesichtigungen von im Ausland domizilierenden Unternehmen mit entsprechenden Reisebeschränkungen. Gleichzeitig können genau diese Unternehmen die attraktivsten Investoren darstellen, weil z. B. für diesen Investor ein Erwerb des Unternehmens den Markteintritt nach Europa und damit die Komplettierung seines „global footprints“ bedeutet. Dementsprechend hoch wäre sein theoretisches Kaufpreispotenzial. Wenn nun ein Prozessbrief Fristen und Regeln vorgibt, die dieser Interessent nicht einhalten kann und der Berater anschließend die eigenen, gesetzten Fristen korrigiert, dann spricht dies offensichtlich auch für seine (gegebenenfalls nur eingeschränkt vorhandenen) Alternativen und verschlechtert damit automatisch seinen Verhandlungsspielraum. Damit kehrt sich der Sinn eines Prozessbriefes um.

Prozessbriefe sollten dort Anwendung finden, wo gesetzliche Parameter und vom Verkäufer vorgegebene, unabdingbare Sachverhalte einen nicht zu verrückenden zeitlichen und inhaltlichen Rahmen darstellen, die bei Nichteinhaltung durch einen Interessenten auch tatsächlich zum Ausschluss eben dieses Interessenten führt (z. B. der zeitliche Rahmen, den das vorläufige Insolvenzverfahren vorgibt). Ansonsten ist die Sinnhaftigkeit des Einsatzes eines Prozessbriefes mit exakten, „harten“ Fristen zu überdenken.

Die Ansprache von Interessenten kann grundsätzlich auf mehreren Wegen erfolgen:

- durch persönliche Kontaktaufnahme,
- über einen Intermediär,
- schriftlich individuell

oder allgemein und unspezifisch

- schriftlich in Form eines Teasers,
- durch Einstellen in Transaktionsplattformen oder
- durch Kommunikation der Investmentopportunität in Tages- und Fachpresse (nur opportun bei bereits öffentlich bekanntem Transaktionsgrund, z. B. aufgrund der erfolgten Anmeldung eines Insolvenzverfahrens).

Der Begriff „Teaser“, der ursprünglich aus der Werbewirtschaft stammt und im ureigensten Kontext einen inhaltslosen Aufmacher, z. B. auf Titelseiten (z. B. bei TV-Zeitschriften: „Jede Woche NEU!“) bezeichnete, hat mittlerweile Einzug in das Vokabular der Finanzbranche gefunden. Unter einem Teaser versteht man im Zusammenhang mit M&A-Transaktionen ein anonymisiertes Kurzprofil, das das Unternehmen, die finanzwirtschaftlichen Kernkennziffern und die Investmentopportunität aufzeigt. Ein solches Kurzprofil kann vom „one-pager“ bis hin zu einer maximal fünf Seiten umfassenden Präsentation reichen und kennt grundsätzlich keine feste Definition. Um ein häufig nicht adäquates „One-size-fits-all“-Format zu vermeiden, können – je nach zeitlichen Rahmenbedingungen – auch mehrere Teaser erstellt werden, z. B. ein Teaser für Finanzinvestoren, der das Cashflow-Profil des Unternehmens in den Vordergrund stellt, für Wettbewerber, in dem der Marktanteil im Vordergrund steht oder für komplementäre Unternehmen, für die beispielsweise die Produktkompetenz und Innovationskraft im Vordergrund steht. Ein Teaser soll für den nächsten Schritt im Prozessablauf motivieren, nämlich die Unterzeichnung einer Vertraulichkeitsvereinbarung und dem anschließenden Versand und Studium des Informationsmemorandums.

Auch hier gilt, in zeitkritischen Krisenphasen oder gar bei Insolvenzverfahren ein Abwägen zwischen einer optimalen Ansprachefom und der gebotenen Dringlichkeit vorzunehmen. Da sich der M&A-Berater bei der Erstellung der Investorenlisten bereits in irgendeiner Form Gedanken über das strategische Rational gemacht hat bzw. haben sollte, liegen bereits – im Idealfall während des Rechercheprozesses festgehaltene – Kriterien für die Ansprache vor, die sich bei der Erstellung eines Teasers zumindest kategorisch verwenden lassen.

Neben dem Kaufvertrag ist das Informationsmemorandum das wichtigste Dokument im Rahmen des gesamten M&A-Prozesses. Es gewährt einen Einblick in das Unternehmen, die finanzwirtschaftlichen Verhältnisse, den relevanten Markt, die Branche sowie die strategischen Optionen. Auch wenn das Informationsmemorandum ein schriftliches Dokument ist und auf den ersten Blick nichts mit einem Verkaufs- oder Verhandlungsprozess zu tun hat, so täuscht dieser erste Eindruck. Das Informationsmemorandum ist die Auslagerung der Kommunikation mit einer Mehrzahl an Kaufinteressenten „auf Papier aus Zeit- und Kostengründen“. Die nachstehende Gliederung zeigt beispielhaft den Inhalt eines solchen Informationsmemorandums im Detail:

Präambel	• Disclaimer • Kontaktadressen • Abbildungsverzeichnis • Abkürzungsverzeichnis/Glossar
Zusammenfassung	• Auf einen Blick • Finanzwirtschaftlicher Kurzüberblick • Investmentopportunität • Transaktionsgegenstand
Markt- und Branchenbetrachtung	• Die historische Entwicklung der Branche weltweit • Die historische Entwicklung der Branche in den relevanten geografischen Marktgebieten • Darstellung der wesentlichen Wettbewerber in den relevanten geografischen Marktgebieten • Darstellung von harten und weichen Einflussfaktoren auf die Branchenentwicklung • Marktwachstumsprognosen in den relevanten geografischen Marktgebieten
Unternehmensporträt	• Unternehmenshistorie • Unternehmensorganisation und Standorte • Produkt- und Leistungsportfolio • Wertschöpfungskette • Marketing und Vertrieb • Kundenportefeuille • Referenzen und Projektbeispiele • Immaterielle Vermögensgegenstände • Management und Personal • Beschaffungsmanagement und Logistik • Kaufmännische Verwaltung und IT • Controlling und Projektsteuerung
Strategische Optionen	• Unternehmensstrategie – Wachstumschancen • Unternehmensstrategie – Konsequenzen aus der Wettbewerbslandschaft
Finanzwirtschaftliche Verhältnisse	• GuV-Übersicht • Bilanzübersicht • Entwicklung des Working Capitals • Planungsprämissen • GuV-Planung • Bilanzplanung • Cashflow-Planung
Zusammenfassung	• SWOT-Analyse • Ein ideales Investment für ...
Anhang	

Abbildung 7-15: Gliederung eines Informationsmemorandums

Dabei ist die Darstellung der Branchenwertschöpfungskette bedeutend, zeigt sie doch das Verständnis des Auftraggebers bzw. des Beraters über die Struktur einer Branche und daraus resultierend auch die Fähigkeit, über die Erfolgsfaktoren einer Transaktion nachdenken zu können. In manchen Fällen kann es vorkommen, dass diese Einschätzung und Sichtweise des relevanten Marktsegmentes von der des Kaufinteressenten zum Teil deutlich abweichen. Dies ist verständlich, wenn man bedenkt, dass es in den seltensten Fällen eine klar abgegrenzte Branche gibt. Mittlerweile sind Prozesse im Rahmen einer Supply Chain vom Rohstoff zum Endprodukt so eng miteinander verzahnt, dass Unternehmenstypen unterschiedlichster Ausprägung verschiedene Wertschöpfungsstufen in sich vereinen. Vor diesem Hintergrund ist die klare Sichtweise, auf welcher Stufe der Wertschöpfungskette sich das zum Verkauf stehende Unternehmen befindet, von großer Wichtigkeit. Dies vor allem auch deshalb, weil Ansatzpunkte für Parameter, die eine Transaktion eventuell in eine Win-win-Situation führen können, oftmals darin liegen, dass die Schnittstellen zwischen einzelnen Branchenwertschöpfungsstufen erweitert und damit für beide Seiten Vorteile geschaffen werden können.

Das für den schlussendlichen Abschluss unabdingbar notwendige Vertrauen im Rahmen einer Distressed M&A-Transaktion entsteht dadurch, dass – wie in allen anderen Bereichen menschlichen Miteinanders – mitgeteilte Informationen wahrheitsgetreu und in sich konsistent sind. Dementsprechend ist das Informationsmemorandum ebenfalls konsistent zu formulieren. Angaben im Textteil, die z. B. notwendige Investitionen beschreiben oder das Zahlungsverhalten von Kunden erläutern, müssen sich im Zahlenteil der finanzwirtschaftlichen Übersicht, respektive in der Planungsrechnung wiederfinden. Ebenso ist es von großer Wichtigkeit, dass durch Konsistenz der Aussagen und Zahlen an verschiedenen Stellen des Memorandums ein unzweifelhaftes Bild über das Unternehmen entsteht. Gleiches gilt für den späteren Datenraum. Wie oben bereits erwähnt, empfiehlt es sich, die Informationen, die man für die Erstellung des Memorandums erhält, unmittelbar auch in den Datenraum einzustellen, damit das vorstehend erwähnte synchrone Bild entsteht.

Darüber hinaus zeigt dies eine seriöse Arbeitsweise bei der Erstellung des Memorandums und Sorgfalt beim Zusammentragen von transaktionsrelevanten Daten. Dementsprechend ist ein Informationsmemorandum bereits so zu formulieren, dass es im späteren Verkaufsprozess nicht zu einer beim Kaufinteressenten widersprüchlichen Wahrnehmung führt, auch auf die Gefahr hin, dass hierdurch Schwächen des zum Verkauf stehenden Unternehmens aufgezeigt werden. Im Rahmen einer Einwandvorwegbehandlung sollte ein Informationsmemorandum bereits die Faktoren enthalten, die in einer späteren Verhandlungsphase als eventuell kritisch einzustufen sind. Entscheidend bei der Besprechung mit dem Mandanten ist auch, dass dieser versteht, dass eventuell aufgezeigte Schwachstellen in den meisten Fällen – wenn es keine marktbedingten, nicht beeinflussbaren Risiken sind – Verbesserungspotenzial für einen Kaufinteressenten darstellen und damit eine erweiterte Verhandlungsbasis generiert wird. Bspw. ist ein unzureichendes Controlling oder eine nicht vorhandene Integration der Produktionssteuerung in das ERP-System einerseits eine klare Schwachstelle, andererseits stellt dies für einen Kaufinteressenten, der über entsprechendes Know-how verfügt, ein „handwerklich" zu lösendes Problem dar. Die Lösung dieses Problems wird aus Sicht des Kaufinteressenten für verlässlichere Daten sorgen und damit für ein sichereres Steuern des Unternehmens hin zu einer höheren Rentabilität. Eine im Informationsmemorandum beschriebene fehlende Umsetzungsstärke von vorhandenen Produktinnovationen in marktreife Produkte lässt sich einerseits als Schwäche kritisieren, andererseits bietet sie dem Kaufinteressenten das Potenzial, Erlöse mit neuen Produkten zu erzielen, wenn er sich selbst in der Lage sieht, diesen Transformationsprozess zu bewerkstelligen. Dies sind nur einige Beispiele dafür, dass vermeintliche Schwächen im Rahmen von Verhandlungen zu „den Kuchen vergrößernden" Parametern werden können, sofern diese bereits im Vorfeld antizipiert werden. Mit dem Schreiben des Informationsmemorandums ist einerseits die Grundlage für die spätere verkäuferische Aufgabe in der Managementpräsentation gegeben und andererseits die Ausgangsbasis für ein faktenorientiertes Verhandeln gelegt. Der Inhalt muss es dem Kaufinteressenten ermöglichen, eine vorläufige Entscheidung über die Integration, die zukünftige Strategie und den Wert des Unternehmens stand-alone und auf integrierter Basis zu ermitteln. Die so gewonnenen Erkenntnisse müssen sich dann im Laufe der späteren Due Diligence bestätigen. Das Informationsmemorandum prägt den späteren Verhandlungsverlauf und setzt den Rahmen für Preisverhandlungen. Die vier Kernfragen des Käufers, die in einem Informationsmemorandum beantwortet werden müssen, lauten:[9]

1. „Richtige Strategie? Kann ich Wert zufügen?
2. Richtige Information? Weiß ich genau, was ich kaufe?
3. Richtiger Preis? Wie groß ist das Wertsteigerungspotenzial?
4. Richtige Durchführung? Können die Wertsteigerungspotenziale rasch erschlossen werden?"

Auf diese Fragen müssen im Rahmen der Darstellung der Equity Story Antworten gefunden werden.

Die Equity Story beschreibt, warum ein Investor in das Unternehmen investieren sollte, auch wenn es aktuell z.B. in einer Krisensituation ist. Ohne den Aufbau einer Equity Story verlässt der für den Verkauf bzw. die Investorensuche verantwortliche M&A-Be-

rater den „Driver's Seat" und überlässt die inhaltliche Führung der Gespräche weitestgehend dem Investor.

Zugebenermaßen kann es in Distressed-Situationen sein, dass die Equity Story aufgrund des Zeitdrucks nicht vollends vor dem ersten Gespräch ausgearbeitet ist und erst im Laufe der weiteren Gespräche mit potenziellen Interessenten evident wird. In solchen Situationen ist es notwendig, die Equity Story bei allen Interessenten durch stetige Kommunikation zu schärfen.

In Situationen, in denen der Zeitdruck den Prozessablauf wesentlich beeinflusst, können vorhandene Dokumentationen, wie z. B. Sanierungsgutachten nach oder in Anlehnung an IDW S 6 verwendet werden, um schnell ein Informationsmemorandum zu erstellen. Wichtig ist dabei, dass man sich bei der Verwendung von Sekundärinformationen über den ursprünglichen Zweck deren Erstellung bewusst ist. Das Ziel eines S6-Gutachtens ist es, die Sanierungsfähigkeit und -würdigkeit unter Betrachtung des „halbleeren Glases" vorzunehmen. Ein Informationsmemorandum hat ebenso den Zweck der „Füllstandsbeschreibung des Glases" zu erfüllen, jedoch verkaufsorientiert das Glas „halb voll" zu sehen. Dementsprechend kann es zweckdienlich sein, Kommentare in solchen Basisquellen von allen Seiten zu beleuchten und gegebenenfalls zu modifizieren.

Aufgrund der Kontaktbeschränkungen im Zuge der COVID-19-Pandemie kam es zu Situationen, in denen zwar einerseits Zeitdruck beim Verkauf eines Unternehmens vorherrschte, jedoch ein persönliches Gespräch mit dem Investor aufgrund der Hygienevorgaben nicht darstellbar war. Drohnenflüge zur Präsentation der Betriebsimmobilien oder der Produktionshallen sind mittlerweile in den Standardwerkzeugkasten eines M&A-Beraters eingekehrt; gleiches gilt für die Darstellung von ausländischen Tochtergesellschaften und der Führung von Erstgesprächen mit dem Management, die über Videokonferenz-Anwendungen, wie Cisco Webex, Zoom oder Microsoft Teams eine weite Verbreitung gefunden haben.

Die am Anfang eines persönlichen Treffens unbewusst stattfindende Klärung bzw. Definition der Beziehungsebene, die durch Small Talk (un-)bewusst entsteht, muss bei Videokonferenzen „initiiert" werden. Das Medium Videokonferenzen ist unmittelbar, und häufig wird dieser für den späteren Transaktionsablauf wichtige Part vergessen und man startet sofort mit dem geschäftlichen Thema. Virtueller Small Talk oder Online-Einführung ist nicht einfach und bedarf unter Umständen einer Vorbereitung mit Spezialisten, um die weichen Faktoren einer Zusammenarbeit in einem solch bedeutenden Projekt zu transportieren.

Es empfiehlt sich in dieser zweiten vorbereitenden Phase auch, eine Unternehmensbewertung (siehe hierzu auch Kapitel „Bewertung ertragsschwacher Unternehmen und Forderungen in Krisenzeiten des Debitors") zu erstellen, die einerseits

- der Validierung der vor Mandatierung besprochenen Wert- und Preisvorstellungen unter nun vorhandenem Zugriff auf detailliertere Daten dient und andererseits
- eine Verkaufspreisargumentation stützen kann, durch Identifikation der Werttreiber und des Cashflow-Profils des Unternehmens.

Für eine angemessene und umfassende Unternehmensbewertung sind verschiedene Informationen notwendig: Diese sind im Wesentlichen eine integrierte Planungsrechnung als Grundlage für eine einkommensbasierte Bewertung. Gerade bei kleinen und mittelgroßen Unternehmen des Mittelstands sind häufig zwar G&V-Budgets und Planungsrechnungen vorhanden, aber seltener integrierte Finanzplanungen, die ineinandergreifende Planung der Gewinn- und Verlustrechnung, der Bilanz und des Kapitalflusses darstellen.

Auch hier kann ein M&A-Berater, zumeist in Zusammenarbeit mit dem Rechnungswesen des Unternehmens und unter Umständen mit den Wirtschaftsprüfern des Unternehmens Hilfestellung leisten, indem gemeinsam eine solche Planungsrechnung erstellt wird. Dies ist jedoch den Kaufinteressenten frühzeitig zu kommunizieren, damit dieser etwaige Mangel einer im Unternehmen vorhandenen Kompetenz zur Erstellung einer solchen Planung offengelegt wird. Wird dies zu spät kommuniziert, kann dies den Anschein erwecken, dass die Planung ausschließlich für den Transaktionsprozess und zur Erlangung eines möglichst hohen Verkaufspreises dient. Bei zuvor erstellten S6-Gutachten ist eine integrierte Finanzplanung Pflicht, sodass diese zu verwenden sind bzw. auf dieser Grundlage weitere Szenarien, im Sinne eines Investor Cases, zu erstellen sind. Hierbei sind jedoch Vorsicht und realistische Annahmen walten zu lassen. Auf Basis dieser integrierten Finanzplanung ist die Erstellung einer einkommensbasierten, zukunftsgerichteten Unternehmensbewertung, in Form eines Ertragswert- bzw. Discounted-Cashflow-Verfahrens möglich. Diese Fundamentalbewertung sollte mit den zumeist vor Mandatierung kommunizierten Wert- und Preisvorstellungen des Auftraggebers und der sonstigen in den Transaktionsprozess eingebundenen Stakeholdern abgesprochen werden, um etwaige Differenzen in dieser frühen Phase diskutieren und im Idealfall überbrücken zu können.

Da in Verhandlungen eine detaillierte Auseinandersetzung mit einer komplizierten Discounted-Cashflow-Analyse häufig sprachlich und inhaltlich zu komplex ist, werden zumeist Multiplikatoren verwendet, um über Kaufpreise zu diskutieren bzw. zu verhandeln. Dabei werden sowohl ergebnisbasierte als auch umsatzbasierte Multiplikatoren verwendet, letzteres findet insbesondere (und leider häufig fälschlicherweise) bei der Bewertung in Distressed-Situationen Anwendung, da hier häufig die Basis (EBITDA) für eine Multiplikatorbewertung bereits negativ ist. Damit gibt es keine Möglichkeit, einen positiven Unternehmenswert auf Basis ertragsbezogener Multiplikatoren darzustellen.

Um auch hier vorbereitet zu sein und um etwaige Einwände schnell entkräften zu können, empfiehlt sich in dieser Phase auch die Ermittlung und Analyse von vergleichbaren Unternehmenstransaktionen (häufig auch recent-acquisition oder precedent transaction method bezeichnet) des jeweiligen Marktsegments (Market Approach). Gleiches gilt für die Ermittlung „vergleichbarer", börsennotierter Unternehmen (sog. public companies oder comparable companies method) und deren Preis-/Ertragsrelationen in Form von Multiplikatoren. Bewusst habe ich vorstehend das Wort „vergleichbar" in Anführungszeichen gesetzt, denn in den wenigsten Fällen sind Unternehmen tatsächlich vergleichbar. Allerdings ist dieses Verfahren trotz seiner hohen Fehleranfälligkeit weit verbreitet und wird dadurch in mancher Hinsicht leider zu einer fundamental wenig begründbaren „self fulfilling prophecy".

Mittlerweile findet man bei mittleren bis großen M&A-Transaktionen häufig eine Trennung zwischen dem Informationsmemorandum, das im Wesentlichen die markt- und betriebs-wirtschaftlichen Unternehmensdaten aufzeigt, und einem das Informationsmemorandum ergänzenden sogenannten Financial Factbook, das sehr ausführlich die finanzwirtschaftlichen Verhältnisse des Unternehmens beschreibt. Dadurch besteht die Möglichkeit, einen Rahmen für die Darstellung der Finanzdaten und die sich daraus ableitbaren Analysen proaktiv vorzugeben. Insbesondere bietet sich ein Financial Factbook dann an, wenn z. B. ein Bereich eines Unternehmens im Rahmen eines eigenen Carve-outs veräußert werden soll und für diese unternehmerische Einheit keine Jahresabschlüsse vorliegen, da es sich nicht um eine eigene rechtliche Einheit handelt.

Die folgende Übersicht zeigt beispielhaft die Gliederung eines Financial Factbook.

Wesentliche Finanzdaten und Überblick über die Geschäftstätigkeit	• Kurzüberblick über GuV, Bilanzstruktur, Working-Capital-Entwicklung und Mitarbeiterstruktur • Rechtliche Rahmenbedingungen und Transaktionsgegenstand • Business Structure und Wertschöpfungskette
Vorgehensweise bei der Zusammenstellung der Finanzdaten im Rahmen der Carve-out-Überlegungen	• Konkrete Ableitung von Finanzdaten • Aufstellung über notwendige operative Maßnahmen im Zusammenhang mit dem Carve-out
Historische Geschäftsentwicklung	• Absatz- und Preisentwicklung • Produktspezifisch • Kunden(-gruppen-)spezifisch • Regional • Deckungsbeitragsentwicklung • Kundenkonzentration sowie Kundengewinne und -verluste • Saisonalität des Geschäftes • Personalkostenstruktur
Historische Bilanzentwicklung	• Investitionen • Working Capital • Sonstige Aktiva • Rückstellungen • Verbindlichkeitenspiegel • Sonstige Passiva
Prognostizierte Geschäftsentwicklung	• Marktprognosen • Planungsparameter • Plan-GuV • Plan-Bilanz • Plan-Cashflow-Rechnung
Prognostizierte Investitionen und Working-Capital-Entwicklung	
Außerbilanzielle Informationen	

Abbildung 7-16: Gliederung eines Financial Factbooks

Weitere Dokumente, die in dieser Phase erstellt und später dem Kaufinteressenten zugänglich gemacht werden sollen, sind sogenannte Vendor-Due-Diligence-Berichte. Unter einem Vendor-(initiated)-Due-Diligence-Bericht versteht man eine vom Verkäufer in Auftrag gegebene, neutrale und damit objektive Sorgfaltsprüfung.

Es stellt sich die Frage, warum überhaupt ein Verkäufer sich mit einer solchen Prüfung beschäftigen sollte. Einerseits obliegt es doch dem Käufer, durch eine solche Prüfung Sicherheit zu erlangen, was er denn schlussendlich kauft und andererseits wird ein solches Instrument doch wahrscheinlich ohnehin vom Käufer mit Argwohn betrachtet.

Grundsätzlich gilt: Ein Vendor-Due-Diligence-Bericht ersetzt nicht die käuferseitige Prüfung. Gleichwohl kann es in vielen Fällen ein sehr wichtiges verhandlungstechnisches Instrument im M&A-Prozess sein, um Kosten einer Due Diligence, teilweise von jedem einzelnen Kaufinteressenten, einmalig auf den Verkäufer zu übertragen und damit mehr Investoren „im Prozess zu halten". Hierzu eignen sich auch die erwähnten Factbooks, die – aufgrund der nicht in diesem Maße vorhandenen Haftung der diese

Factbooks anfertigenden Berater – deutlich günstiger sind als eine klassische Vendor Due Diligence.

Eine Vendor Due-Diligence (nachfolgend auch VDD genannt) wird vom Verkäufer veranlasst, indem er zumeist neutrale Berater, d. h. Beratungsunternehmen, die bisher nicht für das Unternehmen tätig waren, beauftragt, bestimmte Bereiche zu überprüfen.[10] Da sowohl unter Zeit- als auch unter Kostengesichtspunkten seitens der potenziellen Interessenten nicht alle Segmente überprüft werden können, umfassen VDD-Berichte zumeist folgende Bereiche:

- Recht (legal)
- Steuern (tax)
- Finanzen (financial)
- Markt- und strategieorientierte Analyse (commercial and strategy)
- Umwelt (environmental)

Der Unterschied zum oben erwähnten Financial Factbook ist darin zu sehen, dass es weniger um eine Darstellung der wirtschaftlichen Parameter geht als um eine prüferische Handlung, die auch Ordnungsmäßigkeitsaspekte einschließt.

Die Vorteile einer kostenintensiven VDD erschließen sich nicht auf den ersten Blick. Sie ist im Vorfeld einer Transaktion nicht nur mit hohen Kosten, sondern auch mit einem hohen Zeitaufwand verbunden und wahrscheinlich werden im Unternehmen auch Mitarbeiter auf die Tätigkeiten des Prüfers aufmerksam. Die Vorteile sind jedoch vielfältig:

1. **Vermeidung des Überraschungseffektes**
   In nicht wenigen Fällen kommt es leider erst im Verkaufsprozess durch Prüfungshandlungen des Käufers zur Identifikation von Problembereichen im Unternehmen. Dies wird oftmals vom Kaufinteressent erst während der Verhandlungen ins Feld geführt. Der Überraschungseffekt wird kaufpreismindernd eingesetzt. Durch die dem Verkaufsprozess vorangestellte Prüfung im Rahmen der VDD können diese im Unternehmen etwaig vorhandenen Schwachstellen bereits frühzeitig aufgedeckt werden. Die Verkäuferseite ist sich etwaigen Problemen bewusst und kann eine entsprechende Argumentation antizipativ aufbauen.

2. **Möglichkeit der Verbesserung bestimmter Sachverhalte**
   Natürlich gibt eine VDD auch die Möglichkeit, die aufgedeckten Problemfelder frühzeitig zu beheben, sodass diese im endgültigen Bericht nicht mehr erwähnt werden müssen. Die Verhandlungsposition des Verkäufers hat sich hierdurch deutlich verbessert.

3. **Alle Bieter werden schnell auf ein hohes Informationsniveau gebracht**
   Spricht man mit einer Vielzahl von Kaufinteressenten, so hat trotz einer oft von Verkäuferseite vorgegebenen und damit erbetenen zeitlichen Abfolge der Transaktion jeder Bieter sein eigenes Tempo. Ebenso haben sowohl der Kaufinteressent als auch dessen Berater in der Regel weitere Projekte und insbesondere im Mittelstand auch eine erhebliche Ressourcenbindung durch das operative Geschäft. In manchen Fällen sind schlicht wenig oder gar keine Kapazitäten vorhanden, umfangreiche

Prüfungen im vom Verkäufer erbetenen Zeitraum durchzuführen. Wenn mehrere Interessenten diese Probleme haben, ist es leicht vorstellbar, wie schwierig eine zeitliche Koordination der Interessenten ist. Ein Wettbewerb zwischen unterschiedlich informierten Kaufinteressenten ist so nur schwer herzustellen. Oftmals „verzettelt" sich der Verkäufer zeitlich dann in Gesprächen mit unterschiedlich gut informierten Interessenten. Durch eine VDD werden alle Interessenten schnell auf ein einheitliches und vor allem hohes Wissensniveau gebracht, sodass sich die VDD auch bei Distressed-Situationen anbieten kann.

4. **Senkung der Transaktionskosten beim Interessenten schafft höhere Verweildauer im Prozess**
Viele Interessenten stellen sich zu Beginn des M&A-Prozesses die Frage, wie hoch die Abschlusswahrscheinlichkeit aus Käufersicht ist und wieviel Ressourcen man dem anstehenden M&A-Prozess zuweisen soll. Je nach Intensität des Prozesses entscheidet der Kaufinteressent in jeder Phase neu, ob der bisher geleistete und noch zu leistende Aufwand im positiven Verhältnis zur Abschlusswahrscheinlichkeit der Transaktion steht. Oftmals schreckt ein Kaufinteressent zurück, wenn er z. B. die hohen Kosten der nun anstehenden Financial Due Diligence sieht und gleichzeitig weiß, dass neben ihm noch sechs weitere Interessenten im Prozess vorhanden sind. Eine simple Rechnung zeigt ihm bei sechs weiteren vorhandenen Kaufinteressenten eine theoretische Abschlusswahrscheinlichkeit von rund 14 %. In vielen Fällen steigen aus diesem Grund hochinteressante Kaufinteressenten aus einem M&A-Prozess aus. Eine VDD verlagert einen Teil der Kosten vom Interessenten auf den Verkäufer; der Kaufinteressent kann unter Kostengesichtspunkten länger im Prozess bleiben bis seine Chancen durch das Ausscheiden anderer Bieter steigen.

5. **Konsistenz der gesamten Dokumentation schafft Vertrauen**
Die durch eine VDD geschaffene Datenbasis kann auch für andere Dokumente genutzt werden, wie z. B. Teaser und Informationsmemorandum. Darüber hinaus wird im Rahmen der VDD bereits der Datenraum zusammengestellt, sodass alle Dokumente des Informationsmemorandums über den VDD-Bericht und die späteren Informationen im Datenraum konsistent sind. Dies schafft bei Kaufinteressenten und deren Beratern in hohem Maße Vertrauen. Nichts ist in einem kompetitiven M&A-Prozess unangenehmer als das nachträgliche Herausstellen von fehlerhaften Ausgangsdaten, z. B. bei der Planungsrechnung.

6. **Vertrauenstransfer zwischen dem den VDD-Bericht erstellenden Prüfer und dem Prüfungsobjekt**
Gerade bei kleinen mittelständischen Transaktionen wird oftmals von größeren Kaufinteressenten die Qualität der präsentierten Informationen in Frage gestellt. Auch wenn dies grundsätzlich eine fehlerhafte Einschätzung ist, führt eine kleine, unbekannte Wirtschaftsprüfungsgesellschaft z. B. bei angestellten Managern eines Konzerns zu Unbehagen über die Datenbasis, die deren Kaufentscheidung zugrunde liegt. Ein VDD-Bericht einer renommierten Kanzlei oder Wirtschaftsprüfungsgesellschaft wird zwangsläufig zu einem Image- und damit Vertrauenstransfer zwischen dem den VDD-Bericht erstellenden Prüfer und dem zum Verkauf stehenden Unternehmen führen.

7. **Frühzeitige Bereitstellung der für finanzierende Banken notwendigen Dokumentationserfordernisse**
   Bei Unternehmenstransaktionen geht es in den meisten Fällen um sehr hohe Kaufpreis-summen, die in den wenigsten Fällen ausschließlich über Eigenkapital (all-Equity) finanziert werden. Dementsprechend ist neben dem eigentlichen Entscheidungsprozess des Käufers auch der Entscheidungsprozess der den Käufer finanzierenden Bank ein zeitlicher Faktor, der einen wettbewerbsintensiven M&A-Prozess verlangsamen kann. Durch einen VDD-Bericht wird ein Teil der Dokumentationserfordernisse von Banken bereits erfüllt, sodass dies zu schnelleren Entscheidungen auch bei den Fremdkapitalgebern führt.
8. **Die wegen der hohen Kosten von Käuferseite oftmals geforderte Exklusivität kann umgangen werden**
   Wie bereits beschrieben, müssen Kaufinteressenten im Rahmen von M&A-Prozessen kostenintensive Due-Diligence-Maßnahmen vornehmen bei gleichzeitig unsicherer oder gar niedriger Abschlusswahrscheinlichkeit. Dies ist einer der Gründe, warum Interessenten regelmäßig zu bestimmten Zeitpunkten eine Exklusivitätsphase fordern. Da jedoch Kosten der Due Diligence auch beim Verkäufer angefallen sind, kann dieses Argument für den Wunsch nach Verhandlungsexklusivität nicht mehr angebracht werden.

Alles in allem verhilft eine VDD zu sinkenden Transaktionskosten bei den Kaufinteressenten und einem schnelleren Verkaufsprozess. Der Wettbewerb unter Kaufinteressenten bleibt in hoher Intensität länger bestehen und sollte am Ende der Transaktion zu einem höheren Verkaufspreis führen, der die Kosten der VDD überkompensiert.

Im Hinblick auf die Vorbereitung der für eine Transaktion relevanten Dokumente sollten zu diesem Zeitpunkt bereits weitere Prozess- bzw. Verfahrensoptionen, wie z. B. eine Investorensuche im Rahmen eines präventiven Restrukturierungsrahmens oder im Rahmen eines Insolvenz(-plan-)verfahrens analysiert werden. Ein typisches Beispiel ist in diesem Zusammenhang ein Unternehmen mit einem Enterprise Value, der die Nettofinanzverbindlichkeiten inklusive der zumeist nicht rückgedeckten Pensionsverpflichtungen nicht übersteigt. Wenn bspw. ein potenzieller Investor gerne das Unternehmen, nicht jedoch die Pensionsverpflichtungen übernehmen möchte, kann sich eine Transaktion über ein Insolvenzverfahren anbieten. Möchte man ein solches Verfahren im Rahmen eines Pre-Packaged-Plans zügig durchführen, um z. B. Störfeuer von dritter Seite zu vermeiden, bietet es sich an, die für ein solches Verfahren notwendigen Gutachten und Vergleichsrechnungen frühzeitig anfertigen bzw. vorbereiten zu lassen. Dies können folgende Gutachten bzw. Stellungnahmen sein:

- Unternehmensbewertungen als Vergleichsrechnungen nach IDW S 1
- Insolvenzpläne nach IDW S 2
- Sanierungskonzepte nach IDW S 6
- Fairness Opinion über die Angemessenheit eines Transaktionspreises nach IDW S 8
- Bescheinigung nach §§ 270d und 270a InsO nach IDW S 9
- Beurteilung des Vorliegens von Insolvenzeröffnungsgründen nach IDW S 11

Sind alle diese Vorarbeiten erledigt bzw. in Angriff genommen, kann mit der Ansprache der potenziellen Interessenten der Investorenliste gestartet werden. Dies stellt den Beginn der Durchführungsphase (execution) dar.

Phase 3: Approach

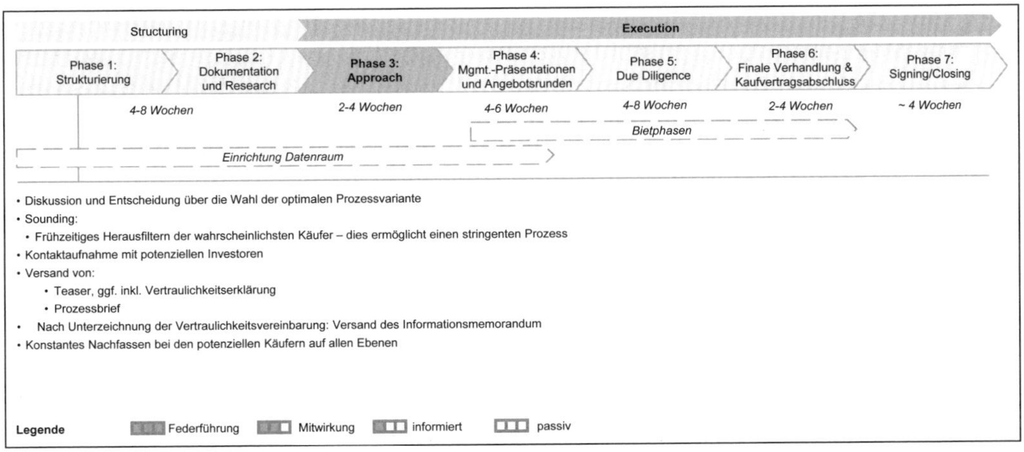

Abbildung 7-17: Phase der Ansprache von Interessenten bei außergerichtlichen Distressed M&A-Transaktionen

In dieser Phase ist darüber zu entscheiden,

- wer die potenziellen Interessenten anspricht,
- über welchen Kanal diese kontaktiert werden,
- wie lange der Zeitraum für den Erstkontakt sein sollte, um einen synchronen Aufsatzpunkt für die weiteren Prozessschritte zu definieren, und
- in welcher Reihenfolge Interessenten angesprochen werden.

	Gespräche mit Interessenten			Offene Auktion
Anzahl	1	2 bis 3	4 bis (tt-1)	TT
Vorteile	• Höchstmaß an Vertraulichkeit • Möglichkeit der Erarbeitung individueller Synergiepotenziale zur Wertsteigerung • Leicht zu beenden • Sofern das Management eingebunden wird: geringere Belastung des Managements durch Konzentration auf einen Bieter • Aus Käufersicht: Exklusivität	• Wettbewerb unter Interessenten • BATNA durch andere Interessenten vorhanden • Hohes Maß an Vertraulichkeit	• Höheres Maß an Wettbewerb • Verkäufer im Driver's Seat • Steigert die Wahrnehmung der Fairness	• Höchstmaß an Preistransparenz und -wettbewerb • Ausnutzen des "Winner's Curse" • Berücksichtigung aller Interessenten möglich • Für alle Stakeholder nachvollziehbar • Limitiert Unsicherheit bei Mitarbeitern
Nachteile	• Unsicherheit über den besten Preis und die Wahl des Best Owners • Faktische Exklusivität und ggf. Abhängigkeit vom Verhandlungspartner • Zeitlich nur schwer steuerbar • BATNA nur außerhalb der Transaktion vorhanden	• Mangelnde Transparenz • Bei Ausscheiden eines Interessenten reduziert sich die Wettbewerbsintensität signifikant • U.U. keine Wertmaximierung; der Verkäufer akzeptiert das erste "genügende" Angebot	• Hohes Maß an Einbindung des Managements • Vertraulichkeit nur schwer aufrechtzuerhalten • Zeitintensiver Prozess • Schürt im Zeitverlauf Unsicherheit bei den Mitarbeitern (bleibt kaum verborgen)	• Ausschließliche Orientierung am Kaufpreis • Geheimhaltung meist nicht gewährleistet • Attraktive Kaufinteressenten nehmen aufgrund von gering eingeschätzten Erfolgsaussichten nicht an der Auktion teil • Echte Auktionsmechanismen nur bei einheitlichem SPA möglich • Auktionskosten • Potenzielles PR-Problem – insbesondere wenn es nicht zu einem Verkauf kommt • Wenig Flexibilität bei Beendigung des Verkaufsprozesses
Typische Situationen	• Verkauf an einen Wettbewerber • „logischer Käufer"	• Ausreichend Zeit für einen Transaktionsprozess • Best Owner sind offensichtlich	• Unbedingter Verkaufswille/ Verkaufszwang • Insolvenzsituationen	• Privatisierungen, bei denen öffentlich-rechtliche Vorgaben (z.B. Ausschreibungsverfahren) den Rahmen definieren • Verkauf von Aktienpaketen notierter Unternehmen

Abbildung 7-18: Vor- und Nachteile der Prozessvarianten

Dabei gilt es vorab zu definieren, in welchem Umfang die Ansprache erfolgen soll. Die nachstehende Übersicht zeigt die Vor- und Nachteile verschiedener Prozessvarianten und die typischen Anwendungsfelder.

Spieltheoretisch steigert sich die Wettbewerbsintensität mit Zunahme der Anzahl interessierter Parteien. Bei der Analyse und der Entscheidung für eine der oben dargestellten Ansprachevarianten sind folgende Punkte zu berücksichtigen, die anhand eines einfachen Vergleichs einer bilateralen Verhandlung und eines auktionsähnlichen Verkaufs mit einer Mehrzahl an Bietern verdeutlicht werden soll.

Beispiel 1

Verkäufer V hat einen ernstzunehmenden Käufer A, dessen Werteinschätzung mindestens so hoch ist, wie die des V. Nehmen wir an, die Wertvorstellung von A ist 0 und die des Käufers ist uniform verteilt zwischen 1 und 100.

Die optimale Strategie des Verkäufers ist es, einen „Take-it-or-leave-it-Preis" von 50 zu nennen. In der Hälfte der Fälle wird es zu einem Abschluss kommen. Dementsprechend liegt der Erwartungswert des Verkäufers bei 25 (50 % × 50).

Beispiel 2

V hat zwei gleich interessierte Käufer A und B mit voneinander unabhängigen Wertvorstellungen zwischen 0 und 100. Der Verkäufer führt eine Englische Auktion, d. h. Preisgebote von unten nach oben werden angenommen, durch. Der finale Transaktionspreis ist das Preisangebot des schlechteren Bieters bzw. liegt knapp darüber.

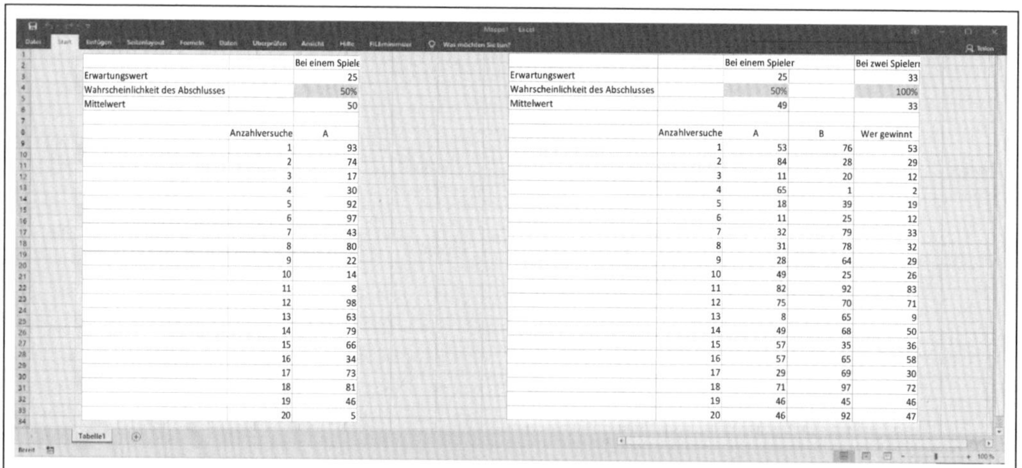

		Bei einem Spiele
Erwartungswert		25
Wahrscheinlichkeit des Abschlusses		50%
Mittelwert		50
	Anzahlversuche	A
	1	93
	2	74
	3	17
	4	30
	5	92
	6	97
	7	43
	8	80
	9	22
	10	14
	11	8
	12	98
	13	63
	14	79
	15	66
	16	34
	17	73
	18	81
	19	46
	20	5

		Bei einem Spieler		Bei zwei Spieler
Erwartungswert		25		33
Wahrscheinlichkeit des Abschlusses		50%		100%
Mittelwert		49		33
	Anzahlversuche	A	B	Wer gewinnt
	1	53	76	53
	2	84	28	29
	3	11	20	12
	4	65	1	2
	5	18	39	19
	6	11	25	12
	7	32	79	33
	8	31	78	32
	9	28	64	29
	10	49	25	26
	11	82	92	83
	12	75	70	71
	13	8	65	9
	14	49	68	50
	15	57	35	36
	16	57	65	58
	17	29	69	30
	18	71	97	72
	19	46	45	46
	20	46	92	47

Abbildung 7-19: Transaktionspreis-Simulation bei einem oder zwei Interessenten/Bietern

Die in Abbildung 7-19 dargestellte Simulation mit Zufallszahlen zeigt bei zwei Bietern (hier spieltheoretisch als Spieler bezeichnet) einen zwar niedrigeren Preis von 33, jedoch einen durch die Mehrzahl der Bieter hundertprozentigen Abschluss. Dementsprechend ist der Erwartungswert des Verkäufers bei zwei Spielern bei 33 (100 % × 33). Die entsprechende Formel lautet:

$$P = \frac{n}{n+1}$$

Setzt man nun für n Zahlen zwischen eins und 100 ein, so ergibt sich folgende Preiskurve.

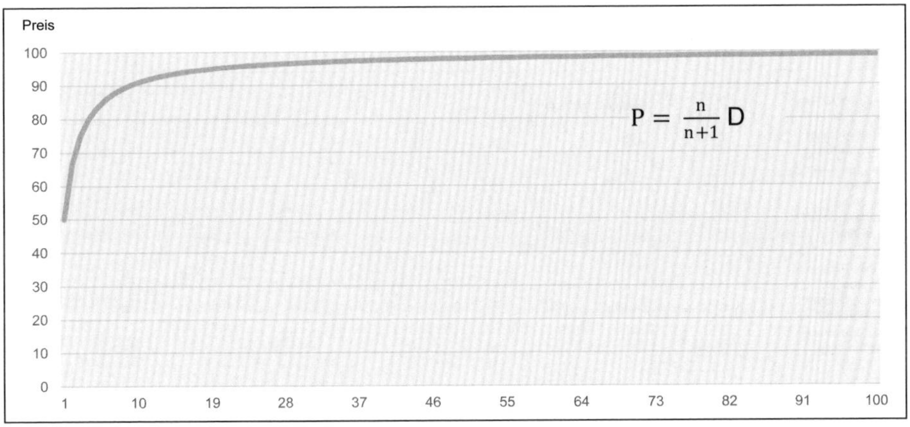

Abbildung 7-20: Preiskurve bei zunehmender Anzahl von Spielern bei einer Auktion

Damit ist die Auktion, d. h. vereinfacht das Verhandeln mit einer Vielzahl von Bietern, aus spieltheoretischer Sicht immer einer bilateralen Verhandlung mit einem Bieter überlegen, denn der Erwartungswert von 33 ist größer als der Erwartungswert von 25.

Aber hier ist Vorsicht geboten: Die Transaktionspraxis zeigt hier ein differenzierteres Bild, denn aus Sicht des Käufers schwindet die Wahrscheinlichkeit eines erfolgreichen Abschlusses mit zunehmender Anzahl der Auktionsteilnehmer.

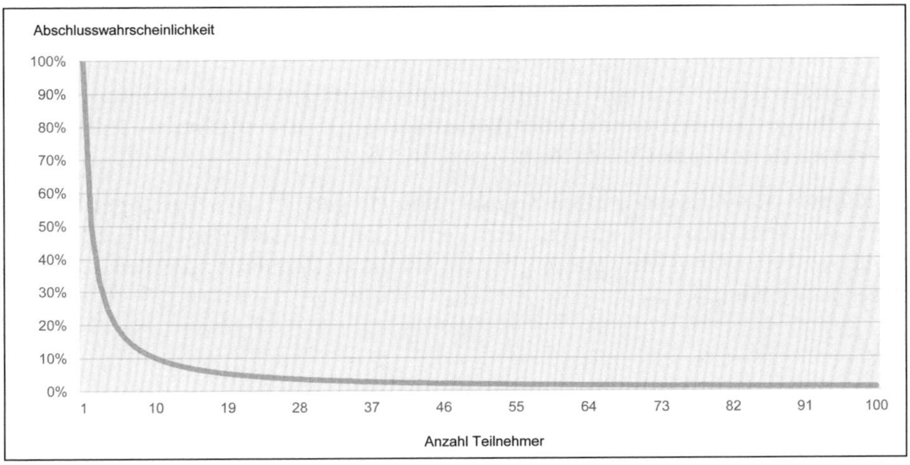

Abbildung 7-21: Rechnerische Abschlusswahrscheinlichkeit bei steigender Anzahl von Spielern

Betrachtet man nun beide Kurven gleichzeitig zeigt sich, dass es einen Zeitpunkt gibt, zu dem die Erfolgswahrscheinlichkeit für jeden einzelnen so gering wird, dass er – bei hohen Kosten für die Due Diligence, die am Ende zu „broken deal fees" und damit „sunk costs" werden – sich für eine Nichtteilnahme entscheiden wird.

Untersuchungen von Professor Guhan Subramanian zeigen, dass die optimale Anzahl von Teilnehmern in solchen Situationen bei fünf bis acht Interessenten liegt.[11]

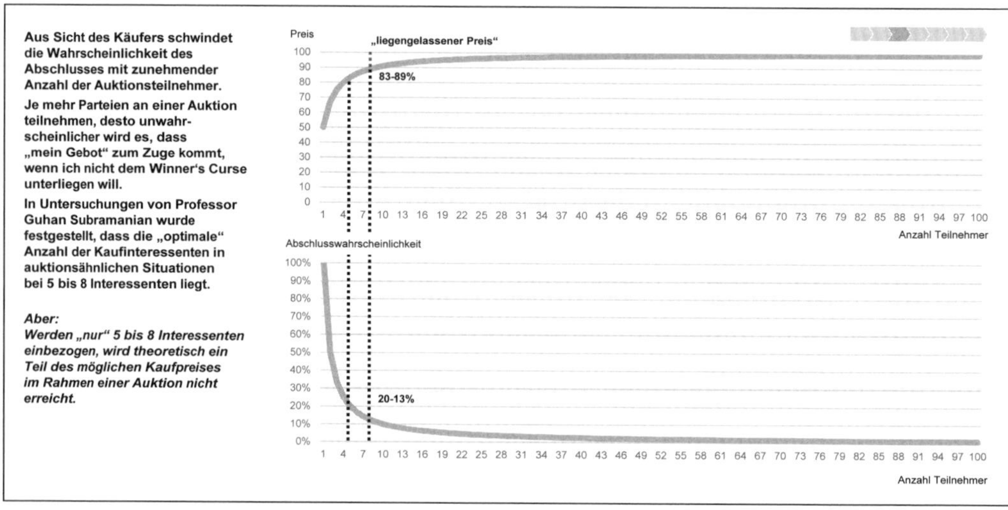

Abbildung 7-22: „Optimale" Anzahl der Kaufinteressenten in auktionsähnlichen Situationen

Hier liegt die Abschlusswahrscheinlichkeit noch zwischen 13 % und 20 % und erscheint damit – laut den Erhebungen von Subramanian – den meisten als noch vertretbar.

Gleichzeitig bedeutet jedoch das Einsetzen dieser Zahl der Interessenten in die oben dargestellte Formel, dass aus Verkäufersicht mathematisch nur 83 % bis 89 % des theoretisch möglichen Kaufpreises erzielt werden können.

Auch gibt es Untersuchungen, die im Rahmen von Unternehmensübernahmen keine Unterschiede zwischen vertraulichen Verhandlungen und wettbewerbs-, jedoch kostenintensiven Auktionen feststellen konnten.[12]

In Rahmen von Distressed M&A-Transaktionen in gerichtlichen Verfahren können dennoch auktionsähnliche, strukturierte Verkaufsprozesse vorteilhaft sein, da es eine Reihe von besonderen Merkmalen gibt, die für dieses Verfahren sprechen (siehe die folgende Abbildung).

Verhandlung	Listed company △ ○ Not listed company	Auktion
	Große Anzahl potenzieller Käufer	△ ✓
△ ✓ ○	Bieter bekannt	
✓ ○	Bieter haben gute Alternativen	
✓ ○	Große Differenzen in Bewertungsüberlegungen	
	Assets klar spezifizierbar	△ ✓ ○
✓ ○	Großes Wertgenerierungspotenzial	△
✓ ○	Beziehung mit Partner wichtig	
	Geschwindigkeit wichtig	△ ✓
✓ ○	Geringe Risikotoleranz	
✓ ○	Geheimhaltung wichtig	
	Transparenz wichtig	△ ✓

Die Häcken zeigen, welches Verfahren bei welcher Dimension gegenüber dem jeweils anderen Verfahren vorteilhaft ist.

Abbildung 7-23: Gegenüberstellung der Merkmale und Erfolgsfaktoren bei Verhandlungssituationen und Auktionsformen

Grundsätzlich zeigt sich, dass beim Verkauf von Aktien(-paketen) börsennotierter Gesellschaften Auktionsmechanismen anwendbar sind, während beim Verkauf von Unternehmen, die nicht börsennotiert sind, ein Verkauf im Wege einer Verhandlung vorteilhafter erscheint. Letzteres gilt insbesondere beim Verkauf von Unternehmen in Distressed-Situationen, sofern noch kein gerichtliches Sanierungsverfahren eingeleitet wurde, da die geringe Risikotoleranz des Käufers, seine Alternativen zur Transaktion sowie naturgemäß vorhandene, große Bewertungsdifferenzen durch eine Verhandlung, bei der intensiv über strategische Ansatzpunkte, operative Synergien und Wertsteigerungsoptionen diskutiert werden kann, überbrückt werden können.

Beim Verkauf von Unternehmen oder Geschäftsbetrieben aus dem Insolvenzverfahren sind jedoch eine Reihe von Punkten erfüllt, die nach der oben dargestellten Aufzählung für einen auktionsähnlichen Mechanismus mit einer Mehrzahl von interessierten Investoren spricht. Insbesondere die Zeit-, Transparenz- und die durch eine maßgeschneiderte Transaktion minimierten Risikoaspekte, z. B. aufgrund eines Asset Deals sprechen für ein auktionsähnliches Verfahren. Entscheidend ist jedoch eine Mehrzahl an tatsächlich interessierten Parteien. Sind diese nicht vorhanden, eignet sich eine Auktion nicht, frei nach dem Motto: „Stell dir vor, es ist Auktion und keiner geht hin".

Gelingt es hingegen, mehrere Investoren für eine Transaktionsmöglichkeit zu interessieren, so zeigt sich auch statistisch, dass im Hinblick auf die Zeitdauer einer Transaktion, mehrere Interessenten schnellere Transaktionsprozesse ermöglichen. Die von Allert & Co. begleiteten Unternehmenstransaktionen zeigen folgendes Bild im Hinblick auf die Zeitdauer des Transaktionsprozesses.

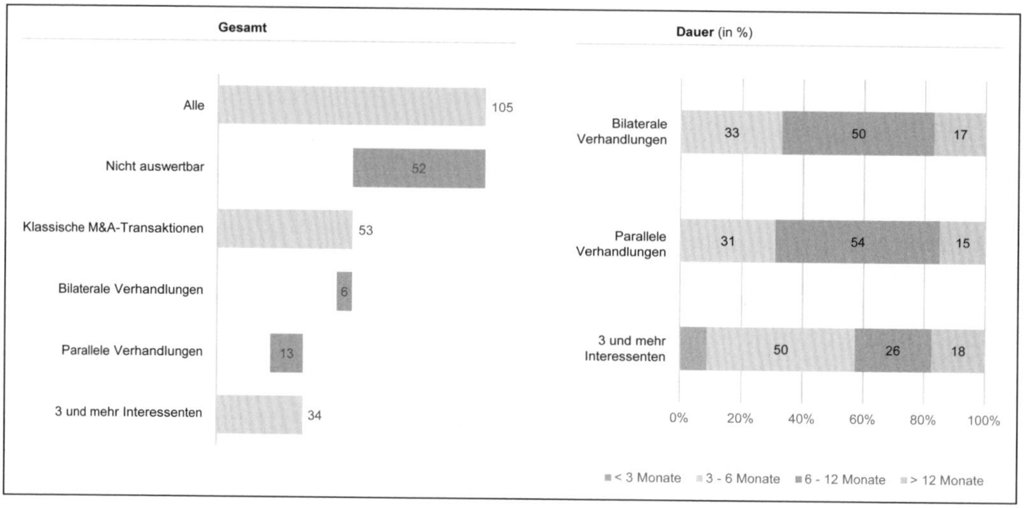

Abbildung 7-24: Statistiken zur optimalen Verkaufsprozessvariante

Aber auch andere Formen der Ansprache und auch die Konzentration auf nur wenige Bieter erlauben eine Mehrzahl von Prozessvarianten, die in nachfolgender Abbildung aufgeführt sind.

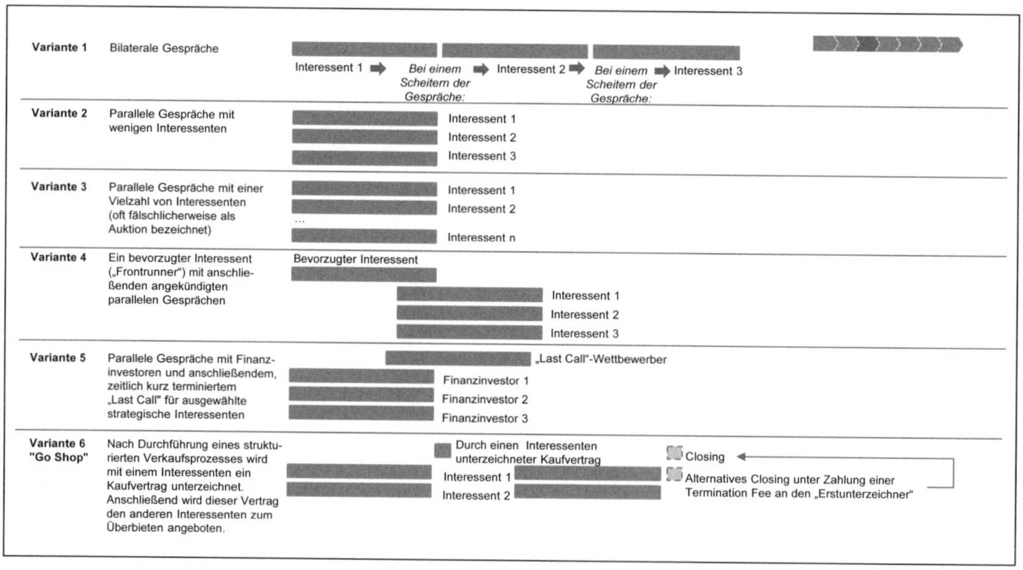

Abbildung 7-25: Die Wahl der optimalen Verkaufsprozessvarianten

Variante 1: Führung sequenzieller, bilateraler Gespräche, d. h. zunächst wird mit einem aussichtsreichen Kandidaten verhandelt und bei einem Scheitern der Gespräche der nächste Interessent kontaktiert. (Die Vor- und Nachteile sind in der ersten Spalte der Abbildung 7-18 aufgeführt.)

Eine zweite Möglichkeit sind parallel geführte Gespräche mit einigen wenigen Interessenten.

Spricht man parallel eine Vielzahl von potenziellen Interessenten an, wird dies häufig auch fälschlicherweise als „Unternehmensverkauf im Auktionsverfahren" tituliert. Echte Auktionsmechanismen funktionieren nur, wenn sich der Auktionsgegenstand im Laufe der Auktion nicht verändert wie z. B. bei einem Bild oder einer Skulptur, nicht jedoch bei einem Unternehmen und für jeden Interessenten ein identischer Kaufvertrag gilt, was ebenfalls in den seltensten Fällen bei Distressed M&A-Transaktionen möglich ist. Auch suggeriert das Wort Auktion, dass der Interessent den Zuschlag erhält, der den höchsten Kaufpreis bietet, was vor dem Hintergrund der in Distressed-Transaktionen häufig ebenso bedeutenden Parameter, wie die Anzahl der übernommenen Mitarbeiter oder die Auswahl der übernommenen Assets, nicht der einzige preisbestimmende Faktor ist. Vor diesem Hintergrund ist es eher sachgerecht, von einem „strukturierten Verkaufsprozess" zu sprechen.

Neben diesen Varianten gibt es jedoch auch Modifikationen, die je nach Situation Vorteile bieten können.

Eine weitere Variante stellt zunächst ein bilaterales Gespräch mit einem der Top-Kandidaten dar, das jedoch in einem festgelegten Zeitraum zum Abschluss geführt werden muss, da ansonsten ein strukturierter Verkaufsprozess initiiert wird.

Umgekehrt kann man z. B. einen direkten Wettbewerber vom Verkaufsprozess zunächst ausschließen, um nach Vorliegen valider Angebote, diesem Wettbewerber einen „Last Call" und eine zeitlich sehr eng bemessene Frist für einen Abschuss einzuräumen.

Die aggressivste aller Varianten stellt das Signing mit einem Interessenten dar und das anschließende Angebot an alle weiteren am Verkaufsprozess teilnehmenden Investoren, in einem zeitlich befristeten Rahmen und zu exakt gleichen rechtlichen Rahmenbedingungen, den Preis des Transaktionsvertrags zu überbieten und entsprechend zu signen. Diese Variante ist nur möglich, wenn der Interessent, der zunächst gesigned hat, eine angemessene Termination Fee erhält, sollte es nicht zum Abschluss (Closing) mit ihm kommen. Ebenso ist dieses Verfahren im Voraus im Rahmen eines (idealerweise schriftlich durch Unterzeichnung gegen zu bestätigenden) Prozessbriefes anzukündigen. Vor diesem Hintergrund wird dies nur in Situationen opportun sein, in denen unabhängig von der Ertragssituation die Nachfrage nach dem Transaktionsobjekt ungemein hoch ist.

In Distressed M&A-Transaktionen ist – wie schon mehrfach erwähnt – die Etablierung eines Wettbewerbs zwischen Interessenten das entscheidende Moment, um von einer subjektiv- und synergiegetriebenen Wertdiskussion hin zu einer (dem Wettbewerb folgenden) angebots- und nachfrageorientierten Preisdiskussion zu kommen. Es ist bedeutend einfacher über die Preisvorstellungen des eigenen Mandanten zu sprechen, wenn weitere Interessenten vor der Tür stehen, als langwierig argumentieren zu müssen, warum z. B. die antizipierten Synergien im Vertrieb zu einem wieder positiven Unternehmenswert führen können, den es bereits jetzt zu Gunsten des eigenen Mandanten zu teilen gilt.

Wettbewerb entsteht nur,

- wenn mehrere Interessenten existieren und
- den Interessenten eben dieser Umstand vor Augen geführt werden kann,
- ohne dass diese ihr Interesse an der weiteren Teilnahme am Transaktionsprozess verlieren.

Es gibt eine Reihe von Instrumenten, die einen solchen Wettbewerb fördern:

Auktionsmechanismen, wie z. B.

- Englische Auktionen (Preisgebote der Interessenten „von unten nach oben", vergleichbar mit Auktionsformen bei ebay)
- Holländische Auktionen (Preisangebote des Verkäufers „von oben nach unten", vergleichbar mit Blumenauktionen
- Zweitpreisauktionen, d. h. der Meistbietende erhält den Zuschlag zum Preisgebot des Zweitmeist-Bietenden

Go-Shop-Period

- Nach Vorliegen eines verbindlichen Angebots verhandelt der Verkäufer auf dieser Basis mit anderen Interessenten. Das vorliegende Angebot übt hierbei Signalwirkung aus. Kommt es zu einem höheren Abschluss mit einem anderen Interessenten erhält der „leer ausgehende" Erstbietende eine Termination Fee.

Lock-up-Optionen

- Ähnlich der Go-Shop-Period, jedoch wird der erzielte Mehrerlös in einem zu definierenden Verhältnis geteilt.

All diese theoretisch interessant anmutenden Instrumenten sind auf deren Praktikabilität in der jeweiligen individuellen Situation hin zu überprüfen. In vielen Fällen stellt sich ein Investor die oben in den beiden Diagrammen dargestellte Frage der Anzahl der Prozessteilnehmer, seiner Wettbewerber um das Target und die daraus resultierende Abschlusswahrscheinlichkeit.

Sicher gibt es finanziell angeschlagene Targets, die so attraktiv sind, dass mehrere Interessenten bereit sind, sich einem der oben dargestellten wettbewerbsfördernden Prozessvarianten zu unterziehen. Allerdings wird es auch Distressed M&A-Prozesse geben, bei denen Interessenten nicht bereit sind, diesen Modalitäten zu folgen und springen ab. Dies gilt es zu vermeiden.

Ein aus der Praxis deutlich effizienteres Mittel ist eine Prozessführung, die Subramanian als Negotiauction bezeichnet und die – vereinfacht dargestellt – bis zu einem gewissen Zeitpunkt

- die Vorteile einer Auktion und des dadurch entstehenden Wettbewerbs ausnutzt und
- ab einem entscheidenden Zeitpunkt der Transaktion, den Wettbewerb zeitweise auflöst, und
- durch einen sogenannten „Rearranging-Move" Investor und Verkäufer auf der gleichen Seite des Tisches vereint sowie
- gemeinsam die Transaktion in einem zu definierenden schnellen Zeitraum zum Abschluss bringt.

Grundsätzlich gilt, dass die Ansprache auf anonymer Basis erfolgen sollte und dadurch die Mehrzahl der Interessenten durch den M&A-Berater erstmalig auf die Investmentmöglichkeit angesprochen werden. Unter Umständen ist es jedoch zielführend, dass bei einzelnen Adressen, wie z. B. bei Wettbewerbern oder sonstigen Geschäftspartnern, bei denen über Jahre hinweg ein persönlicher Kontakt etabliert wurde, die Ansprache durch den Unternehmer oder das Management vorzunehmen ist. Wird beispielsweise ein möglicher strategischer Investor angesprochen, bei dem der Verkäufer mit dem Prinzipal des möglichen Investors seit Jahren zweimal in der Saison Golf spielen geht, bietet es sich an, dass er den Erstkontakt herstellt. Welcher Eindruck würde entstehen, wenn der M&A-Berater dies erledigt, eine Vertraulichkeitsvereinbarung unterzeichnet und der Käufer anschließend das Informationsmemorandum erhält ohne den Hinweis seines „jahrelangen Golfpartners“? Hier würde der Eindruck entstehen, dass der Unternehmer schon lange nicht mehr auf dem vorstehend häufig zitierten „Driver‘s Seat“ sitzt und die Geschicke seines Unternehmens durch Berater gesteuert werden. Auch könnte das Vertrauensverhältnis der beiden durch den Käufer in Frage gestellt werden. Gerade in Distressed-Situationen kann dies zu einem entscheidenden Nachteil führen. Würde sich der Unternehmer dem Prinzipal des potenziellen Investors mit dem Hinweis nähern, dass er gerade strategische Optionen für sein Unternehmen prüft, einen Berater eingeschaltet hat, der ihn kontaktieren wird, so ist das ein deutlich differenzierteres Bild. Auch hier gilt: Der Ton macht die Musik – Kommunikation ist alles!

Häufig wird der eigentlichen Ansprache das sogenannte Sounding vorangestellt.

> Unter Sounding versteht man die grundsätzliche strategische Diskussion mit potenziellen Interessenten, über die deren Sichtweise auf die relevante Industrie und hierbei deren „Akquisitionsappetit" abgefragt wird. Dabei wird das Transaktionsobjekt noch nicht genannt, wohl jedoch der Grund der Recherche bzw. dem Markttest. Der englische Begriff „testing the waters" bezeichnet diesen Vorgang sehr gut und hilft mögliche Probleme bei der Ansprache zu antizipieren und idealerweise zu beseitigen. Gleichzeitig ermöglicht es ein frühzeitiges Filtern der wahrscheinlichsten Käufer und verkürzt den Anspracheprozess deutlich.

Ist die Ansprache erfolgreich verlaufen und äußern die potenziellen Investoren weiteres Interesse, kommt es zu persönlichen Treffen, die häufig auch – kommend aus dem Private-Equity-Sprachjargon – als Managementmeeting bezeichnet werden. Alternativ kann auch ein Gespräch mit dem Unternehmer oder einem nicht im Unternehmen tätigen Prinzipal stattfinden, wenn das Management nicht in die Gespräche involviert werden soll. Diese früher noch häufiger anzutreffende Konstellation ist mittlerweile sehr selten geworden. Aufgrund der in fast jeder Branche vorherrschenden Wettbewerbsintensität und der immer wichtiger gewordenen Management Skills ist eine Übernahme eines Unternehmens ohne Kenntnis und Einverständnis zumindest eines Großteils des Managements nur noch in absoluten Ausnahmesituationen denkbar.

Grundsätzlich darf gelten: Je größer die Bedeutung von Synergien und dem strategischen Fit zwischen Käufer und Verkäufer ist, desto individueller muss die Ansprache erfolgen. Dass die Zeiten von breit angelegten Auktionen aktuell vorüber sind, zeigt eine Auswertung von Mergermarket[13]:

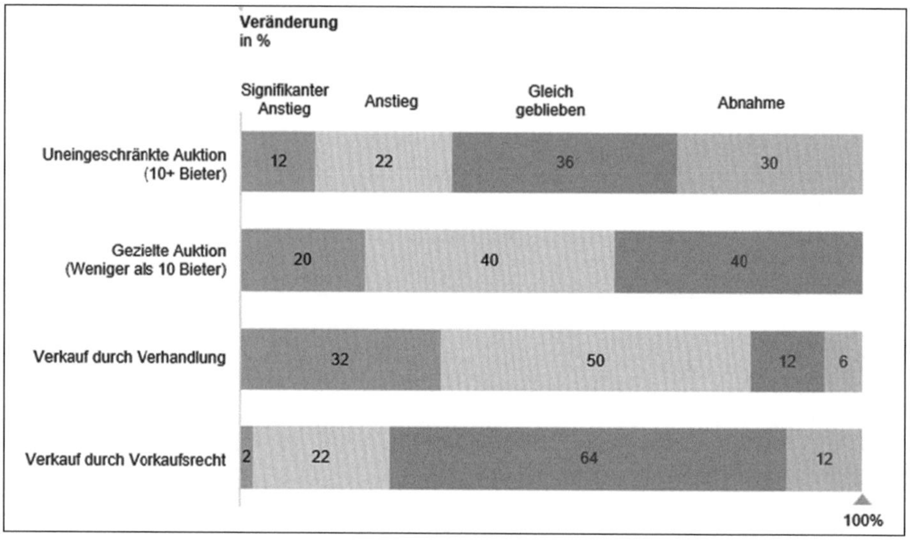

Abbildung 7-26: Wie haben sich die Arten von Prozessstrukturen bei der Unternehmensverkäufen in den letzten fünf Jahren verändert (wenn überhaupt)?

Phase 4: Management-Präsentationen und Angebotsrunden

Bei mittelständischen Unternehmen steht vor Abgabe eines unverbindlichen Angebots in der Regel ein Besuch des Kaufinteressenten vor Ort an. Bei zeitkritischen Verfahren oder um bei einer Vielzahl potenzieller Interessenten die „Spreu vom Weizen" zu trennen, kann der umkehrte Weg, nämlich zunächst die Abgabe eines unverbindlichen Angebotes und eine anschließende Betriebsbesichtigung, die richtige Wahl sein.

Diese sogenannte Managementpräsentation ist neben dem Informationsmemorandum das wichtigste Instrument beim Verkauf eines Unternehmens. Eine solche Managementpräsentation soll das Interesse des Kaufinteressenten weiter wecken, der einen Eindruck über den Betrieb vor Ort erhalten und weitere wichtige, auf dem Informationsmemorandum aufbauende Fakten erfahren soll.

Nicht zuletzt ist die Managementpräsentation eine wichtige Möglichkeit für das Management, sich dem Kaufinteressenten und eventuellem neuem Anteilseigner zu präsentieren und Vertrauen aufzubauen. In solchen Gesprächen wird dem Kaufinteressenten immer auch Raum gewährt, Fragen zu stellen, die sich entweder aus dem Informationsmemorandum ergeben haben oder aber im Rahmen der Präsentation des Managements offengeblieben sind. Um auch hier nichts dem Zufall zu überlassen, sollten solche Gesprächstermine auch mit erfahrenen Managern vorab exakt vorbereitet werden. Aus Sicht des Verkäufers und dessen M&A-Beraters dient die Managementpräsentation auch dazu, die Motivlage des Kaufinteressenten so umfänglich wie möglich zu erfragen, um die Argumentation im weiteren Verlauf der Verhandlungen hierauf zu konzentrieren. Gleichzeitig bietet die umfangreiche Kenntnis der Motivlage des potenziellen Käufers auch die Möglichkeit eines kooperativen, werterhöhenden Verhandlungsstils.

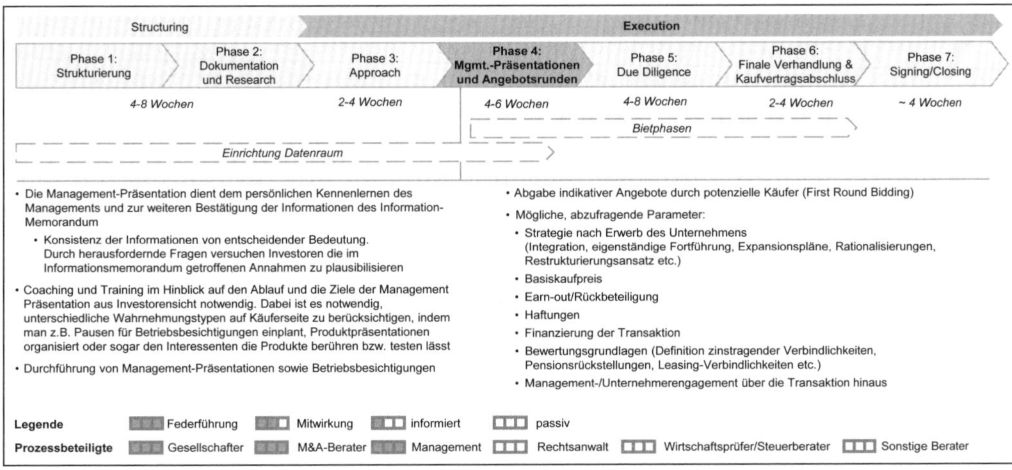

Abbildung 7-27: Phase 4 bei außergerichtlichen Distressed M&A-Transaktionen

Die alte Weisheit „Es gibt keine zweite Chance für den ersten Eindruck" gilt auch für die Managementpräsentation als erstes Treffen zwischen Kaufinteressenten und operativem Management. Die Managementpräsentation muss an die Daten des Informationsmemorandums anschließen, diese aufnehmen, fortführen und ergänzen.

In der Regel erarbeitet der M&A-Berater die Struktur der Managementpräsentation und das Management des zum Verkauf stehenden Unternehmens füllt diese Struktur mit Leben, sprich mit den relevanten Daten des Unternehmens. Entscheidend ist hierbei, dass die Schlüsselbotschaften zum Tragen kommen, warum der am Tisch sitzende Kaufinteressent das Unternehmen erwerben soll. Eine individuelle Vorbereitung des Managements auf den Kaufinteressenten gehört nicht nur zum guten Ton, sondern ist ein absolutes Muss.

Bei der Auswahl des teilnehmenden Managementteams ist darauf zu achten, dass nur die Personen anwesend sind, die fachlich die Kompetenz haben, die oben genannten Themengebiete abzudecken. Alle Personen, die anwesend sind, sollten auch einen aktiven Beitrag zur Managementpräsentation leisten. Diejenigen, die keinen aktiven Beitrag leisten, jedoch aufgrund ihrer organisatorischen oder hierarchischen Stellung im Unternehmen in den M&A-Prozess involviert sind, sollten nicht an der Managementpräsentation teilnehmen.

Der Aufbau der nachstehend aufgeführten Gliederung ähnelt dem des Informationsmemorandums:

- Kurzvorstellung der Personen am Tisch
- Kurzvorstellung des potenziellen Investors und dessen strategischen Rationals für eine Transaktion
- Unternehmensbeschreibung und Sichtweise auf Markt und Wettbewerb
- Beschreibung der Wertschöpfungsprozesse und idealerweise Betriebsrundgang
- aktuelle finanzwirtschaftliche Daten
- Fragen und Antworten
- Ausführungen zum weiteren Prozessablauf

Die Präsentation sollte jedoch knapper und prägnanter erfolgen. Bereits im Vorfeld sollte vom Kaufinteressenten eine Frageliste erbeten werden, damit das Management und der Berater sich auf den individuellen Informationsbedarf vorbereiten können. Bei der individuellen Vorbereitung auf den Kaufinteressenten ist es auch ratsam, die teilnehmenden Manager des zum Verkauf stehenden Unternehmens ebenfalls über den Kaufinteressenten zu informieren. Dies kann z.B. durch Aushändigung eines vom M&A-Berater erstellten Kurzporträts erfolgen.

Vor der eigentlichen Präsentation empfiehlt es sich unter Anwesenheit eines bisher Unbekannten (z.B. bisher unbekannte Mitarbeiter des M&A-Beratungsunternehmens), der den Kaufinteressenten fingiert, die Managementpräsentation im Trockenlauf zu üben. Ebenso ist der Betriebsrundgang zu proben und dafür zu sorgen, dass sich der Betrieb in einem sauberen und präsentablen Zustand zeigt. Sofern möglich und sinnvoll, sollten auch Produkte des Unternehmens im Rahmen der Managementpräsentation vorgeführt werden. Dies bringt nicht nur die Identifikation der Teilnehmer zum Ausdruck, sondern kann auch beim Kaufinteressenten Begehrlichkeiten wecken/steigern, wenn es ihm – im Sinne des Wortes – erlaubt wird, die Produkte zu „begreifen".

Zu tun	Käuferfragen	Zu unterlassen
Das Management stellt sich persönlich vor	• Wer sind die Mitglieder des Managements und was zeichnet sie aus (Ausbildung, Arbeitserfahrung, Erfolge)? • Komplementarität, Zusammenhalt, Rollenverteilung? • Welche Erfahrungen und Fähigkeiten fehlen im Team? • Wie und durch wen werden Lücken ergänzt? • Welches ist die Motivation der Teammitglieder?	• Einzelauftritt des CEO • Geschönte Darstellungen • Unterschiedliche Zeitdauer der Porträts • Das Management kennt den Inhalt des Informations-memorandums nicht
Die Geschäftsidee und das Geschäftsmodell zeigen	• Welche Probleme werden gelöst, welche Kundenbedürfnisse erfüllt? • Wie sieht das Produktangebot aus? • Worin liegen Innovation und Einzigartigkeit? • Wer sind die Kunden, wer die Nichtkunden? • Welche Vorteile bringt es dem Kunden? • Wer sind die Wettbewerber und welche sind deren Vorteile?	• Alles ist Geschäftsgeheimnis
Das Geschäftssystem und die Organisation zeigen	• Welche Einzeltätigkeiten/Aktivitäten bilden das Geschäftssystem? • Wo ist der Fokus? • Aus welchen Funktionen besteht die Organisation und wie ist sie strukturiert? • Welches sind die Werte und Normen? • Was wird selber hergestellt, was zugekauft? • Wer sind die Kooperationspartner und warum?	• Wir sind einzigartig und machen alles selbst! • Langatmige, endlose technische Details
Die Risiken beurteilen	• Welche Risiken bestehen, die das Unternehmen gefährden könnten? • Wir wird mit Risiken umgegangen? • Wir wirken sie sich auf die finanzielle Lage aus? • Wie überlebt das Unternehmen seinen Worst Case?	• Unser Plan ist konservativ! • Die Kunden stehen Schlange, wir sind Kostenführer und konkurrenzlos!
Die Finanzen erläutern	• Welche Annahmen liegen dem Finanzplan zugrunde? • Sind sie realistisch und plausibel? • In welchem Umfeld steht das Geschäft? • Wie kann mit wesentlichen Umwelteinflüssen/Veränderungen umgegangen werden? • Welche Umsetzungsprojekte liegen vor und bestimmen die Marschrichtung? • Wie können Wertlücken geschlossen werden?	• Unabgestimmte Zahlen • In der Vergangenheit verweilen und sich der Zukunft verweigern! • Über die Werttreiber (Umsatzwachstum, Betriebsgewinn, Investitionen, Steuerrate) nicht Bescheid wissen • Weder Upside noch Downside kennen
Den Betrieb zeigen	• Wie ist die Atmosphäre im Unternehmen? • Welches sind die kritischen Aktivitäten? • Stehen Investitionen an? • Laufen die Maschinen und sind die Leute beschäftigt? • Sind die Lager voll oder leer?	• Sich auf prunkvollen Verwaltungsbau und das Direktionsrestaurant beschränken • Alles was mit Unordnung, Nachlässigkeit und mangelnder Disziplin zu tun hat
Management-interview durchführen	• Haben die Mitglieder des Managementteams das nötige Potenzial (Rucksack und Erfahrung)? • Bilden sie ein eingeschworenes Team oder bestehen unterschwellige Differenzen? • Was ist ihr Antrieb? • Sind sie motiviert? • Sind sie die Mühsal des Geschäfts? • Sind sie flexibel und bereit, Spitzenleute zu engagieren? • Können sie ihrem Wesen nach harte Entscheide fällen? • Sind sie durchhaltewillig? • Wie stark sind sie dem Geschäft verbunden und verpflichtet?	• Einzelne Interviews unterbinden • Interviews nur mit „Aufpasser" zulassen • Strategische Optionen nennen ohne fundierte, dahinterliegende Zahlen (z.B. Ticker)

Abbildung 7-28: Dos and Don'ts bei Management-Präsentationen

Weber/Gomez/Siegert[14] haben eine Reihe von Faktoren in ihrem Buch „Firmen kaufen und verkaufen" aufgeführt, die es vom Berater zu beachten gilt. Diese Punkte sollen auch im Vorfeld mit den auf Verkäuferseite involvierten Personen besprochen werden.

Neben der Kenntnis über das Unternehmen selbst ist es auch wichtig, Informationen über die einzelnen Personen einzuholen, die am Tisch sitzen. Oftmals reicht allein das Wissen um eine exzellente Vorbereitung, um sicher und damit überzeugend in einer Präsentation agieren zu können.

Es ist wichtig, sich dabei klarzumachen, dass auch der Verhandlungspartner mit bestimmten mehr oder weniger gut recherchierten Wahrnehmungen und Einschätzungen ins Gespräch gehen wird. Eine der größten Herausforderungen bei Verhandlungen ist es nicht zuletzt auch deshalb, sich einerseits in die Situation des Verhandlungspartners hineinzuversetzen, dabei vorhandene Informationen auszuwerten und andererseits Informationslücken des Gegenübers nicht leichtfertig durch eigene, eventuell fehleingeschätzte Informationen zu schließen. Legt man hier keinen Wert auf Präzision, kann das zu einer fehlerhaften Einschätzung der Verhandlungssituation führen, die sich im Verlauf der Verhandlungen mit sehr großer Wahrscheinlichkeit negativ auswirken wird.

Im Anschluss an eine Managementpräsentation wird der Interessent aufgefordert, sein weiteres Interesse an der Teilnahme am Investorenprozess in Form eines unverbindlichen Angebots zu bekunden. Damit dieses Angebot eine Struktur aufweist, die einerseits für den Mandanten auswertbar ist und darüber hinaus Verhandlungsmasse geschaffen wird, gibt der M&A-Berater in der Regel den Inhalt dieses unverbindlichen Angebotes vor. Eine solche Vorgabe könnte beispielhaft wie folgt strukturiert sein:

- Umschreibung der geplanten Struktur des Erwerbs- bzw. Beteiligungsangebotes
- Beschreibung des strategischen Hintergrundes für die Übernahme und der zukünftigen Rolle des Unternehmens und des Integrationsprozesses in die Unternehmensgruppe des Investors
- Indikatives Kaufpreisangebot (non-binding offer) bzw. die Angabe des geschätzten Wertbereiches auf Basis des Gesamtunternehmenwertes (Enterprise Value) sowie der angewendeten Bewertungsmethodik
- Wahlweise:
  - den Kaufpreis für den Erwerb der Gesellschaftsanteile (Share Deal)
  - den Kaufpreis für den Erwerb der Vermögensgegenstände (Asset Deal) nach folgenden Kategorien:
    - immaterielle Vermögensgegenstände
    - Grundstücke und Gebäude
    - technische Anlagen und Maschinen
    - Betriebs- und Geschäftsausstattung
    - Roh-, Hilfs- und Betriebsstoffe
    - unfertige Erzeugnisse und
    - fertige Erzeugnisse
- Zusammenfassung der Informationen, die im Zusammenhang mit der weiteren Due Diligence benötigen werden
- Kurze Beschreibung des Entscheidungsprozesses und der Finanzierung in Bezug auf das vorliegende Übernahmeprojekt

Nach Vorliegen aller unverbindlichen Angebote erfolgt die Analyse dieser und die Auswahl der Interessenten, denen man die Möglichkeit der Durchführung einer Due-Diligence-Prüfung gewährt. Unter Umständen und um nicht mit zu vielen Parteien in die aufwendige Phase der Due Diligence einzutreten, kann es sinnvoll sein, einige wenige, weitere – im Idealfall positive – Informationen zu übermitteln und zu einer zweiten Angebotsrunde (Second Round Bidding) aufzufordern.

Aus Sicht des potenziellen Investors stellt sich an diesem Punkt stets die Frage, ob man zunächst mit einem hohen Angebot die Chance wahren soll, im Verkaufsprozess weiter Berücksichtigung zu erfahren oder ob man sich mit einem eher niedrigeren Angebot Kaufpreisreserven für die finalen Verhandlungen bewahren soll.

Auf Basis der Auswertungen der von uns bisher betreuten Transaktionen ergab sich das folgende Muster von Investorentypen und deren Bieterverhalten (siehe die folgende Abbildung).

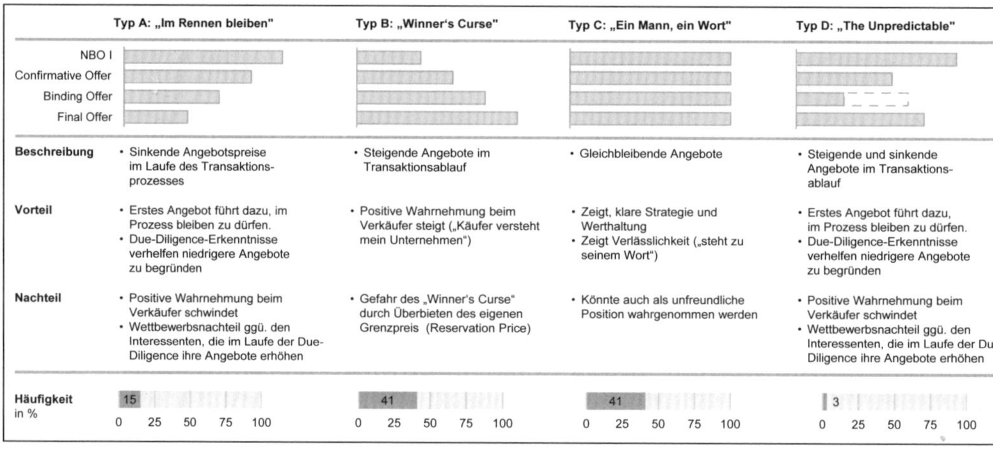

Abbildung 7-29: Bieterverhalten

Sollte die oben aufgeführte Statistik, die aufgrund der doch geringen Anzahl an ausgewerteten Transaktionen (n=48) keinen Anspruch auf Allgemeingültigkeit erhebt, jedoch tatsächlich ein dem Transaktionsalltag entsprechendes Bild aufweisen, dann ist nach einer zweiten Angebotsrunde klar, „wo die Reise hingeht". Senkt ein Bieter ein einmal ausgerufenes Preisgebot, so ist in nur drei Prozent der Fälle mit einer weiteren Steigerung zu rechnen. Im Umkehrschluss sollte man sich auf die 82 % der Bieter konzentrieren, deren Angebot gleich-geblieben oder gestiegen ist. Gerade in Distressed-Situationen macht es – nach der o. a. Auswertung – keinen Sinn zeitaufwendig einen Interessenten davon zu bekehren „preislich auf den Pfad der Tugend zurückzukehren" und das Angebot wieder zu erhöhen.

Hier stellt sich auch die Frage, wie viele Angebotsrunden man definiert, um auf der einen Seite den Wettbewerb zu schüren und andererseits jedoch nicht Gefahr zu laufen, potenzielle Interessenten mit dem Gefühl „in die Ecke gedrängt zu werden" zu verärgern. Auch hier gilt es, das Spanungsfeld zwischen Empathie und Durchsetzungsvermögen, in dem man sich als M&A-Berater während der gesamten Transaktion aufhält, optimal zu managen.

Weitere Bietrunden können als zweite Bietrunde (Second Round Bidding), bestätigende Angebote (confirmatory offers) oder konkretisierende Angebote (specifying offers) bezeichnet werden. Unter Umständen kann es sinnvoll sein – jedoch nur bei einer Mehrzahl abschlusswilliger Interessenten – die Angebots-/Preissituation offenzulegen. Allerdings ist dies nur dann in Erwägung zu ziehen, wenn in weiteren Prozessphasen diese Transparenz aufrechterhalten werden kann, bis schließlich der Last Call erfolgt und das finale Angebot (final offer/binding offer) abgegeben wird. Keinesfalls darf bei solchen wettbewerbsfördernden Elementen der Anschein von Unfairness oder einem gegenseitigen Ausspielen der Interessenten erweckt werden.

Phase 5: Due Diligence

In der sogenannten Due-Diligence-Phase führt der potenzielle Investor seine Sorgfaltsprüfung durch.

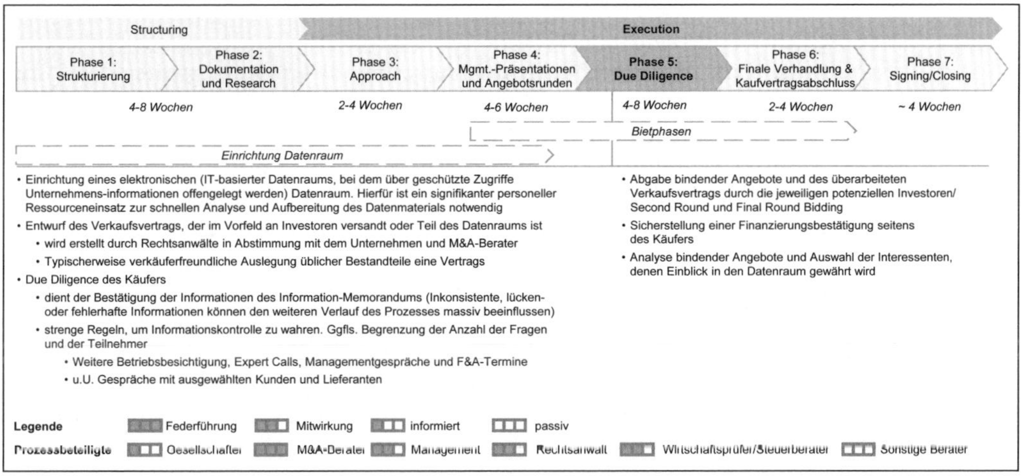

Abbildung 7-30: Die Phase der Due Diligence im Rahmen von außergerichtlichen Distressed M&A-Transaktionen

Unter Due Diligence versteht man die sorgfältige Prüfung der zur Verfügung gestellten Daten seitens des Kaufinteressenten vor einem letztendlichen Erwerb des Unternehmens. Der Verkäufer stellt hierfür Daten in mittlerweile fast ausschließlich elektronischer Form zur Verfügung[15], die es einerseits erlauben, die bisher erhaltenen Informationen zu verifizieren und andererseits darüberhinausgehende Informationen, die für die rechtliche Umsetzung der Transaktion von Bedeutung sind, zu erlangen. Ein elektronischer Datenraum (häufig auch Virtual Data Room bezeichnet oder VDR abgekürzt) bietet die Vorteile, dass

- mehrere Kaufinteressente gleichzeitig prüfen können,
- unabhängig vom Ort, an dem sie sich befinden, und
- eine Dokumentation als Anlage zum Kaufvertrag leicht erstellt werden kann.

In den letzten Jahren hat sich darüber hinaus in der Praxis die Bereitstellung von Daten in mehreren Diskretionsstufen bewährt. Daten können bspw. in zwei Diskretionsstufen zur Verfügung gestellt werden. Ein sogenanntes „Red Level" enthält entweder wettbewerbsrelevante Informationen oder personalspezifische Informationen, die allein aus datenschutzrechtlichen Gründen erst zu einem sehr späten Zeitpunkt offengelegt werden dürfen. Oftmals werden in Transaktionsprozessen, in denen sich beispielsweise der größte Wettbewerber als finaler Kaufinteressent herauskristallisiert hat, sensible Informationen erst im Rahmen einer sogenannten „Confirmative Due Diligence", also der bestätigenden Due Diligence nach einem Signing offengelegt.

Da mit einer Due Diligence erhebliche Kosten für den Investor einhergehen, wird von dessen Seite häufig Exklusivität in den Verhandlungen gefordert. Eine einmal eingeräumte Exklusivität schränkt jedoch sichtbar den Wettbewerb mit anderen Interessenten ein und verhilft dem potenziellen Investor zu einer besseren Verhandlungsposition. Dies ist dementsprechend grundsätzlich abzulehnen. Um jedoch den potenziellen Investor nicht zur Aufgabe seiner Bemühungen zu verleiten, gibt es die Möglichkeit, ein Cost-Cover zu vereinbaren. Ein Cost-Cover-Letter ist eine schriftliche Bestätigung des Verkäufers, im Falle eines Nicht-Abschlusses mit diesem Interessenten die Kosten bzw. einen Teil hiervon der Due Diligence zu tragen. Um hier keine falschen Anreizinstrumente zu schaffen, sollten die Kosten, die übernommen werden, klar definiert sein. Eine solche Definition könnte beispielsweise nur die Kosten für externe Berater und/oder diese nur hälftig umfassen. Darüber hinaus könnte man einen sogenannten Cap verhandeln, bis zu dessen Höhe eine Kostenübernahme stattfindet, jedoch weitere Kosten durch den potenziellen Investor selbst zu zahlen sind. Gegebenenfalls könnte man diese Zusage im Cost-Cover-Letter mit der Einräumung einer so zu bezeichnenden Abschlussexklusivität verbinden, das heißt, dass man sich dazu verpflichtet mit dem potenziellen Interessenten in einem definierten Zeitraum abzuschließen, sofern dieser sein zuvor genanntes Preisangebot aufrechterhält. Reduziert der Investor den Preis und kommt es zu einem Abbruch, so ist die Kostenübernahme hinfällig. Schließt der Verkäufer jedoch mit einem anderen Interessenten in diesem Zeitraum ab ohne dass der Käufer sein Angebot reduziert hat, so wird der Cost-Cover-Betrag fällig, was wiederum bei der wirtschaftlichen Betrachtung des Alternativangebotes klar zu kalkulieren ist.

Aufgrund der Kostenintensität und des Aufwands von Due-Diligence-Handlungen haben sich in der Transaktionspraxis mehrere Ansätze für die Durchführung herauskristallisiert, die in nachstehender Tabelle aufgeführt sind.

	Full Scope DD	Red Flag DD	VDR Security Levels	Confirmative DD	Clean Team
Beschreibung/ Kernthemen	• Vollumfängliche Prüfung aller Bereiche	• Käufer beschränkt DD auf Schwerpunkte • Häufig Chain of Ownership • Ausgewählte branchen-spezifische Schwer-punkte	• Bestimmte Informationen werden nur bestimmten Interessenten und nur bei Erreichen bestimmter Prozessstufen zugänglich gemacht	• Zeitlich verlagerter Prüfung bestimmter Sachverhalte • Keine Offenlegung sensibler Informationen vor Signing	• Vereinbarung eines voll-umfänglichen Datenzugang nur für ein zur Vertraulich-keit verpflichtetes Clean-Team • Meist Einschalten eines „dritten“ Beraters
Vorteile/ Nachteile Verkäufer	+ Klare Kenntnis des Käufers über alle Sachverhalte + Bessere Rege-lungen im SPA möglich + W&I Versicherung auf Basis der DD-Berichte möglich – Hoher Zeitaufwand/ hohe Kosten	+ Weniger umfangreich – Weitergehendes Haftungsregime im SPA	+ Höhere Wahrung Vertraulichkeit + ggf. Vermeidung von unlauterem Verhalten bei frühzeitiger Beendigung der Verhandlungen – Misstrauen – Weitergehende Haftung	+ höhere Wahrung Vertraulich-keit + ggf. Vermeidung von unlaute-rem Verhalten bei Beendi-gung der Verhandlungen + Gesicherter Closing-Mechanismus bei Vorliegen korrekter Informationen – Perfekte (zumeist aufwendige) Vorbereitung notwendig – Weitergehende Haftung – Risiko, dass zu einem späten Zeitpunkt noch einmal Verhandlungen stattfinden	+ Höhere Wahrung Vertraulichkeit + ggf. Vermeidung von unlauterem Verhalten bei Beendigung der Verhandlungen + Dokumentation gg. Wettbewerbsbehörden/ Kartellamt – Misstrauen – Weitergehende Haftung
Vorteile/ Nachteile Käufer	+ Klare Kenntnis des Käufers über alle Sachverhalte + Bessere Regelun-gen im SPA möglich + W&I-Versicherung auf Basis der DD-Berichte möglich – Hoher Zeitaufwand/ hohe Kosten	+ Geringerer Aufwand + Konzentration auf Big Points notwendig – Risiko, etwas zu übersehen – Beschränkung im Prüfungsergebnis – Schwieriger verhandelbare W&I-Regelungen im SPA	– Beschränkung im Prüfungsergebnis	– Beschränkung im Prüfungsergebnis – Schwieriger verhandel-bare W&I-Regelungen im SPA	+ Vollumfängliche Prüfung möglich – Gefühlt: keine voll-ständige Offenlegung der relevanten Informationen

Abbildung 7-31: Due-Diligence-Varianten

In der Due-Diligence-Phase kommt es bei der Besprechung der Due-Diligence-Ergebnisse aufgrund von sogenannten „Findings“, also Auffälligkeiten oder Mängeln, bereits zu Verhandlungssituationen. Elektronische Datenräume bieten für aufkommende Fragen in der Regel ein Questions-and-Answers-Modul (Q&A-Modul); hierbei handelt es sich um ein elektronisches Nachrichtensystem, in das Kaufinteressenten ihre Fragen einstellen und diese automatisch an den Verkäufer übermittelt werden. Häufig werden jedoch auch einheitliche Excel-Tabellen verwendet, um die Fragen und Antworten zu kategorisieren und festzuhalten.

Auch werden in solchen Situationen sogenannten Expert Calls organisiert, bei denen im Rahmen von Telefonkonferenzen Sachverhalte geklärt werden. Je nach Bedeutung kann es hier ratsam sein, ein Protokoll anzufertigen und dieses in den Datenraum einzustellen.

Je nach Vorgehensweise im Verkaufsprozess können die Antworten, die aus Fragen eines Kaufinteressenten resultieren auch den anderen Interessenten zugänglich gemacht werden. Der Kaufinteressent bzw. dessen Prüfer stellen einerseits Fragen zu bestimmten Themenbereichen, andererseits suggerieren diese Fragen oftmals aus Sicht des Kaufinteressenten Verhandlungspunkte für einen niedrigeren Kaufpreis bzw. spätere, höhere Gewährleistungs-/Garantieforderungen.

Wichtig ist hierbei, diese Punkte nie losgelöst vom Gesamtkontext zu verhandeln bzw. keine Zusagen zu späteren Garantien oder gar Kaufpreisnachlässen zu machen. Das Motto sollte hier lauten: „Wir nehmen Ihre Sichtweise zur Kenntnis, ohne uns hierüber bereits jetzt eine abschließende Meinung gebildet zu haben. Sicherlich kann dieses Thema im Rahmen der finalen Besprechung diskutiert werden.“

Ein elektronischer Datenraum signalisiert dem Kaufinteressenten, dass es mehrere Interessenten und damit einen wettbewerbsintensiven Prozess gibt. Ebenso werden auch ausländische Interessenten im Prozess vermutet, für die eine Anreise zu verschiedenen Prüfungsabschnitten oftmals mit erheblichen Kosten verbunden wären. Dass der Verkäufer durch Einrichtung des elektronischen Datenraums erhebliche Kosten auf sich genommen hat, lässt ebenfalls auf einen intensiven und aussichtsreichen Verkaufsprozess schließen.

Da eine Due Diligence mit erheblichem Aufwand für beide Seiten verbunden ist, stellt sich die Frage, wie lange man den Zeitraum für eine Due Diligence bemessen und ob man die Anzahl der Fragen, die ein Interessent stellen darf, begrenzen sollte. Hierfür gibt es keine allgemeingültige Antwort. Grundsätzlich könnte man annehmen, dass die Größe eines Unternehmens mit der Komplexität einer Due-Diligence-Prüfung einhergeht. Nach Analyse einer Vielzahl von Due-Diligence-Prozessen mussten wir feststellen, dass die Größe des Unternehmens keine Auswirkung auf die Dauer der Due-Diligence-Prüfung hat, wohl aber auf die Größe des Due-Diligence-Teams und daraus resultierend auf die Kosten der Käuferseite.

Um hier jedoch exakte Kenntnisse zu erlangen, haben wir weitere Analysen vorgenommen und auch eine zusätzliche Umfrage durchgeführt, um zu erfahren, wie Transaktionsprofessionals eine optimale Dauer von Due-Diligence-Prozessen einschätzen.

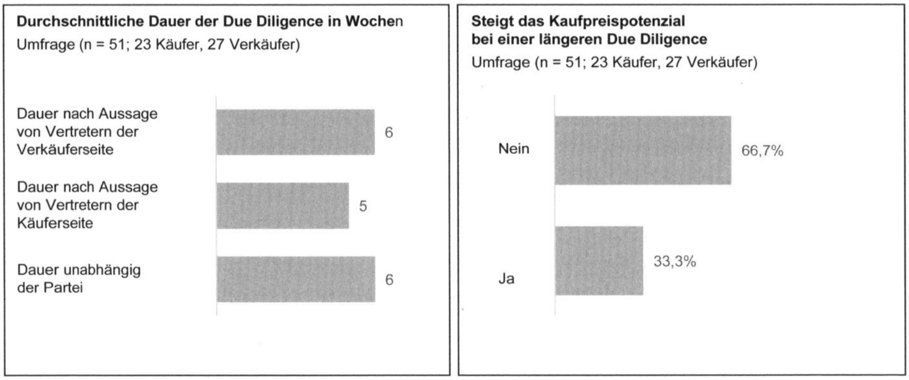

Abbildung 7-32: Due-Diligence-Umfrageergebnisse

Die uns von Transaktionsprofessionals genannte, optimale Dauer von Due-Diligence-Prozessen beläuft sich auf fünf bis sechs Wochen.

Wenn wir uns jedoch in Erinnerung rufen, dass bei einer in der Endphase begrenzten Anzahl von Teilnehmern an einem strukturierten Verkaufsprozess ein Teil des Verkaufspreispotenzials „auf dem Tisch liegen bleibt", stellt sich die Frage, ob man nicht durch einen längeren Due-Diligence-Zeitraum ein Mehr an kaufpreiserhöhenden Faktoren schafft. Hierzu haben wir einerseits unsere Experten befragt und ein deutliches Ergebnis erhalten: 2/3 der Befragten sehen durch eine längere Due Diligence kein zusätzliches Kaufpreispotenzial. Dies bestätigt auch die Analyse der von uns betreuten Transaktionen, wie unten aufgeführtes Schaubild verdeutlicht.

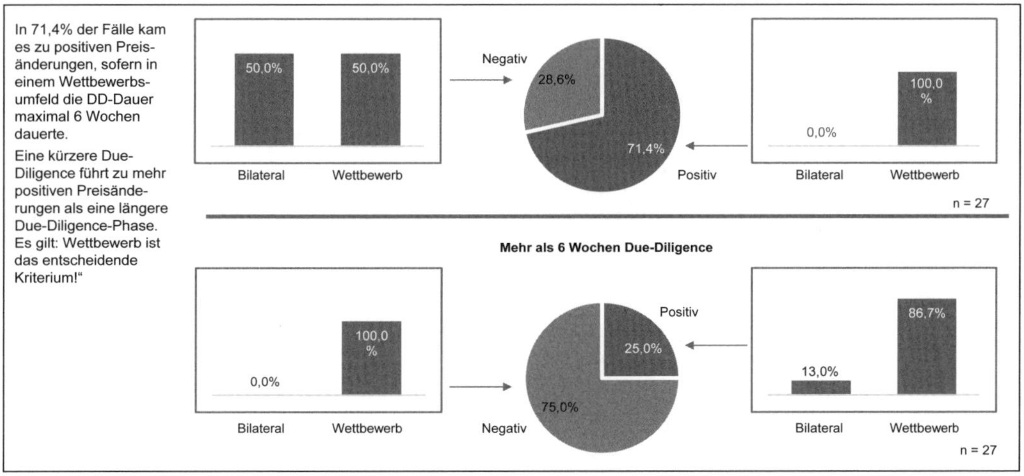

Abbildung 7-33: Zusammenhang von Preisänderungen und Dauer der Due-Diligence-Prüfung

Interessanterweise führt eine kürzere Due Diligence zu mehr positiven Preisänderungen als eine längere Due-Diligence-Phase. Und auch hier scheint zu gelten: Wettbewerb ist das entscheidende Kriterium! Anzustreben ist vor diesem Hintergrund das optimale Verhältnis zwischen einerseits notwendigen vertrauensbildenden Maßnahmen im Rahmen der Due Diligence, die dem Käufer die Identifikation von Wertsteigerungspotenzial ermöglichen und andererseits der Vermeidung einer zu langen Due-Diligence-Dauer, die zu vielen Unsicherheitsfaktoren bzw. identifizierten Kritikpunkten führen kann. Darüber hinaus spricht eine „unendliche" Due Diligence eben gerade nicht für einen Wettbewerb unter Interessenten.

Wenn der Startzeitpunkt der Due-Diligence-Prüfung rechtzeitig kommuniziert wird und von allen Interessenten eingehalten werden kann, liegt – auf Basis unserer Untersuchungen und Umfragen – die optimale Länge einer Due-Diligence-Prüfung bei vier bis sechs Wochen.

Mit Start der Due Diligence empfiehlt es sich, den Interessenten einen Entwurf eines Kaufvertrags im Datenraum zur Verfügung zu stellen. Hier empfiehlt es sich, einen sogenannten Lawyer Call zu organisieren, um eine erste Durchsprache der Struktur des Kaufvertrags zu ermöglichen. Einerseits ermöglicht es diesen, auf Basis des im Entwurf bereits grundsätzlich angelegten Garantie- und Gewährleistungskatalogs, den Prüfungsumfang besser definieren zu können. Andererseits stellt dieser Entwurf die Grundlage für ein nach der Due Diligence einzuholendes, verbindliches (manchmal auch „sprachlich weicher" bezeichnet als bestätigendes) Angebot dar. Ein erster Austausch unter Rechtsanwälten kann erste Schwerpunkte aufzeigen und häufig auch vertrauensbildend wirken.

Das verbindliche Angebot (binding offer) weist nicht nur die unten aufgeführten Parameter auf, sondern enthält auch eine vollständig kommentierte Version des Kaufvertragsentwurfs, den der potenzielle Käufer bereit wäre zu unterzeichnen.

In der Regel enthält diese kommentierte Version einen oder mehrere Punkte, die zumeist absichtlich so gestaltet wurden, dass der Vertrag vom Verkäufer nicht ohne weitere Verhandlungen gegengezeichnet werden kann. Dies geschieht käuferseitig häufig vor dem Hintergrund, dass man sich Punkte offenhalten möchte, die erst im Rahmen einer Gesamteinigung, d.h. auch auf den finalen Kaufpreis, zugegeben oder verhandlungstechnisch gegen andere wichtige Punkte „eingetauscht" werden können.

Zur Abgabe des verbindlichen Angebotes wird vom M&A-Berater aufgefordert, und die im unverbindlichen Angebot noch weicher erfragten Parameter werden spezifiziert. Diese sind im Falle eines Share Deals u.a.

- eine detaillierte Darstellung des angestrebten strategischen Konzeptes
- eine detaillierte Beschreibung der vor oder nach dem Closing der Transaktion beabsichtigten Restrukturierungsmaßnahmen
- Umschreibung der geplanten Struktur des Beteiligungsangebotes im Hinblick auf die Parameter
  - Höhe des zu erwerbenden Anteils
  - Kaufpreis für die Gesellschaftsanteile sowie eine exakte Überleitung vom Enterprise Value (Gesamtunternehmenswert) hin zum Equity Value (Kaufpreis)
  - Konzept im Hinblick auf die Ablösung von Bankverbindlichkeiten und weiteren zinstragenden Verbindlichkeiten
  - das Konzept hinsichtlich der zukünftigen Finanzierung der Gesellschaft
- eine Beschreibung der Erwerbergesellschaft
- eine Bestätigung, dass der Kaufpreis und die weiter benötigten Finanzmittel in unmittelbar zur Verfügung stehenden Finanzmitteln bereitstehen und zum Zeitpunkt der Unterzeichnung des Kaufvertrags (das „Signing") gezahlt werden. Sofern eine externe Finanzierung hinzugezogen wird, ist eine schriftliche, verbindliche Finanzierungszusage des oder der Fremdkapitalgeber(s) beizufügen
- eine Darstellung aller internen Genehmigungen (wie z.B. durch die Eigentümer, Aufsichtsgremien, Investment-Komitee oder sonstige), die für eine wirksame und verbindliche Vertragsunterzeichnung benötigt werden, sowie den dafür benötigten Zeitraum
- eine Beschreibung von Art und zeitlichem Umfang aller regulatorischen sowie anderer externer Zustimmungen, die notwendig sind
- eine ausdrückliche und rechtsverbindliche Erklärung, dass der Investor ausschließlich im eigenen Namen und nicht im Namen eines Dritten handelt bzw. eine Benennung aller Beteiligten und entsprechende schriftliche Bestätigungen, sofern das bindende Angebot für einen Dritten oder in Kooperation mit diesem abgegeben wird
- sonstige wesentliche Informationen, die der Investor für die Beurteilung seines bindenden Angebots als relevant erachtet (als quasi „Catch-all"-Klausel für nicht erfragte Parameter)

Liegen alle verbindlichen Angebote vor, können die Interessenten ausgewählt werden, mit denen man in die Schlussverhandlungen einsteigen möchte.

Phase 6: Finale Kaufvertragsverhandlungen und Abschluss

Eine gute Transaktion ist immer ein optimaler Mix aus einem adäquaten Transaktionspreis und einem adäquaten Garantie- und Gewährleistungskatalog. In diesem Zusammenhang ist in klassischen M&A-Transaktionen immer häufiger der Einsatz von sogenannten Warranties-and-Indemnities-Versicherungen (W&I-Versicherungen) zu beobachten. W&I-Versicherungen werden grundsätzlich vom Käufer abgeschlossen und dienen zur Absicherung, dass der Käufer aufgrund der Unrichtigkeit einer Garantieklausel des Verkäufers im Unternehmenskaufvertrag einen Schaden erleidet. Bekannte Risiken, die im Rahmen der Due Diligence aufgedeckt wurden, können grundsätzlich nicht versichert werden. Sogenannte Affirmative Cover-Regelungen decken in seltenen Fällen auch bekannte Einzelrisiken ab, die jedoch meist im Bereich der Steuerrisiken anzusiedeln sind.[16] Der Käufer preist die hierfür notwendige Versicherungsprämie in der Regel in sein Kaufpreisangebot ein. W&I-Versicherungen eignen sich in der Regel bei Transaktionsvolumina ab € 50 Mio., da es hier eine Reihe von Beteiligten gibt, deren Gewinnerwartungen für die Prüfung und schlussendliche Risikoübernahme erst bei einem bestimmten Betrag lohnenswert ist.

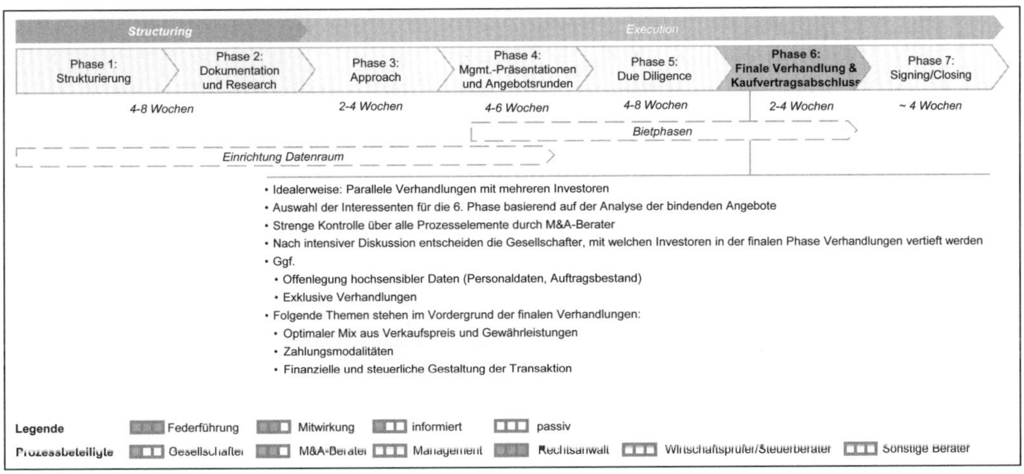

Abbildung 7-34: Die Phase der finalen Verhandlungen und des Kaufvertragsabschlusses bei außergerichtlichen Distressed M&A-Transaktionen

Um die Möglichkeit einer W&I-Versicherung in Anspruch zu nehmen, sind in der Regel ein umfangreicher Datenraum, (Vendor-)Due-Diligence-Berichte oder Factbooks, die die Grundlage für eine adäquate Due Diligence darstellen, notwendig. Bei Distressed M&A-Transaktionen ist dies häufig nicht im erforderlichen Maße gegeben. Dennoch gibt es hierzu erste Marktmeinungen, die den Einsatz von W&I-Versicherungen auch im Distressed-Segment sehen.[17] Auch wenn – insbesondere beim Kauf von einem Insolvenzverwalter – der Garantiekatalog in Distressed-Situationen eher gering ausfallen wird, könnte durch sogenannte synthetische Garantiekataloge, wie man sie bereits bei klassischen M&A-Transaktionen kennt, die Haftungsregelungen ausschließlich zwischen Käufer und Versicherungsgesellschaft geregelt werden.

Wahrscheinlich werden sich solche Lösungen eher bei Unternehmen realisieren, die aufgrund exogener Faktoren wie der COVID-19-Pandemie in eine Krisensituation geraten sind, als bei Unternehmen, bei denen in erhebliche endogene Krisenursachen zu attestieren sind.

Ebenso ist der Einsatz von W&I-Versicherungen beim Erwerb eines Geschäftsbereichs eines unrentablen Unternehmens denkbar, bei dem die Anfechtungsrisiken bei einer möglicherweise späteren Insolvenz der Muttergesellschaft ausgeschlossen werden sollen.

Vermeintlich kann der Abschluss einer Transaktion nur dann stattfinden, wenn es einen wirtschaftlichen Einigungsbereich (auch als Zone of Possible Agreement oder kurz ZOPA bezeichnet) gibt, d. h. der Grenzpreis (Reservation Price) des Käufers und des Verkäufers eine Überlappung aufweisen. Interessanterweise ist dies – gemäß den Ergebnissen aus einer Studie von Bruner, die in der unten dargestellten Tabelle zusammengefasst sind – zwar in rund 2/3 der Fälle richtig, jedoch ist bei etwa 1/3 der Verhandlungen festzustellen, dass diese auch abgeschlossen werden, obwohl keine ZOPA vorhanden ist oder deren Scheitern aufgrund einer vorhandenen ZOPA eigentlich zu erwarten wäre. Untersuchungen von Bruner[18] haben gezeigt, dass es eine Reihe von Faktoren zu geben scheint, die jenseits der baren Rationalität angesiedelt sind:

- Kreativität spielt eine Rolle
- Vernachlässigen der eigenen ZOPA, insbesondere auf Käuferseite
- geschickte Verhandlungstaktik
- „Bad stuff happens"

	Abgeschlossen		Nicht abgeschlossen		Gesamt	
	# Fälle	%	# Fälle	%	# Fälle	%
ZOPA vorhanden	85	52,8%	13	8,1%	**98**	***60,9%***
ZOPA nicht vorhanden	40	24,9%	23	14,3%	**63**	***39,2%***
Total	125	*77,6%*	36	*22,4%*	161	*100%*

Abbildung 7-35: Results of a Simulated Negotiation: Distribution of Number of Negotiations Partioned by Settlement and Existence of Zone of Potential Agreement (ZOPA)

All diese Faktoren sind natürlich einfacher zu handhaben, wenn es einen Wettbewerb unter Interessenten gibt.

Auch bei den finalen Verhandlungen gilt deshalb: Wettbewerb erhöht nicht nur die Abschlusschancen, sondern hilft, optimale Konditionen zu erreichen. Aus Erfahrung empfiehlt es sich, die Schlussverhandlungen mit mindestens drei Interessenten zu führen.

Unter Umständen kann es in dieser Phase notwendig sein, sensiblere Daten zur Vertrauensbildung sowie zur Überbrückung vorhandener Differenzen beim Kaufpreis oder sonstigen Vertragsbestandteilen offenzulegen, die man zuvor im Rahmen der Due Diligence nicht offengelegt hat. Häufig braucht ein Verhandlungspartner auch einfach nur einen Grund, um Anpassungen an seiner Sichtweise vorzunehmen und über die „Goldene Brücke zum Ziel" zu gehen, die man ihm anbietet (siehe hierzu auch Kapitel „Verhandlungsaspekte bei Distressed M&A-Transaktionen").

Entscheidend ist, dass es im Laufe der Verhandlungen gelingt, ein immer größeres Vertrauensverhältnis aufzubauen. Dies gilt für beide Seiten gleichermaßen und hat weniger mit verkäuferischer Taktik zu tun, als mit der tatsächlich vorhandenen Notwendigkeit, zum Abschluss des Vertrages das größtmögliche Vertrauen in den Vertragspartner zu erleben. In den letzten Jahren hat die Technologie den Verhandlungsprozess verändert. Im Durchschnitt sagten Befragte einer Mergermarket-Studie, dass zwar 60 % der M&A-Verhandlungen immer noch persönlich stattfinden, aber mittlerweile 40 % elektronisch abgewickelt werden – eine erhebliche Veränderung der Usancen in den letzten Jahren.[19]

> Um im Verhandlungsprozess erfolgreich zu sein, kommt es nicht darauf an, eigene Positionen durchzusetzen, sondern am Ende die eigenen Interessen im finalen Kaufvertrag umgesetzt zu haben. Dies erfordert an der ein oder anderen Stelle auch Zugeständnisse. Zugeständnisse sind auch deshalb notwendig, um den Verhandlungspartner durch Ausnutzung der Reziprozitätsregel wiederum zu eigenen Zugeständnissen, die zur Umsetzung des gewünschten Verhandlungsergebnisses notwendig sind, zu veranlassen. In Verhandlungen mit Treuhändern oder Insolvenzverwaltern ist dies häufig schwierig, da diese nicht in der Lage sind, der Reziprozitätsregel folgend Zugeständnisse zu machen.

Auch der kompetitivste Verhandler wird nicht in der Lage sein, bei komplexen Verhandlungen all seine Argumente vollständig durchzusetzen. Das Gesetz der Reziprozität ist in Verhandlungen sehr wichtig. Dies bedeutet, dass grundsätzlich der Verhandlungserfolg erst durch ein gegenseitiges Geben und Nehmen entsteht. Zu beachten ist jedoch, dass das Geben und Nehmen – und vor allem aus Ihrer Sicht – nicht gleichmäßig verteilt sein müssen. Natürlich ist es legitim, in einer Verhandlung ein Ergebnis anzustreben, bei dem ich „mehr vom zu verteilenden Kuchen" erhalte als das Gegenüber – unabhängig davon, ob der Kuchen sich in der Verhandlung vergrößert oder nicht.

> Der wichtigste Grundsatz ist: Ein guter Verhandler gibt keine unbedingten Zugeständnisse! Unter dem Begriff „unbedingt" ist zu verstehen, dass man bei jeder Konzession deutlich macht, diese nur im Rahmen eines ganzheitlichen Verhandlungserfolgs geben zu können oder wenn gleichzeitig eine andere ebenso wichtige oder gar bedeutendere Konzession seitens des Verhandlungspartners eingeräumt wird.

Demensprechend ist die einfachste Bedingung, die bei einem Zugeständnis eingefordert werden sollte, der Vorbehalt einer Einigung bei den übrigen Verhandlungspunkten. Idealerweise tauscht man ein Zugeständnis unmittelbar gegen ein Entgegenkommen des Verhandlungspartners ein. Auch solche Zugeständnisse können antizipiert und vorbereitet werden. Bestenfalls ergibt sich bei einem solchen Tausch ein Gewinn, d. h. durch das Zugestehen eines Punktes mit gegebenenfalls kleiner wirtschaftlicher Bedeutung erhält man an anderer Stelle ein Gegengeschenk, das einen höheren Wert bedeutet. In vielen Fällen ist es möglich, ein Zugeständnis zu gewähren, das für die Gegenseite eine größere Bedeutung hat als für den Gewährenden. Dies ist ein idealer Punkt, um ebenfalls ein aus Sicht der Gegenseite großes Zugeständnis abzuverlangen. So werden Tauschgewinne idealerweise realisiert, ohne dass die Gegenseite hierbei ein ungutes Gefühl haben wird. Selbstverständlich ist dies nicht immer umsetzbar. Bei Beachtung einiger Grundregeln lassen sich hier jedoch erstaunliche Verhandlungserfolge erzielen:

- Der Mensch nimmt viele kleinere Geschenke positiver wahr als ein großes! Hierzu gibt es interessante Untersuchungen. Menschen wurden gefragt, ob sie es glücklicher machen würde, am Tag 1 einen Geldschein von € 500 auf der Straße zu finden oder an fünf aufeinanderfolgenden Tagen jeweils € 100. Die überwiegende Mehrheit empfindet die zweite Alternative für die bessere. Vor diesem Hintergrund sind positive Zugeständnisse zu verteilen. Kommunikativ ist darüber hinaus darauf zu achten, dass diese Zugeständnisse nicht plump nach dem Motto „Wenn wir Ihnen an diesem Punkt nachgeben, dann erwarten wir ein Entgegenkommen bei dem Punkt Y" erfolgt, sondern im Rahmen einer verständlichen Einordnung in den Gesamtkontext.
- Fordern Sie bedeutende Zugeständnisse auf einmal ein! Interessanterweise zeigte das oben dargestellte Experiment auch, dass Verluste anders empfunden werden. Lieber verlieren Menschen an einem Tag € 500 als an fünf aufeinanderfolgenden Tagen jeweils € 100.
- Geübte Verhandler können ein Zugeständnis der Gegenseite auch ohne Gegengeschenk entgegennehmen! Versuchen Sie einmal, ein Zugeständnis der Gegenseite nicht mit einem weniger bedeutenden Zugeständnis zu erwidern, sondern einfach einmal eine Runde auszulassen. Sicherlich hat dies dort seine Grenzen, wo es für den Verhandlungspartner nicht nur unhöflich wirkt, sondern er sich sogar übervorteilt fühlt.
- Beachten und nutzen Sie Framing-Effekte! Unter Framing-Effekten versteht man den „ungerechtfertigten Einfluss von Formulierungen und Situationen auf Überzeugungen und Präferenzen". Auch das Beispiel unter Punkt 1 kann im Rahmen von Framing-Effekten betrachtet werden. Ein weiteres Beispiel zeigt sehr anschaulich die Bedeutung von Frames. An die an einem Experiment teilnehmenden Studenten wurde £ 50 gegeben und man bat sie diese einzusetzen und ein Glücksrad zu drehen. Wenn das Rad auf Weiß stehen bleibt, erhalten sie den gesamten Betrag. Stoppt das Rad bei Schwarz müssen £ 30 abgeben werden. Nun lässt sich das Ergebnis auf zwei Arten formulieren, nämlich entweder erhält man £ 20 oder man verliert £ 30. Die meisten der Studenten bevorzugten die Aussicht £ 20 zu behalten gegenüber einem Verlust von £ 30. Dieses Experiment ist sehr wichtig für Verhandlungssituationen, denn je nach Definition des Problems sind Menschen eher dazu bereit, Gewinne zu verteilen (wie z. B. Erträge, Boni, Earn-out-Regelungen). Bei der Übernahme von Verlusten (wie z. B. Kaufpreiseinbehalte, Abschläge) sind Menschen unflexibler. Ebenso ist zu beachten, dass die Reihenfolge und die Höhe der Zugeständnisse, die Sie machen, einen Einfluss auf die Wahrnehmung Ihrer Person in der Verhandlung haben. Auch dies ist eine Art des Framing-Effektes.

Die nachfolgende Tabelle zeigt diesen Effekt in seinem Grundsatz:

		Verhandler				
		1	2	3	4	5
Zugeständnis	1	0	100	60	200	50
	2	0	100	70	150	0
	3	0	100	90	100	430
	4	0	100	120	40	0
	5	500	100	170	10	20
Summe		500	500	500	500	500

Abbildung 7-36: Generelle Muster zu Zugeständnissen in Verhandlungen[20]

- Verhandler 1 macht einen sehr kompetitiven Eindruck und gibt erst am Ende der Verhandlung nach.
- Verhandler 2 scheint kompromissbereit und macht seine Zugeständnisse im Rahmen einer Salamitaktik, nämlich „scheibchenweise".
- Verhandler 3 macht immer größere Zugeständnisse und möchte entweder die Verhandlung bald beenden und ist somit bereit, immer größere Zugeständnisse zu machen oder er erwartet von seinem Gegenüber ebenfalls im Laufe der Verhandlung immer größere Konzessionen.
- Verhandler 4 scheint im Laufe der Verhandlung nicht mehr bereit zu sein, weitere Konzessionen einzugehen. Man erkennt, dass bald „Schluss ist".
- Verhandler 5 scheint dagegen kein Muster zu verfolgen und ist nicht vorhersehbar. Alle Verhandler haben am Ende den gleichen Betrag konzediert.

Die Wirkung der Reihenfolge und der Höhe der Zugeständnisse lässt alle Verhandler jedoch in einem völlig anderen Licht (oder Rahmen bzw. Frame) erscheinen. Dies ist bei Zugeständnissen zu beachten.

Wichtig ist bei Zugeständnissen nicht umgekehrt auf die oben genannten Regeln hereinzufallen und im Rahmen einer „Salamitaktik" des Verhandlungspartners mehr und bedeutendere Zugeständnisse zu geben. Dabei kann es leicht geschehen, den eigenen Grenzpreis bzw. wichtige Verhandlungspunkte der Erlangung der eigenen Interessen fast unmerklich aufzugeben. Auch bei Zugeständnissen gilt: Eine umfassende Vorbereitung auf die Verhandlung eröffnet entscheidende Vorteile.

Jede Transaktion weist ein „Momentum", d.h. den richtigen, geeigneten Augenblick oder die Zeitspanne, für den Abschluss auf. Dieses Momentum muss erfasst und die Transaktion unmittelbar zum Abschluss gebracht werden. Längere Verhandlungszeiträume führen nach Auswertung unserer Transaktionsdaten nicht zu höheren Verkaufspreisen, sondern mindern sogar das Preispotenzial.

Um auf der anderen Seite des Verhandlungstisches als Kaufinteressent in dieser Phase des finalen Wettbewerbs und des oben zitierten Momentums nicht die eigenen Ziele aufzugeben und damit dem sogenannten „Winner's Curse" zu unterliegen, ist es ratsam, die Situation vorab exakt zu analysieren und eine Strategie festzulegen, mit der man in die finalen Verhandlungen geht. Der Winner's Curse, also der Fluch des Gewinners, ist ein aus dem Auktionsbereich stammendes Phänomen, das allerdings auch bei Unternehmenstransaktionen auftauchen kann. Der Gewinner zahlt den höchsten

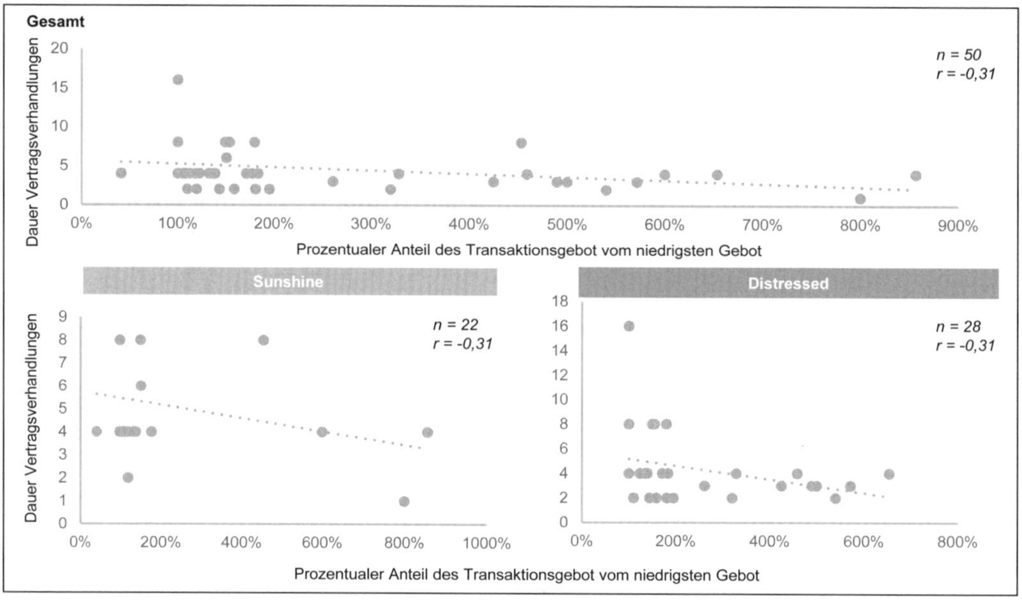

Abbildung 7-37: Verhältnis zwischen der Dauer der Verhandlungen und der Preisveränderung

Preis, weil seine Bewertung des Verkaufsobjekts am höchsten war. Während sich die in der Mitte liegende Einschätzung meist als am belastbarsten erweist, ist die Abweichung beim Höchstbietenden am stärksten ausgeprägt. Diese Abweichung kann sich – hierzu gibt es zahlreiche Studien – auch so auswirken, dass die zu erwartenden positiven Effekte durch die Überschätzung des Wertes aufgefressen werden. Der Deal wird zu einem Drauflege-Geschäft, das bis zum Totalverlust reichen kann.

Der Begriff „Winner's Curse" wurde erstmalig bei einer Studie zur Ölindustrie in den 1960er-Jahren verwendet. Bei einer Versteigerung von Ölbohrrechten lagen die Gebote zwischen $ 6,9 und $ 108,8. Dieser gewaltige Spread führte schlussendlich dazu, dass das Unternehmen, das den Zuschlag zu einem hohen Preis bekam, nicht in die Gewinnzone kommen konnte. Der Sieger in einer Auktion schätzt grundsätzlich den allgemein anerkannten Wert zu hoch ein. Diese Bereitschaft, einen zu hohen Preis zu bezahlen, kann sich also vorderhand als Strategie der Dominanz erweisen, sich schließlich aber zum Fluch des Gewinners entwickeln.

Umso wichtiger ist eben der Einsatz einer auf Gleichgewicht und rationaler Einigung ausgerichteten Strategie. Wird diese Strategie von beiden Parteien gepflegt, ist der Winner's Curse grundsätzlich ausgeschlossen. Das heißt konkret: Der Aufbau einer Dominanz durch die Nennung eines – der subjektiven Einschätzung entsprechenden – Maximalgebots seitens des Investors sollte dieser auf jeden Fall vermeiden. Die rationale Berechnung von Wahrscheinlichkeiten kann hier ein wirksamer Schutz vor einer Wertüberschätzung sein. Der Abstand zwischen Gebot und Bewertung sollte also nicht allzu groß sein. Den richtigen Abstand zu bestimmen, ist wiederum eine Frage der Kenntnis bzw. der Antizipation der Argumente und Spielzüge aller Beteiligten sowie deren spieltheoretischer Abgleich.

Ein hier interessantes Hilfsmittel ist die MBOO-Analyse, die in nachfolgendem Schaubild visualisiert ist.

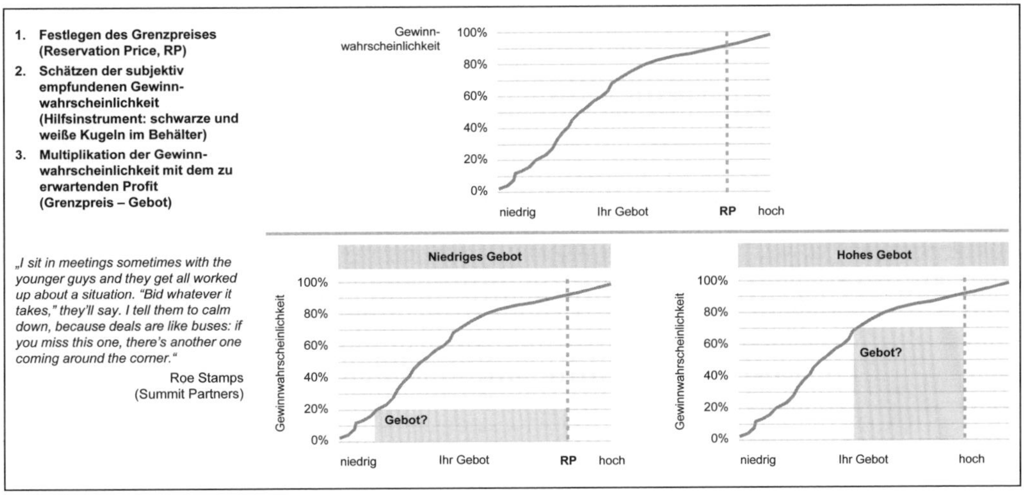

Abbildung 7-38: MBOO-Analyse

Die MBOO-Analyse erfolgt in drei Schritten:[21]

1. Zunächst wird mithilfe der normalen Instrumente der Unternehmensbewertung inkl. aller dazugehörenden transaktionsspezifischen Parameter (siehe hierzu auch Kapitel „Bewertung ertragsschwacher Unternehmen und Forderungen in Krisenzeiten des Debitors") der Grenzpreis festgelegt und daraus die Gewinnchance bei einem simulierten Transaktionspreis abgeleitet (z. B. bei einem Grenzpreis des Käufers von € 150 Mio. und einem schlussendlichen Preis von € 120 Mio., ergibt sich ein Gewinn von € 30 Mio.).

2. Anschließend wird die subjektiv empfundene Wahrscheinlichkeit des Transaktionsabschlusses zu einigen Preispunkten geschätzt. Naturgemäß fällt dies sehr schwer. Mithilfe von zwei Gefäßen, in die man schwarze und weiße Kugeln einfüllt, lässt sich die Wahrscheinlichkeitsschätzung pragmatisch vereinfachen. Zum Beispiel: „Halten Sie es für wahrscheinlicher, dass Sie mit dem Gebot von € 100 Mio. zum Abschluss kommen, oder dass Sie aus dem Gefäß zwei, in dem nun acht weiße Kugel sind und ich zwei schwarze Kugeln hinzugefügt habe, eine schwarze Kugel ziehen?"

3. In einem dritten Schritt wird nun die Abschlusswahrscheinlichkeit mit dem zu erwartenden Gewinn multipliziert. Im oben dargestellten Schaubild zeigt die maximierte Fläche das „optimale, erste Angebot".

Die MBOO-Analyse verhilft der Käuferseite zu mehr Disziplin bei der Angebotsabgabe und visualisiert das Verhältnis zwischen Abschlusswahrscheinlichkeit und Grenzpreis.

Nach einer Mergermarket-Studie[22] gibt es folgende Auffälligkeiten: Verkäufer machen oft unverhältnismäßig hohe Zugeständnisse im Austausch für einen schnelleren Abschluss. 46 % der Befragten gaben an, dass sie in eine Transaktion involviert waren, bei dem der Verkäufer aufgrund von „Müdigkeit" zusätzlichen Bedingungen zugestimmt hat, und 62 % haben erlebt, dass Verkäufer einem niedrigeren Wert zustimmten, nur um zum Ende der Verhandlungen zu gelangen.

Phase 7: Signing und Closing

Am Ende dieses Verhandlungsprozesses steht eine Einigung und die Unterzeichnung des Kaufvertrags, das sogenannte Signing.

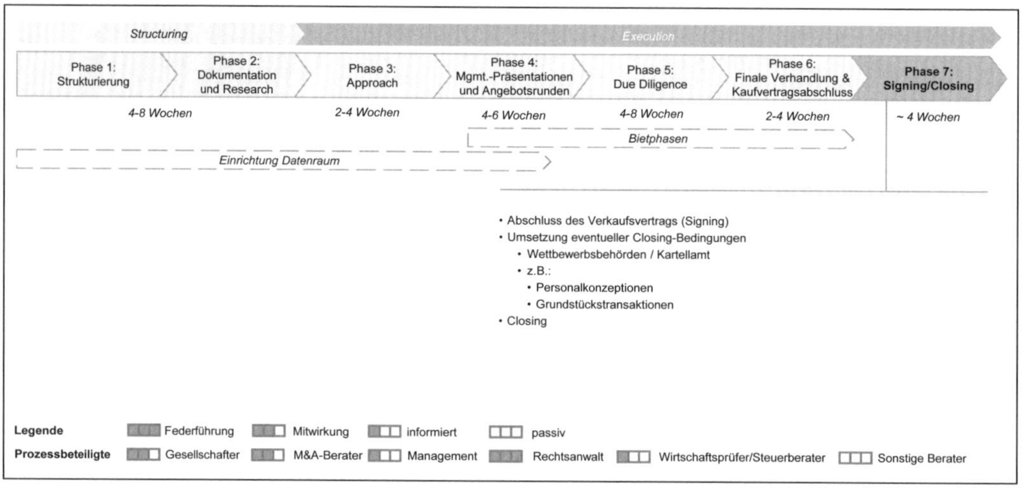

Abbildung 7-39: Die finale Phase des Signing und Closing

Das Signing stellt die schuldrechtliche Verpflichtung zum Abschluss der Transaktion dar. Das Closing ist der dingliche Vollzug, der in vielen Fällen erst dann stattfinden kann, wenn bestimmte Handlungen vorab oder Zug um Zug vollzogen werden. Die wichtigste Handlung aus Sicht des Käufers ist die Zahlung des Verkaufspreises. Andere Closing-Bedingungen können beispielsweise sein:

- Zustimmung der relevanten Wettbewerbsbehörden
- Herstellung von Lastenfreiheit bei bestimmten Vermögensgegenständen
- Ablösung der Bankverbindlichkeiten
- Bestätigung des Eingangs des Kaufpreises
- Umsetzung einer Personalrestrukturierung durch den Veräußerer (z. B. Insolvenzverwalter) auf Basis eines Erwerberkonzeptes
- Einbringen bestimmter (auch immaterieller Vermögensgegenstände) in die Gesellschaft, wie z. B. gewerbliche Schutzrechte, die vorher nicht in der zu veräußernden Gesellschaft angesiedelt waren
- Verzicht von Dritten auf bestimmte Rechte (z. B. Verzicht auf Ansprüche im Rahmen des Arbeitnehmererfindungsgesetzes)

- Rücktritt des früheren oder aktuellen Geschäftsführers und vorherige Entlastung des Geschäftsführers durch die „alte", außerordentlich einzuberufende Gesellschafterversammlung

Als M&A-Berater ist es in dieser Phase der Transaktion entscheidend, die Aufmerksamkeit nicht zu verlieren und stringent an der Umsetzung der Closing-Bedingungen mitzuwirken bzw. die Erfüllung voranzutreiben. Ebenso ist darauf zu achten, ob man die Umsetzung der Closing-Bedingungen durch eigene Handlungen erreichen kann oder auf Dritte angewiesen ist. Es gilt in dieser Phase frei nach Lenny Krawitz: „It ain't over til it's over".

Das Closing kann unter Umständen auch direkt gleichtägig nach dem Signing erfolgen. Dabei sind die notwendigen Rechtshandlungen und die daraus resultierenden Dokumente zu erstellen. Anschließend unterzeichnen die Parteien ein Closing-Protokoll und bestätigen damit den Eintritt aller Vollzugsbedingungen. Damit ist die Transaktion endgültig vollzogen, im M&A-Fachjargon „geclosed".

Aus langjähriger Erfahrung ist es nach dem Closing ratsam, auf „Siegesgebrüll" zu verzichten. Eine Transaktion ist sehr komplex und wenn bei den Verhandlungen beide Seiten bis an ihre Grenzen gegangen sind, verbieten sich Jubelschreie. Beide Seiten müssen vom Tisch aufstehen, sich in die Augen sehen, im Idealfall sich gegenseitig Dank für das Vertrauen aussprechen können, verbunden mit dem Hinweis, dass der jeweils andere hart, aber fair gekämpft hat und man nun an die herausfordernde Umsetzung des strategischen Rationals der Transaktion gehen muss. Bitte bedenken Sie: Es gibt auch nachgelagerte Kaufpreisanpassungsmechanismen, wie z. B. Closing-Accounts oder Earn-out-Regelungen und gegebenenfalls Diskussionen aus abgegebenen Garantien und Gewährleistungen. Es wäre nicht ratsam, wenn die Gegenpartei aufgrund eines „Jubelschreis" das Gefühl erlangt, man wäre in der Transaktion schlussendlich doch übervorteilt worden. Dies verleitet nur zu einer härteren Gangart bei sich eventuell im Anschluss ergebenden, vertraglich festgelegten monetären Anpassungen des Kaufpreises.

Versucht man die vorstehend beschriebenen Unterschiede von Distressed M&A-Prozessen in außer- und gerichtlichen Situationen in einem Schaubild zu vergleichen, ist zu erkennen, dass im Wesentlichen – aufgrund der durch das Gesetz vorgegebenen zeitlichen Rahmenbedingungen und der teilweise vorhandenen Öffentlichkeit der Investorensuche – Prozesse einerseits parallel und auch zeitlich verkürzt stattfinden müssen.

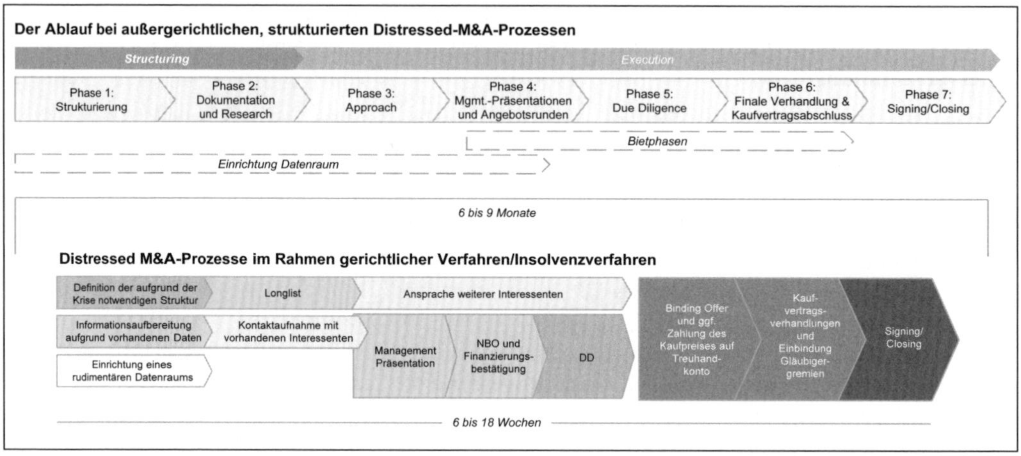

Abbildung 7-40: Der Distressed M&A-Prozessablauf bei außer- und gerichtlichen Situationen

Dies erfordert vom M&A-Berater ein hohes Maß an Erfahrung bei der Koordination der Prozessschritte und der für den Erfolg gebotenen Notwendigkeit, im Prozessablauf gemeinsam mit dem Mandanten das Heft in der Hand zu behalten.

8 Verhandlungsaspekte bei Distressed M&A-Transaktionen

Es gibt Verhandlungssituationen, in denen es kein Scheitern geben darf! Insbesondere bei Distressed M&A-Transaktionen stellt verlieren – schlicht und einfach – keine Option dar.

Solche Verhandlungssituationen sind beispielsweise Gespräche mit Banken oder Investoren in Krisensituationen. Scheitern die Gespräche, kommt es z. B. zur Antragstellung auf Eröffnung eines Insolvenzverfahrens. Damit verbunden ist die sich anschließende Sicherheitenverwertung der Bank, sprich die Inanspruchnahme aus beispielsweise einer abgegebenen Bürgschaft des geschäftsführenden Gesellschafters und damit kommt in dieser Krisensituation neben dem Verlust des eigenen Unternehmens noch ein weiterer negativer Cashflow aus der Inanspruchnahme der Bürgschaft, der u. U. einen erheblichen Teil des Privatvermögens aufzehrt. Vergegenwärtigt man sich diese Situation, wird deutlich, warum es zu manchen Verhandlungssituationen keine andere gleichwertige Alternative gibt.

Die nachfolgenden Ausführungen analysieren Verhandlungssituationen bei Distressed M&A-Transaktionen und geben einen Handlungsrahmen, der sowohl Unternehmern als auch M&A-Beratern in solchen Situationen eine Hilfestellung zu besseren Verhandlungsergebnissen geben kann.

Eine Verhandlung ist definiert als ein Vorgang, bei dem zwei oder mehr Parteien eine Einigung darüber suchen, wer von ihnen in einer angestrebten Transaktion was leisten, empfangen, dulden oder unterlassen soll.[1]

Wichtige – auf den Distressed M&A-Prozess bezogene – Punkte dieser Definition sind:

- zwei oder mehr Parteien (z. B. Käufer, Verkäufer aber auch evtl. Banken, Management, Belegschaft, sonstige Gläubiger, Hauptkunden usw.)

- gemeinsame sowie unterschiedliche Interessen (z. B. das Zustandekommen der Transaktion als gemeinsames Interesse und z. B. die Höhe des Kaufpreises bzw. die Höhe der vorzunehmenden Zugeständnisse als unterschiedliches Interesse)
- mehr oder weniger freiwillige Entscheidungen zur Verhandlung
- angestrebte Einigung (über Gegenstand und Handlungsweise)
- schrittweiser Prozess mit Zeitbedarf (z. B. definiert über zeitliche Anforderungen des Insolvenzrechts oder durch Gremienzustimmungen, die wiederum einen bestimmten zeitlichen Vorlauf benötigen)
- zunächst meist unvollständige Informationen (z. B. Informationsasymmetrie zwischen Verkäufer und Käufer zu Beginn einer Transaktion)
- Positionsveränderung aufgrund neuer Umstände (z. B. Kaufpreisanpassung bei neuen, gegebenenfalls sich verschlechternden Zwischenzahlen oder veränderten Working-Capital-Größen)
- Wer soll was machen? Einigung über die Verteilung von Aufgaben, Austausch von z. B. Risiken, Chancen und Gewährleistungen

Eine Verhandlung soll helfen, durch eine entsprechende Vereinbarung einen Wert zwischen den Parteien zu schaffen, der die Parteien besserstellt als ohne dieses Verhandlungsergebnis.

Grundsätzlich kann jede Verhandlung im Wege des Streites oder friedlich geführt werden. Während früher viele strittige Verhandlungen im Wege des Kampfes (oder gar des Krieges) ausgetragen wurden, sollte dies heute im wirtschaftlichen Kontext eher selten der Fall sein. Der Ausgangspunkt einer Verhandlung ist dabei für jede Partei grundsätzlich das Streben nach Zielerreichung. Bemerkenswerterweise definierte Carl von Clausewitz in seinem Buch „Vom Kriege“ den Krieg „als bloße Fortsetzung der Politik mit anderen Mitteln“. In diesem Sinne sei er, so schrieb von Clausewitz „ein Akt der Gewalt, um den Gegner zur Erfüllung unseres Willens zu zwingen“[2].

Insbesondere in Distressed M&A-Situationen nähert sich diese martialische Definition leider häufig auch der Realität, wenn auch das Wort „Gewalt“ im physischen Sinne deplatziert ist. In Krisensituationen sind jedoch nicht nur monetäre Beträge auf dem Verhandlungstisch, sondern leider auch häufig berufliche und damit wirtschaftliche Existenzen natürlicher Personen. Vom – wie oben beispielhaft erwähnt – Unternehmer abgegebene Bürgschaften, die das Privatvermögen mit dem Unternehmensvermögen verstricken oder ex-post betrachtet, fehlerhafte Kreditentscheidungen eines Bankmitarbeiters, die Banken zu Forderungsverzichten nötigen und in etwaigen arbeitsrechtlichen Konsequenzen für den einzelnen Mitarbeiter enden oder Gesellschafter, die im Rahmen eines Insolvenzplans oder StaRUG-Verfahrens aus der Gesellschafterrolle gedrängt werden, gefährden nicht nur Unternehmen, sondern auch die wirtschaftliche Existenz der dahinterstehenden natürlichen Personen und deren Familien. Wer mit dem Rücken zur Wand in die Ecke gedrängt wird, versucht aus dieser Ecke herauszukommen und geht zumeist über die Person hinweg, die sich ihr in den Weg gestellt hat. Vor diesem Hintergrund sind solche Verhandlungssituationen nicht nur wirtschaftlich komplex, sondern auch extrem emotional.

Stressmanagement in Verhandlungen

Es ist allgemein bekannt, dass ein Übermaß an Stress die Leistungsfähigkeit mindert. Die grundsätzliche Frage, die sich bei der Analyse dieses Themenbereiches stellt, ist, ob – undwenn ja, in welchem Maße – sich Stressfaktoren in Distressed M&A-Transaktionen von normalen Verhandlungssituationen unterscheiden. Prof. Dr. Gert Kaluza beschreibt in seinen Büchern über Stressbewältigung einige Faktoren, die Stress auslösen können[3]. Die nachfolgende Tabelle zeigt eine Auswahl dieser Faktoren, die in dieser Zusammenstellung spezifisch für Distressed M&A-Transaktionen sind:

			Belastungsintensität für	
Stressor	**Transfer auf M&A-Transaktionen**	**Stress-verstärker**	**Unter-nehmer**	**Berater**
Einmaligkeit des Ereignisses	In den meisten Fällen ist der Verkauf des Unternehmens ein einmaliges Ereignis im Unternehmerleben, sodass man nicht auf die Erfahrungsmuster zurückgreifen kann, die man in anderen Situationen schon erfolgreich angewendet hat.	Ich kann nicht!	□□□	■■■
Quantitative Überlastung	Bei Unternehmenstransaktionen sind neben den kommerziell-marktorientierten Daten eine Vielzahl weiterer Informationen aus den Bereichen Recht, Steuern, Produktion, Umwelt, Personal etc. zu berücksichtigen. Das Analysieren und richtige Einordnen dieser Fakten bedarf umfangreicher Kapazitäten.	Sei perfekt!	□□□	□■■
Qualitative Überlastung	Im Laufe des Unternehmerlebens haben sich die rechtlichen und wirtschaftlichen Rahmenbedingungen ständig verändert. Zum Zeitpunkt einer Transaktion werden die vorhandenen materiellen und immateriellen Vermögensgegenstände sowie der Geschäftsbetrieb in den Kontext der aktuellen Rahmenbedingung (z.B. Rechtsprechung, aktuelle Markt- und Produktumfeld) gebracht. Für die Beteiligten bedeutet dies, innerhalb kürzester Zeit eine Vielzahl von Sachgebieten in einer Intensität zu durchdringen, die viele Menschen schlichtweg überfordert.	Sei perfekt!	□□□	□■■
Zeitdruck	Unternehmenstransaktionen, insbesondere in einer kompetitiven Situation, bringen ein hohes Maß an Zeitdruck mit sich. Wenn es potenzielle Transaktionspartner gibt, die aufgrund der vorhandenen Ressourcen, Vorwissen, Finanzierungsmöglichkeiten oder unterschiedlicher Risikoeinstellung in der Lage sind, schneller zu handeln, üben diese Druck auf den Transaktionspartner oder die Wettbewerber aus.	Sei vorsichtig!	□□□	□■■
Mangel an Kontrolle	In M&A-Prozessen – und hier insbesondere bei Distressed-M&A-Transaktionen – empfindet der Unternehmer u.U. einen Mangel bzw. evtl. sogar einen Verlust an Kontrolle. Z.B. erläutern Fachleute im Rahmen einer intensiven Due Diligence Problemfelder, die dem Unternehmer überhaupt nicht bewusst sind und die Folgehandlungen auslösen (z.B. bei Umweltproblemen, Mitarbeiterinvolvierung) können, die der Unternehmer ursprünglich nicht beabsichtigte (z.B. Umweltsanierungsmaßnahmen, Halteprämien bei verunsicherten Mitarbeitern).	Sei vorsichtig!	□□■	□□■
Mangelnde Anerkennung	Ebenfalls erlebt der Unternehmer oftmals zum ersten Mal, dass sich z.B. die vom Transaktionspartner involvierten Berater sehr deutlich und kritisch zu bestimmten Sachverhalten und früheren unternehmerischen Entscheidungen äußern.	Sei beliebt!	□□□	□■■
Trennungs-schmerz	In den meisten Fällen ist der Verkauf des Unternehmens auch gleichzeitig mit dem Ausscheiden des Unternehmers aus dem unternehmerischen Umfeld verbunden. Betrachtet man die Lebenszeit, die ein Unternehmer mit seinem Unternehmen verbracht hat, wird deutlich, dass dies einen starken Trennungsschmerz auslösen kann.	Sei stark!	□□□	■■■
Verlust des Arbeitsplatzes	Dito, bezogen auf den Arbeitsinhalt und die tägliche Zeiteinteilung, die sich nach einer Transaktion völlig ändert.	Sei stark!	□■■	■■■
Keine Fehlertoleranz	M&A-Transaktionen kennen keine Fehlertoleranz. Fehler, die z.B. bei der Definition von Gewährleistungen passieren, können zu erheblichen wirtschaftlichen Problemen führen, u.U. sogar zum wirtschaftlichen Totalverlust.	Sei perfekt!	□□■	□□■

Abbildung 8-1: Stressoren in M&A-Transaktionen

Die in der dritten Tabellenspalte dargestellten Stressverstärker sind Leitsätze, die sich bei vielen Menschen im Laufe des Lebens gebildet haben. Diese Leitsätze können viel zu einer positiven Lebensentwicklung beitragen, verstärken jedoch unter Umständen in Stressreaktionen die vorhandenen Auswirkungen der Stressoren. In den beiden letzten Spalten ist eine Einschätzung über den Einfluss der Stressoren auf die Beteiligten, im Wesentlichen Unternehmer (Prinzipal) und Berater (Agent)[4], dargestellt. Der Wert 3 bedeutet eine hohe Ausprägung, zwei eine weniger hohe Ausprägung usw. bis hin zu Null, das für das Nichtvorhandensein eines Einflusses auf den Beteiligten steht.[5]

Was passiert nun bei Stressreaktionen im Körper und kann man sich diesen Reaktionsmechanismen entziehen? Stressreaktionen sind eine von der Natur vorgesehene körperliche Funktionserweiterung. Bei Tieren und bei unseren in der Wildnis lebenden Vorfahren sorgten sie für hohe Wachsamkeit und die Aktivierung von Kraftreserven. Beim heutigen Menschen entsteht Stress unter anderem auch dann, wenn Ereignisse eintreten, die für uns einerseits eine besondere Wichtigkeit haben und wir andererseits nicht auf in der Vergangenheit bewährte Handlungsmuster zurückgreifen können. Sprich: Wenn wir im Moment keinen einfachen Ausweg aus der Gefahr sehen. Dies verdeutlicht auch die oben dargestellte Tabelle. Aufgrund dieses angeborenen körperlichen Schemas ist das klassische, in der Medizin verwendete Beispiel zur Erklärung von Stressmechanismen das „Auftauchen eines wilden Tieres" – also einer Bedrohung. Für diese Fälle hat der Körper bzw. das Stammhirn folgende Handlungsalternativen vorgesehen:

- Angriff (englisch „fight")
- Flucht (englisch „flight")
- Tot stellen (englisch „freeze")

Die beiden ersten Handlungsalternativen benötigen in hohem Maße eine erhöhte körperliche Leistungsfähigkeit. Natürlich wird ein erfahrener Trapper auf die Bedrohungssituation anders reagieren als ein Mensch, der sich noch nie einem wilden Tier gegenübersah. Beim letztgenannten werden eben genau die Effekte eintreten, die von der Natur vorgesehen sind. Der menschliche Körper ist seit Jahrtausenden so programmiert, dass die physischen Kräfte auf ein Höchstmaß „hochgefahren" und alle Körperfunktionen, die eventuell Reaktionen verlangsamen „zurückgefahren" werden. Dazu kann im Extremfall auch das Zurückfahren der kühlen Rationalität zählen, die in einer wichtigen Situation zu einem zu langen Nachdenken verführt, das bei Auftauchen eines wilden Tieres unweigerlich zur Gefahr wird.

Stressreaktionen werden im Gehirn in Gang gesetzt. Wir selbst entscheiden darüber, ob wir eine Situation als Gefahr identifizieren oder nicht. Dies hängt natürlich stark damit zusammen, ob wir diese Situationen schon einmal erlebt haben. Wenn aber nun die Bewertung der Situation so erfolgt, dass das Erlebte in eine Alarm- oder Gefahrenkategorie eingestuft wird, dann werden durch das Gehirn massive Stressreaktionen ausgelöst. Hierbei sind im Wesentlichen drei Hirnteile beteiligt:

- Der Hirnstamm oder das Reptilienhirn
  Betrachtet man die Entwicklungshistorie des Menschen, so stellt dieser Teil des Gehirns den ältesten Teil dar. Der Hirnstamm schließt sich an das Rückenmark an und ist für die lebenserhaltenden Informationen zuständig, wie z. B. Herzfrequenz, Blutdruck oder Atmung. Im Übergang zwischen Rückenmark und Hirnstamm ist der Locus coeruleus (der sogenannte blaue Kern), dessen „Nervenzellen etwa drei Viertel eines der wichtigsten Neurotransmitter (Signalüberträger) im Gehirn produziert, nämlich das Noradrenalin".

- Das Limbisches System. Hierzu gehören:
  - Thalamus: Hier werden die von den Sinnesorganen eintretenden Reize verarbeitet.
  - Amygdala (Mandelkern): Dies ist der Speicher für die emotionalen Erfahrungen. Dieser Teil des Gehirns hat eine zentrale Bedeutung für das Auslösen von Emotionen und ist deshalb der entscheidende Teil bei der Einschätzung darüber, ob uns etwas in Alarm- oder in einen Angstzustand versetzt.
  - Hypothalamus (Gefühlshirn): Der Hypothalamus ist das Steuerzentrum der vegetativen Funktionen, wie z. B. Körperwärme, Hunger oder Durst. Viele Hormone im Körper werden von hier aus gesteuert.

- Großhirnrinde (Denkhirn)
  Dieser entwicklungsgeschichtlich jüngste Teil des Hirns ist für die bewusste Wahrnehmung und alle kognitiven Prozesse zuständig.

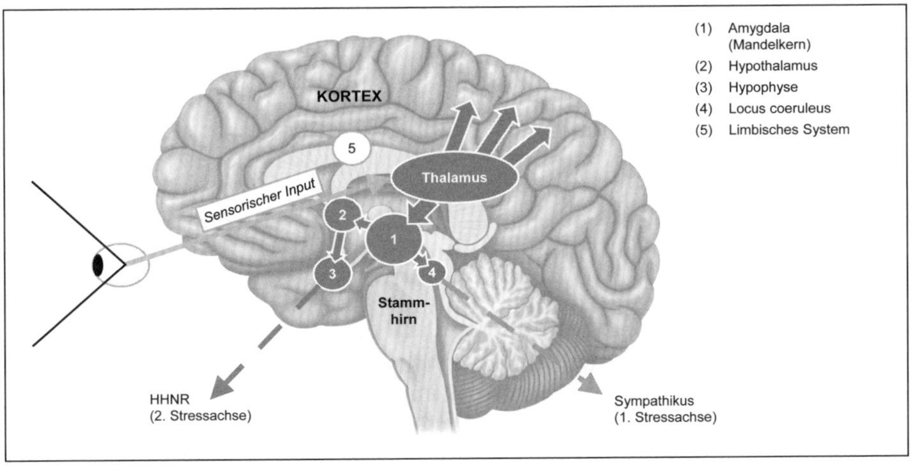

Abbildung 8-2: Darstellung der Hirnsphären[6]

Kaluza führt hierzu aus: „Hier wird die aktuelle Lage bewertet, indem ein Abgleich mit abgespeicherten Erinnerungen an ähnliche Situationen vorgenommen wird. Die Großhirnrinde besitzt darüber hinaus die Fähigkeit zur Antizipation, d.h. sie kann aufgrund von noch nicht wahrgenommenen Hinweisen, Gefahrenvorstellungen bereits gedanklich vorwegnehmen. Kaluza weiter: „Kommt es im Großhirn aufgrund des Vergleiches mit früheren Erfahrungen zu der Einschätzung, dass aktuell eine Gefahr vorliegt, veranlasst es die Auslösung von Stressreaktionen".[7] Wie schnell so etwas vonstattengeht, erlebt man selbst in Situationen, in denen man erschreckt wurde und der Körper innerhalb kürzester Zeit mit z.B. Herzklopfen, Angst und einem Schweißausbruch reagiert.

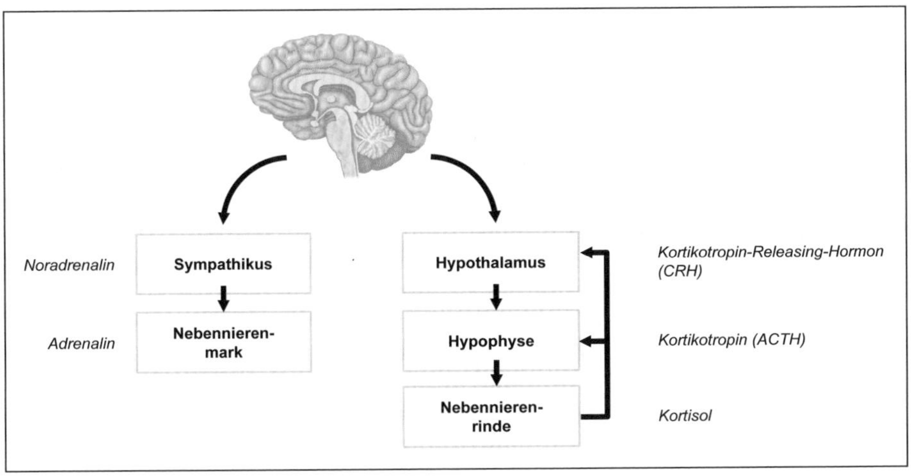

Abbildung 8-3: Im Gehirn produzierte Hormone

Jedoch sind Spitzenleistungen ohne kontrollierten Stress nicht möglich, wobei hier die Betonung auf dem Wort „kontrolliert" liegt. Stress wirkt zunächst positiv, schädigt jedoch bei einem Übermaß und führt – bei chronischem Stress – zu Erkrankungen. Bei zu viel Stress erhält die Nebennierenrinde über das vegetative Nervensystem den Befehl, die beiden Hormone Adrenalin und Noradrenalin immer weiter zu produzieren. Die Hypophyse produziert ebenfalls ständig das Hormon ACTH, das ebenfalls zur Nebennierenrinde gelangt und die Produktion weiterer Hormone veranlasst. Wenn nun Adrenalin dauerhaft zusammen mit zu viel des Stresshormons Cortisol das Gehirn überschwemmt, kommt es in der Folge zu einem Aussetzen des Hippocampus, eine zentrale Schaltstation des limbischen Systems. Die ausgeschütteten Hormone blockieren nun im Gehirn die Synapsen, sodass das Gehirn nicht mehr fehlerfrei arbeitet. Damit stehen Gelerntes und Erfahrungsmuster nicht mehr zur Verfügung; es kommt zum sogenannten Black-out.

Gerät das Gegenüber in einer Verhandlungssituation gefühlt in eine Situation der Bedrängnis, können diese Mechanismen ebenfalls greifen. Hier droht dann in der Tat Gefahr für das Verhandlungsergebnis: Bestimmte für Verhandlungen wichtige Eigenschaften, wie z. B. das kühle, nüchterne Abwägen verschiedener Handlungsalternativen, könnten in Stresssituationen vom Adrenalin ausstoßenden Körper abgeschaltet werden.

Natürlich kann man die Gefahr, die von einem lebensbedrohlichen Angriff ausgeht, nicht mit den Rahmenbedingungen eines Unternehmensverkaufs vergleichen. Nach einer Untersuchung von Holmes und Rage aus dem Jahr 1967 gibt es jedoch Ereignisse, die einerseits selten im Leben eines Menschen vorkommen und andererseits dennoch eine so große Bedeutung einnehmen, dass die Stresspegel, die in diesen Situationen gemessen wurden, extrem hoch waren. An den ersten beiden Stellen dieser Liste stehen das Abschiednehmen von geliebten Menschen durch Tod und auch die Trennung im Rahmen von Ehescheidungen. Nun sind auch diese Situationen nicht mit dem Verkauf eines Unternehmens vergleichbar. Wenn man allerdings darüber nachdenkt, wie stark die jahrzehntelange Verbundenheit mit dem selbstgeschaffenen Unternehmen das Leben eines Unternehmers (zeitlich und inhaltlich) prägt, kann man es sich vorstellen: Die im Distressed-Segment häufig unfreiwillige Trennung vom eigenen Lebenswerk erfüllt die oben genannten Stressfaktoren durchaus.

In den letzten Jahren sind im wirtschaftswissenschaftlichen und soziologischen Bereich – nicht zuletzt aufgrund der Publikationen des Nobelpreisträgers Kahneman[8] sowie Cialdini[9] – eine Reihe von psychologischen Phänomenen und Erklärungen in Zusammenhang mit dem Wirtschaftsleben gebracht worden, die erklären, warum es so schwierig ist, in komplexen Situationen, wie z. B. in Distressed M&A-Transaktionen erfolgreich verhandeln zu können. Kahneman greift – abseits des oben erwähnten physiologischen Aufbaus des Gehirns – auf ein Denkmodell zurück, um Entscheidungsvorgänge beim Menschen besser erklären zu können. Hierbei teilt er Entscheidungsprozesse beim Menschen in zwei verschiedene Systeme ein: System 1 und System 2. Kahneman verdeutlicht die Funktionsweise dieser Arten des Denkens an zwei einfachen Beispielen:

Was sehen Sie auf dem untenstehenden Bild?

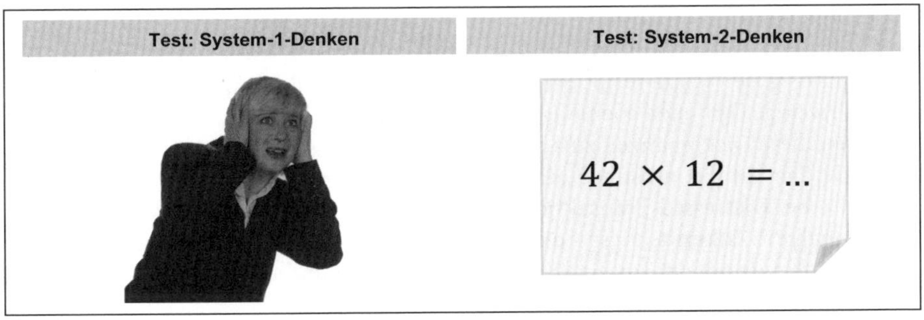

Abbildung 8-4: System-1-/System-2-Denken

In der Regel nehmen Sie eine verängstigte, beunruhigte Frau wahr. Diese rasche Auffassung geschah durch Ihr schnell denkendes System 1. Es zeichnet sich durch eine blitzschnelle Einordnung von Informationen auf Basis von vergangenen Erfahrungen aus. System 2-Denken: „Wie viel ist 42 × 12?" Für diese Rechnung benötigen Sie mehr Zeit, denn Sie müssen Ihr langsam denkendes System 2 aktivieren. System 1 reagiert im Bruchteil von Sekunden aufgrund vergangener Erfahrungen und intuitiv, während das System 2 das bewusste Denken darstellt. Bei Kahnemans Ausführungen wird deutlich, dass zunächst der Eindruck des Systems 1 bestimmt, ob und wenn ja, in welche Richtung System 2 denkt. Damit hinkt das analytische Denken immer dem System-1-Denken hinterher.[10] Das System-1-Denken hat sich wahrscheinlich in Urzeiten entwickelt, um schnell auf lebensbedrohende Situationen reagieren zu können. Damit eignet(e) es sich hervorragend, wenn man einem wilden Tier gegenübersteht. Es ist jedoch kontraproduktiv, wenn es in einer entscheidenden Investorenverhandlung den Takt Ihrer Denk- und Entscheidungsmuster so stark beeinflusst, dass Sie nicht ins analytische System-2-Denken kommen können.

Entscheidend ist: Beide Systeme arbeiten immer miteinander und Sie haben schon viel gewonnen, wenn es Ihnen in Extremverhandlungssituationen gelingt zu unterscheiden, welches Ihrer Denksysteme gerade die Oberhand eingenommen hat.

Betrachten wir die im Hinblick auf die Stressrelevanz entscheidenden Faktoren beim Verkauf eines Unternehmens in Krisensituationen noch einmal genauer:

- **Besondere Wichtigkeit des Ereignisses:**
  Im letzten Absatz habe ich bereits auf die Bedeutung des Ereignisses eines Unternehmensverkaufs im Leben eines Unternehmers hingewiesen. Geschieht dies dann auch noch unfreiwillig und ist mit einem geringen, wenn nicht sogar entfallenden Verkaufserlös zu rechnen, wird die Bedeutung dieses Ereignisses noch deutlicher. Neben den materiellen Aspekten kommen auch mit dem Ausscheiden aus der Branche verbundene immaterielle Aspekte, wie z. B. der Unsicherheit über die zukünftige Lebensgestaltung oder den Wegfall von Reputation, Einfluss und Ansehen im relevanten Markt oder gesellschaftlichen Umfeld einer Region in Betracht. Oftmals ist das Unternehmen der wesentliche Bestandteil des Vermögens einer Unternehmerfamilie. Gibt es keinen positiven Equity Value mehr, so ist in monetärer Hin-

sicht das Lebenswerk verloren. Häufig sollte genau diese hieraus zu einem optimalen Zeitpunkt zu realisierende Liquidität – gerade im Mittelstand – zum Bestreiten des Lebensabends für die gesamte Familie zur Verfügung stehen.
Wird in den Verhandlungen klar, dass es nur einen relativ kleinen oder eben gar keinen Erlös geben kann, resultiert hieraus ein Höchstmaß an Angst. Vor allem wenn anderweitige Optionen ebenfalls keinen adäquaten Geldbetrag aufweisen.
Treten diese Diskrepanzen zutage, kommt es zu Stressreaktionen des Körpers. Das „wilde Tier" ist hier nicht nur „die Wichtigkeit der Krönung des Lebenswerks", sondern – bei Distressed-Transaktionen und kleinen Equity-Value-Beträgen – vor allem auch die Zukunftsangst – die Sorge darum, dass die geplante Finanzierung des Lebensabends mit der aus einem Verkauf erlösten Liquidität nicht geschafft werden und man gefühlt mit leeren Händen dastehen könnte.
Dies alles mag manchem als irrational erscheinen – dennoch sagt die Erfahrung: Solche Stressreaktionen werden in der Mehrzahl der Fälle tatsächlich zu irgendeinem Zeitpunkt auftreten. Deshalb ist es ratsam, schon in der Analysephase des geplanten Unternehmensverkaufs alle Aspekte, d.h. sowohl die immateriellen als auch die materiellen Aspekte eines solchen Verkaufs zu beleuchten und Handlungsalternativen zu schaffen.
Je mehr Handlungsalternativen aufgezeigt werden und damit eine echte Alternative zum Verkauf zu einem geringen Preis geschaffen wird, desto weniger Angst oder gefühlte Bedrohung durch das „wilde Tier" entsteht in der Verhandlung. Durch die gute und ausführliche Vorbereitung im Vorfeld kann man die potenzielle und reale Stressbelastung tatsächlich deutlich reduzieren. Zugegebenermaßen gibt es aber auch Konstellationen, in denen das Scheitern einer Verhandlung und die Verfolgung der Alternative, wie z.B. oben beschrieben, keine echte Option ist. Gegebenenfalls ist die Alternative zu einem geringen Verkaufserlös die Inanspruchnahme aus der Bürgschaft im Falle der Insolvenz.
Grundsätzlich gilt: Die Einschaltung eines erfahrenen M&A-Beraters hilft, Werte zu erhalten. Das hat schlicht damit zu tun, dass die einzelne Transaktion für sich genommen für den Berater keine existentielle Wichtigkeit in seinem Leben darstellt und er darüber hinaus große Erfahrung mit Verkaufssituationen und auch hart gesottenen Verhandlungspartnern hat und deshalb keine für die Verhandlung kontraproduktiven Stressreaktionen von ihm zu erwarten sind.

- **Einmaligkeit des Ereignisses:**
  Der Verkauf des eigenen Unternehmens im Rahmen einer Krisensituation stellt im Leben eines Unternehmers ein oftmals einzigartiges Erlebnis dar. Auf Erfolgserfahrungen der Vergangenheit kann somit nicht zurückgegriffen werden. Unsicherheit über die erfolgreiche Anwendung von bestimmten Handlungsweisen besteht. Somit entsteht Stress.

Zu beachten ist, dass es auch Situationen geben kann, in denen eine Distressed M&A-Transaktion für den Berater ebenfalls eine enorme Bedeutung hat – entweder weil er sich vom Abschluss der Transaktion ein hohes Maß an Reputation verspricht oder weil das zu erwartende Honorar für ihn doch von so immenser Bedeutung ist, dass auch er in die Zwickmühle der gefühlten Existenzangst gerät. Dies vorausgeschickt ist es von enormer Wichtigkeit, einen Berater auszuwählen, der nachweislich ein Höchstmaß an Transaktionserfahrung und eine entsprechend hohe Anzahl von erfolgreichen Abschlüssen vorweisen kann. Liegt beides vor, kann man schlicht davon ausgehen, dass der Berater sich ein Mindestmaß an materieller Unabhängigkeit geschaffen hat, auf deren Basis sich die existentielle, potenzielle Angst und Stress auslösende Bedeutung der einzelnen Transaktion für den ausgewählten Berater auf ein Minimum reduziert. Damit muss ein erfahrener Berater bei entsprechender Vorbereitung in der Lage sein, in kritischen Situationen sachlich und frei von belastenden Emotionen erfolgreich zu verhandeln.

Wenn man nun davon ausgeht, dass beim Verkäufer – und in manch schwierigen Fällen auch beim Berater – Stressreaktionen nicht per se auszuschalten sind, bleibt die Frage, welchen Teil sie davon eventuell kontrollieren bzw. inwieweit sie die Auswirkungen so stark reduzieren können, damit der „wache Verstand" weiterhin uneingeschränkt zur Verfügung steht.

Zusammenfassend gibt es drei Arten des Stressmanagements:

- das instrumentelle Stressmanagement
- das mentale Stressmanagement
- das regenerative Stressmanagement

Die nachfolgende Abbildung zeigt Stressbewältigungsmöglichkeiten und eine Auswahl von Instrumenten, die auf M&A-Transaktionen und Verhandlungssituationen transferiert wurden.[11]

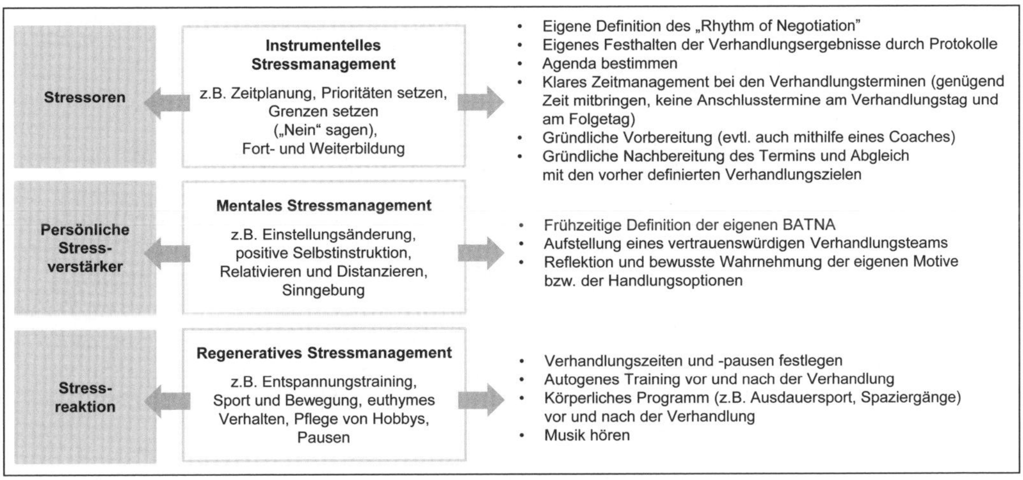

Abbildung 8-5: Instrumente des Stressmanagements

Geeignete Maßnahmen im Vorfeld und während Verhandlungen können in hohem Maße zu einer erheblichen Stressreduzierung beitragen:

1. Gehen Sie ausgeruht in Verhandlungen.
2. Sorgen Sie für eine körperliche Verfassung, in der Sie mit innerer Ruhe in die Verhandlung gehen (z. B. durch einen ausgedehnten Spaziergang vor der Verhandlung oder Ausdauersport am Abend oder am Morgen vor der Verhandlung).

3. Sorgen Sie für innere mentale Ruhe durch Entspannungstechniken (wie z. B. autogenes Training) oder Visualisierung des Verhandlungserfolges im Vorfeld einer Verhandlung.
4. Bereiten Sie sich intensiv auf die Verhandlung vor (siehe S. 156).
5. Vermeiden Sie Termine, die im Anschluss an die Verhandlung stattfinden sollen. Bei wichtigen transaktionsentscheidenden Terminen verschieben Sie bitte alle (privaten) Termine an diesem Tag sowie am nächsten Morgen (idealerweise auch am gesamten nächsten Tag), um jederzeit die Möglichkeit zu haben, die Verhandlungen auszudehnen.
6. Vereinbaren Sie im Vorfeld Pausen und nutzen Sie – in adäquater Intensität – auch während der Verhandlung die Möglichkeit, ungeplante Verhandlungspausen zu erbitten, um sich einerseits abzustimmen und andererseits für einen Entspannungsmoment zu sorgen.
7. Bauen Sie auch in Verhandlungspausen Vertrauen auf.
8. Vermeiden Sie Alkohol während der Verhandlungsphasen.
9. Setzen Sie sich eventuell einen Anker, z. B. in Form eines Gedankens, Gegenstandes, schriftlich formulierten Leitbildes, der für Sie persönlich die Bedeutung dieser Verhandlungen im Kontext Ihrer eigenen persönlichen Zieldefinition und Lebensumstände relativiert.

Um im Rahmen der weiteren Ausführungen auf die gleiche Sprache und Begrifflichkeiten zurückgreifen zu können, sind nachfolgend die wichtigsten Begriffe definiert, mit denen wir Verhandlungssituationen analysieren können.

BATNA – Best Alternative to a Negotiated Agreement

Der Begriff des BATNA wurde geprägt durch die Autoren des Harvard-Modells, die als Grundlage des rationalen, kooperativen Verhandelns das Denken in Alternativen sehen.[12] Das Akronym BATNA steht dabei für den Begriff der „Best Alternative to a Negotiated Agreement“. Es beschreibt neben den vielen Alternativen, die es im Verlauf von Verhandlungen und der Einigung mit dem Verhandlungspartner gibt, die beste Alternative für den Fall, in dem man sich tatsächlich nicht einigen kann. So könnte beispielsweise die BATNA eines Unternehmers im Hinblick auf die Nicht-Einigung mit dem Wunsch-Investor für das Unternehmens in

- dem Verkauf an einen Wettbewerber,
- einem StaRUG-Verfahren,
- dem Antrag auf Eröffnung des Insolvenzverfahrens in Eigenverwaltung oder im Rahmen eines Regelinsolvenzverfahrens oder
- der Liquidation des Unternehmens

bestehen.

Vor bedeutenden Verhandlungen ist es sehr wichtig darüber nachzudenken, was aller Wahrscheinlichkeit nach geschieht, wenn es eben nicht zu einer Einigung kommt –

und welche Optionen man bei einem Scheitern hat. Hier kommt es vor allem darauf an, die Wahrscheinlichkeiten richtig einzuschätzen und – sofern möglich – den Wert der Alternativen zu beziffern.

Neben dem Einschätzen der eigenen BATNA ist auch das Antizipieren der BATNA des Verhandlungspartners ein wichtiger Baustein in der Vorbereitung einer Verhandlung. Dabei sei kurz erwähnt, dass es bei diesem Vorgang von immenser Bedeutung ist, die Situation des Verhandlungspartners anhand von Fakten einzuschätzen und in der Analyse zu akzeptieren, dass man gewisse Sachverhalte nicht sicher einordnen kann. Vermutungen und Unterstellungen nach dem Motto, „Der Interessent A kann gar nicht anders", sind hoch gefährlich, denn sie führen zu Fehlannahmen, die sich auch kontraproduktiv auf die eigene Einstellung zum Verhandlungsziel auswirken und die eingenommene Verhandlungsposition fehlleiten können. Das Motto lautet hier: „Stop guessing!" Das konkrete Wissen um die beste Alternative führt zu einer Unabhängigkeit in den Verhandlungen.

Die BATNA-Analyse gehört zu jeder guten Verhandlungsvorbereitung:

- BATNA soll für den Fall eines möglichen Scheiterns von Verhandlungen vorab Klarheit schaffen, welche anderen Möglichkeiten grundsätzlich vorhanden sind und welche alternativen Vorgehensweisen eingegangen werden können.
- BATNA steht für die Suche nach möglichen Alternativen und das Ermitteln der besten Alternative als wichtiger Punkt in der Verhandlungsvorbereitung.
- BATNA stellt den Orientierungspunkt dar, wann ein Verhandlungsausstieg günstiger erscheint als ein Verhandlungsabschluss.
- BATNA ist erfolgversprechender als das Setzen eines starren Limits („So viel will ich maximal nachgeben oder mindestens erhalten, sonst ist die Verhandlung gescheitert"), weil die wichtigere Frage der bestehenden Alternativen im Fall des Scheiterns der Verhandlung geklärt wird.
- BATNA stellt einen wesentlichen Faktor für erfolgreiche Verhandlungen dar: Die konkrete Kenntnis von Alternativen stärkt grundsätzlich die eigene Verhandlungsposition.

Reservation Price

Der sogenannte Reservation Price bezeichnet den Grenzpreis des jeweiligen Transaktionspartners und ist somit der höchste Preis, den ein Käufer bereit ist zu bezahlen bzw. der geringste Preis, den ein Verkäufer noch bereit ist zu akzeptieren. In Verhandlungen bezeichnet der Reservation Price den Punkt, an dem ein Verhandler bereit ist, den Verhandlungstisch zu verlassen („Walkaway Point"), weil er aufgrund des Erreichens seiner „Schmerzgrenze" keinen Sinn mehr in der Verhandlung sieht oder sehen will. Bei der Betrachtung des Reservation Price ist aus Verkäufersicht nicht nur der Verkaufspreis zu berücksichtigen, sondern auch die Kosten oder Cashoutflows (aus der oben mehrfach erwähnten möglichen Sicherheitenstellung aus dem Privatvermögen), die entstehen, wenn keine Transaktion zustande kommt. Auf Käuferseite sind umgekehrt nicht nur die eigene Preisvorstellung, sondern auch die Kosten zu berücksichtigen, die bspw. dadurch entstehen könnten, dass beim „Walkaway Point" ein anderer Käufer – vielleicht ein Wettbewerber – die Transaktion abschließt und damit in Zukunft Auswirkungen auf das eigene Unternehmen zu erwarten sind (z. B. Erlangung von Skalenvorteilen durch den anderen Käufer, der damit den Marktpreis für bestimmte Produkte nach unten bewegt und hierdurch einen Margenverfall beginnt, der sich über kurz oder lang auch auf die Ertragslage des eigenen Unternehmens auswirkt).

Guhan Subrahmanian, Professor an der Harvard Law School, schreibt in seinem Buch „Dealmaking" über den Reservation Price:

„Die Höhe des Reservationspunktes (Reservation Price) hängt in der Regel davon ab, wie gut oder schlecht die BATNA ist. Der Reservationspunkt hat nichts damit zu tun, welchen Preis man sich als günstig, akzeptabel oder fair vorstellt. Er markiert einfach nur den Punkt, der darüber entscheidet, ob die Wertschöpfung innerhalb eines zur Verhandlung stehenden Deals oder abseits des Verhandlungstisches über die BATNA stattfindet. Der Reservationspunkt ist eine wichtige Größe, die bei den Verhandlungen stets vor Augen sein sollte."[13]

Häufig gibt es in Distressed-Situationen keine Alternative zur Transaktion. Um in solchen Situationen den enormen Stress, der auf die handelnden Personen wirkt, zu reduzieren, muss neben der Einschaltung eines Beraters auch die eigene BATNA auf einer Meta-Ebene definiert werden. Jeder Mensch definiert für sich seinen eigenen Verantwortungsbereich. Aufgrund vorhandener Handlungsmöglichkeiten erfolgt ebenfalls die Definition des eigenen Einflussbereiches. Dieser Vorgang findet in der Regel unbewusst statt. Überwiegt der selbst definierte Verantwortungsbereich den eigenen Einflussbereich, kommt es zu erheblichem Stress.

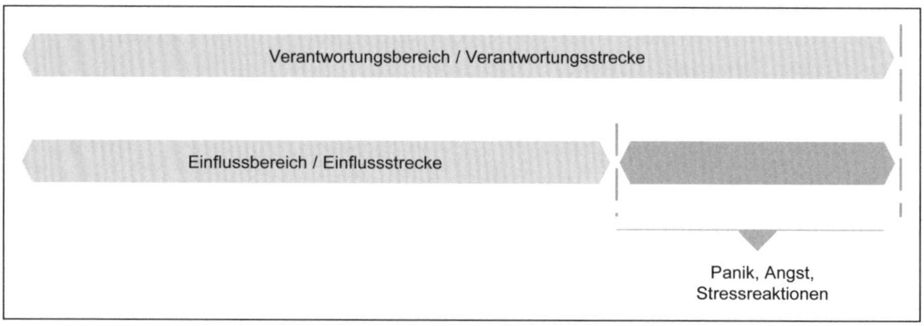

Abbildung 8-6: Verantwortungs- und Einflussstrecke 1/2

Die Möglichkeit, den entstehenden Stress zu reduzieren besteht an zwei Stellen, nämlich der Reduktion des eigenen Verantwortungsbereiches oder der Erweiterung der Einflussstrecke.

Bei der Reduktion des eigenen Verantwortungsbereiches und damit der Suche nach der BATNA muss in Extremfällen auf eine andere Ebene ausgewichen werden. Die beruflichen Erfolge eines Unternehmers sind in der Bedürfnispyramide nach Maslow sicherlich in den oberen Kategorien einzuordnen.

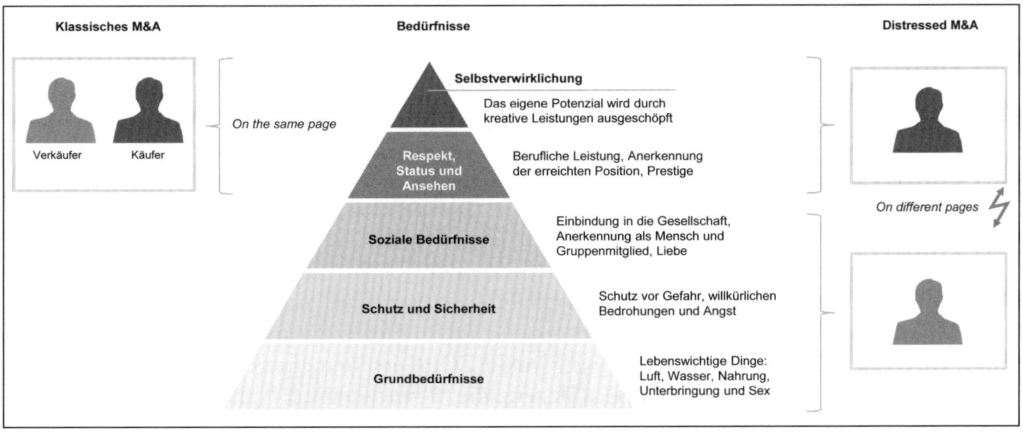

Abbildung 8-7: Bedürfnispyramide nach Maslow[14]

Eine zumindest zeitweise Fokussierung auf die anderen Ebenen kann helfen, eine BATNA zu definieren und den Stress aus einer etwaigen Transaktion zu reduzieren. Gleichzeitig kann die Einschaltung eines erfahrenen Beraters die eigene Einflussstrecke ergänzen. Zusammenfassend können diese Maßnahmen das in Abbildung 8-6 dargestellte Modell der Verantwortungs- und Einflusstrecke deutlich verändern:

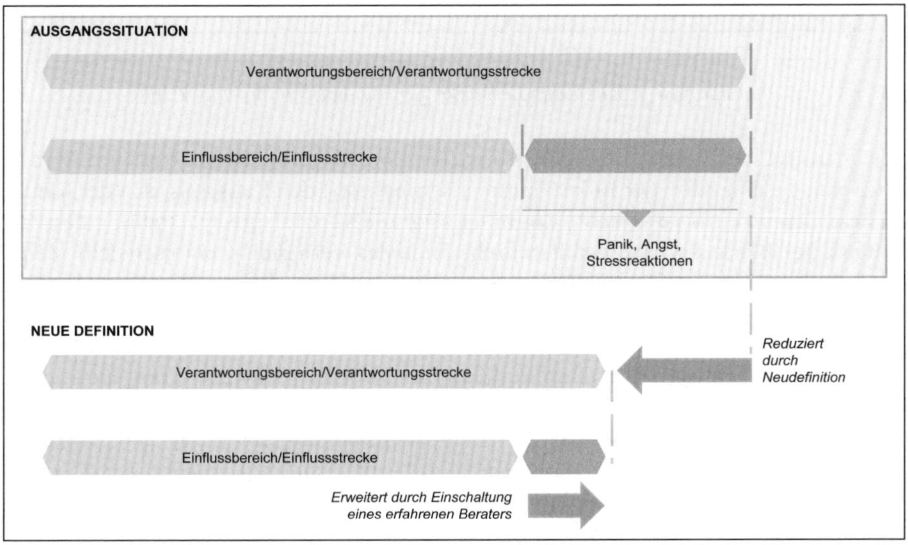

Abbildung 8-8: Verantwortungs- und Einflussstrecke 2/2

Verantwortungsstrecke und Einflussstrecke sind in dieser schematischen Darstellung nunmehr identisch. Der Stressbereich ist entfallen.

ZOPA – Zone of Possible Agreement

Es liegt im Wesen nahezu aller Verhandlungen, dass man den Reservation Price, also den Grenzpreis des Verhandlungspartners nicht exakt kennt. Ebenso sind andere Parameter einer Verhandlung nicht bekannt, die für den Abschluss einer Vereinbarung wichtig sind. Je nach Vorbereitung kann es hier zwar zu einer deutlichen Reduzierung der Informationsasymmetrie kommen. Die Existenz von Unwägbarkeiten ist allerdings grundsätzlich ein Problem, mit dem jeweils beide Verhandlungspartner umgehen müssen. Hier erweist sich das Konzept der ZOPA („Zone of Possible Agreement") als hilfreich Die ZOPA ist die Darstellung des Bereiches, in dem sich die Vorstellungen von Verkäufer und Käufer überlappen. Nur in diesem Bereich wird in der Regel eine Einigung möglich sein. Oftmals wird die ZOPA erst in mehreren Verhandlungsrunden erreicht. Die nachfolgende Grafik zeigt die Möglichkeit der Näherung der beiden Parteien an den Einigungsbereich.

Abbildung 8-9: Schematische Darstellung der Entstehung einer ZOPA

Wie man in Block 1 sieht, liegen die Vorstellung der Verhandlungspartner am Anfang noch weit auseinander: Die linke Klammer symbolisiert den Kaufpreis, den der Käufer zu bezahlen bereit ist; die rechte Klammer zeigt die Verkaufspreisvorstellung des Verkäufers. Im Block 2 wurde bereits durch rationales Verhandeln einerseits ein Mehrwert für den Käufer aufgezeigt und andererseits hat sich der Reservation Price des Verkäufers durch neu identifizierte Risiken nach unten verschoben. Im untersten, dritten Block ist eine ZOPA vor allem dadurch entstanden, dass sich die nun vorherrschenden Preisvorstellungen von Käufer und Verkäufer im Verhältnis zu den Anfangspositionen deutlich verschoben haben. Die ursprünglich linke Klammer ist nun rechts neben die ursprünglich rechte Klammer gerückt. Die Überlappung in der Wertskala kennzeichnet die ZOPA. Die Analyse der möglichen ZOPA gibt – bei Antizipation der BATNAs der Verhandlungspartner und der Reservationspreise – Aufschluss darüber, ob eine Verhandlung überhaupt erfolgreich sein kann.

Natürlich ist dies keine exakte mathematische Rechnung, sondern ein Vorgang, der stets mit einer Vielzahl von Variablen verbunden ist. Nichtsdestotrotz ist die gedankliche Analyse der Situation ein sehr wichtiger Punkt, um „aus dem sicheren Stand heraus" verhandeln zu können. Das nachfolgende Schaubild fasst die bisher vorgestellten Instrumente und den Analysevorgang zusammen:

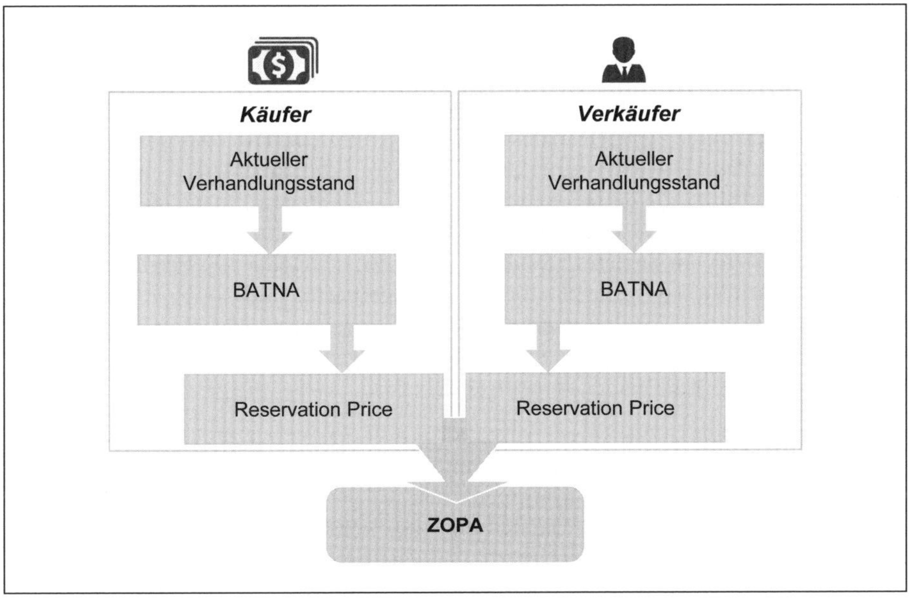

Abbildung 8-10: Zusammenfassende Darstellung der gedanklichen Verhandlungsprinzipien

Kooperatives versus kompetitives (distributives) Verhandeln

Natürlich können Verhandlungen auch scheitern. Im Nachhinein fragen sich die Beteiligten zumeist: „Weshalb hat man die Gespräche in diesen Fällen nicht wie sonst auch erfolgreich beenden können?" In seinem Buch „Verhandeln und Mediation" beschreibt Fritjof Haft eine mögliche Ursache bei Juristen, die aber auch insgesamt für alle Verhandler gilt: Junge Juristen lernen bereits frühzeitig während des Studiums, dass man die „Lösung eines Falles nach Anspruchsgrundlagen aufbauen muss. Ansprüche sind Positionen; Anspruchsdenken ist Positionsdenken. Positionsdenken verhindert (oftmals) einvernehmliche Konfliktlösungen und führt zum Streit."[15] Es lohnt sich, einen Moment bei diesem einfachen Gedanken zu verweilen.

Grundsätzlich kann jeder Konflikt durch zwei Wege gelöst werden:

- Konfliktlösung durch Streit (positionsbezogen)
- Konfliktlösung durch Zusammenarbeit (sachbezogen)

Diese beiden Typen unterscheidet Haft folgendermaßen: „Beim Streit stellen sich die Beteiligten gegeneinander. Sie kämpfen. Ihr Ziel ist es, ihre jeweiligen Positionen durchzusetzen und Sieger der Auseinandersetzung zu werden.

Bei der Zusammenarbeit bemühen sich die Partner dagegen um ein Miteinander. Sie kooperieren. Ihr Ziel ist es, den Konflikt auf eine Weise zu lösen, die allen Beteiligten möglichst große Vorteile und möglichst geringe Nachteile bringt. Es geht ihnen nicht um Sieg oder Niederlage, sondern um die kreative Lösung eines Problems."

In der Regel wird bei Distressed M&A-Verhandlungen und insbesondere bei den Faktoren Preis und den Garantien für Risiken einer Übernahme jedoch mit harten Bandagen verhandelt. Diese beiden Punkte wirken sich direkt und für beide Seiten auf die Betrachtung der Rentabilität der Transaktion und des gesamten Investments aus. Deshalb werden beide Parteien spätestens an diesen Punkten ihre Kooperationsbereitschaft – zumindest zeitweilig – über Bord werfen und „bis aufs Messer" um jeden Euro kämpfen. Es gilt hier die einfache Regel: Jeder zusätzlich gewonnene (oder nicht ausgegebene) Euro erhöht die Rentabilität der Transaktion und verschafft dem Käufer bei den Kapitalgebern ein besseres Standing – und reduziert gleichzeitig mittelbar oder unmittelbar den Verkaufserlös für die verkaufende Partei. Dies ist der Kern des Konflikts, der die Kooperation erschwert. Die Transaktion wird als sogenanntes „Nullsummenspiel" betrachtet, bei dem eine Partei gewinnt, was die andere Partei verliert (und damit bleibt die Summe beider Parteien „bei null").

Warum wird so oft gestritten bei Verhandlungen? Anders gefragt: Warum arbeiten wir bei Transaktionen nicht sofort zusammen? Eine mögliche Antwort auf diese Frage gibt Haft: „Jede Form der Zusammenarbeit bei der Lösung eines Konfliktes setzt die Fähigkeit zur sprachlichen Darstellung und Bewältigung des Konfliktes voraus. Diese Fähigkeit ist aber nur begrenzt, oftmals überhaupt nicht vorhanden"[16]. Komplexität, wie sie bei Distressed-Transaktionen regelmäßig vorherrscht, beherrschen wir aber in unserer verbalen Sprache nur unzureichend. Unsere „Hardware Gehirn" und unsere „Software Sprache" lassen uns bei dieser Aufgabe rasch im Stich. Deshalb entscheiden wir uns bei der Austragung von Konflikten für ein intuitives Verhandeln (initiiert durch das System-1-Denken), oft in der Ausprägung des distributiven Verhandlungsmodells. Bei diesem Modell gibt es keine methodischen Schwierigkeiten. Der Streit oder das anfängliche Feilschen setzt keine besonderen verbalen Fähigkeiten voraus. Er ist nicht einmal exklusiv menschlich. Streit und Kämpfe gibt es schon in der Tierwelt. Soweit der Streit aber verbal in der Sprache geführt wird, wird er durch eine wenig beachtete Eigenart unserer Sprache begünstigt. Unsere verbale Sprache ist eine „Geschichtensprache", die uns dazu verführt, auch komplexe Konfliktsituationen als Geschichten zu behandeln. Wir erzählen dann nicht ein Problem, sondern die Geschichte des Problems, und wir lassen unsere Erzählung in diejenige Fortsetzung münden, welche wir uns wünschen. Diese künftige Idealgeschichte ist dann identisch mit unserer Position. Andere verhalten sich ebenso. Damit steht Position gegen Position.

Warum tendieren wir Menschen so oft dazu, nicht kreativ kooperierend und damit wertfördernd (create), sondern oftmals eher wertfordernd-kompetitiv/distributiv und damit meist strittig zu verhandeln (claim)? Die Antwort darauf mag nicht verwundern: Das größte Problem liegt im Menschen und dessen unzureichenden Fähigkeiten im Umgang mit stressigen, konfliktreichen und komplexen Situationen faktenorientiert und tatsächlich kooperativ vorzugehen – und stattdessen auf vier Mechanismen des Streitgespräches zurückzufallen:

1. Kein „aktives Zuhören" sorgt für vorschnelle Urteile.
2. Suche nach „der einen" richtigen Lösung begrenzt die Sichtweise.
3. Die Annahme, dass der „zu verteilende Kuchen" begrenzt sei (und damit ein Nullsummenspiel besteht), verengt den Lösungskorridor.

4. Der Rückzug auf die Vorstellung, dass die anderen ihre Probleme selbst lösen sollen, kann die gemeinsame Interessenlage empfindlich stören (zerstören).

Es wird nicht verhandelt – es wird gestritten. Die Verhandlungspartner wollen ihre jeweiligen Positionen durchsetzen, um Sieger der Auseinandersetzung zu werden.

Wenn man in diesem Gedanken verharrt, stellt sich oftmals auch ein anderes Phänomen ein, nämlich das sogenannte Negotiator's Dilemma, das aus dem berühmten Gefangenendilemma abgeleitet ist. Dazu folgendes Szenario: Zwei Verbrecher werden von der Polizei festgesetzt. Vor der Gerichtsverhandlung wird beiden ein Geschäft vorgeschlagen: Wenn einer gesteht und seinen Komplizen belastet, droht ihm nur ein Jahr Gefängnis, seinem Komplizen jedoch fünf. Singen beide, kann das Gericht bei beiden zuschlagen und beide erhalten je vier Jahre. Halten beide dicht, kann nur ein Indizienprozess geführt werden und sie werden mit je zwei Jahren davonkommen. Jeder der beiden Verhafteten hat also zwei Möglichkeiten (oder Strategien): Er kooperiert mit der Polizei und gesteht oder er kooperiert nicht und hält dicht. In einer Tabelle dargestellt sieht das so aus:

		B	
		„Dicht halten"	**„Singen"**
A	**„Dicht halten"**	*2 Jahre* ***2 Jahre***	*1 Jahr* ***5 Jahre***
	„Singen"	*5 Jahre* ***1 Jahr***	*4 Jahre* ***4 Jahre***

Abbildung 8-11: Pay-off-Diagramm des Gefangenendilemmas

Betrachtet man das Ganze aus der Perspektive von A, hat er eine dominante Strategie (vorausgesetzt, er will seine Zeit im Gefängnis so kurz wie möglich halten): Wenn B leugnet, lohnt es sich zu gestehen (ein Jahr statt zwei). Sollte B gestehen, muss A auch gestehen (vier Jahre statt fünf). Da die Situation gespiegelt ist, gilt für B dasselbe. Es wählen also beide dieselbe Strategie: Sie verraten ihren Komplizen und kriegen also zusammen acht Jahre aufgebrummt (2×4), obwohl sie mit Schweigen zusammengerechnet nur die Hälfte hätten absitzen müssen (2×2). Diese Situation beschreibt einen Zustand, in dem eine optimale individuelle Strategie zu einem Resultat führt, welches gesamthaft gesehen negativ ist.

Wenn eine Seite kooperativ und mit „offenem Visier" in die Verhandlungen geht, um beispielsweise im Wege einer konstruktiven, sachbezogenen Verhandlung Wege zu finden, die für beide Seiten zu einer tragfähigen Lösung führen, jedoch die andere Seite im Nullsummendenken verhaftet ist, dann kann es zu einem Scheitern der Verhandlung führen. Wenn ein Unternehmer sehr offen über seine Ziele und Motive spricht und seinem Transaktions- respektive Verhandlungspartner seinen aus der Bürgschaftsinanspruchnahme negativen Kaufpreis offenbart, wird dies in der Regel das Gegenüber dazu verleiten, einen Preis zu fordern, der nur knapp über dem negativen Preis liegt. Rein logisch betrachtet zeigt das nachfolgende Pay-off-Diagramm die Problematik, die entsteht, wenn Verhandlungspartner ihren Verhandlungsstil zwischen kooperativ und wertfördernd (creative) oder positionsbezogen und wertfordernd (claim) definieren:

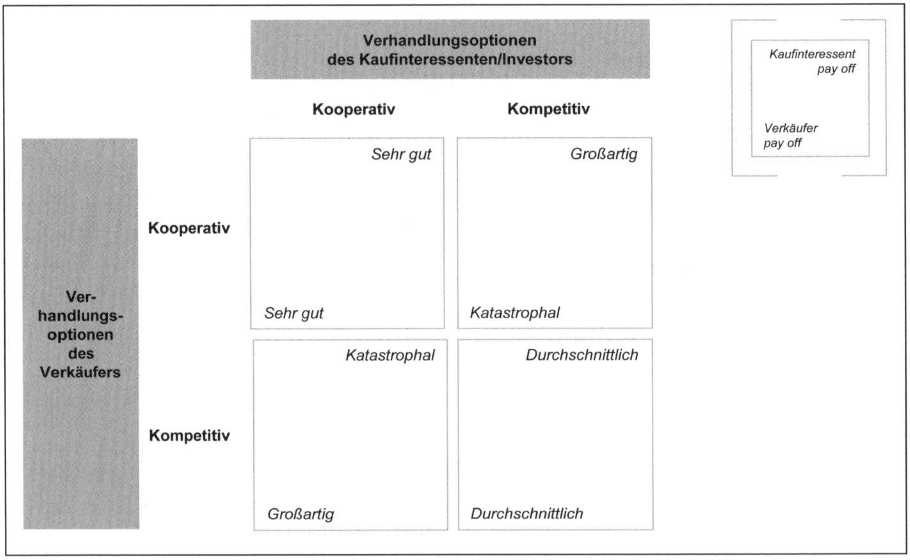

Abbildung 8-12: Pay-off-Diagramm des Negotiatior's Dilemma

Diese Abwandlung des vorgenannten Gefangenendilemmas zeigt darüber hinaus auch eine grundsätzliche Problematik auf. Wenn man die grundsätzlichen Wahlmöglichkeiten eines Verhandlers in ein kooperatives, ehrliches, die Motive offenlegendes Verhalten und eine harte, positions- und preisorientierte Verhandlungstaktik einteilt, dann wird deutlich, dass der Verhandler sich bei rationalem Verhalten eher für den Claim-Stil entscheiden sollte. Betrachtet man die Wahlmöglichkeit der Parteien, so zeigt sich, dass in der Summe der möglichen Ergebnisse es für jede der beiden Parteien besser ist, sich für den Claim-Stil zu entscheiden (Output: großartig oder mittelmäßig) und nicht für den Create (gut oder schlecht). Die logisch richtige Entscheidung ist bei dieser Betrachtungsweise das „claimen". Dadurch wird jedoch eine kooperative Verhandlung unmöglich gemacht.

Dennoch liegt es auf der Hand, dass man durchaus eine Verhandlung mit dem Hinweis auf dieses Modell eröffnen könnte und dabei eine kreative Atmosphäre schafft, die es beiden Parteien ermöglicht, zunächst über deren Schatten zu springen, um eine Lösung im linken oberen Quadranten zu ermöglichen. Das Harvard-Modell empfiehlt hier zusammengefasst folgende Ansatzpunkte, unterteilt in die Dimensionen Vorstellung, Emotion und Kommunikation:

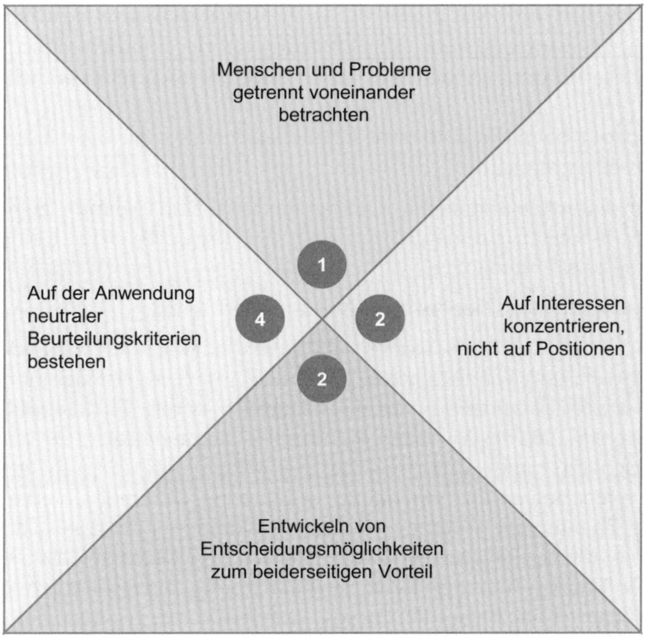

Abbildung 8-13: Die Grundprinzipien des Harvard-Modells

In die Praxis transferiert gibt es hierfür folgende Vorgehensweisen:

- Finden von Optionen (Brainstorming) zur Kooperation und zum Vergrößern des zu verteilenden „Verhandlungskuchens"
- Beurteilen dieser Option durch (sofern möglich) monetäre Bewertung
- Zahl der realistischen Optionen vermehren
- Die Optionen suchen, die Vorteile für beide Seiten aufweisen
- Vorschläge entwickeln, die den anderen die Entscheidung erleichtern

Letztendlich sucht man beim Harvard-Konzept nach der sogenannten Win-win-Situation.

In vielen Situationen wird dies jedoch nicht gelingen und in vielen Situationen gibt es auch schlichtweg keine Win-win-Situation! In vielen Distressed M&A-Situationen ist der Einsatz auf dem „Verhandlungstisch" sehr hoch und die Parteien streben gar keine kooperative Zusammenarbeit in der Zukunft an. Es geht dem einen oder anderen Verhandlungspartner nicht darum, den Kuchen zu vergrößern, sondern schlichtweg darum, das größte Stück vom Kuchen abzubekommen.

In solchen Situationen verfällt ein unerfahrener Verhandler in noch größeren Stress, empfindet er doch die Macht des Gegenübers als erdrückend. Dieses Gefühl der eigenen „Ohnmacht" und der übermäßigen Macht des Verhandlungspartners kennt jeder Mensch, der im Laufe seines Berufslebens schon an vielen wichtigen Verhandlungen teilgenommen hat. Darüber hinaus empfinden unerfahrene Verhandler in Distressed-Situationen häufig ein Gefühl, das aus der schlechten Verfassung des in Rede stehenden Unternehmens herrührt. Die schlechte Unternehmenssituation wird mit einer schlechten Verhandlungssituation gleichgestellt. Man kommt sich dem (häufig erfolgreichen und rentablen) Investor gegenüber als Bittsteller vor, der deutlich mehr Macht hat als man selbst. Diese Haltung ist nicht nur falsch, sondern auch sehr gefährlich.

Grundsätzlich gilt, beim Umgang mit den Machtverhältnissen ein positives Mindset zu schaffen, das es ermöglicht:

- das System-1-Denken und damit den Stressfaktor auf ein Minimum zu reduzieren.
- das System-2-Denken in den Vordergrund zu bringen und hierdurch einen Verhandlungsvorteil zu erlangen.

Dies kann durch folgende Gedankenmuster erfolgen:

- Egal wie schwierig das Fahrwasser ist, in dem das zum Verkauf stehende Unternehmen schlingert, und egal wie groß der eigene Anteil des Managements oder der Eigentümer am Zustandekommen der Misere ist, es gilt: Ein Gegenüber sitzt am Tisch, weil er kaufen *will*! Wir *haben* etwas, das er gerne hätte!
- Man überschätzt immer die Macht des Gegenübers und unterschätzt die eigene! Steuern Sie hier bewusst mental dagegen! Schranner beschreibt hierzu eine Analogie aus der Theaterwelt, in der ein Hauptdarsteller immer das Gefühl hat, dass „den König immer die anderen spielen". Seien Sie sich stets bewusst, dass Sie als Verkäufer etwas in Händen halten, was Sie dazu berechtigt, an dieser einen (gegebenenfalls auch nur kleinen) Stelle „den König zu spielen".
- Kommunikation ist alles:
  - *Vergewissern Sie sich Ihrer BATNA und kommunizieren Sie das Vorhandensein auch in abstrakter Form*!
  - Wenn es Wettbewerber im Investorenprozess gibt, dann *kommunizieren Sie diesen Wettbewerb der Investoren* niemals überheblich, sondern sachbezogen mit dem Hinweis, dass es für Sie auch andere Optionen als den Abschluss mit dem Ihnen aktuell gegenübersitzenden Verhandlungspartner gibt.
- *Wissen ist Macht*! Diese abgedroschen wirkende, vermeintliche Floskel hat insbesondere bei Distressed M&A-Transaktionen eine enorme Bedeutung. Die Komplexität einer Transaktion mit einer Vielzahl wertbeeinflussender Parameter erfordert es, die am besten in die Materie eingelesene Person am Tisch zu sein.

Sie haben in solchen Verhandlungen mehr Macht, als Sie annehmen. Zeigen Sie auch punktuell, dass Sie sich dessen bewusst sind!

Zur **Vorbereitung der Verhandlungen** gehören:[17]

1. **Exakte Kenntnis des Transaktionsgegenstands**
   - in rechtlicher Hinsicht (Was steht zum Verkauf? In welcher Struktur kann der Transaktionsgegenstand verkauft werden: Asset Deal oder Share Deal? Gibt es rechtliche Rahmenbedingungen, die den Verkauf in zeitlicher und inhaltlicher Hinsicht bestimmen?)
   - im Hinblick auf das operative Geschäft (Wettbewerbspositionierung, Wertschöpfungskette, operative Entwicklung)
   - im Hinblick auf den Unternehmenswert und den Wert der einzelnen Ansprüche der einzelnen Stakeholder (Enterprise Value-Equity Value-Wasserfall; Wer ist gegebenenfalls bereit, auf welche Ansprüche zu verzichten? Was sind die Alternativen der einzelnen Anspruchsgruppen?)

2. **Kenntnis der Personen auf der anderen Seite des Verhandlungstischs**
   – im Hinblick auf deren Befugnisse (sitzt der sog. M.A.N am Tisch, der „Money", „Authority" und „Need" mitbringt? Verhandeln wir mit dem Entscheidungsträger oder mit einem Delegierten? Welche Ziele hat unser Verhandlungspartner persönlich am Zustandekommen der Transaktion?)
   – im Hinblick auf deren Erfahrungen, insbesondere mit M&A-Transaktionen (Hat unser Gegenüber schon M&A-Transaktionen abgeschlossen? Hat unser Gegenüber Kenntnisse der Rahmenbedingungen bei Distressed-Transaktionen? Kennen wir gegebenenfalls frühere Verhandlungspartner des Gegenübers aus anderen Transaktionen und wie war hier sein Verhandlungsstil?)

3. **Kenntnis der Verhandlungssituation**
   – Interessen: Was sind unsere Interessen? Was sind die Interessen des Gegenübers?
   – Alternativen: Welche Alternativen haben wir (BATNA)? Welche Alternativen hat unser Gegenüber?
   – Verhandlungsergebnisse: Gibt es Lösungen, die den Interessen beider Parteien dient?
   – Kosten: Was kosten die Verhandlungen? Fördert die Verhandlung unseren Ruf oder ist sie kontraproduktiv?
   – Umsetzung: Wird sich unser Gegenüber an das Verhandlungsergebnis und die entsprechenden Maßnahmen halten oder nicht?

Die Zusammenstellung des optimalen Verhandlungsteams

Ebenso gehört zu einer guten Vorbereitung auf eine solche Verhandlung die Auswahl des optimalen Verhandlungsteams. Da bei einer Unternehmenstransaktion eine Vielzahl von Themenbereichen abgedeckt werden müssen, ist auch eine Vielzahl von Personen einzubeziehen. Unter anderem geben Rechtsexperten ihren Ratschlag zu bestimmten rechtlichen Sachverhalten, wie z. B. Insolvenzrechtsexperten, Arbeitsrechtsexperten, Steuerexperten beurteilen die steuerlichen Konsequenzen einer Transaktion oder Umweltspezialisten beurteilen die Auswirkungen des Produktionsprozesses auf Grund und Boden. Somit würde sich das Verhandlungsteam aus Unternehmer bzw. dem Insolvenzverwalter, Rechtsanwalt, Steuerberater, Umweltberater, Berater in Personalfragen, M&A-Berater etc. zusammensetzen. Würde man nun all diese, in die Transaktion involvierte, Personen an den Verhandlungen teilnehmen lassen, würden die Gespräche vermutlich ineffizient werden. In der Praxis hat sich deshalb eine andere Zusammensetzung des Verhandlungsteams als zielführend erwiesen. Dieses Modell ist aus der Polizeipraxis übernommen und wurde insbesondere vom FBI bei Verhandlungen mit Geiselnehmern erfolgreich eingesetzt.[18]

Das Grundprinzip des FBI-Modells mag auf den ersten Blick verblüffen, denn der Entscheider sitzt hier bewusst nicht mit am Verhandlungstisch. Das Verhandlungsteam ist geteilt; ein Teil führt die Verhandlungen und ein anderer Teil beobachtet und trifft die Entscheidungen. Dabei gilt: Ein Verhandlungsführer der Polizei verhandelt nie allein. Und das hat einen guten Grund. Wer allein verhandelt, ist emotional sehr stark in die Verhandlung eingebunden. Er ist auf sein Verhandlungsziel fixiert und hat deshalb seine Strategie und seine Argumente ständig präsent. Diese Präsenz ist sehr gut für ein zielgerichtetes Verhandeln – und sehr schlecht für ein analytisches Zuhören. Analytisches Zuhören – also nicht nur das Hinhören, sondern auch das Hineinhören – ist nur möglich, wenn ein wesentlicher Teil der Konzentration auf den Gegenüber verwendet werden kann. Bei sehr stressigen und emotional geführten Verhandlungen, wie Geiselnahmen und eben auch bei Distressed M&A-Transaktionen, kann es sein, dass der Verhandlungsführer durch sein zielgerichtetes Verhandeln das Zuhören und damit wichtige Chancen vernachlässigt. Deshalb wird bei polizeilichen Verhandlungen der Verhandlungsführer beim Zuhören und beim strategischen Vorgehen durch Kollegen unterstützt. Polizeiliche Verhandlungen werden im Team geführt, das sollte dementsprechend auch bei Distressed M&A-Transaktionen der Fall sein. Die nachfolgende Abbildung zeigt die grundsätzliche Aufteilung eines Verhandlungsteams.

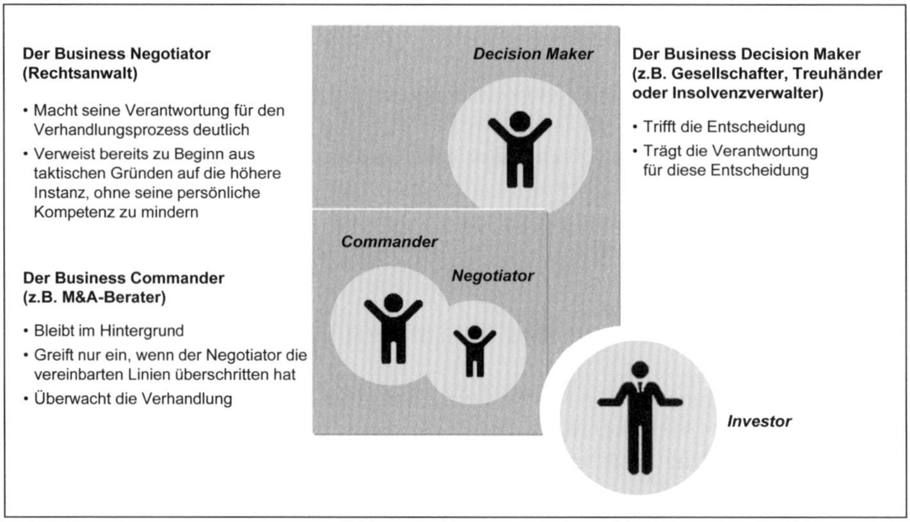

Abbildung 8-14: Das optimale Verhandlungsteam

Der sogenannte „Negotiator" ist der einzige direkte Ansprechpartner für den Transaktionspartner. Oftmals kommt diese Eigenschaft einem auf M&A-Transaktionen und Gesellschaftsrecht spezialisierten Rechtsanwalt zu. Er stellt in der Regel gleich zu Beginn klar, dass er der alleinige Ansprechpartner für diese Verhandlung sein wird. Zusätzlich weist er darauf hin, dass einige wichtige Entscheidungen – trotz umfangreicher Vollmachten – nicht von ihm allein, sondern ausschließlich vom Gesellschafter („Decision Maker") getroffen werden müssen. Der Negotiator kann lediglich jene Bereiche entscheiden, die ihm der Commander bzw. der Decision Maker vorab einräumen. Das können beispielsweise das Gewähren bestimmter Garantien oder die Ausgestaltung der Kaufpreiszahlungsweise etc. sein. Die unabgestimmte Anpassung der Höhe des letztendlichen Kaufpreises überschreitet jedoch seine Kompetenz.

Ein „Commander" ist entweder ein Kollege oder der M&A-Berater. Seine Aufgabe besteht darin, die Verhandlung mit einer bestimmten Distanz zu verfolgen. Er sitzt am gleichen Tisch wie der Negotiator, greift jedoch nie direkt in die Verhandlung ein. Der Umstand, dass er nicht sofort reden, antworten und argumentieren muss, verschafft ihm viel gedanklichen Freiraum. Er hört mehr oder er hört andere Aspekte als der Negotiator. Das ist so, weil er zum einen mit mehr Distanz zuhört und zum anderen, weil er durch seine Persönlichkeit und Erfahrung eine andere Sichtweise hat.

Sehr wichtig ist, dass dem Negotiator die Verhandlungsziele klar und unmissverständlich mitgeteilt wurden. Er muss genau über die minimalen und maximalen Ziele des jeweiligen Verhandlungsabschnittes, die Strategie und die taktischen Schritte Bescheid wissen. Vor allem muss die Verantwortung seiner Verhandlung genau abgegrenzt sein. Er muss z. B. wissen:

- Was darf er verhandeln und was nicht?
- Was darf er zusagen und was nicht?
- Was darf er ablehnen und was nicht?

Diese Verantwortung sollte idealerweise schriftlich fixiert und am besten während der Verhandlung sowohl für den Negotiator als auch den Commander sichtbar sein. Diese mehrfache Absicherung hat einen Vorteil: Wenn der Negotiator im Verlauf der Verhandlungen einen massiven Fehler begeht, ist es nicht weiter schlimm. Man kann ihn jederzeit austauschen. Ist der Negotiator bspw. in seinem Ermessensspielraum zu weit gegangen und hat vielleicht zu viele Zugeständnisse gemacht, kann er durch einen anderen ersetzt werden. Die gemachten Zugeständnisse sind an seine Person gebunden und noch nicht rechtlich fixiert. Dasselbe gilt für den Fall, dass der eingesetzte Negotiator sich als der Situation nicht gewachsen erweist. Aufgrund dieser Möglichkeiten sollte auf jeden Fall gelten: Bei schwierigen Verhandlungen kann das Einsetzen eines Negotiators vor dem Commander als „Firewall" dienen. Ist der Negotiator „verbrannt", ist es zwar bedauerlich, führt aber nicht zum Abbruch der Transaktion. Sie können den Commander immer hinter dieser „Firewall" verstecken und falsche Entscheidungen Ihres Negotiators bedauern und auch entschuldigen.

In letzter Instanz entscheidet selbstverständlich der verkaufende Unternehmer als Decision Maker über das weitere Vorgehen. Wenn Sie Zweifel an der Differenzierung zwischen Decision Maker und Commander haben: Ein Decision Maker kann Ja sagen, wenn alle anderen Nein sagen. Und er kann Nein sagen, wenn alle anderen Ja sagen. Dafür gibt es einen einfachen Grund: Er ist am Ende derjenige, der die Entscheidung und damit die Folgen zu verantworten hat. Die unmittelbare, persönliche Einschaltung des Decision Makers in die Verhandlung ist sinnvoll, wenn insbesondere im mittelständischen Segment das Verhandlungsergebnis weitestgehend feststeht und die letzten zu verhandelnden Punkte von den Entscheidern selbst gefällt werden müssen und eventuell noch einmal vorher entscheidend beeinflusst werden können. Aber selbst hier gehen erfahrene Investoren nicht mit an den Tisch, sondern bleiben auch hier im Hintergrund.

Definition der Verhandlungsstrategie

Nun ist das ganze theoretische Framework nur so gut, wie es hilft, die eigenen Interessen in der konkreten Verhandlung erfolgreich in Ergebnisse umzusetzen. Dabei sind verschiedene Dimensionen zu berücksichtigen, die die eigene, konkrete Verhandlungsstrategie und die daraus abgeleitete Verhandlungstaktik definieren.

Die wichtigste Dimension ist die Bedeutung der persönlichen Beziehung zum Verhandlungspartner sowie das Interesse am materiellen Ergebnis der Verhandlungen. Sind beide Komponenten stark ausgeprägt, wird der Verhandlungsstil von kooperativen Elementen geprägt sein, wie sie das Harvard-Konzept beschreibt.[19] Daneben gibt es jedoch auch Situationen, in denen man auf den Verhandlungspartner zunächst Druck ausüben muss, zumeist um ihn zum Einlenken auf einen kooperativen Verhandlungsstil zu bewegen. Und auch wenn auf den ersten Blick die Quadranten „Ausweichen" und „Nachgeben" als im Geschäftsleben nachrangig erscheinen, können diese Verhandlungsstrategien ebenfalls ihre Berechtigung haben. Beispielsweise kann ein Ausweichen sinnvoll sein, wenn der Boden für eine Einigung (z. B. bei einem noch fehlenden S6-Gutachten oder wenn die erwartete Auftragsbestätigung eines margenstarken Großauftrags noch aussteht). Ebenso kann es sinnvoll sein, an manchen Verhandlungspunkten nachzugeben, um auch hier das Terrain zu ebnen, um bei nachfolgenden wichtigen Punkten, seine Meinung durchzusetzen.

Der in Abbildung 8-15 in der Mitte angesiedelte Kompromiss ist in der Politik und der Diplomatie weit verbreitet und wird häufig als die „Kunst des Machbaren" bezeichnet[20]. Auch wenn das in der Politik an manchen Stellen gelten mag, so ist im Wirtschaftsleben ein Kompromiss häufig nichts wert (z. B., wenn die Liquiditätslücken € 10 Mio. hoch ist, bringt eine Kreditlinie in Höhe von € 5 Mio. als Kompromiss rein gar nichts). Betrachtet man die Position des Kompromisses im Schaubild als die Mitte der diagonalen Verhandlungsstrategien, zeigt sich ein Kompromiss eben als die Mitte zwischen Drängen und Nachgeben. Ebenso stellt er die Mitte zwischen kooperativen Elementen und Ausweichen dar. Gerade bei dieser Betrachtungsweise wird jedoch deutlich, dass der im deutschen Sprachgebrauch häufig verwendete „faule Kompromiss" in vielen Fällen semantisch genau ins Schwarze trifft: Es ist ein Mittelweg, der nicht die Anstrengungen der anderen beiden oberen Verhandlungsstrategien erfordert und in vielen Fällen den Kern des Problems zeitlich nur nach vorne verschiebt – dies ist in Distressed-Situationen häufig existenzbedrohend.

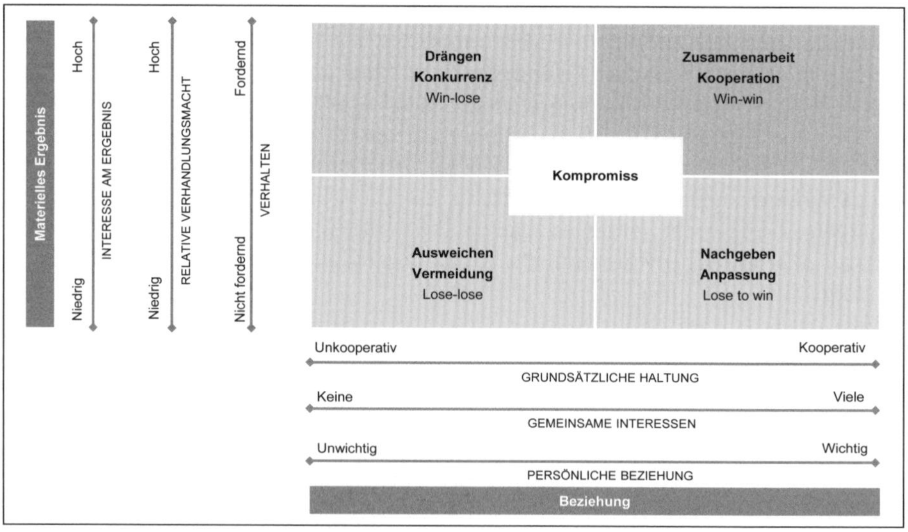

Abbildung 8-15: Die Bestimmungsfaktoren der Verhandlungsstrategien[21]

Um die eigene Position zu bestimmen, gibt es eine Reihe von Analyse-Werkzeugen, deren Beschreibung den Rahmen dieses Buches übersteigen würde. Entscheidend ist jedoch, dass eine dieser Positionen in der Regel nur die Ausgangsposition darstellt und die hohe Kunst darin besteht, im Verhandlungsverlauf die in Abbildung 8-16 dargestellten 16 möglichen Verhandlungswege zu variieren[22].

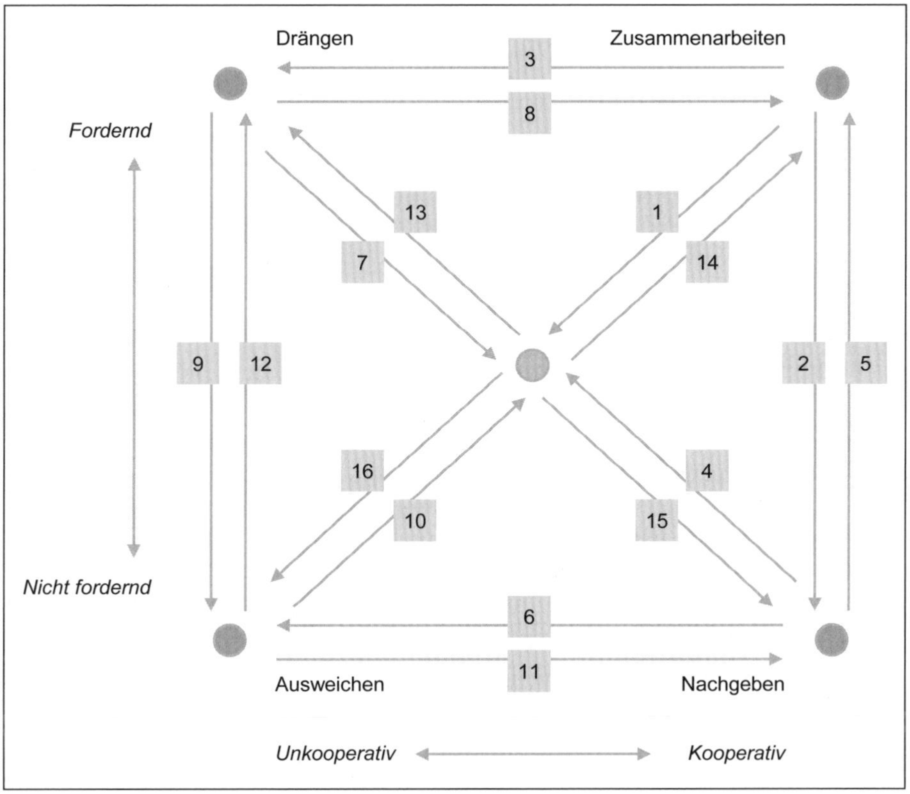

Abbildung 8-16: Die 16 Wege der Strategie

In vielen Fällen stellt sich die Grundfrage, mit welcher Strategie man in sequenziellen Verhandlungen beginnen sollte. Hier habe ich mir im Laufe der Jahre eine klare Verhaltensweise angewöhnt, nämlich kooperativ – wenn auch nicht mit gänzlich geöffnetem Visier – zu gehen und anschließend (spieltheoretisch als „Tit-for-tat-Strategie" bezeichnet), das Verhalten/die Strategie des Gegenübers nachzuahmen. Antwortet der Verhandlungspartner mit einer konkurrenzorientierten Strategie, nehme auch ich diese Grundhaltung ein, bis er seine Haltung aufgibt und beispielsweise zum kooperativen Verhandlungsstil wechselt. Dieses „Zeichen" aufnehmend, wechsle auch ich wieder in eine kooperative Strategie. Wer nun glaubt, dass diese Strategie naiv und berechenbar sei, dem sei die Lektüre von Axelrod empfohlen[23].

Notwendigkeit von Verhandlungskampagnen

Entscheidungen in Distressed-Situationen erfordern von allen Anspruchsgruppen Fachkompetenz, Weitsicht und Courage. Beispielsweise müssen Mitarbeiter in den Work-Out-Abteilungen der Banken zu Gunsten eines schwierigen Engagements Überbrückungskredite gewähren, Lieferanten gewähren trotz Zahlungsschwierigkeiten weiterhin Zahlungsziele und Betriebsrat und leistungsstarke Mitarbeiter halten dem Unternehmen weiterhin die Treue, obwohl die Gerüchteküche brodelt und sich zuhause die Familien um die mittelfristige Sicherheit des Einkommens sorgen.

In diesen Situationen ist es neben der Verhandlungskunst am Tisch enorm wichtig, die Rahmenbedingungen abseits des Tisches so zu definieren und aufzubauen, dass es den Entscheidungsträgern am Tisch möglich ist, zu Gunsten des Unternehmens, des Kreditengagements oder der Investorenlösung zu stimmen. Lax/Sebenius definieren drei Ebenen der Verhandlung:

- Tactics (Fokus auf Menschen und den Prozess)
- Deal Design (Fokus auf die Möglichkeit, Werte in der Verhandlung zu schaffen, analog des Harvard-Prinzips)
- Set-up[24]

Um diese „Set-up" abseits des Verhandlungstisches zu verdeutlichen ist z. B. eine erneute Prolongation eines Überziehungskredites durch den Mitarbeiter der Work-out-Abteilung einer Bank ein gutes Beispiel: Wurde die Voraussetzung für eine positive Entscheidung zu Gunsten des Unternehmens in Form der o.e. erneuten Prolongation nicht geschaffen, so hat selbst ein gutwilliger Mitarbeiter gar keine Möglichkeit, für eine Kreditaufrechterhaltung zu votieren. Wurden dem Bankbetreuer jedoch

- aktuelle Zwischenzahlen,
- eine Auftragsbestandsentwicklung,
- verschiedene Szenariorechnungen, die die Rückführungswahrscheinlichkeit dokumentieren oder
- gar ein IDW S 6-Gutachten, das die Sanierungswürdigkeit und -fähigkeit attestiert,

übergeben, so ist damit die Voraussetzung geschaffen, ein positives Votum zu erhalten. Ohne dieses Set-up-Design ist eine komplexe Distressed M&A-Transaktion nicht zu bewältigen.

Set-up meint den Fokus auf die Architektur des gesamten Verhandlungsprozesses, das Management der Entscheidungsvoraussetzungen der Anspruchsgruppen und der daraus resultierende Transfer in sequentiell vorbereitende Schritte, quasi in eine Verhandlungskampagne.

Um eine solche Verhandlungskampagne optimal vorzubereiten, ist zunächst das positive Ende zu definieren und von dort jeder Zwischenschritt zu „konstruieren" und somit auf den Anfang der Kampagne rückzuschließen.

Die Herausforderung der Strukturierung einer solchen Verhandlungskampagne liegt in der Fallunterscheidung und der Simulation verschiedener Szenarien. Lax/Sebenius[25] geben in ihrem Buch „3-D-Negotiation" den theoretischen Rahmen; Bouquet/Ousey[26]

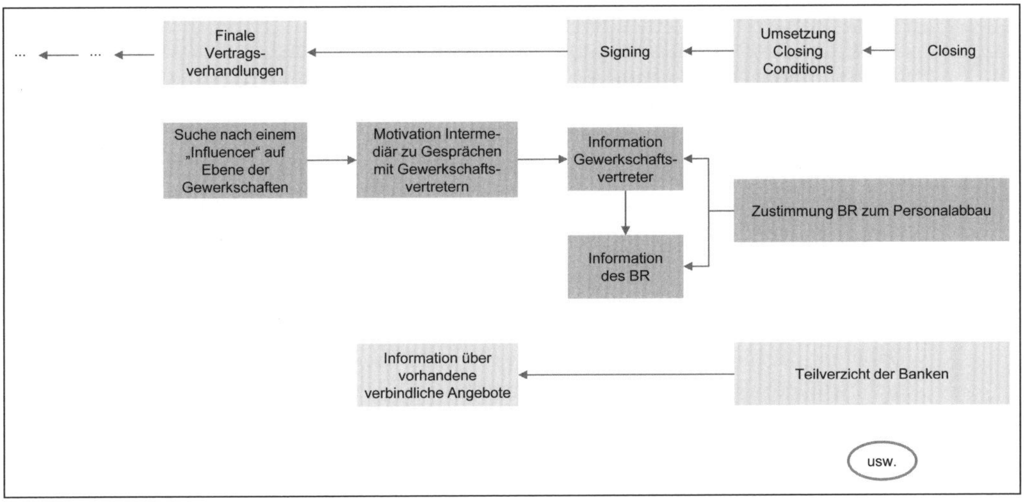

Abbildung 8-17: Vereinfachtes Beispiel einiger weniger Stufen einer Verhandlungskampagne

schildern anhand der Übernahme von Arcelor durch Mittal detailliert, wie solche Verhandlungskampagnen in der Praxis geplant und durchgeführt werden können.

Umgang mit schwierigen Verhandlungspartnern

Wir alle waren schon in Verhandlungssituationen, in denen eine gute Vorbereitung, ein bisher erreichter Verhandlungsstand und schließlich die Transaktion endverhandelt werden sollte und man sich plötzlich vor einer völlig neuen Situation sieht. Der Verhandlungspartner verhält sich irrational, beleidigt Verhandlungspartner, behauptet Sachverhalte, die bisher nie diskutiert wurden und droht schließlich mit Abbruch. Die beste Vorbereitung ist nun dahin und wir merken, wie in uns der Stresspegel steigt. Irrationales Verhalten bezeichnet die Abkehr vom logischen Denken und damit meist den Vorrang von Emotionen vor dem nüchternen Analysieren, Abwägen und Handeln. Irrationales Verhalten kann sich in Distressed M&A Transaktionen an verschiedenen Stellen zeigen. Irrationales Verhalten entsteht dann, wenn der Stresspegel für einen Verhandlungspartner so groß wird, dass er keine Möglichkeit mehr zum klaren Denken hat. Meist gewinnen die Gefühle dann die Oberhand. Die betroffene Person sieht auch keine Option im Hinzuziehen eines nüchtern denkenden Gesprächspartners. In erster Linie ist hier der Umgang mit der Emotion wichtig. Maßregelungen wie: „Nun seien Sie doch vernünftig" helfen an dieser Stelle in keiner Weise. Vielmehr muss der Verhandler professionell mit der Emotion umgehen.

Wenn Emotionen im Raum sind, ist diesen Emotionen – bis zu einem gewissen Grad – auch Platz zu gewähren. Wenn ein Gesprächspartner auf der emotionalen Ebene ist, wird er nicht deshalb „vernünftig", weil wir ihn dazu auffordern. Noch nie hat ein Verhandlungspartner in einer solchen Situation gesagt: „Vielen Dank, jetzt wo Sie es mir sagen, beruhige ich mich wieder. Wo sind wir stehen geblieben?"

Es gibt eine Reihe von Instrumenten, die hier angewendet werden können, um die Situation zu entschärfen, die Emotion verständlich zu machen und schließlich den Weg für ein rationales Verhandeln wieder zu ebnen. Das bedeutet, dass wir der Emotion zunächst Raum geben müssen. Es bedeutet aber auf keinen Fall, dass wir die Emotion nähren. Richtig ist, sich zunächst passiv zu verhalten, aufmerksam zuzuhören und an den Stellen, an denen die Ursachen für die Emotion zu finden sind, diese als Gründe aufzunehmen. In der Regel will ein Gesprächspartner seine Emotionen verstanden wissen und teilt sich auch deshalb mit. Selten hält ein Emotionsausbruch länger als fünf Minuten an. Zeigt man danach Verständnis für die grundsätzliche Sichtweise (auf keinen Fall sollte man Verständnis für die Art und Weise zeigen, sondern diese unkommentiert lassen) sind die Gründe aufzuzeigen, die zu dieser Situation geführt haben. Dabei ist darauf zu achten, dass man die vom Gegenüber vorgebrachten Argumente nicht wiederholt, sondern sprachlich abschwächt. Das Abschwächen gelingt rhetorisch durch Paraphrasieren. Beispielsweise kann der Gefühlsausbruch „Dieses Angebot ist unter aller Kanone; da mach ich den Laden lieber dicht" mit der Antwort abgeschwächt werden: „Wenn ich Sie richtig verstehe, ist der von uns genannte Preis unter Ihrer Zielvorstellung." Allerdings ist hier darauf zu achten, diese Abschwächung erst anzubringen, wenn sich die Emotion – wie oben erwähnt – bereits abgeschwächt hat; ansonsten läuft man Gefahr, durch „verniedlichende" Antworten den Verhandlungspartner zu provozieren.

Danach hat sich eine dreiteilige Vorgehensweise bewährt:

- Zeigen Sie Wahlmöglichkeiten für den Gesprächspartner auf
- Vermitteln Sie Perspektiven in der von Ihnen präferierten Vorgehensweise oder die Begründung für die Kondition
- Gewähren Sie eine Auszeit

Ein probates Mittel ist hierbei, das Problem zu entemotionalisieren und – wie im Harvard-Konzept propagiert – auf die Anwendung neutraler Beurteilungskriterien zu verweisen. Ist danach die Emotion geglättet, ist die Grundlage für den rationalen Fortgang der Gespräche geschaffen. Bitte verdeutlichen Sie sich: Auch Irrationalität ist eine Wahrnehmung und ein Attribut, das Sie dieser Person zuweisen. In den seltensten Fällen können wir uns sicher sein, alle Fakten zu kennen, sodass ein solches Urteil zumeist ein vorschnelles Urteil darstellt.

Arroganz und Antipathie

Es ist weder ein Geheimnis noch verwerflich, dass wir lieber mit sympathischen Menschen verhandeln. Arrogantes und herablassendes Verhalten von Gesprächspartnern sorgt für Antipathie und oftmals sogar für einen sich verstärkenden Effekt.

> Wichtig ist: Auch wenn Sie an der Beziehung zu Ihrem Verhandlungspartner interessiert sind, genießt der Abschluss der Transaktion oberste Priorität. In der Frage um das richtige Verhalten am Verhandlungstisch müssen Sie nicht Recht behalten, sondern die Transaktion abschließen und damit das Unternehmen retten!

Sympathie wird zunächst hervorgerufen durch ein von jedem Menschen individuell angenehm empfundenes Äußeres, freundliches Auftreten, Lächeln, Komplimente. Verstärkt werden diese Eigenschaften noch durch den sogenannten Halo-Effekt. Der Halo-Effekt beschreibt die kognitive Verzerrung, die dadurch entsteht, dass man aufgrund bekannter Eigenschaften einer Person auf unbekannte Eigenschaften derselben Person schließt. Wenn Sie eine große Sympathie für Menschen haben, die korrekt und sehr konservativ gekleidet sind und für Kollegen, die Ihnen ehrlich und konstruktiv begegnen, so werden Sie einem Verhandlungspartner, der sich bei Ihnen vorstellt und ebenfalls extrem konservativ gekleidet ist, die gleichen Eigenschaften unbewusst zuweisen, wie Ihren Kollegen. Ebenso verhält es sich umgekehrt. Die erste Frage, die Sie sich also stellen sollten, ist, warum Sie das Verhalten des anderen als arrogant einschätzen. Vielleicht ist hier auch nur ein Halo-Effekt aufgetreten. Frisur, Körperhaltung oder Sprache verführen uns manchmal dazu, bestimmte Eigenschaften bewusst oder unterbewusst zu interpretieren. Liegen hierzu unmissverständliche Verhaltensweisen vor, so vergegenwärtigen Sie sich bitte, dass Arroganz in der Regel ein Schutzmechanismus wegen eines geringen Selbstwertgefühls ist. Die zur Schau getragene Arroganz wird als Schutzwall verwendet. Die beste Art damit umzugehen ist, an passender Stelle eine ehrliche Anerkennung für dessen Leistung, z.B. für das Formulieren der Working-Capital-Klausel oder den Entwurf des Garantietextes zum Thema Altlasten, insbesondere vor anderen auszusprechen. Hier gilt jedoch: Weniger ist oftmals mehr. Übertreiben Sie dies, wird es offensichtlich und die Wirkung verpufft. Oftmals hilft eine gezielte Vorbereitung auch hier, die eigene Wahrnehmung der Position des Verhandlungsteilnehmers zu verändern.

Jede Wahrnehmung einer Verhaltensweise resultiert aus Ihrer eigenen Wertewelt. Das muss nicht heißen, dass diese nicht mit der Mehrzahl der Werte der Menschen in Ihrem Umfeld korreliert, jedoch ist dies immer bei der Analyse des Verhaltens anderer Menschen zu bedenken.

Gerade bei Verhandlungen mit Treuhändern oder Insolvenzverwaltern kommt es häufig zu kognitiven Dissonanzen bei den Verhandlungspartnern. Die Distanz, die ein Treuhänder oder Insolvenzverwalter zum Unternehmen hat, kann u.U. als Arroganz wahrgenommen werden, dabei üben diese Personen exakt die Funktion aus, für die sie bestellt wurden, nämlich einen durch rationales Verhalten geprägten Management- und Verhandlungsstil. Darüber hinaus behält ein Treuhänder oder Insolvenzverwalter auch nicht den Kaufpreis für sich, sondern reicht ihn an seinen Treugeber oder die Insolvenzmasse weiter. Dieser Umstand sorgt dafür, dass dieser Verkäufer-Typus auch keine Garantien oder Gewährleistungen in nennenswertem Umfang geben kann. Allein die Funktionsbezeichnung „InsolvenzVERWALTER" ist konträr zu dem in klassischen M&A-Transaktionen vorzufindenden Verkäufer-Typus des „UNTERNEHMERS", der den Kaufpreis einbehält.

Dabei hat ein Insolvenzverwalter in seiner Funktion als Verkäufer des Geschäftsbetriebs ein großes Repertoire an wertschaffenden Instrumenten. Beispielsweise kann er für die Vorräte eine Zahlungsbedingung vereinbaren, die beim Erwerber einen Cash-outflow nur nach Entnahme bedeutet, er kann Verträge nach § 103 InsO oder § 113 InsO vorzeitig beenden und damit die Grundlage für neue Verhandlungen schaffen u.v.m.

Aggression und persönliche Angriffe

In der Regel ist aggressives Verhalten in Form von persönlichen Angriffen, lautstarker Rhetorik und Drohungen kein irrationales Verhalten, sondern ein bewusst eingesetztes Instrument, um zu verunsichern, zu täuschen oder vom eigentlichen Sachverhalt abzulenken. Dies geschieht in der Regel durch die Infragestellung der fachlichen Qualifikation oder der persönlichen Kompetenz. Auch hier ist es ungünstig, sich sofort auf einen Gegenangriff einzulassen. Damit hätte Ihr Verhandlungspartner sein Ziel erreicht, Sie würden sich mit seinem Vorwurf beschäftigen und nicht mit der Sache. Bei kleineren, unbedeutenden Provokationen oder sonstigen Angriffen ist es ratsam, diese zu übergehen. Idealerweise retourniert man mit einer sachbezogenen Frage.

Sind die Angriffe allerdings massiv, gibt es ein klares Instrumentarium, das zum Handwerkszeug jedes erfolgreichen Verhandlers gehört.

- Hinterfragen
- Thematisieren
- Entkräften oder gegebenenfalls – nach Vorwarnung – die Verhandlung abbrechen

Keinesfalls darf das Thema sofort zur Sprache gebracht werden. Überlassen Sie einem Menschen, der Sie angreift, nicht die Hoheit über die Tagesordnung.

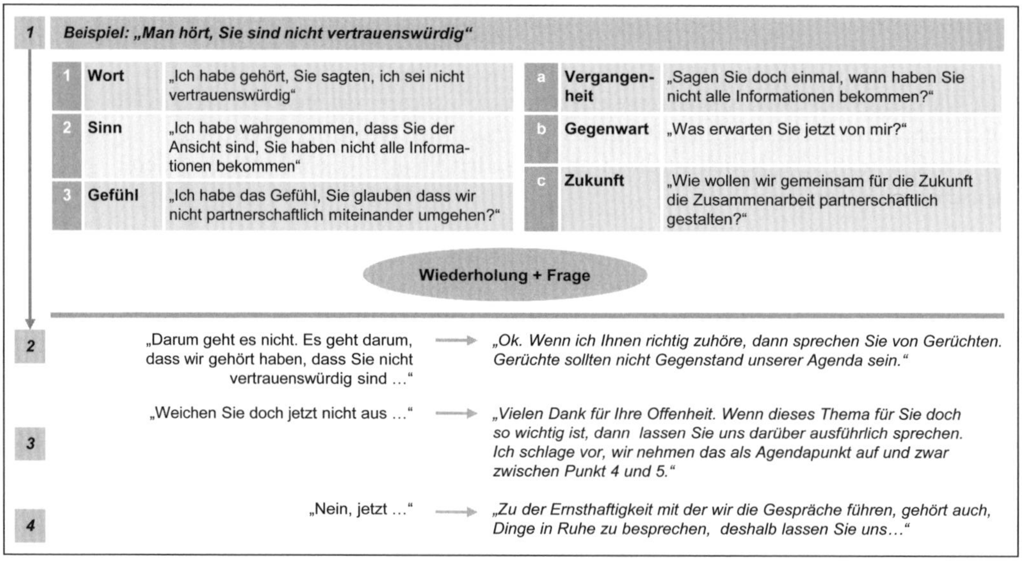

Abbildung 8-18: Beispielhafter Umgang mit Aggressionen und Diffamierungen

Ein Verhandlungsteam in M&A-Transaktionen setzt sich wie oben erwähnt im Idealfall aus mehreren Personen zusammen. In der überwiegenden Anzahl der Fälle ist es nicht notwendig, die gesamten Eskalationsstufen zu besteigen. In der Regel lenkt einer der Verhandlungsteilnehmer ein und verdichtet die Diskussion auf das dahinterliegende Motiv. Gibt es keine Beruhigung der Situation, ist die Verhandlung zu unterbrechen und teamintern über den Abbruch an diesem Tage zu diskutieren.

Drohungen

Ein sehr häufig in Verhandlungen angewandtes Mittel sind Drohungen. Drohungen werden in jeder Form ausgesprochen. Einige Beispiele:

„Wenn Sie uns nicht mit der De-minimis-Regelung entgegenkommen, scheitert der Deal."

„Bestehen Sie weiterhin auf einen Earn-out, brechen wir unsere Gespräche ab."

„Wir haben noch andere Opportunitäten. Wenn Sie uns nicht mit einem Verkäuferdarlehen entgegenkommen und damit ins Risiko gehen, verlassen wir den Verhandlungstisch."

Diese Drohungen sind oftmals nicht wirklich ein ernsthafter Ausdruck eines Erreichens der ZOPA-Grenzen. Vielmehr handelt es sich hier um ein falsch verstandenes, letztes Mittel der Argumentation, um die Verhandlungsposition durchzusetzen.

Drohungen haben immer nur dann einen Sinn und Zweck, wenn der Drohende wirklich bereit ist, diese Drohung auch durchzusetzen. Setze ich die Drohung nicht um, laufe ich Gefahr, dass alle weiteren Drohungen bzw. Ankündigungen mit Konsequenzen aus Sicht des Verhandlungspartners nicht mehr vollends ernstgenommen werden. Um dennoch in Verhandlungssituationen bestimmten Forderungen Nachdruck zu verleihen bzw. den Ernst einer Situation deutlich zu erklären, eignen sich statt Drohungen einfache Warnungen.

Der feine Unterschied liegt darin, dass bei einer Warnung bestimmte Sachverhalte aufgezeigt und deren Konsequenzen im Konjunktiv dargestellt werden. Drohungen sind ein unmissverständliches Zeichen einer kompetitiven Strategie. Auch dort ist dieses Instrument der Verhandlung nur dann angebracht, wenn man auch in der Lage und bereit ist, die Drohung in die Tat umzusetzen. Nichts schwächt die eigene Verhandlungsposition so sehr, wie eine nicht umgesetzte Drohung oder Sanktion. Die Glaubwürdigkeit als Grundvoraussetzung für weitere Verhandlungen schwindet.

Wenn Ihnen ein Verhandlungspartner droht und Sie sicher sein können, dass er die Drohung nicht in die Tat umsetzen kann, gibt es zwei Möglichkeiten. Sie können ihn ins Leere laufen lassen und alle Teilnehmer der Verhandlung nehmen wahr, dass Ihr Gegenüber nur geblufft hat. Damit wäre seine Glaubwürdigkeit verloren. Es wäre unsicher, ob Sie die Verhandlung überhaupt noch zu Ende führen können, zumal ein solcher Glaubwürdigkeitsverlust bei bedeutenden Verhandlungspunkten einem Gesichtsverlust gleichkommt.

Was können Sie tun, wenn Sie einerseits nicht auf die Drohung reagieren, jedoch dem Verhandlungspartner nicht das Gesicht nehmen wollen? Sie könnten die Drohung umdeuten und abschwächen. In einem der vorherigen Kapitel zum Thema Umgang mit Emotionen hatte ich bereits dieses wirksame Mittel beschrieben.

Eine solche Formulierung schwächt die Drohung ab. Sie ist aber nur wirksam, wenn Sie auch hier der Warnung eine Frage folgen lassen. Dies ermöglicht Ihrem Verhandlungspartner auf die Frage zu antworten, ohne seine eigene, mit der Drohung klar zum Ausdruck gebrachte Position relativieren zu müssen.

Lügen

Eine der schwierigsten Verhandlungssituationen ist der Umgang mit Behauptungen und Lügen. Nicht so sehr das Entkräften von Behauptungen ist diffizil, sondern die Rückkehr zu einem sachlichen Verhandlungsklima. Die negative Steigerung

- einer Behauptung ist
- die Lüge und deren Steigerung
- der Betrug, wenn die andere Partei sich in gutem Glauben darauf verlässt und einen Schaden erleidet.

Es gibt (leider) kein generelles Verbot von Täuschung durch Behauptung oder Lügen in Verhandlungen. In vielen Fällen versuchen Verhandlungsteilnehmer durch Behauptungen, ihre Positionen zu untermauern und damit bessere Argumente für deren Durchsetzung zu erlangen. Sind Sie in einer Situation, in der Sie annehmen, belogen zu werden, sollten Sie zunächst den Sachverhalt genau hinterfragen. Sind die der Lüge zugrundeliegenden relevanten Parameter bedeutend, ist die Schriftlichkeit der behaupteten Lüge zu fordern.

In vielen Fällen sind Lügen nicht über einen längeren Zeitraum hin aufrechtzuhalten. Dementsprechend werden Lügen in vielen Fällen im späteren Verhandlungsverlauf offensichtlich. Wie schon beim Umgang mit Drohungen ist es – auch wenn es schwerfällt – nicht ratsam, denjenigen zu demaskieren, der gelogen hat. Das Ziel einer Verhandlung ist nicht Recht zu behalten, sondern einen Deal abzuschließen.

Für den eigenen Verhandlungsstil gilt: Lügen Sie nie! Wer lügt, geht unnötige Risiken ein, müsste sich merken, an welchen Stellen er wen belogen hat, wie diese Lügen aufrechterhalten werden können und wie man zu einem normalen Verhältnis zurückfinden kann, wenn die Lüge offensichtlich wird. Oftmals braucht man zum Aufbau eines Rufs als fairer und geschätzter Verhandlungspartner jahrelang und kann dies durch eine Lüge innerhalb von Minuten irreparabel zerstören.

Verhandlungen und Transaktionen abschließen

Das Ziel eines Distressed M&A-Prozesses ist der Vertragsabschluss und damit die Grundlage für die Rettung des krisenbehafteten Unternehmens. Wenn alle Parameter besprochen und nur noch wenige Punkte offen sind, in denen es sich zu einigen gilt, ist das Ziel eines Signings und anschließenden Closings der Transaktion in greifbarer Nähe.

In dieser Phase herrscht oft Unsicherheit darüber, wie man den „Sack zumacht“ und die Transaktion abschließt. Das Spannungsfeld zwischen der Ausübung des Abschlussdrucks einerseits und andererseits der die Transaktion gefährdenden Situation, den Verhandlungspartner damit in die Ecke zu drängen, ist offensichtlich.

Typische Fehlerquellen, die einen guten Deal in einen schlechten verwandeln oder ihn in der finalen Phase noch zum Scheitern bringen können sind:

- Zu schnelle Einigung auf die letzten, unklaren Punkte nach dem Reziprozitätsgrundsatz, ohne Berücksichtigung der echten wirtschaftlichen Auswirkungen. Suboptimale Ergebnisse werden keinem Ergebnis vorgezogen.
- Übermäßiges Vertrauen auf den Verhandlungspartner bei fehlender, unvollständiger Information.
- Unvollständiges Verstehen der eigenen Position bei sich kurzfristig ändernden Rahmenbedingungen.
- Abbrechen der Verhandlung durch Akzeptieren der unvollständigen Information als Dealbreaker.

In der finalen Phase ist bei allen Verhandlungsteilnehmern der Stresslevel mindestens so hoch, wie zu Beginn der Verhandlung – oftmals ist er sogar höher. Hier ist es notwendig, die vorstehend beschriebenen Instrumente des Stressmanagements einzusetzen und damit das Stressniveau zu senken.

In vielen Fällen hat man sich in dieser Phase auf die meisten Punkte geeinigt. Es stehen dennoch Parameter aus, die einer abschließenden Einigung bedürfen. Sei es, weil man diese Punkte ausgeklammert hat oder aber eine der Parteien am Ende der Verhandlung noch einmal das „Verhandlungsfass" geöffnet hat. Oftmals stellt der Verhandlungspartner noch einmal eine letzte Forderung. Hier gilt es kühlen Kopf zu bewahren und nicht auf einen weiteren Effekt menschlicher Wahrnehmungsverzerrung hereinzufallen, nämlich dem sogenannten Over-Commitment-Effekt.

Unter Over-Commitment-Effekt versteht man die menschliche Tendenz nicht aufzugeben, je mehr Energie man in etwas investiert hat. Dieser Effekt bewirkt zusammen mit der häufig vorhandenen Verlustangst (loss aversion) eine Situation, die dazu verführen kann, in den letzten Minuten einer Verhandlung wirtschaftlich unvernünftige Entscheidungen zugunsten des Abschlusses einzugehen. In dieser Phase ist Besonnenheit einer der wichtigsten Faktoren. Ein bekannter Rechtsanwalt fasste treffend zusammen: „Es haben sich seit jeher mehr Menschen um Kopf und Kragen geredet, als um Kopf und Kragen geschwiegen." In dieser Phase ist es wichtig, Worte und Argumente eindeutig zu formulieren und sorgfältig abzuwägen.

Wenn Sie bereit sind, bei bestimmten Punkten um des Abschlusses Willen nachzugeben, dann sollten Sie dies auch unter dem Vorbehalt einer gesamtheitlichen Einigung so formulieren. Sollten Sie vorgebrachte Forderungen der Gegenseitige nicht akzeptieren wollen bzw. durch weitere inakzeptable Forderungen durch den Verhandlungspartner in Versuchung geführt werden, am Ende doch noch erhebliche Veränderungen der Transaktion vorzunehmen, so ist dies das Ende der kooperativen Verhandlung. An dieser Stelle der Verhandlungen sollten Sie nicht mehr nachgeben und auch keine Zugeständnisse mehr anbieten.

Schweigen hilft in vielen Fällen das Ende der Verhandlungsbereitschaft aufzuzeigen. Viele Menschen halten das Schweigen des Gegenübers nicht aus und lenken wieder ein.

Wenn eine Einigung nicht mehr möglich erscheint und damit das Ende der integrativen, kooperativen Verhandlung evident ist, ist die Strategie zu wechseln. Der Druck ist zu erhöhen, um bewusst die Transaktion in die Sackgasse zu führen.

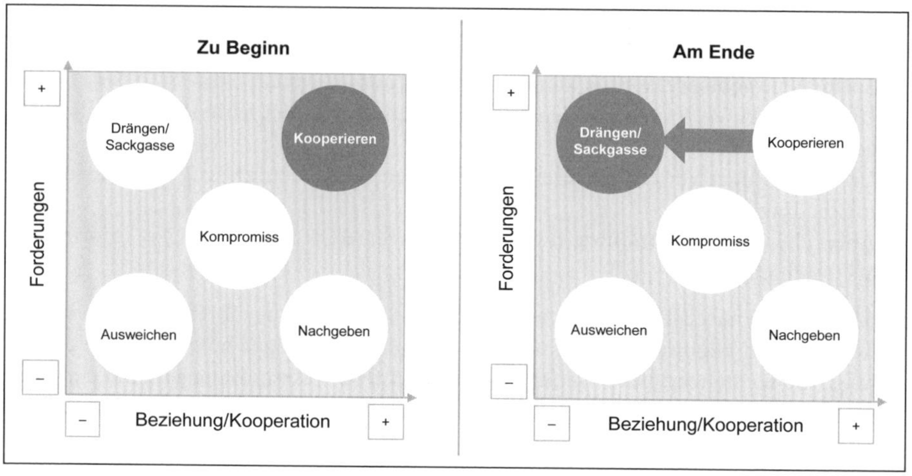

Abbildung 8-19: Wechsel der Verhandlungsstrategie

Hier gibt es keinen Spielraum mehr. Alle Argumente sind ausgetauscht und im Rahmen der Kaufpreisbemessung und des Garantiekataloges wirtschaftlich bewertet. Über das Erreichen des Reservation Price Ihres Verhandlungspartners können Sie sich nur sicher sein, wenn dieser die Verhandlungen abbricht und Sie dementsprechend wissen, die ZOPA mit Ihrer letzten Forderung nunmehr geschlossen zu haben. Entscheidend bei wichtigen Verhandlungen ist, dass Sie selbst auf diese Situation vorbereitet sind, diesen Punkt – sofern notwendig – aktiv bei Ihrem kompetitiven Verhandlungspartner suchen und dass Sie auch bereit sind, die Transaktion schlussendlich in die Sackgasse zu führen, wenn Ihr Verhandlungspartner diese Grenze bei Ihnen austestet.

Um nicht in eine Endlosspirale ewiger Sackgassen und Wiederaufnahmen von Verhandlungen zu verfallen, ist es wichtig, an dieser Stelle zu betonen, dass es kein Vertagen der Verhandlungen mehr gibt. Die Sackgasse bedeutet den Abbruch der Verhandlungen und damit der Transaktion als logische Konsequenz auf das Verhalten Ihres Verhandlungspartners.

Bei der Formulierung des Abbruchs ist darauf zu achten, dass diese dennoch die „Tür“ zum Wiedereinstieg offenhält. Hierfür gibt es eine klare Sprachregelung:

1. Zusammenfassung der Gemeinsamkeiten und Dank für die Verhandlung.
2. Hinweis, dass aus Ihrer Sicht, am heutigen Tag, unter diesen Umständen eine Einigung nur schwer vorstellbar ist.
3. Verabschiedung.

Viele Verhandler tragen dies vor und schauen nach der Verabschiedung sehnsüchtig und abschlussgetrieben zur Gegenseite. Dies weicht die Sackgasse auf und ebnet den Weg für Zugeständnisse in letzter Sekunde. Seien Sie konsequent und packen Sie Ihre Unterlagen nach der Verabschiedung ein. Verlassen Sie den Verhandlungsort, es sei denn, Ihr Gegenüber zeigt sich nunmehr tatsächlich abschlussbereit.

Die oben dargestellte Art und Weise des Abbruchs gibt Ihnen die Chance, schon nach wenigen Stunden die Verhandlung mit dem Hinweis, Sie hätten z. B. mit dem Decision

Maker noch einmal gesprochen und dieser hätte Ihnen seine differenzierte Sichtweise mitgeteilt, wieder zu öffnen. In dieser Phase wird deutlich, wer die Transaktion am meisten braucht, nämlich derjenige, der sich zuerst wieder meldet und durch eine der „Türen" wieder in die Verhandlung eintritt.

Den Wiedereinstieg sollten Sie mit der Errichtung einer sogenannten „goldenen Brücke" zum Abschluss der Transaktion nutzen, nach dem Motto des chinesischen Feldherrn Sun Tsu: „Einem fliehenden Feind soll man goldene Brücken bauen."

Eine goldene Brücke ist die Möglichkeit für den Verhandlungspartner, ohne Gesichtsverlust die Verhandlung wieder aufzunehmen und zum Abschluss zu führen. Beim Einsatz dieses gedanklichen Instruments ist darauf zu achten, dass diese Brücke – um beim Bild zu bleiben – möglichst klar erkennbar, aber sehr schmal ist und keine Ausflüchte nach links oder rechts möglich macht. Der Verhandlungspartner braucht klare Anweisungen, wie die Transaktion zum Abschluss zu führen ist. Um ihm die Möglichkeit zu geben, auch über die Brücke gehen zu können, müssen Sie Konditionen anbieten oder einen Grund schaffen, der es Ihrem Verhandlungspartner ermöglicht sich selbst und anderen gegenüber diesen Schritt zu rechtfertigen.

Die US-amerikanische Psychologin Ellen Langer führte ein Experiment mit Studenten an einem Kopierer in der Universitätsbibliothek von Harvard durch. Sie bat einen Studenten sich nicht in der langen Schlange anzustellen, sondern sich nach vorne zu begeben und dort mit dem Hinweis „Entschuldigen Sie bitte. Ich habe fünf Seiten. Darf ich an den Kopierer" Vorrang zu erbitten. 60 % der Studenten gewährten ihm das. Dieser Prozentsatz stieg auf 94 %, wenn er seine Bitte mit dem Hinweis „... weil ich in Eile bin" begründete. Soweit, so gut. Interessant wird das Experiment – und für unsere Überlegungen zur goldenen Brücke eminent wichtig – erst, in der dritten Variante: Hier fragte der Student: „Entschuldigen Sie bitte, ich habe fünf Seiten. Darf ich an den Kopierer, weil ich ein paar Kopien machen muss?" 93 % der Befragten ließen ihn gewähren. Der Verhandlungsexperte Jack Nasher fasst zusammen: „Der Grund selbst ist also gar nicht so entscheidend, es genügt das Gefühl, dass es einen Grund gibt als Rechtfertigung vor sich selbst und vor anderen."[27]

Eine goldene Brücke muss nicht immer ein weiteres Zugeständnis enthalten. Sie können auch Ihre Argumente in einer anderen Art und mit kleinen Veränderungen präsentieren und damit Ihrem Verhandlungspartner die Chance geben, diese nunmehr zu verstehen und ihnen zuzustimmen. Wenn Ihr Verhandlungspartner zögert, können Sie als Ultima Ratio ein finales Zugeständnis machen. Dies sollten Sie jedoch immer mit einer Annahmefrist versehen. Dies ist übrigens der einzige Umstand, bei dem die Etablierung einer finalen Deadline Sinn macht.

Natürlich gibt es Situationen, in denen sich der Verhandlungspartner auch hierauf nicht einlässt. Die Transaktion scheitert.

Beschreitet Ihr Verhandlungspartner jedoch die von Ihnen errichtete goldene Brücke, ist Siegerlächeln und Triumphgeschrei fehl am Platz. Bleiben Sie bescheiden und zurückhaltend. Gratulieren Sie ihm zu seinem harten Verhandlungsstil und dem Erfolg, der letztendlich über das hinausging, was Sie eigentlich erreichen wollten. Dies gilt auch umgekehrt, wenn Ihr Verhandlungspartner Ihnen eine solche Brücke zum Abschluss baut.

Konfliktpotenziale, die beispielweise aus einer Informationsasymmetrie zwischen dem Auftraggeber und dem Berater entstehen können

Vertrauensproblem:
Jede Verhandlung bewegt sich im Spannungsfeld zwischen einerseits dem Schaffen von Werten (wertfördernd oder englisch: creating value) und andererseits dem Fordern von Zugeständnissen (wertfordernd oder englisch: claiming). Jeder Berater, der als Verhandler – unter Abwesenheit des Prinzipals – in einer für ihn adäquaten Situation mehr Zugeständnisse am Verhandlungstisch im Rahmen des Schaffens von Werten macht, gerät in die Gefahr, dies zu Lasten seines Mandanten zu tun. Mit zunehmender Verhandlungsdauer fällt es ihm schwerer, seinen Mandanten davon zu überzeugen, dass diese Regelungen zum Vorteil des Mandanten sind oder gar notwendig waren und nicht zum eigenen Vorteil oder der Gegenseite unbedacht zugegeben wurden. Das ursprüngliche Vertrauensverhältnis zwischen Auftraggeber und Berater erfährt damit eine starke Belastungsprobe.

Transformationsproblem:
Je vehementer ein Verhandler die Motive seines Auftraggebers vertritt, desto wahrscheinlicher ist es, dass er im Rahmen seines erfolgreichen Agierens im Verhandlungsprozess diese Zwischenerfolge (Positionsgewinne) sichern kann und auch entsprechende Zugeständnisse an anderer Stelle geben muss. Jedoch können diese Schritte dazu führen, dass der Auftraggeber dem Verhandler die Legitimation für diese Zwischenschritte abspricht, nach dem Motto: „Das hätten Sie doch nicht zusagen dürfen – das hätten Sie mit mir vorher abstimmen müssen". Die Verhandlungspartner jedoch werden in zunehmendem Maße annehmen, dass der Verhandler mit umfangreichen Kompetenzen ausgestattet ist. Sie werden es nur schwer nachvollziehen können, wenn der Verhandler sich bei bestimmten Punkten auf die Entscheidung seines Mandanten zurückzieht, deren Bedeutung beispielweise für die Gegenseite nicht in dem Maße gegeben ist, wie die der vorher bei der Erlangung der Positionsgewinne gemachten Zugeständnisse.

Auftragsproblem:
Je besser ein Verhandler die Motive seines Mandanten kennt, desto härter kann er für diese Motive kämpfen. Andererseits birgt ein Zuviel an Know-how die Begrenztheit bei der Suche nach kreativen Lösungen. Der ursprüngliche Vorteil des Verhandlers, der mit mehr Abstand und emotionaler Distanz agieren kann, weicht den Nachteilen des voll informierten und damit auch voll involvierten Verhandlers. Die oben aufgeführten Konflikte stellen leider nur eine Auswahl an möglichen Konflikten zwischen dem Auftraggeber und den Beratern in M&A-Transaktionen dar. Entscheidend für die Beseitigung dieser Konflikte ist die Schaffung eines weitestgehenden Gleichklangs der Interessen zwischen Auftraggeber und Berater. Dies muss einerseits durch eine entsprechende Regelung bei der Vergütung erfolgen (adäquater Retainer, adäquate Success Fee – evtl. mit Mindest- und Maximalhonorar und Break-up Fee) und andererseits durch eine ständige Kommunikation zwischen Berater und Auftraggeber, die es ermöglicht, die oben genannten systembedingten Konfliktpotenziale zu erkennen, zu erläutern und damit professionell umzugehen – im Idealfall diese sogar gänzlich zu vermeiden. Dies erfordert natürlich ein hohes Maß an gegenseitigem Vertrauen, nicht nur in die fachlichen Eigenschaften des Beraters, sondern auch in dessen persönliche Integrität. Für den Auftraggeber ist es dementsprechend bedeutend, einen Berater auszuwählen, der diese Eigenschaften in der Vergangenheit erfolgreich nachgewie-

sen hat und der hieraus resultierend nicht darauf angewiesen ist, die Transaktion zu jedem Preis und zu jeder Rahmenbedingung mit jedem Vertragspartner abschließen zu müssen.

In den letzten Jahren wurde in vielen Fällen die Vorteilhaftigkeit der Einschaltung eines Mediators propagiert. Ein Mediator fungiert nicht als Berater einer Partei, sondern moderiert den Einigungsprozess aller Anspruchsgruppen als Zwischenglied, so z. B. Clemens Vedder im Konflikt zwischen Sal. Oppenheim und Madeleine Schickedanz[28]. Grundsätzlich unterscheidet man in zwei wesentliche Ausprägungsformen des Mediatorenstils.

- Der Caucus-orientierte Ansatz definiert einen Mediator, der im Sinne einer Shuttle Diplomacy sich von Anspruchsgruppe zu Anspruchsgruppe bewegt, Einzelgespräche führt, um einerseits die Motive, als auch die Positionen der verschiedenen Parteien zu verstehen und somit das Wissen auf sich vereint, das zum Lösen des Konflikts oder der Krisensituation notwendig ist. Dies erfordert nicht nur ein sehr hohes Fachwissen, sondern auch ein hohes ethisches Wertesystem und benötigt final die Gewissheit, auch alle Aspekte tatsächlich erfahren zu haben und richtig einordnen zu können.
- Im Gegensatz dazu steht der verständnisorientierte Ansatz im Sinne des Harvard-Konzeptes, der nach folgendem Schema abläuft und grundsätzlich die Mitwirkung der Parteien am Tisch erfordert:
  - Definition der Aufgabe, des Ziels, der grundlegenden Regeln und der Rolle des Mediators
  - Problemdefinition in materieller und rechtlicher Hinsicht
  - Identifizierung der verschiedenen Themen und Ausloten der Interessen, Optionen und möglichen Angebotspakete
  - Einigungsphase, Vertragsgestaltung und Settlement

Die Vorteile dieses Mediationsstils liegen in der unmittelbaren Beteiligung der Anspruchsgruppen am Tisch. Ein Ergebnis, das die Beteiligten unter Moderation des Mediators selbst erarbeiten, ist in der Regel tragfähiger und langfristiger.

Nach § 94 StaRUG kann bei einem nicht zahlungsunfähigen Schuldner auf Antrag ein Sanierungsmoderator bestellt werden. Dieser ist unabhängig von Gläubigern und Schuldnern und damit in der Lage den Restrukturierungsprozess neutral im Sinne eines Mediators zu begleiten. Im Gegensatz zu dem Restrukturierungsbeauftragten wird dessen Eignung weiter definiert und ist somit nicht ausschließlich aus dem Kreis der „in Restrukturierungs- und Insolvenzsachen erfahrenen Steuerberater, Wirtschaftsprüfer oder Rechtsanwälte oder einer sonstigen Person mit vergleichbaren Qualifikationen zu sehen“[29]. Die Aufgaben des Sanierungsmoderators nach § 96 StaRUG sind:

> *(1) Der Sanierungsmoderator vermittelt zwischen dem Schuldner und seinen Gläubigern bei der Herbeiführung einer Lösung zur Überwindung der wirtschaftlichen oder finanziellen Schwierigkeiten.*
>
> *(2) Der Schuldner gewährt dem Moderator Einblick in seine Bücher und Geschäftsunterlagen und erteilt ihm die angeforderten zweckmäßigen Auskünfte.*

(3) Der Sanierungsmoderator erstattet dem Gericht über den Fortgang der Sanierungsmoderation monatlich schriftlich Bericht. Der Bericht enthält mindestens Angaben über

1. *die Art und Ursachen der wirtschaftlichen oder finanziellen Schwierigkeiten;*
2. *den Kreis der in die Verhandlungen einbezogenen Gläubiger und sonstigen Beteiligten;*
3. *den Gegenstand der Verhandlungen und*
4. *das Ziel und den voraussichtlichen Fortgang der Verhandlungen.*

(4) Der Sanierungsmoderator zeigt dem Gericht eine ihm bekannt gewordene Zahlungsunfähigkeit des Schuldners an. …

(5) Der Sanierungsmoderator steht unter der Aufsicht des Restrukturierungsgerichts. Das Restrukturierungsgericht kann den Sanierungsmoderator aus wichtigem Grund aus dem Amt entlassen. Vor der Entscheidung ist der Sanierungsmoderator zu hören.

Die Beurteilung der Sinnhaftigkeit einer M&A-Transaktion mit dem Ziel der Zuführung von frischem Geld und damit der Sanierung des Unternehmens ist im Absatz 3 des vorstehenden Paragrafen zu sehen. Inwiefern diese Rolle zukünftig auch von Personen aus dem Kreis der Corporate Finance-Berater, Debt Advisors oder Investmentbanken wahrgenommen wird, bleibt abzuwarten.

Die folgende Abbildung verdeutlicht noch einmal die wesentlichen Aspekte im Zusammenhang mit Verhandlungen von Distressed M&A-Transaktionen

Grundparadigma:
Kein potenzieller Investor sitzt am Tisch, weil er nicht kaufen will, sondern weil er kaufen will!
Wir haben etwas, das er gerne hätte!

Am Verhandlungstisch

1. Verhandlungen kooperativ beginnen, aber konsequent „tit-for-tat"
2. Keine Drohungen, kein Lügen
3. Verhandlungsstrategien können (und müssen zumeist) im Prozessablauf auch gewechselt werden
4. Verhandlungen richtig und gesichtswahrend abbrechen, wenn keine Einigung in Sicht ist
5. Verhandlungen müssen in die Sackgasse geführt werden, um bei allen Beteiligten die Gewissheit zu erzeugen, dass man das Optimale erreicht hat
6. Goldene Brücken bauen
7. Kein Siegesgebrüll

Abseits des Verhandlungstischs

1. Optimales Verhandlungsteam zusammenstellen
2. Kennen Sie Ihren Reservation Price und Ihre BATNA!
3. Stressmanagement betreiben
4. Agenda und den Rhythmus der Verhandlungen vorgeben
5. Verhandlungsstrategie festlegen
6. Verhandlungsergebnisse festhalten – Zwischenergebnisse schaffen
7. Grundlagen durch Verhandlungskampagnen schaffen, um Entscheidungsträger der Stakeholder ein Votum im Sinne des angestrebten Ergebnisses zu ermöglichen

Das Schaffen eines Wettbewerbs zwischen potentiellen Investoren ist das entscheidende Element im Distressed M&A-Prozess, um in den Verhandlungen von einer subjektiven Wert- zu einer angebots- und nachfrageinduzierten Preisdiskussion zu gelangen.

Always be the best prepared person at the table! Deal Design, Waterfall, Set-up!

Abbildung 8-20: Wesentliche Aspekte im Zusammenhang mit Verhandlungen von Distressed M&A-Transaktionen

9 Transaktionsstrukturen bei Distressed M&A-Transaktionen

Die nachfolgenden Ausführungen geben die aus meiner Sicht wichtigsten Grundlagen wieder, die bei den Überlegungen zu rechtlichen Transaktionsstrukturen bei Distressed M&A sowohl aus Sicht des Verkäufers als auch aus Sicht eines Investors zu berücksichtigen und näher zu beleuchten sind. Die hierzu existierende rechtliche Literatur füllt mittlerweile Bücherwände, sodass meine nachfolgenden Ausführungen zu diesem Thema nur als Hinweise für Diskussionen mit den hierfür standesrechtlich legitimierten Beratern zu verstehen sind.

Grundsätzlich kann eine Unternehmung im Wege

- des Verkaufs der Vermögensgegenstände (Asset Deal) oder
- des Verkaufs der Gesellschaftsanteile (Share Deal)

übertragen werden.

Diese relativ einfach anmutende Unterscheidung wird in der Praxis komplex, da je nach Zeitpunkt der geplanten Transaktion weitere Rahmenbedingungen zu beachten sind. Hier kann unterschieden werden in:

- den Verkauf vor Antragstellung auf Eröffnung eines Insolvenzverfahrens
  - entweder innerhalb des normalen Rechtsrahmens oder
  - im Rahmen eines präventiven Restrukturierungsverfahrens nach StaRUG
- den Verkauf im eröffneten Insolvenzverfahren[1]
  - durch eine übertragende Sanierung (im Wege des Asset Deal)
  - durch ein Insolvenzplanverfahren (im Wege des Share Deals)
    - mit einem Debt-Equity-Swap oder
    - ohne einen Debt-Equity-Swap

In der Regel erfolgt die Übertragung des Geschäftsbetriebs im Rahmen einer Regelinsolvenz durch einen Asset Deal und wird als übertragende Sanierung bezeichnet. Auch wenn in Eigenverwaltungsverfahren ein Asset Deal grundsätzlich möglich ist, steht hier aufgrund des Sanierungsgedankens der Erhalt des Rechtsträgers und damit die Sanierung im Wege eines Insolvenzplans im Vordergrund.

Darüber hinaus ist zu unterscheiden, ob der Verkauf durch den eigentlichen Gesellschafter oder durch einen Treuhänder erfolgt. Dies bringt zwar im Hinblick auf den rechtlichen Rahmen keine Unterschiede, gleichwohl wird ein Treuhänder – einer ähnlichen gedanklichen Logik folgend – einen nur geringeren Umfang an Garantien im Kaufvertrag akzeptieren.

Exkurs: Treuhandmodelle

In vielen Situationen hat sich im Laufe der Jahre die gute Beziehung zwischen der Gesellschafter- oder Unternehmerebene und den Banken durch die schwierigen Gespräche, die im Krisenverlauf geführt wurden, abgenutzt. Beispielsweise forderten Banken zusätzliche Sicherheiten für die Neufinanzierung der nächsten Sanierungsrunde, die Gesellschafter erwarben ohne Rücksprache mit den Banken ein weiteres sanierungsbedürftiges Unternehmen zur vermeintlichen Stärkung der eigenen Wettbewerbsposition und der Wunsch der Banken nach Sicherheiten bzw. einem Eigenkapitalnachschuss wurde von den Gesellschaftern schlichtweg ignoriert. Darüber hinaus kommt es nicht selten im Gesellschafterkreis in diesen schwierigen Situationen ebenso zu Konflikten, die in einer Handlungsunfähigkeit des Managements resultieren können. In diesen Situationen schlagen Banken häufig eine Treuhandlösung vor, die die Übertragung der Gesellschaftsanteile auf einen Treuhänder vorsieht. Hierdurch soll die Handlungsfähigkeit auf Gesellschafterebene wiederhergestellt und dadurch die Umsetzungswahrscheinlichkeit eines Sanierungsprogramms erhöht werden. Darüber hinaus soll durch die Treuhandschaft verhindert werden, dass der Sanierungserfolg nicht zur Rückführung der Mittel genutzt wird, die diesen erst möglich gemacht haben. Beispielsweise könnte der Gesellschafter, sobald operative Erfolge sichtbar sind und der Equity Value damit wieder positiv ist, das Unternehmen mit eben diesem positiven Equity Value respektive Kaufpreis verkaufen, obwohl die Bankverbindlichkeiten trotz des operativen Erfolgs nicht zurückgeführt wurden. Darüber hinaus kann auch unter Umständen der Sanierungserfolg ausbleiben und ein Verkauf notwendig werden, um eine zumindest teilweise Rückführung der gewährten Kredite zu erfahren.

Treuhandschaften können vor diesem Hintergrund dem Zweck nach wie folgt kategorisiert werden:

- Sanierungstreuhand,
- Mittelverwendungstreuhand,
- Verkaufs- oder Verwertungstreuhand.

In der Praxis kommen häufig umfassende Kombinationen der oben aufgeführten Typen zum Einsatz. Zumeist ist bereits im Treuhandvertrag geregelt, dass bei einer Verletzung der Auflagen in den Finanzierungsverträgen oder aber nach pflichtgemäßem Ermessen des Treuhänders, dass ein Verkauf zum Werterhalt sinnvoll ist, der Bedingungs- oder Sicherungsfall eintritt und damit die ursprüngliche Sanierungstreuhand zu einer Verkaufs- und Verwertungstreuhand wird. Im Treuhandvertrag wird der Treuhänder somit bereits zur Durchführung eines strukturierten kompetitiven Investoren-

Prozesses zur Erzielung eines bestmöglichen Verwertungserlöses verpflichtet[2]. Dabei gewährt der Treuhandvertrag im Idealfall ein hohes Maß an Flexibilität bei Ausgestaltung des Verfahrens im Einzelnen, enthält jedoch oft bestimmte Zielvorgaben (z.B. Mindestkaufpreis, Ausschluss oder Begrenzung der Kaufinteressenten zum Beispiel im Hinblick auf Wettbewerber, Alternativszenarien wie Joint Venture o.ä.). Der Treuhänder beauftragt mit dem eigentlichen M&A-Prozess häufig einen erfahrenen M&A-Berater. Dieser wird zumeist unter Teilnahme der finanzierenden Banken sowie des Treugebers in einem Pitch ausgewählt.

Solche Treuhandschaften sind zumeist als doppelnützige Treuhandschaften konzipiert[3]. Die Doppelnützigkeit bedeutet, dass der Treuhänder die Gesellschaftsanteile (Treugut) für den bisherigen Gesellschafter (Treugeber) aber wirtschaftlich auch für die die Sanierung finanzierenden Banken hält. In einem mit dem Eintritt des Bedingungsfalls durch einen Treuhänder organisierten M&A-Prozess wird in der Regel die Rückführung der Bankverbindlichkeiten durch den Investor gefordert[4]. Bereits im Treuhandvertrag wird über ein sogenanntes „Waterfall Scheme" die Erlösverteilung entsprechend der Ränge und Sicherheiten geregelt.

Häufig wird ein Treuhand- oder Sanierungsbeirat gebildet und dem Gesellschafter hier ein Sitz gewährt, ohne jedoch die Grundlage für einen Rückfall in die alte Entscheidungsunfähigkeit zu schaffen. Kommt es im Zuge der operativen Sanierung zu der Möglichkeit den Sanierungskredit oder durch eine Umfinanzierungsmöglichkeit bei alternativen Kreditgebern die gesamten Finanzverbindlichkeiten zurückzuführen, ist die Treuhandschaft obsolet und die Anteile können an den Gesellschafter zurückübertragen werden.

Die folgende Abbildung zeigt die Ausgestaltung eines Treuhandverhältnisses im Überblick

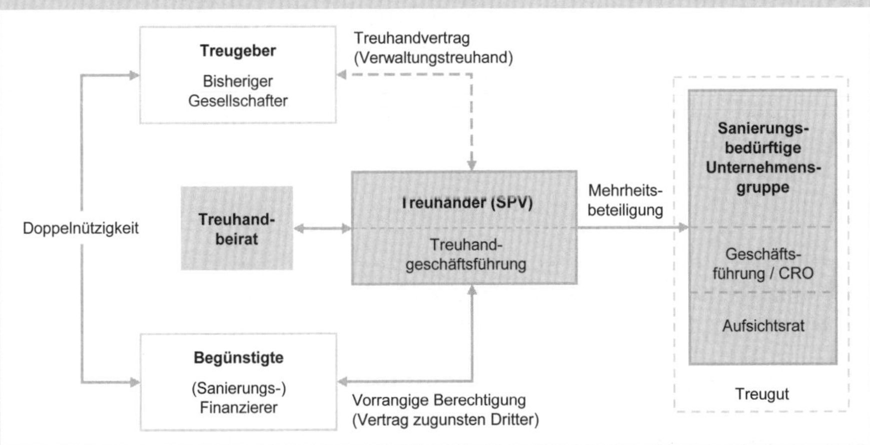

Abbildung 9-1: Ausgestaltung des Treuhandverhältnisses[5]

Für den M&A-Berater sind folgende Punkte zu beachten:

- unter Umstände durch den Treuhandauftrag begrenztes Investorenspektrum,
- etwaige Bewertungs- bzw. Kaufpreis-Hürden,
- Rückführung der Finanzverbindlichkeiten als Bedingung für die Transaktionsstruktur,

- begrenzter Garantiekatalog beim Verkauf durch den Treuhänder,
- unter Umständen „Friendly Fire" durch Treugeber, der sich durch den (nicht durch ihn gesteuerten) Eintritt des Bedingungsfalls „enteignet" fühlt und gegebenenfalls einen Parallel-Prozess initiiert.

Entscheidend für den rechtlichen Rahmen ist, ob das Unternehmen bereits zahlungsunfähig (§ 17 InsO) bzw. überschuldet (§ 19 InsO) ist oder nur drohend zahlungsunfähig (§ 18 InsO)[6]. Bei Zahlungsunfähigkeit und Überschuldung ist es Pflicht, bei drohender Zahlunfähigkeit besteht zwar das Recht, aber nicht die Pflicht, einen Insolvenzantrag zu stellen. Gilt letzteres, so steht der Weg des StaRUG noch offen. Ansonsten ist die Insolvenzreife eingetreten und es sind nur noch die Möglichkeiten des Insolvenzverfahrens gegeben, sofern die Insolvenzreife nicht binnen drei Wochen (bei Zahlungsunfähigkeit) bzw. sechs Wochen (bei Überschuldung) beseitigt werden kann.

Rechtliche Strukturen beim Verkauf vor Antragstellung auf Eröffnung eines Insolvenzverfahrens

Asset Deal

Unter einem Asset Deal versteht man den Verkauf eines Unternehmens bzw. Geschäftsbetriebes im Wege der Übertragung der einzelnen Vermögensgegenstände (Assets). Dies kann entweder vollumfänglich alle Vermögensgegenstände des Verkäufers umfassen, in vielen Fällen jedoch auch nur diejenigen, die er zur Erlangung des für ihn notwendigen strategischen Umfangs benötigt. Somit handelt es sich entweder um einen Betriebsübergang in Gänze oder einen Teilbetriebsübergang. Grundsätzlich handelt es sich beim Asset Deal um eine Einzelrechtsnachfolge, die besondere Anforderungen an die Bestimmtheit der zu veräußernden Vermögensgegenstände mit sich bringt[7]. Die Arbeitsverhältnisse gehen nach § 613a BGB auf den Erwerber über. Dies beinhaltet auch, dass alle individualvertraglich fortgeltenden Rechte und Pflichten aus den Arbeitsverhältnissen innerhalb eines Jahres nach dem Betriebsübergang nicht geändert werden dürfen. Die Mitarbeiter können einem solchen Übergang ihrer Arbeitsverhältnisse nach § 613 a BGB widersprechen.

Grundsätzlich gilt: Bei einem Asset Deal können zwar die Vermögensgegenstände rechtswirksam übertragen werden. Für die Übertragung der bestehenden Vertragsverhältnisse, wie z. B. Mietverträge, Lieferanten- und Kundenverträge, laufende Bestellungen, ist aber die Zustimmung der jeweiligen Vertragspartner erforderlich. Diese Zustimmungserfordernisse sind im Rahmen der Strukturierung der Transaktion sowohl zeitlich als auch monetär zu antizipieren und frühzeitig im Rahmen der Durchführung der Transaktion zu kommunizieren.

Werden bei einem Asset Deal Grundstücke, Erbbaurechte oder GmbH-Anteile an Tochtergesellschaften mitveräußert, ist der Asset Deal in jedem Fall beurkundungspflichtig. Von diesen Fällen abgesehen, besteht keine gesicherte höchstrichterliche Rechtsprechung zur Beurkundungspflicht, wenn das gesamte Vermögen im Wege des Asset Deals veräußert wird. Es wird jedoch vertreten – und in der Praxis auch so gehandhabt – dass bei einer individualisierbaren Auflistung des verkauften Vermögens keine Beurkundungspflicht besteht. Bei Veräußerungen aus der Insolvenz kommt hinzu, dass bestimmte Vermögensgegenstände bei der Masse verbleiben (Bankguthaben, Cash, Forderungen) und schon aus diesem Grund nicht das gesamte Vermögen verkauft wird. In Zweifelsfällen ist zur Beurkundung zu raten, da eine fehlende Beurkundung trotz bestehender Pflicht die Nichtigkeit des Kaufvertrages zur Folge hätte. Sowohl beim Asset Deal (wie auch bei einem Share Deal) unterscheidet man zwischen dem Signing als schuldrechtliche Verpflichtung die Transaktion durchzuführen und dem Closing, d. h. der dinglichen Übertragung.

Zu beachten ist aus Käufersicht, dass das Insolvenzrisiko der veräußernden rechtlichen Einheit nicht zwangsläufig mit der Kaufpreiszahlung des Asset Deals entfällt. Kommt es zu einer Insolvenzantragstellung nach dem Closing des Asset Deals besteht das Risiko der Anfechtung des Rechtsgeschäftes mit der Folge der Rückübertragung der Vermögensgegenstände. In diesem Zuge hat der Erwerber zwar einen Rückerstattungsanspruch des Kaufpreises, jedoch ist die daraus resultierende Forderung eine einfache Insolvenzforderung, die er zur Insolvenztabelle anmelden kann. Dies ist nicht nur ein abstraktes-theoretisches Risiko, denn in der Praxis kommt es nur allzu häufig vor, dass im Zuge einer umfangreichen Restrukturierung in Zukunft strategisch nicht mehr relevante Geschäftsbereiche abgetrennt und veräußert werden. Nun liegt ja bekanntlich – nach Schumpeter – der Gewinn im Einkauf, d. h. aus Sicht des Erwerbers wird er einer Transaktion immer dann zustimmen, wenn der Wert, der er erhält größer ist als der Preis, den er dafür zahlt. Nur in seltensten Fällen werden Preis und Wert identisch sein. Und auch aus Sicht des Verkäufers geht in finanziellen Krisensituationen Liquidität vor Rentabilität. Exakt diese Konstellationen sind jedoch bei einer späteren Insolvenz des Verkäufers aus Sicht eines Insolvenzverwalters anfechtbar. Um das Risiko der Anfechtung zu minimieren ist eine entsprechende Dokumentation der Transaktion und der Angemessenheit des gezahlten Preises erforderlich. Dies kann entweder im Rahmen

- einer Unternehmensbewertung nach IDW S 1[8] oder
- durch eine Fairness Opinion

erfolgen.

Darüber hinaus ist es ratsam darauf zu achten, dass mindestens die Bargeschäft Bedingungen des § 142 InsO eingehalten sind und die Kaufpreiszahlung in der Praxis nicht länger als vier Wochen nach Übertragung erfolgt. Ein Bargeschäft liegt vor, wenn eine Leistung des insolvenzbedrohten Unternehmens durch eine gleichwertige und zeitnahe Gegenleistung kompensiert wurde[9] und somit eine spätere Insolvenzmasse nicht geschmälert wurde. Anzumerken ist jedoch, dass eine Unternehmenstransaktion nur schwierig als Bargeschäft klassifiziert werden kann und dementsprechend dennoch Unsicherheiten bestehen bleiben[10].

Selbstverständlich vollzieht sich der Übergang des Geschäftsbetriebes im Wege des Asset Deals ebenso fließend, wie beim Share Deal, d. h. das operative Geschäft setzt sich kontinuierlich fort. Vor diesem Hintergrund übernimmt der Erwerber grundsätzlich auch die Verpflichtungen aus den bereits getätigten Bestellungen, z. B. aus Wareneinkäufen (Bestellobligo).

In der Regel bleiben aus Sicht des Verkäufers auf der Aktivseite der Bilanz die Positionen Forderungen aus Lieferungen und Leistungen, sonstige Forderungen und Vermögensgegenstände, die Rechnungsabgrenzungsposten sowie die liquiden Mittel zurück. Der Verkaufserlös dient der Rückzahlung der Verbindlichkeiten respektive der Herstellung der Lastenfreiheit von Sicherheiten an den einzelnen Vermögensgegenständen. Der Asset-Deal-Verkaufspreis sowie die Überleitung zum Enterprise Value respektive Equity Value stellt sich aus Sicht des Verkäufers (vor Steuerbelastungen) wie folgt dar:

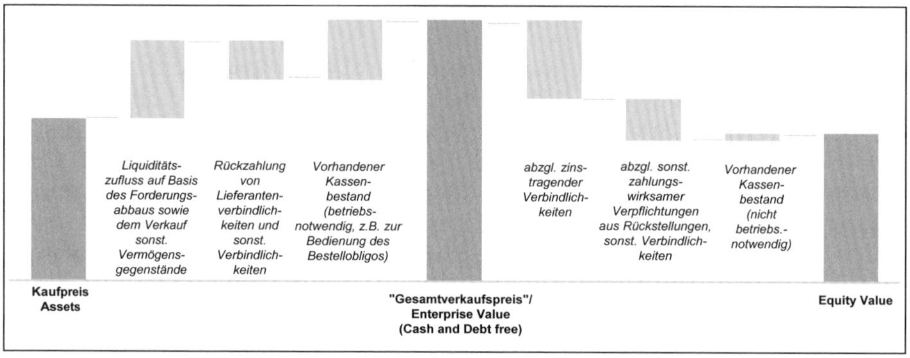

Abbildung 9-2: Asset-Deal-Kaufpreis aus Verkäufersicht

Beim Käufer sieht der Kaufpreis spiegelbildlich aus:

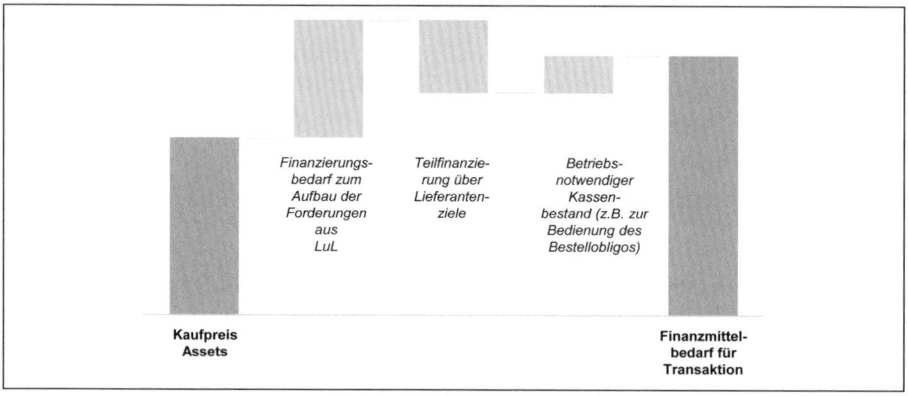

Abbildung 9-3: Asset-Deal-Verkaufspreis aus Käufersicht

Bei einem Asset Deal ist strukturell die Übernahme von Verbindlichkeiten der Passivseite durch den Erwerber ausgeschlossen. Dennoch haftet der Erwerber – außerhalb eines Insolvenzverfahrens – grundsätzlich nach § 25 HGB, § 75 AO und § 613a BGB:[11]

§ 25 HGB Handelsfirma

(1) *Wer ein unter Lebenden erworbenes Handelsgeschäft unter der bisherigen Firma mit oder ohne Beifügung eines das Nachfolgeverhältnis andeutenden Zusatzes fortführt, haftet für alle im Betriebe des Geschäfts begründeten Verbindlichkeiten des früheren Inhabers. Die in dem Betriebe begründeten Forderungen gelten den*

Schuldnern gegenüber als auf den Erwerber übergegangen, falls der bisherige Inhaber oder seine Erben in die Fortführung der Firma gewilligt haben.

(2) *Eine abweichende Vereinbarung ist einem Dritten gegenüber nur wirksam, wenn sie in das Handelsregister eingetragen und bekanntgemacht oder von dem Erwerber oder dem Veräußerer dem Dritten mitgeteilt worden ist.*

(3) *Wird die Firma nicht fortgeführt, so haftet der Erwerber eines Handelsgeschäfts für die früheren Geschäftsverbindlichkeiten nur wenn ein besonderer Verpflichtungsgrund vorliegt, insbesondere wenn die Übernahme der Verbindlichkeiten in handelsüblicher Weise von dem Erwerber bekanntgemacht worden ist.*

§ 75 AO Haftung des Betriebsübernehmers

(1) *Wird ein Unternehmen oder ein in der Gliederung eines Unternehmens gesondert geführter Betrieb im Ganzen übereignet, so haftet der Erwerber für Steuern, bei denen sich die Steuerpflicht auf den Betrieb des Unternehmens gründet, und für Steuerabzugsbeträge, vorausgesetzt, dass die Steuern seit dem Beginn des letzten, vor der Übereignung liegenden Kalenderjahrs entstanden sind und bis zum Ablauf von einem Jahr nach Anmeldung des Betriebs durch den Erwerber festgesetzt oder angemeldet werden. Die Haftung beschränkt sich auf den Bestand des übernommenen Vermögens. Den Steuern stehen die Ansprüche auf Erstattung von Steuervergütungen gleich.*

(2) *Absatz 1 gilt nicht für Erwerbe aus einer Insolvenzmasse und für Erwerbe im Vollstreckungsverfahren.*

§ 613a BGB Rechte und Pflichten bei Betriebsübergang

(1) *Geht ein Betrieb oder Betriebsteil durch Rechtsgeschäft auf einen anderen Inhaber über, so tritt dieser in die Rechte und Pflichten aus den im Zeitpunkt des Übergangs bestehenden Arbeitsverhältnissen ein. Sind diese Rechte und Pflichten durch Rechtsnormen eines Tarifvertrags oder durch eine Betriebsvereinbarung geregelt, so werden sie Inhalt des Arbeitsverhältnisses zwischen dem neuen Inhaber und dem Arbeitnehmer und dürfen nicht vor Ablauf eines Jahres nach dem Zeitpunkt des Übergangs zum Nachteil des Arbeitnehmers geändert werden. Satz 2 gilt nicht, wenn die Rechte und Pflichten bei dem neuen Inhaber durch Rechtsnormen eines anderen Tarifvertrags oder durch eine andere Betriebsvereinbarung geregelt werden. Vor Ablauf der Frist nach Satz 2 können die Rechte und Pflichten geändert werden, wenn der Tarifvertrag oder die Betriebsvereinbarung nicht mehr gilt oder bei fehlender beiderseitiger Tarifgebundenheit im Geltungsbereich eines anderen Tarifvertrags dessen Anwendung zwischen dem neuen Inhaber und dem Arbeitnehmer vereinbart wird.*

(2) *Der bisherige Arbeitgeber haftet neben dem neuen Inhaber für Verpflichtungen nach Absatz 1, soweit sie vor dem Zeitpunkt des Übergangs entstanden sind und vor Ablauf von einem Jahr nach diesem Zeitpunkt fällig werden, als Gesamtschuldner. Werden solche Verpflichtungen nach dem Zeitpunkt des Übergangs fällig, so haftet der bisherige Arbeitgeber für sie jedoch nur in dem Umfang, der dem im Zeitpunkt des Übergangs abgelaufenen Teil ihres Bemessungszeitraums entspricht.*

(3) *Absatz 2 gilt nicht, wenn eine juristische Person oder eine Personenhandelsgesellschaft durch Umwandlung erlischt.*

(4) *Die Kündigung des Arbeitsverhältnisses eines Arbeitnehmers durch den bisherigen Arbeitgeber oder durch den neuen Inhaber wegen des Übergangs eines Betriebs oder eines Betriebsteils ist unwirksam. Das Recht zur Kündigung des Arbeitsverhältnisses aus anderen Gründen bleibt unberührt.*

(5) *Der bisherige Arbeitgeber oder der neue Inhaber hat die von einem Übergang betroffenen Arbeitnehmer vor dem Übergang in Textform zu unterrichten über:*
- *den Zeitpunkt oder den geplanten Zeitpunkt des Übergangs,*
- *den Grund für den Übergang,*
- *die rechtlichen, wirtschaftlichen und sozialen Folgen des Übergangs für die Arbeitnehmer und*
- *die hinsichtlich der Arbeitnehmer in Aussicht genommenen Maßnahmen.*

(6) *Der Arbeitnehmer kann dem Übergang des Arbeitsverhältnisses innerhalb eines Monats nach Zugang der Unterrichtung nach Absatz 5 schriftlich widersprechen. Der Widerspruch kann gegenüber dem bisherigen Arbeitgeber oder dem neuen Inhaber erklärt werden.*

Die Haftung nach § 25 HGB kann durch eine Ausschlussvereinbarung, die in das Handelsregister eingetragen werden kann, ausgeschlossen werden. Die Haftung nach § 75 AO gilt nur für den Bestand des übernommenen Vermögens und ist zeitlich begrenzt für Steuerschulden für das letzte Jahr vor dem Übergang und auf das auf den Übergang folgende Jahr. Anders verhält es sich bei § 613a BGB dessen Haftungsumfang erheblich ist. Der Erwerber tritt mit dem Übergang des Betriebs oder Betriebsteils in die Rechte und Pflichten aus den zum Zeitpunkt des Übergangs bestehenden Arbeitsverhältnissen ein. Damit haftet er auch für alle im Rahmen dieser Arbeitsverhältnisse begründeten und bis zum Zeitpunkt des Betriebsübergangs nicht getilgten Verpflichtungen. Von besonderer wirtschaftlicher Bedeutung ist dies im Hinblick auf Pensionsverpflichtungen, sofern der Erwerber sich hierfür nicht hat freistellen lassen, was in der Praxis in den seltensten Fällen aus Erwerbersicht realisierbar ist.[12]

Vor diesem Hintergrund sind entsprechende strukturelle als auch rechtliche Vorkehrungen im Rahmen der Etablierung einer Erwerbergesellschaft auf Käuferseite als auch im Kaufvertrag zu treffen.

Im Rahmen eines Asset Deals gibt es darüber hinaus eine Reihe von weiteren Transaktionsstruktur-relevanten Sonderfaktoren zu beachten, die im Einzelnen im Anschluss an dieses Kapitel ausführlich erläutert werden. Dies sind

- Möglichkeiten der Personalrestrukturierung,
- Umweltrisiken,
- kartellrechtliche Besonderheiten,
- IT-Infrastrukturelle Besonderheiten,
- datenschutzrechtliche Besonderheiten,
- Beihilfe oder öffentliche Fördermittel,
- Transaktionssicherheit.

Im Fall eines Erwerbs der Assets im Rahmen eines Insolvenzverfahrens entfällt eine Haftung nach § 25 HGB und § 75 AO völlig und die Haftung für Verbindlichkeiten aus Arbeitsverhältnissen ist mit Ausnahme bestimmter Einzelaspekte (wie z. B. Urlaubsansprüche) auf den Zeitraum ab Insolvenzeröffnung beschränkt und damit ganz erheblich reduziert.

Share Deal

Unter einem Share Deal versteht man den Erwerb von Gesellschaftsanteilen. Der Eigentumsübergang kann im Wege

- des Erwerbs vom Altgesellschafter oder
- im Wege der Kapitalerhöhung erfolgen.
- Der Debt-Equity-Swap stellt eine Sonderform des Share Deals dar.

Da die Transaktion auf Ebene der Gesellschafter und nicht wie beim Asset Deal auf Ebene der operativen Einheit stattfindet, bleiben dementsprechend auch alle Vertragsverhältnisse unberührt. Zu beachten ist jedoch, dass es Verträge geben kann, die mit einer Change-of-Control-Klausel (teilweise auch Change of Ownership bezeichnet) ausgestattet sind und dementsprechend bei einem vorinsolvenzlichen Anteilseignerwechsel grundsätzlich vom Vertragspartner vorzeitig gekündigt werden können.

Beim *Erwerb vom Altgesellschafter* gelten grundsätzlich die gleichen Rahmenbedingungen für den Erwerb wie bei klassischen M&A-Transaktionen wirtschaftlich rentabler Unternehmen. Allerdings wird ein Erwerber die mit dem Kauf verbundenen Risiken, die mit der rechtlichen Einheit verbunden sind, anders bewerten. Entscheidend hierbei ist, in welchem wirtschaftlichen Zustand der Verkäufer ist und ob der Käufer die zur Absicherung der identifizierten und vorstehend erwähnten Risiken entsprechenden werthaltigen Garantien und Freistellungen erwarten und zum Zeitpunkt des Schadenseintritts noch durchsetzen kann. Vor diesem Hintergrund kommt einer umfassenden Due Diligence unter Restrukturierungsgesichtspunkten eine enorme Bedeutung zu.

Der Share Deal ist bei der Übertragung von GmbH-Anteilen beurkundungspflichtig, die Übertragung von Aktien hingegen grundsätzlich nicht.

Wie vorstehend beim Asset Deal beschrieben, unterscheidet man auch beim Share Deal zwischen Signing und Closing. Beim Erwerb von Gesellschaftsanteilen von einer rechtlichen Einheit in Krisensituationen gelten die vorstehend im Zuge der Erläuterungen des Asset Deals beschriebenen Anfechtungsrisiken analog.

Eine *Kapitalerhöhung* kann durch

- Bareinlage oder
- Sacheinlage

erfolgen. Eine Sacheinlage ist eine Einlage, die nicht in Geld erfolgt, sondern durch Vermögensgegenstände mit einem feststellbaren wirtschaftlichen Wert.

In Restrukturierungssituationen wird häufig der Begriff der Sanierungskapitalerhöhung verwendet und meint in der Regel die Zuführung neuer Barmittel, die

- zur Wiederherstellung der betriebsnotwendigen Liquidität dienen,
- der teilweisen Rückführung von Fremdmitteln oder
- der Schaffung einer neuen Bilanzstruktur, die die Aufnahmen neuer Fremdkapitaltranchen erleichtert.

Häufig gehen Kapitalerhöhungen im Rahmen von Restrukturierungs- oder Rekapitalisierungskonzepten sogenannten Kapitalherabsetzungen voran. Diese dienen zur Herstellung einer Post-Transaktion gewünschten Anteilseignerstruktur und einer – nach erfolgter Kapitalerhöhung – wieder positiven Eigenkapitalquote.

Wie oben erwähnt fällt der Debt-Equity-Swap ebenso unter die möglichen Maßnahmen einer solche Sanierungskapitalerhöhung, eben nicht durch Zuführung von Barmitteln, sondern

- im Wege der Sachkapitalerhöhung oder
- seltener als sogenannter „unechter" Debt-Equity-Swap, bei dem die Gesellschafter ihre Anteile an den Forderungsinhaber übertragen und dieser auf seine Forderung gegen die Schuldnerin im Wege des Erlassvertrags nach § 397 BGB verzichtet.

Das Grundschema einer Kapitalerhöhung mit vorangegangener Kapitalherabsetzung sieht wie folgt aus:

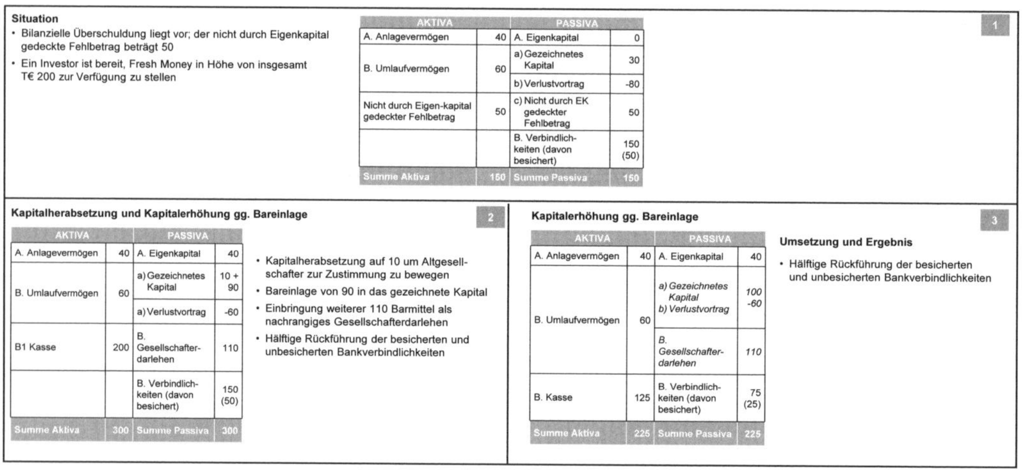

Abbildung 9-4: Bilanzielles Grundprinzip einer Kapitalerhöhung mit vorausgegangener Kapitalherabsetzung

Kapitalmaßnahmen bedürfen grundsätzlich der Zustimmung durch die Gesellschafter- bzw. Hauptversammlung. Hierfür gibt es je nach Umfang unterschiedliche rechtliche Verfahrensvarianten, deren ausführliche Beschreibung den Umfang des Buches übersteigen würden. Die folgende Abbildung zeigt im Überblick die gesetzliche Basis für Kapitalherabsetzung und Kapitalerhöhungen:

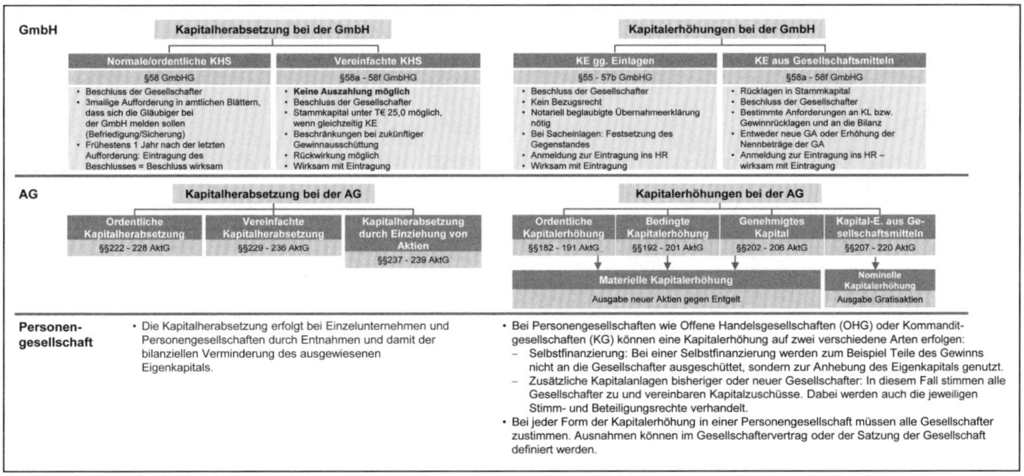

Abbildung 9-5: Rechtliche Grundlagen von Kapitalherabsetzungen und -erhöhungen

Entscheidend ist jedoch die für eine korrekte Durchführung einer Kapitalerhöhung notwendige Zeitspanne, die bei einer AG Anmelde-, Bezugsrecht und Einladungsfristen umfasst und in der Regel zwischen 14 und 20 Wochen in Anspruch nimmt. Bei einer GmbH verkürzt sich die Zeitspanne nur unwesentlich. In dieser Zeit muss einerseits die Zahlungsfähigkeit des Unternehmens erhalten bleiben und andererseits ist zu beachten, dass sich in diesem Zeitraum weiterhin die Marktwerte der Fremdkapitalpositionen und hieraus abgeleitet des Equity Values weiter verändern (siehe hierzu auch das folgende Kapitel zur Unternehmensbewertung).

Die Herausforderung in vorinsolvenzlichen Restrukturierungssituationen liegt in der Regel im Umstand begründet, dass der Gesamtunternehmenswert (Enterprise Value) geringer ist als der Wert des ausstehenden Fremdkapitals und damit nicht nur die Eigenkapitalgeber, sondern auch die Fremdkapitalgeber „aus dem Geld sind". Vor diesem Hintergrund wird ein Investor nur investieren, wenn die Fremdkapitalgeber zumindest auf einen Teil ihrer Forderungen verzichten, sodass der Investor im ersten Schritt mindestens „wieder ins Geld kommt". Noch problematischer wird es, wenn der Gesellschafter einer Transaktion nur dann zustimmt, wenn er in irgendeiner Form eine Kompensation für den (auch nur teilweisen) Verlust seiner Eigenkapitalrechte erhält.

Das oben genannte Diagramm zeigt den Zusammenhang zwischen der Bewertung des Unternehmens bzw. des operativen Geschäftes (Enterprise Value) unabhängig von der Finanzierungsstruktur. Im ersten Schritt wird deutlich, dass dieser Enterprise Value geringer ist als das Fremdkapital und damit sowohl Gesellschafter (komplett) und Fremdkapitalgeber teilweise „aus dem Geld sind". Der in diesem Beispiel vorhandene Investor ist nur bereit einzusteigen, wenn sein „frisches Geld" auch zu einem positiven Equity Value führt. Vor diesem Hintergrund bietet er den Banken an, sollten diese sich bereit erklären auf € 2 Mio. zu verzichten, um einen Equity Value von € 0 herzustellen, frisches Kapital in Höhe von € 2 Mio. als Eigenkapital und zur teilweisen Tilgung der Bankverbindlichkeiten einzubringen. Diese Zufuhr von Fresh Money stellt – vor

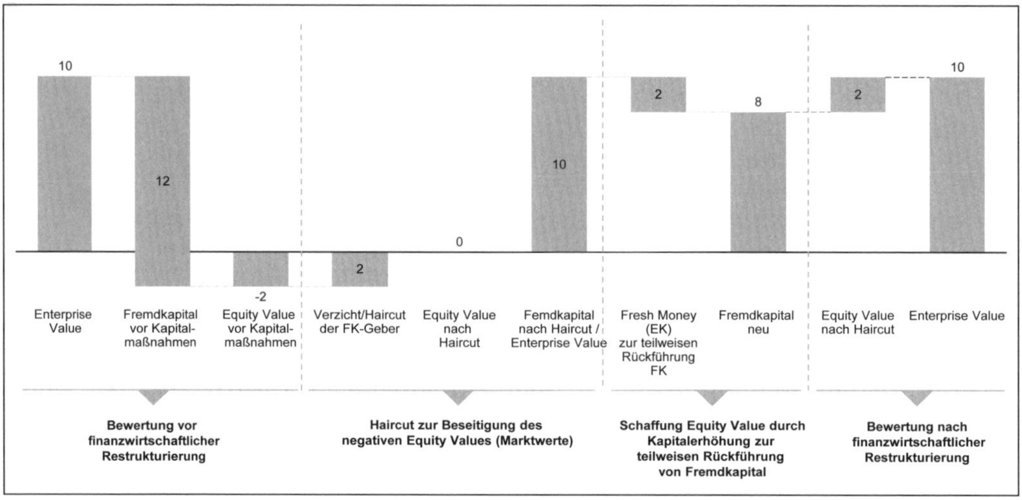

Abbildung 9-6: Herstellung eines positiven Equity Values durch Haircut, teilweiser FK-Rückzahlung und anschließender Kapitalerhöhung

dem Hintergrund des zuvor ausgesprochenen Forderungsverzichts – somit den neuen Equity Value dar. Addiert man hierzu wieder die nunmehr vorhandenen, reduzierten Bankverbindlichkeiten von € 8 Mio., so gelangt man logischerweise wieder auf den Enterprise Value von € 10 Mio., denn das operative Geschäft (reflektiert im Enterprise Value) hat durch diese finanzwirtschaftliche Restrukturierung auch keine Veränderung erfahren. Der Altgesellschafter hat in dieser Konstellation jedoch seinen gesamten Anteil am Eigenkapital verloren.[13]

Eine Kompensation für diesen Verlust kann in Form eines (wahrscheinlich eher symbolischen) Kaufpreises für die Gesellschaftsanteile im Rahmen einer schlussendlich doch einvernehmlichen Transaktion erfolgen oder in der Einräumung von Rechten bei einer späteren Wiedererlangung einer Ertragskraft. Solche Rechte können beispielsweise sein:

- Genussrechte,
- Earn-out-Klauseln im Kaufvertrag,
- Einräumung einer Minderheits-Eigenkapitalposition,
- Kaufpreisnachzahlung bei einem späteren, zeitnahen Verkauf.

Beim Share Deal begründet sich die Haftung des Erwerbers aus der rechtlichen Struktur selbst, d.h. mit dem Erwerb der rechtlichen Einheit gehen alle Rechte, aber auch Pflichten aus der Rolle des Gesellschafters auf ihn über. Darüber hinaus haftet der Erwerber von GmbH-Anteilen gegenüber der Gesellschaft (gesamtschuldnerisch mit dem Verkäufer) für die rückständigen Einlagen gemäß. § 16 Abs. 2 GmbHG. Zwar haftet er darüber hinaus nicht unmittelbar für unzulässige Rückzahlungen an den Verkäufer, jedoch trifft ihn, wie alle anderen Gesellschafter, eine anteilige subsidiäre Haftung gem. § 31 Abs. 3 GmbHG. Bei der AG haftet der Erwerber ebenfalls grundsätzlich für rückständige Einlagen (§ 54 Abs. 2 AktG), nicht aber für Rückzahlungen an den Veräußerer.

Umwandlungsrecht

Neben den „normalen“ Varianten des Unternehmensverkaufs im Wege des Share Deals gibt es auch die Möglichkeiten des Umwandlungsrechtes zur Schaffung optimaler Erwerbsstrukturen im Rahmen von Distressed M&A-Transaktionen. Durch die Möglichkeiten des Umwandlungsrechts können einzelne Betriebsteile, strategische Einheiten oder Produktionsstätten abgespaltet werden. Diese können sodann veräußert und der Veräußerungserlös entweder zur Sanierung oder Liquidation des zurückgebliebenen Betriebsteils verwendet werden. Da es sich bei Maßnahmen des Umwandlungsrechts stets um Gesamtrechtsnachfolgen handelt, bleiben Vertragsverhältnisse dementsprechend unberührt. Zum Beispiel kann somit ein diversifiziertes Unternehmen, das aus mehreren strategischen Geschäftsfeldern besteht, vor etwaigen M&A-Überlegungen in rechtlich selbstständige Einheiten, die den Geschäftsfeldern entsprechen, aufgeteilt werden. Das Umwandlungsrecht regelt ausführlich die Verschmelzung und verweist bei den anderen Strukturvarianten auf diese Regelungen, es sei denn, es gibt bestimmte Sonderrechte. Das Umwandlungsrecht kennt

- Verschmelzung,
- Spaltung und
- Formwechsel.

Verschmelzung

<table>
<tr><th rowspan="2">Übertragender Rechtsträger</th><th colspan="4">Übernehmender oder neuer Rechtsträger</th></tr>
<tr><th>AG</th><th>GmbH</th><th>PersGes</th><th>Nat. Personen</th></tr>
<tr><td rowspan="2">AG</td><td>§§ 60-77</td><td>§§ 46-59</td><td>§§ 39-45</td><td>§§ 120-122</td></tr>
<tr><td></td><td colspan="2">§§ 60-77</td><td>i.V.m. §§ 60-77</td></tr>
<tr><td rowspan="2">GmbH</td><td colspan="2">§§ 46-59</td><td>§§ 39-45</td><td>§§ 120-122</td></tr>
<tr><td>§§ 60-77</td><td></td><td>§§ 46-59</td><td>i.V.m. §§ 46-59</td></tr>
<tr><td rowspan="2">PersGes</td><td colspan="3">§§ 39-45</td><td></td></tr>
<tr><td>§§ 60-77</td><td>§§ 46-59</td><td></td><td></td></tr>
</table>

Formwechsel

<table>
<tr><th rowspan="2">Übertragender Rechtsträger</th><th colspan="4">Übernehmender oder neuer Rechtsträger</th></tr>
<tr><th>AG</th><th>GmbH</th><th>PersGes</th><th>GbR</th></tr>
<tr><td rowspan="2">AG</td><td></td><td colspan="3">§ 226</td></tr>
<tr><td></td><td>§§ 238-250</td><td colspan="2">§§ 228-237</td></tr>
<tr><td rowspan="2">GmbH</td><td>§ 226</td><td></td><td colspan="2">§ 226</td></tr>
<tr><td>§§ 238-250</td><td></td><td colspan="2">§§ 228-237</td></tr>
<tr><td>PersGes</td><td colspan="2">§§ 214-225</td><td colspan="2">§ 190 Abs 2</td></tr>
</table>

Spaltung

<table>
<tr><th rowspan="2">Übertragender Rechtsträger</th><th colspan="3">Übernehmender oder neuer Rechtsträger</th></tr>
<tr><th>AG</th><th>GmbH</th><th>PersGes</th></tr>
<tr><td rowspan="2">AG</td><td>§§ 141-146</td><td>§§ 138-140</td><td>§§ 125, 135</td></tr>
<tr><td></td><td colspan="2">§§ 141-146</td></tr>
<tr><td rowspan="2">GmbH</td><td colspan="2">§§ 138-140</td><td>§§ 125, 135</td></tr>
<tr><td></td><td>§§ 141-146</td><td>§§ 138-140</td></tr>
<tr><td rowspan="2">PersGes</td><td colspan="3">§§ 125, 135</td></tr>
<tr><td>§§ 141-146</td><td>§§ 138-140</td><td></td></tr>
<tr><td rowspan="3">Einzel-kaufmann</td><td colspan="3">Nur Ausgliederung</td></tr>
<tr><td>§§ 141-146</td><td>§§ 138-140</td><td>§§ 125, 135</td></tr>
<tr><td colspan="3">§§ 152-160</td></tr>
</table>

Angegeben ist jeweils die §-Nr. im Umwandlungsgesetz (UmwG)

Abbildung 9-7: Rechtliche Grundlagen der Möglichkeiten des Umwandlungsrechts

Insbesondere sind diese Strukturmaßnahmen bei sogenannten Carve-outs anzutreffen. Unter einem Carve-out versteht man die Ausgliederung eines Geschäftsbereichs aus einer größeren Organisation. Dabei kann der auszugliedernde Bereich entweder bereits rechtlich eigenständig sein oder noch eine Abteilung oder Bereich einer rechtlichen Einheit darstellen. In jedem Fall gibt es eine enge operative Verflechtung, die Regelungen nach sich zieht, wie das „Herausschälen“ des Bereichs zeitlich und inhaltlich gestaltet werden soll, zumeist im Rahmen von sogenannten Transitional Service Agreements zwischen dem Erwerber und dem Veräußerer. Carve-outs können sowohl rentable als auch unrentable Einheiten umfassen. Beiden ist gemein, dass der Veräußerer diese als strategisch nicht mehr relevant betrachtet und die Einheit ausgegliedert veräußern möchte.

Alle Umwandlungsvorgänge werden nach dem folgenden Ablauf vorgenommen:

1. Die Parteien schließen einen notariell zu beurkundenden Verschmelzungsvertrag. Bei Abspaltungen wird als einseitiges Rechtsgeschäft ein sogenannter Spaltungsplan erstellt. Beim Formwechsel ist es ein Umwandlungsbeschluss, der diese Funktion erfüllt. Die Dokumente sind spätestens einen Monat vor dem Tage der Gesellschafterversammlung, in dem der Beschluss gefasst wird, den zuständigen Betriebsräten der beteiligten Rechtsträger zuzuleiten. Anschließend wird durch die Gesellschafterversammlung der sogenannte Verschmelzungsbeschluss gefasst. Dieser Beschluss ist jeweils notariell zu beurkunden und kann mit der notariellen Urkunde, in der auch der Verschmelzungsvertrag enthalten ist, verbunden werden.

2. „Grundsätzlich muss auch ein Verschmelzungsbericht erstellt werden, der auch durch einen Verschmelzungsprüfer geprüft werden muss. Sofern alle Anteilsinhaber zustimmen, kann jedoch auf die Erstellung eines Verschmelzungsberichts und den zugehörigen Prüfungsbericht verzichtet werden (§§ 8 Abs. 3, 12 Abs. 3 UmwG). Diese Verzichtserklärungen sind ebenfalls notariell zu beurkunden und können auch mit der notariellen Urkunde verbunden werden, die den Verschmelzungsvertrag und gegebenenfalls auch die Verschmelzungsbeschlüsse enthält“.[14]

3. Final erfolgt die Anmeldung zum Handelsregister beider Gesellschaften. Der Anmeldung ist eine Schlussbilanz beizufügen, die nicht älter als acht Monate ist. Mit der Eintragung der Verschmelzung im Register wird die Verschmelzung wirksam.

Die nachfolgende Abbildung zeigt die Möglichkeiten des Umwandlungsrechts:[15]

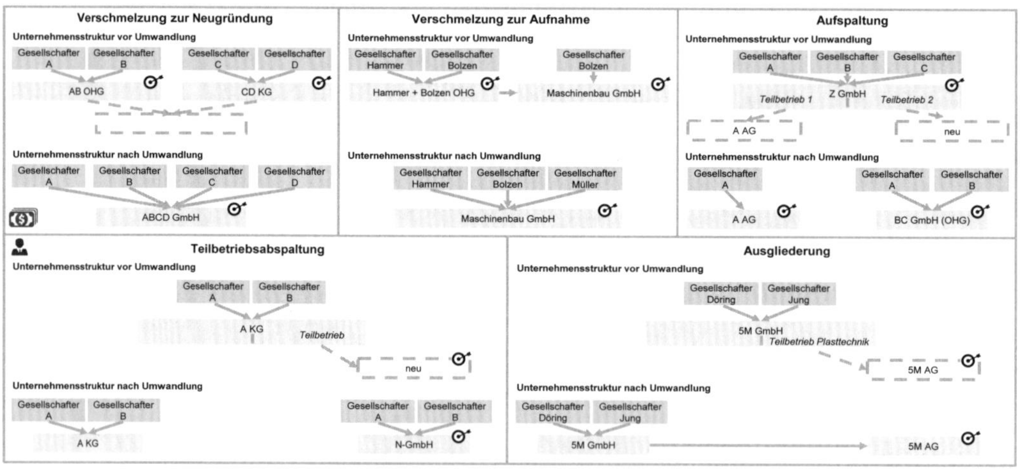

Abbildung 9-8: Möglichkeiten des Umwandlungsrechts

Grundsätzlich gibt es bei allen Umwandlungsvorgängen eine Reihe von Schutzfunktionen für die Gläubiger der jeweiligen Einheiten. Diese können sich einerseits in einer fünfjährigen nachlaufenden gesamtschuldnerischen Haftung der Beteiligten widerspiegeln (§ 133 UmwG), als auch in Kapitalerhaltungsvorschriften, die entsprechende Kapitalerhöhungspflichten nach sich ziehen. Auch bei Umwandlungen von Personengesellschaften auf Kapitalgesellschaften haften die Altgesellschafter für die Dauer von fünf Jahren nach § 224 (2) UmwG weiterhin persönlich. Die steuerlichen Rahmenbedingungen von Umwandlungsvorgängen sind im letzten Kapitel dieses Buchs dargestellt.

Grundsätzliche Anmerkungen zum Unternehmenskaufvertrag

Bei einem Asset Deal spricht man von einem APA als Akronym für Asset Purchase Agreement; SPA bezeichnet das Share Purchase Agreement und damit den Vertrag beim Verkauf von Gesellschaftsanteilen.

Ein Unternehmenskaufvertrag dokumentiert das Ende eines häufig schwierigen und nervenaufreibenden Transaktionsprozesses. Er fügt die einzelnen Teile dieses Prozesses, wie Vertragsparteien, Transaktionsgegenstand, Bewertungsfragen, Ergebnisse der Due Diligence, steuerliche Elemente und Risikoallokationen, im Sinne eines Puzzles zu einem Bild zusammen.

Ein Unternehmenskaufvertrag unterteilt sich in die folgenden Grundelemente:

1. Vertragsparteien
2. Kaufgegenstand
3. Kaufpreiselemente
4. Gegebenenfalls Kaufpreisanpassung bzw. Locked-box-Prinzip
5. Gegebenenfalls Earn-out-Regelungen
6. Risikoverteilung
   - 6.1 Verkäufergarantien
   - 6.2 Rechtsfolgen bei Verletzungen von Garantien
   - 6.3 Haftungsbeschränkungen und -ausschlüsse
   - 6.4 Freistellungen
   - 6.5 Käufergarantien
   - 6.6 Material Adverse Change-Klausel
7. Technische Abwicklung des Unternehmenskaufs
   - 7.1 Vollzugsbedingungen und Vollzugshandlungen
   - 7.2 Verhaltenspflichten zwischen Unterzeichnung und Vollzug des Unternehmenskaufvertrags
   - 7.3 Gegebenenfalls Kartellanmeldepflicht
   - 7.5 Verhaltens- und Mitwirkungs-Pflichten für den Zeitraum nach Vollzug
   - 7.5 Sonstiges
     - 7.5.1 Vertraulichkeit
     - 7.5.2 Mitteilungen
     - 7.5.3 Abtretbarkeit von Ansprüchen
     - 7.5.4 Salvatorische Klausel
     - 7.5.5 Gericht- oder Schiedsverfahren

Grundsätzlich kann ein fester Kaufpreis unmittelbar oder in Raten gezahlt werden (beides als Festkaufpreis bezeichnet). Ebenso besteht die Möglichkeit, den Kaufpreis oder einen Teil hiervon in Abhängigkeit an die Erreichung bestimmter Unternehmensziele, zumeist Ertragsziele zu koppeln. Hier spricht man von Earn-out-Kaufpreisbestandteilen. Die untenstehende Übersicht zeigt mögliche Gestaltungsmerkmale von Earn-out-Regelungen.[16]

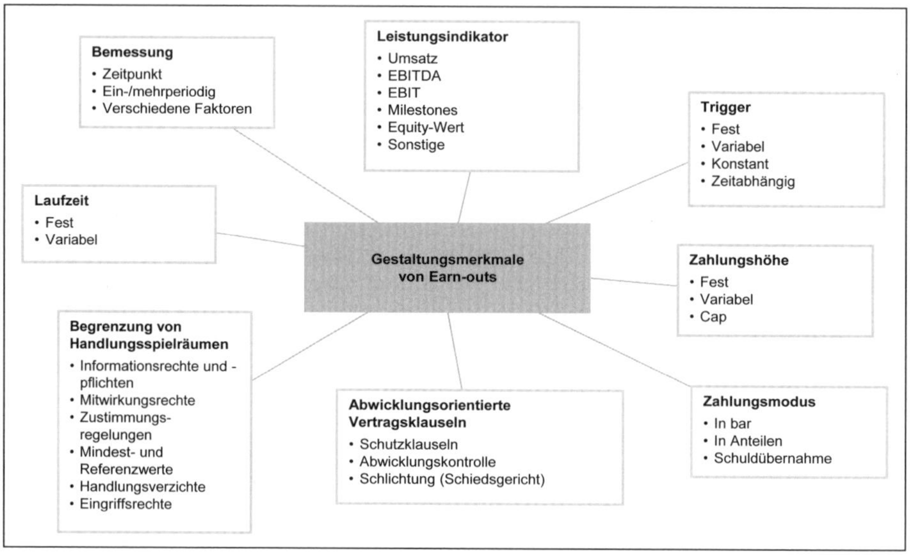

Abbildung 9-9: Gestaltungsmerkmale von Earn-out-Regelungen

Um am Vollzugstag keine Abweichung zwischen den der Bewertung zugrunde gelegten Vermögensverhältnissen und den tatsächlich übergegangenen Vermögensgegenständen zu erleben, haben sich in der Praxis zwei Kaufpreisanpassungsmechanismen durchgesetzt, die sogenannten Closing-(date-)Accounts und das Locked-box-Prinzip.

a) Closing-Accounts, d.h. zum Tage des Closings werden bestimmte Kontenstände (zumeist die Positionen des sich stetig ändernden Working Capitals) überprüft und die Abweichungen im Vergleich zu den dem Kaufpreis zugrundeliegenden Bewertungsüberlegungen in der Differenz ausgeglichen. Dies kann sowohl zu Gunsten des Käufers als auch des Verkäufers geschehen. Sinn und Zweck einer solchen Regelung ist es, ungewollte oder gar beabsichtigte Verschiebungen bedeutender Bilanzpositionen am Tag des Übergangs auszugleichen.
b) Locked-box-Prinzip, d.h. es wird ein Kaufpreis vereinbart und keine Anpassungen mehr vorgenommen. Der Verkäufer versichert, dass zwischen dem Stichtag der Ermittlung des Kaufpreises bis zum Closing, das Unternehmen in der bisherigen Art und Weise fortgeführt hat und es nicht zu unerlaubten Abflüssen (sog. „leakage") gekommen ist. Ebenso werden bereits im Kaufpreis berücksichtigte „permitted leakages" definiert. Kommt es hier zu Abweichungen werden diese im Kaufpreis berücksichtigt; die Zeitspanne zwischen Kaufpreisfeststellung und Kaufpreiszahlung am Tag des Closings wird zumeist verzinst.

Die Risikoverteilung zwischen Käufer und Verkäufer erfolgt durch die Definition von Garantien und Freistellungen (Warranties and Indemnities). Dabei gibt es sowohl Verkäufergarantien als auch zumeist in deutlich geringerem Umfang Garantien des Käufers. Die gesetzlichen Regelungen (§ 434 ff. BGB) sind für Unternehmenstransaktionen unzureichend. In der M&A-Praxis ist es daher normal, Garantien, Gewährleistungen und Freistellungen im Kaufvertrag selbst zu regeln. Dabei gilt grundsätzlich folgendes, vereinfachendes Grundschema:

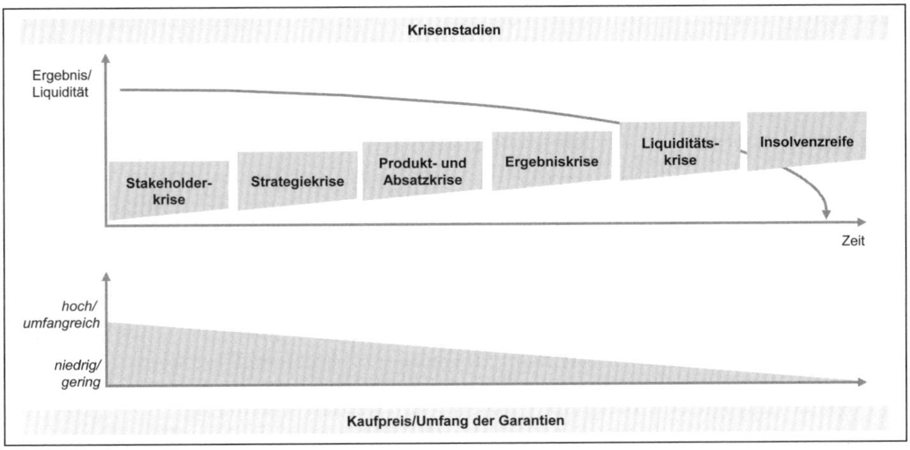

Abbildung 9-10: Zusammenhang zwischen Krisenstadien, Kaufpreis und Umfang der W&I

In der Praxis wird vor diesem Hintergrund ein eigenes Haftungsregime aus Garantietat-beständen sowie Freistellungen, aber auch aus Haftungsgrenzen- und Ausschlüssen definiert.

„Unter einer *Garantie* versteht man eine verschuldensunabhängige, privatautonom vereinbarte Einstandspflicht für bestimmte rechtliche, wirtschaftliche oder tatsächliche Umstände, die der Verkäufer dem Käufer des Unternehmens gegenüber übernimmt. Garantien in Unternehmenskaufverträgen beziehen sich auf Merkmale des Unternehmens selbst, des Verkäufers und auch auf Merkmale der Unternehmensanteile."[17]

Bei *Freistellungsvereinbarungen* hat der Verkäufer den Käufer von den finanziellen Folgen eines Risikos, etwa wegen ungewisser Umweltbelastungen, bekannter Rechtsstreitigkeiten oder von zukünftigen Steuerzahlungen, im Sinne des Wortes „freizustellen". Die Freistellung erfolgt durch Zahlung des entsprechenden Betrags entweder direkt an den Gläubiger oder aber auch wahlweise an die Zielgesellschaft oder den Käufer.

Garantien zielen auf das Vorhandensein eines unterstellten Ist-Zustandes des Unternehmens ab und regeln damit etwaige, aktuell noch unbekannte Risiken. Freistellungen dienen der Abschottung des Käufers vor möglichen, zumeist bekannten bzw. im Rahmen der Due Diligence bekannt gewordenen Risiken.

Der Katalog an Garantien kann von den einfachsten, unumgänglichen Garantien, wie z. B. die Garantie des Verkäufers am Eigentum und der Verfügungsfreiheit an dem zum Verkauf stehenden Vermögensgegenständen, bis hin zu weitgehendsten Garantien, beispielsweise für den Verbleib bestimmter Kunden, reichen. Garantien können in objektive Garantien (Einstehen für die Richtigkeit des im Kaufvertag geregelten relevanten Sachverhalts) und subjektiven Garantien (Kenntnisklauseln und damit „nach bestem Wissen und Gewissen") unterschieden werden. Dabei ist darauf zu achten, dass diese Kenntnisklauseln je nach Vertragswortlaut auch jenes Wissen mit beinhalten können, das ein ordentlicher Kaufmann durch das Einholen von Auskünften hätte erwerben können („after due enquiry"). Grundsätzlich wird in den Kaufvertragsverhandlungen darum gerungen, ob der Inhalt im Rahmen einer Due Diligence bereitgestellten Datenraums pauschal als offengelegt/disclosed gilt und damit keiner Garantie oder Gewährleistung unterliegt (es sei denn, diese ist ausdrücklich für den bestimmten Sachverhalt geregelt). Der Verkäufer wird argumentieren, dass der Käufer und seine Berater Zeit hatten, den Inhalt des Datenraums ordnungsgemäß auf garantierelevante Sachverhalte hin zu prüfen. Der Käufer wird dies grundsätzlich verneinen, da er damit das Risiko einer vollständigen Prüfung durch ihn und seine Berater tragen würde. Im Transaktionsalltag kommt es häufig dahingehend zu einer Kompromisslösung, die Offenlegung des Inhalts des Datenraums grundsätzlich als haftungsausschließend akzeptiert wird, aber dadurch relativiert wird, dass diese Offenlegung gewissen Fairnessstandards entsprechen muss (fairly disclosed) – d. h. die relevanten Sachverhalte nicht im Datenraum „versteckt" werden.

Um die Haftung für den Verkäufer zu begrenzen, werden regelmäßig

- Bagatellgrenzen (Deminimis-Regelungen) vereinbart, ab welchem Betrag ein Schaden überhaupt erst aufgenommen wird,
- Freigrenzen (Basket-Regelungen) oder -beträge benannt, bis zu welchem Betrag sich Schäden oberhalb der Deminimis-Grenzen erst addieren müssen, und
- eine Haftungshöchstgrenze (Cap) vereinbart, bis zu welchem Höchstbetrag ein Schadensersatzanspruch entstehen kann.

Hinsichtlich der Verjährung von Ansprüchen aus Garantiefällen liegen die Fristen bei operativen Garantien häufig zwischen 12 und 36 Monaten ab dem Zeitpunkt des Closings. Rechtliche Garantien (z. B. die oben erwähnten Title-Garantien über das Eigentum an den Gesellschaftsanteilen) haben in der Regel längere Garantielaufzeiten.

Das Closing ist zumeist geknüpft an den Eintritt vertraglich vereinbarter Vollzugsbedingungen (conditions precedent oder kurz CPs). Die Einfachste dieser Closing-Bedingungen ist die Zahlung des Kaufpreises, aber zum Beispiel auch die Zustimmung der zuständigen Kartellbehörde oder der Ablauf der kartellrechtlichen Reaktionsfristen oder z. B. Personalfreisetzungsmaßnahmen im Vorfeld von Transaktionen.

Seit dem Ausbruch der Corona-Pandemie wurden in zunehmendem Maße wieder sogenannte Material-Adverse-Change-Klauseln vereinbart.[18] Gegen unvorhersehbare Ereignisse können sich die Parteien durch die Aufnahme dieser Schutzklausel absichern, die sich nach US-amerikanischem Vorbild in jüngerer Zeit auch zunehmend bei der Vertragsgestaltung in Deutschland wiederfindet. Durch die Einführung einer MAC-Klausel soll der Käufer vor dem Risiko einer Verschlechterung des Zustands der Zielgesellschaft zwischen dem Vertragsschluss und dem dinglichen Vollzug geschützt werden. Rechtsfolgen können beispielsweise ein vertraglich eingeräumtes Rücktrittsrecht oder auch die Stellung der Kaufpreiszahlung unter eine aufschiebende bzw. auflösende Bedingung sein. Tatbestandlich kann die Klausel allgemein ausgestaltet sein oder an bestimmte konkrete Ereignisse wie Umsatzeinbrüche, EBIT-Einbrüche in bestimmter Höhe oder den Wegfall von wichtigen Kunden anknüpfen.

Grundsätzlich empfiehlt es sich bei jeder M&A-Transaktion, entweder seitens des begleitenden Rechtsanwalts oder des M&A-Beraters eine Agenda aufzustellen, die die Aufgaben und Handlungen zwischen einem Signing oder Closing eines Kaufvertrags dokumentiert. Dies kann in Form einer Tabelle erfolgen, die z. B. folgende Spaltenköpfe umfasst:

- Thema
- Wer ist verantwortlich?
- Bis wann muss das Thema erledigt sein?
- Relevant für
  - Signing
  - Closing
- Status (nach dem Ampelprinzip unterteilt in rot, gelb und grün)

Der Debt-Equity-Swap als Sonderfall des Share Deals

Der Debt-Equity-Swap ist ein Sonderfall des Share Deals. Er bezeichnet den Erwerb von Gesellschaftsanteilen durch einen Gläubiger im Wege der Kapitalerhöhung durch Sacheinlage, nämlich der (notleidenden) Forderung und unter Ausschluss des Bezugsrechts der Altgesellschafter.

Der Debt-Equity-Swap kann sowohl in außergerichtlichen Restrukturierungssituationen, im Rahmen eines präventiven Restrukturierungsrahmens als auch im gerichtlichen Insolvenzplanverfahren angewendet werden.

In der Praxis steht dieses Sanierungsinstrument den Gläubigern zur Verfügung, die das Unternehmen seit Jahren finanzieren, häufiger trifft man jedoch Konstellationen an, bei denen ein hierauf spezialisierter Distressed-Debt-Investor im Rahmen von sogenannten Loan-to-own[19]-Strategien gezielt Forderungen aufkauft, um diese durch einen Debt-Equity-Swap in Eigenkapital des Zielunternehmens zu wandeln und damit die Kontrolle über das Unternehmen zu erhalten. Für Gläubiger kann der Verkauf einer Forderung an einen Loan-to-own-Investor deshalb von Interesse sein, da der Gläubiger im Rahmen eines etwaigen späteren Insolvenzverfahrens zumeist nur mit einer einfachen Quote rechnen muss. Dementsprechend bietet ein Kaufpreis – wenn auch mit einem in der Regel gehörigen Abschlag – eine wirtschaftlich attraktivere Lösung.

Die Zielsetzung des gesamtheitlichen Kontrollerwerbs unterscheidet den Debt-Equity-Swap von den seltener vorkommenden Debt-to-Asset-Swap bzw. Debt-to-Mezzanine-Swap. Bei Letzterem wird die Forderung zwar handelsrechtlich zu Eigenkapital, jedoch bleiben Beteiligungs- und Stimmrechtsverhältnisse unverändert. Der Debt-to-Mezzanine-Investor partizipiert zwar gemäß den Bedingungen des Mezzanine-Kapitals an einer unternehmerischen Wertsteigerung, hat jedoch keinen direkten Ansatzpunkt zur Erlangung der unternehmerischen Kontrolle. Beim Debt-to-Asset-Swap, bei dem Fremdkapital mit einzelnen Vermögensgegenständen (z. B. Beteiligungen oder Teilbetriebe) getauscht wird, kann dies unter Umständen vorkommen.[20]

Die Idee des Debt-Equity-Swaps stammt aus den USA und den hier durch das Chapter 11-Verfahren gegebenen Möglichkeiten. In Deutschland erhielt der Debt-Equity-Swap seinen Durchbruch 2011 mit Einführung des ESUG.

Die folgende Abbildung verdeutlicht die grundsätzliche Konstellation beim Debt-Equity-Swap:

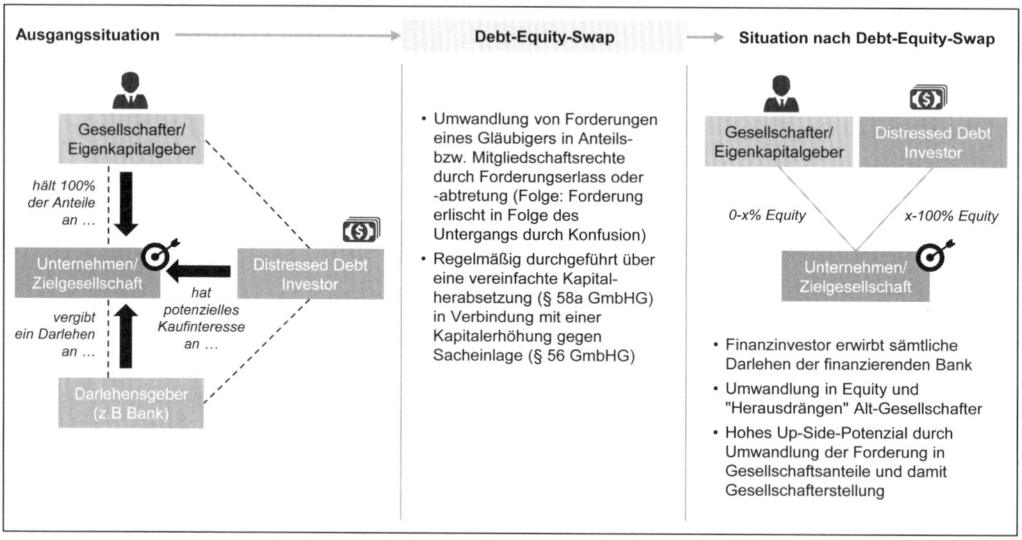

Abbildung 9-11: Grundkonstellation eines Debt-Equity-Swaps

Die Grundstruktur sieht vor, dass der Gläubiger seine Forderung zu Marktwerten bewertet (oder im Rahmen eines Gutachtens bewerten lässt) und diese anschließend in Form einer Sacheinlage in das gezeichnete Kapital der Gesellschaft durch Abtretung (§ 398 BGB) oder durch Erlassvertrag (§ 397 BGB) einbringt. Die Verbindlichkeiten des Unternehmens und die eingebrachte Forderung erlöschen anschließend im Wege der Konfusion. Vorinsolvenzlich ist hierbei entscheidend, dass die Forderung korrekt bewertet[21] ist. Kommt es im Nachhinein zu einer Prüfung der Werthaltigkeit und es wird festgestellt, dass die Forderung zu hoch bewertet war und der Investor damit zu viele Anteile am Gesellschaftskapital erlangt hat, kommt es zur sogenannten Differenzhaftung[22]. Der Investor hat hierdurch eine Nachschusspflicht i.H. des Betrags, der zu hoch angesetzt wurde. Diese Differenzhaftung kann vom Insolvenzverwalter innerhalb der zehnjährigen Verjährungsfrist geltend gemacht werden. Anders bei einem Insolvenzplan: § 254 Abs. 4 InsO regelt, dass ein Schuldner keine Ansprüche wegen einer Überbewertung der eingebrachten Forderung mehr geltend machen kann, sofern ein Insolvenzplan gerichtlich bestätigt wurde.[23] Die Forderung kann damit nur generell im Rahmen der Verhandlungen, Erörterung und Abstimmung zum Insolvenzplan angegriffen werden. Nach der gerichtlichen Bestätigung des Insolvenzplans ist die Differenzhaftung des Gläubigers von Gesetzes wegen ausgeschlossen. Kommt es somit zu einem Debt-Equity-Swap im Rahmen eines Insolvenzplanverfahrens oder eines Konzeptes im Rahmen des StaRUG, besteht dieses Risiko der Differenzhaftung nicht[24].

Häufig wird der Kapitalerhöhung eine vereinfachte Kapitalherabsetzung (§§ 229 ff. AktG, §§ 58 a ff. GmbHG) vorangeschaltet (sog. Kapitalschnitt), um einerseits eine gegebenenfalls auch nach dem Debt-Equity-Swap noch vorhandene Überschuldung zu heilen oder um die nach dem Debt-Equity-Swap erwünschten Anteilsverhältnisse der Gesellschafter herzustellen. Für die Durchführung eines Debt-Equity-Swaps bedarf es immer einer Dreiviertelmehrheit der Haupt- bzw. Gesellschafterversammlung. Eine Ausnahme bildet der Debt-Equity-Swap im Rahmen eines Insolvenzplanverfahrens, wo auch ohne Zustimmung der Altgesellschafter ein Debt-Equity-Swap durchgeführt werden kann. Dieses Grundprinzip wird nachstehend detailliert erläutert. Die zweite Möglichkeit ist der „unechte Debt-Equity-Swap, bei dem die Gesellschafter ihre Anteile an den Forderungsinhaber übertragen und dieser auf seine Forderung gegen die Schuldnerin im Wege des Erlassvertrags nach § 397 BGB verzichtet.

Bilanziell erfolgt ein „echter Debt-Equity-Swap“ nach folgendem Grundprinzip[25]:

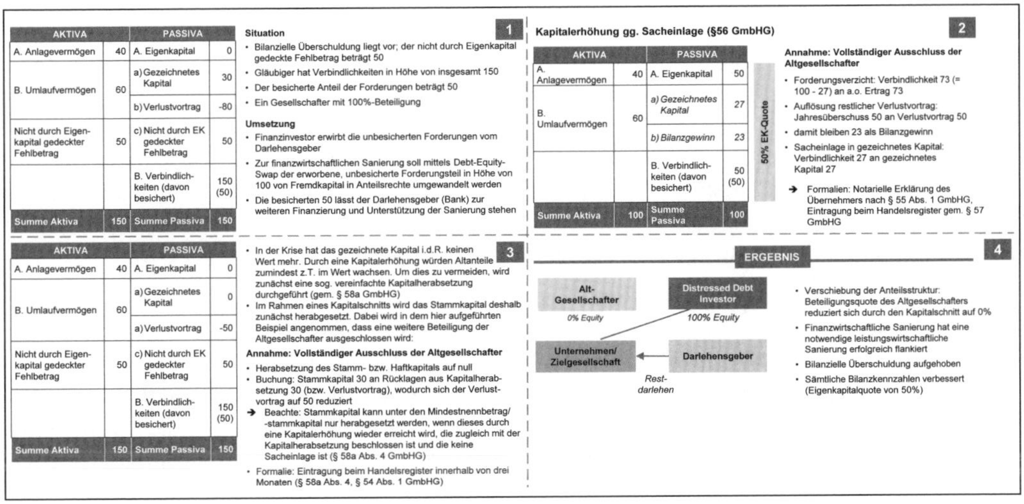

Abbildung 9-12: Bilanzielles Grundprinzip eines Debt-Equity-Swaps

Debt-Equity-Swaps erfolgen in der Regel bei größeren Restrukturierungsfällen[26], da die hierfür notwendigen Schritte einen höheren Aufwand mit sich bringen. Bei größeren Restrukturierungsfällen kommt es häufig sogar vor, dass sich die spezialisierten Investoren sukzessive durch Single-Name-Transaktionen (Erwerb einer Forderung eines bestimmten Unternehmens) oder durch Paket-Käufe (Erwerb eines Sub- oder Non-performing-Kreditportfolios, in dem auch eine Forderung gegenüber dem Zielunternehmen enthalten ist) sukzessive eine Position aufbauen, die es ihnen ermöglicht, im Sinne ihrer Strategie zu handeln. Unter non-performing loans (NPL) versteht man „Kredite, bei denen der Schuldner mit seinen Zins- und Tilgungsleistungen seit mindestens 90 Tagen im Verzug ist oder wenn im Falle eines Verzugs von weniger als 90 Tagen ‚gute Gründe' – wie etwa ein Insolvenzantrag des Schuldners – vorliegen und dadurch an der vollständigen Kreditrückzahlung zu zweifeln ist."[27] Bei sub-performing loans (kurz SPL) existieren noch keine Gründe für eine Kündigung, jedoch sind diese als problembehaftet und mit einer hohen Wahrscheinlichkeit einzustufen, dass die Rückzahlung nicht vollständig erbracht werden kann. Banken und Sparkassen ist es unter bestimmten rechtlichen Rahmenbedingungen erlaubt, Kreditforderungen zu verkaufen. Zumeist wurden in den Unternehmenskreditverträgen bereits Klauseln aufgenommen, die einen Verkauf der Kreditforderungen durch Banken und Sparkassen vorsehen. Aufgrund § 490 Abs. 1 BGB sind Verträge kündbar, wenn es zu einer wesentlichen Verschlechterung der wirtschaftlichen Verhältnisse kommt. Nr. 19 der Banken-AGB (bzw. Nr. 26 der AGB-Sparkassen) sehen ebenfalls allgemein definierte Regelungen hierfür vor.

Banken selbst sind grundsätzlich nicht bereit, Darlehen in Eigenkapital zu wandeln. Dies entspricht nicht deren Geschäftsmodell, birgt bankenaufsichtsrechtliche Probleme, könnte Signalwirkung gegenüber anderen restrukturierungsbedürftigen Schuldnern haben und etwaige weitere Darlehen gegenüber dem Unternehmen – im Zuge der neu gewonnenen Gesellschafterstellung – gegebenenfalls zu Gesellschafterdarlehen umqualifizieren und damit negativ beeinflussen.

Mit dem Erwerb einer Kreditforderung verbindet ein hierauf spezialisierter Investor in der Regel eine zuvor definierte Strategie. Aktive Strategien (häufig auch als aktivistisch oder control oriented bezeichnet) zielen auf eine direkte Einflussnahme auf das Management oder auf den Restrukturierungsprozess ab. Diese Einflussmöglichkeit korreliert mit der Forderungshöhe und dem Fortschritt der Unternehmenskrise in rechtlicher Hinsicht. Häufig nehmen Investoren gezielt Einflussnahme auf sonstige Stakeholder oder negative Öffentlichkeitsarbeit vor, um dem Unternehmen erst den „Stoß in Richtung Sanierungsbedürftigkeit“[28] zu geben.

Ein nicht zu unterschätzender und für einen Control-oriented-Investor positiver „Nebeneffekt“ ist auch das rechtliche Umfeld eines Debt-Equity-Swaps. Während bei einem sukzessiven Aufbau von Eigenkapitalpositionen, z. B. durch Aktienkäufe bei einem börsennotierten Unternehmen, bestimmte Beteiligungsquoten durch das WpHG/WpÜG Meldepflichten respektive Pflichtangebote auslösen und damit nicht verborgen bleiben, unterliegt der Aufkauf von Forderungen keinen solchen Meldepflichten. Hierdurch ist ein „Anschleichen“ an die Zielgesellschaft möglich.

Passive Strategien sind beispielsweise „Non-control-oriented”-Strategien. Sie zielen darauf ab, eine Debt-Position zu erlangen und diese in einem späteren Prozessabschnitt gewinnbringend, in der Regel an einen Control-oriented-Investor, zu veräußern, damit dieser seine Position stärken kann (claims trading). Ebenso können passive Strategien auf das Erlangen einer Kompensation für das Mitwirken am Restrukturierungsprozess abzielen.[29]

> Passive Strategien, die ausschließlich auf einen Gewinn durch eine Steigerung des Marktwertes der Forderung abzielen, unterliegen einem extremen Timing-Risiko. Die nachfolgende Abbildung zeigt, dass sich mit zunehmendem Sanierungs-(miss-)erfolg der Wert der Forderung überproportional verändert. Dementsprechend muss der Investor einen (zumindest mittel-) langen Atem aufweisen, um eine Wertsteigerung seiner Forderung zu erleben.

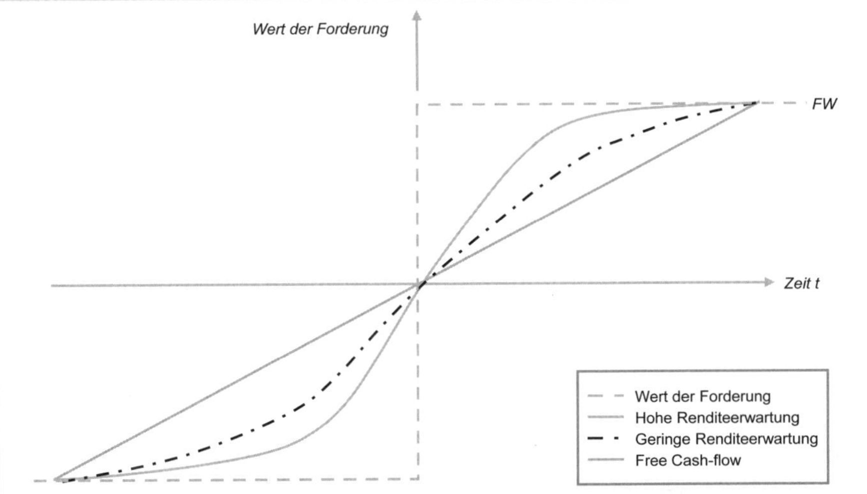

Abbildung 9-13: Wert einer Forderung und antizipierter Sanierungserfolg bei variierenden Renditeerwartungen[30]

FW bezeichnet den Forderungsnominalwert, ZW bezeichnet den Zerschlagungswert. Es wird ersichtlich, dass im Zeitverlauf erst dann die Forderung einen höheren Wert aufweist, wenn der Sanierungserfolg wahrscheinlicher wird. Zu diesem Zeitpunkt erfolgt ein überproportionaler Wertzuwachs. Für einen Investor erscheint es demnach am interessantesten, die Forderung zu genau diesem Zeitpunkt zu veräußern, denn gleichzeitig läuft dem Investor der „Zeitwert des Geldes" entgegen (zur Technik der Forderungsbewertung siehe Kapitel „Bewertung ertragsschwacher Unternehmen sowie Forderungen in Krisenzeiten des Debitors").

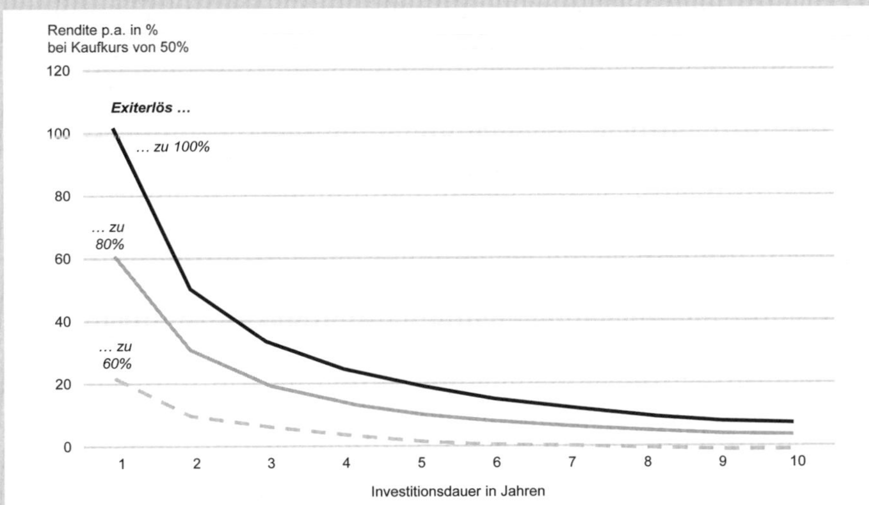

Abbildung 9-14: Rendite des Investors in Abhängigkeit von Investitionsdauer und Exiterlös[31]

In Abbildung 9-14 kauft der Investor eine Forderung zu 50 % des Nominalwertes. Die drei Pfade stellen unterschiedliche Exit-Werte und deren Renditeentwicklung im Zeitablauf dar.

Distressed Debt Investing – ohne die Absicht einer „Loan-to-own"-Strategie durch Debt-Equity-Swap – ist dementsprechend ein hochspekulative und zeitkritische Anlageform.

Im außergerichtlichen Sanierungsverfahren ist ein Debt-Equity-Swap nur mit Zustimmung der vorhandenen Gesellschafter/Eigenkapitalgeber möglich. Häufig ist jedoch das Unternehmen bereits in einem solch schwierigen Krisenfahrwasser, dass eine Insolvenz droht. Der nach Antragstellung und Eröffnung eines Insolvenzverfahrens in Kraft tretende Rechtsrahmen mit der Möglichkeit, im Falle eines Insolvenzplans nach § 225a InsO eine Ausschlussmöglichkeit der Altgesellschafter durch Gruppenbildung und Obstruktionsverbot zu ermöglichen, kann unter Umständen auch vorinsolvenzlich bereits ein so massives Drohpotenzial schaffen, das häufig die Altgesellschafter zum Überdenken einer etwaigen Blockadehaltung veranlassen kann.

Darauf spezialisierte Investoren sind deshalb häufig deutlich aggressiver bei der Durchsetzung ihrer Gläubigerrechte als die ursprünglichen Hausbanken. Kommt es zur Nichteinhaltung von im Kreditvertrag definierten Kennzahlen (Financial Covenants), werden diese Covenant Breaches hier oftmals nicht durch eine Duldungsvereinbarung (Waiver) geheilt, sondern zum Anlass genommen, eine Situation zu schaffen, die einen Debt-Equity-Swap und damit gegebenenfalls die Erlangung der Kontrolle über das Zielunternehmen möglich macht.

Der präventive Restrukturierungsrahmen des StaRUG

Mit dem am 1.1.2021 in Kraft getretenen StaRUG setzt der Gesetzgeber die Richtlinie über Restrukturierung und Insolvenz (RL 2019/1023) zur Einführung eines vorinsolvenzlichen Sanierungsverfahren aus dem Jahre 2019 in nationales Recht um. Das StaRUG selbst ist aber nur ein Teil der Auswirkungen des Gesetzes zur Fortentwicklung des Sanierungs- und Insolvenzrechts (SanInsFoG), welches in Kraft getreten ist und auch Anpassungen an angrenzende Bereiche wie des Insolvenzrechts und hier insbesondere der Insolvenzgründe, der Geschäftsführerhaftung in der Krise und der Eigenverwaltung aufgrund einer ESUG-Evaluation zur Folge hatte. Damit werden Instrumente geschaffen, die vorinsolvenzliche Restrukturierungsmaßnahmen möglich machen (z. B. das Moratorium und die Möglichkeit eines Cross class cram downs), mit dem Ziel, eine Insolvenz zu vermeiden und insbesondere die Möglichkeit zu schaffen, Verbindlichkeiten außerhalb eines Insolvenzverfahrens – auch gegen den Willen einzelner Gläubiger – in einem sogenannten Restrukturierungsplan neu zu regeln. Die teilweise von vielen Fachleuten kritisierte zu hohe Geschwindigkeit in der Umsetzung dieses Gesetzes ist sicherlich auch auf den von der Bundesregierung empfundenen Druck der Auswirkungen der COVID-19-Krise zu sehen.

Die Möglichkeiten des StaRUG können durch Unternehmen genutzt werden, die nicht nach § 17 InsO zahlungsunfähig oder überschuldet[32] sind (§ 19 Abs. 2 InsO bzw. § 33

Abs. 2 StaRUG), jedoch nach § 18 Abs. 2 InsO bzw. § 29 Abs. 1 StaRUG drohend zahlungsunfähig[33] sind.

Das StaRUG-Verfahren beginnt mit der Anzeige des Restrukturierungsvorhabens an das Restrukturierungsgericht (§ 31 Abs. 1 StaRUG). Werden die in § 29 StaRUG aufgezählten Instrumente benötigt (gerichtliche Planabstimmung, gerichtliche Vorprüfung, gerichtliche Bestätigung, Stabilisierungen), ist ferner ein Antrag des Schuldners nötig. Zuvor wird die Geschäftsführung des Unternehmens wohl einen Gesellschafterbeschluss einholen, um sich nicht angreifbar oder sogar schadensersatzpflichtig zu machen[34]. Gleichwohl verschiebt sich mit zunehmendem Voranschreiten der Krise die notwendige Interessensabwägung von den Gesellschafter- hin zu den Gläubigerinteressen, die das Management auch im Sinne der Business Judgement Rule zu beachten hat. Dies kann auch die Durchführung eines Distressed M&A-Prozesses zur Existenzsicherung bedeuten. In der Praxis dürfte dies regelmäßig nicht ohne die Zustimmung der Gesellschafterversammlung stattfinden. Das zeigt einmal mehr, wie diffizil eine solche Situation auch für das angestellte Management ist[35].

Das Ziel des präventiven Restrukturierungrahmens ist, zumindest eine Gruppe der vorhandenen Gläubiger dazu zu bewegen, auf einen Teil (oder die Gesamtheit) ihrer Forderungen zu verzichten, um das Unternehmen so schnell wie möglich zu sanieren. Darüber hinaus kann es ein Ziel sein, einen die Unternehmensentwicklung störenden Minderheitsgesellschafter aus dem Unternehmen und gegen seinen Willen zu entfernen und gegebenenfalls durch einen neuen Investor zu ersetzen.

Um dieses Ziel zu erreichen, werden die relevanten Stakeholder (Arbeitnehmeransprüche sowie Mietverhältnisse sind hierbei stets ausgeschlossen) in Gruppen eingeteilt, den einzelnen Gruppen Vorschläge für den Umgang mit ihren Forderungen unterbreitet und innerhalb der Gruppen abgestimmt, ob mindestens 75 % diesem Vorschlag zustimmen oder nicht. Entscheidend beim StaRUG ist, dass auch gruppenübergreifend einzelne Gläubigergruppen überstimmt werden können (sog. Cross class cram down) und damit gegen deren Willen ein Restrukturierungsplan umgesetzt werden kann.

Ein Restrukturierungsplan unterteilt sich – nach dem Vorbild der Regelungen zum Insolvenzplanverfahren – in einen darstellenden und einen gestaltenden Teil. Der darstellende Teil unterteilt sich in folgende Unterpunkte:

1. Analyse der markt- und leistungswirtschaftlichen Verhältnisse
2. Darstellung von Krisenursachen und Krisenstadium
3. Analyse der Vermögens-, Ertrags- und Finanzlage
4. Beschreibung des Leitbilds des sanierten Unternehmens
5. Darstellung des umzusetzenden Maßnahmenplans
6. Unternehmensplanung inkl. der für die Umsetzung des Plans notwendigen neuen Finanzierungen
7. Übersicht der Finanzierer mit Unterscheidung zwischen vom Plan betroffenen und nicht betroffenen Finanzierern. Vergleichsrechnung mit Auswirkungen des Plans auf die Befriedigungsaussichten der betroffenen Parteien, Angaben zur Gruppenbildung und weitere Angaben gem. Anlage zu § 5 S. 2 StaRUG
8. Gegebenenfalls Angabe zum Restrukturierungsbeauftragten

Das StaRUG ist im Rahmen des gesamten Instrumentariums der Restrukturierungsmöglichkeiten, die im SanInsFoG bedacht sind, wie in der folgenden Abbildung dargestellt, anzusiedeln.

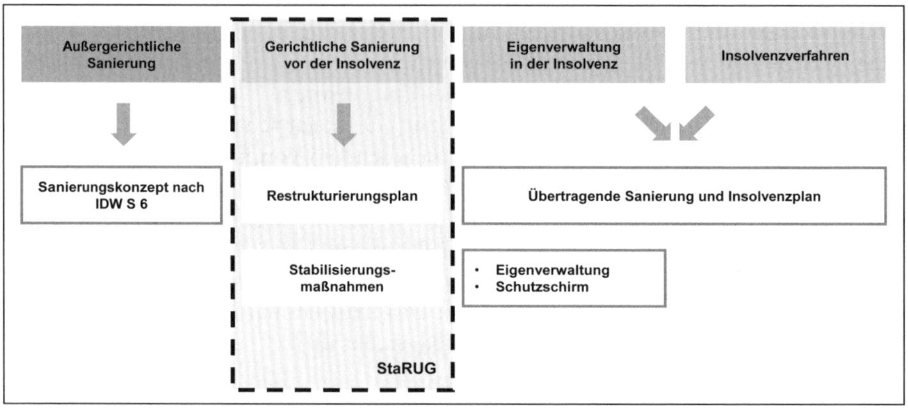

Abbildung 9-15: Vier mögliche Instrumente der Sanierung

Grundsätzlich ist der Restrukturierungsplan nach StaRUG, im Gegensatz zum gerichtlichen Insolvenzplan, ein Instrument, das die Privatautonomie der Vertragsparteien wahrt. Gleichwohl wird es Situationen geben, insbesondere bei den durch das StaRUG möglichen Eingriffen in Eigentumsrechte, die eine ebenfalls mögliche gerichtliche Planabstimmung nach §§ 45 ff. StaRUG in der Praxis wohl regelmäßig zur Anwendung bringen werden.

Das StaRUG definiert mit dem Sanierungsmoderator und dem Restrukturierungsbeauftragten zwei weitere Funktionen.

Der in den §§ 94 – 100 StaRUG angelegte Sanierungsmoderator soll in der Funktion eines neutralen Mediators auf Bestellung des Gerichtes zeitlich dem Restrukturierungsplan vorgelagert, einen Vergleichsabschluss fördern und dokumentieren. Auch wenn die Sanierungsmoderation mithin außerhalb des Stabilisierungs- und Restrukturierungsverfahrens stattfindet, kann der Vergleich gerichtlich bestätigt werden, was zu einem gewissen Anfechtungsschutz führt. Der Moderator wird für einen Zeitraum von drei Monaten vom Gericht bestellt. Mit Zustimmung aller Beteiligten kann diese Frist einmalig um drei Monaten verlängert werden. Gerade in festgefahrenen Situationen kann ein Moderator, der mit Fach-, Methoden- und Sozialkompetenz ausgestattet, auf einem „unverbrauchten Terrain“ startet, nicht erwartete Erfolge erzielen. Dabei muss ein Sanierungsmoderator nicht unbedingt ein Jurist sein, der gegebenenfalls im Positionsdenken verhaftet ist.[36] Im Unterschied zum Restrukturierungsplan kann der Sanierungsvergleich jedoch keine rechtliche Wirkung für nicht beteiligte Gläubiger entfalten.[37]

Der Restrukturierungsbeauftragte gem. §§ 73 – 79 StaRUG wird dann in den Restrukturierungsprozess einbezogen, wenn zu erwarten ist, dass Gläubiger in diesem Prozess ihre Rechte nicht adäquat vertreten können, so z. B. bei einer Vielzahl von Kleingläubigern, Sicherungsmaßnahmen angeordnet wurden bzw. wenn im Rahmen eines Cross class cram downs Planbetroffene überstimmt werden oder gar Eingriffe in Eigentumsrechte geplant sind. Der Restrukturierungsbeauftragte ist somit vergleichbar mit einem Gutachter, einem vorläufigen Insolvenzverwalter bzw. Sachwalter.[38] Allerdings ist hierbei zu unterscheiden zwischen dem Restrukturierungsbeauftragten, der von Amts wegen zu bestellen ist und demjenigen, der nur auf Antrag des Schuldners oder der Gläubiger bestellt wird. Im ersten Fall hat der Restrukturierungsbeauftragte gewisse überwachende und verfahrensgestaltende Funktionen, das Gericht kann ihm aber auch Kompetenzen zuweisen, die mit denen eines Sachwalters vergleichbar sind (§ 76 StaRUG). Der fakultative Restrukturierungsbeauftragte hat dagegen grundsätzlich nur beratende und moderierende Funktion.

In der Praxis unterbreitet der Schuldner, d. h. das Unternehmen, das sich restrukturieren möchte, ein Restrukturierungsangebot an die relevanten Gläubiger (sog. Planbetroffenen). Im Gegensatz zum Insolvenzplan, bei dem die Betroffenen durch das Insolvenzrecht in der Gesamtheit vorgegeben sind, kann es hier zu einer sehr individuellen Auswahl kommen. Die Gruppenbildung muss in erster Linie sachgerecht und transparent erfolgen, § 9 Abs. 2 StaRUG. Auch bei der Einteilung ist der Schuldner nicht völlig frei, sondern es gibt gewisse Pflichtgruppen, vgl. § 9 StaRUG. Auf der anderen Seite sollte die Einteilung der Betroffenen und daraus respektive der Gruppen jedoch so erfolgen, dass später in bestimmten Gruppen eine Zustimmung erreicht werden kann und somit auch dissentierende Gläubiger im Wege des Cross class cram downs überstimmt werden können.

Ein Cross class cram down ist nur bei Wahrung der absoluten Priorität möglich, §§ 26, 27 StaRUG. Die Gesellschafter dürfen mithin nicht ohne Erbringung eines angemessenen Beitrags am Unternehmen beteiligt bleiben. In den meisten Fällen wird für die Angebote an die Gläubiger daher „Fresh Money“ benötigt, weshalb die Einschaltung eines Investors in vielen Fällen unabdingbar sein dürfte. Für einen Investor ergeben sich folgenden Vorteile und Chancen durch diese Form der außergerichtlichen Sanierung:

- kein Reputationsschaden wie gegebenenfalls bei einem Insolvenzverfahren,
- Einstieg als Gesellschafter auch gegen den Willen einzelner Gesellschafter möglich,
- alte Finanzierungen und Sicherheiten können gegebenenfalls vereinfacht umstrukturiert werden; neue Finanzierungen nehmen in einem späteren Insolvenzverfahren keinen Vorrang ein. Sie genießen jedoch unter bestimmten Voraussetzungen Anfechtungsschutz (§ 90 StaRUG),[39]
- Ausschluss der Differenzhaftung bei einem Debt-Equity-Swap (analog der Möglichkeiten des Insolvenzplans).

Ein Einstieg als Gesellschafter ist deshalb möglich, weil § 7 Abs. 4 StaRUG jede gesellschaftsrechtliche Maßnahme, wie z. B. einen Asset Deal oder auch einen Debt-to-Equity-Swap im Restrukturierungsplan zulässt.

Das Restrukturierungsangebot kann schriftlich erfolgen und hat den in §§ 5 ff. StaRUG definierten Restrukturierungsplan zum Inhalt. Stimmen alle Planbetroffenen diesem Plan zu, so ist dieser Plan rechtskräftig angenommen. Hier hat keinerlei Gericht in irgendeiner Form einen Einfluss auf dieses – wie oben beschrieben – privatautonome Verfahren genommen. Dabei ist die Geschwindigkeit, mit der eine solche Restrukturierung theoretisch von statten gehen kann, sehr schnell. Bei der sogenannten versammlungslosen Stimmabgabe gilt eine Annahmefrist von 14 Tagen. Bei dieser Art des Verfahrens ist auch kein Erörterungstermin vonnöten, wenn kein Planbetroffener dies verlangt.[40] Diese Variante ist jedoch eher theoretischer Natur, denn ein StaRUG-Verfahren wird ja nur dann zur Anwendung gelangen, wenn eben keine außergerichtliche Einigung mit einzelnen wichtigen Gläubigern realisiert werden konnte. Allein die Androhung eines StaRUG-Verfahrens wird – bis auf wenige Ausnahmekonstellationen – niemand dazu bewegen, seine Rechte im Voraus aufzugeben.

Die erwähnte anzustrebende gerichtliche Bestätigung des Plans ist wichtig, um die Festsetzungen des Plans letztendlich auch gegenüber den Gläubigern wirken zu lassen, die dem Plan eben nicht zustimmen, was – unter bestimmten Voraussetzungen – nach dem Gesetz möglich ist. Dabei kann die Abstimmung in eigener Verantwortung des Schuldners oder im Rahmen eines gerichtlichen Abstimmungsverfahren durchgeführt werden.[41] Vor diesem Hintergrund sind die unten dargestellten Möglichkeiten der Abstimmung vorab genau zu evaluieren.

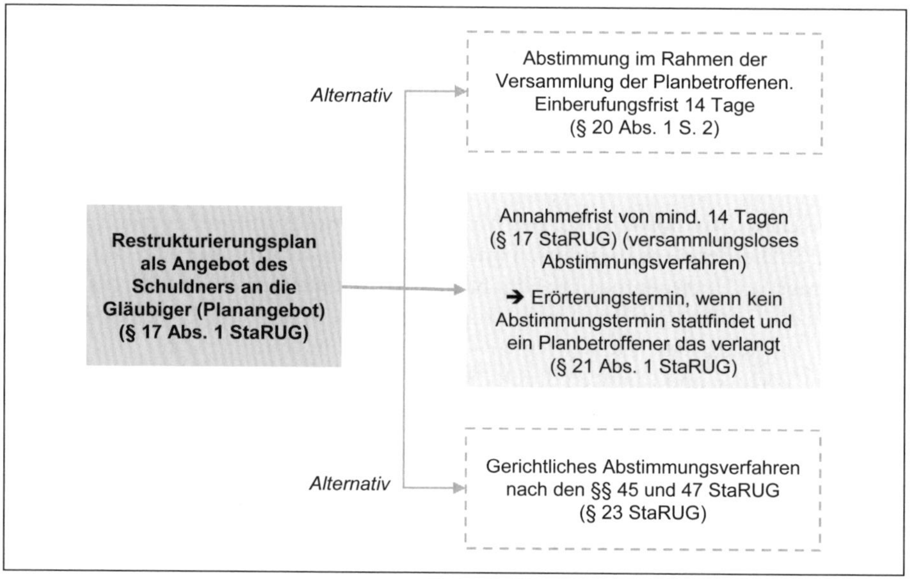

Abbildung 9-16: Abstimmungsverfahren nach StaRUG

Bei der Abstimmung werden Restrukturierungsforderungen mit deren Nominalbetrag bewertet. Das Stimmrecht für Absonderungsanwartschaften richtet sich nach ihrem Wert, d. h. dem voraussichtlichen Verwertungserlös. In Höhe des verbleibenden Ausfalls stimmt der Gläubiger, wenn er zugleich persönlicher Gläubiger des Schuldners ist, in der Gruppe der Restrukturierungsgläubiger mit. Anteils- und Mitgliedschaftsrechte werden mit dem Anteil am Kapital bzw. Vermögen des Schuldners berücksichtigt. Stimmrechtsbeschränkungen, Sonder- oder Mehrstimmrechte werden hierbei nicht angerechnet.[42]

Kommt es im Rahmen der Abstimmung zur Weigerung einer Gruppe, kann deren Zustimmung ersetzt werden, wenn:

§ 25 Abs. 1 StaRUG: 1. ≥ 75% der Stimmrechte und 2. in jeder Gruppe

↓

Mehrheit wird in einer Gruppe nicht erreicht

Zustimmung der Gruppe wird ersetzt, wenn:

1. Mitglieder der Gruppe werden nicht schlechter gestellt als ohne Plan (§ 26 Abs. 1 Nr. 1 StaRUG)
2. Mitglieder der Gruppe angemessen am Planwert beteiligt (§ 26 Abs. 1 Nr. 2 StaRUG):
   a) Wenn eine Gläubigergruppe überstimmt wird:
      - Kein Planbetroffener erhält Werte, die den vollen Betrag seiner Ansprüche übersteigen (§ 27 Abs. 1 Nr. 1 StaRUG)
      - Wenn dem Gesellschafter ein wirtschaftlicher Wert zugewiesen wird, wird er kompensiert (§ 27 Abs. 1 Nr. 2 StaRUG)
      - Kein Gläubiger, der im Insolvenzverfahren gleichrangig zu befriedigen wäre, erhält mehr als überstimmte Gläubiger (§ 27 Abs. 1 Nr. 3 StaRUG)

   b) Wenn Gesellschaftergruppe überstimmt wird:
      - Kein Gläubiger erhält mehr als seinen Anspruch (§ 27 Abs. 2 Nr. 1 StaRUG)
      - Kein anderer Gesellschafter erhält einen wirtschaftlichen Wert (§ 27 Abs. 2 Nr. 2 StaRUG)
3. Zustimmung nicht ausschließlich von Gesellschaftern und nachrangigen Gläubigem (§ 26 Abs. 1 Nr. 3 StaRUG)

Abbildung 9-17: Voraussetzungen für den Ersatz der Zustimmung zum Restrukturierungsplan[43]

Gibt es beispielsweise eine Gesellschafterkonstellation, bei der ein Minderheitsgesellschafter mit einem Anteil von z. B. 30 % Maßnahmen der Restrukturierung blockiert, könnte ein StaRUG-Verfahren, bei dem z. B. drei Gruppen gebildet werden, eine Lösungsmöglichkeit darstellen. In diesem Fall könnten im Restrukturierungsplan drei Gruppen gebildet werden:

a) Gesellschafter (A: 70 %; B: 30 %)
b) Gläubiger Kategorie 1
c) Gläubiger Kategorie 2

Die Transaktionsstruktur könnte eine Kapitalherabsetzung auf null vorsehen sowie eine anschließende Kapitalerhöhung durch einen strategischen Investor und Gesellschafter A. Die ins Unternehmen eingelegten Mittel könnten zur teilweisen Rückführung des Fremdkapitals verwendet werden. Zwar kann in Gruppe a) die erforderliche 75 %-Zustimmung nicht erreicht werden, jedoch kommt es zum Ersatz der Zustimmung durch den Cross class cram down von b) und c). Entscheidend dabei ist, dass die Planbetroffenen der Gruppe a) nicht schlechter gestellt werden als ohne Plan. „Nicht schlechter gestellt als ohne Plan" bedeutet, dass es eine Vergleichsrechnung mit einer alternativen Fortführungslösung geben muss.

„Alternative Fortführungslösung" wiederum wird von der herrschenden Meinung so interpretiert, dass man nicht mehr – wie vor der Einführung des SanInsFoG – einen Vergleich mit dem Liquidationsszenario anstellen kann, sondern von der vorstehend benannten Fortführungslösung ausgehen muss. Nur wenn diese nicht gegeben ist, kann ein Vergleich mit dem Liquidationsszenario erfolgen.

Diese Vergleichsrechnung kann wie eine Vergleichsrechnung im Rahmen der vorstehenden Ausführungen zur übertragenden Sanierung aussehen oder eine Unternehmensbewertung darstellen. Aktuell mehren sich – nach Auffassung des Autors zurecht – die Stimmen, die einen Dual Track ablehnen und eine Unternehmensbewertung mit mehreren Szenarien als Basis für eine Vergleichsrechnung sehen. Dabei muss die Vergleichsrechnung folgende Funktionen erfüllen:[44]

- Argumentationsfunktion: Darstellung der Sinnhaftigkeit im Sinne eines Grenzpreises (Wertuntergrenze) aus Sicht des Planbetroffenen
- Beweisfunktion: Schutz vor Rechtsmitteln von überstimmten Minderheiten oder Gruppen gegen den Plan
- Dokumentationsfunktion: sachgerechter Prozess

Auch beim StaRUG taucht wie oben erwähnt die Frage nach einem Dual Track als Vergleichsmaßstab auf. Herzig vertritt die Auffassung, dass aufgrund der Nichtöffentlichkeit des Verfahrens sowie des Grundgedankens der präventiven Restrukturierung ein Markttest keinesfalls verlangt werden kann. Grundsätzlich ist m.E. nur dann auf einen M&A-Prozess zu verzichten, wenn dieser aussichtslos ist. Diese Aussichtslosigkeit muss dabei exakt begründet werden, entweder

a) durch eine Machbarkeitsstudie, die entsprechend adäquate Gründe dokumentiert oder
b) durch einen Marktcheck, wobei hier die Frage des Stadiums zu diskutieren ist, wie weit der M&A-Prozess gediehen sein muss, um als Vergleichsmaßstab herangezogen zu werden. Unverbindliche Angebote, z. B. seitens Finanzinvestoren, die diese gegebenenfalls nur unter der Prämisse abgegeben haben, „im Rennen bleiben zu wollen" eignen sich hier sicherlich nicht.
c) durch eine marktgerechte Unternehmensbewertung, wobei hier die Frage diskutiert werden muss, ob es sich um eine objektive Wertermittlung oder eine subjektive Wertermittlung im Sinne eines Grenzpreises eines Planbetroffenen handelt. Diese theoretisch anmutende Frage ist von erheblicher Bedeutung, denn allein die Ermittlung der Kapitalkosten in den beiden Wertermittlungsarten kann zu erheblichen Unterschieden beim Unternehmens- und damit Vergleichswert führen.

Darüber hinaus stellt sich die Frage der Substitution der Unternehmensbewertung durch eine Fairness Opinion, die im Sinne des IDW S 8 die finanzielle Angemessenheit der Transaktion beurteilt. Auch hier stellt Herzig die Sinnhaftigkeit einer Unternehmensbewertung für kleinere Unternehmen aufgrund der nicht näher kommentierten Nichteignung sowie des hohen Zeit- und Kostenaufwands sowie des eher theoretischen Modellcharakters infrage.[45] Dem ist meines Erachtens nicht zu folgen. Bei Verfahren, die strukturell nicht voll konsensual, sondern eher mit Konfliktpotenzial geführt werden, muss die Vergleichsrechnung einer gerichtlichen Überprüfung standhalten können.[46] Gerade die im IDW S 1 angelegte Funktion des Bewerters als Berater und damit die Ermittlung eines subjektiven Wertes im Sinne eines Grenzpreises eignet sich bei StaRUG-Verfahren meines Erachtens ideal für eine solche Vergleichsrechnung durch eine Unternehmensbewertung, will man den M&A-Prozess vermeiden.

Die nachfolgende Abbildung zeigt den Ablauf des präventiven Sanierungsrahmens im Überblick:

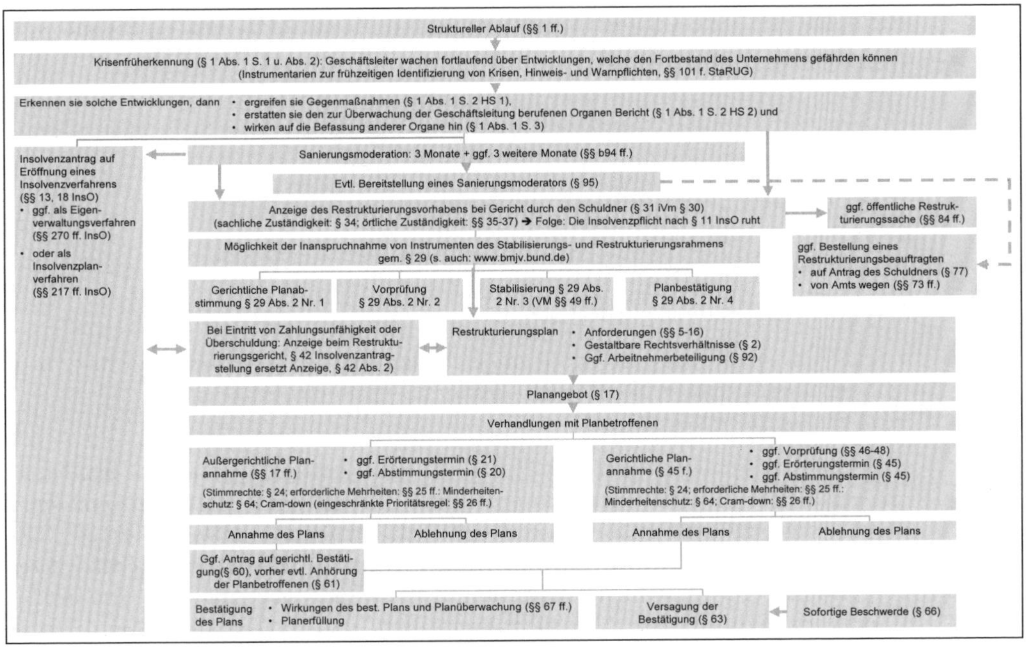

Abbildung 9-18: Der Präventive Restrukturierungsrahmen[47]

Das StaRUG wird damit nur in einem sehr begrenzten Restrukturierungssegment zum Einsatz kommen. Bis Ende Juni wurden nach Angaben des Magazins „Unternehmeredition" bisher nur zehn Verfahren in Deutschland abgeschlossen. Denkbar ist der Einsatz bei Unternehmen, die vorteilhafte langfristige Verträge mit Lieferanten, Kunden oder Vermietern haben sowie eine sehr gute Reputation genießen, die sie z. B. durch einen Insolvenzantrag nicht gefährden wollen. Führen sie diese Verhandlungen mit z. B. strategischen Interessenten so kann das StaRUG wertvolle Hilfe leisten. Sollten diese strategischen Interessenten z. B. im Rahmen einer Kapitalerhöhung einsteigen, jedoch vorhandene Ansprüche/Forderungen von Hedgefonds vorab beseitigt sehen wollen, so eignet sich das StaRUG unter bestimmten Voraussetzungen, um diese Anspruchsgruppe aus dem Unternehmen zu drängen.

Aufgrund der in § 4 Nr. 1 StaRUG geregelten Ausnahme der Restrukturierungsmöglichkeiten von Forderungen der Arbeitnehmer im Rahmen eines präventiven Restrukturierungsrahmens ist dieses Instrument – anders als die Insolvenzordnung – nicht für eine leistungswirtschaftliche, sondern ausschließlich für eine finanzwirtschaftliche Sanierung geeignet. Somit will das Gesetz die Möglichkeit schaffen, um

- die häufig plakativ als Akkordstörer bezeichneten Finanzgläubiger wie z. B. Hedgefonds und aktivische Investoren ausschließen zu können, wenn diese nicht in ein Restrukturierungskonzept einwilligen,
- einen störenden Gesellschafter ohne ein Insolvenzverfahren aus der Gesellschaft zu drängen.

Rechtliche Strukturen beim Verkauf nach Eröffnung eines Insolvenzverfahrens

Grundsätzlich kennt die Insolvenzordnung – neben der an dieser Stelle nicht relevanten Verbraucherinsolvenz – drei Verfahrensalternativen:

1. das Regelinsolvenzverfahren[48]
2. die Eigenverwaltung
3. das Schutzschirmverfahren

Das Insolvenzverfahren gliedert sich in

- den Antragszeitraum, der synonym auch als vorläufige Insolvenzverwaltung bzw. Eröffnungsverfahren beschrieben ist und
- in das eröffnete Verfahren.

Der Antragszeitraum dient nach § 21 InsO dem (in diesem Stadium noch bezeichnet als) vorläufigen Insolvenzverwalter zur Durchführung von Sicherungsmaßnahmen. Diese Sicherungsmaßnamen dienen dem Erhalt der Insolvenzmasse, die den Gläubigern im anschließenden eröffneten Verfahren zur Verteilung entsprechend deren Forderungen und vorhandenen Sicherungsrechten zur Verfügung steht. Die oberste Handlungsmaxime des (vorl.) Insolvenzverwalters besteht nach § 1 InsO in der bestmöglichen Gläubigerbefriedigung durch Verwertung oder Erhalt des Unternehmens im Rahmen eines Insolvenzplanverfahrens.[49]

Sind bestimmte Kennzahlen durch den Insolvenzschuldner erreicht, so muss das Gericht einen (im Antragszeitraum analog zunächst als vorläufig bezeichneten) Gläubigerausschuss nach § 22a InsO einsetzen. Diese Kennzahlen sind:

- Bilanzsumme[50] ≥ € 6 Mio.
- Umsatz[51] ≥ € 12 Mio.
- Mitarbeiteranzahl[52] ≥ 50 Arbeitnehmer

> Ein (vorläufiger) Gläubigerausschuss hilft insbesondere bei der Durchführung eines Investorenprozesses dem (vorläufigen) Insolvenzverwalter M&A-prozessrelevante Entscheidungen zu treffen, z. B. Konzentration auf bestimmte Bieter oder Strukturvarianten. Gleichzeitig kann ein vorläufiger Gläubigerausschuss auch die Wahl des vorläufigen Insolvenzverwalters nach § 56 InsO beeinflussen.

Im Zeitraum des vorläufigen Verfahrens sichert der vorläufige Insolvenzverwalter wie oben beschrieben das Vermögen des Schuldners (§§ 21 ff. InsO) bis feststeht, ob die genannten Insolvenzgründe sich bestätigen und das Verfahren eröffnet werden kann. In diesem Zeitraum ergeben sich erhebliche positive Liquiditätseffekte durch die Möglichkeit der Inanspruchnahme der Finanzierungsmöglichkeiten der Löhne und Gehälter über das Insolvenzgeld.[53]

Eine Veräußerung des Geschäftsbetriebes im Rahmen einer übertragenden Sanierung erfolgt regelmäßig durch den Insolvenzverwalter frühestens mit Eröffnung des Verfahrens nach Zustimmung der Gläubigerversammlung, dem obersten Selbstverwaltungsorgan der Gläubiger, bzw. des Gläubigerausschusses, sofern ein solcher gebildet wurde.

Diese Auflage ergibt sich auch aus § 159 InsO. Darüber hinaus hätte eine Transaktion im Antragszeitraum für einen Erwerber auch die Nachteile der oben erwähnten Haftung für Altverbindlichkeiten gem. § 25 HGB sowie der §§ 73 und 75. Ebenso bestehen Anfechtungs- und Erfüllungsverweigerungsrisiken. Eine Möglichkeit besteht theoretisch im Vorziehen des Eröffnungszeitpunktes und einer anschließenden Veräußerung, wobei der Insolvenzverwalter klar begründen müsste, warum diese Variante die Masse mehr bereichern würde als das Ausnutzen der Möglichkeiten des vorläufigen Insolvenzverfahren. Vor diesem Hintergrund fällt der Zeitpunkt der Veräußerung des Geschäftsbetriebes grundsätzlich auf den Tag oder in den Zeitraum des eröffneten Verfahrens. In der Praxis wird der Kaufvertrag vielfach bereits vor Eröffnung des Verfahrens geschlossen, jedoch unter die aufschiebenden Bedingungen der Verfahrenseröffnung sowie die Zustimmung des Gläubigerausschusses bzw. der Gläubigerversammlung gestellt, sodass der Vertrag erst nach Verfahrenseröffnung rechtlich wirksam wird.

Distressed M&A-Transaktionen erfolgen im eröffneten Insolvenzverfahren grundsätzlich

- durch eine übertragende Sanierung (im Wege des Asset Deal) oder
- durch ein Insolvenzplanverfahren (im Wege des Share Deals)
  - mit einem Debt-Equity-Swap oder
  - ohne einen Debt-Equity Swap.

Darüber hinaus können sowohl im Regelinsolvenzverfahren, abweichend vom Standardfall der übertragenden Sanierung, auch Insolvenzplanlösungen erfolgen. Ebenso kann es im Insolvenzplanverfahren auch zu einem oder mehreren Asset Deals kommen.

Die nachfolgenden Ausführungen beschreiben die grundsätzlichen Rahmenbedingungen eines Insolvenzfalls und müssen in jedem Verfahren unter Würdigung der sonstigen Rahmenbedingungen überprüft werden.

Gläubiger können entsprechend ihrer Forderungen, Rechte und Sicherheiten unterteilt werden in:

- **Insolvenzgläubiger**
  a) Unbesicherte Gläubiger, die am Ende des Insolvenzverfahrens quotal befriedigt werden
  b) Absonderungsberechtigte Gläubiger, deren Sicherheit durch den Insolvenzverwalter zwar verwertet werden darf, der aber den aus der Verwertung resultierende Erlös an den Sicherungsgläubiger bis zur Höhe des Sicherungsinteresses herausgeben muss. Dies ist beispielsweise bei sicherungsübereigneten Gegenständen der Fall. Vor einer Verwertung, die nicht die Forderung des Gläubigers vollends befriedigt, muss der Insolvenzverwalter die Verwertung gem. § 168 InsO anzeigen und kann nach Ablauf einer Frist von einer Woche und ausbleibender Übernahme durch den Gläubiger selbst den Gegenstand somit veräußern.

- **Gläubiger mit Aussonderungsrechten**
  Aussonderungsberechtigte Gläubiger sind keine Insolvenzgläubiger. Ihnen stehen Vermögensgegenstände zu, die nicht Teil der Insolvenzmasse sind. Diese Vermögensgegenstände müssen durch den Insolvenzverwalter „ausgesondert" werden

(z. B. Leasinggegenstände, unter Eigentumsvorbehalt gelieferte Ware). Der Insolvenzverwalter kann die mit Aussonderungsrechten behafteten Gegenstände nur mit Zustimmung des Gläubigers veräußern.

- **Massegläubiger**
  Gläubiger, deren Forderungen grundsätzlich erst nach Eröffnung des Insolvenzverfahrens entstehen (Masseverbindlichkeiten, z. B. Lieferanten, bei denen in diesem Zeitpunkt oder danach bestellt wurde oder auch beauftragte Berater mit Sonderfunktionen innerhalb des Insolvenzverfahrens). Deren Forderung wird zu 100 % aus der vorhandenen Insolvenzmasse befriedigt, sofern die Insolvenzmasse ausreichend ist. Vor Eröffnung im vorläufigen Insolvenzverfahren kann der vorläufige Insolvenzverwalter, der den Verfügungen des Geschäftsführers zustimmt, keine Masseverbindlichkeiten begründen („schwacher" vorläufiger Insolvenzverwalter). Dies geht nur im Sonderfall, wenn dem vorläufigen Insolvenzverwalter durch das Insolvenzgericht die Verwaltungs- und Verfügungsbefugnis übertragen wurde (sog. „starker" vorläufiger Insolvenzverwalter) und dieser eine Forderung begründet. Ferner können Masseverbindlichkeiten begründet werden, wenn dem vorläufigen „schwachen" Insolvenzverwalter durch das Insolvenzgericht eine Einzelermächtigung für bestimmte Rechtsgeschäfte erteilt wird („halbstarker" vorläufiger Insolvenzverwalter).

Da all diese Gläubigergruppen im Rahmen eines Insolvenzverfahrens Befriedigung erlangen sollen und darüber hinaus auf Basis etwaig vorhandener Sicherheiten in unterschiedlichem Maße Einfluss auf das Verfahren nehmen müssen, sind diese Positionen vorab exakt zu analysieren und im Rahmen der M&A-Strategie zu berücksichtigen.

Die übertragende Sanierung (Asset Deal) im Regelinsolvenzverfahren

Auf die Ausführungen zum Asset Deal wird verwiesen. Die Vorteile eines Asset Deals im Insolvenzverfahren gleichen denen in „normalen Situationen", nämlich einerseits dem Cherry Picking der auf den neuen Geschäftsbetrieb des Käufers maßgeschneiderten Vermögensgegenstände (Aktivseite) und dem Zurücklassen der Verbindlichkeiten (Passivseite), mit Ausnahme bestimmter einzelner Mitarbeiterrechte, wie z. B. Urlaubsansprüche.

Die Nachteile des Asset Deals aus dem Insolvenzverfahren sind die fehlenden Möglichkeiten der Übertragung von Verträgen, die nur mit Zustimmung des Vertragspartners erfolgen können. Nun ist davon auszugehen, dass es Situationen gibt, in denen die Vertragsverhältnisse aufgrund unterschiedlicher Marktsituationen und Kräfteverhältnisse in der Geschäftsbeziehung zum Zeitpunkt des Abschlusses der übertragenden Sanierung, nicht unbedingt mehr auf Zustimmung des Vertragspartners zum Zeitpunkt des Asset Deals stoßen. Vor diesem Hintergrund werden auch häufig Asset-Deal-Verträge unter Closing-Bedingungen geschlossen, die die Zustimmung der Vertragspartner zu den alten Konditionen oder umgekehrt zu neu definierten Konditionen vorsieht. Dies geschieht z. B. regelmäßig beim Verkauf von Geschäftsbetrieben im Rahmen von Asset Deals in der Automobilzuliefererindustrie, wo ein Asset Deal erst dann geclosed werden kann, wenn z. B. die Automobilhersteller den neuen Verträgen (Trade Agreements) zustimmen. Ebenso sind solche Konstellationen denkbar, wo es dominierende Abnehmer/Lieferanten oder gar einen Hauptkunden/-lieferanten gibt, der für die Fortführung bzw. Gesundung des Geschäftsbetriebes existenziell ist.

Auch hat der Insolvenzverwalter nach § 103 InsO die Wahlmöglichkeit, geschlossene Verträge zu erfüllen oder sofort zu beenden bzw. Mietverträge als Mieter und Arbeitsverträge als Arbeitgeber mit einer Frist von drei Monaten (ohne Angabe von Gründen) zu kündigen. Auch dies optimiert die Möglichkeit maßgeschneiderter Konzepte für einen Erwerber zu schaffen.

Regelmäßig kommt es in Distressed M&A-Transaktionen aus dem Insolvenzverfahren zu Diskussionen mit weniger erfahrenen Kaufinteressenten, wenn diese den spärlichen, wenn nicht sogar gänzlich fehlenden Garantie- und Freistellungskatalog im Kaufvertragsentwurf monieren. Dabei sind einige Rahmenbedingungen zu berücksichtigen, die ein erfahrender Distressed-Investor kennt:

- Ansprüche aus Unternehmenskaufverträgen sind gemäß § 55 Abs. 1 InsO Masseverbindlichkeiten.
- Der Insolvenzverwalter haftet gemäß § 61 InsO im Rahmen dieses höchstpersönlichen Mandates eben auch unmittelbar mit seinem Vermögen für nicht vollständig erfüllte Masseverbindlichkeiten.
- Der Insolvenzverwalter kennt das Unternehmen nur einen kurzen Zeitraum und in der Regel schlechter als der Investor nach erfolgter Due Diligence.
- Der Verwalter strebt grundsätzliche die schnelle Verteilung eines sicheren Erlöses für die Gläubiger an.
- Der Insolvenzverwalter hat sich um eine bestmögliche Gläubigerbefriedigung zu bemühen und seine Entscheidungen daran auszurichten.

Vor diesem Hintergrund wird der Insolvenzverwalter – wie oben bereits erwähnt – keine weitreichenden Garantien einräumen. Insbesondere unerfahrene oder mit dem deutschen Rechtsraum nicht betraute Investoren wittern hier oft ein taktisches Manöver und versuchen, dieses durch vermeintlich geschicktes Verhandeln am Ende zu umgehen. Umso größer ist die Enttäuschung, wenn sich an diesen Rahmenbedingungen nichts ändert.

> Es empfiehlt sich daher, solchen Kaufinteressenten zu Beginn des Transaktionsprozesses nahezulegen, sich insolvenzrechtlicher (und häufig auch insolvenzarbeitsrechtlicher) Expertise zu versichern, um im Transaktionsprozess erfolgreich zu sein. Ebenso sollten alle Risiken im Kaufpreis Berücksichtigung finden, gleichwohl sich dieser den (hoffentlich vorhandenen) Angeboten anderer Investoren stellen muss.

Problematisch bei einem Asset Deal sind die ab Seite 67 beschriebenen Rahmenbedingungen des Datenschutzes, die die Übertragung von personenbezogenen Daten, sei es auf Kunden- oder Mitarbeiterseite komplexer bis – auf Basis aktueller Gesetzeslage – nahezu unmöglich machen.

In vielen Fällen ist eine erfolgreiche Restrukturierung nur mit einem Personalabbau möglich. Im Gegensatz zu einem Asset Deal außerhalb eines Insolvenzverfahrens, ist eine Restrukturierung im Insolvenzverfahren unter Ausnutzung der Möglichkeiten des § 113 InsO möglich. Dieser Paragraf besagt, dass ein Arbeitsverhältnis mit einer Frist von maximal drei Monaten gekündigt werden kann. Gerade in Unternehmen mit langen Betriebszugehörigkeiten ist dieser Umstand häufig das ausschlaggebende außergerichtliche Sanierungshemmnis, bei denen lange Betriebszugehörigkeiten in der

Regel zu hohen Abfindungs- und/oder Sozialplanregelungen führen, die sich ein Unternehmen in einer fortgeschrittenen Krisensituation schlichtweg nicht (mehr) leisten kann. Durch die Regelungen des § 113 InsO ist dieser Betrag häufig deutlich geringer.

Käuferseitig kommt – auch vor dem Hintergrund der oben beschriebenen Finanzierungsnotwendigkeiten – der Allokation des Gesamtkaufpreises auf die einzelnen Vermögensgegenstände erhebliche Bedeutung zu. Grundsätzlich wird der Kaufpreis auf Basis einer Unternehmensbewertung unter Berücksichtigung der mit dem Erwerb verbundenen Synergiepotenziale unter Abzug der Transaktionskosten sowie der eigenen Wertsteigerungserwartungen. Die nachfolgende Abbildung veranschaulicht die Wertüberlegungen anhand einer die einzelnen Komponenten aufzeigenden „Brückenrechnung".

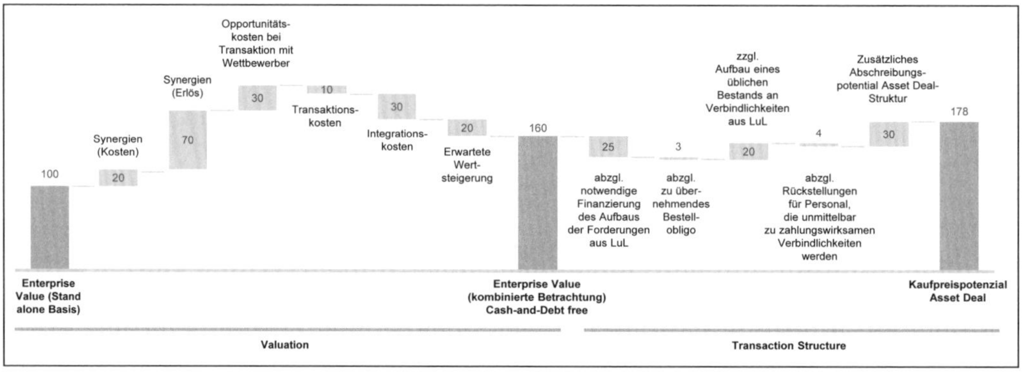

Abbildung 9-19: Ableitung des Kaufpreispotenzials aus Käufersicht[54]

Der Insolvenzverwalter als Verkäufer hat eine komplett andere Sichtweise auf seinen Verkaufspreis, nämlich die Gegenüberstellung des Betrags, den er im Rahmen eines Verkaufs einstreicht abzüglich der mit der Transaktion verbundenen Kosten sowie der an gesicherte Gläubiger aus dem Kaufpreis auszukehrenden Beträge (siehe unten), mit den Beträgen, die sich im Rahmen alternativer Verwertungsszenarien ergeben. Da der Insolvenzverwalter bei Nennung eines Gesamtkaufpreises die Umsetzungsmöglichkeiten einer Transaktion analysieren muss und vor allem zur Befriedigung der Gläubiger mit Sicherungsrechten an einzelnen Vermögensgegenständen, benötigt er die Allokation des Kaufpreises auf die einzelnen Vermögensgegenstände.

Allokiert der Erwerber seinen Kaufpreis komplett auf Vermögensgegenstände, die mit Sicherungsrechten versehen sind, so verbleiben dem Insolvenzverwalter für die Insolvenzmasse maximal die Kosten der Feststellung (nach § 171 (1) InsO) in Höhe von 4 % sowie der Verwertung (nach § 171 (2) InsO) in Höhe von 5 %. Dementsprechend ist aus Käufersicht ein solcher Teil des Kaufpreises auf Vermögensgegenstände zu allokieren, dessen Zufluss vollumfänglich der Insolvenzmasse zugutekommt und über den der Insolvenzverwalter zur erfolgreichen Durchführung und damit in der Regel Maximierung des Kaufpreises verfügen kann, z. B. um die Personalrestrukturierung finanziell zu unterstützen. In der Regel ist der Kaufpreis für die Vermögensgegenstände nicht so hoch, dass er alle Verbindlichkeiten der Insolvenzschuldnerin abdeckt. Vor diesem

Hintergrund ist bei der Kaufpreisallokation zu berücksichtigen, dass diese auch einen adäquaten Betrag für die von Sicherungsrechten freie Insolvenzmasse vorsieht, um damit dem Insolvenzverwalter die Voraussetzung zu schaffen, die geforderten Personalrestrukturierungsmaßnahmen durchzuführen.

Der die Transaktion initiierende und begleitende M&A-Berater sollte zwar einem Investor die Sicherheitenkonstellation benennen, aber keinesfalls aktiv in die Kaufpreisallokation eingreifen, denn damit könnte er unter Umständen zum Nachteil einzelner Gläubiger agieren. Die Preisallokation aus Käufersicht gehört nicht dem Aufgabenspektrum an bzw. zur Kompetenz des M&A-Beraters.

Anzumerken ist im Zusammenhang mit den durch einen Erwerber zu übernehmenden Assets, dass in der Regel die Forderungen aus Lieferungen und Leistungen vom Erwerber nicht übernommen werden. Da der Insolvenzverwalter grundsätzlich von der Werthaltigkeit der Forderungen ausgeht, kann er diese nicht mit einem, häufig von in Distressed-Situationen unerfahrenen Investoren geforderten Abschlag verkaufen, sondern nur zum vollen Nominalwert. Aus Käufersicht stellt sich vor diesem Hintergrund die Sinnhaftigkeit infrage, da er zwar durch die Übernahme der Forderungen unmittelbare Zahlungseingänge hätte, jedoch zuvor einen Zahlungsabfluss durch den hierauf entfallenden Kaufpreis. Natürlich muss der Käufer zur Finanzierung seines zukünftigen Finanzbedarfs auch Mittel für das Working Capital einplanen. Dieses Working Capital setzt sich vereinfacht aus der Finanzierung des Vorratsvermögens zusammen (das er im Rahmen der Transaktion vom Insolvenzverwalter erwirbt), der Finanzierung des Aufbaus des Forderungsbestands, der wie oben erwähnt beim Insolvenzverwalter verbleibt, unter Berücksichtigung des Aufbaus neuer Verbindlichkeiten aus Lieferungen und Leistungen. Aus Sicht des Käufers ist bei den letztgenannten Punkten wichtig – und damit spricht vieles auch dafür, die Forderungen aus Lieferungen und Leistungen nicht dem Insolvenzverwalter zum Nominalwert abzukaufen – dass der zukünftig zu finanzierende Forderungsbestand sich am neuen Geschäftsvolumen orientiert (gleiches gilt für die Verbindlichkeiten aus Lieferungen und Leistungen) und damit in der Regel zu Beginn, auf Basis eines vorsichtig kalkulierten, niedriger prognostizierten Geschäftsvolumens, geringer ist als der ursprüngliche Forderungsbestand. Dementsprechend reduziert sich auch das hierauf entfallende Finanzierungsvolumen.

Die nachfolgende Übersicht zeigt exemplarisch die Gegenüberstellung des vom Investor gebotenen Kaufpreises mit den durch den Insolvenzverwalter auf Basis der Sachaufnahme des Anlage- und Umlaufvermögens festgesetzten Beträgen auf Fortführungs- und Liquidationsbasis.

		Investorenlösung			Nachrichtlich: Fortführungswerte			Nachrichtlich: Liquidationswerte		
AKTIVA (alle Werte in EUR) – fiktiv	**Buchwerte per 31.12.20/ 28.02.20**	**Kaufpreis Asset Deal**	**Aus- und Absonderungen, Aufrechnungen**	**Freie Masse im Falle einer übertragenden Sanierung**	**Fortführungswert**	**Aus- und Absonderungen, Aufrechnungen**	**Freie Masse auf Basis Fortführungswerte**	**Liquidationswert**	**Aus- und Absonderungen, Aufrechnungen**	**Freie Masse im Falle der Liquidierung**
A. Anlagevermögen										
I. Immaterielle Vermögensgegenstände	521.233,00	800.000,00	0,00	800.000,00	460.616,50	0,00	460.616,50	0,00	0,00	0,00
II. Sachanlagevermögen										
1. Grundstücke	22.132.340,00	10.000.000,00	28.000.000,00	0,00	20.000.000,00	28.000.000,00	0,00	12.500.000,00	28.000.000,00	0,00
2. Maschinen und technische Anlagen	8.432.432,00	2.500.000,00	4.500.000,00	0,00	6.343.823,00	4.500.000,00	1.843.823,00	1.903.146,90	4.500.000,00	0,00
3. Andere Anlagen, BGA										
a) PKW	32.123,00	10.000,00	0,00	10.000,00	28.000,00	0,00	28.000,00	18.000,00	0,00	18.000,00
b) sonstige Transportmittel	12.433,00	10.000,00	0,00	10.000,00	6.216,50	0,00	6.216,50	3.729,90	0,00	3.729,90
c) Geschäftsausstattung	284.129,00	50.000,00	0,00	50.000,00	123.000,00	0,00	123.000,00	36.900,00	0,00	36.900,00
d) Büroeinrichtung	112.312,00	0,00	56.156,00	0,00	56.156,00	56.156,00	0,00	33.693,60	56.156,00	0,00
e) Sonstige BGA	85.602,00	0,00	0,00	0,00	42.801,00	0,00	42.801,00	25.680,60	0,00	25.680,60
f) EDV Hardware	34.561,00	30.000,00	0,00	30.000,00	17.280,50	0,00	17.280,50	10.368,30	0,00	10.368,30
III. Finanzanlagen	25.000,00	150.000,00	0,00	150.000,00	25.000,00	0,00	25.000,00	25.000,00	0,00	25.000,00
B. Umlaufvermögen										
I. Vorrate	539.856,60	400.000,00	120.000,00	280.000,00	539.856,60	161.956,98	377.899,62	269.928,30	80.978,49	188.949,81
Summe	**32.212.021,60**	**13.950.000,00**	**32.676.156,00**	**1.330.000,00**	**27.642.750,10**	**32.718.112,98**	**2.924.637,12**	**14.826.447,60**	**32.637.134,49**	**308.628,61**

Abbildung 9-20: Vergleichsrechnung Kaufpreis Asset Deal vs. Fortführungs- und Liquidationswerte

Der Erwerber hat in diesem Beispiel den Gesamtkaufpreis so aufgeteilt, dass für die freie Masse ein Betrag von € 1,330 Mio. zur Verfügung steht. Zusammen mit der in diesem Beispiel unterstellten, im (vorläufigen) Insolvenzverfahren erwirtschafteten Liquidität abzüglich der damit in Zusammenhang stehenden Aufwendungen ergibt sich nun für den Insolvenzverwalter ein ausreichender Betrag, um – unter Berücksichtigung der sonstigen Verfahrenskosten – die vom Erwerber geforderte Personalrestrukturierung, die einen Betrag von € 800.000 benötigt, umzusetzen und schlussendlich immer noch einen Betrag für die freie Masse – und damit zur quotalen Befriedigung der unbesicherten Gläubiger – zu erzielen, der den im Falle einer Liquidation entstehenden freien Massebetrag übersteigt.

Damit ist – unter dem Blickwinkel der freien Masse – die Voraussetzung für den Insolvenzverwalter geschaffen, den Gläubigergremien die Vorteilhaftigkeit einer Transaktion zu empfehlen.

Die weiter für die Umsetzung der Transaktion entscheidende Komponente ist die Zustimmung der aus- und absonderungsberechtigten Gläubiger. Hier hat der Kaufinteressent Beträge auf die mit Sicherungsrechten belegten Positionen allokiert, die ebenfalls eine Transaktion möglich machen.

- Zwar ist der Betrag, der auf das Grundstück allokiert wurde, geringer als der angenommene Liquidationswert, wobei dieser im Falle einer Liquidation mit weiteren Kosten (z. B. Maklerkosten) für die Bank als Grundpfandrechtsgläubiger belegt ist.
- Darüber hinaus zahlt der Erwerber auf weitere Vermögenspositionen, die mit Sicherungsrechten der Bank belegt sind (wie z. B. die Sicherungsübereignung des Warenlagers sowie die Verpfändung der Gesellschaftsanteile an der Vertriebs-Tochtergesellschaft einen Preis, der den Gesamtliquiditätszufluss für die Bank optimiert).

Bei der Betrachtung der Vergleichsrechnungen ist es aus Käufersicht entscheidend, die sonstigen Verfahrenskosten zu berücksichtigen, die bei den verschiedenen Verwertungsvarianten entstehen. Dies können vereinfacht folgende Punkte sein:

	Investorenlösung	Liquidation
Kosten für Auslauflöhne im Rahmen einer Liquidation	geringer	höher
Verfahrenskosten für die vorläufige Insolvenzverwaltung und das eröffnete Verfahren	höher	geringer
Masseverbindlichkeiten nach § 55 InsO aus dem Fortführungszeitraum	geringer bei Übernahme Bestellobligo	höher
Kosten M&A	höher	nicht vorhanden
Fortführungsverlust bis zur finalen Liquidation	geringer	höher
Sonstige Verfahrenskosten (z.B. Steuer- und Rechtsberatung)	geringer	höher

Abbildung 9-21: Kostengegenüberstellung unterschiedlicher Verwertungsoptionen

Zusammenfassend ist bei Betrachtung dieser Varianten entscheidend, ob der Kaufpreis abzüglich der mit der Investorenlösung verbundenen Kosten, die Kosten der Liquidation inklusive der aufoktroyierten Masseverbindlichkeiten gem. § 55 (2) Nr. 2 InsO übersteigt. Wenn ja, ist eine Transaktion auch dann vorteilhaft, wenn der Kaufpreis für die Vermögensgegenstände unterhalb des Liquidationswertes liegt.

Der Insolvenzplan

Soll der Rechtsträger im Rahmen der gerichtlichen Sanierung erhalten bleiben, da damit beispielsweise vorteilhafte Verträge oder Genehmigungen verbunden sind, so eignet sich hierfür der ab § 217 InsO geregelte Insolvenzplan. Ein Planverfahren verbindet die vorstehend erwähnte Möglichkeit des Erhalts des Rechtsträgers mit dem Instrumentarium des Insolvenzrechts, insbesondere:

- das Erfüllungswahlrecht des Insolvenzverwalters gemäß. § 103 InsO,
- die Möglichkeiten der Insolvenzgeldfinanzierung nach § 165 SGB III ff.,
- die Möglichkeiten der Personalanpassungen, unter anderem durch Inanspruchnahme des § 113 InsO.

Ein Insolvenzplan kann sowohl in einem Regelinsolvenzverfahren zur Anwendung gelangen als auch insbesondere in Eigenverwaltungsverfahren (§ 270 c InsO) und hier insbesondere im Schutzschirmverfahren (§ 270 d InsO).

Der Bestellung des Insolvenzverwalters und damit auch der vorgelagerten Auswahl kommt enorme Bedeutung zu. Bei größeren Insolvenzverfahren sind juristische, betriebswirtschaftliche und praktische Kenntnisse und Erfahrungen im Umgang mit den Sanierungsinstrumenten der Insolvenzordnung unabdingbar, um das Unternehmen zu retten. Dies gilt ebenso für die Kommunikation und Abstimmung eines M&A-Prozesses mit den Gläubigern und sonstigen Stakeholdern – je erfahrener und geschickter ein Insolvenzverwalter bei der Bewältigung dieser Aufgaben ist, desto größer sind die Erfolgsaussichten, eine Transaktion zum Abschluss zu führen. Kommt es zu einem Eigenverwaltungsverfahren, wird ein (vorläufiger) Sachwalter bestellt, der die Eigenverwaltung kontrolliert. Für den vorläufigen Sachwalter gilt Vorstehendes ebenso.

Die Eigenverwaltung stellt eine Abweichung der grundsätzlichen Verwaltungs- und Verfügungsbefugnis dar. Entscheidend bei der Wahl für eine Eigenverwaltung ist die Fähigkeit des Managements, die Aufgaben des Insolvenzverwalters auszuüben. Ist dies nicht gegeben, setzt sich das Management erheblichen Risiken aus, die schlussendlich dazu führen können, dass der Sachwalter dem Gericht empfiehlt, die Eigenverwaltung aufzuheben und in eine Regelinsolvenz zu überführen. In der Praxis wird sich somit das Management insolvenzrechtlicher Expertise versichern und diese gegebenenfalls sogar auf Geschäftsführungs- oder Generalbevollmächtigten-Ebene installieren.

Wichtig zu wissen: Es gibt kontroverse Diskussionen, ob die Anordnung der vorläufigen Eigenverwaltung zu publizieren ist. Die Regelungen der § 23 (1) InsO und § 27 (1) InsO lassen eher von der Veröffentlichung erst mit der Eröffnung ausgehen. Die gegenwärtige Rechtsprechung stellt die Veröffentlichung in das Ermessen des Insolvenzgerichts. Unabhängig von der Veröffentlichung des Gerichtsbeschlusses in den Insolvenzbekanntmachungen wird in der Praxis jedoch eine Information im Wege einer allgemeinen Pressemitteilung erfolgen.

Eine Veröffentlichung kann im Hinblick auf einen Distressed M&A-Prozess differenziert betrachtet werden:

- Eine meines Erachtens fälschlicherweise eingenommene Sichtweise ist, dass eine Veröffentlichung sich zunächst Kaufpreis-mindernd und damit negativ auswirken kann, da mit der Antragstellung auf Eröffnung des Insolvenzverfahrens grundsätzlich seitens der Interessenten ein Handlungsdruck beim Unternehmen oder beim Veräußerer interpretiert wird.
- Eine entgegengesetzte Sichtweise prognostiziert, dass im Hinblick auf die Anzahl der Interessenten eine Veröffentlichung sich eher positiv auswirkt, da in der Regel – wenn auch nur einige wenige – Interessenten zusätzlich auf die Opportunität aufmerksam werden, die z. B. durch eine Branchenanalyse nicht auffällig geworden wäre.[55]

Die folgende Abbildung zeigt die Einordung der Verfahrensalternativen und deren rechtlichen Grundlage.

Seit Jahresbeginn 2021 sind aufgrund des SanInsFoG bestimmte Reformen des Insolvenzrechtes in Kraft getreten. Für M&A-Transaktionen sind insbesondere Regelungen relevant, die einen professionellen und schnellen Transaktionsprozess ermöglichen, und zwar u. a.:

- Anspruch des Schuldners auf ein Vorgespräch beim Insolvenzgericht,
- Stärkung des Mitbestimmungsrechts des vorläufigen Gläubigerausschusses bei der Wahl des Verwalters,
- Vorgaben an die Vergleichsrechnung,
- Darstellung der Mehr- und Minderkosten im Vergleich zum Regelverfahren.

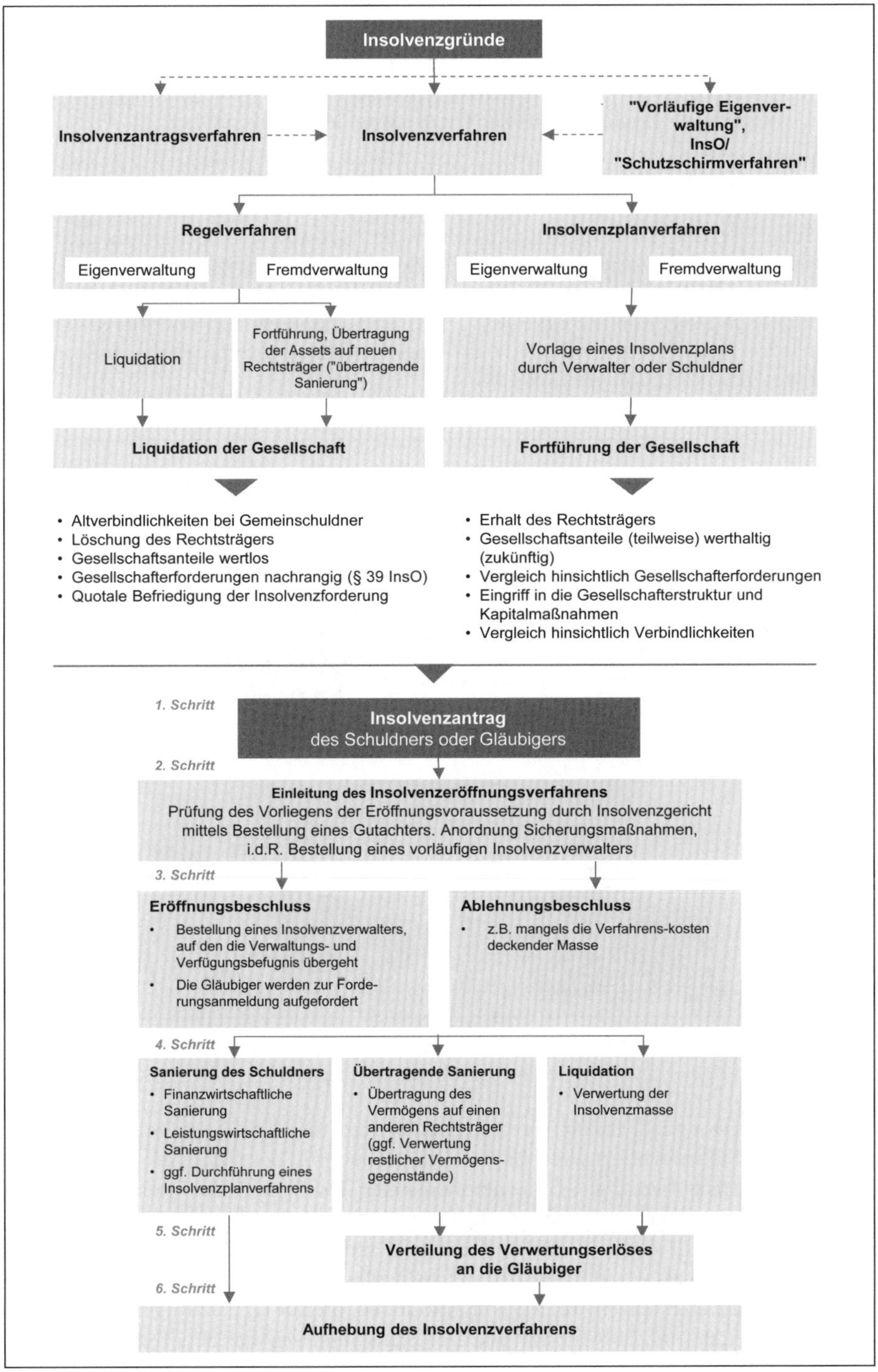

Abbildung 9-22: Alternativen im Insolvenzverfahren[56]

Grundsätzlicher Ablauf eines Insolvenzplanverfahrens

Kommt es zu einer Transaktion im Rahmen eines Insolvenzplans, so wird der Rechtsträger erhalten. Es kommt somit zu einem Anteilserwerb entweder im Wege der Kapitalerhöhung bzw. als finaler Schritt zur Umsetzung des Insolvenzplans.

Bei einem Insolvenzplan fährt das „Unternehmensschiff" kontinuierlich seine operative Route. Im Rahmen der Umsetzung des Insolvenzplans werden die „auf Deck lastenden Schulden" durch die Mittelzufuhr seitens des Investors im Rahmen einer zu vereinbarenden Quote während der Fahrt zurückbezahlt, im Gegensatz zum Asset Deal, wo von einem mit Schulden belasteten Schiff am Hafen (durch die Transaktion) die Vermögensgegenstände auf ein neues Schiff umgeladen werden und der Kaufpreis anschließend verwendet wird, um die Schulden des im Hafen zurückgelassenen, nunmehr leeren Schiffs quotal zu befriedigen.

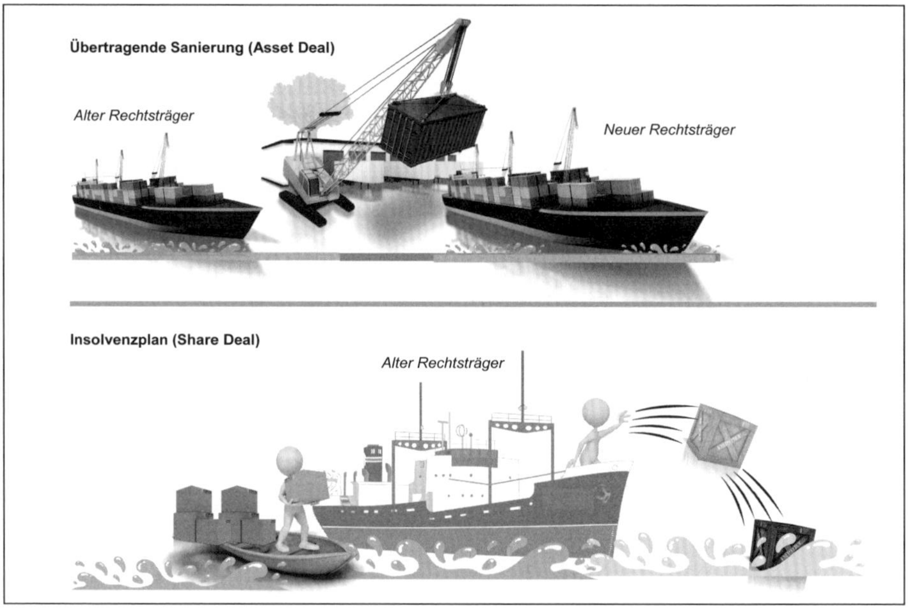

Abbildung 9.23: Bildliche Darstellung des Unterschieds einer übertragenden Sanierung und eines Insolvenzplans

Ein Insolvenzplan gliedert sich in einen darstellenden und einen gestaltenden Teil. Der darstellende Teil informiert über die Krisenursachen und beschreibt die für die Beurteilung des Plans notwendigen Unternehmensdaten. Darüber hinaus stellt er die für die Sanierung des Unternehmens notwendigen Maßnahmen dar, die dem Planziel dienen. Damit sollen die Gläubiger in der Lage sein, selbständig und unabhängig von weiteren Ausführungen über die Annahme des Insolvenzplans zu entscheiden. Der gestaltende Teil enthält eine Darstellung der Rechtshandlungen, die zur Umsetzung des Insolvenzplans erforderlich sind. Er führt auf, wie die Rechtsstellungen der Beteiligten durch den Insolvenzplan modifiziert werden. Hierbei sind im gestaltenden Teil gem. § 222 Abs. 1 S. 1 InsO Gruppen zu bilden. Folgende Gruppen sind gesetzlich vorgegeben:

- die absonderungsberechtigten Gläubiger, wenn durch den Plan in deren Rechte eingegriffen wird,
- die nicht nachrangigen Insolvenzgläubiger,
- die einzelnen Rangklassen der nachrangigen Insolvenzgläubiger, soweit deren Forderungen nicht nach § 225 als erlassen gelten sollen,
- die am Schuldner beteiligten Personen, wenn deren Anteils- oder Mitgliedschaftsrechte in den Plan einbezogen werden,
- die Arbeitnehmer sollen eine besondere Gruppe bilden,
- die Inhaber von Rechten aus gruppeninternen Drittsicherheiten.

Es können zudem vom Planverfasser weitere Untergruppen gebildet werden, solange die Abgrenzungskriterien gemessen an deren unterschiedlichen Interessen sachgerecht erscheinen (§ 222 Abs. 2 InsO). Dabei sollen die Gruppen nicht allein aus taktischen Gründen so gebildet werden, um beispielsweise durch die Ausnutzung des Obstruktionsverbots einen Insolvenzplan durchzusetzen.

Das Insolvenzgericht hat die Aufgabe, den Insolvenzplan auf formelle und materielle Mängel hin zu prüfen und ihn dann an den Gläubigerausschuss, den Betriebsrat, einen Sprecherausschuss der leitenden Angestellten sowie den Schuldner oder den Insolvenzverwalter zur Stellungnahme zu übersenden. Sind alle Stellungnahmen beim Insolvenzgericht eingegangen, wird zu einem gemeinsamen Erörterungs- und Abstimmungstermin geladen, spätestens vier Wochen nach Einreichung des Insolvenzplans. In diesem Termin wird der Insolvenzplan erörtert und über den Plan abgestimmt. Bei der Abstimmung ist entscheidend, dass in jeder Gruppe eine Mehrheit nach Köpfen und Forderungssummen dem Plan zustimmt.

Sollte es eine Gruppe geben, die dem Plan nicht zustimmt, kann diese Zustimmung über das sogenannte Obstruktionsverbot fingiert werden. Damit gilt die Zustimmung dieser Gruppe als erteilt, sofern die Gläubiger dieser Gruppe durch den Plan nicht schlechter gestellt werden, als sie ohne den Plan stünden, und sofern die Gläubiger dieser Gruppe angemessen am Erlös des Insolvenzplans teilhaben.

Letztendlich bedarf jedoch der Plan der Bestätigung durch das Insolvenzgericht, das schlussendlich auch die Aufhebung des Insolvenzverfahrens beschließt. Die Besonderheiten gegenüber früheren Insolvenzplänen sind seit der Regelung durch das ESUG, das auch in die Anteilsrechte der am Insolvenzschuldner beteiligten Personen eingegriffen werden können. Häufig geschieht dies im Wege eines Debt-Equity-Swaps, der Forderungen von Gläubigern an der Insolvenzschuldnerin in Eigenkapital wandelt. Zumeist werden die Gläubiger jedoch durch die Sachkapitalerhöhung eine Mehrheit am Unternehmen anstreben, was wiederum zu Konflikten mit den ehemaligen Eigentümern führen könnte. Das oben erwähnte Obstruktionsverbot verhilft jedoch, die zuvor gebildete Gruppe der Eigenkapitalgeber zu überstimmen und damit diese Sanierungsoption auszuüben.

In diesem Zusammenhang ist wichtig, dass § 225a Abs. 4 InsO regelt, dass eine Umstrukturierung auf der Eigenkapitalseite, Geschäftspartner (z. B. Vermieter, Lieferanten/Kunden mit Rahmenverträgen) nicht zum Rücktritt oder zur Kündigung von Verträgen aufgrund von Change-of-Control/Ownership-Klauseln bestimmter Verträge berechtigt. Dies ist eine der wesentlichen Vorteile des Insolvenzplanverfahrens.

Wird im gestaltenden Teil eine Planüberwachung definiert, führt dies dazu, dass für einen Zeitraum von bis zu drei Jahren, ein zur Planüberwachung ernannter Insolvenzverwalter und die Mitglieder der Gläubigerversammlung die Umsetzung der Maßnahmen überwachen. Das Gericht beaufsichtigt wiederum diese Überwachung. Die Überwachung endet, wenn die Ansprüche aus dem Insolvenzplan allesamt erfüllt sind oder die Erfüllung gewährleistet ist.

Grundsätzlich kann ein Insolvenzplan auch im Regelinsolvenzverfahren, d.h. im Verfahren mit einem bestellten (vorläufigen) Insolvenzverwalter, erarbeitet werden. Weitaus häufiger kommt jedoch ein Insolvenzplan in sogenannten Eigenverwaltungsverfahren vor. Eine Insolvenz in Eigenverwaltung ist durch das Fehlen eines Insolvenzverwalters definiert. In dieser Verfahrensart bleibt der Schuldner bzw. das Management entscheidungsbefugt, muss aber wie ein Insolvenzverwalter sein Handeln an den Gläubigerinteressen ausrichten und die entsprechenden insolvenzrechtlichen Pflichten beachten. Die eigenverwaltende Geschäftsführung wird von einem sogenannten (vorläufigen) Sachwalter überwacht. Da in der Regel das Management des Unternehmens mit der Komplexität der Insolvenzsituation nicht betraut ist und von den Insolvenzgerichten eine in Insolvenzsachen erfahrene Person gefordert wird, empfiehlt es sich, entsprechende Berater mit der notwendigen Sachkompetenz zu beauftragen, die einerseits im operativen Geschäft unterstützen und andererseits mit der Erarbeitung des Insolvenzplans beauftragt werden.

Eine frühzeitige Antragstellung auf Eröffnung eines Insolvenzverfahrens in Eigenverwaltung (ggfs. mit Schutzschirm) hat eine Reihe von Vorteilen gegenüber dem Versuch einer außergerichtlichen Sanierung. Mit dem 2021 eingeführten präventiven Restrukturierungsrahmen durch das StaRUG wurden aber einige dieser Vorteile auch auf den Fall einer vorinsolvenzlichen Sanierung übertragen, indem der sogenannte Restrukturierungsplan dem Schuldner die Möglichkeit gibt, mit einem Teil seiner Gläubiger eine Vereinbarung zu schließen. Die Systematik des Restrukturierungsplans ist dabei an die Regelungen zum Insolvenzplan angelehnt. Gleichwohl gibt es eine Reihe von Vorteilen, die eine Sanierung im Wege eines Insolvenzplanverfahrens attraktiv machen.

Die wesentlichen Vorteile gegenüber dem außergerichtlichen Restrukturierungsplan sind:

- Insolvenzgeld, Finanzierung zur Zahlung der Personalaufwendungen während des Antragsverfahrens,
- Möglichkeit der Kündigung von Verträgen, die für einen Investor nachteilhaft erscheinen,
- verkürzte Kündigungsfristen, die eine Restrukturierung erleichtern bzw. finanziell günstiger darstellen.

In diesem Zusammenhang ist wichtig, dass die Initiative zur Eigenverwaltung vom Schuldner aus gehen muss. Ein Fremdantrag kann niemals zu einer Eigenverwaltung führen.

Für die Einleitung eines sogenannten Schutzschirmverfahrens gemäß. § 270d sind drei Anträge zwingend erforderlich:

1. der Antrag auf Eröffnung des Insolvenzverfahrens wegen drohender Zahlungsunfähigkeit § 18 InsO oder Überschuldung § 19 InsO,
2. der Antrag auf Anordnung der Eigenverwaltung gemäß § 270 ff. InsO,
3. der Antrag auf Bestimmung zur Frist der Vorlage eines Insolvenzplans.

Darüber hinaus können noch weitere Anträge gestellt werden, nämlich:

- Anordnung von Sicherungsmaßnahmen (§ 21, 22 InsO) zum Schutz der Insolvenzmasse (dem Schutzschirm im engeren Sinne gem. § 270d InsO),
- die Einsetzung eines vorläufigen Gläubigerausschusses gem. § 22a InsO,
- die häufig anzutreffende Einzelermächtigung, Masseverbindlichkeiten begründen zu dürfen.

Die Antragstellung auf ein Schutzschirmverfahren muss immer durch einen entsprechenden Gesellschafterbeschluss legitimiert sein. Ist dies nicht der Fall, setzt sich der Geschäftsführer erheblichen Haftungsrisiken aus. Da das Schutzschirmverfahren ein Verfahren der Gesellschafter zur Sanierung des Unternehmens ist, besitzt in diesem Sonderfall der Geschäftsführer keinen Entscheidungsspielraum. Eine Anwendung der Business Judgement Rule kommt hier nicht in Betracht, sodass sich ein Geschäftsführer ohne die ausdrückliche Willenserklärung seiner Gesellschafter bei einer Antragsstellung pflichtwidrig verhält.

Zum Zeitpunkt der Antragstellung muss der Schuldner eine aktuelle Bescheinigung vorlegen, die positiv bestätigt, dass lediglich drohende Zahlungsunfähigkeit oder Überschuldung vorliegt, sowie dass keine Zahlungsunfähigkeit vorliegt und schlussendlich die Sanierung nicht offensichtlich aussichtslos ist. Diese Bescheinigung muss aktuell sein, d. h. in der Praxis geht man davon aus, dass diese Bescheinigung mit dem Antragszeitpunkt datiert oder maximal eine Woche davor.

Die Einleitung eines Schutzschirmverfahrens wird in der Regel zunächst von einem sogenannten präsumtiven Gläubigerausschuss eingeleitet. Erst mit der Genehmigung des Antrags durch das Gericht kann sich ein vorläufiger Gläubigerausschuss konstituieren. Vor diesem Hintergrund wird dieser vor-vorläufige Gläubigerausschuss präsumtiv genannt. In einem Gläubigerausschuss ist jeweils mindestens ein Vertreter der absonderungsberechtigten Gläubiger, der Gläubiger mit der höchsten Forderung, ein Kleingläubiger und Arbeitnehmervertreter zu besetzen.

Ein Insolvenzplan wird nur dann Aussicht auf Erfolg haben, wenn die vorhandenen Gesellschafter oder ein neuer Investor bereit ist, durch entsprechende Eigenkapitalzufuhr dem Unternehmen Liquidität zur Verfügung zu stellen, die es ermöglicht, Gläubiger (teilweise) zu befrieden. Ein Insolvenzplan, der nur auf einen Schuldenschnitt abzielt, hat in der Regel keine Aussicht auf Erfolg. Vor diesem Hintergrund wird häufig die Frage diskutiert, ob die Suche nach einem Investor bei einem Insolvenzplanverfahren obligatorisch als sogenannter Dual Track durchgeführt werden muss. Die Argumentation für ein Dual Track ist immer, dass man sich nie „für" etwas, sondern „zwischen" verschiedenen Optionen entscheiden muss und diese erst dann richtig beurteilen kann, wenn ein Alternativangebot vorliegt. Dieses Alternativangebot kann auch und insbesondere ein Kaufpreis im Rahmen einer übertragenden Sanierung sein. Damit entsteht ein Referenzpunkt, der als Maßstab für die bestmögliche Befriedigung der Gläubiger herangezogen werden kann.

Die Praxis und Rechtsprechung diskutierten die Notwendigkeit eines Dual Tracks kontrovers. Die aktuelle Rechtsprechung geht davon aus, dass eine Pflicht zur Durchführung eines parallelen M&A-Prozesses nicht besteht. Ein Dual Track sollte nur dann in Erwägung gezogen werden, wenn in einer Eigenverwaltung oder einem Schutzschirmverfahren[57] Unsicherheit über die Annahme des Insolvenzplans durch die Gläubigergemeinschaft besteht, sofern

- der Insolvenzplan eine geringere Gläubigerbefriedigung als eine übertragende Sanierung im Allgemeinen erwarten lässt,
- der Finanzierungsbeitrag der Gesellschafter im Rahmen des Insolvenzplans nicht gewährleistet ist.

Kommt es zu einem Dual Track, ist seitens des M&A-Beraters frühzeitig auf die Alternative eines Anteilsverbleibs bei den Altgesellschaftern als Inhalt eines Insolvenzplans hinzuweisen, damit den potenziellen Investoren bewusst ist, dass sie mit dieser Verfahrensvariante im Wettbewerb stehen.

Bei § 270c Verfahren erscheint mittlerweile der Dual Track ein notwendiges Mittel zur oben erwähnten Schaffung einer Entscheidungsgrundlage für die Gläubiger. Bei einem Schutzschirmverfahren nach § 270d ist im Einzelfall nach oben genannten Kriterien abzuwägen, ob ein paralleler M&A-Prozess nicht die ursprünglich durch das Schutzschirmverfahren angestrebte „Schutzwirkung“ für das Unternehmen geradezu konterkariert.

Zeitliche Aspekte des Insolvenzplans

Der zeitliche Ablauf eines Insolvenzplanverfahrens kann verkürzt wie folgt dargestellt werden:

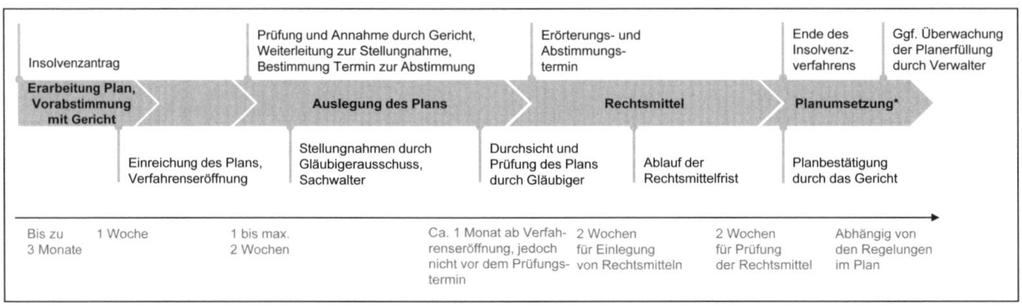

Abbildung 9-24: Zeitlicher Ablauf eines Insolvenzplanverfahrens

Unter einem Prepackaged Plan versteht man die Vorlage des Insolvenzplans bereits mit dem Antrag auf Eröffnung des Insolvenzverfahrens.

Neben den Möglichkeiten des Insolvenzplans ist durch die Einführung des StaRUG eine weitere Planoption hinzugekommen, deren Vergleich mit dem Insolvenzplan im nachfolgenden Schaubild dargestellt ist.

Der Debt-Equity-Swap im Insolvenzplanverfahren

§ 225a Abs 2. InsO bietet die Möglichkeit, Forderungen (aus Sicht des Schuldners *Debt*) im Rahmen eines Insolvenzplans in Anteils- oder Mitgliedschaftsrechte (aus Sicht des Schuldners *Equity*) am Schuldner zu tauschen (*Swap*). Zwar gab es diese Möglichkeit auch schon vor der Einführung des ESUG, jedoch nur mit Zustimmung des Altgesellschafters. Dass 1998 im Zuge des Gesetzes zur Kontrolle und Transparenz im Unternehmensbereich (KonTraG) eingeführte Sanierungsprivileg, das im § 32a Abs. 3 Satz 3 GmbHG sowie im § 29 Abs. 4 Satz 2 InsO eine Festigung durch eine Entscheidung des Bundesgerichtshofs vom 21.11.2005 erfahren hat, gibt einem Investor die Sicherheit, dass nach Umsetzung des Debt-Equity-Swaps weitere Darlehen nicht automatisch zu Gesellschafterdarlehen und damit nachrangig werden. Dies war eine entscheidende Regelung, die die Attraktivität des Debt-Equity-Swaps deutlich erhöhte. Gleiches gilt für die Nutzung steuerrechtlicher Erleichterungen, welche die grundsätzliche Möglichkeit einräumen, Steuerzahlungen zu vermeiden, die durch Gewinne[58] auf Ebene des Zielunternehmens durch den Wegfall der Verbindlichkeiten im Rahmen eines Debt-Equity-Swaps entstehen.

Voraussetzung für all diese Sonderrechte ist, dass diese Maßnahmen zur Sanierung der Gesellschaft objektiv geeignet und ausreichend sind. Diese Kriterien werden häufig durch ein entsprechendes Sanierungsgutachten/-konzept schriftlich dokumentiert.

Weitere relevante gesetzliche Grundlagen sind das 2009 in Kraft getretene Schuldverschreibungsgesetz sowie das noch vor dem ESUG in Kraft getretene Gesetz zur Reorganisation von Kreditinstituten (Kreditinstitute-Reorganisationsgesetz, KredReorgG). Dieses Gesetz wurde im Zuge der Finanzmarktkrise 2008/2009 erlassen und sollte den Rechtsrahmen neu definieren, bei systemrelevanten Kreditinstituten eine Restrukturierung auch ohne die Zustimmung der Alteigentümer durchsetzen zu können. Hier wurde erstmals die Möglichkeit geschaffen, in die Eigentumsrechte gestaltend im Sinne einer Restrukturierung einzugreifen. Im ESUG selbst wurde die Möglichkeit im Rahmen eines Insolvenzplanverfahrens geschaffen, die Eigenkapitalgeber in eine eigene Abstimmungsgruppe zu bündeln und deren „Zustimmung" im Wege des Obstruktionsverbots nach § 245 Abs. 1 und Abs. 3 InsO zu fingieren.

§ 245 InsO im Wortlaut:

§ 245 Obstruktionsverbot

(1) Auch wenn die erforderlichen Mehrheiten nicht erreicht worden sind, gilt die Zustimmung einer Abstimmungsgruppe als erteilt, wenn

1. *Die Angehörigen dieser Gruppe durch den Insolvenzplan voraussichtlich nicht schlechter gestellt werden, als sie ohne einen Plan stünden,*
2. *Die Angehörigen dieser Gruppe angemessen an dem wirtschaftlichen Wert beteiligt werden, der auf der Grundlage des Plans den Beteiligten zufließen soll, und*
3. *Die Mehrheit der abstimmenden Gruppen dem Plan mit den erforderlichen Mehrheiten zugestimmt hat.*

(2) Für eine Gruppe der Gläubiger liegt eine angemessene Beteiligung im Sinne des Absatzes 1 Nummer 2 vor, wenn nach dem Plan
1. Kein anderer Gläubiger wirtschaftliche Werte erhält, die den vollen Betrag seines Anspruchs übersteigen,
2. Weder ein Gläubiger, der ohne einen Plan mit Nachrang gegenüber den Gläubigern der Gruppe zu befriedigen wäre, noch der Schuldner oder eine an ihm beteiligte Person einen wirtschaftlichen Wert erhält und
3. Kein Gläubiger, der ohne einen Plan gleichrangig mit den Gläubigern der Gruppe zu befriedigen wäre, bessergestellt wird als diese Gläubiger.

(3) Für eine Gruppe der Anteilsinhaber liegt eine angemessene Beteiligung im Sinne des Absatzes 1 Nummer 2 vor, wenn nach dem Plan
1. Kein Gläubiger wirtschaftliche Werte erhält, die den vollen Betrag seines Anspruchs übersteigen, und
2. Kein Anteilsinhaber, der ohne einen Plan den Anteilsinhabern der Gruppe gleichgestellt wäre, bessergestellt wird als diese.

Da die Gesellschaftsanteile im Insolvenzfall in der Regel wertlos sind, ist eine Schlechterstellung durch den Verlust der Gesellschafterstellung durch einen Debt-Equity-Swap nicht gegeben.[59]

Die nachfolgende Tabelle zeigt die wesentlichen Merkmale eines Debt-Equity-Swaps zu unterschiedlichen Zeitpunkten.

		Außergerichtliche Sanierung	StaRUG	Insolvenzplan § 270 c/d InsO – Verfahren
Pro	• Beseitigung der bilanziellen Überschuldung	●	●	●
	• Verbesserung der Eigenkapitalquote			
	• Verbesserung der Liquiditätssituation durch Wegfall von Zins- und Tilgungsleistungen auf die Kreditverbindlichkeiten, die durch den Debt-Equity-Swap in Eigenkapital gewandelt wurden	●	●	●
	• Keine Mitwirkung der Altgesellschafter notwendig ➔ Gruppenbildung und Obstruktionsverbot	○	○	●
	• Aushebeln von Change-of-Ownership-Klauseln durch	○	○	●
	• Keine Differenzhaftung	○	●	●
Contra	• Die Mitwirkungserfordernisse der Altgesellschafter bei allen vorinsolvenzlichen Stadien	●	●	●
	• Steuerliche Risiken durch die entstehenden Gewinne auf Gesellschaftsebene	●	●	●
	• Das Auslösen von Change of Control-Klauseln in operativen Vertragsverhältnissen mit Kunden, Lieferanten oder sonstigen Stakeholdern	●	●	○
	• Die Erlangung der Stellung der faktischen Geschäftsführung (und zwar sowohl als Gläubiger, der Einfluss auf bestimmte Handlungen nimmt, die eigentlich der Geschäftsführung obliegen, wie z.B. Aussuchen des Sanierungsberaters oder Verhandlungen mit anderen Gläubigern, als auch als Gesellschafter)	●	●	●
	• Der drohende Nachrang für nicht getauschte Restdarlehen (-tranchen) aufgrund der neu eingenommenen Stellung als Gesellschafter	●	●	●
	• Differenzhaftung	●	●	●
	• Bei börsennotierten Unternehmen das etwaige Auslösen von Melde- und Angebotspflichten nach dem WpÜG	●	●	●

Abbildung 9-25: Vor- und Nachteile des Debt-Equity-Swaps in unterschiedlichen Restrukturierungsphasen

Distressed M&A-spezifische Spezialproblemfelder bei Insolvenztransaktionen

Möglichkeiten der Personalrestrukturierung in Insolvenzverfahren

Das Insolvenz-/Arbeitsrecht kennt folgende, kurz skizzierte Konzepte zur Restrukturierung:

- Lemgoer Modell,
- Dörries Scharmann-Modell,
- Veräußererkündigung auf Basis eines Erwerberkonzeptes,
- Kündigungen zur Verbesserung der Verkaufschancen.

Das *Lemgoer Modell*[60] sah vor, dass Mitarbeiter kündigen und der potenzielle Erwerber den ausscheidenden Mitarbeitern zwar eine Einstellungsgarantie gab, jedoch in der Regel zu deutlich schlechteren Bedingungen. Dies wurde durch ein Urteil des Bundesgerichtshofs 2012 als Umgehung des § 613a BGB klassifiziert und damit ist dieses Modell obsolet geworden.

Differenzierter beurteilt die Rechtsprechung das *Dörries Scharmann*[61]*-Modell*, bei dem zwischen dem Arbeitnehmer, der Insolvenzschuldnerin und einer Transfergesellschaft[62] ein sogenannter dreiseitiger Vertrag abgeschlossen wird. Dieser enthält einen Aufhebungsvertrag mit der Insolvenzschuldnerin und einen befristeten Anstellungsvertrag bei der Transfergesellschaft. Dort erfährt der Mitarbeiter durch Fortbildungsmaßnahmen eine Chance zur beruflichen Neuorientierung und Dienstleistungen zur Vermittlung eines neuen Arbeitsverhältnisses. Nachdem alle Mitarbeiter einvernehmlich in die Transfergesellschaft gewechselt sind, stellt der Erwerber der Vermögensgegenstände der Insolvenzschuldnerin (im Wege des Asset Deals) seine neue „Olympiamannschaft" zu neuen Konditionen, die eine Restrukturierung erfolgversprechend machen, und mit neuer Betriebszugehörigkeit ein. Letzteres ist deshalb ein entscheidender Punkt, denn es ist in vielen Fällen nicht auszuschließen, dass auch unter neuer Ägide eine Restrukturierung weiterer Personalmaßnahmen bedarf und dadurch erheblich günstiger gestaltet werden kann als mit den – nach § 613a BGB übernommenen – ursprünglichen Betriebszugehörigkeiten. Auch hier gab und gibt es eine Reihe von arbeitsgerichtlichen Auseinandersetzungen, von denen das sogenannte „Lotterieurteil" des Bundesarbeitsgerichtes aus 2011 von entscheidender Bedeutung ist, da hier die Rechtmäßigkeit unter die Voraussetzung gestellt wurde, dass für jeden Mitarbeiter die Neueinstellung (im Gegensatz zum Lemgoer Modell) ein Risikogeschäft darstellt.

Eine weitere, mittlerweile ebenfalls sehr häufig angewendete Methode zur Personalrestrukturierung ist die sogenannte „Kündigung des Betriebsveräußerers aufgrund eines *Erwerberkonzeptes.*[63]" Vereinfacht ausgedrückt beschreibt der Erwerber, welche Funktionen er in der neuen betrieblichen Einheit benötigt und welche Funktionen nicht mehr, da diese z. B. in der Muttergesellschaft zentral organisiert sind. Zur Durchsetzung dieses Konzeptes kündigt nun der Insolvenzverwalter unter Ausnutzung der verkürzten Kündigungsfrist gem. § 113 InsO den Mitarbeitern, die in der neuen betrieblichen Einheit keine Funktion mehr haben. Die verkürzte Kündigungsfrist reduziert im Vergleich zum Zustand vor der Insolvenzantragstellung die Personalrestrukturierungskosten erheblich. Ergänzend kann bei umfangreicheren Personalmaßnahmen auch ein Insolvenzsozialplan geschlossen werden. Dieser unterliegt jedoch gem. § 123 InsO spezieller Höchstbeträge, nämlich die Zahlung zusätzlicher zweieinhalb Monatsverdienste der betroffenen Mitarbeiter bis zu einem Gesamtvolumen von nicht mehr als einem Drittel der Masse, die ohne eine solchen Insolvenzsozialplan zur Verfügung stehen würde. Alle Mitarbeiter gehen nun auf Basis des § 613a BGB auf die Erwerbereinheit über, sowohl die Mitarbeiter, die weiterhin benötigt werden, als auch die gekündigten Mitarbeiter. Die Konditionen des Arbeitsverhältnisses bleiben bestehen, ebenso die Betriebszugehörigkeit. Gegebenenfalls können die Konditionen der Weiterbeschäftigung durch einen Sanierungstarifvertrag[64] temporär für eine erfolgreiche Neuausrichtung modifiziert werden. Ebenso gibt es die Möglichkeit der Verhandlung eines Haus- oder Firmentarifvertrags. Grundsätzlich gelten jedoch die zuvor bestehenden Konditionen. Bestehen bleibt jedoch das Risiko, dass sich Mitarbeiter gegen die ausgesprochene Kündigung wehren und versuchen, im Wege der Kündigungsschutzklage eine Wiedereinstellung oder wirtschaftlich attraktivere Konditionen des Ausscheidens, sprich höhere Abfindungen zu erwirken. Um die Erfolgsaussichten hierfür zu minimieren, wird häufig auch hier eine Transfergesellschaft ins Leben gerufen. Die Mitarbeiter erhalten hier in der Regel für einen zu bestimmenden Zeitraum der Beschäftigung Fortbildungsmaßnahmen und auch eine Entlohnung, die besser ist als die entsprechenden gesetzlichen Regelungen bei Arbeitslosigkeit. Natürlich sind diese Gestaltungsinstrumente auch zu finanzieren. Diese Finanzierung erfolgt teilweise durch die Bundesagentur für Arbeit, da diese für den besagten Zeitraum der Transfergesellschaft nicht für arbeitslose Personen aufkommen muss. Gleichzeitig müssen jedoch die regelmäßig den Arbeitslosengeld-Betrag übersteigenden Beträge der Transfergesellschaft ebenso finanziert werden, wie die Kosten der Verwaltung der Transfergesellschaft durch hierfür spezialisierte Dienstleister. Dieser Mehrbetrag wird in der Regel durch den Kaufpreis finanziert, den der Erwerber für den Geschäftsbetrieb zahlt und den der Insolvenzverwalter nach Abstimmung mit den Gläubigergremien für die erfolgreiche Umsetzung dieser Maßnahmen benötigt. Ein freiwillig mit der Transfergesellschaft unterzeichneter Vertrag eines Arbeitnehmers reduziert die Chancen, auf eine erfolgreiche Kündigungsschutzklage deutlich, sodass dieses Instrument sehr häufig ergänzend zur Veräußererkündigung verwendet wird.

Der guten Ordnung wegen seien noch die beiden Modelle der *Kündigung auf Basis eines nicht mehr zu erwarteten Betriebsübernehmers* zu nennen. Legt der Insolvenzverwalter den Betrieb still und kommt es anschließend wider Erwarten zu einer Veräußerung der Vermögensgegenstände und einer Wiederaufnahme unternehmerischer Aktivitäten, so besteht nur dann der Anspruch auf Wiedereinstellung, wenn sich die Prognose über die Stilllegung des Betriebes während der Kündigungsfrist geändert hat oder aber die gesamte Konstruktion missbräuchlich angewandt wurde. Grundsätzlich gilt: Wenn ein Erwerber einen Geschäftsbetrieb fortsetzen möchte, dann ist eine Betriebsunterbrechung und damit einhergehend eine weitere Schwächung der Wettbewerbsposition häufig monetär deutlich schädlicher als die Finanzierung der Personalrestrukturierung. Allenfalls ist dies bei stark asset-lastigen (Schwer-)Industrien vorstellbar. Die praktische Relevanz ist aufgrund des Umgehungscharakters einer solchen Konstellation nicht gegeben.

Last but not least sei die *Kündigung zur Verbesserung der Verkaufsabsichten* genannt. Führt der Insolvenzverwalter den Geschäftsbetrieb im eröffneten Verfahren fort und restrukturiert das Unternehmen unter eigener Ägide zum Zwecke der Verbesserung der Verkaufschancen und späteren Einleitung eines Investorenprozesses, so ist eine Kündigung ebenfalls dann wirksam und eine Kündigungsschutzklasse wenig erfolgversprechend. Entscheidend ist auch hier, dass beim Ausspruch der Kündigung die entsprechenden arbeitsrechtlichen Notwendigkeiten (u.a. Sozialauswahl, gegebenenfalls Sozialplan) berücksichtigt sind und es sich dabei nicht um eine absichtliche Umgehung des § 613a BGB handelt.

All diese vorstehend erwähnten Konstruktionen sind aufgeführt, da sich ein M&A-Berater in die Denkweise eines Käufers versetzen muss, um die Chancen auf eine Sanierung nicht nur besser zu verstehen, sondern die Erfolgsaussichten auf eine gelungene Umsetzung kennen muss, um verkaufspreiserhöhend im Sinne des Auftraggebers argumentieren und verhandeln zu können.

Transaktionssicherheit

Grundsätzlich entscheidet die Gläubigerversammlung über den Abschluss des Kaufvertrags. Die Zustimmung der Gläubigerversammlung wird vor diesem Hintergrund regelmäßig als Vollzugsbedingung (Closing Condition) im Asset Purchase Agreement aufgenommen. Um umgekehrt den Gläubigern die Sicherheit geben zu können, dass die Transaktion nach Zustimmung auch tatsächlich abgeschlossen werden kann, wird häufig die Zahlung des Kaufpreises auf ein Treuhandkonto gefordert. Der Treuhänder wird angewiesen, den Kaufpreis erst nach Bestätigung aller Closing-Bedingungen auszuzahlen. Insbesondere bei wettbewerbsintensiven Verfahren werden die Kaufinteressenten angehalten, einseitig die jeweiligen Kaufverträge zu unterzeichnen, den Kaufpreis auf ein Treuhandkonto zu leisten und gegebenenfalls auch die anschließende Working-Capital-Finanzierung nachzuweisen, sodass der Insolvenzverwalter dem Gläubigergremium die unterschiedlichen Alternativen vorstellen kann und schließlich den Vertrag gegenzeichnet, der unter Würdigung der Gesamtumstände die für die Gläubiger attraktivste Variante darstellt.

Umweltrisiken

Eine nicht zu unterschätzende Rahmenbedingung stellt der Verdacht auf etwaige Altlasten auf den Betriebsgrundstücken dar.

Während viele Erwerber, insbesondere aus dem Ausland zunächst davon ausgehen, dass alle Verpflichtungen, deren Gründe vor dem Insolvenzantrag liegen, durch die Insolvenz „abgeschüttelt" werden, so ist die Verunsicherung umso größer, wenn klar wird, dass die Regelungen des BbodSchG die Haftung des zukünftigen Betreibers keinesfalls ausschließen.

Nach erfolgter übertragender Sanierung haftet der Erwerber für den Zustand des Grundstückes. Alle weiteren Verfügungen werden sodann an den Erwerber gerichtet. Dies wird häufig zu einem Deal Breaker, wenn das Thema, das darüber hinaus auch zeitaufwendig ist, nicht unmittelbar zu Beginn des Distressed M&A-Prozesses in Angriff genommen wird.

Allerdings gibt es hier keine einwandfreien rechtliche Instrumente, die für alle Fälle angewendet werden können. Möglichkeiten bestehen sowohl

- bei der Gestaltung des Kaufvertrags durch entsprechende Klarstellung, dass der Erwerber nicht Gesamtrechtsnachfolger wird, damit die entsprechenden Haftungsregelungen des § 4 Abs. 3 Satz 1 BbodSchG nicht zur Anwendung gelangen,
- durch eine Absicherung des Garantiekatalogs durch eine Environmental Due Diligence (kurz EDD genannt), gegebenenfalls mit anschließendem Risikotransfer über eine Warranties-and-Indemnities-Versicherung,
- durch entsprechende Gespräche mit den zuständigen öffentlich-rechtlichen Stellen, mit dem Ziel eine Haftungsfreistellung vertraglich festzuschreiben, die final auch entsprechende Wirkung im Grundbuch entfaltet. Zumeist wird eine Regelung getroffen, die entweder bestehende Freistellungen auch auf den neuen Grundstückseigentümer überträgt oder Zusicherungen ausgesprochen, die festschreiben, dass keine Sanierungsanordnungen erlassen werden, wenn keine Nutzungsänderung vorgenommen wird.[65]

Allerdings sind entsprechende Änderungen in der zukünftigen Vorgehensweise bzw. bei Gesetzesänderungen nicht auszuschließen.

Der Altlastenbegriff umfasst nach gesetzlicher Definition zum einen schädliche Bodenveränderungen, „die geeignet sind, Gefahren, erhebliche Nachteile oder erhebliche Belästigungen für den einzelnen oder die Allgemeinheit herbeizuführen“ und zum anderen Altlasten im eigentlichen Sinne wie Altablagerungen, aus z. B. stillgelegten Abfallbeseitigungsanlagen oder Grundstücke auf denen Abfälle behandelt, gelagert oder abgelagert wurden sowie Grundstücke auf denen mit umweltgefährdenden Stoffen umgegangen worden ist durch die „schädliche Bodenveränderungen oder sonstige Gefahren für den einzelnen oder die Allgemeinheit hervorgerufen werden“.

Die sich hieraus ergebende Verantwortung ist umfassend, und es sind drei Verantwortungs- und Haftungsbereiche zu unterscheiden:

1. Die ordnungsrechtliche Verantwortung: diese betrifft die Frage, wer seitens der zuständigen Behörden unter welchen Voraussetzungen zur Verantwortung gezogen werden kann.
2. Die zivilrechtliche Haftung beinhaltet die Verpflichtung gegenüber Dritten für alle Schäden aufzukommen, die diesen infolge einer Beeinträchtigung durch Boden- und/oder Grundwasserkontaminationen entstanden sind und auch zivilrechtliche Ausgleichsansprüche zwischen einzelnen Störern.
3. Die strafrechtliche Verantwortung betrifft die unter der staatlichen Strafgewalt stehende Möglichkeit zur Ahndung von Umweltvergehen und -verbrechen.

Bei der in der Praxis häufig wichtigen Frage nach der Verantwortlichkeit und damit nach der zu Sanierungsmaßnahmen heranzuziehenden Partei kommen aufgrund der gesetzlichen Regelungen folgende Parteien in Betracht:

- der Verursacher (sog. Verhaltensstörer) oder dessen Gesamtrechtsnachfolger,
- der derzeitige Grundstückseigentümer sowie der Inhaber der tatsächlichen Gewalt über ein Grundstück (Erbbauberechtigter, Pächter, Mieter etc., der sog. Zustandsstörer),
- alle früheren Eigentümer eines Grundstücks, sofern sie das Eigentum erst nach dem 1. März 1999 auf den Eigentümer übertragen haben,

- diejenigen, die aus handelsrechtlichem oder gesellschaftsrechtlichem Rechtsgrund für eine juristische Person einzutreten haben, denen ein schadstoffbelastetes Grundstück gehört,
- derjenige, der das Eigentum an einem Grundstück aufgibt.

Wichtig zu wissen ist in diesem Zusammenhang: Die ordnungsrechtliche Verantwortung des Verhaltensstörers ist verschuldensunabhängig, d.h. im Falle des Verhaltensstörers ist es unerheblich, ob ein Schaden vorsätzlich, fahrlässig oder gegebenenfalls gänzlich unverschuldet verursacht wurde. Doch die ordnungsrechtliche Verantwortung beschränkt sich keineswegs auf den Verursacher, sondern erstreckt sich unter bestimmten Umständen auch auf dessen Rechtsnachfolger und sogar auf Mieter – selbst wenn zwischen dem Zeitpunkt und der Art deren Nutzung und der relevanten Altlast kein kausaler Zusammenhang besteht.

Die Bandbreite der möglichen auferlegten Sanierungsmaßnahmen reicht von sogenannten Sicherungsmaßnahmen zur langfristigen Verhinderung oder Vermeidung einer Ausbreitung der Schadstoffe über Dekontaminationsmaßnahmen zur Beseitigung oder Verminderung der Schadstoffe bis hin zu Maßnahmen zur Beseitigung oder Verminderung schädlicher Veränderungen der physikalischen, chemischen oder biologischen Beschaffenheit des Bodens. Bauliche Veränderungen (z.B. durch notwendige Flächenentsiegelung oder Abriss von Gebäuden), nachhaltige und gravierende Beeinträchtigung des Geschäftsbetriebes oder langjährige Sanierungspläne sind nur einige von möglichen kostspieligen Risiken. Hieraus erklärt sich, weshalb die Evaluierung des Aufwandes und Umfangs zur Behebung von identifizierten Risiken (Altlasten) ebenso wie die Vorsorge gegen mögliche Risiken heute zunehmend zu einem wesentlichen Verhandlungsgegenstand im Rahmen von Unternehmenstransaktionen werden. Käufer und Verkäufer tun gut daran, solche Risiken präzise zu ermitteln und eindeutige Regelungen sowohl über Haftungsfragen als auch über die systematische Risikobehebung zu treffen.

Kommt das Thema zu spät ins Gespräch, kann es zu einem „Deal Breaker" werden. Bringt man es allerdings frühzeitig ein und hinterlegt es mit entsprechenden Bewertungen (z.B. Umwelt Due Diligence), Maßnahmen und Regelungsvorschlägen, kann das die Transaktion sichern und je nach Situation auch einen Einfluss auf den Kaufpreis haben. Wichtig zu wissen ist in solchen Fällen: Derartige Risiken können durch den Abschluss entsprechender Versicherungen langfristig kalkulierbar gemacht und wirtschaftlich klarer begrenzt werden.

Um solche Risiken für eine Unternehmens- bzw. Standortbewertung aufzuzeigen, werden Untersuchungs- und Bewertungsmethoden eingesetzt, die als EDD bekannt sind. Dabei werden Erkenntnisse erarbeitet, die eine zuverlässige Aussage über Kosten-, Haftungs-, Markt- und standortspezifische Risiken zulassen.

Im Rahmen von Unternehmenstransaktionen ist es das Ziel der EDD, Umweltbelange zu ermitteln, die nach einem Unternehmenskauf zu

- zusätzlichen Kosten,
- negativen wirtschaftlichen Folgen,

- Haftung für den Erwerber bzw. die neue Geschäftsleitung oder
- Nutzungs- bzw. Erweiterungseinschränkungen führen könnten.

Unternehmenskäufer setzen die EDD ein, um aus ermittelten Umweltkostenrisiken Preisabschläge, Gewährleistungen oder Rücktrittsrechte zu realisieren. Unternehmensverkäufer wollen erkannte Risiken steuern, durch gezielte Maßnahmen die „Braut effizient schmücken" und somit sowohl eine gegnerische EDD als auch Preisabschläge oder vertragliche Nachteile abwehren.

Eine umfassende EDD basiert auf folgenden Systemansätzen:

- sachstands- und zukunftsbezogene Stoffstrom- sowie prozessorientierte Unternehmensanalyse („Was geht rein – Was geht raus?" und „Welche Bedingungen bzw. umweltrechtlichen Anforderungen müssen hierfür erfüllt werden?"),
- Folgenanalyse („Was passiert, wenn was passiert?" und „Passt der zugehörige Versicherungsschutz?") und
- retrospektive Belastungsanalyse zur Ermittlung von potenziellen Boden- und Grundwasserkontaminationen („Was war wann wo?").

Wesentliche Prüfungsgegenstände sind:

- Bewertung der Anlagen und Tätigkeiten hinsichtlich Rechtskonformität, Maßnahmenbedarf, Investitions- und Instandhaltungsbedarf, Haftungspotenzial und Versicherbarkeit;
- Bewertung der Stoffströme hinsichtlich Effizienz, rechtlichen Beschränkungen bzw. Befristungen, Unstimmigkeiten der Daten oder Materialflussdefizite;
- Standortqualifikation unter planungsrechtlichen Aspekten, Nutzungskonkurrenz bzw. sensibler Nachbarschaft, adäquater Infrastrukturausstattung und natürlichen Belastungsfaktoren (Hochwassergefahr, Vorbelastung natürlicher Ressourcen etc.);
- Umweltinduzierte Produktrisiken (Vorbelastungsgefahren, öffentliche Diskussion etc.), die sich in Markt- und Zukunftsrisiken auswachsen können und somit besondere organisatorische Maßnahmen im Unternehmen erfordern.

Eine typische EDD erfolgt in mehreren Phasen:

Phase I:

Die klassische „Phase I"-Untersuchung beinhaltet die komplette Gefährdungsabschätzung für die Bereiche Umweltrechts-, Compliance-, Technik- und Organisationsrisiken sowie Standortbewertung. Sollte die Risikobewertung potenzielle Kontaminationsrisiken ermitteln, so schließt sich die „Phase II"-Untersuchung an, also die umwelttechnische Untersuchung mit der Entnahme von Boden- und Grundwasserproben bzw. der Untersuchung auf Gebäude- oder Raumluftschadstoffe.

Zunächst erfolgt, im Rahmen der Regelungen der geschlossenen Vertraulichkeitsvereinbarung, die Zusendung einer Erstinformation zu den Standorten mit Lageplänen und kurzer Produktionsbeschreibung bzw. Zugang zum virtuellen Datenraum. Bei bereits vorliegenden umwelttechnischen Gutachten übernimmt die „Second Opinion" die Prüfung auf Validität und Vollständigkeit. Für einfache Risiken bzw. ein erstes Risiko- Screening wird der „Environmental Quick-Check" eingesetzt, der bereits eine Ortsbesichtigung beinhaltet und in eine sogenannte „Red-Flag-Bewertung" mündet.

Regelmäßig stellt der Gutachter auch einen Unterlagenindex für die Ausstattung des Datenraumes zur Verfügung. Soweit es der Transaktionsablauf zulässt, ist ein Vorabtelefonat mit einem technischen Leiter des Targets zu den Produktionsabläufen und der Ausstattung der Standorte sowie für die Vorabinformation des Zielobjektes über den Gesamtablauf und die bessere Steuerung der Objektbesichtigung sehr hilfreich. Alle Untersuchungsergebnisse mit zugehörigen Optimierungsmaßnahmen werden nach den Steuergrößen, Kosten, Haftung und Nutzungseinschränkung bewertet. Somit entsteht ein Bewertungsprofil für Umweltdefizite und -risiken, die Grundlagen für die Preis- und Vertragsverhandlungen sein können. Anschließend folgen Betriebsbesichtigungen (sog. Site visits) der Produktions- bzw. Immobilienstandorte, gegebenenfalls ergänzende Dokumenteneinsicht vor Ort, wenn nicht alle relevanten Informationen in den Datenraum eingestellt wurden. Am Ende dieses Untersuchungsabschnittes steht ein sogenanntes Phase I-Gutachten, das in vielen Fällen auch als Grundlage für spätere Versicherungslösungen verwendet werden kann.

Phase II:

Sollten sogenannte „Gefährdungsbereiche mit Kontaminationshinweisen" ermittelt werden, wird aufsetzend auf den Ergebnissen der Phase I eine Phase II-Untersuchung als technische Erkundung durchgeführt. Hier werden Boden-, Grundwasser-, Gebäude- und gegebenenfalls Raumluftproben genommen um das Belastungsausmaß sowie den eventuellen Sanierungsaufwand zu ermitteln.

> Verkäufer sollten beachten, dass bei Belastungsergebnissen aus der Phase II eventuell eine Meldepflicht bei den Fachbehörden besteht, sodass auch nachlaufende Sanierungskosten ausgelöst werden können, ohne dass es zum Verkauf kommt.

In den letzten 25 Jahren haben sich die Anforderungen an die Umweltprüfung von Betrieben und Immobilien erheblich verändert. Die 1980er-Jahre waren noch geprägt von intensiver Kontrolle von Unternehmen durch die Fachbehörden, wie die Wasserwirtschafts- und Gewerbeaufsichtsbehörden. Dementsprechend ging man damals davon aus, dass die Behörden Missstände im Griff hatten, und so lag der Fokus der EDD in den 1980er- und 1990er Jahren fast ausschließlich auf Boden- und Grundwasserkontaminationen. Anfang der 1990er-Jahre erlebte Deutschland massive umweltrechtliche Veränderungen sowohl im Boden-, als auch im Emissionsschutz sowie insbesondere bei der Pflicht zur Eigenüberwachung der Unternehmen. Obwohl sich daran über anderthalb Jahrzehnte relative Ruhe an der Umweltgesetzgebungsfront anschlossen, während sich allerdings die Fachbehörden aus der betrieblichen Kontrolle zurückzogen und die Betreiber mit den komplexen umweltrechtlichen Anforderungen quasi allein gelassen wurden, mündete dies in deutlich umfangreicherem, meist umweltrechtlichem Prüfungsbedarf. Zwischenzeitlich erleben wir durch die Umsetzung strenger europarechtlicher Regelungen wieder eine massive Veränderung umweltrechtlicher Anforderungen und haftungsrechtlicher Regelungen. Damit kommt der EDD auch deutlich mehr Verantwortung in der Compliance-Prüfung zu, also ob die Nutzung von Immobilien bzw. der Produktionsbetrieb rechtskonform ist.

Im Zuge dieser Entwicklung wurde jedoch auch ein ganzes Sortiment an Lösungsbausteinen entwickelt.

Zumeist wird eine EDD nur vom Käufer beauftragt. Dies ist darin begründet, dass nicht nur die Ermittlung von Haftungs- und Kostenrisiken von Relevanz ist, sondern insbesondere auch das Erzielen von Preisminderungseffekten oder die Erweiterung der Gewährleistungs- und Rücktrittskataloge. Aufgrund der zum Teil weichen Umweltrisiken sind die Kostenrisiken oft unscharf und können vom Käufer verkaufspreismindernd aufgebläht werden. Experten sprechen hier regelmäßig von einer „10er-100er-1.000er-Regel", d. h. die Kosten eines Umweltgutachtens rentieren sich für den Käufer, wenn es „schlecht" läuft (also eine gute Immobilie/Unternehmung vorliegt) um den Faktor 10, im Normalfall um den Faktor 100 und im extremen Fall um den Faktor 1.000. Vor diesem Hintergrund sollte ein Verkäufer im Vorfeld sich grundsätzlich mit der Anfertigung einer „Vendor Environmental Due Diligence" (VEDD) beschäftigen, die hier „dagegenhält", bzw. die Preisminderung komplett abwehrt.

Im Zusammenhang mit speziell auf Umweltrisiken abzuschließenden W&I-Versicherungen wurde in den 1990er-Jahren noch regelmäßig der US-amerikanische ASTM-Standard E1527-13 angefordert. Dieser hat sich jedoch als zu umfangreich, schwerfällig und detailverliebt erwiesen, sodass er in der heutigen, deutlich schnelleren Transaktionswelt kaum mehr zum Tragen kommt. Für den Umweltbereich gibt es somit außer der Reputation des Gutachters und den zuvor dargestellten Inhalten keinen dezidierten Standard. Für spezielle Deckungskonzepte wie Altlasten- oder Sanierungskostendeckung bei Boden- und Grundwasserkontaminationen fordern Versicherer regelmäßig individuelle Prüfumfänge, die im Vorfeld zu klären sind.

> Im Extremfall greift die Haftung gem. § 4 (3) des BBodSchG auch auf die der Erwerbergesellschaft übergeordneten Gesellschaft, d. h. auf den Gesellschafter über. In der Praxis werden häufig die Immobilien-Erwerbergesellschaften als Personengesellschaften ausgestaltet, da hier die Durchgriffshaftung nicht einwandfrei geregelt ist. Allemal gilt: Vor einer Transaktion, bei der Umweltthemen relevant sind, ist umfassender Rechtsrat einzuholen.

Kartellrechtliche Besonderheiten

Grundsätzlich ist jeder Unternehmenszusammenschluss, der die Parameter der §§ 35 und 37 GWB erfüllt beim Bundeskartellamt anmelde- und kontrollpflichtig. Hier gibt es Schwellenwerte, bei denen das deutsche Kartellrecht Anwendung findet:

Beide Unternehmen müssen zusammen weltweit mehr als € 500 Mio. erlöst haben und

- eines der Unternehmen einen Umsatz von mehr als € 25 Mio. und
- das andere am Zusammenschluss beteiligte Unternehmen Erlöse von mehr als € 5 Mio. aufweisen.

Auch kommt es zu einer Fusionskontrolle, wenn ein wettbewerblich erheblicher Einfluss auf andere Unternehmen vorliegt. Nach § 36 GWB muss das Bundeskartellamt den Zusammenschluss ablehnen, wenn dadurch eine marktbeherrschende Stellung entsteht, es sei denn, die Unternehmen können nachweisen, dass es durch den Zusammenschluss eben nicht zu einer niedrigeren Wettbewerbsintensität kommt.

Bei sogenannten „Sanierungsfusionen" argumentieren die involvierten Parteien damit, dass ein Zusammenschluss keine Verringerung der Wettbewerbsintensität zur

Folge hat, sondern zumeist im Gegenteil erst bei einem Wegfall eines Unternehmens zu einer geringeren Intensität des Wettbewerbs kommen wird, weil beispielsweise ein Unternehmen am Markt übrigbleiben würde, dass eben gerade dann seine überragende Marktstellung ausnutzen könnte.

Das Bundeskartellamt stimmt solchen Sanierungsfusionen zu, wenn die nachfolgenden Kriterien allesamt erfüllt sind:

- Das sanierungsbedürftige, zum Verkauf stehende Unternehmen ist ohne die in Rede stehende Transaktion nicht überlebensfähig.
- Es gibt keinen weniger wettbewerbsschädlichen alternativen Investor.
- „Die Marktanteile des zu erwerbenden, sanierungsbedürftigen Unternehmens würden im Falle seines Ausscheidens aus dem Markt dem erwerbenden Unternehmen ohnehin im Wesentlichen zuwachsen. Dabei reicht es nach der Praxis des Bundeskartellamtes aus, wenn – sofern das erwerbende Unternehmen zu einem Oligopol gehört – das Marktpotenzial innerhalb dieses Oligopols verbleibt.“[66]

Das Bundeskartellamt muss innerhalb einer Frist von vier Wochen nach Anmeldung antworten, ob es in eine Prüfung eintritt. Erfolgt diese Rückmeldung nicht, gilt der Zusammenschluss als genehmigt. Kommt es zu einer Prüfung muss diese innerhalb von vier Monaten abgeschlossen oder nach Antrag durch das Bundeskartellamt und Genehmigung durch die beiden betroffenen Unternehmen eine längere Frist eingeräumt werden.

Die sogenannte Ministererlaubnis nach § 32 GWB besagt, dass der Bundeswirtschaftsminister einen Zusammenschluss erlauben kann. Dies wird jedoch äußerst selten in Anspruch genommen. Insgesamt gab es bisher 22 Anträge auf Ministererlaubnis. Hiervon wurden nur neun erteilt.

IT-infrastrukturelle Besonderheiten

Die meisten Unternehmen verwenden heute eine ERP-Software, die eine Vielzahl betrieblicher Bereiche, wenn nicht sogar das gesamte Unternehmen, Daten-bezogen abbildet und prozessual verbindet. IT ist mittlerweile zu einem wettbewerbsrelevanten, wenn nicht sogar entscheidenden Faktor geworden. Vor diesem Hintergrund ist die Aufrechterhaltung der IT-Infrastruktur nach dem Übertragungsstichtag notwendig, um entweder den Betrieb auf dieser IT-Basis fortzuführen oder die Daten und Prozesse in die Systeme des Erwerbers zu migrieren. Vor diesem Hintergrund strebt der Investor den Erwerb der Eigentumsrechte an der verwendeten Software an.

„Eigentümer“ der Software bleibt immer jedoch immer der Urheber (Hersteller), der dem Lizenznehmer lediglich ein Nutzungsrecht einräumt. Während es früher umstritten war, ob bei einer einfachen Lizenz der Lizenznehmer ein quasi-dingliches Recht erwirbt und damit quasi-Eigentümer wird, ist die heutige Auffassung, dass es sich bei einem Lizenzvertrag nur um eine schuldrechtliche Verpflichtung handelt, anerkannt. Somit geht es in den meisten Fällen nur um die Frage, ob der Insolvenzverwalter als Nutzungsbrechtiger auf der Grundlage des Lizenzvertrages verwerten darf. Grundsätzlich lässt sich sagen, dass eine Verwertbarkeit nur dann möglich ist, wenn der Lizenzvertrag noch besteht, also der Insolvenzverwalter die Erfüllung nach § 103 InsO wählen kann. Allerdings sollte unmittelbar mit der Aufnahme eines Investorenprozesses geprüft werden, ob die Lizenz bzw. die Lizenznehmereigenschaft übertragen bzw. gewechselt werden kann. Häufig wird in der Praxis der bestehende Vertrag gekündigt und der Erwerber muss mit dem Lizenzgeber einen Vertrag zu „teuren Normalkonditionen“ aushandeln.

Ein weiterer wichtiger Faktor im Zusammenhang mit IT-Nutzungsrechten ist das schlichte Vorhandensein der korrekten Anzahl an Lizenzen, z. B. von Office-Produkten. Auch hier kann bei entsprechendem Missmanagement ein erheblicher Betrag entstehen, der vom Investor zusätzlich aufzubringen ist.

Diese Rahmenbedingungen müssen zu Beginn des Prozesses diskutiert werden, denn häufig entsteht hier ein Kostenfaktor, der zunächst nicht einkalkuliert wurde und gegebenenfalls zu Ende des Transaktionsprozesses den Kaufpreis noch einmal schmälert.

Datenschutz und -übertragbarkeit im Rahmen von M&A-Transaktionen

Daten haben in den letzten Jahren eine völlig neue Bedeutung im Wirtschaftsleben erfahren. Daten werden heute schon als eigenständiger Vermögensgegenstand betrachtet und finden dementsprechend in der M&A-Praxis zunehmend Beachtung. Dabei sind bei M&A-Transaktionen folgende Themengebiete von besonderer Bedeutung:

a) Schutz von Daten
   - Personenbezogene Daten im Rahmen der DSGVO
   - Sonstige Daten im Rahmen anderweitiger rechtlicher Regelungen, z. B. im Rahmen des Schutzes von Geschäftsgeheimnissen

b) Übertragbarkeit von Daten

Neben der DSGVO ist in diesem Zusammenhang auch das am 26. April 2019 in Kraft getretene Gesetz zum Schutz von Geschäftsgeheimnissen (GeschGehG) zu beachten, das für einen europaweit einheitlichen Mindestschutz für Geschäftsgeheimnisse sorgen soll. Es setzt die EU-Richtlinie 2016/943 zum Schutz von Geschäftsgeheimnissen vor rechtswidrigem Erwerb sowie rechtswidriger Nutzung und Offenlegung in nationales Recht um.[67] Von den Auswirkungen des GeschGehG und den daraus resultierenden Herausforderungen sind in einem Transaktionsprozess Verkäufer und Käufer betroffen.

a) Schutz von Daten

Das Datenschutzrecht ist nicht zuletzt, aber vor allem durch die Anwendbarkeit der EU-Datenschutz-Grundverordnung (DSGVO) zum 25. Mai 2018 immer weiter in den Fokus der Öffentlichkeit und auch des Transaktionsgeschehens gerückt. Bisher wurden datenschutzrechtliche Vorgaben sowie die datenschutzkonforme Übertragung von Daten bei M&A-Transaktionen zumeist nur im Rahmen der Bereitstellung von Mitarbeiternamenslisten beachtet. Gründe hierfür waren u. a. ein eher gering ausgeprägtes Problembewusstsein aller Beteiligten, nach dem Motto „Wo kein Kläger, da kein Richter“ sowie äußerst geringe Sanktionen.

- Personenbezogene Daten im Rahmen der DSGVO

Personenbezogene Daten gem. § 46 Abs. 1 BDSG sind alle Informationen, die Rückschlüsse auf eine identifizierte oder identifizierbare natürliche Person zulassen. In der

Praxis handelt es sich hierbei meist um Namen, Geburtsdaten oder weitere spezielle Merkmale. Diese Einordnung kann sich im Falle einer Unternehmenstransaktion u. U. auch auf Kunden, Lieferanten, Mitarbeiter und Geschäftspartner beziehen. Geschützt werden durch die DSGVO ausschließlich personenbezogenen Daten.

Im Rahmen von M&A-Transaktionen können personenbezogenen Daten weitergebenen werden, wenn z. B.

- die entsprechende Person zur Offenlegung der Daten einwilligt, was in den wenigsten Fällen, z. B. bei Mitarbeiterdaten, ganzheitlich unter dem Zeitdruck von Distressed M&A-Situationen durchzuholen ist.
- Ein deutlich übergeordnetes Interesse, z. B. bei der Wahrnehmung berechtigter Interessenten, insbesondere in Distressed-Situationen beim Anfertigen von Namenslisten im Rahmen von Erwerberkonzepten.

Darüber hinaus kann der Schutz von personenbezogenen Daten

- durch den Abschluss von Vertraulichkeitsvereinbarungen grundsätzlich geregelt werden,
- durch die Akzeptanz von Datenraumregeln beim Betreten des Datenraums,
- die Informationen geschwärzt werden,
- die Informationen darüber hinaus aggregiert werden, z. B. durch Darstellung der Summe der Mitarbeiter in einer Abteilung und einer Gehaltsbandbreite,
- durch Auslagerung des Datenraums auf einen Auftragsdatenverarbeiter, mit dem zwingend eine Auftragsverarbeitungsvereinbarung abgeschlossen werden muss (Data Processing Agreement) und die die Anforderungen von Art 28. DSGVO erfüllt,
- verschiedene Sicherheitsstufen in Datenräumen etabliert werden,
- durch eine zeitlich differenzierte Weitergabe von Informationen, die den Prozessfortschritt widerspiegeln und die zur Wahrnehmung berechtigter Interessenten, insbesondere in Distressed-Situationen, dienen,
- insbesondere bei wettbewerbs-relevanten Daten durch Clean-Team-Vereinbarungen bzw. Clean Data Room-Strukturen, zu denen nur die Berater Zutritt erhalten und die die dort gewonnenen Informationen nur in aggregierter Form an ihre Mandanten weitergeben dürfen.

– Wahrung von Geschäftsgeheimnissen

Die Bedeutung von Geschäftsgeheimnissen für Unternehmen ist enorm. Geschäftsgeheimnisse können die Basis für den vergangenen und künftige zu erwartenden Erfolg eines Geschäftsmodells oder eines ganzen Unternehmens darstellen. Daher sind diese besonders schützenswert. Beispielhaft für solch schützenswerte Geschäftsgeheimnisse können u. a. Rezepturen, Herstellungsverfahren- oder pläne sowie Algorithmen sein. Die Bedeutung dieser Geschäftsgeheimnisse steigt in hohem Maße, wenn sie im Rahmen einer Unternehmenstransaktion einen entscheidenden Teil zum Unternehmenswert und damit zum Kaufpreis beitragen. Mit dem im April 2019 erlassenen GeschGehG hat der Gesetzgeber das neue Gesetz zum Schutz von Betriebs- und Geschäftsgeheimnissen auf nationaler Ebene geschaffen. Es stellt die Umsetzung der EU-

Richtlinie 2016/943 dar und löst die Strafvorschriften des Gesetzes gegen den unlauteren Wettbewerb (UWG) ab.

Nach § 2 GeschGehG ist ein Geschäftsgeheimnis eine Information,

a) „die weder insgesamt noch in der genauen Anordnung und Zusammensetzung ihrer Bestandteile den Personen in den Kreisen, die üblicherweise mit dieser Art von Informationen umgehen, allgemein bekannt oder ohne Weiteres zugänglich ist und daher von wirtschaftlichem Wert ist und
b) die Gegenstand von den Umständen nach angemessenen Geheimhaltungsmaßnahmen durch ihren rechtmäßigen Inhaber ist und
c) bei der ein berechtigtes Interesse an der Geheimhaltung besteht"

Nach der bisherigen Rechtslage genügte im Wesentlichen der Wille zur Geheimhaltung eines Unternehmens. Die wesentliche Erweiterung ist die Ergänzung um angemessene Geheimhaltungsmaßnahmen. Diese dient als Voraussetzung für die Qualifikation als Geschäftsgeheimnis und damit auch als Voraussetzung für den Erhalt von Geheimnisschutz für Unternehmen. Hierbei sorgt vor allem der Begriff „angemessene Geheimhaltungsmaßnahmen" in der Praxis für Diskussionen. Der Begriff der Angemessenheit lässt den Unternehmen viel Freiraum. Gleichzeitig bedeutet es aber auch, dass die Maßnahmen aktiv vom Unternehmen ausgehen müssen und dass eine Abstufung zwischen verschiedenen Sicherheitsmaßnahmen erkennbar sein sollte. Weder über den Grad der Sicherheitsstufen noch über konkrete Sicherheitsmaßnahmen herrscht zu diesem Zeitpunkt eindeutige Klarheit. Zusätzlich zu den Anforderungen für den eigenen Geheimnisschutz sind mit dem GeschGehG auch verschärfte Haftungsregelungen für die Verletzung fremder Geschäftsgeheimnisse nach §§ 4, 6 ff., 10 GeschGehG in Kraft getreten. Neben der Offenlegung von Informationen zum eigenen Geheimnisschutz spielt die Verletzung fremder Geschäftsgeheimnisse auch eine Rolle, jedenfalls wenn entsprechende Sorgfaltsmaßstäbe nicht eingehalten werden. Beispielhaft sei hier die Offenlegung von Geschäftsgeheimnissen Dritter in einem virtuellen Datenraum genannt, ging man zuvor davon aus, es seien die eigenen Geschäftsgeheimnisse. Dies kann z. B. dann passieren, wenn Zeichnungspläne o. Ä. Geschäftsgeheimnisse von Geschäftspartnern enthalten und diese im Rahmen der Due-Diligence potenziellen Käufern zur Verfügung gestellt werden. Verkäufer sollten dieses Haftungsrisiko bereits im Vorfeld der Transaktion versuchen zu verringern, z. B. durch klare Kenntlichmachung von Geschäftsgeheimnissen Dritter, um damit zu vermeiden, dass diese Daten potenziellen Käufern zur Verfügung gestellt werden. Käufern ist geraten ist, eine Plausibilitätsprüfung der zur Verfügung gestellten Daten auf Verletzung der Geschäftsgeheimnisse Dritter durchzuführen.

Im Rahmen von M&A-Transaktionen können solche Geschäftsgeheimnisse beispielsweise

- durch den Abschluss von Vertraulichkeitsvereinbarungen grundsätzlich geregelt werden,
- durch die Akzeptanz von Datenraumregeln beim Betreten des Datenraums,
- durch Auslagerung des Datenraums auf einen Auftragsdatenverarbeiter, mit dem zwingend eine Auftragsverarbeitungsvereinbarung abgeschlossen werden muss (Data Processing Agreement) und die die Anforderungen von Art 28. DSGVO erfüllt,

- durch verschiedene Sicherheitsstufen in Datenräumen etabliert werden,
- durch eine zeitlich differenzierte Weitergabe von Informationen, die den Prozessfortschritt widerspiegeln und die zur Wahrnehmung berechtigter Interessenten, insbesondere in Distressed-Situationen, dienen,
- insbesondere bei wettbewerbs-relevanten Daten durch Clean-Team-Vereinbarungen bzw. Clean Data Room-Strukturen, zu denen nur die Berater Zutritt erhalten und die die dort gewonnenen Informationen nur in aggregierter Form an ihre Mandanten weitergeben dürfen.

Die Entscheidung, ob eine Maßnahme angemessen und zur Wahrung berechtigter Interessen notwendig ist, ist im Zweifel wieder eine Einzelfallentscheidung, für die das Unternehmen entsprechende Beweise und Bemühungen bereitstellen muss.

b) Übertragbarkeit von Daten

Die Übertragung von personenbezogenen Daten – als werthaltige Wirtschaftsgüter – im Rahmen eines Share Deals ist meist eher unproblematisch, da das Unternehmen Vertragspartner der Parteien bleibt und personenbezogene Daten nicht auf ein anderes Unternehmen übertragen werden. Im Unterschied hierzu sind bei einem Asset Deal meist größere Herausforderungen zu erwarten, da es sich in diesem Fall um eine Datenübertragung handelt, die eine Rechtsgrundlage erfordert.

Eine Übertragung von Kundendaten an den Erwerber darf erfolgen, wenn eine wirksame Einwilligung gem. Art. 4 Z. 11 DSGVO hierfür vorliegt (Opt-in-Modell). Eine Einwilligung wird demnach definiert als „jede freiwillig für den bestimmten Fall, in in-formierter Weise und unmissverständlich abgegebene Willensbekundung in Form einer Erkl-rung oder einer sonstigen eindeutigen bestätigenden Handlung, mit der die betroffene Person zu verstehen gibt, dass sie mit der Verarbeitung der sie betreffenden personenbezogenen Daten einverstanden ist". Die Datenverarbeitung und -übermittlung auf Basis einer Einwilligung hat sich jedenfalls in der Praxis als kaum nutzbar herausgestellt. Der Verkäufer bzw. der Insolvenzverwalter müsste in diesem Fall bei jedem Kunden einzeln eine solche Einwilligung einholen, was bei einer Vielzahl von Kunden mit enormen Arbeits- und Zeitaufwand verbunden sein kann. Hinzu kommt, dass besonders bei zeitsensitiven Insolvenzverfahren die Einwilligungslösung nur schwer umsetzbar ist. Des Weiteren ist zu beachten, dass in den allermeisten Fällen die Erfolgsrate einer solchen Einwilligungslösung als nicht sehr hoch zu erwarten ist. Somit sind Datensätze unvollständig und für die Übermittlung im Rahmen eines Verkaufsprozesses nur bedingt geeignet. Das Einholen von Einwilligungen stellt demnach für die Datenübermittlung kein geeignetes Mittel dar.

Neben der Einwilligungslösung bestehen gem. Art. 6 Abs. 1 DSGVO weitere Erlaubnistatbestände der Datenverarbeitung. Hierbei ist im Rahmen von Unternehmenstransaktionen u. a. die Vertragserfüllung nach Art. 6 Abs. 1 lit. b) DSGVO zu erwähnen. Wenn das Vertragsverhältnis mit der betroffenen Person auf den Erwerber übergeht, dann ist der Erwerber auch dazu berechtigt, die zur Vertragserfüllung gegenüber der Person erforderlichen Daten zu verarbeiten. Beispielhaft können hier Arbeitsverhältnisse genannt werden, die bei einem Betriebsübergang auf den Erwerber übergehen. Da dies allerdings, wie beschrieben, erst die Zeit nach dem Betriebsübergang betrifft, ist die Regelung für z. B. Due-Diligence-Prüfungen nicht anzuwenden. Hier bietet sich vor allem die Möglichkeit der Wahrung berechtigter Interessen des Verantwortlichen oder eines Dritten nach Art. 6 Abs. 1 lit. f) DSGVO. Stützt man die Daten-verarbeitung auf das „berechtigte Interesse", so ist stets zwischen dem berechtigten Interesse des Verantwortlichen oder eines Dritten auf der einen Seite und den Interessen oder Grundrechten und Grundfreiheiten der betroffenen Person auf der anderen Seite abzuwägen. Die Zulässigkeit der Datenübertragung ist nicht pauschal geklärt und stellt eine Einzelfallentscheidung dar. Bei der durchzuführenden Abwägung kann – falls relevant – die Wahl des eingeleiteten Insolvenzverfahrens insoweit entscheidend sein, dass die datenschutzrechtliche Einordnung des Verantwortlichen maßgeblich bestimmt ist durch die verfahrensrechtliche Stellung des Selbigen. Hier ist eine – wenn möglich – vollständige Dokumentation der Interessenabwägung zu empfehlen.

Die Konferenz der unabhängigen Datenschutzaufsichtsbehörden des Bundes und der Länder (DSK) hat zum Umgang mit Kundenrechten bezogen auf die Datenverarbeitung im Rahmen der Interessenabwägung nach Art. 6 Abs. 1 lit. f) DSGVO am 24. Mai 2019 einen (fast) bundesweiten Beschluss gefasst. In diesem Beschluss unterteilt die DSK in fünf unterschiedliche Fallgruppen:

1. **Kundendaten bei laufenden Verträgen:**
   Der Vertragsübergang bedarf zivilrechtlich der Genehmigung des Vertragspartners gem. § 415 BGB. Hierin wird als Minus auch die datenschutzrechtliche Zustimmung zur Datenübertragung gesehen, womit die Interessen des Vertragspartners gewahrt sind.

2. **Bestandskunden ohne laufende Verträge und letzter Vertragsbeziehung älter als 3 Jahre:**
   Bei Bestandskunden, also Kunden, bei denen die letzte aktive Vertragsbeziehung länger als drei Jahre zurückliegt, unterliegen die Daten einer Einschränkung der Verarbeitung, denn die Daten dürfen nur für den Zeitraum der gesetzlichen Aufbewahrungsfristen genutzt werden. Alternativ kann ein Insolvenzverwalter einen externen Dienstleister mit der Aufbewahrung der Daten beauftragen.

3. **Daten von Kundinnen und Kunden bei fortgeschrittener Vertragsanbahnung; Bestandskundinnen und -kunden ohne laufende Verträge und letzter Vertragsbeziehung jünger als 3 Jahre:**
   Daten solcher Kunden können nach Art. 6 Abs. 1. lit. f) DSGVO im Wege der Widerspruchslösung mit einer angemessenen Widerspruchsfrist an den Käufer übermittelt werden (Opt-out-Modell). Die angemessene Widerspruchsfrist beträgt laut DSK bspw. sechs Wochen. Von dieser Regel ausgenommen sind Bankdaten wie die IBAN, deren Übermittlung nur nach ausdrücklicher Einwilligung des Kunden möglich ist.

4. **Kundendaten im Falle offener Forderungen:**
   Bei der Übertragung offener Forderungen sind zivilrechtlich die §§ 398 ff. BGB (Forderungsabtretung) maßgeblich. Die Übermittlung damit in Zusammenhang stehenden Kundendaten ist regelmäßig nach Art. 6 Abs. 1 lit. f) DSGVO zulässig. Dies gilt nicht für den Fall, dass die Abtretung durch eine explizite Vereinbarung mit dem Kunden ausgeschlossen ist.

5. **Kundendaten besonderer Kategorie nach Art. 9 Abs. 1 DSGVO:**
   Für die Übermittlung besonders sensitiver Kundendaten ist stets die informierte Einwilligung nach Art. 9 Abs. 2 lit. a), Art. 7 DSGVO erforderlich. Zu den besonders sensitive Kundendaten nach Art. 9 Abs. 1 DSGVO gehören Herkunft, politische Meinung, religiöse Überzeugungen, genetische Daten oder biometrische Daten zur eindeutigen Identifizierung einer natürlichen Person, Gesundheitsdaten sowie Daten zum Sexualleben oder der sexuellen Orientierung einer natürlichen Person.

Generell liefert der Beschluss zwar eine notwendige Leitlinie, an der Unternehmen und Berater sich orientieren können, da dieser Beschluss für die Rechtsprechung allerdings nicht bindend ist, kann das Einhalten des Beschlusses keine Rechtssicherheit garantieren. Nicht von diesem Beschluss erfasst sind Mitarbeiter- und Lieferantendaten, für welche die DSK noch keine Empfehlung herausgegeben hat (Stand: September 2019). Die rechtlichen Risiken aus der Übertragung von personenbezogen Daten lassen sich demnach – und nur bezogen auf Kundendaten – durch Einhalten des Beschlusses allenfalls minimieren. Die Verarbeitung und die Übermittlung von personenbezogenen Daten ist daher nach wie vor eine Gratwanderung für Unternehmer und Berater im Rahmen von Unternehmenstransaktionen, insbesondere im Rahmen von Asset Deals.

Ein weiteres nicht zu vernachlässigendes Risiko besteht auf Käuferseite bei der Prüfung der Einhaltung datenschutzrechtlicher Vorgaben des Zielunternehmens im Rahmen der Due Diligence. Nach dem Erwerb der Hotelkette Starwood entdeckte Marriott eine erhebliche Datenpanne, durch welche – vor und nach der Transaktion – Daten wie Reisepassnummern von Gästen und Informationen zu deren Aufenthalt abgefangen wurden. Vorausgegangen war eine mangelhafte Due-Diligence-Prüfung der IT-Infrastruktur der Hotelkette. Dem Hotelunternehmen Marriott wurden Bußgelder in Höhe von umgerechnet € 110 Mio. auferlegt. Da die Sanktionen auch abhängig von der jeweiligen finanziellen Unternehmenssituation berechnet werden, wurden die Bußgelder auf € 22 Mio. bzw. € 20 Mio. reduziert. Als maßgeblichen Grund für die Reduktion der Bußgelder nannte die ICO bei beiden Unternehmen die ökonomischen Folgen der Corona Pandemie.[68]

10 Die Bewertung ertragsschwacher Unternehmen sowie Forderungen in Krisensituationen des Debitors

Unternehmensbewertungsliteratur füllt mittlerweile Bücherwände. Vor diesem Hintergrund ist es im Rahmen eines Praktikerhandbuchs wichtig, nach dem Albert Einstein zugeschriebenen Bonmot, alles so einfach wie möglich zu machen, aber eben auch nicht einfacher, vorzugehen.

Meinen Ausführungen stelle ich einige vereinfachende Gedanken voran, deren Gültigkeit für die nachstehenden, zugegebenermaßen komplexeren Berechnungen, ungebrochen ist.

Grundlagen

Der Wert eines Unternehmens ergibt sich aus dessen operativer Leistungsfähigkeit und ist grundsätzlich unabhängig davon, wie das Unternehmen finanziert wurde. Der Wert ergibt sich damit aus den sich in der G&V und der Bilanz niederschlagenden Ergebnissen der Wertschöpfungsprozesse eines Unternehmens. Damit ist für den Wert zunächst unerheblich, wer für die Finanzierung gesorgt hat. Im Ergebnis kann ein Unternehmensbewerter den Gesamtunternehmenswert (Enterprise Value oder kurz EV bezeichnet) berechnen, indem er sich nur auf die Größen der G&V und der Bilanz konzentriert, die frei von (oder vor) Finanzierungseffekten sind, zum Beispiel alle Positionen bis zum Betriebsergebnis (EBIT = Earnings Before Interest and Tax) oder auch dem EBITDA (Earnings Before Interest, Tax, Depreciation and Amortization). Somit blendet er alle positiven wie negativen Effekte einer Finanzierung aus und gelangt damit zum Gesamtunternehmenswert, der aus diesem Grund häufig auch „Cash-and-Debt-Free", also „frei von Netto-Finanzverbindlichkeiten", bezeichnet wird. Dieser Gesamtunternehmenswert wird im Rahmen eines – wie gleich detailliert erläutert – einkommensbasierten Verfahrens (Ertragswert- oder Discounted-Cashflow-Verfahren) berechnet oder (leider sehr vereinfachend und damit häufig falsch) über Multiplikatorverfahren. Damit bei der Anwendung der Multiplikatoren ebenfalls die Finanzierungseffekte ausgeblendet werden, wird auch hier ein Multiplikator vor Zinsen verwendet, nämlich EV/EBITDA oder EV/EBIT. So gelangt man ebenfalls – bei korrekter Anwendung – zum Enterprise Value.

Bei der Betrachtung des Unternehmenswertes für Transaktionszwecke ist entscheidend, wer welchen Anteil am Enterprise Value-Kuchen besitzt! Nun wird die Finanzierungsebene „quasi wieder eingeblendet" und „der Kuchen aufgeteilt". Vom Enterprise Value „schneiden" sich die Banken zunächst ihre Stücke bzw. Ansprüche aufgrund der gewährten Darlehen heraus. Der Teil des Kuchens, der übrig bleibt, steht dem Eigenkapitalgeber zu. Dieser Teil wird als Equity Value bezeichnet und beschreibt den wirtschaftlichen Wert des Eigenkapitals. Der Equity Value entspricht regelmäßig dem Kaufpreis für das Unternehmen „so, wie es steht und liegt". Er ist das Ergebnis einer Wertermittlung nach der Bruttomethode; der Equity Value ist das Ergebnis einer Berechnung nach der Nettomethode. Im deutschen Sprachgebrauch werden diese beiden eminent wichtigen, unterschiedlichen Wertdefinitionen Enterprise Value und Equity Value häufig verwechselt.

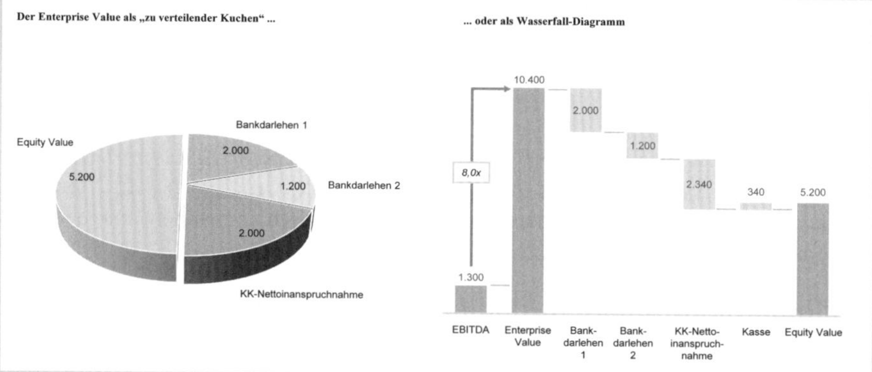

Abbildung 10-1: Darstellungsformen der Brücke zwischen Enterprise Value und Equity Value

Die rechte Wasserfall-ähnliche Darstellung wird häufig verwendet, um die Visualisierung der einzelnen Kredittranchen vorzunehmen. In diesem Beispiel sehen wir einen positiven Equity Value. Wenn jedoch die Rentabilität geringer ist, verändert sich der Enterprise Value und dementsprechend der Equity Value, der in Sanierungsfällen zumeist unter die Null-Linie gerät.

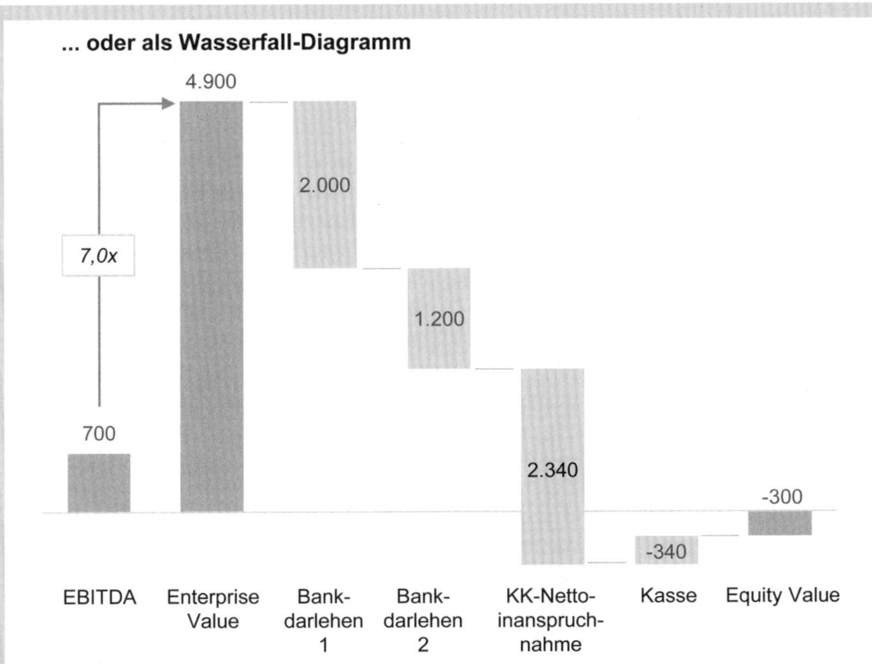

Abbildung 10-2: Positives EBITDA, positiver Enterprise Value jedoch negativer Equity Value

Unternehmensbewertung wird häufig als Kunst und nicht als Wissenschaft bezeichnet. Vor dem Hintergrund der Zukunftsorientierung der modernen Unternehmensbewertung und der damit impliziten Prognosenotwendigkeit ist der Ausspruch „Valuation is more an art than a science" verständlich. Und sollte der Begriff „Zukunftsorientierung" allzu modern anmuten, so ist das Prinzip der zukunftsorientierten Bewertung älter als viele glauben. Bereits im Alten Testament wird die Bewertung eines Feldes nicht am Land (und damit an der Substanz), sondern an der Anzahl der zukünftigen Ernten und damit am Zukunftserfolg festgemacht.[1]

Auswirkungen der Corona-Pandemie auf Unternehmensbewertungen

Der IDW hat mit seinem fachlichen Hinweis vom 25.03.2020 bereits sehr schnell auf die zum damaligen Zeitpunkt erkennbaren Auswirkungen der Pandemie auf Unternehmensbewertungen reagiert. Im Mittelpunkt dieser Ausführungen steht, dass die Krisen in den Erwartungswerten der den Bewertungen zugrunde liegenden Planungen zu berücksichtigen ist. Dabei unterstellt der IDW drei mögliche Krisen- bzw. Erholungsszenarien:

- V-förmiger Verlauf mit einer recht schnellen Erholung
- U-förmiger Verlauf mit einer Erholung unter zeitlicher Verzögerung und als pessimistischste Variante einen
- L-förmigen Verlauf, aufgrund der zum damaligen Zeitpunkt abzuwartenden Folgewirkungen der COVID-19-Krise

Ansonsten ging der IDW davon aus, dass alle anderen Parameter, die ggf. im Hinblick auf die Krise zu modifizieren seien, einer sehr langfristigen Berechnungsgrundlage unterliegen und damit immer noch in den bestehenden Empfehlungen zu Bandbreiten (wie z. B. der Marktrisikoprämie) abgebildet werden können.

Aus meiner heutigen Sicht ist keine allgemeingültige Aussage zu treffen. Die COVID-19-Krise hat im Hinblick auf die ohnehin bereits vorhandenen Herausforderungen der Digitalisierung von Geschäftsmodellen wie ein Akzelerator gewirkt. Viele Unternehmen, z. B. im Handel, waren gezwungen erhebliche Mittel für Digitalisierung und Online-Marketing auszugeben, wollten sie überhaupt die Chance auf eine zukünftige Existenzberechtigung waren. Vor diesem Hintergrund haben einmal mehr die Schnellen die Langsamen geschlagen. Gleichzeitig erleben wir jedoch, dass die Corona-Pandemie eben nicht mit einem Impfstoff allein zu bekämpfen ist. Die hierdurch ausgelöste Wahrnehmung von gesundheitlichen Bedrohungen wird noch jahre-, wenn nicht sogar jahrzehntelang zu spüren sein. In der Folge wird es weiterhin zu unsicheren Geschäftsgrundlagen kommen und damit zu einer erhöhten Wahrscheinlichkeit von Ertragskrisen. Daraus folgernd werden Banken in verstärktem Maße mit Kreditausfallrisiken zu kämpfen haben, und zwar nicht unmittelbar, sondern zu dem Zeitpunkt, an dem der Staat seine Hilfsmaßnahme drosselt oder aussetzt. Sollte der Staat dies überhaupt mittelfristig in Erwägung ziehen, wird er anschließend mit einer Bankenkrise umgehen müssen, die wiederum Liquidität benötigt. Dabei wird die EZB weiterhin an niedrigen Zinsen festhalten müssen. Damit erhöht sich die Gefahr einer Inflation.

Für die Unternehmensbewertung heißt dies m.E., dass

- die Detailplanungszeiträume zu verlängern sind,
- die Auswirkungen der Corona-Krise sowie der darauf ausgerichteten Management-Maßnahmen kritisch zu hinterfragen sind und
- eine Bewertung – wie nachfolgend erläutert – grundsätzlich das Insolvenzrisiko zu berücksichtigen hat.

Nur wenn im Zähler der einkommensbasierten Bewertungskalküle das Risiko in Form von adäquaten Erwartungswerten (z. B. mithilfe der nachstehend beschriebenen Monte-Carlo-Simulation) abgebildet ist, können Kapitalkosten weiterhin nach den etablierten Methoden ermittelt werden, andernfalls müssen alternative Ansätze verfolgt werden, um das erhöhte Risiko adäquat zu reflektieren.

Die Bewertung ertragsschwacher Unternehmen erfolgt zumeist im Vorfeld von Restrukturierungsmaßnahmen und dokumentiert die Ausgangssituation sowie die Konsequenzen der Sanierungsmaßnahmen. Durch diese gezielten Maßnahmen soll das Unternehmen aus einer Situation der Ertragsschwäche zumindest auf einen Normalertrag, d. h. dem durchschnittlichen Rentabilitätsniveau der Branche oder gar zur (alten) Ertragsstärke, (zurück)geführt werden.[2]

Bei der Bewertung von Unternehmen haben sich in Deutschland zwei Welten herausgebildet:

- die Bewertungswelt des Institut der Wirtschaftsprüfer in Deutschland e. V. (IDW) und
- alternative Bewertungsmethoden.

Wichtig zu wissen: Im gerichtlichen Kontext gilt die IDW-Bewertungswelt als Standard. Alternative Verfahren sind gerichtlich kaum anerkannt. Vor diesem Hintergrund orientieren sich viele Entscheidungsträger in der Wirtschaft und auch die nachstehenden Ausführungen im Wesentlichen an den Vorgaben und Empfehlungen des IDW. Ich ergänze diese dort, wo es im Hinblick auf Bewertungsfragen ertragsschwacher Unternehmen sachdienlich ist.

Der IDW hält in seinem Grundsatz S 1 in der (weiterhin aktuellen) Fassung von 2008 fest[3]:

4	Der Wert eines Unternehmens bestimmt sich unter der Voraussetzung ausschließlich finanzieller Ziele durch den Barwert der mit dem Eigentum an dem Unternehmen verbundenen Nettozuflüsse an die Unternehmenseigner (Nettoeinnahmen als Saldo von Ausschüttungen bzw. Entnahmen, Kapitalrückzahlungen und Einlagen). Zur Ermittlung dieses Barwerts wird ein Kapitalisierungszinssatz verwendet, der die Rendite aus einer zur Investition in das zu bewertende Unternehmen adäquaten Alternativanlage repräsentiert. Demnach wird der Wert des Unternehmens allein aus seiner Ertragskraft, d. h. seiner Eigenschaft, finanzielle Überschüsse für die Unternehmenseigner zu erwirtschaften, abgeleitet.
5	Dieser Wert ergibt sich grundsätzlich aus den finanziellen Überschüssen, die bei Fortführung des Unternehmens und Veräußerung etwaigen nicht betriebsnotwendigen Vermögens erwirtschaftet werden (Zukunftserfolgswert). Nur für den Fall, dass der Barwert der finanziellen Überschüsse, die sich bei Liquidation des gesamten Unternehmens ergeben (Liquidationswert), den Fortführungswert übersteigt, kommt der Liquidationswert als Unternehmenswert in Betracht.
6	Dagegen kommt dem Substanzwert bei der Ermittlung des Unternehmenswerts keine eigenständige Bedeutung zu.
7	Der Unternehmenswert wird grundsätzlich als Zukunftserfolgswert ermittelt. In der Unternehmensbewertungspraxis haben sich als gängige Verfahren das Ertragswertverfahren und das Discounted-Cashflow-Verfahren herausgebildet.

Abbildung 10-3: Auszug IDW S 1, Tz. 4 bis 7

In diesen vier Abschnitten stecken bereits so viele wichtige Hinweise, die es bei der Wertdiskussion zu berücksichtigen gilt. Gablers Wirtschaftslexikon definiert Wert „als Ausdruck der Wichtigkeit eines Gutes für die Befriedigung subjektiver Bedürfnisse". Damit sind ebenso all die subjektiven Elemente, wie z. B. Unternehmertum und der Freiheitsgrad des unternehmerischen Denkens, Handelns und Lebens, subsumiert wie auch Prestige oder Macht. In der wirtschaftswissenschaftlichen Unternehmensbewertung wird sich jedoch ausschließlich an „finanziellen Zielenorientiert. Dies ist insbesondere bei der Bewertung von Unternehmen in Krisensituation (siehe hierzu die Darstellung der Maslowschen Bedürfnispyramide bei der Beschreibung des Grundmotive auf Käufer- und Verkäuferseite[4]) eine eingeschränkte Sichtweise, die den Empfängern der Bewertung bei den Gesprächen und den daraus abgeleiteten Entscheidungen bewusst sein muss.

Grundsätzlich können Bewertungsverfahren in einkommensorientierte Verfahren (Income Approach), marktwertorientierte Verfahren (Market Approach) und vermögensorientierte Verfahren (Asset Approach) unterteilt werden.

Der Wert eines Gutes entspricht immer dem Verhältnis des daraus abgeleiteten Nutzens (Ertrag, Cashflow) zum innewohnenden Risiko für den Eigentümer. Das Entgelt für Risiko ist in der Finanzmathematik immer der Zinssatz oder die Rendite, die der

Investor am Kapitalmarkt erhält, wenn er in eine Anlage investiert, die ein vergleichbares Risiko aufweist.

Bei den einkommensorientierten Verfahren wird aus den einzelnen Risikokomponenten, die nachstehend detailliert beschrieben werden, der Kapitalisierungszinssatz ermittelt (siehe Textziffer 4, Satz 2 in Abbildung 10-3). Da die Bewertung von Unternehmen immer zu einem Stichtag erfolgt, sind dabei die ermittelten Ertragsströme oder Cashflows mithilfe des Kapitalisierungssatzes zu diskontieren.

Gerade bei der Bewertung von Krisenunternehmen ist zu beachten, dass die Unternehmenswertermittlung nach IDW S 1 grundsätzlich unter der Prämisse der „Fortführung des Unternehmens" ermittelt wird (siehe Textziffer 5, Satz 1 in Abbildung 10-3). Dies ist in Krisensituationen nicht immer zweifelsfrei gegeben, sodass weitere Anpassungen vorgenommen oder Prämissen gesetzt werden müssen, die diesen Umstand ebenfalls ins Kalkül ziehen.

Diesem Umstand hat der IDW in seinem Praxishinweis 2/2018 („Berücksichtigung des Verschuldungsgrads bei der Bewertung von Unternehmen") Rechnung getragen. Hierbei wird unterschieden in

- gering bzw. normal verschuldete Unternehmen,
- hoch verschuldete Unternehmen und hoch „gehebelte" Unternehmen,
- überhöht verschuldete Unternehmen.

Der Unternehmenswert kann in der deutschen Rechtsprechung entweder nach dem Ertragswert- (Nettomethode-) oder einem der Discounted-Cashflow-Verfahren, kurz DCF-Verfahren genannt (ebenfalls in der Ausprägung als Netto- oder Bruttomethode), ermittelt werden. Die Begrifflichkeiten „Brutto" und „Netto" beziehen sich hierbei auf die Art des Cashflows. Bei der Nettomethode sind die Cashflows nach Bedienung der Fremdkapitalgeber (damit erlangt man als Ergebnis den Equity Value), bei der Bruttomethode werden die Cashflows vor Zahlungen an die Fremdkapitalgeber definiert (damit wird der Enterprise Value ermittelt). Beide Verfahren sind Ausprägungen des Income Approachs und als gleichwertig anzusehen. Da sie auf der gleichen methodischen Grundlage (Kapitalwertkalkül) basieren, führen die verschiedenen Verfahren bei gleichen Bewertungsannahmen, insbesondere hinsichtlich der Finanzierungsstruktur, zu gleichen Bewertungsergebnissen.[5]

Bei der Bewertung normal oder gering verschuldeter Unternehmen wird in der Praxis häufig das sogenannte WACC-Verfahren verwendet, da es methodisch zunächst am einfachsten erscheint.[6] Ebenso häufig wird bei der Anwendung dieses Verfahren die Diskontierung der Cashflows für alle Jahre mit einem einheitlichen Kapitalkostensatz vorgenommen. Dies ist bei einer sogenannten wertorientierten Finanzierung theoretisch korrekt; man geht hierbei davon aus, dass die Finanzierungsstruktur immer unverändert ist. Bei Unternehmen in Krisensituationen, die hoch oder überhöht verschuldet sind, ist das grundsätzlich nicht gegeben, sodass nach meiner Meinung dieses Verfahren bei der Bewertung von Unternehmen in Krisensituationen nicht adäquat ist. Selbst bei einer technisch korrekten Ableitung aller Bewertungsparameter ist dieses Verfahren in der Praxis – aufgrund der bereits erwähnten wertorientierten Finanzierungsprämisse – angreifbar und damit nicht ohne Weiteres verwendbar.

Die Ermittlung des Substanzwertes (Asset Approach) spielt in der modernen Bewertungslehre nur in einer Hinsicht eine Rolle, nämlich bei der Ermittlung des Liquidationswertes. Der Liquidationswert wird gemäß IDW S 1 als Barwert der Nettoerlöse, die sich aus der Veräußerung des Vermögens abzüglich Schulden und Liquidationskosten ergeben, ermittelt. Dabei wird bei der Berechnung angenommen, dass eine geordnete Geschäftsabwicklung erfolgt, d.h. die einzelnen Vermögensgegenstände nicht unter Zeitdruck veräußert werden müssen. Diese Prämisse kann sich natürlich insbesondere in Insolvenzsituationen, in denen die Liquidationswertbetrachtung als Vergleichsrechnung für die Vorteilhaftigkeit z.B. eines Insolvenzplans notwendig ist, als wahrscheinlich deutlich zu positiv und damit fehlerhaft erweisen, wenn eine Liquidation in der Praxis eben doch unter Zeitdruckt erfolgen muss.

Ebenso wenig spielen die in der Praxis häufig diskutierten Multiplikatoren als Verfahren des Market Approach eine Rolle bei der originären Ermittlung des Unternehmenswertes. In keinem Bereich der Unternehmensbewertung wird so viel Unfug erzählt, wie bei der Verwendung von Multiplikatoren. Multiplikatoren eignen sich zur Plausibilitätsprüfung der Ergebnisse der nach einer der oben genannten einkommensbasierten Verfahren ermittelten Werte sowie zur Komplexitätsreduktion in Verhandlungen; es ist einfacher, über einen (1) das Ergebnis verdichtenden Multiplikator zu diskutieren als z.B. über eine Vielzahl von Einflussfaktoren auf das Ergebnis einer Discounted-Cashflow-Analyse.

Unternehmensbewertungen werden bei einer Vielzahl von Anlässen im Krisenkontext herangezogen. Nicht nur ermittelt ein Investor seine Preisobergrenze unter Berücksichtigung seiner Renditeerwartungen mithilfe von Unternehmensbewertungen und Leveraged-Buy-out-Analysen, sondern auch andere Stakeholder benötigen in zunehmendem Maße Unternehmensbewertungen. § 93 AktG und § 43 GmbHG dokumentieren die sogenannte Business Judgement Rule: Diese besagt, dass Vorstandsmitglieder oder Geschäftsführer bei ihren Entscheidungen die „Sorgfalt eines ordentlichen und gewissenhaften Geschäftsleiters anzuwenden" haben. „Eine Pflichtverletzung liegt nicht vor, wenn das Vorstandsmitglied bei einer unternehmerischen Entscheidung vernünftigerweise annehmen durfte, auf der Grundlage angemessener Information zum Wohle der Gesellschaft zu handeln". Werden diese Pflichten verletzt, so entstehen Schadenersatzansprüche. „Ist streitig, ob sie die Sorgfalt eines ordentlichen und gewissenhaften Geschäftsleiters angewandt haben, so trifft sie die Beweislast." In diesem Zuge werden Unternehmensbewertungen, die den wirtschaftlichen Einfluss unternehmerischer Entscheidungen (z.B. Verkauf unrentabler Geschäftsbereiche, Kapitalerhöhungen, Maßnahmen des Financial Engineering) vor der Maßnahme und danach dokumentieren, immer wichtiger und in der Praxis in zunehmendem Maße eingesetzt.

Die Auswirkungen der Risiken aus operativen Entscheidungen auf den Unternehmenswert können in drei Schritten transparent aufgezeigt werden:

1. Überleitung zur erwartungsgetreuen Planung, d.h. die Berücksichtigung und Gewichtung mehrerer Szenarien und damit die Abkehr von der häufig anzutreffenden einwertigen Planung.[7]
2. Berücksichtigung der Auswirkungen der Maßnahmen auf das Rating respektive der sich daraus ergebenden Insolvenzrisiken.[8]
3. Berechnung und Anwendung eines risikogerechten Diskontierungszinssatzes.

Sowohl das KonTraG und dessen Auswirkungen auf das AktG als auch das GmbHG sowie das StaRUG fordern im Zusammenhang mit der Vorbereitung transparenter und sorgfältiger Entscheidungen (AktG/GmbHG) sowie der Darstellung der Vorteilhaftigkeit einer Sanierung (StaRUG) ebenfalls Vergleichsrechnungen, die z.B. in Form von Unternehmensbewertungen, die die waltende Sorgfalt der Entscheidungsträger und Sinnhaftigkeit der Maßnahmen dokumentieren sollen.

Bevor ich anschließend die einzelnen Verfahren explizit erkläre und anhand eines Praxisbeispiels die einkommensbasierten Bewertungsverfahren erläutere, ist auf einen Umstand hinzuweisen, der vor dem Hintergrund der genannten gesetzlichen Rahmenbedingungen zu berücksichtigen ist. Der Unternehmenswert wird als Zukunftserfolgswert ermittelt. Dementsprechend kommt der Unternehmensplanung große Bedeutung zu. Der IDW S 1 beschreibt mehrere Funktionen, in denen ein Bewerter tätig werden kann und in denen er unterschiedliche Planwerte ermittelt, nämlich:

- In der Funktion eines neutralen Gutachters ermittelt er den objektivierten Unternehmenswert.
- In der Funktion eines Beraters ermittelt er den subjektiven Unternehmenswert.
- Und schließlich kann er in der Funktion eines Schiedsgutachter/Vermittler einen Einigungswert ermitteln.

Jede dieser drei Funktionen muss bei der Wertermittlung bestimmte Rahmenbedingungen erfüllen. Hierzu IDW S 1:

- In der Funktion als *neutraler Gutachter* wird der Wirtschaftsprüfer als Sachverständiger tätig, der mit nachvollziehbarer Methodik einen von den individuellen Wertvorstellungen betroffener Parteien unabhängigen Wert des Unternehmens – den *objektivierten Unternehmenswert* – ermittelt.
- In der *Beratungsfunktion* ermittelt der Wirtschaftsprüfer einen *subjektiven Entscheidungswert*, der z. B. angeben kann, was – unter Berücksichtigung der vorhandenen individuellen Möglichkeiten und Planungen – ein bestimmter Investor für ein Unternehmen höchstens anlegen darf (Preisobergrenze) oder ein Verkäufer mindestens verlangen muss (Preisuntergrenze), um seine ökonomische Situation durch die Transaktion nicht zu verschlechtern.
- In der *Schiedsgutachter-/Vermittlerfunktion* wird der Wirtschaftsprüfer tätig, der in einer Konfliktsituation unter Berücksichtigung der verschiedenen *subjektiven Wertvorstellungen* der Parteien einen *Einigungswert* als Schiedsgutachter feststellt oder als Vermittler vorschlägt.

Auch wenn diese Ausführungen zunächst sehr theoretisch anmuten, so sind sie doch für die Praxis von erheblicher Relevanz. „In Abhängigkeit vom zu ermittelnden Unternehmenswert (objektivierter Unternehmenswert, subjektiver Entscheidungswert, Einigungswert) ergeben sich in der Regel unterschiedliche Annahmen über die Prognose und Diskontierung der künftigen finanziellen Überschüsse, Art und Umfang einzubeziehender Synergien sowie zu persönlichen Verhältnissen der Anteilseigner bzw. deren anlassbezogener Typisierung. Daher setzt eine sachgerechte Unternehmenswertermittlung voraus, dass im Rahmen der Auftragserteilung festgelegt wird, in welcher Funktion der Wirtschaftsprüfer tätig wird, um daraus die dem jeweiligen Bewertungszweck entsprechenden Annahmen und Typisierungen herleiten zu können.“[9]

Die hier zur Anwendung kommenden Parameter können, z. B. bei der notwendigen Planungsrechnung, erheblich voneinander abweichen und damit zu deutlichen Unterschieden in den Bewertungsergebnissen gelangen. Gerade in Krisensituationen, wo z. B. bestimmte unternehmerische Entscheidungen ein Überleben eines Unternehmens bedeuten können, ist es natürlich von immenser Bedeutung, auf welche Höhe die „Messlatte“ für Alternativszenarien, wie z. B. Insolvenzantragstellung oder gar Liquidation, liegt. Vor diesem Hintergrund ist exakt zu untersuchen, in welcher Funktion der Bewerter tätig wird bzw. werden muss.

Die objektivierte Bewertung eines Unternehmens basiert auf der am Bewertungsstichtag vorhandenen Ertragskraft. Grundsätzlich beruht die vorhandene Ertragskraft auf den zum Bewertungsstichtag vorhandenen Erfolgsfaktoren. Die bewertbare Ertragskraft beinhaltet die Erfolgschancen, die sich zum Bewertungsstichtag aus bereits eingeleiteten Maßnahmen oder aus hinreichend konkretisierten Maßnahmen im Rahmen des bisherigen Unternehmenskonzepts und der Marktgegebenheiten ergeben. Mögliche, aber noch nicht hinreichend konkretisierte Maßnahmen (z. B. Erweiterungs-investitionen/Desinvestitionen) sowie die daraus vermutlich resultierenden finanziellen Überschüsse sind demnach bei der Ermittlung objektivierter Unternehmenswerte unbeachtlich.

Wird z. B. im Rahmen der Dokumentation nach § 93 AktG/§ 42 GmbHG die Auswirkung des Verkaufs eines Randgeschäftsbereichs geprüft und ist ohne diesen hieraus resultierenden Liquiditätszufluss der Going-Concern des Gesamtunternehmens gefährdet, so ist nach Auffassung des Autors der subjektive Unternehmenswert zu ermitteln, denn die Maßnahme des Verkaufs ist weder eingeleitet, noch durch entsprechende Beschlüsse hinreichend dokumentiert. Hierfür dient ja gerade die Ausarbeitung. Darüber hinaus ist für eine solche Maßnahme entscheidend, dass die individuellen Parameter einer Transaktion oder die zu erwartenden, in der spezifischen Situation entstehenden Steuereffekte ins Kalkül gezogen und eben nicht typisiert werden. Hier muss meines Erachtens systemisch der subjektive Wert ermittelt werden.

Ist die Finanzierung eines Unternehmens in einer Verlustsituation ungewiss, d. h. die vorhandene Finanzierungslücke nicht durch eine entsprechende Finanzierungszusage der kreditgewährenden Banken gedeckt, so gibt es keine Going-Concern-Annahmen. Dementsprechend gibt es nur eine Basis zur Ermittlung eines Liquidationswertes.

Anders verhält es sich, wenn z. B. die Anmeldung eines StaRUG-Verfahrens vorgenommen wurde, denn damit ist eine (Restrukturierungs-)Maßnahme eingeleitet und auch hinreichend dokumentiert. Somit ist nach überwiegender Meinung der objektivierte Unternehmenswert zu ermitteln. Allerdings hätte dies zur Folge, dass beispielsweise spezifische Effekte aus Maßnahmen (echte Synergien) unberücksichtigt bleiben müssen.

Aus Sicht des Autors müsste im Restrukturierungskontext, wo in verschiedenen Stadien Vergleichsrechnungen vorzunehmen sind, grundsätzlich der subjektive Wert ermittelt werden, und zwar sowohl auf Unternehmens-/Verkäuferseite, als auch auf Seiten des Investors, der in das Unternehmen investieren möchte. Hierzu IDW S 1, Tz 49:

„Bei der Ermittlung eines subjektiven Entscheidungswerts für den potenziellen Erwerber eines Unternehmens sind auch solche strukturverändernden Vorhaben sowie bereits erkannte und realisierbare Möglichkeiten zu berücksichtigen, die (noch) nicht Bestandteil des zum Bewertungsstichtag dokumentierten Unternehmenskonzepts sind. Dies können z. B. vom Erwerber beabsichtigte Erweiterungsinvestitionen, Desinvestitionen, Bereinigungen des Produktprogramms oder Veränderungen der strategischen Geschäftsfelder sein, deren Auswirkungen auf die künftigen finanziellen Überschüsse den Grenzpreis eines Erwerbers beeinflussen. Der Barwert der finanziellen Überschüsse aus der rentabelsten Nutzung des Betriebs, die unter den voraussichtlichen individuellen Verhältnissen des Erwerbers möglich ist, bestimmt üblicherweise dessen subjektiven Wert."[10]

Auch hinsichtlich der Finanzierungsannahmen sowie der durch eine Transaktion entstehenden Synergien ist nach Meinung des Autors auf den subjektiven Unternehmenswert abzustellen. Textziffern 50 – 55 beschreiben die konkreten Situationen.

Der bereits erwähnte IDW Praxishinweis 2/2018 definiert die Sichtweise des IDW wie folgt:

Bei der Ermittlung des objektivierten Wertes sind die Kapitalkosten nach herrschender Meinung nach dem CAPM („Capital Asset Pricing Model") zu ermitteln. Diese Ermittlung ist zwar intersubjektiv nachvollziehbar, jedoch wenig praxisnah. Zur Verdeutlichung: Im Rahmen von Unternehmensbewertungen in Krisensituationen kann es entscheidend sein, ob der Unternehmenswert so hoch ist, dass alle Fremdkapitalgeber „in the money" sind oder bei Wechsel der Funktion, in der der Bewerter tätig ist, der Enterprise Value sinkt und damit ein Teil der Gläubiger „out-of-the-money" ist. Je nach Höhe der Kapitalkosten hat dies immensen Einfluss auf diese jeweiligen Grenzen. Dabei ist spätestens seit der Finanzmarktkrise 2008/2009 evident geworden, dass die Basisannahmen des CAPM mit der Praxis nicht viel gemeinsam haben.

Die Unzulänglichkeiten des CAPM

Das Capital Asset Pricing Model wurde in den 1960er-Jahren von William F. Sharpe, John Lindner und Jan Mossin auf Basis der Portfoliotheorie von Harry M. Markowitz entwickelt und basiert auf dem sogenannten Kapitalmarktgleichgewicht, bei dem risikoaverse Anleger durch Risikostreuung versuchen, das Gesamtrisiko ihres Portfolios zu minimieren – frei nach dem Motto: „Nicht alle Eier in einen Korb".

Die Preisbildung für eine risikobehaftete Anlage am Kapitalmarkt gemäß CAPM leitet sich aus der Renditeerwartung für die Übernahme eines nicht diversifizierbaren Risikos ab. Im Kern beschreibt das CAPM damit eine lineare Abhängigkeit der erwarteten Rendite von einer Einflussgröße entlang der sogenannten „Wertpapierlinie". Im Zustand des Marktgleichgewichts halten hier sämtliche Anleger ein vergleichbares Portfolio von risikobehafteten Anlagen am Kapitalmarkt, also dem Marktportfolio mit der entsprechend erwarteten Rendite dieses Marktportfolios (r_m). Dabei wird die Differenz zwischen der erwarteten Rendite des Marktportfolios und dem risikofreien Zinssatz (r_f) einer sicheren Geldanlage als Marktrisikoprämie $(r_m - r_f)$ bezeichnet. Die Risikoübernahme für eine individuelle Kapitalanlage innerhalb des diversifizierten Marktportfolios wird als Betafaktor (β) bezeichnet. Über dieses Sensitivitätsmaß wird nach dem CAPM die Renditeerwartung einer Anlage wie folgt abgeleitet:

	Gering und normal verschuldete Unternehmen	Hoch verschuldete Unternehmen (Hoch „gehebelte" Unternehmen)	Überhöht verschuldete Unternehmen
Definition	Zwei Fragen-Probe: 1. Ist der Verschuldungsgrad (gemessen an Marktwerten) erheblich höher als der der Peer Group? 2. Ist der Verschuldungsgrad des Bewertungsobjektes mit materiellen Ausfallrisiken verbunden?		
Vergleich Peer Group	Verschuldungsgrad (heute oder in der Zukunft) geringer oder gleich	Materielle Ausfallrisiken sind vorhanden; gffls. ist der Verschuldungsgrad (heute oder in der Zukunft) höher als der der Peer Group.	Ohne finanzielle Sanierungsverhandlungen (außergerichtliche Verhandlungen, Präventiver Restrukturierungsrahmen nach StaRUG oder Insolvenzantragstellung) keine Fortführung möglich.
Bewertungs-verfahren	Netto- und Bruttomethode anwendbar: - Ertragswert - DCF (Equity-Ansatz und Entity-Ansatz mit TCF, WACC, APV)	Bruttomethode anwendbar: - DCF (Entity-Ansatz mit TCF, WACC, APV)	Netto- und Bruttomethode anwendbar: - DCF (Entity-Ansatz mit TCF, WACC, APV)
Prognosetechnik	- Szenarioplanung oder - Monte-Carlo-Simulation - Keine Anpassung um Ausfallrisiken	- Szenarioplanung oder - Monte-Carlo-Simulation - Berücksichtigung von Ausfallrisiken (entweder bei der Prognose der finanziellen Überschüsse oder bei der Ermittlung der Kapitalkosten)	- Szenarioplanung oder - Monte-Carlo-Simulation - Berücksichtigung von Ausfallrisiken (entweder bei der Prognose der finanziellen Überschüsse oder bei der Ermittlung der Kapitalkosten)
Art des zu ermittelnden Wertes		- Sofern die notwendigen Sanierungsmaßnahmen durch Beschlussvorlagen hinreichend konkretisiert sind, ist – unter der Bedingung, dass diese Maßnahmen entsprechend der Beschlussvorlage von den Kapitalgebern umgesetzt werden – die Ermittlung eines objektivierten Fortführungswerts nach den Grundsätzen des IDW S 1 i.d.F. 2008 sowie dieses IDW Praxishinweises möglich. In Abhängigkeit von den jeweiligen Sanierungsmaßnahmen kann das Unternehmen dann wie ein gering bzw. normal verschuldetes oder wie ein hoch verschuldetes Unternehmen zu bewerten sein. Im Bewertungsgutachten hat der Wirtschaftsprüfer transparent zu machen, dass der ermittelte objektivierte Wert unter der Bedingung der Durchführung der Sanierungsannahmen steht.	- Sind die zur Unternehmensfortführung notwendigen Maßnahmen noch nicht hinreichend konkretisiert, kommt die Ermittlung eines objektivierten Fortführungswerts nicht in Betracht.in diesem Fall ergibt sich der objektivierte Unternehmenswert aus del Liquidationswert des Unternehmens. Vielmehr sind in diesen Fällen subjektive Grenzpreise der einzelnen Kapitalgeber zu ermitteln. - Ist das Unternehmen nach § 19 Abs. 2 InsO überschuldet, d.h. dessen Fortbestehen ist nach den Umständen nicht überwiegend wahrscheinlich und das Unternehmensvermögen deckt nicht mehr die bestehenden Verbindlichkeiten, sind bei der Aufstellung eines Überschuldungsstatus insolvenzrechtliche Grundsätze (IDW S 11 Tz. 52 ff) zu berücksichtigen.
Besonderheiten bei der Ermittlung eines objektivierten Wertes		- Ableitung der Kapitalkosten aus operativ vergleichbarer, normal verschuldeter Peer Group - Berücksichtigung des Ausfallrisikos bei der Ermittlung der Marktwerte des Fremdkapitals - Bei hoch gehebelten Unternehmen: Verlängerung des Detailplanungszeitraums und Anpassung an eine marktübliche Kapitalstruktur	- Bei der objektivierten Bewertung überhöht verschuldeter Unternehmen sind besondere Anforderungen an die Prognose der künftigen finanziellen Überschüsse zu stellen. So sind die Krisenursachen zu analysieren sowie die daraus folgenden Sanierungsmaßnahmen vollständig in der Planungsrechnung abzubilden. Besonderheiten bestehen darüber hinaus ggf. in der Berücksichtigung von Kosten, die in Folge der überhöhten Verschuldung entstehen. Diese können sowohl direkte als auch indirekte Kosten umfassen. Unter direkten Kosten werden diejenigen verstanden, die z.B. unmittelbar im Rahmen des Insolvenzverfahrens anfallen, wie Insolvenzverwalter-, Gerichts- und Notarkosten. Darüber hinaus sind indirekte Kosten als Folge der wirtschaftlichen Krise des Unternehmens zu berücksichtigen. Dazu zählen z.B. die Einräumung kürzerer Zahlungsziele durch Lieferanten, Umsatzrückgänge durch Kundenverunsicherung, Verlust von bedeutsamen Mitarbeitern sowie erschwerte Finanzierungsbedingungen.
Hinweise für den Umgang mit Debt-Equity-Swaps		- Bei einem Debt-Equity-Swap ist regelmäßig auch ein Mindestwert der eingebrachten Forderung im Rahmen der Kapitalerhöhung zu bestätigen. Für diese im Rahmen einer Kapitalerhöhung durchzuführende Werthaltigkeitsprüfung ergibt sich dabei oftmals eine Bandbreite unterschiedlicher Wertansätze der Forderungen. Die resultierende Bandbreite verdeutlicht den Mehrwert, den eine entsprechende Sanierung des Unternehmens ermöglicht. Dabei kann als Obergrenze der Wert bei erfolgreicher Weiterführung des Unternehmens nach erfolgreicher Durchführung der Sanierungsmaßnahmen angesehen werden. Die Untergrenze dagegen stellt der Zerschlagungswert dar. Bei dem Ansatz eines Werts innerhalb der Bandbreite werden daher die Auswirkungen der zu prüfenden Kapitalmaßnahmen bereits antizipiert. Bei einer isolierten Bewertung der Forderung wären diese Effekte mit ihrem jeweiligen Erwartungswert (z.B. durch eine Szenarioanalyse) erfasst. Eine Bewertung der Sacheinlage ist dagegen grundsätzlich aus der (subjektiven) Sicht der die Sacheinlage aufnehmenden Gesellschaft unter Berücksichtigung des Gläubigerschutzes und der gebotenen Willkürfreiheit vorzunehmen. Daher sollten auch bei der Werthaltigkeitsprüfung entsprechend der Grundsätze zur Behandlung von Synergien entsprechende werterhöhende Effekte, die aus der Durchführung der Maßnahme resultieren, berücksichtigt werden.	
Wertuntergrenze	- Liquidationswert	- Liquidationswert	- Liquidationswert

$$r_i = (r_m - r_f) \times \beta_i$$

Das CAPM hat sich in der deutschen und internationalen Praxis der Unternehmensbewertung etabliert und wird hier zur Bestimmung risikogerechter Kapitalkosten herangezogen. Der Bewertungsstandard S1 des Institut der Wirtschaftsprüfer in Deutschland e.V. (IDW S 1) nennt für die Berücksichtigung des Unternehmensrisikos nach der üblicherweise angewandten Zinszuschlagsmethode explizit die Ermittlung nach dem CAPM. Das Verfahren ist zweifellos im Markt etabliert. Dennoch sollte man sehen, dass das CAPM, ebenso wie zahlreiche rein marktorientierte Modelle, auf einer Anzahl von Annahmen basiert, die gemessen an den Einflussgrößen der gelebten Praxis reichlich restriktiv erscheinen:

- Alle Marktteilnehmer – sind risikoavers und handeln rational – investieren ausschließlich in effiziente Portfolios, besitzen also den gleichen Erwartungswert hinsichtlich Rendite und Risiko.
- Der Markt – bietet die Möglichkeit der unbeschränkten Kapitalaufnahme und Kapitalanlage zu einem Zinssatz unterhalb des risikoärmsten Portfolios, dem Basiszins – ist frei von jeglichen Transaktionshemmnissen.
- Die Renditen der Anlagen sind normalverteilt.

Diese Annahmen entsprechen bekanntlich nicht der Realität. Sie sind rein wissenschaftlich gerechtfertigt. Das macht die Anwendung gerade im Bereich nicht börsennotierter Unternehmen schwierig. Die Bewertung eines Unternehmens geschieht in der Regel nicht aus wissenschaftlichem Interesse, sondern verfolgt in der überwiegenden Zahl der Fälle einen praktischen Grund. Die wichtigsten Unzulänglichkeiten des CAPM für die reale Welt sind in der folgenden Übersicht zusammengefasst.

Kein Zukunftsbezug	Betafaktor wird aus historischen Kursschwankungen am Kapitalmarkt hergeleitet, wobei grundsätzlich bezweifelt wird, ob die Aktienkursvolatilität eine aussagekräftige Größe ist und ob auf Basis dieser Vergangenheitswerte auf zukünftige Risiken geschlossen werden kann.
Vermeintliche Objektivierung	Bei der Anwendung des CAPM ergeben sich viele Ermessensspielräume, insbesondere bei der Herleitung des Betafaktors.
Emotionales Anlageverhalten	Anleger folgen Verhaltensmustern bei der Investitionsentscheidung und haben oft (emotional bedingte) Präferenzen bzw. weisen unterschiedliche Risikoneigungen auf (Behavioral Finance).
Keine Normalverteilung	Das CAPM unterstellt implizit eine (Gauß'sche) Normalverteilung, jedoch konnten Renditeschwankungen mit einer vielfachen Streuung („fat tails") beobachtet werden, die im Widerspruch zu dieser Annahme stehen.

Deshalb wurden bereits in den 1970er- und 1980er-Jahren durch empirische Studien immer wieder Einflüsse auf die Rendite am Kapitalmarkt aufgedeckt, die mit dem CAPM nicht zu erklären waren. Diese Abweichungen von der standardisierten Vorstellung wurden als „Anomalien" bezeichnet. Nachstehend sind einige dieser Anomalien sowie die Autoren der entsprechenden Studien (ohne Anspruch auf Vollständigkeit) aufgelistet:

Anomalien des CAPM		
Size-Effekt	Unternehmen mit geringer Größe erzielen ein Rendite-Premium (u. a. USA) oder eine negative Rendite-Prämie (z. B. nachgewiesen am deutschen Aktienmarkt).	u. a. Bilanz (1981); Fama, French (1992); Hanauer, Kaser, Rapp (2011)
Niedriges Bewertungs-niveau	Aktien mit einem niedrigen Bewertungs-niveau gemessen an ihrer Ertragskraft (durch KGV bzw. GKV) erzielen Überrenditen.	Basu (1977); Artmann, Finter, Kempf (2012)
Momentum	Momentum-Anleger investieren bei intakten Kurstrends einer Kapitalanlage und desinvestieren, wenn sich (signifikante) Änderungen eines Trends andeuten bzw. ergeben; die Erklärung für die Überrendite könnte in der verzögerten Reaktion auf neue Informationen oder auch in Trendfolge-Handelsstrategien liegen.	Carhart (1997); Jegadeesh, Titman (2011); Hanauer, Kaser, Rapp (2011)
Fundamentaldaten (Leverage), Gewinnvolatilität	Unternehmen mit einem niedrigen Verschuldungsgrad (Leverage) und einem niedrigen Ertragsrisiko (Gewinnvolatilität) weisen „invers“ zu ihrem fundamentalen Risiko deutlich überdurchschnittliche Renditen auf.	Joyce, Mayer (k.A.); Walkshäusl (2012)
Volatilität	Volatilität als Ausdruck der Schwankungs-intensität des Preises, d. h. im Normalfall höhere Volatilität = höheres Risiko für die Anlage, zeigt eine „inverse“ Risiko-Rendite-Beziehung auf. Erklärt werden kann dies u. a. durch den Spieler-/Zocker-Effekt.	Walkshäusl (2012)
Liquidität	Die Handels-Liquidität eines Unternehmens am Kapitalmarkt, u. a. gemessen an der Geld-Brief-Kursspanne, führt zu einem signifikanten Werteinfluss.	Claus, Thomas (2001); Hagemeister, Kempf (2010)
Wachstum	Wachstumsaktien weisen in Der Regel Eine unterdurchschnittliche Performance auf, wenn die fundamentalen Ergebnisentwicklungen nicht der „eingepreisten“ Dynamik folgen.	De Bondt, Thaler (1985); Lakonishok, Shleifer, Vishny (1994); Hölzl, Lobe (2013); Walkshäusl (2014)
Markt-Buch-wert-Verhältnis	Renditedifferenzen zwischen Aktienportfolios mit geringen Markt-Buchwert-Verhältnissen (MBV bzw. KBV [Kurs-Buchwert-Verhältnis]) und hohem MBV können auch als Differenz zwischen „Value-“ und „Growth-Aktien“ interpretiert werden.	Fama, French (1992); Artmann, Finter, Kempf (2012)
Dividenden-rendite	Die Dividendenrendite besitzt einen signifikanten Einfluss auf die Erklärung von Aktienrenditen.	Claus, Thomas (2001); Hagemeister, Kempf (2010)

Eine der grundlegenden Annahmen der Kapitalmarkttheorie lautet: Investoren sind nur dann bereit, eine Anlage mit höherem Risiko zu tätigen, wenn eine entsprechend höhere Rendite zu erwarten ist. Auf Basis dieser Annahme kommt man zu folgendem Schluss: Höheres Risiko führt immer zu höheren erwarteten Renditen. Jedoch haben neuere Studien selbst bei dieser an sich leicht nachvollziehbaren Regel einen „inversen" Rendite-Risiko-Zusammenhang aufgezeigt, denn nachweislich erzielten Unternehmen mit niedrigen fundamentalen Risiken langfristig überdurchschnittliche Renditen am Kapitalmarkt. Sowohl am deutschen als auch US-amerikanischen Markt konnten Unternehmen mit einem niedrigen Ertragsrisiko (gemessen an der Gewinnvolatilität) und einem niedrigen Verschuldungsgrad (Leverage) teilweise deutlich höhere Kapitalmarktrenditen erreichen. Die hohe Rendite lässt sich weder durch das CAPM noch durch ein anderes Kapitalmarktmodell erklären. Bei diesen Studien weisen die Unternehmen mit dem höchsten (Ertrags-)Risiko sogar negative (Eigenkapital-) Renditen auf. Dies wurde als sogenannte „Distressed-Anomalie" apostrophiert: Unternehmen mit hoher Insolvenzwahrscheinlichkeit, d.h. schwachem risikobezogenem Rating, waren demnach tendenziell überbewertet und wiesen eine geringere Rendite auf, als dies nach dem CAPM oder daraus abgeleiteter Kapitalmarktmodelle zu erwarten gewesen wäre. Auch diese Abweichung ließ sich durchaus logisch nachvollziehen. Sowohl am US-amerikanischen als auch am deutschen Aktienmarkt konnte eine bedeutende negative Rendite-Risiko-Beziehung zwischen der Volatilität und der erzielten Rendite festgestellt werden. Zurückgeführt wurde dies von Experten u.a. darauf, dass volatile Aktien auf spekulativer Basis bzw. aufgrund ihres „Glückspiel-Charakters" durch bestimmte Investorengruppen eine rational nicht begründbare Nachfrage erfuhren. Und wieder einmal zeigte sich, dass der Kapitalmarkt und das Verhalten der Kapitalmarktteilnehmer eben doch nicht 1:1 auf die sonstige Wirtschaftswelt übertragen werden kann.

Wendet man die kapitalmarktorientierte Unternehmensbewertung und insbesondere das CAPM auf nicht börsennotierte, zumeist mittelständisch geprägte Unternehmen an, weist sie zusätzliche Unzulänglichkeiten auf:

- Eine der Grundannahmen des CAPM, die mögliche Risikodiversifikation für die Anteilseigner mittelständischer Unternehmen, ist überwiegend nicht verwirklicht. Bruchteilseigentum wie bei börsennotierten Anlagen ist meist gar nicht vorhanden. Die Anteile konzentrieren sich zumeist auf wenige Anteilseigner. Ebenso binden Investoren in diesem Bereich mit einer Transaktion nicht selten einen beträchtlichen Teil ihres Vermögens. Aus diesem Grund kann nach herrschender Meinung nur das Gesamtrisiko eines mittelständischen Unternehmens und nicht nur das (gem. CAPM) nicht mehr diversifizierbare Risiko berücksichtigt werden.
- Kurse und Marktwerte an der Börse sind eher durch Meldungen getrieben, die zu schnellen subjektiven oder durch entsprechende Algorithmen zu „Rein-raus"- Entscheidungen führen. Bei einem mittelständischen Unternehmer eines nicht notierten Unternehmens existiert zumeist ein ausgeprägtes Bewusstsein der Langfristigkeit und Infungibilität seiner Investition.
- Die durch die Finanzkrise entstandene Kapitalmarktsituation – mit in Deutschland teilweise negativen Anlagenzinsen für Bundesanleihen – verdeutlicht eine weitere Schwäche der Modellparameter des CAPM: Sinkende Zinsen für die risikofreie Kapitalanlage führen demnach modellbedingt zu niedrigen Kapitalkosten bei der Bewertung, ohne dass sich am Risikoprofil eines bewerteten Unternehmens etwas Wesentliches geändert hätte. Zahlreiche Experten vertreten deshalb den Standpunkt, dass die methodische Berücksichtigung des risikolosen Zinses auf dem gegenwärtigen Kapitalmarktniveau fälschlicherweise zu niedrige Eigenkapitalkosten ableitet. Diese eignen sich langfristig nicht, um die tatsächlichen risikoadäquaten Renditeforderungen der Investoren abzubilden. In der Bewertungspraxis würden zu

niedrige Kapitalkosten deshalb zu nach oben verzerrten und zu hohen Unternehmenswerten führen.
- Allein die Diskussion um die methodisch korrekte Anwendung des CAPM auf der einen oder die Empfehlung zur Anpassung der risikofreien Zinsen bzw. der Eigenkapitalkosten auf der anderen Seite verdeutlicht, dass das CAPM in einem Marktumfeld „ohne zusätzliche Risikoprämie" nicht bedingungslos angewendet werden kann.

Die folgende Tabelle zeigt im Überblick die unterschiedlichen Wertkonzepte und deren Anwendbarkeit im Restrukturierungskontext:

	Objektivierter Wert	**Subjektiver Wert**	**Einigungswert**
Typische Anlässe	Gerichtliche Auseinandersetzungen, Squeeze-out, Spruchstellenverfahren, Fairness Opinion	Ermittlung von Grenzpreisen im Transaktionsumfeld (M&A)	Schiedsverfahren, Vermittlungssituationen zwischen Gesellschaftern
Wichtigste Parameter im Hinblick auf • Ermittlung der Bewertungsgrößen (Ertrag oder Cashflow)	Verwendung von Erwartungswerten	Verwendung von Planannahmen	Individuell, je nach Sachlage zu ermitteln bzw. im Rahmen des Auftrags festgelegte Rahmenbedingungen
• Kapitalkosten	Ermittlung nach CAPM	Festlegung nach eigenen Maßstäben	Individuell, je nach Sachlage zu ermitteln bzw. im Rahmen des Auftrags festgelegte Rahmenbedingungen
• Unternehmerische Maßnahmen	Nur wenn bereits eingeleitet oder zumindest hinreichend dokumentiert	Festlegung nach eigenen Maßstäben	Individuell, je nach Sachlage zu ermitteln bzw. im Rahmen des Auftrags festgelegte Rahmenbedingungen
• Synergien	Nur unechte Synergien, die unabhängig von der konkreten Situation sind	Echte Synergien, die nur im Rahmen einer spezifischen Sachlage oder Transaktion entstehen	Individuell, je nach Sachlage zu ermitteln bzw. im Rahmen des Auftrags festgelegte Rahmenbedingungen

	Objektivierter Wert	Subjektiver Wert	Einigungswert
• Anteilshöhe	Der objektivierte Wert des Unternehmensanteils entspricht dem quotalen Wertanteil am objektivierten Gesamtwert des Unternehmens.	Der subjektive Wert eines Unternehmensanteils beinhaltet die Einschätzung des Werts der Beteiligung an einem Unternehmen unter Berücksichtigung der individuellen persönlichen Verhältnisse und Ziele des (jeweiligen) Anteilseigners	Individuell, je nach Sachlage zu ermitteln bzw. im Rahmen des Auftrags festgelegte Rahmenbedingungen
• Steuerliche Verhältnisse	Typisierungen	Echte steuerliche Verhältnisse	Echte steuerliche Verhältnisse
Anwendbarkeit im Restrukturierungskontext	StaRUG!(?)	Dokumentationen nach § 93 AktG/§ 42 GmbHG: KonTraG; StaRUG?(!)	

Unterschiedliche Annahmen hinsichtlich des Ausschüttungsverhaltens sind in der Tabelle nicht aufgeführt, da diese im Krisenkontext bis zu einer erfolgreichen Sanierung ohnehin zu vernachlässigen sind.

Die Ausführungen unterstreichen die Aussage „Valuation is more an art, than a science" und führen uns zu einer Erkenntnis, die dem Philosophen Theodor W. Adorno zugeschrieben wird: „Kunst ist Kenntnis des Standards plus Abweichung". Vor diesem Hintergrund wenden wir uns nun den Standards der Unternehmensbewertung zu und überführen diese in die „Kunst der Bewertung ertragsschwacher Unternehmen".

Einkommensbasierte Bewertungsverfahren

Nettomethode – Ertragswertverfahren

Das Ertragswertverfahren ist ein in Deutschland verbreitetes Bewertungsverfahren, welches größtenteils von Wirtschaftsprüfern angewandt wird.

Im Rahmen des Ertragswertverfahrens wird der Unternehmenswert direkt aus den Nettozuflüssen, die den Anteilseigner erreichen, ermittelt („Nettomethode"). Die Nettozuflüsse der Anteilseigner ergeben sich aus den vom Unternehmen erwirtschafteten finanziellen Überschüssen. Die in der Vergangenheit erwiesene Ertragskraft dient dabei – wie bei den meisten Bewertungsverfahren auch – in der Regel als Aufsatzpunkt für die Prognose zukünftiger finanzieller Zuflüsse.[11]

Mit dem Ertragswertverfahren wird der der Equity Value (Marktwert des Eigenkapitals) direkt ermittelt. Dies geschieht durch die Diskontierung der zukünftigen Nettozuflüsse der Unternehmenseigner mit den risikoadäquaten Eigenkapitalkosten. Die Eigenkapitalkosten ermöglichen hierbei den Vergleich mit der Rendite einer risikoadäquaten Alternativanlage. Bei der Bestimmung der Eigenkapitalkosten muss allerdings die gesamte Finanzierungsstruktur (d. h. auch die Entwicklung des Fremdkapitals) des Unternehmens analysiert und in der Bestimmung der risikoadäquaten Eigenkapitalkosten berücksichtigt werden.[12] Das Ertragswertverfahren ist sowohl für die Ermittlung von subjektiven als auch von objektivierten Unternehmenswerten gem. des IDW S 1 geeignet. Die grundsätzliche Formel für die Bewertung von Unternehmen mithilfe des Ertragswertverfahrens lautet:[13]

$$Unternehmenswert_{EK} = \sum_{t=1}^{T} \frac{E_{EK}}{\left(1+k_{EK}\right)^{t}} + \frac{E_{EK+1}}{\left(k_{EK}-g\right)} \times \frac{1}{\left(1+k_{EK}\right)^{T}}$$

Mit:

Unternehmenswertk$_{EK}$: *Unternehmenswert (Marktwert des Eigenkapitals; „Equity Value“*

E_{EK}: *Erträge (Ausschüttungen bzw. Dividenden) an Eigenkapitalgeber*

E_{EK+1}: *Nachhaltig erzielbare Erträge (Ausschüttungen bzw. Dividenden) an Eigenkapitalgeber*

k_{EK}: *Eigenkapitalkosten*

T: Letztes Jahr der Detail- bzw. Konvergenzplanungsphase

g: Nachhaltige („ewige“) Wachstumsrate, wobei $k_{EK} > g$

Bei der Ermittlung der künftigen Zahlungsüberschüsse wird bei der Unternehmensbewertung in der Regel in zwei Phasen unterschieden. In der ersten, sogenannten Detailplanungsphase wird eine detaillierte Planung der finanzwirtschaftlichen Entwicklung der Gesellschaft erstellt. Diese Phase umfasst je nach Geschäftsmodell und Umwelteinflüssen zwischen drei und fünf Jahren.[14]

Die zweite Phase, die den sogenannten „nachhaltigen Wertbeitrag“ („Terminal Value“) ermittelt, umfasst den Zeitraum nach der Detailplanungsphase. Der nachhaltige Wertbeitrag wird auf der Annahme einer konstanten Unternehmensentwicklung aufgebaut. So geht man in dieser Phase davon aus, dass sich die finanzwirtschaftlichen Verhältnisse des zu bewertenden Unternehmens mit der festgelegten nachhaltigen Wachstumsrate entwickeln werden. Dies basiert auf der theoretischen Annahme, dass sich Unternehmen im sogenannten „eingeschwungenen“ Unternehmenszustand befinden.[15]

Der „eingeschwungene“ Unternehmenszustand ist ein kritischer Bestandteil der Unternehmensbewertung. Dieser Unternehmenszustand („Steady State“) macht – als Basis für den Terminal Value – einen hohen Wertbeitrag am gesamten Bewertungsergebnis aus.

Zur Bestimmung des „Steady State“ wird in der Praxis u. a. das Modell der „Competitive (Disadvantage) Advantage Period“ herangezogen. Die Competitive (Disadvantage) Advantage Period (CAP, CDAP) ist jener Zeitraum, in dem das Unternehmen eine Rentabilität erzielt, die über (unter) den Kapitalkosten liegt. Die nachfolgende Abbildung veranschaulicht diesen Zusammenhang.

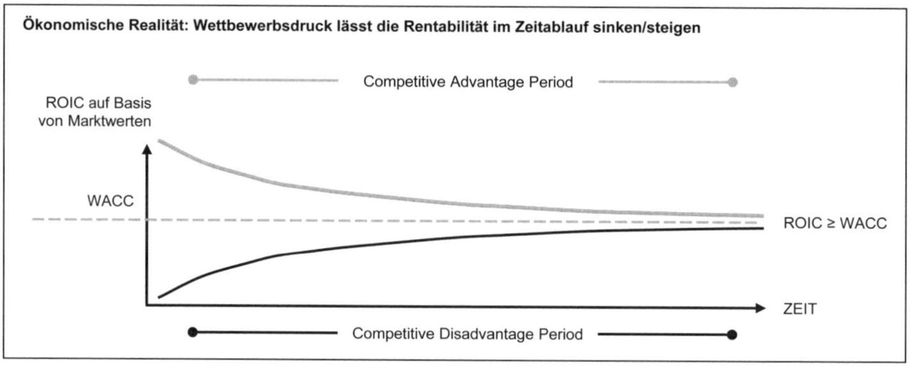

Abbildung 10-4: Competitive (Dis-)Advantage Period[16]

Bei ertragsschwachen Unternehmen wird es in aller Regel notwendig sein, eine Konvergenzphase zwischen der Detailplanungs- und der nachhaltigen Phase einzuschieben. Diese Konvergenz- oder Grobplanungsphase ermöglicht eine plausible Überführung negativer finanzwirtschaftlicher Verhältnisse in eine positive Unternehmensentwicklung und damit – in der Theorie – die Überwindung der Competitive Disadvantage Period.[17] Diese finanzwirtschaftliche „Trendwende" muss allerdings durch plausible und realistische Restrukturierungsmaßnahmen in einem Businessplan dargestellt und erläutert werden (subjektive Wertermittlung) oder bereits eingeleitet und dokumentiert sein (objektivierte Wertermittlung). Die nachfolgende Abbildung dient der Veranschaulichung dieses Zusammenhangs.

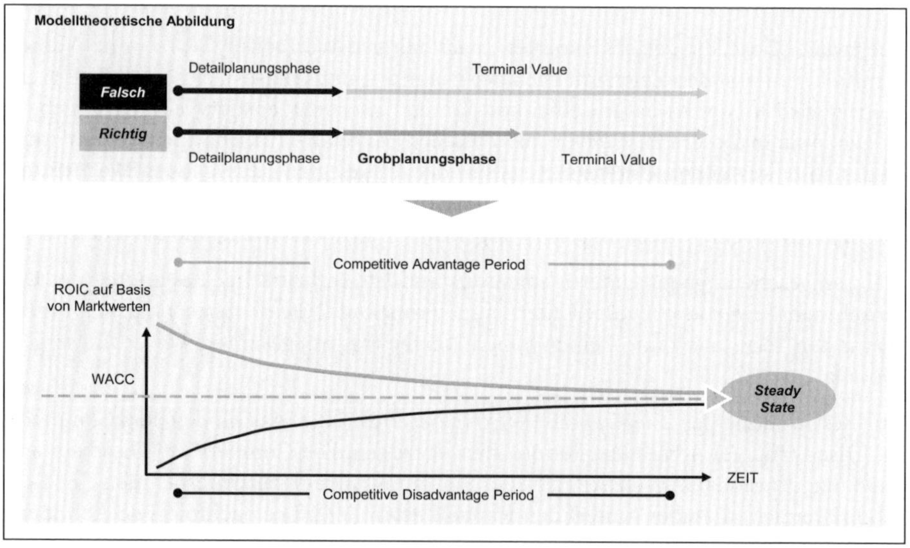

Abbildung 10-5: Zusammenhang zwischen Competitive (Dis-)Advantage Period und Terminal Value

Bei Unternehmen in Krisensituationen ist der Planungshorizont darauf auszurichten, dass die Umsetzung der Restrukturierungsmaßnahmen und die aus diesen Maßnahmen erwarteten finanziellen Folgen vollständig abgebildet sind und nach Umsetzung dieser Maßnahmen die für die Sanierungsfähigkeit nachhaltige Rendite- und Wettbewerbsfähigkeit aus der Planung ableitbar ist. „In Abhängigkeit von der Krisenintensität kann es erforderlich sein, wöchentliche (zumeist 13-Wochen-Cashflow-Planungen) und monatliche Planungszeiträume zu betrachten und erst mit der Überwindung der Krise zu Jahresbetrachtungen überzugehen."[18] Dies ist deshalb von besonderer Bedeutung, da es innerhalb eines Jahres zu Liquiditätssituationen kommen kann, die sich zwar im Gesamtjahreskontext wieder ausgleichen, jedoch unterjährig zu insolvenzrechtlichen Notwendigkeiten führen könnten. „Die jeweiligen einzelnen Sanierungsmaßnahmen müssen hinreichend detailliert beschrieben und mit entsprechenden Zeitplänen versehen sein, um deren Plausibilität und Umsetzungswahrscheinlichkeit beurteilen zu können. Dabei ist zu berücksichtigen, inwieweit Maßnahmen bereits durchgeführt wurden oder sich in der Umsetzung befinden."[19]

Bruttomethode – WACC-Verfahren

Während sich die Nettomethode auf die direkte Ermittlung des Eigenkapitalwertes fokussiert, beziehen sich die Bruttomethoden auf die Bestimmung des Gesamtkapitals. Zu den Verfahren der Bruttomethode zählen u. a. die bekannten WACC-Verfahren („Weighted Average Cost of Capital", gewichtete Durchschnittskapitalkosten), das APV-Verfahren („Adjusted Present Value") und das TCF-Verfahren („Total Cash Flow").[20] Der Hauptunterschied zwischen diesen Verfahren liegt in der Berücksichtigung der steuerlichen Abzugsfähigkeit der Fremdkapitalzinsen, die als „Tax Shield" bezeichnet wird.[21]

Beim WACC-Verfahren wird zur Diskontierung der künftigen Free Cashflows der sogenannte gewichtete durchschnittliche Kapitalkostensatz verwendet. Dieser ergibt sich aus der Gewichtung der Eigenkapitalkosten mit dem Anteil des Eigenkapitalwertes am Gesamtkapital zuzüglich der Fremdkapitalkosten – bereinigt um das Tax Shield – mit dem Anteil des Fremdkapitalwertes am Gesamtkapital. Die Eigenkapitalkosten stehen für die Rendite einer Eigenkapitalinvestition in eine mit dem Bewertungsobjekt risikoadäquaten Alternativanlage und müssen den prognostizierten Zahlungsströmen des Unternehmens hinsichtlich

- Betrachtungszeitraum sowie
- Risiko und Besteuerung

äquivalent sein.

Die Kapitalmarktrendite für Beteiligungen in Form eines Aktieninvestments wird in der Praxis in den meisten Fällen als geeignete Ausgangsgröße für die Bestimmung von Alternativrenditen eines Unternehmers erachtet. Neben einem Basiszinssatz enthält diese auch die von Anteilseignern aufgrund der Übernahme eines unternehmerischen Risikos geforderte Risikoprämie.

In der Regel wird bei Unternehmensbewertungen eine unbegrenzte Lebensdauer des Bewertungsobjekts unterstellt. Als Basiszinssatz wäre deshalb theoretisch die am Bewertungsstichtag beobachtbare Rendite einer zeitlich nicht begrenzten Anleihe der öffentlichen Hand heranzuziehen. Da diese in der Realität nicht existiert, wird die sogenannte SVENSSON-Methode verwendet, die aus der Umrechnung von historischen Rendite-Daten von Staatsanleihen (die weiterhin als ausfallsicher gelten) diesen risikolosen Basiszins ermittelt.[22] Aus Sicht von Anlegern birgt die Kapitalanlage in Unternehmen jedoch höhere Risiken als der beschriebene Erwerb von Gläubigerpapieren der öffentlichen Hand. Um Risikoäquivalenz zwischen den zu diskontierenden unternehmerischen Cashflows und der Alternativanlage herzustellen, wird in der Bewertungspraxis deshalb ein Risikozuschlag zum Basiszinssatz angesetzt. Dabei ist davon auszugehen, dass Investoren ein besonderes Risiko bei der Geldanlage in Unternehmen sehen. Die Risikoprämie kann mithilfe von Kapitalmarktpreisbildungsmodellen wie dem CAPM aus den am Kapitalmarkt empirisch ermittelten Aktienrenditen abgeleitet werden.[23] Die Verwendung des CAPM wird – trotz der eingangs beschriebener Unzulänglichkeiten – von einer Mehrzahl der Praktiker als sachgemäß erachtet und ist die vorherrschende Methode zur Ableitung eines Risikozuschlags.

Die komplexe Variable des unternehmensbezogenen Risikozuschlags wird in verschiedene, am Markt beobachtbare bzw. ableitbare Faktoren, die

- Marktrisikoprämie und
- den Betafaktor,

unterteilt. Dieser unternehmensbezogene Risikozuschlag ist hinsichtlich der individuellen Risikostruktur des jeweiligen Bewertungsobjektes zu modifizieren. Dieses unternehmensinhärente Risiko wird mittels des CAPM im sogenannten Betafaktor ausgedrückt. Varianzen der tatsächlich realisierten zukünftigen Zahlungsströme vom Erwartungswert stellen Risiken für die Unternehmenseigner dar. Dementsprechend wird angenommen, dass Investoren die Möglichkeit haben, durch den Erwerb von Wertpapieren an einer Vielzahl von Unternehmen ihre Risikoposition zu vermindern („Diversifikation"). Daher wird zwischen dem sogenannten systematischen Risiko, das sich durch Diversifikation nicht vermindern lässt, sowie dem unsystematischen Risiko unterschieden. Der unsystematische Teil des Risikos basiert auf Schwankungen, die alle in diesem Markt aktiven Unternehmen betrifft. Da sich die durch das unsystematische Risiko bedingte Schwankungen von Zahlungsströmen verschiedener Unternehmen ausgleichen, bleibt der Zahlungsstrom aus dem Marktportfolio hinsichtlich dieses unsystematischen Risikos unbeeinflusst. Nach dem CAPM abgeleitete Risikoprämien enthalten daher nur eine Kompensation für das im Betafaktor erfasste systematische, nicht weiter diversifizierbare Risiko.

Dabei dürfen unsystematische Risiken nicht als Synonym von gesamtwirtschaftlichen Risiken verstanden werden. Vielmehr reagieren Unternehmen auf gesamtwirtschaftliche Risikotreiber unterschiedlich stark und unter Umständen mit unterschiedlichen Korrelationen. Somit kommt es zu unterschiedlichen, unternehmensindividuellen Reaktionen auf verschiedene Risikotreiber. Das für die Bewertung wichtige systematische Risiko eines Bewertungsobjektes lässt sich weiterhin zwei in Bestandteile aufteilen:

- zum einen das der Geschäftstätigkeit inhärente und die damit verbundene Reagibilität für Konjunkturschwankungen, das sogenannte operative Risiko,
- zum anderen das mit der Finanzierung zusammenhängende Risiko. Dieses resultiert aus der Tatsache, dass mit zunehmendem Verschuldungsgrad die erwartete Volatilität der an die Investoren fließenden Zahlungen steigt.

Der Betafaktor wird mithilfe von statistischen Regressionsanalysen ermittelt. Diese ergeben sich aus Kapitalmarktdaten als Steigungsmaß einer Regressionsgeraden. Die Berechnung des Betafaktors erfolgt mittels einer linearen Regression der unternehmensindividuellen Kursrendite im Vergleich zu einer Rendite eines Aktienindex.

Der Betafaktor drückt aus, wie sich das Risiko des Bewertungsobjektes zum Marktrisiko verhält. Beträgt der Betafaktor 1, so ist das unternehmensspezifische Risiko gleich dem Risiko des gewählten Aktienindex („Markt"). Ein Betafaktor, der geringer als 1 ist, bedeutet, dass das Bewertungsobjekt einer geringeren Volatilität ausgesetzt ist. Ist der Betafaktor größer als 1, reagiert das Unternehmen stärker auf sich verändernde Marktbedingungen als der Vergleichsindex. Um die statistische Relevanz einer Regression zu bestimmen, werden verschiedene Maße betrachtet, die eine Aussage zulassen, wie (statistisch) relevant ein ermittelter Betafaktor ist.

Die nachfolgende Abbildung zeigt beispielhaft, wie die sich die Renditen eines Wertpapiers („Aktie A") im Vergleich zum Aktienindex („Index A") verteilen und welche Regressionsgerade sich dabei ergeben.

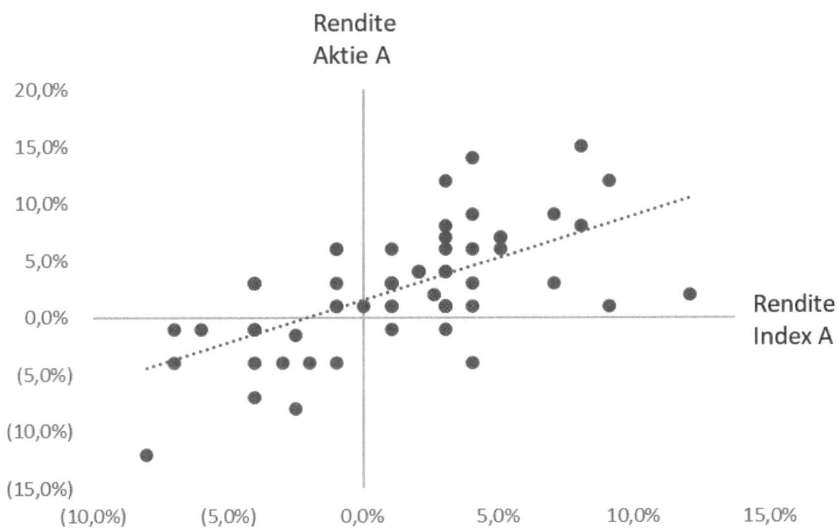

Abbildung 10-6: Beispielhafte Darstellung der Rendite-Beziehung zwischen einer Aktie und einem Aktienindex

In der „Modellwelt" des CAPM beinhaltet das Marktportfolio, welches als Referenzindex zur Bestimmung des Betafaktors genutzt wird, alle riskanten Anlagemöglichkeiten. Neben Aktien würden somit Anleihen, sonstige Wertpapiere, aber auch alle reellen Investitionsmöglichkeiten unter den Begriff „Marktportfolio" fallen. Da ein solcher Index in der Praxis nicht existiert, wird versucht, sich diesem Marktportfolio – mittels eines breitgestreuten Aktienindexes – anzunähern. Die Wahl des „richtigen" Index stellt sich in der Praxis als sehr herausfordernd dar. Dabei ist einerseits der Anteil des Auslandsumfangs des operativen Geschäftsentscheidend und daraus resultierend auch die Anwendung des Standard CAPM (lokal), eines internationalen oder globalen CAPM[24]. Hier kann die Wahl auf einen globalen – wie dem MSCI-World – oder auf einen breiten nationalen Index – wie dem CDAX – fallen. Die Verwendung des jeweiligen Index sollte sich zum einen danach richten, aus welchen Unternehmen die Peer-Group besteht. Zum anderen sollte berücksichtigt werden, wie das „übliche Investitionsuniversum" des Investors aufgebaut ist (national vs. international). Sobald die Peer-Group aus internationalen (nationalen) Vergleichsunternehmen besteht, so sollte der Vergleichsindex ebenfalls international (national) aufgestellt sein.

Alternativ zur Bestimmung des unsystematischen Risikos über den Betafaktor und damit über historische Aktienrenditeschwankungen können die Kapitalkosten auch unmittelbar aus einer Risikoanalyse und Risikosimulation abgeleitet werden, indem man die Ertragsvolatilität bestimmt. Diese kann über die Herleitung eines Erwartungswertes des Ertrags sowie der Standardabweichung berechnet werden.

Beim WACC-Verfahren werden die Fremdkapitalkosten, die sich in der Praxis aus den vertraglich vereinbarten Fremdkapitalzinsen ableiten, um das Tax Shield angepasst. Die Eigenkapital- bzw. Fremdkapitalwerte müssen auf Basis von Marktwerten berücksichtigt werden. Durch die notwendige Verwendung von Markwerten bei der Gewichtung der Kapitalkostenanteile entsteht jedoch ein Zirkularitätsproblem.[25] Wenn der Unternehmenswert nicht bekannt ist, kann der Marktwert des Eigenkapitals nicht bestimmt und damit die Kapitalkosten nicht errechnet werden. Die Bestimmung der Kapitalkosten ist wiederum zwingend notwendig, um den Marktwert des Gesamtkapitals bzw. des Eigen- und Fremdkapitals zu errechnen. Diese Marktwerte werden jedoch bereits zur Bestimmung der Kapitalkostenbestandteile benötigt. Das Zirkularitätsproblem kann computergestützt (Excel-basiert) behoben werden.

Im Gegensatz zu bilanziellen Buchwerten, die im Rahmen der deutschen Rechnungslegung dem Vorsichtsprinzip und damit dem Gläubigerschutz dienen (siehe § 252 I Nr. 4 HGB), ist das Ziel von einkommensbasierten Unternehmensbewertungsmethoden, den Marktwert des Gesamt- bzw. Eigenkapitals zu ermitteln. Bei ertragsschwachen Unternehmen bzw. Krisenunternehmen sind die Marktwerte vor allem dahingehend von Interesse, als dass die Eigen- und Fremdkapitalgeber in Erfahrung bringen müssen, ob ihre Investition „in the money" oder „out of the money" ist.

Die folgende Formel zeigt die grundsätzliche Zusammensetzung des WACC.[26]

$$WACC = k_{EK} \times \frac{MW_{EK}}{MW_{GK}} + k_{FK} \times (1-T) \times \frac{MW_{FK}}{MW_{GK}}$$

Mit:

k_{EK}: *Eigenkapitalkosten*

k_{FK}: *Fremdkapitalkosten vor Steuern*

MW_{EK}: *Marktwert des Eigenkapitals*

MW_{FK}: *Marktwert des Fremdkapitals*

T: Steuersatz

Das Grundgerüst der Bewertungsformel ist – nach der Grundformel „Ertrag im Verhältnis zum innewohnenden Risiko“ – beim WACC- bzw. beim APV- oder TCF-Verfahren dasselbe wie beim Ertragswertverfahren. Einzig die verwendeten Parameter variieren. Die folgende Formel stellt die Bewertungsformel beim WACC-Verfahren dar.[27]

$$Unternehmenswert_{GK} = \sum_{t=1}^{T} \frac{ZÜ_{FCF}}{\left(1+k_{WACC}\right)^{t}} + TV \text{ und}$$

$$TV = \frac{ZÜ_{FCF+1}}{\left(k_{WACC}-g\right)} \times \frac{1}{\left(1+k_{WACC}\right)^{T}} \text{ und}$$

$$Unternehmenswert_{EK} = Unternehmenswert_{GK} - ND_{t0}$$

Mit:

$Unternehmenswert_{GK}$ = Unternehmenswert (Marktwert des Gesamtkapitals; „Enterprise Value“)

$Unternehmenswert_{EK}$ = Unternehmenswert (Marktwert des Eigenkapitals; „Equity Value“)

$ZÜ_{FCF}$: Zahlungsüberschüsse an Gesamtkapitalgeber (Free Cash Flow)

$ZÜ_{EK+1}$: Nachhaltig erzielbare Zahlungsüberschüsse (Free Cash Flow) an Gesamtkapitalgeber

k_{WACC}: WACC (Weighted Average Cost of Capital, gewichtete Durchschnittskapitalkosten)

g: Nachhaltige („ewige“) Wachstumsrate, wobei $k_{WACC} > g$

T: Letztes Jahr der Detail - bzw. Konvergenzplanungsphase

ND_{t0}: Nettofinanzverbindlichkeiten zum Bewertungsstichtag

Der wichtigste Unterschied zwischen dem Ertragswert- und dem WACC-Verfahren ist vordergründlich das Bewertungsergebnis. Während das Ertragswertverfahren (Nettomethode) direkt den Marktwert des Eigenkapitals als Ergebnis errechnet, muss beim WACC-Verfahren ein weiterer Rechenschritt durchgeführt werden. Erst durch den Abzug der Nettofinanzverbindlichkeiten („Net Debt“) vom Ergebnis des WACC-Verfahrens (Brutto-Methode), nämlich dem Gesamtunternehmenswert (Enterprise Value), wird im Rahmen des WACC-Verfahrens der Marktwert des Eigenkapitals erreicht.[28] Wie bereits erwähnt, führen die verschiedenen Verfahren bei gleichen Bewertungsannahmen, insbesondere hinsichtlich der Finanzierungsstruktur, zu gleichen Bewertungsergebnissen.

Bruttomethode – TCF-Verfahren

Neben dem WACC-Verfahren besteht auch das TCF-Verfahren als Verfahren der Bruttomethode. Dieses verwendet in der Regel ebenfalls die gewichteten Kapitalkosten. Der Unterschied liegt in der differenzierten Berücksichtigung des Tax Shields. Während, wie oben beschrieben, der Tax Shield beim WACC-Verfahren bei den Kapitalkosten erfolgt, wird die steuerliche Abzugsfähigkeit von Zinsen beim TCF-Verfahren durch eine Anpassung des Free Cashflow erreicht:[29]

Free Cashflow
(+) steuerliche Abzugsfähigkeit des Zinsaufwands („Tax Shield“)
= Total Cashflow

Gemäß der Berücksichtigung des Tax Shield im zu diskontierenden Zahlungsüberschuss müssen die Kapitalkosten, anders als beim WACC-Verfahren, nicht um die steuerliche Abzugsfähigkeit des Zinsaufwands bereinigt werden. Somit ergibt sich folgende Formel bei der Berechnung der gewichteten Durchschnittskapitalkosten für das TCF-Verfahren:

$$WACC_{TCF} = k_{EK} \times \frac{MW_{EK}}{MW_{GK}} + k_{FK} \times \frac{MW_{FK}}{MW_{GK}}$$

Mit:

k_{EK}: *Eigenkapitalkosten*

k_{FK}: *Fremdkapitalkosten vor Steuern*

MW_{EK}: *Marktwert des Eigenkapitals*

MW_{FK}: *Marktwert des Fremdkapitals*

Daraus ergibt sich die folgende Bewertungsgleichung:

$$Unternehmenswert_{GK} = \sum_{t=1}^{T} \frac{ZÜ_{TCF}}{\left(1 + WACC_{TCF}\right)^{t}} + TV \text{ und}$$

$$TV = \frac{ZÜ_{TCF+1}}{\left(WACC_{TCF} - g\right)} \times \frac{1}{\left(1 + WACC_{TCF}\right)^{T}} \text{ und}$$

$$Unternehmenswert_{EK} = Unternehmenswert_{GK} - ND_{t0}$$

Mit:

$Unternehmenswert_{GK}$ = *Unternehmenswert (Marktwert des Gesamtkapitals; „Enterprise Value")*

$Unternehmenswert_{EK}$ = *Unternehmenswert (Marktwert des Eigenkapitals; „Equity Value")*

$ZÜ_{TCF}$: *Zahlungsüberschüsse an Gesamtkapitalgeber (Total Free Cash Flow)*

$ZÜ_{EK+1}$: *Nachhaltig erzielbare Zahlungsüberschüsse (Total Free Cash Flow) an Gesamtkapitalgeber*

$WACC_{TCF}$: *Gewichtete Durchschnittskapitalkosten*

g: Nachhaltige („ewige") Wachstumsrate, wobei $k_{WACC} > g$

T: Letztes Jahr der Detail – bzw. Konvergenzplanungsphase

ND_{t0}: *Nettofinanzverbindlichkeiten zum Bewertungsstichtag*

Net Debt

Das Net Debt repräsentiert die finanziellen Ansprüche aller Parteien, die nicht den Eigenkapitalgebern zuzurechnen sind und nicht im Rahmen der Bestimmung des Net-Working-Capital, wie z. B. Lieferantenverbindlichkeiten, berücksichtigt wurden. Die Zusammensetzung des Net Debt ist daher einzelfallspezifisch und muss bei jedem Unternehmen und dessen Bewertung individuell ermittelt werden.

Die folgende Berechnung zeigt die grundsätzliche Überleitung vom Enterprise zum Equity Value:

Enterprise Value („Marktwert des Gesamtkapitals")
(–) Net Debt („Nettofinanzverbindlichkeiten")
= Equity Value („Marktwert des Eigenkapitals")

Das folgende Schema zeigt die exemplarischen Positionen, die bei der Bestimmung des Net Debt Berücksichtigung finden:

Mit Net Debt als:
(+) **Zinstragende (bilanzielle) Verbindlichkeiten:**
    (+) Anleihen und sonstige (fest-)verzinsliche (kapitalmarktorientierte) Finanztitel[30]
    (+) Verbindlichkeiten gegenüber Kreditinstituten
    (+) Weitere kreditähnliche, finanzielle Verpflichtungen (wie z. B. Mezzanine-Kapital)
(+) **Pensionsbezogene finanzielle Verpflichtungen:**
    (+) Pensionsrückstellungen
    (–) Aktivwert von Rückdeckungsversicherungen/Wertpapieren
(+) **Zinstragende (außerbilanzielle) Verpflichtungen:**
    (+) Barwert bestehender Leasingverpflichtungen[31]
    (+) Volumen von verkauften Forderungen (Factoring)
    (+) Ggf. Avale
(+) **Weitere Verpflichtungen**
    (+) Anteile von Minderheitsgesellschaftern
(–) **Nichtbetriebsnotwendige Liquidität und liquiditätsähnliches Vermögen**
    (+) Nichtbetriebsnotwendige (überschüssige) Liquidität („Excess Cash")
    (+) Wertpapiere
    (+) Zinstragende Forderungen gegenüber Dritten

Bankdarlehen und -kredite sind die mithin am häufigsten anzutreffenden Fremdfinanzierungsinstrumente von mittelständischen Unternehmen in Deutschland.[32] Neben dem klassischen Bankdarlehen oder der Kontokorrentlinie (Geldleihe) werden Bankkunden – je nach operativer Geschäftstätigkeit – auch Kreditleihen beispielsweise in Form von Avalen zur Verfügung gestellt.[33] Da diese – ebenfalls wie Geldleihen – verzinst werden, stellen Avale grundsätzlich auch eine Abzugsposition bei der Überleitung vom Gesamt- zum Eigenkapitalwert dar. Im Transaktionsumfeld jedoch ist dies häufig ein Verhandlungspunkt. Im Falle, dass der potenzielle Käufer des bewerteten Unternehmens ein strategischer Marktteilnehmer ist, der über eine ausreichend hohe Avallinie verfügt, kann der Abzug der Avale verhandelt werden.

Darüber hinaus haben sich in der deutschen Unternehmenslandschaft weitere Finanzierungsformen, wie z. B. das Factoring oder Leasing, etabliert.

Factoring beschreibt den Verkauf von Forderungen (aus Lieferungen und Leistungen) an ein Factoring-Unternehmen. Dabei wird zwischen echtem und unechtem Factoring unterschieden. Während beim echten Factoring das Ausfallrisiko („Delkredere") auf das Factoring-Unternehmen übergeht, verbleibt dieses Ausfallrisiko im Falle von unechtem Factoring beim Unternehmen. Der Vorteil von Factoring liegt in der liquiditätswirksamen Verkürzung der Forderungslaufzeit beim Unternehmen. Des Weiteren stellt das Factoring-Unternehmen auf das Ausfallrisiko des Unternehmenskunden ab, sodass sich auch Unternehmen in Krisensituationen mittels Factoring finanzieren können.[34] Die Frage der Abzugsnotwendigkeit des Factoringvolumens, als Kontokorrent-Surrogat, vom Enterprise Value wird in der Praxis überwiegend bejaht. Unter bestimmten Umständen kann über die Abzugsnotwendigkeit verhandelt werden, so z. B. wenn es sich um einen einmaligen Forderungsverkauf handelt oder aber wenn die Branchenusance diese Finanzierungsform als Ersatz für ein ansonsten sehr lang laufendes Debitorenzahlungsziel akzeptieren, so z. B. in der Wein- und Spirituosen-Industrie.

Während sich Factoring auf die Finanzierung von Teilen des Umlaufvermögens, nämlich des Forderungsbestands, fokussiert, bietet sich Leasing für die Finanzierung von Anlagevermögen an. Unter Leasing versteht man die Nutzung eines Vermögensgegenstandes – meist eines Investitionsgutes – ohne vorherige Leistung der vollen Investitionssumme, jedoch unter Zahlung von regelmäßigen Raten. Das Eigentum am Leasinggegenstand verbleibt in der Regel beim Leasinggeber.

Daneben verwenden (kapitalmarktorientierte) Unternehmen auch Anleihen zur Finanzierung (fest- und variabel verzinslich). Durch die Einführung der sogenannten „Mittelstandsanleihe" im Jahr 2010 ist der Rentenmarkt zugänglich für mittelständische Unternehmen geworden, sodass auch in mittelständischen Transaktionen bzw. Unternehmensbewertungen unter Umständen kapitalmarktspezifische Themen relevant sein können.

Neben den oben genannten Beispielen finden sich – vor allem bei ertrags- oder liquiditätsschwachen Unternehmen – Mischformen der Fremdfinanzierung, wie z. B. Mezzanine-Kapital, wieder. Mezzanine-Kapital ist ein Finanzierungsvehikel, welches zur Schließung der Lücke zwischen Eigenkapital und Fremdkapital dient.[35] Je nach Vertragsgestaltung liegt ein Eigenkapital-nahes (Equity Mezzanine)[36] Instrument bzw. ein Fremdkapital-nahes Instrument (Debt Mezzanine) vor. Der Rang von Mezzanine ist grundsätzlich vorranging zum realen Eigenkapital und nachrangig zu den übrigen, klassischen Fremdfinanzierungsformen.[37] Je nach Risiko des zu finanzierenden Unternehmens werden Zinsen für Mezzanine in Höhe von 10 % bis 20 % p. a. gezahlt.

Pensionsbezogene finanzielle Verpflichtungen

Ebenso müssen pensionsbezogene Verpflichtungen grundsätzlich bei der Net-Debt-Position als Abzugsposition berücksichtigt werden. Sofern Aktivwerte, wie z. B. eine Rückdeckungsversicherung oder Wertpapiere, zur Deckung der Pensionsansprüche vorliegen, können diese mit den Ansprüchen saldiert werden. Damit keine Doppelzählung erfolgt, müssen bei der Berechnung der zu diskontierenden Ertragsüberschüsse bzw. Cashflows Pensionsaufwendungen bereinigt werden (analog der Vorgehensweise bei den Finanzverbindlichkeiten und dem Zinsergebnis).

Zinstragende (außerbilanzielle) Verpflichtungen

Alle oben beschriebenen Positionen finden sich (zumeist) in der Bilanz des zu bewertenden Unternehmens. Neben diesen „On-Balance-Finanzierungen" existieren auch außerbilanzielle Finanzierungsinstrumente wie Factoring oder Leasing. Diese müssen, sofern die ertragsbezogenen Einflüsse im zu kapitalisierenden Cashflow nicht enthalten sind, grundsätzlich vom Enterprise Value abgezogen werden und sind somit ebenso Teil des Net Debt.[38]

Weitere Verpflichtungen

Sofern Minderheitsgesellschafter Anteile an dem zu bewertenden Unternehmen halten, werden diese als Quasi-Forderung Dritter angesehen und dementsprechend vom Gesamtunternehmenswert in Abzug gebracht.

Nichtbetriebsnotwendige Liquidität und liquiditätsähnliches Vermögen

Verfügt die Gesellschaft über nichtbetriebsnotwendige (überschüssige) Liquidität („Excess Cash") und/oder liquiditätsähnliches Vermögen, wie z. B. Wertpapiere oder zinstragende Forderungen gegenüber Dritten (beispielsweise Gesellschaftern), so sind diese im Net Debt als Abzugsposition bzw. in der Überleitung vom Enterprise Value zum Equity Value als Hinzurechnung zu erfassen.

An dieser Stelle sei jedoch angemerkt, dass bei ertragsschwachen Unternehmen in der Regel keine überschüssige Liquidität vorliegt, da die Ertragsschwäche meistens etwaiges Excess Cash bereits vor dem Bewertungsstichtag aufgezehrt hat. Sollten nichtsdestotrotz überschüssige liquide oder liquiditäts-ähnliche Vermögen vorliegen, so müssen diese in Abzug zu einer etwaigen Kontokorrentlinie gebracht werden.

Des Weiteren können liquide bzw. liquiditätsähnliche Mittel vorliegen, die nicht zur freien Verfügung stehen („Trapped Cash"). Dieser Bestand an „gefangenen" liquiden Mitteln liegt unter anderem dann vor, wenn eine (teilweise) Barunterlegung von Avalen durch ein Kreditinstitut gefordert wird. Diese liquiden Mittel müssen bei der Überleitung vom Enterprise Value zum Equity Value als Abzugsposition berücksichtigt werden.

Bruttomethode – APV-Verfahren

Wie bereits erläutert, liegt der Hauptunterschied der verschiedenen Ausprägungen der Bruttomethode in der Berücksichtigung des sogenannten Tax Shield. Während beim WACC-Verfahren der Steuervorteil der Fremdfinanzierung in den Kapitalkosten berücksichtigt wird, bewertet man im Gegensatz dazu beim APV-Verfahren die steuerliche Abzugsfähigkeit von Zinsaufwendungen separat.[39]

> Beim APV-Verfahren wird im ersten Schritt der Marktwert der operativen Geschäftstätigkeit unter Annahme einer vollständigen Eigenfinanzierung bestimmt. Im nächsten Schritt erfolgt die Berechnung des Wertbeitrags aus der steuerlichen Abzugsfähigkeit der Zinsaufwendungen. Die Summe aus dem unverschuldeten Marktwert des operativen Geschäfts zuzüglich dem Wertbeitrag des Tax Shield ergibt den Marktwert des Gesamtkapitals.

Für die Barwertberechnung des Marktwertes des Gesamtkapitals sind somit prinzipiell zwei Diskontierungszinssätze notwendig. Zum einen wird der Zinssatz für die Bewertung der operativen Geschäftstätigkeit und zum anderen für die Bewertung des Tax Shield benötigt. Für die Diskontierung der Free Cashflows des operativen Geschäfts werden im Rahmen des APV-Verfahrens die Eigenkapitalkosten vor Finanzierungseffekten („unverschuldet") verwendet.[40] Die Bewertung des Tax Shield kann ebenfalls mit den unverschuldeten Eigenkapitalkosten erfolgen. Alternativ kann der Tax Shield auch mithilfe des Fremdkapitalzinssatzes zum Bewertungsstichtag bewertet werden.

Die nachfolgende Gleichung zeigt die Berechnung des Gesamtkapitalwertes unter Verwendung des APV-Verfahrens.[41]

$$Unternehmenswert_{GK} = \sum_{t=1}^{T} \frac{ZÜ_{FCF}}{\left(1+k_{EK-U}\right)^{t}} + \frac{ZÜ_{TS}}{\left(1+k_{EK-U}\right)^{t}} + TV_{Operativ} + TV_{TS} \text{ und}$$

$$TV_{operativ} = \frac{ZÜ_{FCF+1}}{\left(k_{EK-U}-g\right)} \times \frac{1}{\left(1+k_{EK-U}\right)^{T}} \text{ und}$$

$$TV_{TS} = \frac{ZÜ_{TS+1}}{\left(k_{EK-U}-g\right)} \times \frac{1}{\left(1+k_{EK-U}\right)^{T}}$$

Mit:

$Unternehmenswert_{GK}$ = Unternehmenswert (Marktwert des Gesamtkapitals; „Enterprise Value")

$Unternehmenswert_{EK}$ = Unternehmenswert (Marktwert des Eigenkapitals; „Equity Value")

$ZÜ_{FCF}$: Zahlungsüberschüsse an Gesamtkapitalgeber (Free Cash Flow)

$ZÜ_{FCF+1}$: Nachhaltig erzielbare Zahlungsüberschüsse (Free Cash Flow) an Gesamtkapitalgeber

k_{EK-U}: Eigenkapitalkosten vor Finanzierungseffekten (unverschuldet)

g: Nachhaltige („ewige") Wachstumsrate, wobei $k_{WACC} > g$

Der Marktwert des Eigenkapitals ergibt sich durch den Abzug des Net Debt, wie bereits beim WACC-Verfahren dargestellt. Für die oben dargestellte Berechnung wurde der Wertbeitrag des Tax Shield mit den Eigenkapitalkosten bewertet.

Das APV-Verfahren bietet zwei Vorteile im Vergleich zum WACC-Verfahren. Der erste Vorteil des APV-Verfahrens ist, dass durch die Irrelevanz der Finanzierungsstruktur kein Zirkularitätsproblem bei der Bestimmung der Eigenkapitalkosten entsteht. Der zweite Vorteil, welcher bei der Bewertung von Unternehmen im Distressed-Bereich eine hohe Relevanz hat, ergibt sich durch die explizite Darstellung des Wertbeitrags aus der steuerlichen Abzugsfähigkeit von Zinsaufwendungen der Fremdkapitalfinanzierung. Bei der Planung der steuerlichen Abzugsfähigkeit von Zinsaufwendungen müssen – vor allem bei der Bewertung von (international agierenden) Unternehmensgruppen – die Regelungen aus der Unternehmenssteuerreform 2008 hinsichtlich der „Zinsschranke" beachtet werden (siehe § 4h EstG für alle Betriebe und § 8a KStG n. F. für Körperschaften).

Die folgende Übersicht zeigt das Ermittlungsschema der Cashflows bzw. Ertragsüberschüsse für die verschiedenen Methoden.

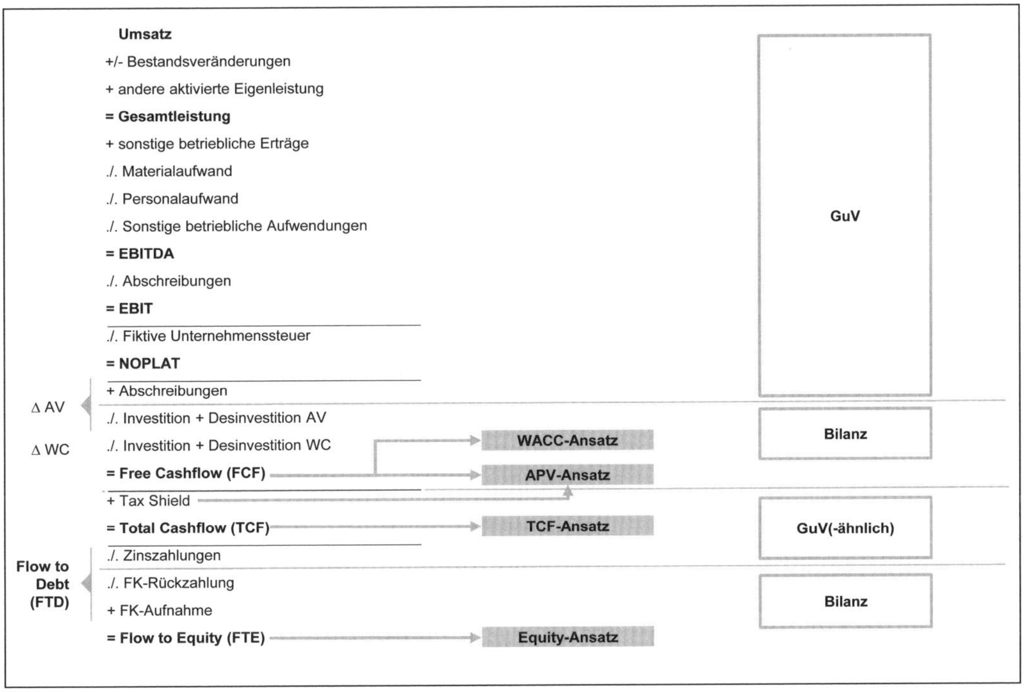

Abbildung 10-7: Cashflow-Schema

Marktwertorientierte Verfahren

Wie bereits erwähnt, können neben den fundamental begründeten einkommensbasierten Verfahren auch marktorientierte Bewertungsverfahren zur Validierung der Ergebnisse herangezogen werden. Diese Verfahren basieren auf öffentlich verfügbaren Kapitalmarktdaten (Comparable Company Approach) oder auf Daten vergleichbarer Unternehmenstransaktionen (Precedent Transaction Approach[42]).[43] Daneben können auch Bewertungen herangezogen werden, die im Rahmen von Börsengängen von vergleichbaren Unternehmen (Initial Public Offering Approach) durchgeführt wurden.[44]

Der Gesamtunternehmenswert ergibt sich bei den marktorientierten Bewertungsverfahren als Ergebnis eines bestimmten Vielfachen einer Erfolgs- oder Bestandsgröße.[45] Zumeist werden die Umsatzerlöse, das EBIT oder das EBITDA verwendet.[46] Schon vor dem Hintergrund der hierfür notwendigen positiven Ertragskennziffern eignen sich diese Verfahren zumeist nicht für die Plausibilisierung oder gar Bewertung von Unternehmen in Krisensituationen[47].

Bei Bewertungen mittels Multiplikatoren ist zu beachten, dass es sich bei den errechneten Unternehmenswerten um Stichtagsbetrachtungen handelt. Somit kann die Aussagekraft einer Multiplikatorbewertung immer nur unter dem Gesichtspunkt der Stichtags- bzw. Transaktionsbezogenheit betrachtet werden.

Bei der Bewertung auf Basis vergleichbarer Unternehmenstransaktionen ist zu berücksichtigen, dass die gezahlten Preise – auch erheblich – vom Unternehmenswert des Zielunternehmens abweichen können. Mögliche Gründe hierfür sind eingepreiste Synergiepotenziale, strategische Prämien oder weitere für die Öffentlichkeit nicht transparente Sachverhalte.

Wie bei den einkommensbasierten Verfahren wird bei den marktwertorientierten zwischen Netto- und Bruttomethoden unterschieden. Die nachfolgende Darstellung gibt einen Überblick über die wichtigsten Multiplikatoren der beiden Methoden.

Bruttomethode („Entity-Multiplikatoren")			Nettomethode („Equity-Multiplikatoren")
Umsatzmultiplikator	**EBITDA-Multiplikator**	**EBIT-Multiplikator**	**Kurs-Gewinn-Verhältnis („P/E-Ratio")**
+ Anwendbar bei jungen Unternehmen (u.U. bei Verlusten) und in Branchen mit besonderer Bedeutung von Marktanteilen + Einfache Datenbeschaffung	+ Indikator der operativen Ertragskraft (Cashflow-Annäherung) + Steuern, Kapitalstruktur und Abschreibungen bleiben unberücksichtigt und ermöglichen eine internationale Vergleichbarkeit	+ Indikator der operativen Ertragskraft + Steuern, Kapitalstruktur und Abschreibungen bleiben unberücksichtigt und ermöglichen eine internationale Vergleichbarkeit	+ Sehr gebräuchlich + Einfache Datenbeschaffung + Geeignet bei ähnlicher Kapitalstruktur
– Ertragskraft bleibt unberücksichtigt – Einfluss der Rechnungslegung	– Informationsbeschaffung	– Einfluss der Abschreibungspolitik	– Verzerrung durch Bilanzpolitik – Verzerrung durch internationale Bilanzierung und Besteuerung – Verzerrung durch Kapitalstruktur

Abbildung 10-8: Übersicht über die wichtigsten Multiplikatoren marktwertorientierter Verfahren in der Praxis

Ähnlich wie bei den Brutto-Methoden der einkommensbasierten Verfahren wird der Marktwert des Eigenkapitals bei den „Entity-Multiplikatoren" indirekt ermittelt. Das Ergebnis der Bewertung ist der Enterprise Value. Daher muss in einem nächsten Schritt das Net Debt (Netto-Marktwert des Fremdkapitals) in Abzug gebracht werden, um den Equity Value zu bestimmen.

Marktwertorientierte Verfahren können zwar als Indikator für den Wert eines Unternehmens dienen, ersetzen jedoch nicht eine vollumfängliche Unternehmensbewertung mithilfe eines einkommensbasierten Verfahrens.[48]

Des Weiteren wird in vergangenheitsorientierte („trailing multiples") und zukunftsgerichtete („forward multiples") Verfahren unterschieden. Trailing multiples können auf Basis von Preisrelationen börsennotierter Vergleichsunternehmen, Börsengängen vergleichbarer Unternehmen und vergleichbarer Transaktionen stammen. Forward multiples existieren nur für börsennotierte Unternehmen. Diese basieren auf geschätzten zukünftigen Preisrelationen, welche von Aktienanalysten veröffentlicht werden. Die folgende Abbildung fasst diesen Sachverhalt zusammen.

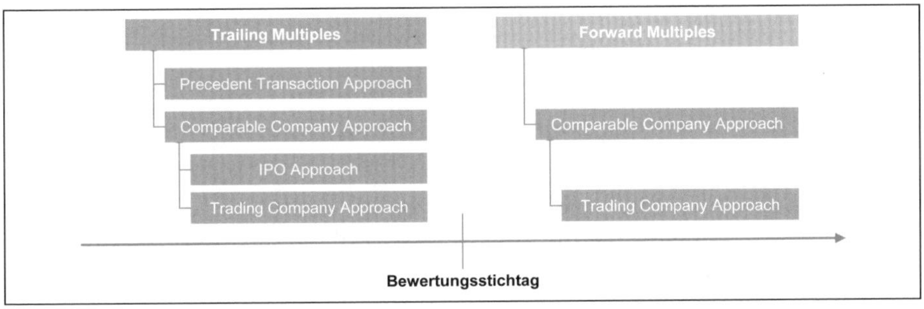

Abbildung 10-9: Unterscheidung von trailing und forward multiples

Der Vorteil von forward multiples ist, dass diese in der Regel keine Sondereffekte aufweisen und damit keiner Bereinigung der Multiplikatoren bedürfen.[49]

Für Unternehmen, die sich in einer Krisensituation befinden, ist die Bewertung auf Basis von marktorientierten Verfahren schwierig. Allein die Tatsache, dass sich das Bewertungsobjekt in einer wirtschaftlich schwierigen Phase befindet, konterkariert den Vergleichbarkeitsgedanken. Es müssten daher nur vergleichbare Transaktionen bzw. börsennotierte Vergleichsunternehmen zur Bewertung herangezogen werden, die in einer ähnlichen Unternehmenssituation bewertet wurden. Darüber hinaus müsste man eine Mehrzahl von vergleichbaren Unternehmen finden, die einerseits in einer Krisensituation sind, aber andererseits noch positive Ertragsgrößen aufweisen, damit die Multiplikatorenmethode Anwendung finden kann.

An diesen grundlegenden Ausführungen wird bereits ersichtlich, dass es bei der marktwertorientierten Bewertung wesentlich mehr bedarf als ein bloßes Sammeln von „halbwegs vernünftigen Multiplikatoren anderer Transaktionen".

In der Praxis kommt es häufig in Verhandlungen zu allgemeinen Aussagen wie: „Der MAIER hat für MÜLLER das 12,5x EBITDA gezahlt". Selbst wenn diese Aussage verifiziert sein sollte, stellen sich in diesem Zusammenhang doch noch einige Fragen:

1. Sprechen wir vom Gesamtunternehmenswert (Enterprise Value) oder über den Kaufpreis (Equity Value)?

Der Gesamtunternehmenswert beschreibt das Unternehmen auf schuldenfreier Basis und ohne Liquidität. Der Kaufpreis entspricht dem Equity Value, d.h. dem Preis für das Unternehmen „wie es steht und liegt". Diese Begrifflichkeiten werden in Deutschland häufig fälschlicherweise mit dem Begriff Unternehmenswert versehen und häufig fehlerhaft verwendet.

2. Wurde ein Mehrheits- oder ein Minderheitsanteil erworben?

Werden börsennotierte Unternehmen übernommen liegen die Aufpreise bei Pflichtangeboten bei rd. 20 %. Diese Kontrollprämie ist bei der Ermittlung von Unternehmens- und vor allem Anteilswerten mittel-ständischer Unternehmen zu berücksichtigen.

3. Auf welche EBIDTA-Basis bezieht sich der Multiplikator?
   - auf Basis des EBITDAs der letzten 12 Monate?
   - auf Basis des durchschnittlichen EBDITA der letzten drei Jahre?

- auf Basis des EBITDA des letzten abgeschlossenen Geschäftsjahres?
- auf Basis des prognostizierten EBITDA in 2021?

→ Und wie viel davon ist durch vorhandenen Auftragsbestand gesichert?

4. Ist der Kaufpreis komplett zum Closing-Stichtag geflossen oder gibt es Kaufpreisanpassungs-mechanismen?

Häufig wird ein Kaufpreis in verschiedenen Tranchen bezahlt, die u. U. gewinnabhängig sein können. Damit ist die Interpretation des Multiplikators erschwert. All diese Parameter machen den Multiplikatoransatz als primäre Bewertungsmethode hinfällig. Dies hat auch das IDW in seinem Grundsatz S1 festgehalten.

Einzelbewertungsverfahren

Neben den ertragsorientierten Bewertungsverfahren (einkommens- und marktwertorientiert) kann prinzipiell der Unternehmenswert als Summe der vorhandenen Vermögensgegenstände (abzgl. der Schulden) betrachtet werden. In der Theorie haben sich zwei grundlegende Verfahren entwickelt, das Liquidations-[50] und das Substanzwertverfahren.[51] Während das Substanzwertverfahren keine eigenständige Bedeutung für die Unternehmensbewertung hat, kommt dem Liquidationswert als Wertuntergrenze eine signifikante Bedeutung zu – vor allem bei ertragsschwachen Unternehmen.[52]

Der Substanzwert ist definiert als Rekonstruktions- oder Wiederbeschaffungswert aller Vermögensgegenstände (inkl. immaterieller Vermögensgegenstände) und Schulden.[53] Das bedeutet, dass der Bewerter einen vollständigen „Neuaufbau" des Bewertungsobjekts unterstellt. Da dem Substanzwert – wie bereits oben erwähnt – in der Praxis keine große Relevanz zukommt, fokussieren sich die weiteren Ausführungen auf das Liquidationsverfahren bei der Unternehmensbewertung.

Im Gegensatz zum Substanzwertverfahren betrachtet das Liquidationswertverfahren die Zerschlagung des Unternehmens.[54] Der Liquidationswert wird in der Praxis – neben der Funktion als Wertuntergrenze – zur Bestimmung des Wertes des nicht betriebsnotwendigen Vermögens verwendet. Bei ertragsschwachen Unternehmen kann der Barwert der zukünftigen finanziellen Überschüsse geringer sein als der Barwert des Liquidationswertes.[55] In einem solchen Fall ist der Unternehmenswert in Höhe des ermittelten Liquidationswertes anzusetzen. Die Ermittlung des Liquidationswertes wird in der folgenden Abbildung schematisch dargestellt.

+ Barwert der Einzahlungen aus der Veräußerung aller veräußerbaren Vermögensgegenstände
– Barwert der Auszahlungen für die Ablösung aller Schulden
– Barwert der Auszahlungen für Liquidationskosten
= Liquidationserlös
– Barwert der Auszahlungen für die durch den Liquidationserlös entstehenden Steuern
= Liquidationswert

Abbildung 10-10: Schematische Darstellung der Liquidationswertermittlung[56]

Die Höhe des Liquidationswertes ist stark von der Liquidationsgeschwindigkeit und -intensität abhängig. Die Liquidationsgeschwindigkeit ist definiert als der Zeitraum, welcher benötigt wird, um alle Vermögensgegenstände zu veräußern. Die Liquidationsgeschwindigkeit selbst ist wiederum stark davon abhängig, inwiefern die vorhandenen Vermögensgegenstände veräußerbar bzw. für Dritte verwendbar sind. Die Zerschlagungsintensität dagegen beschreibt die mögliche und sinnvolle Zusammenfassung von Vermögensgegenständen, um einen höchstmöglichen Veräußerungserlös zu generieren. Bei der Ermittlung von Liquidationswerten sind, neben der Begleichung der Schulden, die Liquidationskosten als weitere erlösschmälernde Positionen zu berücksichtigen. Diese fallen im Zuge der Liquidation unter anderem an: Abfindungen, Sozialplan, Aufwendungen für Immobilienmakler, Berater und Liquidatoren. Bei einem positiven Liquidationswert, welcher den Anteilseignern zusteht, sind außerdem Ertragssteuern zu berücksichtigen. Gegebenenfalls ist die Verrechnung von vorhandenen (steuerlichen) Verlustvorträgen mit dem Liquidationswert möglich.

Wird unterstellt, dass der Liquidationsprozess einen längeren Zeitraum, d.h. mehrere Monate, in Anspruch nehmen wird, so sind die zukünftigen Zahlungsüberschüsse zu diskontieren. Die Kapitalkosten können, wie bei den einkommensbasierten Verfahren auch, mithilfe des CAPM bestimmt werden. Eine besondere Bedeutung kommt hierbei der Bestimmung des Basiszinssatzes zu. Aufgrund der endlichen Lebensdauer des Unternehmens ist ein laufzeitäquivalenter Basiszinssatz zu wählen.[57]

In Insolvenzsituationen wird ein (vorläufiger) Insolvenzverwalter grundsätzlich das bewegliche Anlage- und Umlaufvermögen unter Berücksichtigung und Zuordnung von Fremd- und Drittrechten aufnehmen (Vermögensübersicht nach § 153 InsO) und dessen Wert durch einen Gutachter schätzen lassen. In den meisten Fällen ermittelt der Gutachter einen Zerschlagungswert, bei dem er von der Einzelveräußerung der Vermögensgegenstände ausgeht und durch seine Marktkenntnis und Verwertungskompetenz einen realistischen Liquidationswert der Vermögensgegenstände ermittelt.

Ebenso erstellt ein (vorläufiger) Insolvenzverwalter eine Schätzung des Fortführungswertes. Dieser Begriff ist vielschichtig. Das Bilanzrichtlinien-Gesetz (BiRiLiG) von 1985 hat den handelsrechtlichen Going-Concern- bzw. Fortführungsgrundsatz als Bestandteil der gesetzlich normierten allgemeinen Bewertungsprinzipien des § 252 HGB geprägt. Bei der Bewertung von Vermögensgegenständen und Schulden ist von der Fortführung der Unternehmenstätigkeit auszugehen, sofern dem nicht tatsächliche oder rechtliche Gegebenheiten entgegenstehen. Nun läuft mit der Insolvenzantragstellung der Fortführung des Unternehmens exakt diese Gegebenheit dem Going-Concern entgegen. Dennoch ermitteln Gutachter im Rahmen der Sachaufnahme diese Fortführungswerte unter „Berücksichtigung der aktuellen Marktsituation, des Alters und des Pflegezustandes der verzeichneten Objekte sowie unter Annahme der Funktionstüchtigkeit der technischen Geräte und Maschinen. Die Wertangaben werden für den internen Gebrauch zur Verfahrensabwicklung ermittelt." In den meisten Gutachten ist jedoch vermerkt, dass bei Verkaufsverhandlungen – zur Weiterführung oder in der Endverwertung – je nach Art des Verfahrens Wertänderungen nötig werden könnten.[58]

Eine exakte Berechnungsgrundlage für die Fortführungswerte in diesen Gutachten ist nach Kenntnis des Autors nicht einschlägig dokumentiert.

Praxistransfer bei der Bewertung eines ertragsschwachen Unternehmens

Die vorgestellten grundsätzlichen Ausführungen zu den verschiedenen Bewertungsverfahren werden nun anhand eines fiktiven Praxisbeispiels detailliert dargestellt[59]. Dabei werden ergänzende Instrumente hinzugezogen, die sich aus den Grenzen der jeweiligen Verfahren bei der Bewertung ertragsschwacher Unternehmen ergeben. Darüber hinaus verweise ich auf wissenschaftliche Beiträge und Aufsätze, die bestimmte Herausforderungen bei der Bewertung ertragsschwacher oder insolvenzgefährdeter Unternehmen zum Inhalt haben und die unter akademischen Gesichtspunkten von Interesse sind. Häufig ist jedoch die Vermittelbarkeit der wissenschaftlichen Theorien in der Praxis bei einer Vielzahl von Stakeholdern nur schwer möglich. Eine exakte Aufarbeitung des wissenschaftlichen Stands der Diskussionen zur Bewertung ertragsschwacher Unternehmen würde den Umfang und den Zweck dieses Praktikerhandbuchs bei weitem übersteigen. Für jegliche einkommensbasierte Unternehmensbewertungsverfahren wird eine integrierte Finanzplanung benötigt. Diese besteht zumindest aus einer Gewinn- und Verlustrechnungs-, Bilanz- und Kapitalflussrechnungsplanung. In der Praxis hat sich die Planung weiterer Bestandteile, wie eine separate Planung der Investitionen, der Fremdkapital- oder der Working-Capital-Entwicklung bewährt.

Die Planung der Umsätze der Gewinn- und Verlustrechnung sollte im Idealfall auf einem Wert- und Mengengerüst basieren (z. B. auf Produktebene), auf welchem auch die Materialaufwands- beziehungsweise Rohertragsplanung aufgesetzt wird. Bei der Planung der Aufwandspositionen in den Bereichen Personal und den sonstigen betrieblichen Aufwendungen sollte exakt unterschieden werden in die Aufwandsarten, die im Rahmen der Sanierungsmaßnahmen ohnehin exakt geplant wurden und damit in die integrierte Planung übernommen werden können, und den Parametern, die als Wertreiber im Verhältnis zu übergeordneten Bezugsgrößen (wie z. B. Umsatz oder Materialaufwand) geplant werden müssen. Die Abschreibungen können aus der Planung der Investitionen und daraus resultierend des Anlagevermögens entnommen werden. Ähnlich verhält es sich mit den Zinsaufwendungen (Zinserträgen) und der Fremdkapitalplanung (Planung des nicht betriebsnotwendigen Kassenbestands bzw. sonstiger verzinslicher Aktivpositionen). Die Steuern basieren dementsprechend auf dem Ergebnis vor Steuern und sollten etwaige Verlustvorträge berücksichtigen.

In der Praxis hat sich bewährt, Sonderpositionen wie Verlustvorträge separat zu planen. Dabei sind ebenso sanierungsbedingte Maßnahmen und deren Steuerwirkungen zu modellieren. Meist werden diese Maßnahmen als Szenarien (bspw. mithilfe von Excel) geplant, die je nach simulierter Unternehmenssituation bzw. antizipierter Transaktion „hinzugeschaltet“ werden, um die jeweiligen Auswirkungen auf den Unternehmenswert analysieren zu können.

Betrachtet man die Bilanzplanung genauer, so unterteilt sich diese zumindest in drei Bestandteile. Diese sind

1. das **Nettoumlaufvermögen** (Net-Working-Capital), bestehend aus den kurzfristigen Aktivpositionen abzgl. der kurzfristigen Passivpositionen.

Darüber hinaus müssen

2. die **langfristigen Vermögensgegenstände** und
3. die **Positionen des Fremdkapitals** geplant werden.

Bei den langfristigen Vermögensgegenständen – also dem Anlagevermögen – bietet sich an, den Anlagespiegel des Bewertungsobjekts als Basis zu verwenden und die Investitionsplanung in dieser Form vorzunehmen. Zumeist können die für das Rechnungswesen verantwortlichen Personen einen Abschreibungsvorlauf exportieren, der die Entwicklung des Anlagevermögens ohne Neuinvestitionen zeigt. Zusätzliche Investitionen oder Desinvestitionen müssen ohnehin separat geplant und in die Bilanzplanung überführt werden.

Ähnlich verhält es sich mit den Passivpositionen, die nicht dem Eigenkapital bzw. nicht dem Nettoumlaufvermögen zuzurechnen sind. Fremdfinanzierungen, z.B. in Form von Bankdarlehen, sollten auf Anfangsbeständen, der Tilgung und neuer Kapitalaufnahmen im jeweiligen Planungsjahr basieren und daraus den jeweiligen Jahresendbestand berechnen. Die Bestände der Fremdfinanzierungen haben einen direkten Einfluss auf die Planung der Gewinn- und Verlustrechnung über den Zinsaufwand.

Die Integration des Finanzmodells wird durch die Bestimmung des Kapitalflusses erreicht. Sofern alle Kapitalflussquellen (operativer Cashflow, Cashflow aus Investitionstätigkeit und Cashflow aus Finanzierungstätigkeit) zusammen einen positiven Betrag ergeben, erhöht sich der Kassenbestand. In dem Falle, dass die Kapitalflussquellen einen negativen Betrag ergeben, reduziert sich der Kassenbestand. Ist der Kassenbestand bereits am unteren Ende der betriebsnotwendigen Liquidität und ergeben die Kapitalflussquellen einen negativen Betrag, so muss dieser Finanzbedarf planerisch über eine kurzfristige Kreditlinie („Kontokorrent") gedeckt werden.

In der Praxis werden häufig fälschlicherweise einwertige Ziel(-erreichungs-)planungen von Unternehmen verwendet, um den Unternehmenswert zu ermitteln. Da die mithilfe des CAPM ermittelten Kapitalkosten sogenannte Erwartungswerte darstellen, müssen auch die diskontierenden Zahlungsflüsse auf Erwartungswerten basieren. Somit sind einwertige Planungen ungeeignet für die Erstellung einer methodisch korrekten Unternehmensbewertung. Auch findet zumeist – vor allem in der Transaktionspraxis – das WACC-Verfahren Anwendung. Periodenspezifische Kapitalkosten bleiben dabei häufig unberücksichtigt. Des Weiteren werden häufig Zielkapitalstrukturen verwendet, ohne im jeweiligen Planungsjahr das Verhältnis zwischen den Marktwerten des Eigen- und Fremdkapitals an die gewählte Zielkapitalstruktur anzupassen. Vor dem Hintergrund, dass die Kapitalstruktur eine signifikante Stellung bei der Bewertung von ertragsschwachen Unternehmen bzw. Krisenunternehmen einnimmt, verstärkt sich dieser negative Einfluss bei der Verwendung des WACC-Verfahrens auf Basis einer einwertigen Zielplanung und konstanten Kapitalstrukturen und damit Kapitalkosten.

Im Nachfolgenden wird anhand eines fiktiven Fallbeispiels zunächst eine Unternehmensbewertung auf Basis der Zielerreichungsplanung erstellt und im Anschluss dazu die methodisch korrekte Vorgehensweise erläutert.

Fallbeispiel/Ausgangssituation

Das Unternehmen „HÖLZER GmbH" ist ein traditionsreicher und etablierter Hersteller von Maschinen zur Metallbearbeitung. Nachdem die Gesellschaft über Jahrzehnte hinweg höchst profitabel gewirtschaftet hat und kontinuierliches Wachstum generieren konnte, bezog HÖLZER im Geschäftsjahr 2017 ein neues Verwaltungsgebäude mit angebundener Produktionsstätte. Da sich aufgrund von marktseitigen Veränderungen in Form von gestiegenen Rohstoffpreisen die Materialaufwandsquote im Jahr 2017 deutlich erhöht hat, erwirtschaftete HÖLZER erstmalig ein negatives Jahresergebnis in Höhe von € 5,3 Mio. Zu diesem Zeitpunkt erwartete die Geschäftsführung, dass sich der Beschaffungsmarkt im nächsten Geschäftsjahr wieder erholen würde.

Im Geschäftsjahr 2018 erfuhr HÖLZER jedoch einen deutlichen Einbruch der Auftragslage, sodass der Umsatz von € 62,4 Mio. (2017) auf € 52,3 Mio. (2018) gesunken ist. Aufgrund dessen hat die Gesellschaft Restrukturierungsmaßnahmen begonnen, die zunächst auf die Reduktion des Personalbestands abzielten. Durch den Einbruch der Umsatzerlöse und den Restrukturierungsaufwendungen, die bei der Personalfreisetzung entstanden, hat HÖLZER ein ähnlich negatives Jahresergebnis erwirtschaftet wie im Vorjahr. Bedingt durch die anhaltend schlechte Auftragslage sank der Umsatz bis 2020 weiter. Durch positiv verlaufene Gespräche mit den Hauptlieferanten von HÖLZER konnte im Jahr 2020 die Materialaufwandsquote signifikant reduziert und damit ein positives EBITDA in Höhe von T€ 359,6 erwirtschaftet werden.

Durch die anhaltende Verlustsituation und zusätzliche negativen Entwicklungen, wie z. B. der Verschiebung von Zahlungszielen, ist jedoch die Liquidität im Jahr 2020 stark gesunken. Um weitere notwendige Restrukturierungsmaßnahmen durchführen zu können, hat die Gesellschaft im Jahr 2021 weitere Finanzmittel in Form eines Darlehens und einer Mezzanine-Finanzierung aufgenommen.

HÖLZER hat neben dem Forecast für das Jahr 2021 eine Mittelfristplanung für die Jahre 2022 bis 2025 entwickelt. Diese wurde im Rahmen einer Zielplanung erstellt und ist somit auf *einem* Szenario aufgebaut. Aufgrund der Umbruchsituation, in der sich HÖLZER befindet, hat der Bewerter die bisher verwendete einwertige Planung (nur ein Szenario) durch eine Szenario-basierte Unternehmensplanung ersetzt. Die vom Bewerter verwendeten Szenarien sind:

- Best Case (Eintrittswahrscheinlichkeit: 5,0 %)
- Upside Case (Eintrittswahrscheinlichkeit: 15,0 %)
- Management Case (Eintrittswahrscheinlichkeit: 40,0 %)
- Downside Case (Eintrittswahrscheinlichkeit: 20,0 %)
- Worst Case (Eintrittswahrscheinlichkeit: 20,0 %)

Die Szenarien wurden auf alle Positionen der Gewinn- und Verlustrechnung sowie auf die Positionen des Nettoumlaufvermögens („Net Working Capital", NWC) angewendet. Da es sich bei den geplanten Investitionen größtenteils um betriebsnotwendige Erhaltungsinvestitionen und nur im geringen Umfang um Erweiterungsinvestitionen handelt, wurde von einer Szenario-basierten Planung des Anlagevermögens abgesehen. Die sich aus der Planung des NWC ergebenden Veränderungen der unfertigen Erzeugnisse und Leistungen sowie der fertigen Erzeugnisse und Waren wurden in der Planung der Gewinn- und Verlustrechnung als Bestandsveränderungen berücksichtigt.

Die geplanten Restrukturierungsmaßnahmen führen in den Jahren 2021 bis 2023 zu einer Stabilisierung der Umsatzerlöse und im Jahr 2023 zu einer leicht verbesserten – jedoch weiterhin negativen – Ergebnissituation. Erst im Jahr 2025 gelingt die Generierung eines positiven Jahresüberschusses. Die Restrukturierungsmaßnahmen bestehen vor allem aus einer Optimierung des Einkaufs und einer damit einhergehenden verbesserten Rohertragsmarge im Jahr 2023. Darüber hinaus ergibt sich durch den planmäßigen Abgang eines geringen Teils der Belegschaft – durch Eintritt in das rentenfähige Alter – eine leichte Reduktion der Personalaufwandsquote. HÖLZER geht davon aus, dass die Arbeitsleistung der abgehenden Mitarbeiter durch die verbleibende Belegschaft ohne Mehraufwand verrichtet werden kann.

Es soll nun eine Unternehmensbewertung zum 31. Dezember 2020 durchgeführt werden, um weitere Finanzierungsmaßnahmen zu eruieren und eine adäquate Dokumentation der Management-Entscheidungen im Sinne des § 43 GmbHG zu erlangen.

Da sich die finanzwirtschaftlichen Verhältnisse der Gesellschaft zum Ende des Planungshorizontes nicht im eingeschwungenen Unternehmenszustand befinden, muss bei der Unternehmensbewertung eine weitere, sogenannte Konvergenz- bzw. Grobplanungsphase vor dem nachhaltigen Ergebnis berücksichtigt werden, um den nachhaltigen Wertbeitrag ermitteln zu können. Unter anderem weist die Unternehmensplanung von HÖLZER im letzten Planungsjahr (2025) eine Umsatzwachstumsrate von 5,0 % auf.

Für die vorliegende Unternehmensbewertung wurde daher eine Konvergenzphase von vier Jahren (2026 bis 2029) verwendet. In diesem Zeitraum wurde das Umsatzwachstum von 5,0 % (2025) auf 1,9 % (2029) reduziert. Durch die Überleitung zum nachhaltigen Ergebnis im Jahr 2030 mit einer ewigen Umsatzwachstumsrate von 1,0 % entspricht diese Entwicklung der Umsatzwachstumsrate einem degressiven Verlauf. Die sonstigen im Jahr 2028 geplanten Ertrags-, Aufwands- und Vermögensverhältnisse wurden bei der Überleitung zum nachhaltigen Wertbeitrag („Terminal Value") beibehalten.

Durch die historische und geplante mittelfristig anhaltende Verlustsituation wird der vorhandene Verlustvortrag erst im Jahr 2029 planerisch wieder ausgeglichen und zu einem Gewinnvortrag. Dementsprechend rechnet HÖLZER damit, in den Jahren 2021 bis 2026 keinerlei ertragsbezogene Steuern zu entrichten. Im Planungsjahr 2027 sind – nach Verrechnung des verbleibenden Verlustvortrags – erstmalig Steuern zu entrichten.

Bei der Erstellung der Grobplanung wurden die Materialaufwandsquoten und die sonstigen betrieblichen Aufwendungen im Verhältnis zur Gesamtleistung konstant fortgeschrieben. Lediglich eine geringfügige Reduktion der Personalaufwandsquote auf Branchenniveau wurde angenommen, da mit gesteigerten Investitionen geplant wurde und damit ein erhöhter Automatisierungsgrad erreicht wird. Hierdurch kommt es zu einem leicht rückläufigen Personalbedarf und damit zu einem leichten Rückgang der Personalaufwandsquote. Die Abschreibungen und die Zinsaufwendungen wurden auf Basis der geplanten Entwicklung des abschreibungsfähigen Anlagevermögens und des zinstragenden Fremdkapitals kalkuliert.

Die folgende Übersicht zeigt die historische und geplante Gewinn- und Verlustrechnung von HÖLZER auf Basis der Zielerreichungsplanung:

	Historie				Forecast	Detailplanungsphase				Grobplanungsphase				TV
	2017	2018	2019	2020	2021	2022	2023	2024	2025	2026	2027	2028	2029	2030
Umsatzerlöse	**62.433,7**	**52.279,5**	**49.830,1**	**45.534,8**	**44.441,9**	**43.908,6**	**44.435,5**	**45.502,0**	**48.395,9**	**51.473,9**	**54.415,6**	**57.057,5**	**59.091,6**	**59.682,5**
Umsatzwachstum in %	8,9%	(16,3%)	(4,7%)	(8,6%)	(2,4%)	(1,2%)	1,2%	2,4%	6,4%	6,4%	5,7%	4,9%	3,6%	1,0%
Bestandsveränderungen	392,4	(68,8)	(63,0)	(35,8)	(184,4)	(262,7)	57,7	129,1	191,9	531,0	443,5	404,5	299,8	92,3
Gesamtleistung	**62.826,2**	**52.210,7**	**49.767,1**	**45.499,0**	**44.257,6**	**43.645,9**	**44.493,2**	**45.631,1**	**48.587,8**	**52.004,9**	**54.859,2**	**57.462,0**	**59.391,4**	**59.774,8**
Sonstige betriebliche Erträge	1.007,1	2.012,6	579,4	1.547,3	663,9	654,7	667,4	684,5	728,8	780,1	822,9	861,9	890,9	896,6
Materialaufwand	(45.993,6)	(37.621,9)	(36.418,8)	(29.974,9)	(30.275,0)	(29.205,1)	(29.440,1)	(29.966,0)	(30.747,3)	(32.909,7)	(34.716,0)	(36.363,1)	(37.584,1)	(37.826,7)
Materialaufwandsquote in % der Gesamtleistung	(73,2%)	(72,1%)	(73,2%)	(65,9%)	(68,4%)	(66,9%)	(66,2%)	(65,7%)	(63,3%)	(63,3%)	(63,3%)	(63,3%)	(63,3%)	(63,3%)
Rohergebnis	**17.839,7**	**16.601,4**	**13.927,7**	**17.071,4**	**14.646,5**	**15.095,5**	**15.720,6**	**16.349,6**	**18.569,3**	**19.875,2**	**20.966,1**	**21.960,8**	**22.698,2**	**22.844,7**
Rohergebnismarge in % der Gesamtleistung	28,4%	31,8%	28,0%	37,5%	33,1%	34,6%	35,3%	35,8%	38,2%	38,2%	38,2%	38,2%	38,2%	38,2%
Personalaufwand	(15.656,2)	(14.372,5)	(10.391,9)	(10.729,8)	(11.074,2)	(10.921,1)	(10.730,7)	(10.730,0)	(11.425,3)	(11.915,2)	(12.569,2)	(12.819,1)	(13.249,5)	(13.335,1)
Personalaufwandsquote in % der Gesamtleistung	(24,9%)	(27,5%)	(20,9%)	(23,6%)	(25,0%)	(25,0%)	(24,1%)	(23,5%)	(23,5%)	(22,9%)	(22,9%)	(22,3%)	(22,3%)	(22,3%)
Sonstiger betrieblicher Aufwand	(5.127,8)	(6.707,2)	(4.134,0)	(5.982,0)	(4.667,8)	(4.342,8)	(3.984,4)	(3.632,2)	(3.867,6)	(4.139,6)	(4.366,8)	(4.574,0)	(4.727,6)	(4.758,1)
Sonstiger betrieblicher Aufwandsquote in % der Gesamtleistung	(8,2%)	(12,8%)	(8,3%)	(13,1%)	(10,5%)	(10,0%)	(9,0%)	(8,0%)	(8,0%)	(8,0%)	(8,0%)	(8,0%)	(8,0%)	(8,0%)
EBITDA	**(2.944,3)**	**(4.478,3)**	**(598,2)**	**359,6**	**(1.095,5)**	**(168,4)**	**1.005,5**	**1.987,4**	**3.276,4**	**3.820,4**	**4.030,1**	**4.567,7**	**4.721,1**	**4.751,6**
EBITDA-Marge in % der Gesamtleistung	(4,7%)	(8,6%)	(1,2%)	0,8%	(2,5%)	(0,4%)	2,3%	4,4%	6,7%	7,3%	7,3%	7,9%	7,9%	7,9%
Abschreibungen	(1.194,5)	(1.295,6)	(1.416,0)	(1.286,1)	(875,4)	(1.130,3)	(1.216,7)	(1.262,3)	(1.288,6)	(1.320,1)	(1.354,8)	(1.390,6)	(1.425,3)	(1.439,6)
in % des abschreibungsfähigen Anlagevermögens	(7,0%)	(7,5%)	(9,0%)	(8,8%)	(6,0%)	(7,9%)	(8,7%)	(9,2%)	(9,7%)	(10,1%)	(10,6%)	(11,1%)	(11,6%)	(11,6%)
EBIT	**(4.138,8)**	**(5.773,9)**	**(2.014,2)**	**(926,5)**	**(1.970,9)**	**(1.298,7)**	**(211,2)**	**725,0**	**1.987,8**	**2.500,3**	**2.675,3**	**3.177,1**	**3.295,8**	**3.312,0**
EBIT-Marge in % der Gesamtleistung	(6,6%)	(11,1%)	(4,0%)	(2,0%)	(4,5%)	(3,0%)	(0,5%)	1,6%	4,1%	4,8%	4,9%	5,5%	5,5%	5,5%
Sonstige Zinsen und ähnliche Erträge	697,7	756,2	509,6	278,3	0,0	0,0	0,0	0,0	0,0	0,0	0,0	0,0	0,0	0,0
Sonstige Zinsen und ähnliche Aufwendungen	(1.767,9)	(280,1)	(313,8)	(410,2)	(575,1)	(771,0)	(896,4)	(977,6)	(1.011,5)	(978,3)	(712,8)	(593,1)	(535,4)	(477,2)
EBT	**(5.209,0)**	**(5.297,9)**	**(1.818,4)**	**(1.058,4)**	**(2.545,9)**	**(2.069,7)**	**(1.107,6)**	**(252,5)**	**976,3**	**1.522,0**	**1.962,5**	**2.584,0**	**2.760,4**	**2.834,9**
EBT-Marge in % der Gesamtleistung	(8,3%)	(10,1%)	(3,7%)	(2,3%)	(5,8%)	(4,7%)	(2,5%)	(0,6%)	2,0%	2,9%	3,6%	4,5%	4,6%	4,7%
Steuern vom Einkommen und vom Ertrag	(24,5)	94,6	0,0	(59,4)	0,0	0,0	0,0	0,0	0,0	0,0	(360,1)	(770,7)	(823,3)	(845,5)
EAT	**(5.233,6)**	**(5.203,3)**	**(1.818,4)**	**(1.117,8)**	**(2.545,9)**	**(2.069,7)**	**(1.107,6)**	**(252,5)**	**976,3**	**1.522,0**	**1.602,4**	**1.813,3**	**1.937,1**	**1.989,4**
EAT-Marge in % der Gesamtleistung	(8,3%)	(10,0%)	(3,7%)	(2,5%)	(5,8%)	(4,7%)	(2,5%)	(0,6%)	2,0%	2,9%	2,9%	3,2%	3,3%	3,3%
Sonstige Steuern	(112,4)	(115,2)	(93,6)	(92,5)	(92,5)	(92,5)	(92,5)	(92,5)	(92,5)	(92,5)	(92,5)	(92,5)	(92,5)	(92,5)
Jahresüberschuss	**(5.345,9)**	**(5.318,5)**	**(1.912,0)**	**(1.210,3)**	**(2.638,4)**	**(2.162,2)**	**(1.200,1)**	**(345,1)**	**883,8**	**1.429,5**	**1.509,9**	**1.720,8**	**1.844,6**	**1.896,9**

Abbildung 10-11: Gewinn- und Verlustrechnung der HÖLZER GmbH auf Basis der Zielerreichungsplanung

Es wird ersichtlich, dass HÖLZER bereits im Jahr 2023 von einem positiven EBITDA (T€ 1.005,5) ausgeht. Dieses wird jedoch durch die Abschreibungen aufgezehrt, sodass erst im Jahr 2024 auch ein positives EBIT (T€ 725,0) erwirtschaftet werden kann. Resultierend aus dem geplanten Kapitalbedarf, welcher in großen Teilen auf die Verlustsituation und die notwendigen Investitionen zurückzuführen ist, steigen kontinuierlich die Zinsaufwendungen. Vor diesem Hintergrund kann HÖLZER erst im Jahr 2025 mit einem positiven Jahresergebnis rechnen.

Die Planung der Aktivseite der Bilanz erfolgte für das Anlagevermögen auf Basis der geplanten Erhaltungs- bzw. Erweiterungsinvestitionen und den daraus resultierenden Abschreibungen. HÖLZER hält darüber hinaus eine Beteiligung an einem Unternehmen, welches mit T€ 500 bilanziert ist. Die Positionen des Umlaufvermögens wurden im Rahmen einer Analyse des Net Working Capital geplant. Die betriebsnotwendige Liquidität wurde für den gesamten Planungszeitraum mit T€ 1.800 fortgeschrieben. Die nachstehende Tabelle fasst die historischen und geplanten Positionen der Aktivseite zusammen.

	Historie				Forecast	Detailplanungsphase				Grobplanungsphase				TV
	2017	2018	2019	2020	2021	2022	2023	2024	2025	2026	2027	2028	2029	2030
A. Anlagevermögen	**17.473,9**	**17.669,9**	**16.288,0**	**15.088,8**	**15.101,0**	**14.847,6**	**14.518,4**	**14.164,8**	**13.842,7**	**13.550,5**	**13.282,5**	**13.031,3**	**12.786,1**	**12.914,0**
I. Immaterielle Vermögensgegenstände	**582,8**	**583,7**	**172,5**	**22,5**	**90,3**	**91,2**	**94,1**	**96,5**	**102,4**	**108,8**	**115,0**	**120,7**	**125,1**	**126,4**
1. Selbst geschaffene gewerbliche Schutzrechte und ähnliche Rechte und Werte	472,8	504,6	153,5	15,9	45,4	51,3	53,1	54,5	57,5	61,1	64,6	67,9	70,5	71,2
2. Entgeltlich erworbene Lizenzen an Schutzrechten und ähnliche Rechte und Werte	109,9	79,1	19,1	6,6	44,9	39,9	41,0	42,0	44,9	47,7	50,4	52,8	54,6	55,2
II. Sachanlagen	**16.391,2**	**16.586,2**	**15.615,4**	**14.566,4**	**14.510,7**	**14.256,4**	**13.924,3**	**13.568,3**	**13.240,3**	**12.941,8**	**12.667,5**	**12.410,7**	**12.161,0**	**12.282,6**
1. Grundstücke, grundstücksgleiche Rechte und Bauten	15.358,6	14.815,9	14.214,7	13.501,2	12.917,6	12.359,8	11.827,4	11.319,4	10.835,6	10.375,1	9.936,7	9.519,3	9.121,7	9.212,9
2. Technische Anlagen und Maschinen	268,5	183,3	103,3	33,3	348,9	493,0	564,6	606,1	647,3	689,7	731,7	771,2	805,0	813,0
3. Betriebs- und Geschäftsausstattung	764,0	1.587,0	1.297,3	1.031,8	1.244,2	1.403,6	1.532,3	1.642,8	1.757,4	1.877,0	1.999,1	2.120,2	2.234,4	2.256,7
III. Finanzanlagen	**500,0**	**500,0**	**500,0**	**500,0**	**500,0**	**500,0**	**500,0**	**500,0**	**500,0**	**500,0**	**500,0**	**500,0**	**500,0**	**505,0**
1. Beteiligungen	500,0	500,0	500,0	500,0	500,0	500,0	500,0	500,0	500,0	500,0	500,0	500,0	500,0	505,0
B. Umlaufvermögen	**26.960,3**	**21.355,9**	**20.929,3**	**17.329,9**	**16.730,4**	**16.295,5**	**16.427,6**	**16.713,3**	**17.254,6**	**18.312,5**	**19.229,2**	**20.061,5**	**20.685,2**	**20.892,1**
I. Vorräte	**15.483,3**	**12.262,1**	**10.036,0**	**11.195,3**	**10.960,2**	**10.572,9**	**10.657,9**	**10.848,3**	**11.131,2**	**11.914,0**	**12.567,9**	**13.164,2**	**13.606,2**	**13.742,3**
1. Roh-, Hilfs- und Betriebsstoffe	3.907,9	3.153,9	1.918,7	1.815,0	1.628,4	1.570,8	1.583,5	1.611,7	1.653,8	1.770,1	1.867,2	1.955,8	2.021,5	2.041,7
2. Unfertige Erzeugnisse, unfertige Leistungen	1.224,4	881,5	1.210,6	737,6	831,9	802,5	809,0	823,4	844,9	904,3	953,9	999,2	1.032,7	1.043,1
3. Fertige Erzeugnisse und Waren	8.602,0	6.959,0	5.119,9	6.881,1	6.602,5	6.369,2	6.420,4	6.535,1	6.705,5	7.177,1	7.571,0	7.930,2	8.196,5	8.278,4
4. Geleistete Anzahlungen	1.749,0	1.267,8	1.786,9	1.761,6	1.897,5	1.830,4	1.845,1	1.878,1	1.927,1	2.062,6	2.175,8	2.279,0	2.355,6	2.379,1
II. Forderungen und Sonstige Vermögensgegenstände	**4.212,8**	**3.266,1**	**4.692,2**	**4.276,2**	**3.970,2**	**3.922,6**	**3.969,7**	**4.064,9**	**4.323,5**	**4.598,4**	**4.861,2**	**5.097,2**	**5.279,0**	**5.331,8**
1. Forderungen aus Lieferungen und Leistungen	3.543,5	3.135,5	4.227,3	4.135,3	3.708,0	3.663,5	3.707,4	3.796,4	4.037,9	4.294,7	4.540,1	4.760,5	4.930,3	4.979,6
2. Sonstige Vermögensgegenstände	669,3	130,6	464,9	140,9	262,3	259,1	262,2	268,5	285,6	303,8	321,1	336,7	348,7	352,2
III. Kasse	**7.264,1**	**5.827,7**	**6.201,0**	**1.858,4**	**1.800,0**	**1.800,0**	**1.800,0**	**1.800,0**	**1.800,0**	**1.800,0**	**1.800,0**	**1.800,0**	**1.800,0**	**1.818,0**
C. Rechnungsabgrenzungsposten	**13,5**	**11,4**	**13,0**	**59,6**	**55,3**	**54,6**	**55,3**	**56,6**	**60,2**	**64,0**	**67,7**	**71,0**	**73,5**	**74,2**
Summe Aktiva	**44.447,7**	**39.037,2**	**37.230,2**	**32.478,3**	**31.886,7**	**31.197,7**	**31.001,2**	**30.934,6**	**31.157,5**	**31.927,0**	**32.579,3**	**33.163,8**	**33.544,8**	**33.880,3**

Abbildung 10-12: Aktivseite der HÖLZER GmbH auf Basis der Zielerreichungsplanung

Die Positionen der Passivseite von HÖLZER wurden ebenfalls einzeln geplant. Die Veränderungen des Eigenkapitals resultieren aus der Veränderung des Gewinn- bzw. Verlustvortrags auf Basis des jeweiligen Jahresergebnisses. Darüber hinaus wurde – nachdem die positiven Jahresergebnisse den Verlustvortrag eliminiert haben – von Ausschüttungen ausgegangen. Die Rückstellungen und die weiteren Positionen des Nettoumlaufvermögens wurden ebenfalls im Rahmen der Planung des Net Working Capital geplant.

Wie bereits beschrieben, hat HÖLZER im Laufe des Jahres 2021 weitere Finanzmittel in Form eines Darlehens und einer Mezzanine-Finanzierung aufgenommen, um die erwarteten Liquiditätsengpässe zu finanzieren.

Die Mezzanine-Tranche weist eine Laufzeit von fünf Jahren auf und wird mit 12 % p. a. verzinst. Die Zinsen werden als „Payment-In-Kind"-Struktur (PIK-Struktur) gestaltet. PIK-Strukturen kennzeichnen sich durch kumulierende, endfällige Verzinsungen, die somit die Liquidität im Finanzierungszeitraum nicht belasten.[60] Der gesamte Kapitaldienst (Zins und Tilgung) ist somit endfällig strukturiert. Daher wurde die Rückzahlung inkl. Zinsen erst für das Jahr der Fälligkeit in 2025 in der Planung berücksichtigt.

Neben diesen Fremdfinanzierungstranchen wurde planerisch von einer weiteren Kontokorrentlinie ausgegangen, welche kurzfristig entstehende Liquiditätsengpässe ausgleichen soll. Die folgende Übersicht zeigt das Ergebnis der Planung der Passivseite von HÖLZER.

	Historie				Forecast	Detailplanungsphase				Grobplanungsphase				TV
	2017	2018	2019	2020	2021	2022	2023	2024	2025	2026	2027	2028	2029	2030
A. Eigenkapital	**22.670,6**	**17.352,2**	**15.440,2**	**14.229,9**	**11.591,5**	**9.429,2**	**8.229,1**	**7.884,1**	**8.767,9**	**10.197,5**	**11.707,4**	**12.567,8**	**13.490,1**	**13.625,0**
I. Gezeichnetes Kapital	1.000,0	1.000,0	1.000,0	1.000,0	1.000,0	1.000,0	1.000,0	1.000,0	1.000,0	1.000,0	1.000,0	1.000,0	1.000,0	1.000,0
II. Kapitalrücklage	8.000,0	8.000,0	8.000,0	8.000,0	8.000,0	8.000,0	8.000,0	8.000,0	8.000,0	8.000,0	8.000,0	8.000,0	8.000,0	8.000,0
III. Gewinnrücklage	1.500,0	1.500,0	1.500,0	1.500,0	1.500,0	1.500,0	1.500,0	1.500,0	1.500,0	1.500,0	1.500,0	1.500,0	1.500,0	1.500,0
IV. Gewinn- bzw. Verlustvortrag	17.516,5	12.170,6	6.852,2	4.940,2	3.729,9	1.091,5	(1.070,8)	(2.270,9)	(2.615,9)	(1.732,1)	(302,5)	1.207,4	2.067,8	3.912,4
V. Jahresüberschuss	(5.345,9)	(5.318,5)	(1.912,0)	(1.210,3)	(2.638,4)	(2.162,2)	(1.200,1)	(345,1)	883,8	1.429,5	1.509,9	1.720,8	1.844,6	1.896,9
B. Rückstellungen	**2.996,2**	**8.423,1**	**4.179,8**	**2.894,9**	**2.629,1**	**2.597,5**	**2.628,7**	**2.691,8**	**2.863,0**	**3.045,1**	**3.804,4**	**4.146,1**	**4.319,0**	**4.362,2**
I. Steuerrückstellungen	0,0	0,0	0,0	59,4	0,0	0,0	0,0	0,0	0,0	0,0	585,3	770,7	823,3	831,5
II. Sonstige Rückstellungen	2.996,2	8.423,1	4.179,8	2.835,5	2.629,1	2.597,5	2.628,7	2.691,8	2.863,0	3.045,1	3.219,1	3.375,4	3.495,7	3.530,7
C. Verbindlichkeiten	**18.780,9**	**13.261,9**	**17.610,2**	**15.353,5**	**17.666,2**	**19.171,0**	**20.143,4**	**20.358,7**	**19.526,6**	**18.684,5**	**17.067,5**	**16.449,9**	**15.735,8**	**15.893,1**
I. Erhaltene Anzahlungen auf Bestellungen	4.745,8	2.248,1	2.246,3	3.256,8	2.968,7	2.863,8	2.886,8	2.938,4	3.015,0	3.227,1	3.404,2	3.565,7	3.685,4	3.722,3
II. Verbindlichkeiten aus Lieferungen und Leistungen	6.162,2	7.437,1	5.151,4	1.543,3	1.480,9	1.428,5	1.440,0	1.465,7	1.504,0	1.609,7	1.698,1	1.778,6	1.838,4	1.856,8
III. Verbindlichkeiten ggü. Mezzaninekapitalgeber	0,0	0,0	0,0	0,0	2.000,0	2.240,0	2.508,8	2.809,9	3.147,0	0,0	0,0	0,0	0,0	0,0
IV. Zinstragende Verbindlichkeiten Senior A	1.125,6	0,0	0,0	0,0	2.000,0	1.500,0	1.000,0	500,0	0,0	0,0	0,0	0,0	0,0	0,0
V. Kontokorrent	4.779,5	2.011,6	7.261,8	9.584,5	7.517,4	9.459,8	10.608,8	10.905,0	10.010,2	11.879,7	9.884,8	8.924,0	7.952,7	8.032,2
VI. Sonstige Verbindlichkeiten	1.967,8	1.565,1	2.950,7	968,9	1.699,2	1.678,8	1.698,9	1.739,7	1.850,4	1.968,0	2.080,5	2.181,5	2.259,3	2.281,9
Summe Passiva	**44.447,7**	**39.037,2**	**37.230,2**	**32.478,3**	**31.886,7**	**31.197,7**	**31.001,2**	**30.934,6**	**31.157,5**	**31.927,0**	**32.579,3**	**33.163,8**	**33.544,8**	**33.880,3**

Abbildung 10-13: Passivseite der HÖLZER GmbH auf Basis der Zielerreichungsplanung

Durch die komplexe Zusammensetzung der Finanzierungsmittel (Eigen- oder Fremdkapital und hier wiederum die verschiedenen Tranchen und jeweiligen Modalitäten) kommt der Bestimmung der periodenspezifischen Eigenkapitalkosten auf verschuldeter Basis eine erhöhte Bedeutung zu. Darüber hinaus bedarf es bei der Planung des Fremdkapitals aufgrund der kritischen Unternehmenssituation ebenfalls einer kritischen Würdigung der Umsetzungsmöglichkeit der einzelnen Finanzierungsvorhaben. Es empfiehlt sich daher – vor allem in Krisensituationen –, die Planung der Finanzierungsinstrumente detailliert vorzunehmen.

Grundsätzlich kann die Planung des Fremdkapitals basierend auf zwei unterschiedlichen Annahmen erstellt werden. Zum einen ist eine „wertorientierte Finanzierungspolitik“ für die Planung des Fremdkapitals möglich. Dies bedeutet, dass der Fremdkapitalbestand – und damit die Aufnahme bzw. die Tilgung von Fremdkapital – für jedes Planungsjahr auf Basis der periodenspezifischen Gesamtkapitalverhältnisse (Eigenkapital- vs. Fremdkapitalquote) erfolgt. Ändert sich der Marktwert des Eigenkapitals beispielsweise im Zeitablauf, so muss der Fremdkapitalbestand sich ebenfalls ändern. Zum anderen kann die Höhe des jeweiligen Bestands an Fremdkapital für jedes Jahr geplant werden. Diese „autonome Finanzierungspolitik“ ist durch die Aufstellung eines genauen Finanzierungsplans möglich.[61] Die Aufstellung eines Finanzierungsplans sollte zumindest aus dem jeweiligen Finanzierungsinstrument, der Laufzeit, dem Zinsaufwand und den Zahlungsmodalitäten bestehen. Die Konzeption eines Finanzierungsplans bietet dem Unternehmensbewerter somit die Möglichkeit, eine exakte Planung verschiedener Finanzierungsinstrumente vorzunehmen. Da sich die Finanzierung ertragsschwacher Unternehmen bzw. Unternehmen in Krisensituationen zumeist hochkomplex gestaltet, sollte von einer wertorientierten Finanzierungspolitik abgesehen und eine autonome Finanzierungspolitik bei der Planung des Fremdkapitals zugrunde gelegt werden. Hierdurch wird eine Bestimmung der periodenspezifischen Verschuldungsgrade und damit die Berechnung der periodenspezifischen Eigenkapitalkosten (auf verschuldeter Basis) vereinfacht. Nachstehend werden die oben beschriebenen Finanzierungsinstrumente („Senior Kredit A“, Mezzanine Fazilität und Kontokorrentkreditlinie) dargestellt.

	Historie				Forecast	Detailplanungsphase				Grobplanungsphase				TV
	2017	**2018**	**2019**	**2020**	**2021**	**2022**	**2023**	**2024**	**2025**	**2026**	**2027**	**2028**	**2029**	**2030**
Senior Kredit A														
Anfangsbestand 01.01.	1.381,8	1.125,6	0,0	0,0	0,0	2.000,0	1.500,0	1.000,0	500,0	0,0	0,0	0,0	0,0	0,0
Aufnahme	0	0,0	0,0	0,0	2.000,0	0,0	0,0	0,0	0,0	0,0	0,0	0,0	0,0	0,0
Tilgung	(256,3)	(1.125,6)	(0,0)	0,0	0,0	(500,0)	(500,0)	(500,0)	(500,0)	0,0	0,0	0,0	0,0	0,0
Endbestand 31.12	**1.125,6**	**0,0**	**0,0**	**0,0**	**2.000,0**	**1.500,0**	**1.000,0**	**500,0**	**0,0**	**0,0**	**0,0**	**0,0**	**0,0**	**0,0**
Zinssatz p.a.					4,0%	4,0%	4,0%	4,0%	4,0%	4,0%	4,0%	4,0%	4,0%	4,0%
Zinsaufwand Senior Kredit A					0,0	(80,0)	(60,0)	(40,0)	(20,0)	0,0	0,0	0,0	0,0	0,0
Mezzanine Fazilität														
Anfangsbestand 01.01.	0,0	0,0	0,0	0,0	0,0	2.000,0	2.240,0	2.508,8	2.809,9	3.147,0	0,0	0,0	0,0	0,0
Aufnahme / Zinsaufwand PIK	0,0	0,0	0,0	0,0	2.000,0	240,0	268,8	301,1	337,2	377,6	0,0	0,0	0,0	0,0
Tilgung	0,0	0,0	0,0	0,0	0,0	0,0	0,0	0,0	0,0	(3.524,7)	0,0	0,0	0,0	0,0
Endbestand 31.12	**0,0**	**0,0**	**0,0**	**0,0**	**2.000,0**	**2.240,0**	**2.508,8**	**2.809,9**	**3.147,0**	**0,0**	**0,0**	**0,0**	**0,0**	**0,0**
Zinssatz p.a.					12,0%	12,0%	12,0%	12,0%	12,0%	12,0%	12,0%	12,0%	12,0%	12,0%
Zinsaufwand Mezzanine					0,0	(240,0)	(268,8)	(301,1)	(337,2)	(377,6)	0,0	0,0	0,0	0,0
Kontokorrentkredit														
Zinssatz p.a.					6,0%		6,0%	6,0%	6,0%		6,0%	6,0%		6,0%

Abbildung 10-14: Fremdkapitaltranchen und Konditionen

Die Höhe des Kontokorrents als „atmende“ Kreditlinie resultiert aus weiteren kurzfristigen Liquiditäts-engpässen, die bereits in der Bilanz dargestellt wurden.

Durch die Planung der absoluten Beträge der jeweiligen Finanzierungsinstrumente eignet sich das APV-Verfahren für die Bewertung der HÖLZER GmbH. Es ermöglicht die Bewertung eines Unternehmens, ohne die finanzierungsbezogenen Effekte auf die Eigenkapitalkosten zu berücksichtigen und umgeht damit das beschriebene Zirkularitätsproblem. Darüber hinaus wird unter diesen Annahmen die Bestimmung der periodenspezifischen Verschuldungsgrade auf Marktwertbasis ermöglicht.

Die folgende Tabelle zeigt die Bestimmung der freien Cashflows (Free Cashflow) als Basis für das APV-Verfahren.

	Forecast	Detailplanungsphase				Grobplanungsphase				TV
	2021	**2022**	**2023**	**2024**	**2025**	**2026**	**2027**	**2028**	**2029**	**2030**
EBIT	**(1.970,9)**	**(1.298,7)**	**(211,2)**	**725,0**	**1.987,8**	**2.500,3**	**2.675,3**	**3.177,1**	**3.295,8**	**3.312,0**
(-) Adjustierte Steuer	0,0	0,0	0,0	0,0	0,0	0,0	(360,1)	(947,6)	(983,0)	(987,8)
NOPLAT	**(1.970,9)**	**(1.298,7)**	**(211,2)**	**725,0**	**1.987,8**	**2.500,3**	**2.315,2**	**2.229,5**	**2.312,8**	**2.324,2**
(+) Abschreibungen	875,4	1.130,3	1.216,7	1.262,3	1.288,6	1.320,1	1.354,8	1.390,6	1.425,3	1.439,6
(+/-) Veränderungen des Nettoumlaufvermögens	659,3	226,4	(46,9)	(105,8)	(148,3)	(444,1)	216,9	(150,8)	(196,1)	(68,6)
(-) Investitionen	(887,5)	(876,9)	(887,4)	(908,7)	(966,5)	(1.028,0)	(1.086,7)	(1.139,5)	(1.180,1)	(1.567,4)
(+/-) Veränderungen der operativen Liquidität	58,4	0,0	0,0	0,0	0,0	0,0	0,0	0,0	0,0	(18,0)
(-) Sonstige Steuer	(92,5)	(92,5)	(92,5)	(92,5)	(92,5)	(92,5)	(92,5)	(92,5)	(92,5)	(92,5)
Free Cashflow	**(1.357,9)**	**(911,4)**	**(21,4)**	**880,3**	**2.069,1**	**2.255,9**	**2.707,7**	**2.237,3**	**2.269,4**	**2.017,3**

Abbildung 10-15: Bestimmung des Free Cashflow auf Basis der Zielerreichungsplanung

In der vorliegenden Unternehmensbewertung ist von einer unbegrenzten Lebensdauer der Gesellschaft auszugehen. Somit wurde, wie oben bereits näher erläutert, der Basiszinssatz mithilfe der SVENSSON-Methode ermittelt. Der so ermittelte risikofreie Zinssatz beträgt zum Bewertungsstichtag (31. Dezember 2020) gerundet -0,1 % (vor Steuern). Da ein negativer risikofreier Zinssatz aus Sicht des Autors nicht die aktuelle Risikolage widerspiegelt, wurde eine geringfügige Anpassung auf 0,0 % vorgenommen. Im Rahmen der Ermittlung eines objektivierten Unternehmenswertes wäre eine solche Anpassung nicht zulässig. Hier würde der (gerundete) negative risikofreie Zinssatz zum Tragen kommen. Die Marktrisikoprämie wurde mit 7,0 % exemplarisch festgelegt.

Der ermittelte Betafaktor beträgt 1,35. Die folgende mathematische Gleichung zeigt die Berechnung der Eigenkapitalkosten (auf unverschuldeter Basis).

$$k_U^{EK} = r_f + \beta \times \text{MRP}$$

Mit:

k_U^{EK} = *Eigenkapitalkosten auf unverschuldeter Basis*

r_f = *risikofreier Zinssatz*

β = *Betafaktor*

MRP = Marktrisikoprämie, mit $(r_m - r_f)$, r_m = *Erwartete Marktrendite*

Darüber hinaus wurde davon ausgegangen, dass der Tax Shield demselben Risiko unterliegt wie das operative Risiko. Dies basiert auf der Tatsache, dass mitunter die „Überlebensfähigkeit" des Unternehmens fraglich ist.[62] Dementsprechend wurde auch für die Diskontierung des Wertbeitrages des Tax Shield der Eigenkapitalkostensatz verwendet.

Die folgende Übersicht fasst die Bewertung auf Basis der Zielerreichungsplanung zusammen.

	Historie	Forecast	Detailplanungsphase				Grobplanungsphase				TV
	2020	2021	2022	2023	2024	2025	2026	2027	2028	2029	2030
EBIT		**(1.970,9)**	**(1.298,7)**	**(211,2)**	**725,0**	**1.987,8**	**2.500,3**	**2.675,3**	**3.177,1**	**3.295,8**	**3.312,0**
(-) Adjustierte Steuer		0,0	0,0	0,0	0,0	0,0	0,0	(360,1)	(947,6)	(983,0)	(987,8)
NOPLAT		**(1.970,9)**	**(1.298,7)**	**(211,2)**	**725,0**	**1.987,8**	**2.500,3**	**2.315,2**	**2.229,5**	**2.312,8**	**2.324,2**
(+) Abschreibungen		875,4	1.130,3	1.216,7	1.262,3	1.288,6	1.320,1	1.354,8	1.390.6	1.425,3	1.439,6
(+/-) Veränderungen des Nettoumlaufvermögens		659,3	226,4	(46,9)	(105,8)	(148,3)	(444,1)	216,9	(150,8)	(196,1)	(68,6)
(-) Investitionen		(887,5)	(876,9)	(887,4)	(908,7)	(966,5)	(1.028,0)	(1.086,7)	(1.139,5)	(1.180,1)	(1.567,4)
(+/-) Veränderungen der operativen Liquidität		58,4	0.0	0,0	0,0	0,0	0,0	0,0	0,0	0,0	(18,0)
(-) Sonstige Steuer		(92,5)	(92,5)	(92,5)	(92,5)	(92,5)	(92,5)	(92,5)	(92,5)	(92,5)	(92,5)
Free Cashflow		**(1.357,9)**	**(911,4)**	**(21,4)**	**880,3**	**2.069,1**	**2.255,9**	**2.707,7**	**2.237,3**	**2.269,4**	**2.017,3**
Eigenkapitalkosten		9,5%	9,5%	9,5%	9,5%	9,5%	9,5%	9,5%	9,5%	9,5%	9,5%
Nachhaltige Wachstumsrate											1,0%
Wertbeitrag der operativen Geschäftstätigkeit	**15.349,4**	**18.157,9**	**20.785,1**	**22.770,7**	**24.042,2**	**24.245,1**	**24.280,4**	**23.867,2**	**23.885,4**	**23.873,1**	
Zinsaufwand		(575,1)	(771,0)	(896,4)	(977,6)	(1.011,5)	(978,3)	(712,8)	(593,1)	(535,4)	(477,2)
Effektiver Steuersatz		0,0%	0,0%	0,0%	0,0%	0,0%	0,0%	0,0%	29,8%	29,8%	29,8%
Tax Shield		0,0	0,0	0,0	0,0	0,0	0,0	0,0	176,9	159,7	142,3
Eigenkapitalkosten		9,5%	9,5%	9,5%	9,5%	9,5%	9,5%	9,5%	9,5%	9,5%	9,5%
Nachhaltige Wachstumsrate											1,0%
Wertbeitrag aus Finanzierung	**904,0**	**989,4**	**1.082,9**	**1.185,2**	**1.297,2**	**1.419,8**	**1.554,0**	**1.700,8**	**1.684,7**	**1.684,2**	
Enterprise Value zum 31.12.	**16.253,4**	**19.147,2**	**21.868,0**	**23.955,9**	**25.339,4**	**25.664,9**	**25.834,4**	**25.568,1**	**25.570,0**	**25.557,3**	
Net Debt	9.584,5	11.517,4	13.199,8	14.117,6	14.214,9	13.157,3	11.879,7	9.884,8	8.924,0	7.952,7	
Equity Value zum 31.12.	**6.668,9**	**7.629,8**	**8.668,2**	**9.838,3**	**11.124,6**	**12.507,7**	**13.954,7**	**15.683,3**	**16.646,0**	**17.604,6**	
Verschuldungsgrad		**143,7%**	**151,0%**	**152,3%**	**143,5%**	**127,8%**	**105,2%**	**85,1%**	**63,0%**	**53,6%**	**45,2%**

Abbildung 10-16: Bewertung mithilfe des APV-Verfahrens auf Basis der Zielerreichungsplanung

Bei Betrachtung der Zusammensetzung des Enterprise Value wird ersichtlich, dass der Tax Shield im Jahr 2028 zum Tragen kommt. Die Effektivbesteuerung beträgt in den Jahren 2021 bis 2027 aufgrund des Verlustvortrags 0,0 %.

Der Gesamtunternehmenswert im jeweiligen Jahr berechnet sich durch Addition des Wertbeitrags der operativen Geschäftstätigkeit und der Finanzierung. Der Enterprise Value (Equity Value) beträgt zum 31.12.2020 T€ 16.253,4 (T€ 6.668,9).

Da die Planung von HÖLZER ungeeignet als Basis für eine Unternehmensbewertung ist, hat der Bewerter in enger Zusammenarbeit mit dem Management eine Szenario-Planung aufgesetzt. Hierfür wurden die oben genannten Szenarien und Eintrittswahrscheinlichkeiten verwendet.

Die Gewinn- und Verlustrechnung von HÖLZER gestaltet sich – nach Erstellung der Szenarioplanung – wie folgt (siehe die folgende Übersicht).

	Forecast	Detailplanungsphase				Grobplanungsphase				TV
	2021	2022	2023	2024	2025	2026	2027	2028	2029	2030
Umsatzerlöse	**44.064,9**	**43.353,7**	**43.763,8**	**44.591,8**	**46.827,6**	**49.175,4**	**51.390,9**	**53.357,9**	**54.857,4**	**55.406,0**
Umsatzwachstum in %	(3,2%)	(1,6%)	0,9%	1,9%	5,0%	5,0%	4,5%	3,8%	2,8%	1,0%
Bestandsveränderungen	449,4	(464,1)	83,0	87,0	93,2	454,2	354,8	324,8	236,7	92,4
Gesamtleistung	**44.514,3**	**42.889,6**	**43.846,8**	**44.678,8**	**46.920,8**	**49.629,6**	**51.745,8**	**53.682,6**	**55.094,1**	**55.498,4**
Sonstige betriebliche Erträge	517,5	455,7	465,9	474,7	498,5	527,3	549,8	570,4	640,5	645,2
Materialaufwand	(30.657,3)	(28.893,9)	(29.209,4)	(29.539,8)	(29.894,0)	(31.619,9)	(32.968,1)	(34.202,1)	(35.101,4)	(35.359,0)
Materialaufwandsquote in % der Gesamtleistung	(68,9%)	(67,4%)	(66,6%)	(66,1%)	(63,7%)	(63,7%)	(63,7%)	(63,7%)	(63,7%)	(63,7%)
Rohergebnis	**14.3745**	**14.451,4**	**15.103,4**	**15.613,7**	**17.525,3**	**18.537,1**	**19.327,5**	**20.050,9**	**20.633,2**	**20.784,6**
Rohergebnismarge in % der Gesamtleistung	32,3%	33,7%	34,4%	34,9%	37,4%	37,4%	37,4%	37,4%	37,5%	37,5%
Personalaufwand	(11.214,0)	(10.804,7)	(10.646,6)	(10.577,4)	(11.108,2)	(11.448,2)	(11.936,4)	(12.057,3)	(12.374,3)	(12.465,1)
Personalaufwandsquote in % der Gesamtleistung	(25,2%)	(25,2%)	(24,3%)	(23,7%)	(23,7%)	(23,1%)	(23,1%)	(22,5%)	(22,5%)	(22,5%)
Sonstiger betrieblicher Aufwand	(4.726,8)	(4.296,5)	(3.953,1)	(3.580,6)	(3.572,6)	(3.778,8)	(3.939,9)	(4.087,4)	(4.194,9)	(4.225,7)
Sonst. betriebl. Aufwandsquote in % der Gesamtleistung	(10,6%)	(10,0%)	(9,0%)	(8,0%)	(7,6%)	(7,6%)	(7,6%)	(7,6%)	(7,6%)	(7,6%)
EBITDA	**(1.566,4)**	**(649,8)**	**503,6**	**1.455,7**	**2.844,5**	**3.310,0**	**3.451,1**	**3.906,2**	**4.064,0**	**4.093,8**
EBITDA-Marge in % der Gesamtleistung	(3,5%)	(1,5%)	1,1%	3,3%	6,1%	6,7%	6,7%	7,3%	7,4%	7,4%
Abschreibungen	(875,4)	(1.127,2)	(1.210,8)	(1.254,0)	(1.276,9)	(1.301,3)	(1.326,4)	(1.351,3)	(1.374,7)	(1.388,4)
in % des abschreibungsfähigen Anlagevermögens	(6,0%)	(7,9%)	(8,7%)	(9,2%)	(9,6%)	(10,0%)	(10,5%)	(10,9%)	(11,4%)	(11,4%)
EBIT	**(2.441,7)**	**(1.777,1)**	**(707,2)**	**201,7**	**1.567,6**	**2.008,7**	**2.124,7**	**2.554,8**	**2.689,3**	**2.705,4**
EBIT-Marge in % der Gesamtleistung	(5,5%)	(4,1%)	(1,6%)	0,5%	3,3%	4,0%	4,1%	4,8%	4,9%	4,9%
Sonstige Zinsen und ähnliche Erträge	0,0	0,0	0,0	0,0	0,0	0,0	0,0	0,0	0,0	0,0
Sonstige Zinsen und ähnliche Aufwendungen	(575,1)	(826,0)	(972,7)	(1.089,1)	(1.158,3)	(1.152,8)	(921,6)	(854,4)	(756,8)	(617,9)
EBT	**(3.016,8)**	**(2.603,1)**	**(1.679,9)**	**(887,3)**	**409,3**	**855,9**	**1.203,1**	**1.700,4**	**1.932,5**	**2.087,5**
EBT-Marge in % der Gesamtleistung	(6,8%)	(6,1%)	(3,8%)	(2,0%)	0,9%	1,7%	2,3%	3,2%	3,5%	3,8%
Steuern vom Einkommen und vom Ertrag	0,0	0,0	0,0	0,0	0,0	0,0	0,0	0,0	(186,4)	(622,6)
EAT	**(3.016,8)**	**(2.603,1)**	**(1.679,9)**	**(887,3)**	**409,3**	**855,9**	**1.203,1**	**1.700,4**	**1.746,1**	**1.464,9**
EAT-Marge in % der Gesamtleistung	(6,8%)	(6,1%)	(3,8%)	(2,0%)	0,9%	1,7%	2,3%	3,2%	3,2%	2,6%
Sonstige Steuern	(92,5)	(92,5)	(92,5)	(92,5)	(92,5)	(92,5)	(92,5)	(92,5)	(92,5)	(92,5)
Jahresüberschuss	**(3.109,3)**	**(2.695,6)**	**(1.772,4)**	**(979,8)**	**316,8**	**763,4**	**1.110,6**	**1.607,9**	**1.653,6**	**1.372,4**

Abbildung 10-17: Gewinn- und Verlustrechnung auf Basis der Szenarioplanung

Bereits bei der Gewinn- und Verlustrechnung wird ersichtlich, dass sich das positive EBITDA im Jahr 2023 von T€ 1.005,5 auf T€ 503,6 reduziert hat. Ebenso verhält es sich mit dem EBIT des Folgejahres. Während aus der einwertigen Planung im Jahr 2024 ein EBIT in Höhe von T€ 725,0 resultierte, beträgt das EBIT in der (mehrwertigen) Szenarioplanung im selben Jahr nur noch T€ 201,7. Aus der angepassten Planung der Gewinn- und Verlustrechnung resultieren auch verschiedene bilanzielle Effekte. Neben der Veränderung des NWC und des Investitionsbedarfs ändert sich auch der Finanzierungsbedarf und damit die geplanten Zinsaufwendungen. Hieraus ergibt sich ebenfalls ein negativer Effekt für das Eigenkapital von HÖLZER. In den nachfolgenden Abbildungen werden sowohl die veränderte Aktiv- als auch Passivseite dargestellt.

	Forecast	Detailplanungsphase				Grobplanungsphase				TV
	2021	2022	2023	2024	2025	2026	2027	2028	2029	2030
A. Anlagevermögen	**15.093,5**	**14.832,1**	**14.495,3**	**14.131,9**	**13.790,2**	**13.471,0**	**13.170,9**	**12.885,2**	**12.606,0**	**12.732,1**
I. Immaterielle Vermögensgegenstände	**89,5**	**90,1**	**92,7**	**94,6**	**99,2**	**104,0**	**108,7**	**113,0**	**116,3**	**117,4**
1. Selbst geschaffene gewerbliche Schutzrechte und ähnliche Rechte und Werte	45,1	50,7	52,3	53,4	55,8	58,5	61,2	63,6	65,6	66,2
2. Entgeltlich erworbene Lizenzen an Schutzrechte und ähnliche Rechte und Werte	44,5	39,4	40,4	41,1	43,4	45,5	47,5	49,3	50,7	51,2
II. Sachanlagen	**14.504,0**	**14.242,0**	**13.902,6**	**13.537,3**	**13.191,0**	**12.867,0**	**12.562,2**	**12.272,2**	**11.989,8**	**12.109,7**
1. Grundstücke, grundstücksgleiche Rechte und Bauten	12.917,4	12.359,4	11.826,6	11.318,2	10.833,7	10.372,1	9.932,3	9.513,3	9.113,8	9.204,9
2. Technische Anlagen und Maschinen	346,1	487,5	557,0	595,7	630,7	664,7	697,3	727,3	752,6	760,2
3. Betriebs- und Geschäftsausstattung	1.240,5	1.395,1	1.519,0	1.623,4	1.726,6	1.830,2	1.932,6	2.031,6	2.123,4	2.144,6
III. Finanzanlagen	**500,0**	**500,0**	**500,0**	**500,0**	**500,0**	**500,0**	**500,0**	**500,0**	**500,0**	**505,0**
1. Beteiligungen	500,0	500,0	500,0	500,0	500,0	500,0	500,0	500,0	500,0	505,0
B. Umlaufvermögen	**18.061,0**	**17.300,3**	**17.463,4**	**17.672,5**	**18.025,7**	**18.928,4**	**19.670,1**	**20.343,1**	**20.839,9**	**21.048,3**
I. Vorräte	**12.042,2**	**11.349,5**	**11.473,4**	**11.603,2**	**11.742,3**	**12.420,2**	**12.949,8**	**13.434,5**	**13.787,8**	**13.925,7**
1. Roh-, Hilfs- und Betriebsstoffe	1.767,2	1.665,5	1.683,7	1.702,8	1.723,2	1.822,7	1.900,4	1.971,5	2.023,3	2.043,6
2. Unfertige Erzeugnisse, unfertige Leistungen	902,8	850,9	860,2	869,9	880,3	931,2	970,9	1.007,2	1.033,7	1.044,0
3. Fertige Erzeugnisse und Waren	7.165,3	6.753,2	6.826,9	6.904,1	6.986,9	7.390,3	7.705,4	7.993,8	8.204,0	8.286,0
4. Geleistete Anzahlungen	2.206,9	2.079,9	2.102,6	2.126,4	2.151,9	2.276,2	2.373,2	2.462,0	2.526,8	2.552,1
II. Forderungen und Sonstige Vermögensgegenstände	**4.218,8**	**4.150,7**	**4.190,0**	**4.269,3**	**4.483,3**	**4.708,1**	**4.920,2**	**5.108,6**	**5.252,1**	**5.304,7**
1. Forderungen aus Lieferungen und Leistungen	3.940,2	3.876,6	3.913,2	3.987,3	4.187,2	4.397,1	4.595,2	4.771,1	4.905,2	4.954,2
2. Sonstige Vermögensgegenstände	278,7	274,2	276,8	282,0	296,2	311,0	325,0	337,5	346,9	350,4
III. Kasse	**1.800,0**	**1.800,0**	**1.800,0**	**1.800,0**	**1.800,0**	**1.800,0**	**1.800,0**	**1.800,0**	**1.800,0**	**1.818,0**
C. Rechnungsabgrenzungsposten	**58,7**	**57,8**	**58,3**	**59,5**	**62,4**	**65,6**	**68,5**	**71,1**	**73,1**	**73,9**
Summe Aktiva	**33.213,2**	**32.190,1**	**32.017,1**	**31.863,8**	**31.878,3**	**32.464,9**	**32.909,5**	**33.299,4**	**33.519,1**	**33.854,3**

Abbildung 10-18: Aktivseite auf Basis der Szenarioplanung

	Forecast	Detailplanungsphase				Grobplanungsphase				TV
	2021	2022	2023	2024	2025	2026	2027	2028	2029	2030
A. Eigenkapital	**11.120,6**	**8.425,0**	**6.652,7**	**5.672,8**	**5.989,7**	**6.753,1**	**7.863,7**	**9.471,6**	**11.125,1**	**11.236,4**
I. Gezeichnetes Kapital	1.000,0	1.000,0	1.000,0	1.000,0	1.000,0	1.000,0	1.000,0	1.000,0	1.000,0	1.000,0
II. Kapitalrücklage	8.000,0	8.000,0	8.000,0	8.000,0	8.000,0	8.000,0	8.000,0	8.000,0	8.000,0	8.000,0
III. Gewinnrücklage	1.500,0	1.500,0	1.500,0	1.500,0	1.500,0	1.500,0	1.500,0	1.500,0	1.500,0	1.500,0
IV. Gewinn- bzw. Verlustvortrag	3.729,9	620,6	(2.075,0)	(3.847,3)	(4.827,2)	(4.510,3)	(3.746,9)	(2.636,3)	(1.028,4)	625,1
V. Jahresüberschuss	(3.109,3)	(2.695,6)	(1.772,4)	(979,8)	316,8	763,4	1.110,6	1.607,9	1.653,6	1.372,4
B. Rückstellungen	**2.793,7**	**2.748,6**	**2.774,6**	**2.827,1**	**2.968,9**	**3.117,7**	**3.258,2**	**3.382,9**	**4.054,3**	**4.094,9**
I. Steuerrückstellungen	0,0	0,0	0,0	0,0	0,0	0,0	0,0	0,0	576,4	582,1
II. Sonstige Rückstellungen	2.793,7	2.748,6	2.774,6	2.827,1	2.968,9	3.117,7	3.258,2	3.382,9	3.478,0	3.512,7
C. Verbindlichkeiten	**19.298,9**	**21.016,5**	**22.589,8**	**23.363,9**	**22.919,8**	**22.594,2**	**21.787,7**	**20.445,0**	**18.339,7**	**18.523,1**
I. Erhaltene Anzahlungen auf Bestellungen	3.452,8	3.254,2	3.289,7	3.327,0	3.366,9	3.561,2	3.713,1	3.852,1	3.953,3	3.992,9
II. Verbindlichkeiten aus Liefer- und Leistungen	1.607,1	1.514,7	1.531,2	1.548,5	1.567,1	1.657,6	1.728,2	1.792,9	1.840,1	1.858,5
III. Verbindlichkeiten ggü. Mezzaninekapitalgeber	2.000,0	2.240,0	2.508,8	2.809,9	3.147,0	0,0	0,0	0,0	0,0	0,0
IV. Zinstragende Verbindlichkeiten – Senior A	2.000,0	1.500,0	1.000,0	500,0	0,0	0,0	0,0	0,0	0,0	0,0
V. Kontokorrent	8.433,4	10.731,2	12.466,8	13.351,4	12.920,0	15.360,4	14.240,6	12.613,6	10.298,4	10.401,4
VI. Sonstige Verbindlichkeiten	1.805,6	1.776,4	1.793,3	1.827,2	1.918,8	2.015,0	2.105,8	2.186,4	2.247,8	2.270,3
Summe Passiva	**33.213,2**	**32.190,1**	**32.017,1**	**31.863,8**	**31.878,3**	**32.464,9**	**32.909,5**	**33.299,4**	**33.519,1**	**33.854,3**

Abbildung 10-19: Passivseite auf Basis der Szenarioplanung

Die Bilanz auf Basis der Szenarioplanung zeigt, dass der Finanzierungsbedarf deutlich höher ist als der aus der einwertigen Planung. Darüber hinaus bleibt der vorhandene und sich weiter aufbauende Verlustvortrag bis in das Planungsjahr 2028 vollständig bestehen. Erste ertragsbezogene Steuerzahlungen entfallen somit auf das Jahr 2029. Aus den veränderten Ertrags- und Aufwandsrelationen und den daraus angepassten Bilanzverhältnissen ergeben sich auch unterschiedliche bewertungsrelevante Cashflows. Für die Bestimmung der periodenspezifischen Verschuldungsgrade auf Marktwertbasis wurde das sogenannte „Roll-Back-Verfahren“ verwendet. Die technische Vorgehensweise des Roll-Back-Verfahrens ist, dass der Unternehmenswert ausgehend von der ewigen Rente „von hinten nach vorne“ ermittelt wird. Durch eine Umformung der Bewertungsgleichung wird der Unternehmenswert periodenweise (in Jahresschritten) rückwärts auf den Bewertungsstichtag berechnet.[63] Die nachfolgenden Tabellen zeigen die marktwertbasierten Eigen- bzw. Gesamtkapitalwerte, welche im Rahmen des APV-Verfahrens ermittelt wurden.

	Historie	Forecast	Detailplanungsphase				Grobplanungsphase				TV
	2020	2021	2022	2023	2024	2025	2026	2027	2028	2029	2030
EBIT		**(2.441,7)**	**(1.777,1)**	**(707,2)**	**201,7**	**1.567,6**	**2.008,7**	**2.124,7**	**2.554,8**	**2.689,3**	**2.705,4**
(-) Adjustierte Steuer		0,0	0,0	0,0	0,0	0,0	0,0	0,0	0,0	(186,4)	(806,9)
NOPLAT		**(2.441,7)**	**(1.777,1)**	**(707,2)**	**201,7**	**1.567,6**	**2.008,7**	**2.124,7**	**2.554,8**	**2.502,9**	**1.898,5**
(+) Abschreibungen		875,4	1.127,2	1.210,8	1.254,0	1.276,9	1.301,3	1.326,4	1.351,3	1.374,7	1.388,4
(+/-) Veränderungen des Nettoumlaufvermögens		206,6	396,4	(68,8)	(69,2)	(64,4)	(375,9)	(290,9)	(266,7)	382,5	(70,2)
(-) Investitionen		(880,0)	(865,8)	(874,0)	(890,5)	(935,2)	(982,1)	(1.026,3)	(1.065,6)	(1.095,6)	(1.514,5)
(+/-) Veränderungen der operativen Liquidität		58,4	0,0	0,0	0,0	0,0	0,0	0,0	0,0	0,0	(18,0)
(-) Sonstige Steuer		(92,5)	(92,5)	(92,5)	(92,5)	(92,5)	(92,5)	(92,5)	(92,5)	(92,5)	(92,5)
Free Cashflow		**(2.273,9)**	**(1.211,7)**	**(531,8)**	**403,4**	**1.752,5**	**1.859,5**	**2.041,4**	**2.481,4**	**3.072,0**	**1.591,8**
Eigenkapitalkosten		9,5%	9,5%	9,5%	9,5%	9,5%	9,5%	9,5%	9,5%	9,5%	9,5%
Nachhaltige Wachstumsrate											1,0%
Wertbeitrag der operativen Geschäftstätigkeit	**10.994,4**	**14.307,3**	**16.871,1**	**18.997,2**	**20.388,9**	**20.563,2**	**20.647,0**	**20.556,7**	**20.017,9**	**18.837,6**	
Zinsaufwand		(575,1)	(826,0)	(972,7)	(1.089,1)	(1.158,3)	(1.152,8)	(921,6)	(854,4)	(756,8)	(617,9)
Effektiver Steuersatz		0,0%	0,0%	0,0%	0,0%	0,0%	0,0%	0,0%	0,0%	0,0%	29,8%
Tax Shield		**0,0**	**0,0**	**0,0**	**0,0**	**0,0**	**0,0**	**0,0**	**0,0**	**0,0**	**184,3**
Eigenkapitalkosten		9,5%	9,5%	9,5%	9,5%	9,5%	9,5%	9,5%	9,5%	9,5%	9,5%
Nachhaltige Wachstumsrate											1,0%
Wertbeitrag aus Finanzierung	**967,6**	**1.059,1**	**1.159,1**	**1.268,7**	**1.388,6**	**1.519,8**	**1.663,4**	**1.820,6**	**1.992,7**	**2.181,0**	
Enterprise Value zum 31.12.	**11.962,0**	**15.366,4**	**18.030,2**	**20.265,8**	**21.777,5**	**22.083,0**	**22.310,4**	**22.377,3**	**22.010,5**	**21.018,5**	
Net Debt	9.584,5	12.433,4	14.471,2	15.975,6	16.661,2	16.067,0	15.360,4	14.240,6	12.613,6	10.298,4	
Equity Value zum 31.12.	**2.377,6**	**2.932,9**	**3.559,0**	**4.290,2**	**5.116,3**	**6.016,0**	**6.950,0**	**8.136,7**	**9.396,9**	**10.720,1**	
Verschuldungsgrad		**403,1%**	**423,9%**	**406,6%**	**372,4%**	**325,7%**	**267,1%**	**221,0%**	**175,0%**	**134,2%**	**96,1%**

Abbildung 10-20: Bewertung mithilfe des APV-Verfahrens auf Basis der Szenarioplanung

Es wird ersichtlich, dass in den ersten drei Jahren ein Kapitalbedarf von T€ 4.017,4 durch die negativen Free Cashflows entsteht. Darüber hinaus kommt der Tax Shield aufgrund des Verlustvortrags erst im Jahr 2030 zum Tragen. Durch die Einführung der Szenarien hat sich der Enterprise Value (Equity Value) um T€ 4.291,4 auf T€ 11.962,0 (T€ 2.377,6) reduziert.

Die oben dargestellten periodenspezifischen Verschuldungsgrade, die im Rahmen des APV-Verfahrens ermittelt wurden, können nun zur Bestimmung des Kapitalisierungszinssatzes im WACC-Verfahren wie folgt verwendet werden.

	Historie	Forecast	Detailplanungsphase				Grobplanungsphase				TV
	2020	2021	2022	2023	2024	2025	2026	2027	2028	2029	2030
Risikofreier Zins		0,0%	0,0%	0,0%	0,0%	0,0%	0,0%	0,0%	0,0%	0,0%	0,0%
Marktrisikoprämie		7,0%	7,0%	7,0%	7,0%	7,0%	7,0%	7,0%	7,0%	7,0%	7,0%
Beta auf unverschuldeter Basis		1,350	1,350	1,350	1,350	1,350	1,350	1,350	1,350	1,350	1,350
Verschuldungsgrad		403,1%	423,9%	406,6%	372,4%	325,7%	267,1%	221,0%	175,0%	134,2%	96,1%
Effektivverzinsung Net Debt		6,0%	6,6%	6,7%	6,8%	7,0%	7,2%	6,0%	6,0%	6,0%	6,0%
Net Debt Beta		0,857	0,949	0,960	0,974	0,993	1,025	0,857	0,857	0,857	0,857
Beta auf verschuldeter Basis		3,337	3,050	2,935	2,751	2,512	2,218	2,439	2,213	2,012	1,823
Eigenkapitalkost. auf verschuldeter Basis		**23,4%**	**21,3%**	**20,5%**	**19,3%**	**17,6%**	**15,5%**	**17,1%**	**15,5%**	**14,1%**	**12,8%**

Abbildung 10-21: Eigenkapitalkosten auf verschuldeter Basis im WACC-Verfahren

Während der risikofreie Zinssatz, die Marktrisikoprämie und das Beta (auf unverschuldeter Basis) über den Bewertungszeitraum konstant bleiben, zeigt sich – resultierend aus den hohen Verschuldungsgraden – bei der Effektivverzinsung des (Net) Debt und damit beim (Net) Debt Beta[64] eine relevante Schwankungsbreite. Das Net Debt Beta berücksichtigt den Umstand, dass Fremdkapitalgeber nicht nur ein rein finanzielles Risiko mit einem Kreditengagement eingehen, sondern vielmehr auch Teile des leistungswirtschaftlichen Risikos übernehmen[65].

Das (Net) Debt Beta wird verwendet, um den Betafaktor für das Eigenkapital („Equity Beta") auf die periodenspezifische Verschuldung anzupassen („relevern") und damit das Kapitalstrukturrisiko „einzupreisen". Die Formel zur Berechnung des Betafaktors auf verschuldeter Basis lautet:

$$\beta_{relevered} = \beta_{unlevered} \times \left(\beta_{unlevered} - \beta_{(Net)Debt}\right) \times VG_{MW}$$

Mit:

$\beta_{unlevered} = \text{Equity Beta } \mathit{unverschuldet}$

$\beta_{(Net)Debt} = (Net)\,Debt\,Beta$

$VG_{MW} = Periodenspezifischer\ Verschuldungsgrad\ auf\ Basis\ von\ Marktwerten$

Dies hat einen direkten Einfluss auf die Höhe des anzuwendenden Betafaktors und damit auf die Eigenkapital- bzw. gewichteten durchschnittlichen Gesamtkapitalkosten.

Das Net Debt Beta berechnet sich durch Abzug des risikofreien Zinssatzes von der Effektivverzinsung des Net Debt im Verhältnis zur Marktrisikoprämie. Die Effektivverzinsung kann aus verschiedenen Gründen von der Nominalverzinsung abweichen. Zum Beispiel wird durch einen Bestand von Excess Cash bewertungstechnisch das zinstragende Fremdkapital reduziert oder sich durch die Aufnahme von kurzfristigem Fremdkapital (Kontokorrent) eine Veränderung der Effektivverzinsung des Net Debt ergeben. Das (Net) Debt Beta ist wie folgt mathematisch definiert:

$$\beta_{(Net)Debt} = \frac{(i_{Effektiv} - r_f)}{\text{MRP}}$$

Mit:

$i_{Effektiv} = Effektivverzinsung\ des\ Net\ Debt$

$r_f = Risikofreier\ Zinssatz\ zum\ Bewertungsstichtag$

MRP = Marktrisikoprämie

In unserem Fallbeispiel ergibt sich eine Bandbreite der periodenspezifischen Eigenkapitalkosten im Zeitverlauf zwischen 12,8 % und 23,4 %.

Auch im WACC-Verfahren zeigt sich, dass durch den vorhandenen Verlustvortrag und der damit nicht zu entrichtenden Ertragssteuer (auch bei positiven Ergebnissen vor Steuern) die Fremdkapitalkosten vor und nach Steuern identisch sind. Lediglich im Jahr 2030 („Terminal Value"), in welchem kein Verlustvortrag mehr vorliegt, reduzieren sich die Fremdkapitalkosten durch die steuerliche Abzugsfähigkeit auf 4,2 %.

	Historie	Forecast	Detailplanungsphase			Grobplanungsphase					TV
	2020	2021	2022	2023	2024	2025	2026	2027	2028	2029	2030
Risikofreier Zins		0,0%	0,0%	0,0%	0,0%	0,0%	0,0%	0,0%	0,0%	0,0%	0,0%
Marktrisikoprämie		7,0%	7,0%	7,0%	7,0%	7,0%	7,0%	7,0%	7,0%	7,0%	7,0%
Beta auf unverschuldeter Basis		1,350	1,350	1,350	1,350	1,350	1,350	1,350	1,350	1,350	1,350
Verschuldungsgrad		403,1%	423,9%	406,6%	372,4%	325,7%	267,1%	221,0%	175,0%	134,2%	96,1%
Effektivverzinsung Net Debt		6,0%	6,6%	6,7%	6,8%	7,0%	7,2%	6,0%	6,0%	6,0%	6,0%
Net Debt Beta		0,857	0,949	0,960	0,974	0,993	1,025	0,857	0,857	0,857	0,857
Beta auf verschuldeter Basis		3,337	3,050	2,935	2,751	2,512	2,218	2,439	2,213	2,012	1,823
Eigenkapitalkost. auf verschuldeter Basis		**23,4%**	**21,3%**	**20,5%**	**19,3%**	**17,6%**	**15,5%**	**17,1%**	**15,5%**	**14,1%**	**12,8%**
Fremdkapitalkosten vor Steuer		**6,0%**	**6,6%**	**6,7%**	**6,8%**	**7,0%**	**7,2%**	**6,0%**	**6,0%**	**6,0%**	**6,0%**
Effektiver Steuersatz		0,0%	0,0%	0,0%	0,0%	0,0%	0,0%	0,0%	0,0%	0,0%	29,8%
Fremdkapitalkosten nach Steuer		**6,0%**	**6,6%**	**6,7%**	**6,8%**	**7,0%**	**7,2%**	**6,0%**	**6,0%**	**6,0%**	**4,2%**

Abbildung 10-22: Fremdkapitalkostenvergleich (vor und nach Steuer)

Durch den Verlustvortrag und den damit fehlenden Steuervorteil der Fremdkapitalkosten gleichen sich die Eigenkapitalkosten aus dem APV-Verfahren mit den gewichteten Durchschnittskapitalkosten aus dem WACC-Verfahren für die Jahre 2021 bis 2029 (Schwankungsbreite: 0,1 %). Erst im Jahr 2030 sinken die gewichteten Durchschnittskapitalkosten auf 8,6 %, während die Eigenkapitalkosten weiterhin bei 9,5 % verbleiben.

	Historie	Forecast	Detailplanungsphase			Grobplanungsphase					TV
	2020	2021	2022	2023	2024	2025	2026	2027	2028	2029	2030
Risikofreier Zins		0,0%	0,0%	0,0%	0,0%	0,0%	0,0%	0,0%	0,0%	0,0%	0,0%
Marktrisikoprämie		7,0%	7,0%	7,0%	7,0%	7,0%	7,0%	7,0%	7,0%	7,0%	7,0%
Beta auf unverschuldeter Basis		1,350	1,350	1,350	1,350	1,350	1,350	1,350	1,350	1,350	1,350
Verschuldungsgrad		403,1%	423,9%	406,6%	372,4%	325,7%	267,1%	221,0%	175,0%	134,2%	96,1%
Effektivverzinsung Net Debt		6,0%	6,6%	6,7%	6,8%	7,0%	7,2%	6,0%	6,0%	6,0%	6,0%
Net Debt Beta		0,857	0,949	0,960	0,974	0,993	1,025	0,857	0,857	0,857	0,857
Beta auf verschuldeter Basis		3,337	3,050	2,935	2,751	2,512	2,218	2,439	2,213	2,012	1,823
Eigenkapitalkost. auf verschuldeter Basis		**23,4%**	**21,3%**	**20,5%**	**19,3%**	**17,6%**	**15,5%**	**17,1%**	**15,5%**	**14,1%**	**12,8%**
Fremdkapitalkosten vor Steuer		**6,0%**	**6,6%**	**6,7%**	**6,8%**	**7,0%**	**7,2%**	**6,0%**	**6,0%**	**6,0%**	**6,0%**
Effektiver Steuersatz		0,0%	0,0%	0,0%	0,0%	0,0%	0,0%	0,0%	0,0%	0,0%	29,8%
Fremdkapitalkosten nach Steuer		**6,0%**	**6,6%**	**6,7%**	**6,8%**	**7,0%**	**7,2%**	**6,0%**	**6,0%**	**6,0%**	**4,2%**
EK-Anteil zu Marktwerten	19,9%	19,1%	19,7%	21,2%	23,5%	27,2%	31,2%	36,4%	42,7%	51,0%	
FK-Anteil zu Marktwerten	80,1%	80,9%	80,3%	78,8%	76,5%	72,8%	68,8%	63,6%	57,3%	49,0%	
WACC (periodenspezifisch)		**9,4%**	**9,5%**	**9,4%**	**9,4%**	**9,4%**	**9,4%**	**9,4%**	**9,4%**	**9,4%**	**8,6%**

Abbildung 10-23: Periodenspezifischer WACC (gewichteter Durchschnittskapitalkostensatz)

Durch die im APV-Verfahren bestimmten Verschuldungsgrade und der damit einhergehenden gleichen Finanzierungsannahmen (vor allem hinsichtlich der Effektivverzinsung des Net Debt) ergibt sich beim WACC-Verfahren dasselbe Bewertungsergebnis wie beim APV-Verfahren.

Grundsätzlich ist auch die Anwendung des Ertragswertverfahrens methodisch korrekt anwendbar. Allerdings muss an dieser Stelle darauf hingewiesen werden, dass durch die Sondersituation von ertragsschwachen Unternehmen in Form von Verlustvorträgen eine Ausschüttung handelsrechtlich nicht möglich ist[66] und in vielen Fällen Finanzierungsverträge auch keine Ausschüttungen in die Sphäre der Gesellschafter zulassen. Daher ergibt sich im vorliegenden Fall der Unternehmenswert nach dem Ertragswertverfahren lediglich aus der Ausschüttung im Terminal Value (siehe nachfolgende Darstellung).

	Historie	Forecast	Detailplanungsphase				Grobplanungsphase				TV
	2020	2021	2022	2023	2024	2025	2026	2027	2028	2029	2030
Risikofreier Zins		0,0%	0,0%	0,0%	0,0%	0,0%	0,0%	0,0%	0,0%	0,0%	0,0%
Marktrisikoprämie		7,0%	7,0%	7,0%	7,0%	7,0%	7,0%	7,0%	7,0%	7,0%	7,0%
Beta auf unverschuldeter Basis		1,350	1,350	1,350	1,350	1,350	1,350	1,350	1,350	1,350	1,350
Verschuldungsgrad		403,1%	423,9%	406,6%	372,4%	325,7%	267,1%	221,0%	175,0%	134,2%	96,1%
Effektivverzinsung Net Debt		6,0%	6,6%	6,7%	6,8%	7,0%	7,2%	6,0%	6,0%	6,0%	6,0%
Net Debt Beta		0,857	0,949	0,960	0,974	0,993	1,025	0,857	0,857	0,857	0,857
Beta auf verschuldeter Basis		3,337	3,050	2,935	2,751	2,512	2,218	2,439	2,213	2,012	1,823
Eigenkapitalkost. auf verschuldeter Basis		**23,4%**	**21,3%**	**20,5%**	**19,3%**	**17,6%**	**15,5%**	**17,1%**	**15,5%**	**14,1%**	**12,8%**
Fremdkapitalkosten vor Steuer		**6,0%**	**6,6%**	**6,7%**	**6,8%**	**7,0%**	**7,2%**	**6,0%**	**6,0%**	**6,0%**	**6,0%**
Effektiver Steuersatz		0,0%	0,0%	0,0%	0,0%	0,0%	0,0%	0,0%	0,0%	0,0%	29,8%
Fremdkapitalkosten nach Steuer		**6,0%**	**6,6%**	**6,7%**	**6,8%**	**7,0%**	**7,2%**	**6,0%**	**6,0%**	**6,0%**	**4,2%**
EK-Anteil zu Marktwerten	19,9%	19,1%	19,7%	21,2%	23,5%	27,2%	31,2%	36,4%	42,7%	51,0%	
FK-Anteil zu Marktwerten	80,1%	80,9%	80,3%	78,8%	76,5%	72,8%	68,8%	63,6%	57,3%	49,0%	
WACC (periodenspezifisch)		**9,4%**	**9,5%**	**9,4%**	**9,4%**	**9,4%**	**9,4%**	**9,4%**	**9,4%**	**9,4%**	**8,6%**
Enterprise Value	**11.962,0**	**15.366,4**	**18.030,2**	**20.265,8**	**21.777,5**	**22.083,0**	**22.310,4**	**22.377,3**	**22.010,5**	**21.018,5**	
Net Debt	9.584,5	12.433,4	14.471,2	15.975,6	16.661,2	16.067,0	15.360,4	14.240,6	12.613,6	10.298,4	
Equity Value	**2.377,6**	**2.932,9**	**3.559,0**	**4.290,2**	**5.116,3**	**6.016,0**	**6.950,0**	**8.136,7**	**9.396,9**	**10.720,1**	

Abbildung 10-24: Darstellung Parameter des APV-Verfahrens

	Historie	Forecast	Detailplanungsphase				Grobplanungsphase				TV
	2020	2021	2022	2023	2024	2025	2026	2027	2028	2029	2030
Jahresüberschuss		**(3.109,3)**	**(2.695,6)**	**(1.772,4)**	**(979,8)**	**316,8**	**763,4**	**1.110,6**	**1.607,9**	**1.653,6**	**1.372,4**
(-) Wachstumsbedingte Thesaurierung		3.109,3	2.695,6	1.772,4	979,8	(316,8)	(763,4)	(1.110,6)	(1.607,9)	(1.653,6)	(111,3)
= Nettozufluss an Eigenkapitalgeber		**0,0**	**0,0**	**0,0**	**0,0**	**0,0**	**0,0**	**0,0**	**0,0**	**0,0**	**1.261,1**
Eigenkapitalkosten verschuldet		23,4%	21,3%	20,5%	19,3%	17,6%	15,5%	17,1%	15,5%	14,1%	12,8%
Nachhaltige Wachstumsrate											1,0%
Equity Value zum 31.12.	**2.377,6**	**2.932,9**	**3.559,0**	**4.290,2**	**5.116,3**	**6.016,0**	**6.950,0**	**8.136,7**	**9.396,9**	**10.720,1**	
Net Debt	9.584,5	12.433,4	14.471,2	15.975,6	16.661,2	16.067,0	15.360,4	14.240,6	12.613,6	10.298,4	
Enterprise Value zum 31.12.	**11.962,0**	**15.366,4**	**18.030,2**	**20.265,8**	**21.777,5**	**22.083,0**	**22.310,4**	**22.377,3**	**22.010,5**	**21.018,5**	

Abbildung 10-25: Darstellung des Ertragswertverfahrens

> Trotz der methodisch korrekten Unternehmenswertbestimmung mangelt es dem Ertragswertverfahren im Rahmen der Bewertung ertragsschwacher Unternehmen an Transparenz und auch an Akzeptanz, rührt der Wert doch aus einem in weiter Zukunft entfernten Beitrag her. In der Praxis ist jedoch genau diese Akzeptanz notwendig, um die Interessen der einzelnen Stakeholder zu bündeln und damit die Grundlage für ein allseits akzeptiertes Finanzierungskonzept zu schaffen.

Es wird ersichtlich, dass sich die Free Cashflows aus der operativen Tätigkeit und aus dem Tax Shield durch die Insolvenzwahrscheinlichkeit signifikant reduzieren; der Enterprise Value (Equity Value) zum 31.12.2020 um T€ 6.859,2 auf T€ 5.102,8 (T€ -4.481,6).

Damit wird deutlich, welche Fehleinschätzungen bei der Unternehmensbewertung entstehen können, wenn die Methodik nicht korrekt angewendet wird.

Neben diesen statischen Verfahren zur Berechnung des Unternehmenswertes gibt es auch dynamische Verfahren, beispielsweise die Bewertung eines Unternehmens unter Zuhilfenahme der Monte-Carlo-Simulation.

Die Berücksichtigung der Insolvenzwahrscheinlichkeit bei der Ermittlung des Unternehmenswertes

Prinzipiell müssen einkommensbasierte Bewertungen auf Erwartungswerten von künftigen Zahlungsüberschüssen bzw. Cashflows basieren. Um den Erwartungswert zu erhalten, multipliziert man die Ausprägung der Zufallsgröße mit der entsprechenden Wahrscheinlichkeit und summiert die einzelnen Komponenten oder modelliert den Erwartungswert mithilfe einer Monte-Carlo-Simulation.

In der Praxis entspricht der geplante Umsatz in den seltensten Fällen einem Erwartungswert. Vielmehr stellt der Planwert häufig einen Zielwert zur Mitarbeitermotivation oder einen Mindestwert dar, den der Unternehmer erreichen möchte. Es ist erstaunlich, in wie vielen Sanierungsgutachten oder Unternehmenswertgutachten diesem Umstand keine Rechnung getragen wird, und stattdessen der Planwert unreflektiert übernommen wird.

Und auch bei der Ermittlung von Erwartungswerten wird häufig die Wahrscheinlichkeit einer Insolvenz gänzlich vernachlässigt, steht sie doch vermeintlich im Widerspruch zur Going-Concern-Prämisse des IDW S 1 Tz. 5. Der Zähler der Unternehmensbewertung bei den einkommensbasierten Verfahren sollte den Erwartungswert der Zahlungsüberschüsse bzw. Cashflows über alle möglichen Zukunftsszenarien widergeben. Dabei ist das Insolvenzszenario lediglich ein wahrscheinlichkeitsgewichtetes Szenario im Rahmen der Bandbreiten aller möglichen – positiven oder negativen – zukünftigen Entwicklungen.

Da Unternehmen grundsätzlich einem mehr oder weniger stark ausgeprägten Insolvenzrisiko unterliegen, wäre dies bei der Ermittlung der Erwartungswerte der Zahlungsüberschüsse bzw. Cashflows zu berücksichtigen. Im Bewertungsalltag wird die Insolvenzwahrscheinlichkeit nur sehr selten bei der Ermittlung von Unternehmenswerten berücksichtigt.

Berücksichtigung von Insolvenzkosten bei der Bewertung ertragsschwacher Unternehmen

In einigen Modellen bei der Bewertung ertragsschwacher Unternehmen werden Insolvenzkosten berücksichtig. Dabei unterscheidet man zwischen direkten Insolvenzkosten, d. h. den Kosten für den Insolvenzverwalter, das Gericht u. a. und indirekten Insolvenzkosten, wie z. B. den Weggang von Leistungsträgern, die Verschlechterung von Zahlungszielen bei Lieferanten[67]. Die zu berücksichtigenden Insolvenzkosten entsprechen bei diesen Modellen dem mit der Eintrittswahrscheinlichkeit gewichtete Barwert dieser Kosten. Zu berücksichtigen ist meines Erachtens jedoch, dass – je nach Wahl des Verfahrens – diese, insbesondere direkten Insolvenzkosten (leider) nicht mehr beim Eigenkapitalgeber zu Buche schlagen. Indirekte Insolvenzkosten werden über die Planung der Gewinn- und Verlustrechnung ohnehin bei der Ermittlung der Erwartungswerte in Ansatz gebracht. Da in Deutschland die Quote bei den nachrangigen Insolvenzgläubigern im Durchschnitt im niedrigen einstelligen Prozentbereich liegt, wird es ohnehin keinen „Flow to Equity" im Insolvenzfall geben, sodass der Abzug solcher Kosten keine Bedeutung mehr für den Gesellschafter des insolventen Unternehmens hat[68].

Generell lässt sich zeigen, dass die Insolvenzwahrscheinlichkeit von Unternehmen abhängig ist von der erwarteten Ertragskraft, dem Risikoumfang sowie der Risikotragfähigkeit.[69] Die Möglichkeit des Scheiterns eines Unternehmens und der damit verbundenen Insolvenz besteht in jedem Jahr immer wieder neu. Die Wahrscheinlichkeit, dass ein Unternehmen nach fünf Jahren noch fortgeführt wird, liegt vor diesem Hintergrund deutlich unter der Überlebenswahrscheinlichkeit für das Folgejahr. Bei einer jährlich konstanten Insolvenzwahrscheinlichkeit von p = 1 % = 0,01 beträgt die Wahrscheinlichkeit, dass ein Unternehmen das erste Planjahr überlebt, (1 – p), d. h. 0,99 oder 99 %. Für das zweite Jahr gilt eine Überlebenswahrscheinlichkeit von $(1 - 0{,}01)^2 = 0{,}99^2$ = 98,01 %. Allgemein beträgt die Überlebenswahrscheinlichkeit nach t Jahren:

$$\text{Überlebenswahrscheinlichkeit} = (1 - \text{Insolvenzwahrscheinlichkeit})^t = (1 - p)^t$$

(mit als p konstant angenommener Insolvenzwahrscheinlichkeit eines Jahres).

Aufgrund dieses Kumulationseffektes kann sich die Vernachlässigung des Insolvenzrisikos insbesondere im Restwert/Terminal-Value enorm auswirken. Für den Terminal Value wird eine konstante Wachstumsrate (w) der Zahlungsüberschüsse bzw. Cashflows angenommen (in Form einer ewigen Rente mit geometrischem Wachstum 1 + w). Die damit steigende Möglichkeit einer Insolvenz führt im Umkehrschluss dazu, dass sich über die Jahre die kumulierte Überlebenswahrscheinlichkeit stetig reduziert. Damit kann die Insolvenzwahrscheinlichkeit (p) als eine „negative Wachstumsrate“ (Faktor 1 – p) interpretiert werden.

Für den Fall der Insolvenz wird unterstellt, dass der Einnahmenüberschuss stoppt. Formal lässt sich dann für die ewige Rente mit Wachstum formulieren:

$$UW_0 = \sum_{t=1}^{\infty} \frac{E(ZÜ_t^{ol} \times (1+w)^{t-1} \times (1-p)^t}{(1+k)^t}$$

Die nachfolgende Darstellung zeigt diesen Verlauf anhand eines Binominialbaums:

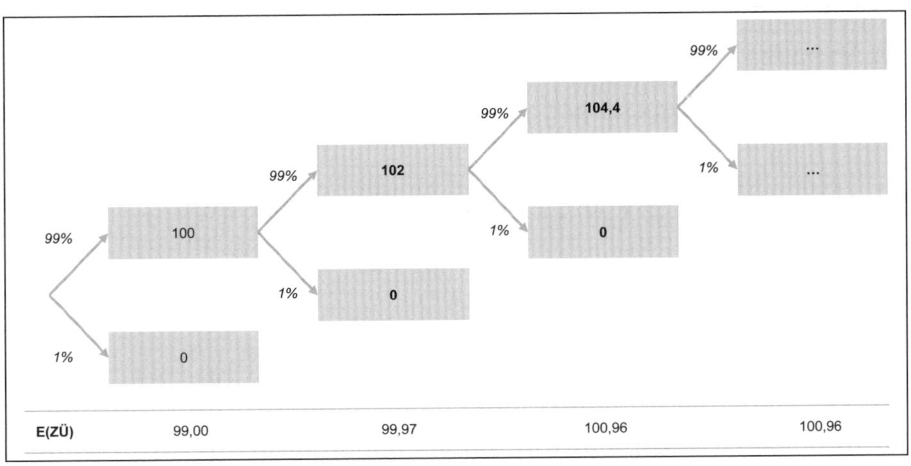

Abbildung 10-26: Unbedingte Erwartungswerte der Zahlungsüberschüsse bei Wachstum und Insolvenzwahrscheinlichkeit

Banken berücksichtigen jedoch seit jeher die Ausfallwahrscheinlichkeiten ihrer künftigen Zins- und Tilgungseinnahmen im Rahmen der Kalkulation ihrer Zinskonditionen durch Rating des Kreditnehmers. Durch ein Kreditrating wird das Gesamtrisiko eines Kreditengagements, d. h. die Fähigkeit eines Kreditnehmers beschrieben, den Zahlungsverpflichtungen in Zukunft nachzukommen. Im Rating drückt sich damit auch die Wahrscheinlichkeit einer Insolvenz aus. Ratingbasierte Schätzungen von Ausfallwahrscheinlichkeiten können daher ebenfalls einen Anhaltspunkt für die Einschätzung der Insolvenzwahrscheinlichkeiten geben.

Ratingeinschätzungen können systematisiert werden in:[70]

- externes Rating,
- synthetisches Rating,
- simulationsbasiertes Rating.

Liegen aktuelle *externe Ratingeinschätzungen* für das Unternehmen vor, können diese für die nähere Zukunft herangezogen werden. Neben der Ratingeinschätzung des Unternehmens muss auch bekannt sein, welche Zuordnung zwischen den Ratingklassen und den (aktuellen) Insolvenzwahrscheinlichkeiten bestehen. *Synthetische Ratings* werden auf der Basis von vereinfachten Ratingmodellen durchgeführt. Statische Ratings nehmen die Ratingeinschätzung lediglich zu einem zukünftigen Zeitpunkt vor. Für die Unternehmensbewertung sollte dabei auf die Verhältnisse zu Beginn des Restwertzeitraums abgestellt werden. Dynamische Ratingverfahren nehmen eine periodenspezifische Ratingeinstufung auf Basis von Finanzkennzahlen aus der der Bewertung zugrunde liegenden Planungsrechnung vor. Mithilfe von *Simulationsmodellen* erhält man unter Nutzung von Methoden der Monte-Carlo-Simulation eine Wahrscheinlichkeitsverteilung der verschiedenen Plangrößen der Erfolgs-, Bilanz- und Zahlungsrechnung.

Ein kostengünstiges Tool zur Risikoanalyse und zum Rating stellt der Strategie Navigator der Future Value Group dar. Durch Eingabe von G&V- und Bilanzwerten sowie Fragen zum Markt, Wettbewerb und Management erfolgt ein Rating, das mit den Risikokategorien von S&P korreliert.[71]

Auf Basis des so ermittelten Ratings z. B. kann ein Vergleich mit den Rating-Kategorien S&P und deren veröffentlichten Ausfallwahrscheinlichkeiten erfolgen und eine Gewichtung der Einnahmenüberschüsse stattfinden.

	Time horizon (years)														
Rating	**1**	**2**	**3**	**4**	**5**	**6**	**7**	**8**	**9**	**10**	**11**	**12**	**13**	**14**	**15**
AM	0,00	0,03	0,13	0,24	0,34	0,45	0,51	0,59	0,64	0,70	0,72	0,75	0,78	0,84	0,90
M	0,02	0,06	0,11	0,21	0,30	0,41	0,49	0,56	0,63	0,70	0,76	0,82	0,88	0,93	0,99
A	0,05	0,13	0,22	0,33	0,46	0,60	0,76	0,90	1,05	1,20	1,34	1,46	1,59	1,71	1,84
BBB	0,16	0,43	0,75	1,14	1,54	1,94	2,27	2,61	2,93	3,24	3,55	3,80	4,03	4,28	4,54
BB	0,63	1,93	3,46	4,99	6,43	7,75	8,89	9,90	10,82	11,64	12,33	12,99	3,59	4,09	4,65
B	3,34	7,80	11,75	4,89	7,35	19,36	20,99	22,31	23,50	24,62	25,58	26,31	26,99	7,63	28,24
CCC/C	28,30	38,33	43,42	46,36	48,58	49,61	50,75	51,49	52,16	52,76	53,21	53,68	54.23	54,69	54,76
Investment grade	0,09	0,24	0,41	0,63	0,86	1,09	1,30	1,50	1,69	1,88	2,05	2,20	2,35	2,49	2,65
Speculative grade	3,71	7,19	10,18	12,63	4,64	16,30	17,68	18,83	19,86	20,81	21,61	22,29	22,93	3,49	24,04
All rated	1,53	3,00	4,27	5,35	6,25	7,01	7,64	8,18	8,67	9,12	9,50	9,83	0,13	0,41	0,69

Abbildung 10-27: Global Corporate Average Cumulative Default Rates in Prozent (1981–2020)[72]

In unserem Fallbeispiel würde die Berücksichtigung von Insolvenzwahrscheinlichkeiten sich wie folgt widerspiegeln. Der Equity Value per 31.12.2020 beträgt nach Berücksichtigung von Insolvenzkosten T€ -1.237,7 und ist damit negativ.

	Historie	Forecast	Detailplanungsphase				Grobplanungsphase				TV
	2020	2021	2022	2023	2024	2025	2026	2027	2028	2029	2030
EBIT		**1.616,0**	**(1.722,5)**	**(649,2)**	**264,8**	**1.930,9**	**2.403,9**	**2.544,3**	**3.001,4**	**3.153,0**	**3.171,3**
(-) Adjustierte Steuer		(482,0)	0,0	0,0	0,0	(164,2)	(717,0)	(758,8)	(895,2)	(940,4)	(945,8)
NOPLAT		**1.134,0**	**(1.722,5)**	**(649,2)**	**264,8**	**1.766,7**	**1.686,9**	**1.785,5**	**2.106,2**	**2.212,6**	**2.225,5**
(+) Abschreibungen		875,4	1.128,1	1.212,4	1.256,2	1.279,9	1.305,8	1.333,0	1.360,3	1.386,0	1.399,8
(+/-) Veränderungen des Nettoumlaufvermögens		512,7	78,0	(71,0)	(77,2)	222,4	(240,6)	(202,7)	(135,9)	(145,7)	(69,3)
(-) Investitionen		(882,1)	(868,9)	(877,5)	(895,1)	(942,5)	(992,5)	(1.039,8)	(1.081,8)	(1.114,0)	(1.526,3)
(+/-) Veränderungen der operativen Liquidität		58,4	0,0	0,0	0,0	0,0	0,0	0,0	0,0	0,0	(18,0)
(-) Sonstige Steuer		(92,5)	(92,5)	(92,5)	(92,5)	(92,5)	(92,5)	(92,5)	(92,5)	(92,5)	(92,5)
Free Cashflow vor Insolvenzkosten		**1.605,9**	**(1.477,9)**	**(477,8)**	**456,3**	**2.234,0**	**1.667,2**	**1.783,5**	**2.156,2**	**2.246,4**	**1.919,2**
Eigenkapitalkosten		28.3%	38,3%	43,4%	46,4%	48.6%	49,6%	50.8%	51,5%	52,2%	52,8%
Free Cashflow nach Insolvenzkosten		**1.151,5**	**(911,4)**	**(270,4)**	**244,7**	**1.148,7**	**840,1**	**878,4**	**1.046,0**	**1.074,7**	**906,7**
Eigenkapitalkosten		9,5%	9,5%	9,5%	9,5%	9,5%	9,5%	9,5%	9,5%	9,5%	9,5%
Nachhaltige Wachstumsrate											1,0%
Wertbeitrag der operativen Geschäftstätigkeit	**7.687,6**	**7.262,6**	**8.860,3**	**9.967,9**	**10.665,2**	**10.524,3**	**10.678,8**	**10.809,5**	**10.785,1**	**10.729,6**	
Zinsaufwand		(575,1)	(602,1)	(751,3)	(851,1)	(902,9)	(853,3)	(630,2)	(587,2)	(530,6)	(470,6)
Effektiver Steuersatz		29,8%	0,0%	0,0%	0,0%	0,0%	29,8%	29,8%	29,8%	29,8%	29,8%
Tax Shield vor Insolvenzkosten		**171,5**	**0,0**	**0,0**	**0,0**	**0,0**	**254,5**	**188,0**	**175,1**	**158,3**	**140,4**
Insolvenzwahrscheinlichkeit		28,3%	38,3%	43,4%	46,4%	48,6%	49,6%	50,8%	51,5%	52,2%	52,8%
Tax Shield nach Insolvenzkosten		**123,0**	**0,0**	**0,0**	**0,0**	**0,0**	**128,2**	**92,6**	**85,0**	**75,7**	**66,3**
Eigenkapitalkosten		9,5%	9,5%	9,5%	9,5%	9,5%	9,5%	9,5%	9,5%	9,5%	9,5%
Nachhaltige Wachstumsrate											1,0%
Wertbeitrag aus Finanzierung	**659,2**	**598,5**	**655,0**	**716,9**	**784,7**	**858,8**	**811,8**	**795,9**	**786,2**	**784,7**	
Enterprise Value zum 31.12.	**8.346,7**	**7.861,0**	**9.515,3**	**10.684,9**	**11.449,9**	**11.383,1**	**11.490,5**	**11.605,4**	**11.571,2**	**11.514,3**	
Net Debt	9.584,5	8.701,1	10.781,0	12.010,1	12.404,9	11.073,9	10.503,3	9.787,4	8.844,1	7.844,0	
Equity Value zum 31.12.	**(1.237,7)**	**(840,0)**	**(1.265,7)**	**(1.325,2)**	**(955,1)**	**309,3**	**987,2**	**1.818,1**	**2.727,1**	**3.670,4**	

Abbildung 10-28: Unternehmensbewertung unter Berücksichtigung von Insolvenzwahrscheinlichkeiten

Monte-Carlo-Simulation

Die Monte-Carlo-Simulation ist ein mathematisches Vorgehen, die Zufallsvariablen zur Modellierung von Risiken oder Unsicherheiten eines bestimmten Systems, z. B. eine Unternehmenswertberechnung, erzeugt. Die Häufigkeit der verwendeten Zufallsvariablen wird von einer Wahrscheinlichkeitsverteilungsfunktion erzeugt.

In der Praxis stellt sich zumeist die Frage nach der Wahl der Wahrscheinlichkeitsverteilung und auch nach der Ausprägung möglicher Werte. Man unterscheidet im Allgemeinen stetige (kontinuierliche) und diskrete Wahrscheinlichkeitsverteilungen. Bei stetigen Wahrscheinlichkeitsverteilungen kann das Zufallsereignis jeden Wert in einem Intervall annehmen (z. B. die exakte Körpergröße eines Menschen), bei diskreten Wahrscheinlichkeitsverteilungen kann das Zufallsereignis dagegen nur bestimmte Werte annehmen (z. B. bei einem Würfel die 1, 2, 3, 4, 5 und 6 und ansonsten keine Zwischengrößen wie z. B. 2,56).[73]

Die wichtigsten und in der Praxis der Finanzplanung eingesetzten Wahrscheinlichkeitsfunktionen sind die

- Bernoulli-Verteilung,[74]
- Normalverteilung,
- Laplace-Verteilung,
- Dreiecksverteilung,
- Beta-Verteilung,
- Poission-Verteilung,
- Exponentialverteilung und
- Gleichverteilung.

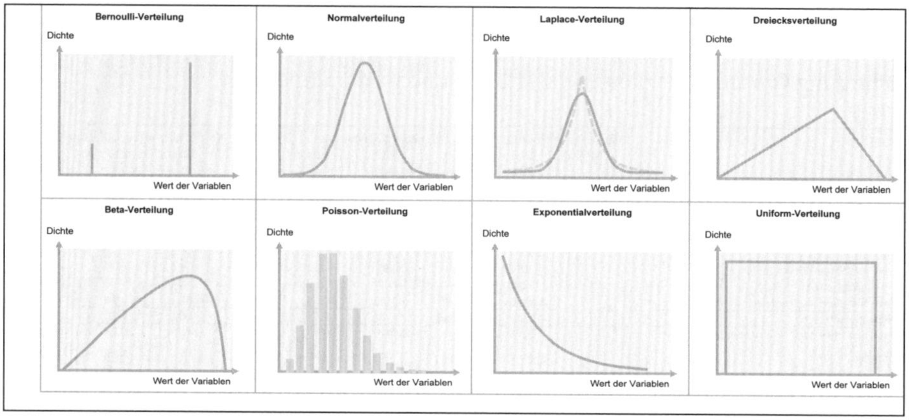

Abbildung 10-29: Die wichtigsten Wahrscheinlichkeitsverteilungsfunktionen

Bernoulli-Verteilung

Die Bernoulli-Verteilung ist eine diskrete Verteilung, die genau zwei Ereignisse kennt: Ereignis tritt ein oder Ereignis tritt nicht ein. Zum Beispiel kann der Verkauf eines Geschäftsbereichs gelingen oder nicht.

Normalverteilung

Die Normalverteilung oder Gauß-Verteilung ist eine stetige Verteilung, das heißt, es können alle reellen Zahlen auftauchen. Sie stellt die wichtigste Wahrscheinlichkeitsverteilung dar. Die Dichtefunktion[75] ist dabei durch die sogenannte Gaußsche Glockenkurve gegeben. Die Normalverteilung zeichnet sich durch den Erwartungswert der dem Risiko zugrunde liegenden Werte und der Standardabweichung aus. Die Standardabweichung ist ein Maß für die Streubreite der Werte eines Merkmals rund um dessen Mittelwert (arithmetisches Mittel). Vereinfacht gesagt, ist die Standardabweichung die durchschnittliche Entfernung aller gemessenen Ausprägungen eines Merkmals vom Durchschnitt und damit auch ein Maß für das Risiko, dass die Ausprägung eben nicht dem Mittelwert entspricht.

Normalverteilte Zufallsvariablen finden sich in der Praxis sehr häufig wieder. Gibt es in einem Unternehmen keine Hauptkunden, sondern es existiert ein breit gestreutes Kundenportefeuille, so kann man annehmen, dass Abweichungen vom geplanten Umsatz normalverteilt und damit keine Einzelkundenplanungen notwendig sind.

Ein wesentlicher Grund für die Bedeutung der Normalverteilung ist jedoch der zentrale Grenzwertsatz. Er besagt, „dass unter bestimmten allgemeinen Voraussetzungen die Summe aus n unabhängigen, identisch verteilten Zufallsvariablen wiederum normalverteilt ist".[76]

Als Beispiel hierfür sei der Wurf von *n* fairen Würfeln genannt: Wenn man nur einen Würfel wirft, so ist jede Augenzahl gleich wahrscheinlich. Wirft man hingegen zwei oder mehrere Würfel, so wird die Ausprägung der addierten Würfelaugen durch die Normalverteilung beschrieben, wie in der nachfolgenden Abbildung ersichtlich ist.

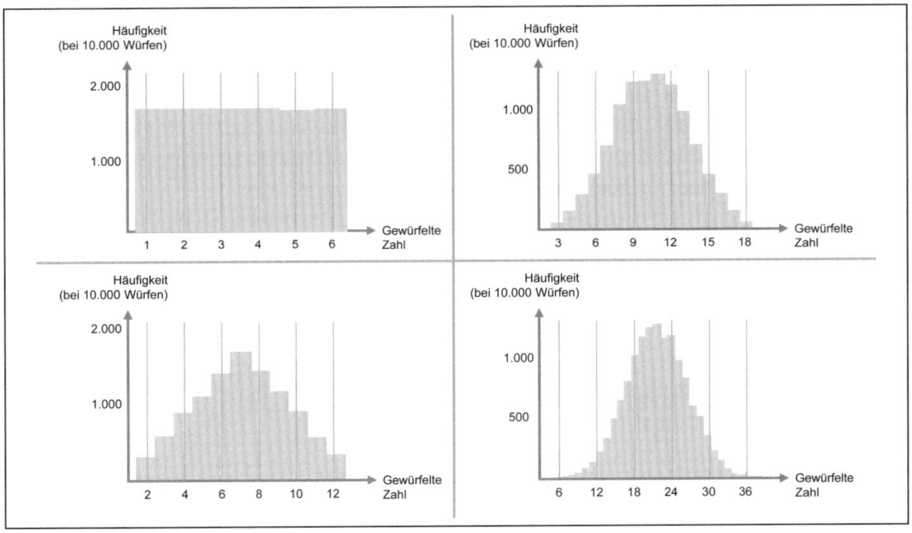

Abbildung 10-30: Ergebnisverteilung bei Würfel-Versuchen

Laplace-Verteilung

Die Laplace-Verteilung wird angewendet, wenn die Verteilung eine stärkere Spitze als eine Normalverteilung aufweist. Bei der Laplace-Verteilung handelt es sich um eine stetige Verteilung, die durch den Mittelwert und die Standardabweichung definiert ist.

Dreiecksverteilung

Eine Dreiecksverteilung ist eine stetige Verteilung, die durch ihren Minimum-, Maximum- und Modalwert beschrieben wird. Sie weist eine dreieckige Form auf, beginnt beim Minimum, steigt linear bis zum Modalwert an und nimmt dann linear bis zum Maximum ab. Die Dreiecksverteilung eignet sich zur Beschreibung von Risiken, für die nur begrenzte Stichprobendaten vorhanden sind. Beispielsweise können Preissteigerungen eines Jahres mithilfe von Dreiecksverteilungen dargestellt werden.

Beta-Verteilung

Die Beta-Verteilung ist der Dreiecksverteilung sehr ähnlich, weist jedoch einen kurvenförmigen Verlauf auf. Auch die Beta-Verteilung lässt sich durch Mindestwert, wahrscheinlichstem Wert und Maximalwert beschreiben. In ihrer Ausprägung kann die Beta-Verteilung diskret oder stetig sein.[77]

Poisson-Verteilung

Die Poisson-Verteilung ist eine diskrete Wahrscheinlichkeitsverteilung, welche die Verteilung von Zählgrößen beschreibt. Mit anderen Worten: Wie oft tritt ein bestimmtes, zählbares Ereignis ein, wenn man es sehr oft wiederholt? Der Parameter gibt hierbei die mittlere Ereignisrate an. Ein klassisches Beispiel für die Anwendung der Poisson-Verteilung ist die Anzahl der Besucher einer Website pro Minute, Stunde oder Tag.

Exponentialverteilung

Die Exponentialverteilung ist eine stetige Verteilung, die zur Modellierung der Dauer zufälliger Zeitintervalle genutzt wird. Der Parameter steht hierbei für die Zahl der erwarteten Ereignisse pro Zeitintervall. Der typischste Anwendungsfall der Exponentialverteilung ist die Lebensdauer von Teilen von Maschinen oder auch die Zeit zwischen zwei Anrufen in einem Callcenter.

Uniform-/Gleichverteilung

Die Gleichverteilung ist ein Sonderfall unter den Wahrscheinlichkeitsverteilungen, denn sie existiert sowohl als stetige als auch als diskrete Verteilung. Sie beschreibt Ereignisse, bei denen jeder Wert gleich wahrscheinlich ist. Ein typisches Beispiel für eine diskrete Gleichverteilung ist ein fairer Würfel, bei dem jede Seite mit der identischen Wahrscheinlichkeit von auftritt.

Anwendung der Monte-Carlo-Simulation bei Unternehmensbewertungen

Durch eine Vielzahl von Berechnungen mit immer neuen, durch die Wahrscheinlichkeitsverteilungen erzeugten Werten gelangt man – wie im oben dargestellten Beispiel anhand von fünf Szenarien – zu Erwartungswerten (most likely value) der einzelnen Planungsparameter. Mit diesen, durch eine Vielzahl von Simulationen erzeugten Erwartungswerten, errechnet man anschließend den Unternehmenswert.

Insbesondere bei Unternehmen in Krisensituationen ist dabei modelltechnisch wichtig, dass in jedem Jahr auch die gegebenenfalls in Finanzierungsverträgen verankerten Covenants simuliert werden. Zudem kann eine etwaige Zahlungsunfähigkeit (z. B. weil die Finanzmittelinanspruchnahme den vorhandenen Kreditrahmen übersteigt) im Modell dazu führen, dass es zu einem Abbruch der bewertungsrelevanten Cashflows kommt – die Cashflows in der Bewertungsperiode also nach diesem „Event" auf null gesetzt werden. In einem solchen Fall ist gegebenenfalls ein aus einer Insolvenz entstehender Liquidationserlös zu planen, wobei hier – je nach Bewertungsmethode – darauf zu achten ist, wem der Liquidationserlös zusteht. In der Regel dürften die Eigenkapitalgeber keinen Anteil am Liquidationserlös erhalten[78].

Monte-Carlo-Simulationen können mit Excel-Add-ins wie Crystalball oder @risk durchgeführt werden.

In unserem Fallbeispiel sollen folgende Parameter im Rahmen einer APV-Bewertung beispielhaft mithilfe der Monte-Carlo-Simulation modelliert werden:

- Umsatzsteigerungen unter Anwendung einer Dreiecksverteilung,
- Veränderungen der Materialaufwandsquote unter Anwendung einer Beta-Verteilung,
- Erträge aus dem Verkauf einer Tochtergesellschaft (sonstige betriebliche Erträge) unter kombinierter Anwendung einer Bernoulli-Verteilung (Verkauf gelingt, Verkauf gelingt nicht) und einer Dreiecksverteilung (Kaufpreisbandbreite),
- Senkung des sonstigen betrieblichen Aufwands unter Anwendung einer Normalverteilung.

Umsatzsteigerungen unter Anwendung einer Dreiecksverteilung

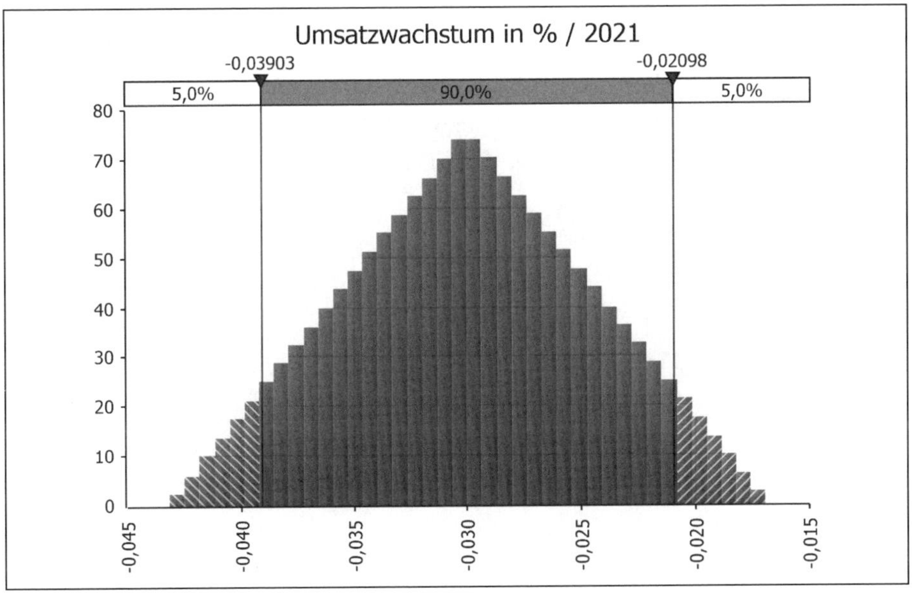

Abbildung 10-31: Dreiecksverteilung der Umsatzsteigerungen im Jahr 2021

Der wichtige Werttreiber des Umsatzwachstums wurde mithilfe einer Dreiecksverteilung geplant. Dabei wurden Mindest- („Min") und Höchstwerte („Max") des jeweiligen Umsatzwachstums festgelegt sowie der höchstwahrscheinliche Wert („Most Likely", Formel: („=RiskTriang(J71 (Min);J70 (Most Likely);J69 (Max);RiskStatic (J70)"). Es wurde davon ausgegangen, dass sich die Ausprägungen im Zeitablauf positiv entwickeln werden. Die nachstehende Tabelle zeigt die Entwicklung und die verwendeten Annahmen zum Umsatzwachstum.

		Forecast	Detailplanungsphase				Grobplanungsphase				TV
Annahmen		**2021**	**2022**	**2023**	**2024**	**2025**	**2026**	**2027**	**2028**	**2029**	**2030**
Umsatzwachstum in %		(3,0%)	(2,0%)	0,2%	1,4%	4,9%	4,3%	5,3%	5,6%	2,2%	1,0%
	Max.	(1,7%)	(0,8%)	1,6%	: 3,1%	8,3%	8,3%	7,4%	6,3%	4,6%	1,0%
	Most likely	(3,0%)	(1,5%)	1,0%	: 2,0%	5,3%	5,3%	4,8%	4,0%	3,0%	1,0%
	Min.	(5,0%)	(3,5%)	(1,0%)	: 0,0%	3,3%	3,3%	2,8%	2,0%	1,0%	1,0%

Abbildung 10-32: Parameter des geplanten Umsatzwachstums

Veränderungen der Aufwandsquote für Roh-, Hilfs- und Betriebsstoffe unter Anwendung einer Beta-Verteilung

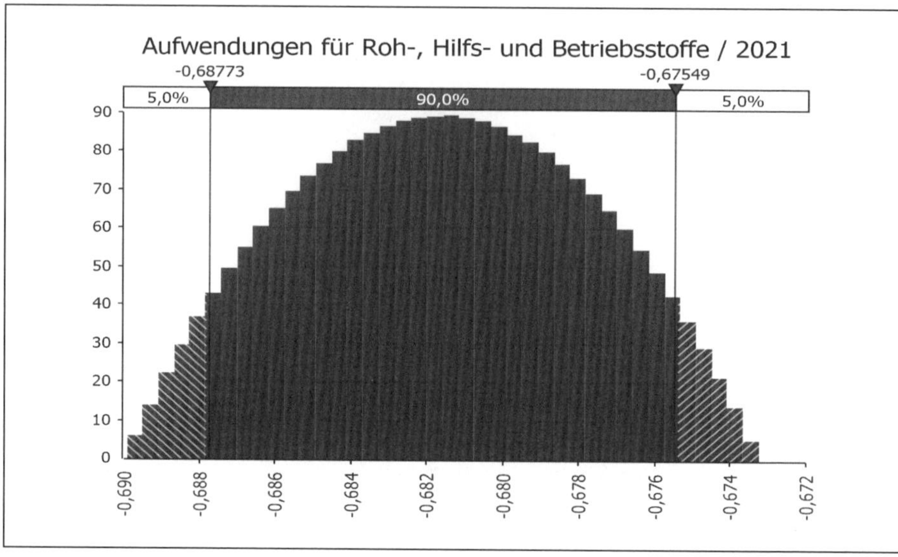

Abbildung 10-33: Betaverteilung der Aufwandsquote für Roh-, Hilfs- und Betriebsstoffe

Als weiterer wichtiger Werttreiber neben dem Umsatzwachstum wurde die Aufwandsquote der Roh-, Hilfs- und Betriebsstoffe identifiziert. Für die Monte-Carlo-Simulation wurde eine Betaverteilung („RiskBetaGeneral(2;2;J91 (Max);J89 (Min);RiskStatic (J90 (Most Likely))") gewählt. Durch die Wahl der Betaverteilung wird eine Berücksichtigung einer bestimmten Bandbreite ausgeschlossen. In dem vorliegenden Fall sind es die oberen und unteren 5,0 % der Bandbreiten. Ähnlich wie beim Umsatzwachstum wurde auch hier davon ausgegangen, dass sich die Aufwandsquoten im Zeitablauf verbessern.

		Forecast	Detailplanungsphase				Grobplanungsphase				TV
Annahmen		2021	2022	2023	2024	2025	2026	2027	2028	2029	2030
Aufwendungen für Roh-, Hilfs- und Betriebsstoffe		(67,9%)	(67,3%)	(66,3%)	(65,9%)	(62,4%)	(63,8%)	(62,8%)	(62,9%)	(62,3%)	(62,3%)
	Min.	(67,3%)	(65,8%)	(64,8%)	(64,4%)	(62,0%)	(62,0%)	(62,0%)	(62,0%)	(62,0%)	(62,0%)
	Most likely	(68,0%)	(66,5%)	(65,5%)	(65,0%)	(62,6%)	(62,6%)	(62,6%)	(62,6%)	(62,6%)	(62,6%)
	Max.	(69.0%)	(68,0%)	(68,0%)	(67,0%)	(65,0%)	(64,0%)	(64,0%)	(64,0%)	(64,0%)	(64,0%)

Abbildung 10-34: Parameter der geplanten Aufwendungen für Roh-, Hilfs- und Betriebsstoffe

Erträge aus dem Verkauf einer Tochtergesellschaft (sonstige betriebliche Erträge)

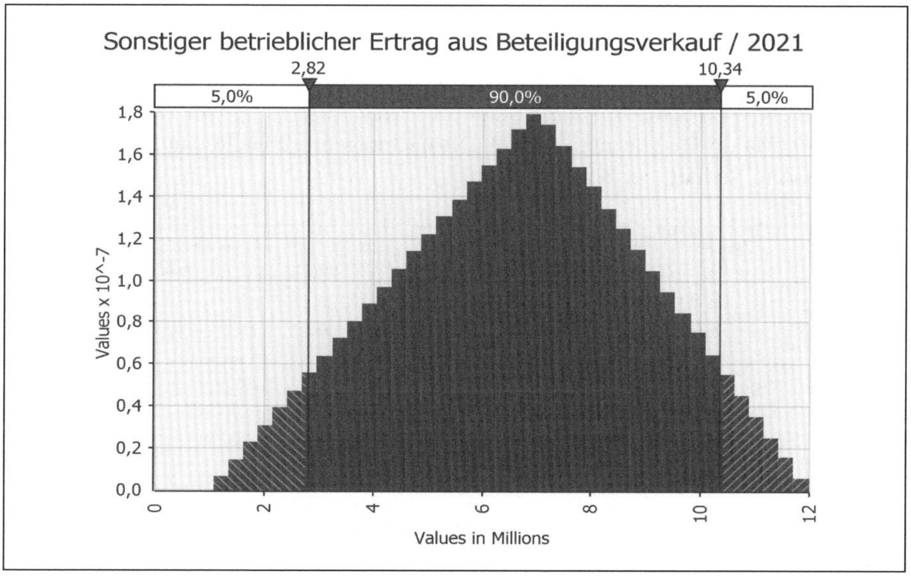

Abbildung 10-35: Dreiecksverteilung Erlöse aus Beteiligungsverkauf 2021

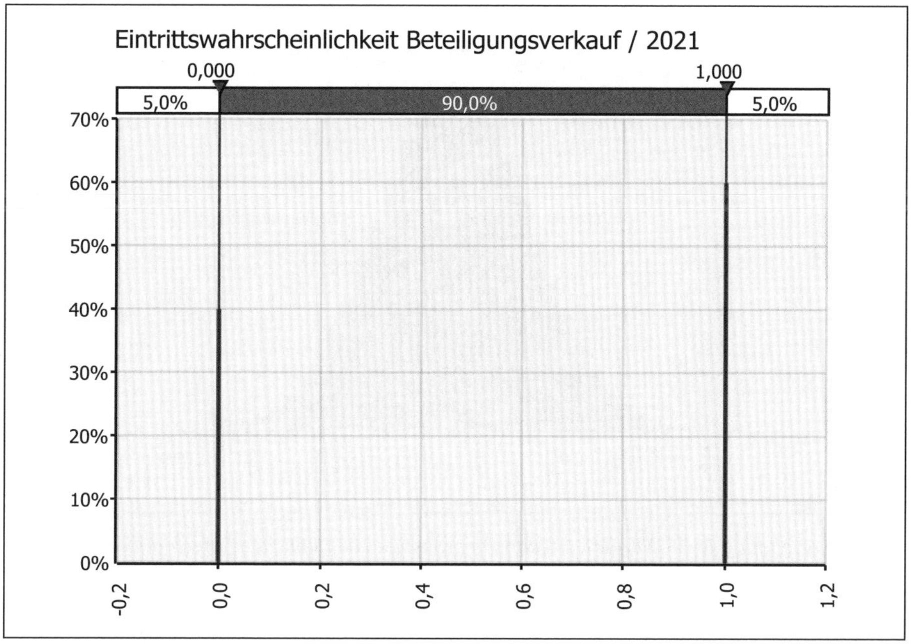

Abbildung 10-36: Bernoulli-Verteilung (Eintrittswahrscheinlichkeit) Beteiligungsverkauf

Für die Simulation des erfolgreichen Verkaufs der Beteiligung im Jahr 2021 wurde eine kombinierte Variante verwendet. Die Bernoulli-Verteilung diente dabei zur Simulation des Eintritts des Ereignisses „Verkauf der Beteiligung" („Trigger-Event"). Die Erlöse aus dem Verkauf dagegen wurden mit einer Dreiecksfunktion (wie bei der Umsatzwachstumsrate auch) simuliert. Die Eintrittswahrscheinlichkeit wurde mit 60 % angenommen. Die Formel für diese Struktur lautet: RiskTriang (J81 (Min);J80 (Most Likely); J79 (Max) x RiskBernoulli (0,6)). Die nachfolgende Tabelle zeigt die möglichen Erlöse aus dem Verkauf der Beteiligungen.

	Forecast	Detailplanungsphase				Grobplanungsphase				TV
	2021	2022	2023	2024	2025	2026	2027	2028	2029	2030
Sonstiger betrieblicher Ertrag aus Beteiligungsverkauf	6.666,7	0,0	0,0	0,0	0,0	0,0	0,0	0,0	0,0	0,0
Max.	12.000,0	0,0	0,0	0,0	0,0	0,0	0,0	0,0	0,0	0,0
Most likely	7.000,0	0,0	0,0	0,0	0,0	0,0	0,0	0,0	0,0	0,0
Min.	1.000,0	0,0	0,0	0,0	0,0	0,0	0,0	0,0	0,0	0,0

Abbildung 10-37: Parameter der geplanten sonstigen betrieblichen Erträge aus Beteiligungsverkäufen

Senkung des sonstigen betrieblichen Aufwands unter Anwendung einer Normalverteilung

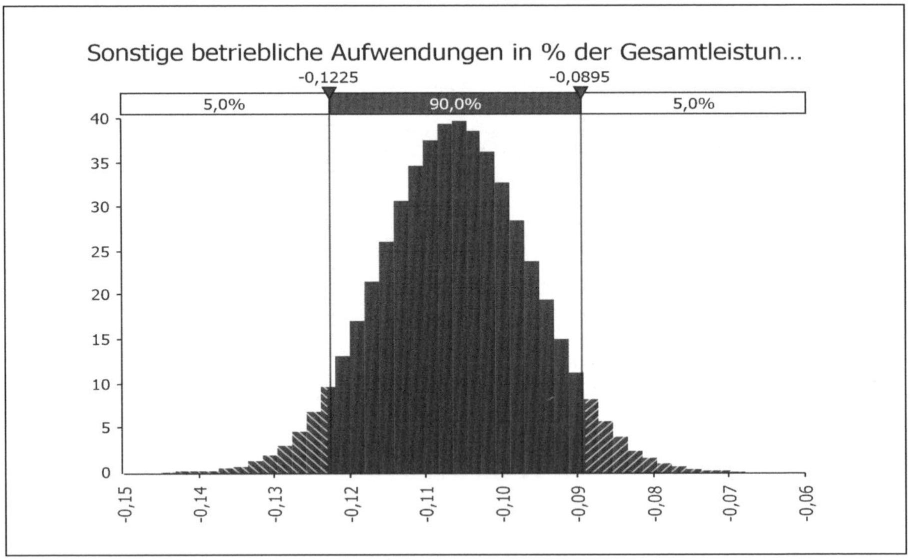

Abbildung 10-38: Normalverteilung der sonstigen betrieblichen Aufwendungen

Als letzte werttreibende Variable wurde in der Simulation die Aufwandsquote der sonstigen betrieblichen Aufwendungen identifiziert. Für die Monte-Carlo-Simulation wurde eine Normalverteilung („RiskNormal (J110 (Most Likely); J110 (Most Likely); RiskStatic (J110 (Most Likely))") gewählt. Die nachfolgende Tabelle zeigt die Ausprägungen und die verwendeten Annahmen dieser Aufwandsposition.

	Forecast	Detailplanungsphase				Grobplanungsphase				TV
	2021	2022	2023	2024	2025	2026	2027	2028	2029	2030
Sonstige betriebliche Aufwendungen in % der Gesamtleistung	(10,6%)	(9,7%)	(8,8%)	(8,0%)	(6,6%)	(6,1%)	(7,7%)	(7,7%)	(6,0%)	(6,0%)
Min.	(10,5%)	(9,9%)	(8,9%)	(7,9%)	(7,9%)	(7,9%)	(7,9%)	(7,9%)	(7,9%)	(7,9%)
Most likely	(10,6%)	(10,0%)	(9,0%)	(8,0%)	(7,0%)	(7,0%)	(7,0%)	(7,0%)	(7,0%)	(7,0%)
Max.	(10,7%)	(10,1%)	(9,1%)	(8,1%)	(8,1%)	(8,1%)	(8,1%)	(8,1%)	(8,1%)	(8,1%)

Abbildung 10-39: Parameter der geplanten sonstigen betrieblichen Aufwendungen

Im Anschluss an den Austausch der üblicherweise „harten" Werte durch Verteilungsfunktionen erfolgt mithilfe der Monte-Carlo-Simulation (in unserem Beispiel 10.000 Mal) die Definition der Erwartungswerte für die einzelnen Parameter. Somit erhält man eine Bandbreite für die bewertungsrelevanten Cashflows. Unter Verwendung des Most-Likely-Wertes errechnet man final den Unternehmenswert.

Die nachfolgenden Tabellen zeigen die aus der Monte-Carlo-Simulation abgeleitete G&V, Bilanz, Cashflow-Rechnung sowie das Bewertungskalkül.

	Forecast	Detailplanungsphase				Grobplanungsphase				TV
	2021	2022	2023	2024	2025	2026	2027	2028	2029	2030
Umsatzerlöse	**44.168,7**	**43.506,2**	**43.941,3**	**44.820,1**	**47.195,6**	**49.696,9**	**52.063,7**	**54.170,1**	**55.779,5**	**56.337,2**
Umsatzwachstum in %	(3,0%)	(1,5%)	1,0%	2,0%	5,3%	5,3%	4,8%	4,0%	3,0%	1,0%
Bestandsveränderungen	455,2	(454,4)	85,8	96,6	117,4	479,2	379,5	347,2	253,7	93,8
Gesamtleistung	**44.624,0**	**43.051,8**	**44.027,0**	**44.916,7**	**47.312,9**	**50.176,2**	**52.443,2**	**54.517,3**	**56.033,2**	**56.431,0**
Sonstige betriebliche Erträge	518,8	457,4	467,8	477,2	502,7	533,1	557,2	579,2	651,4	656,0
Materialaufwand	(30.679,6)	(28.952,9)	(29.278,7)	(29.645,8)	(30.091,9)	(31.912,9)	(33.354,8)	(34.674,0)	(35.638,1)	(35.891,1)
Materialaufwandsquote in % der Gesamtleistung	(68,8%)	(67,3%)	(66,5%)	(66,0%)	(63,6%)	(63,6%)	(63,6%)	(63,6%)	(63,6%)	(63,6%)
Rohergebnis	**14.463,2**	**14.556,3**	**15.216,1**	**15.748,1**	**17.723,8**	**18.796,4**	**19.645,6**	**20.422,6**	**21.046,5**	**21.195,9**
Rohergebnismarge in % der Gesamtleistung	32,4%	33,8%	34,6%	35,1%	37,5%	37,5%	37,5%	37,5%	37,6%	37,6%
Personalaufwand	(11.241,7)	(10.845,6)	(10.690,4)	(10.633,7)	(11.201,0)	(11.574,3)	(12.097,3)	(12.244,8)	(12.585,2)	(12.674,6)
Personalaufwandsquote in % der Gesamtleistung	(25,2%)	(25,2%)	(24,3%)	(23,7%)	(23,7%)	(23,1%)	(23,1%)	(22,5%)	(22,5%)	(22,5%)
Sonstiger betrieblicher Aufwand	(4.730,1)	(4.305,2)	(3.962,4)	(3.593,3)	(3.311,9)	(3.512,3)	(3.671,0)	(3.816,2)	(3.922,3)	(3.950,2)
Sonst. betriebl. Aufwandsquote in % der Gesamtleistung	(10,6%)	(10,0%)	(9,0%)	(8,0%)	(7,0%)	(7,0%)	(7,0%)	(7,0%)	(7,0%)	(7,0%)
EBITDA	**(1.508,6)**	**(594,5)**	**563,2**	**1.521,0**	**3.210,8**	**3.709,7**	**3.877,3**	**4.361,6**	**4.538,9**	**4.571,2**
EBITDA-Marge in % der Gesamtleistung	(3,4%)	(1,4%)	1,3%	3,4%	6,8%	7,4%	7,4%	8,0%	8,1%	8,1%
Abschreibungen	(875,4)	(1.128,1)	(1.212,4)	(1.256,2)	(1.279,9)	(1.305,8)	(1.333,0)	(1.360,3)	(1.386,0)	(1.399,8)
in % des abschreibungsfähigen Anlagevermögens	(6,0%)	(7,9%)	(8,7%)	(9,2%)	(9,6%)	(10,1%)	(10,5%)	(11,0%)	(11,4%)	(11,4%)
EBIT	**(2.384,0)**	**(1.722,5)**	**(649,2)**	**264,8**	**1.930,9**	**2.403,9**	**2.544,3**	**3.001,4**	**3.153,0**	**3.171,3**
EBIT-Marge in % der Gesamtleistung	(5,3%)	(4,0%)	(1,5%)	0,6%	4,1%	4,8%	4,9%	5,5%	5,6%	5,6%
Sonstige Zinsen und ähnliche Erträge	0,0	0,0	0,0	0,0	0,0	0,0	0,0	0,0	0,0	0,0
Sonstige Zinsen und ähnliche Aufwendungen	(575,1)	(822,9)	(966,7)	(1.079,5)	(1.145,0)	(1.118,4)	(863,0)	(768,8)	(600,8)	(517,5)
EBT	**(2.959,1)**	**(2.545,4)**	**(1.615,9)**	**(814,7)**	**785,9**	**1.285,5**	**1.681,3**	**2.232,6**	**2.552,1**	**2.653,9**
EBT-Marge in % der Gesamtleistung	(6,6%)	(5,9%)	(3,7%)	(1,8%)	1,7%	2,6%	3,2%	4,1%	4,6%	4,7%
Steuern vom Einkommen und vom Ertrag	0,0	0,0	0,0	0,0	0,0	0,0	0,0	0,0	0,0	0,0
EAT	**(2.959,1)**	**(2.545,4)**	**(1.615,9)**	**(814,7)**	**785,9**	**1.285,5**	**1.681,3**	**2.232,6**	**2.552,1**	**2.653,9**
EAT-Marge in % der Gesamtleistung	(6,6%)	(5,9%)	(3,7%)	(1,8%)	1,7%	2,6%	3,2%	4,1%	4,6%	4,7%
Sonstige Steuern	(92,5)	(92,5)	(92,5)	(92,5)	(92,5)	(92,5)	(92,5)	(92,5)	(92,5)	(92,5)
Jahresüberschuss	**(3.051,6)**	**(2.637,9)**	**(1.708,4)**	**(907,2)**	**693,4**	**1.193,0**	**1.588,8**	**2.140,1**	**2.459,6**	**2.561,4**
	(6,8%)	(6,1%)	(3,9%)	(2,0%)	1,5%	2,4%	3,0%	3,9%	4,4%	4,5%

Abbildung 10-40: G&V mit Erwartungswerten aus Monte-Carlo-Simulation

	Forecast	Detailplanungsphase				Grobplanungsphase				TV
	2021	2022	2023	2024	2025	2026	2027	2028	2029	2030
A. Anlagevermögen	**15.095,6**	**14.836,4**	**14.501,5**	**14.140,4**	**13.803,0**	**13.489,7**	**13.196,4**	**12.918,0**	**12.646,0**	**12.772,4**
I. Immaterielle Vermögensgegenstände	**89,7**	**90,4**	**93,1**	**95,1**	**99,9**	**105,1**	**110,1**	**114,7**	**118,2**	**119,4**
1. Selbst geschaffene gewerbliche Schutzrechte und ähnliche Rechte und Werte	45,2	50,9	52,5	53,7	56,2	59,1	62,0	64,6	66,7	67,3
2. Entgeltlich erworbene Lizenzen an Schutzrechte und ähnliche Rechte und Werte	44,6	39,6	40,6	41,4	43,7	46,0	48,2	50,1	51,5	52,0
II. Sachanlagen	**14.505,8**	**14.245,9**	**13.908,4**	**13.545,3**	**13.203,1**	**12.884,6**	**12.586,3**	**12.303,3**	**12.027,8**	**12.148,1**
1. Grundstücke, grundstücksgleiche Rechte und Bauten	12.917,4	12.359,5	11.826,8	11.318,5	10.834,2	10.372,8	9.933,4	9.514,7	9.115,6	9.206,7
2. Technische Anlagen und Maschinen	346,9	489,0	559,0	598,4	634,7	670,5	705,0	737,0	764,1	771,8
3. Betriebs- und Geschäftsausstattung	1.241,5	1.397,4	1.522,6	1.628,5	1.734,2	1.841,3	1.947,9	2.051,6	2.148,1	2.169,6
III. Finanzanlagen	**500,0**	**500,0**	**500,0**	**500,0**	**500,0**	**500,0**	**500,0**	**500,0**	**500,0**	**505,0**
1. Beteiligungen	500,0	500,0	500,0	500,0	500,0	500,0	500,0	500,0	500,0	505,0
B. Umlaufvermögen	**18.079,7**	**17.338,0**	**17.507,7**	**17.736,0**	**18.138,6**	**19.093,4**	**19.886,4**	**20.606,2**	**21.139,0**	**21.350,4**
I. Vorräte	**12.050,9**	**11.372,7**	**11.500,7**	**11.644,8**	**11.820,0**	**12.535,4**	**13.101,7**	**13.619,9**	**13.998,6**	**14.138,6**
1. Roh-, Hilfs- und Betriebsstoffe	1.768,5	1.668,9	1.687,7	1.708,9	1.734,6	1.839,6	1.922,7	1.998,7	2.054,3	2.074,8
2. Unfertige Erzeugnisse, unfertige Leistungen	903,5	852,6	862,2	873,0	886,2	939,8	982,2	1.021,1	1.049,5	1.060,0
3. Fertige Erzeugnisse und Waren	7.170,5	6.766,9	6.843,1	6.928,9	7.033,1	7.458,8	7.795,8	8.104,1	8.329,4	8.412,7
4. Geleistete Anzahlungen	2.208,5	2.084,2	2.107,6	2.134,1	2.166,2	2.297,3	2.401,1	2.496,0	2.565,4	2.591,1
II. Forderungen und sonstige Vermögensgegenstäde	**4.228,8**	**4.165,3**	**4.207,0**	**4.291,1**	**4.518,6**	**4.758,1**	**4.984,7**	**5.186,3**	**5.340,4**	**5.393,8**
1. Forderungen aus Lieferungen und Leistungen	3.949,4	3.890,2	3.929,1	4.007,7	4.220,1	4.443,8	4.655,4	4.843,7	4.987,6	5.037,5
2. Sonstige Vermögensgegenstände	279,3	275,1	277,9	283,5	298,5	314,3	329,3	342,6	352,8	356,3
III. Kasse	1.800,0	1.800,0	1.800,0	1.800,0	1.800,0	1.800,0	1.800,0	1.800,0	1.800,0	1.818,0
C. Rechnungsabgrenzungsposten	**58,9**	**58,0**	**58,6**	**59,8**	**62,9**	**66,3**	**69,4**	**72,2**	**74,4**	**75,1**
Summe Aktiva	**33.234,1**	**32.232,4**	**32.067,7**	**31.936,1**	**32.004,6**	**32.649,4**	**33.152,2**	**33.596,4**	**33.859,4**	**34.197,9**

Abbildung 10-41: Aktivseite mit Erwartungswerten aus Monte-Carlo-Simulation

	Forecast	Detailplanungsphase				Grobplanungsphase				TV
	2021	2022	2023	2024	2025	2026	2027	2028	2029	2030
A. Eigenkapital	**11.178,3**	**8.540,4**	**6.832,0**	**5.924,8**	**6.618,2**	**7.811,1**	**9.399,9**	**11.540,0**	**12.769,8**	**12.897,5**
I. Gezeichnetes Kapital	1.000,0	1.000,0	1.000,0	1.000,0	1.000,0	1.000,0	1.000,0	1.000,0	1.000,0	1.000,0
II. Kapitalrücklage	8.000,0	8.000,0	8.000,0	8.000,0	8.000,0	8.000,0	8.000,0	8.000,0	8.000,0	8.000,0
III. Gewinnrücklage	1.500,0	1.500,0	1.500,0	1.500,0	1.500,0	1.500,0	1.500,0	1.500,0	1.500,0	1.500,0
IV. Gewinn- bzw. Verlustvortrag	3.729,9	678,3	(1.959,6)	(3.668,0)	(4.575,2)	(3.881,8)	(2.688,9)	(1.100,1)	1.040,0	3.499,6
V. Jahresüberschuss	(3.051,6)	(2.637,9)	(1.708,4)	(907,2)	693,4	1.193,0	1.588,8	2.140,1	2.459,6	2.561,4
B. Rückstellungen	**2.800,3**	**2.758,3**	**2.785,9**	**2.841,6**	**2.992,2**	**3.150,8**	**3.300,8**	**4.100,2**	**4.297,6**	**4.340,6**
I. Steuerrückstellungen	0,0	0,0	0,0	0,0	0,0	0,0	0,0	665,9	761,2	768,8
II. Sonstige Rückstellungen	2.800,3	2.758,3	2.785,9	2.841,6	2.992,2	3.150,8	3.300,8	3.434,4	3.536,4	3.571,8
C. Verbindlichkeiten	**19.255,5**	**20.933,7**	**22.449,9**	**23.169,8**	**22.394,2**	**21.687,5**	**20.451,5**	**17.956,2**	**16.792,0**	**16.959,9**
I. Erhaltene Anzahlungen auf Bestellungen	3.455,3	3.260,9	3.297,6	3.338,9	3.389,1	3.594,2	3.756,6	3.905,2	4.013,8	4.053,9
II. Verbindlichkeiten aus Liefer. und Leistungen	1.608,3	1.517,7	1.534,8	1.554,1	1.577,5	1.672,9	1.748,5	1.817,7	1.868,2	1.886,9
III. Verbindlichkeiten ggü. Mezzaninekapitalgeber	2.000,0	2.240,0	2.508,8	2.809,9	3.147,0	0,0	0,0	0,0	0,0	0,0
IV. Zinstragende Verbindlichkeiten – Senior A	2.000,0	1.500,0	1.000,0	500,0	0,0	0,0	0,0	0,0	0,0	0,0
V. Kontokorrent	8.382,1	10.632,4	12.308,2	13.130,4	12.346,7	14.383,9	12.813,0	10.013,7	8.624,4	8.710,7
VI. Sonstige Verbindlichkeiten	1.809,8	1.782,7	1.800,5	1.836,5	1.933,9	2.036,4	2.133,3	2.219,7	2.285,6	2.308,5
Summe Passiva	**33.234,1**	**32.232,4**	**32.067,7**	**31.936,1**	**32.004,6**	**32.649,4**	**33.152,2**	**33.596,4**	**33.859,4**	**34.197,9**

Abbildung 10-42: Passivseite mit Erwartungswerten aus Monte-Carlo-Simulation

Auf Basis der Monte-Carlo-Simulation wird deutlich, dass am Ende des Detailplanungszeitraum mit größter Wahrscheinlichkeit die Zahlungsunfähigkeit eintritt.

	Forecast	Detailplanungsphase				Grobplanungsphase				TV
	2021	2022	2023	2024	2025	2026	2027	2028	2029	2030
Kasse	1.800,0	1.800,0	1.800,0	1.800,0	1.800,0	1.800,0	1.800,0	1.800,0	1.800,0	1.818,0
Kontokorrent	(8.382,1)	(10.632,4)	(12.308,2)	(13.130,4)	(12.346,7)	(14.383,9)	(12.813,0)	(10.013,7)	(8.624,4)	(8.710,7)
Summe kurzfristiger Finanzierungsbedarf	(6.582,1)	(8.832,4)	(10.508,2)	(11.330,4)	(10.546,7)	(12.583,9)	(11.013,0)	(8.213,7)	(6.824,4)	(6.892,7)
Kontokorrenthöhe	12.500,0	12.500,0	12.500,0	12.500,0	12.500,0	12.500,0	12.500,0	12.500,0	12.500,0	12.500,0
Headroom	**5.917,9**	**3.667,6**	**1.991,8**	**1.169,6**	**1.953,3**	**(83,9)**	**1.487,0**	**4.286,3**	**5.675,6**	**5.607,3**
Zahlungsunfähigkeit (Ja: 1; Nein: 0)	0,0	0,0	0,0	0,0	0,0	1,0	1,0	1,0	1,0	1,0
Liquidationswert	0,0	0,0	0,0	0,0	0,0	0,0	0,0	0,0	0,0	0,0

Abbildung 10-43: Prüfung der Zahlungsfähigkeit aus Erwartungswerten der Monte-Carlo-Simulation

Bei der Anwendung von Monte-Carlo-Simulationen stellt sich darüber hinaus die Frage nach der Ermittlung der Kapitalkosten. Häufig werden diese auch bei Verwendung einer Monte-Carlo-Simulation nach dem CAPM bestimmt. Methodisch einwandfrei ist eine Herleitung über das Unternehmen selbst bzw. die sich aus der Monte-Carlo-Simulation ergebende Schwankungsbandbreite der Cashflows[79].

Im nachfolgend dargestellten Bewertungskalkül wird deutlich, dass die Cashflows nach Eintritt der Zahlungsunfähigkeit abbrechen.

	Historie	Forecast	Detailplanungsphase				Grobplanungsphase				TV
	2020	2021	2022	2023	2024	2025	2026	2027	2028	2029	2030
EBIT		**(2.384,0)**	**(1.722,5)**	**(649,2)**	**264,8**	**1.930,9**	**2.403,9**	**2.544,3**	**3.001,4**	**3.153,0**	**3.171,3**
(-) Adjustierte Steuer		0,0	0,0	0,0	0,0	0,0	0,0	0,0	0,0	(940,4)	(945,8)
NOPLAT		**(2.384,0)**	**(1.722,5)**	**(649,2)**	**264,8**	**1.930,9**	**2.403,9**	**2.544,3**	**3.001,4**	**2.212,6**	**2.225,5**
(+) Abschreibungen		875,4	1.128,1	1.212,4	1.256,2	1.279,9	1.305,8	1.333,0	1.360,3	1.386,0	1.399,8
(+/-) Veränderungen des Nettoumlaufvermögens		202,3	388,4	(71,0)	(77,2)	(84,2)	(396,5)	(311,1)	380,8	(112,5)	(69,5)
(-) Investitionen		(882,1)	(868,9)	(877,5)	(895,1)	(942,5)	(992,5)	(1.039,8)	(1.081,8)	(1.114,0)	(1.526,3)
(+/-) Veränderungen der operativen Liquidität		58,4	0,0	0,0	0,0	0,0	0,0	0,0	0,0	0,0	(18,0)
(-) Sonstige Steuer		(92,5)	(92,5)	(92,5)	(92,5)	(92,5)	(92,5)	(92,5)	(92,5)	(92,5)	(92,5)
Free Cashflow		**(2.222,5)**	**(1.167,4)**	**(477,8)**	**456,3**	**2.091,5**	**0,0**	**0,0**	**0,0**	**0,0**	**0,0**
Eigenkapitalkosten		9,5%	9,5%	9,5%	9,5%	9,5%	9,5%	9,5%	9,5%	9,5%	9,5%
Nachhaltige Wachstumsrate											1,0%
Wertbeitrag der operativen Geschäftstätigkeit	**(1.720,0)**	**340,0**	**1.539,5**	**2.162,8**	**1.911,0**	**0,0**	**0,0**	**0,0**	**0,0**	**0,0**	
Zinsaufwand		(575,1)	(822,9)	(966,7)	(1.079,5)	(1.145,0)	(1.118,4)	(863,0)	(768,8)	(600,8)	(517,5)
Effektiver Steuersatz		0,0%	0,0%	0,0%	0,0%	0,0%	0,0%	0,0%	0,0%	0,0%	0,0%
Tax Shield		**0,0**	**0,0**	**0,0**	**0,0**	**0,0**	**0,0**	**0,0**	**0,0**	**0,0**	**0,0**
Eigenkapitalkosten		9,5%	9,5%	9,5%	9,5%	9,5%	9,5%	9,5%	9,5%	9,5%	9,5%
Nachhaltige Wachstumsrate											1,0%
Wertbeitrag aus Finanzierung	**0,0**	**0,0**	**0,0**	**0,0**	**0,0**	**0,0**	**0,0**	**0,0**	**0,0**	**0,0**	
Enterprise Value zum 31.12.	(1.720,0)	340,0	1.539,5	2.162,8	1.911,0	0,0	0,0	0,0	0,0	0,0	
Net Debt	9.584,5	12.382,1	14.372,4	15.817,0	16.440,3	15.493,7	14.383,9	12.813,0	10.013,7	8.624,4	
Equity Value zum 31.12.	**(11.304,5)**	**(12.042,1)**	**(12.832,9)**	**(13.654,2)**	**(14.529,3)**	**(15.493,7)**	**(14.383,9)**	**(12.813,0)**	**(10.013,7)**	**(8.624,4)**	

Abbildung 10-44: Bewertungskalkül auf Basis der Erwartungswerte der Monte-Carlo-Simulation

Im Ergebnis gelangt man zu einem Enterprise Value in Höhe von 0,34 Mio. und daraus resultierend zu einem negativen Equity Value.

Diese hier dargestellten, aufeinander aufbauende Bewertungen zeigen die großen Bandbreiten an Ergebnissen, die sich je nach Kenntnisstand des Bewerters bei der Bewertung ertragsschwacher Unternehmen ergeben können.

Häufig kommt es zu Diskussionen über die Enden der Verteilungsfunktionen, die aber in den meisten Fällen keine erhebliche (da diese sehr unwahrscheinlich sind) Auswirkung auf den Unternehmenswert haben. Mithilfe der Monte-Carlo-Simulation lassen sich jedoch bei aufgeschlossenen Parteien Risiken einer Transaktion und – im Umkehrschluss auch Chancen – visualisieren und rechenbar machen. Hier ist im Rahmen einer Verhandlung seitens des Beraters einerseits die exakte Kenntnis der Wirkungsweise des Modells und andererseits ein hohes Maß an Empathie notwendig, um ein von allen Seiten akzeptiertes Modell zur Grundlage weiterer Verhandlungen zu machen.

Die Bewertung von Forderungen in Krisensituationen des Debitors

Verfügt ein Unternehmen über eine Forderung gegenüber einem anderen Unternehmen, das in die Krise geraten ist, so gibt es aus Gläubigersicht mindestens zwei Anlässe, diese Forderung zu bewerten.

- Einerseits, um den Zeitwert der Forderung in den eigenen Büchern/Bilanz korrekt zu ermitteln, und
- andererseits deren wirtschaftlichen Gehalt im Kontext einer etwaigen Sanierung des Schuldners und im Zuge eigener Verwertungsüberlegungen realistisch einzuschätzen.

Wirtschaftlich ist die Ausgangsbasis für eine Bewertung im Rahmen einer Sanierung grundsätzlich der Enterprise Value des Unternehmens, der den Wert auf schuldenfreier Basis zeigt. Subtrahiert man von diesem Wert nun die Forderungen entsprechend ihres Ranges, so zeigt sich entweder eine volle Deckung der Forderungen und damit ein positiver Equity Value oder bei irgendeiner Forderung durchbricht diese Subtraktion die Null-Linie (und damit den Equity Value) und alle nachfolgenden Beträge sind „aus dem Geld“. Für Forderungen, die im gleichen Rang mit anderen Forderungen stehen, gilt diese Regel entsprechend proportional zur Gesamtsumme der Forderungen auf der gleichen Rangstufe. Für die Ermittlung des Enterprise Value ist eine einkommensbasierte Unternehmensbewertung anzufertigen, deren Informationsbasis ein Businessplan ist. Auch hier ergeben sich wiederum Fragen, welches Wertkonzept (objektivierter Wert oder subjektiver Wert) zur Anwendung gelangt und wie die Datenbeschaffung in einer Situation gelingen soll, wenn in der Regel der Gläubiger keinen unmittelbaren Einblick in die exakten Zahlen des Schuldners erlangen wird.

Aus Sicht eines Distressed-Investors sind solche Situationen, in denen ein Restrukturierungserfolg antizipiert und damit eine etwaig gelungene „Recovery der Forderung“ möglich wird, eines der anzustrebenden Ziele, sich mit dem Schuldnerunternehmen überhaupt zu beschäftigen. Insbesondere bei Debt-Equity-Swap-Strukturen ist es notwendig, eine Forderung zu bewerten (ggf. die Forderung zunächst zu erwerben), um diese dann beispielsweise im Wege der Sachkapitalerhöhung einzubringen und sich damit „ins Eigenkapital einzukaufen“. Nach erfolgreicher Sanierung, nach der anschließend wieder ein positiver Equity Value zu Buche stehen sollte, erzielt ein Investor im Idealfall über diese Forderungsumwandlung einen Gewinn, der den Kaufpreis der Forderung und häufig gar den ursprünglichen Nominalwert deutlich übersteigen kann.

Vor diesem Hintergrund stellt sich die Frage, welches Bewertungskonzept in solchen Situationen zur Anwendung kommen sollte. Grundsätzlich lassen sich Forderungen in diesem Kontext wie folgt bewerten:

- Beibehaltung des Nennwertes
- Bewertung unter Zerschlagungsgesichtspunkten
  - anhand des Schuldendeckungsgrads bei Liquidation
  - anhand des bilanziellen Schuldendeckungsgrads

- Bewertung unter Fortführungsgesichtspunkten
  - anhand von Marktwerten
  - anhand des Schuldendeckungsgrads

Beibehaltung des Nennwertes

Für die vorinsolvenzliche Bewertung zum Nennwert spricht die weiterhin vorhandene Gültigkeit des der Forderung zugrunde liegenden Vertragsverhältnisses, sei es aus Lieferungen und Leistungen oder aus Finanzierungsanlässen. Auch das Finanzamt des Gläubigers würde in der Regel einer niedrigeren Bewertung nicht zustimmen, wenn nicht glaubhaft dargelegt werden könne, alle Maßnahmen zur Beitreibung durchgeführt zu haben. Gerade wenn jedoch ein Titel erworben und entsprechend erste Beitreibungsmaßnahmen erfolglos durchgeführt wurden, ist es einerseits die Pflicht des Gläubigers, seine Forderung neu zu bewerten, und andererseits die Pflicht des Schuldners, einen Insolvenzantrag wegen (drohender) Zahlungsunfähigkeit zu stellen.

Gegen die Bewertung zum Nennwert spricht jedoch eine Vielzahl von Gründen, unter anderem:

- Bei einer Kapitalerhöhung muss der eingebrachte Wert vollwertig sein, denn hierfür erhält der Einlegende (Inferent) einen Gegenwert in Form von Gesellschaftsanteilen. Wenn jedoch eine rechnerische Überschuldung (Passiva > Aktiva) vorliegt, ist gerade dadurch dokumentiert, dass die Forderung nicht vollwertig ist.
- Nach Rechtsprechung des BGH kann eine „Umwandlung von Forderungen nur in dem Umfang erfolgen, in dem sie dem Leistungsvermögen der Gesellschaft entspreche. Andernfalls würden die Altgesellschafter um den über die Werthaltigkeit der Forderung hinausgehenden Anteil der ausgegebenen Gesellschaftsanteile benachteiligt. Auch wird die Gefahr gesehen, dass zukünftige Gläubiger in der Erwartung enttäuscht würden, der Gesellschaft sei neues Kapital zugeführt worden."[80]

Bewertung unter Zerschlagungsgesichtspunkten

Der Umkehrschluss aus den erwähnten Argumenten gegen eine Bewertung zum Nennwert ist die Bewertung mit dem Anteil, der eine entsprechenden Deckung aufweist, nämlich dem Schuldendeckungsgrad, d. h. dem Verhältnis zwischen dem Nominalwert der Verbindlichkeiten zum Wert der Akiva, sprich:

$$Schuldendeckungsgrad = \frac{Summe\,aus\,Verbindlichkeiten + Summe\,der\,Rückstellungen}{Summe\,der\,Akiva}$$

Und daraus folgernd:

$$Wert\,der\,Forderung = Nominalwert\,der\,Forderung \times Schuldendeckungsgrad$$

Die Berechnung des Zählers erfolgt zum Nominalwert, gerade weil damit der Deckungsgrad errechnet werden soll. Der Wertansatz der Aktiva kann unterschiedlich erfolgen. Eine Mindermeinung sieht den Ansatz der bilanziellen Werte als ausreichend an. Die Befürworter argumentieren mit der Richtigkeit eines handelsbilanziellen Ansatzes bei existierendem Going-Concern.

Weiter verbreitet ist der Ansatz von Liquidationswerten, was insbesondere im Falle der Insolvenzantragstellung folgerichtig erscheint. Sind Forderungsbeitreibungsmaßnahmen des Gläubigers erfolglos gewesen und wurde ein Antrag auf Eröffnung des Insolvenzverfahrens gestellt, substituiert die Insolvenzverwaltung die Möglichkeit der Einzelvollstreckung jedes Gläubigers durch das Gesamtvollstreckungsverfahren „Insolvenzverfahren". Hier ist unter Worst-Case-Gesichtspunkten mit der Liquidation des Unternehmens zu rechnen. Der Zerschlagungs-, sprich Liquidationswert stellt damit im Insolvenzfall unter Berücksichtigung des Rangs der Forderung die Wertuntergrenze dar.

In § 225a Abs. 5 InsO wird ein dementsprechender Bewertungsansatz für Abfindungsleistungen verfolgt:

> „*(5) Stellt eine Maßnahme nach Absatz 2 oder 3 für eine am Schuldner beteiligte Person einen wichtigen Grund zum Austritt aus der juristischen Person oder Gesellschaft ohne Rechtspersönlichkeit dar und wird von diesem Austrittsrecht Gebrauch gemacht, so ist für die Bestimmung der Höhe eines etwaigen Abfindungsanspruches* ***die Vermögenslage maßgeblich, die sich bei einer Abwicklung des Schuldners eingestellt hätte…***"

Bewertung unter Fortführungsgesichtspunkten

Aus Sicht des Gläubigers stellt die im Rahmen einer Liquidation zu erwartender Zahlung die Wertuntergrenze dar. Für ihn kann es nun zwei verschiedene taktische Optionen geben:

1. Das passive Abwarten und Hoffen, dass es zu einem Lösungsvorschlag anderer Stakeholder kommt, an dem er mit einem monetären Entgelt für seine Forderung im Verfahren partizipiert. Bei einem Unterschreiten des aus diesem Verfahren zu erwartendem Betrag würde der bisherige Gläubiger unter ökonomischen Gesichtspunkten diesem Vorschlag widersprechen und lieber die Liquidation in Kauf nehmen.
2. Umgekehrt kann ein Investor im Rahmen einer aggressiveren Strategie seine Forderung bewerten und diese
   - an einen Dritten verkaufen oder
   - im Zuge eines Debt-Equity-Swaps auf die Eigenkapitalseite wechseln und damit an einem Restrukturierungserfolg als Gesellschafter partizipieren.

In der Regel wird ein Fortführungswert, der unter der Annahme der Sanierung der Gesellschaft bestimmt wird, den Liquidationswert übersteigen. Bei der wirtschaftlichen Bewertung von Forderungen werden ebenso wie bei der Unternehmensbewertung verschiedene Wertkonzepte (objektivierter Wert, subjektiver Wert, Einigungswert) angewendet. Ein Gläubiger wird seine Forderung grundsätzlich danach bewerten, welchen Finanzmittel-/Ressourcenzufluss er aus seinem Anspruch erwarten kann. Er berücksichtigt damit die Fähigkeit des Schuldners, seine Verpflichtungen zu erfüllen. Unter idealtypischen Bedingungen eines vollkommenen Kapitalmarktes entspricht die Höhe der Bewertung einer Forderung eines Gläubigers stets auch der Höhe der Bewertung der beim Schuldner korrespondierenden Verbindlichkeit. Dabei berücksichtigt eine Forderungsbewertung neben der reinen Verpflichtung auch die Fähigkeit des Schuldners, diese Verpflichtung tatsächlich zu erfüllen. Die Bewertung von Forderungen und Schulden korrespondiert insoweit der Höhe nach (Korrespondenzprinzip).

Bewertung unter Fortführungsgesichtspunkten anhand von Marktwerten

Marktwerte der einzubringenden Forderungen werden nur im Ausnahmefall zu beobachten sein und eignen sich in der Praxis nur dann, wenn beispielsweise eine bestimmte Forderung zu bewerten ist und andere Forderungen des identischen Schuldners einen Marktpreis aufweisen, z. B. die Bewertung einer Forderung im Rahmen eines vom Gläubiger gewährten Kredites bei gleichzeitiger Notierung einer Anleihe, deren Marktpreis ablesbar ist.

Bei der Verwendung von Marktpreisen kann theoretisch unterschieden werden in

- unmittelbare Vergleichbarkeit und
- mittelbare Vergleichbarkeit.

In der Praxis gibt es – bei nicht börsennotierten Unternehmen bzw. bei Nichtexistenz von Anleihen oder ähnlichen Kapitalmarktfinanzierungen – im Regelfall keine unmittelbare Vergleichbarkeit. Wenn es keine börsennotierten Vergleichstitel gibt, müsste auf Vergleichswerte aus Transaktionen abgestellt werden. Diese Daten sind jedoch in den seltensten Fällen verfügbar und zumeist nicht alle für die Bewertung notwendigen Vergleichsparameter bekannt. In der Praxis ist deshalb diese Methode wegen der geringen Qualität von Vergleichsdaten eher von untergeordneter Bedeutung.

Bewertung unter Fortführungsgesichtspunkten anhand des Schuldendeckungsgrads

Um den Schuldendeckungsgrad unter Fortführungsgesichtspunkten zu errechnen, wird in vorinsolvenzlichen Situationen eine Prognose der Zahlungsströme, z. B. anhand einer auf einem Businessplan aufbauenden integrierten Finanzplanung, benötigt. Im Rahmen einer Insolvenzantragstellung kann auf Basis eines Insolvenzplans respektive eines Sanierungsplans eine entsprechende Bewertung erfolgen.

Es gibt Meinungen, die das „Henne-Ei-Problem" zum Kern haben, nämlich, dass ein Sanierungsplan nicht berücksichtigt werden kann, da zum Zeitpunkt der Beurteilung die Restrukturierung nicht vollzogen sei.

Auch wenn dies formal auf den ersten Blick richtig erscheint, so sind doch alle Maßnahmen einer Sanierung an- oder miteinander ge- oder verknüpft. Erfolgt die Eintragung der Kapitalerhöhung – nach entsprechender Werthaltigkeitsprüfung – im Handelsregister, kommt es zur Umsetzung der Sanierung und damit zur Realisation der der Bewertung zugrunde liegenden Sanierungsplanung. Erfolgt keine Eintragung, wird auch nicht der Forderungswert zu Eigenkapital. Vor diesem Hintergrund ist das Zugrundelegen einer zukunftsorientierten, auf dem Sanierungsplan aufbauende integrierte Finanzplanung, die den Sanierungserfolg zum Inhalt hat, adäquat. Da die Sanierung der Gesellschaft das Ziel ist und auch etwaige Maßnahmen, wie z. B. der Debt-Equity-Swap, unter dieser Prämisse stehen, ist die Bewertung unter unterstellter Going-Concern-Prämisse folgerichtig.

Die Bewertung der Forderung beruht dabei auf der Diskontierung der erwarteten künftigen Zins- und Tilgungszahlungen mit einem angemessenen Kapitalisierungszinssatz. Die Zins- und Tilgungszahlungen sollten dabei die weiterhin vorhandene Insolvenzwahrscheinlichkeit berücksichtigen. Auf die Ausführungen im vorhergehenden Abschnitt über Unternehmensbewertungen sei verwiesen.

11 Steuerliche Rahmenbedingungen bei Restrukturierungen durch M&A-Transaktionen

Wertorientierte Unternehmenstransaktionen zielen darauf ab, auf Eigenkapitalgeberseite eine solche Struktur zu schaffen, die es dem Unternehmen ermöglicht, eine verbesserte Wettbewerbsposition und damit verbesserte operative Ergebnisse hervorzubringen. Gerade in Distressed M&A-Transaktionen kommt der Schaffung eines Umfeldes, das eine verbesserte Rentabilität ermöglicht, entscheidende Bedeutung zu. Vor diesem Hintergrund könnte man zunächst annehmen, dass steuerliche Rahmenbedingungen sind, wie sie eben sind und hierauf kein besonderer Fokus zu legen ist. Leider ist jedoch genau das Gegenteil der Fall: Steuerliche Rahmenbedingungen und deren Auswirkungen auf die Liquidität des Unternehmens bestimmen häufig den Restrukturierungserfolg und bilden darüber hinaus das Korsett, um bestimmte Transaktionen überhaupt erst zu ermöglichen bzw. begrenzen – im Umkehrschluss – leider Transaktionsmöglichkeiten.

Ein Beispiel: Die erfolgreiche Steigerung der Rohertragsmarge durch verbesserte Einkaufsbedingungen, die im Verbund mit dem neuen Eigentümer entstehen können, können dadurch wieder zerstört werden, wenn z. B. ein ausgesprochener Forderungsverzicht voll steuerpflichtig ist und mit rund 30 % Ertragsteuern belastet wird.

Vor diesem Hintergrund ist jede Transaktion individuell durch die hierfür standesrechtlich legitimierten Berater zuvor zu durchleuchten und steueroptimiert zu strukturieren, damit der Gesamterfolg einer Distressed M&A-Transaktion nicht gefährdet wird. Ein gesamtheitliches Sanierungssteuerrecht gibt es nicht; vielmehr gibt es im Wesentlichen in den Ertragssteuergesetzen, nämlich dem EStG, dem KStG und dem GewStG Regelungen, die im Sanierungsumfeld von besonderer Relevanz sind.

Die meisten bilanziellen Sanierungsmaßnahmen haben eine Entlastung der Bilanz von Verbindlichkeiten und eine Stärkung der Eigenkapitalbasis zur Folge. Gerade in Krisensituationen sind Unternehmen häufig nicht nur durch Bankkredite, sondern auch durch Gesellschafterdarlehen finanziert. Wird die Finanzierungslast zu groß, sind entsprechende Maßnahmen zu ergreifen, die zu einer Entlastung der operativ tätigen Einheit führen. Hierbei entstehen regelmäßig – u. a. durch Forderungsverzichte, Darlehensumwandlungen, Aufdeckung stiller Reserve – Sanierungsgewinne, die grundsätzlich der Ertragsbesteuerung unterliegen.

Die folgenden Ausführungen stellen die grundsätzlichen steuerrechtlichen Rahmenbedingungen bei Distressed M&A-Transaktionen dar und dienen als erste Hinweise für die Strukturierungsgespräche mit Steuerberatern, Fachanwälten und Wirtschaftsprüfern.

Grundsätzlich sind die steuerlichen Auswirkungen auf Ebene

- des Unternehmens,
- des Investors sowie
- des Veräußerers

zu betrachten. Dabei spielen insbesondere die Aspekte der

- Besteuerung von Sanierungsgewinnen,
- Verrechnungsmöglichkeiten von Verlusten,
- Übertragung von Verlustvorträgen

eine besondere Rolle.

Besteuerung von Sanierungsgewinnen

Ein Sanierungsgewinn entsteht immer dann, wenn sich das Betriebsvermögen durch einen Schuldenerlass erhöht. Kommt es beispielsweise zu einem Forderungsverzicht seitens eines Gläubigers bzw. aus Sicht des Unternehmens zu einem Schuldenerlass, so kommt es grundsätzlich zu einem steuerpflichtigen Gewinn im Rahmen der Jahresbesteuerung.[1] Bis zum Jahr 2016 wurden solche Gewinne über den sogenannten „Sanierungserlass“ steuerlich begünstigt, bis der BFH entschied, dass diese Handhabung gegen den Grundsatz der Gesetzmäßigkeit der Verwaltung verstößt. Es dauerte eine geraume Zeit, bis 2018 die Regelungen in § 3a EStG, in § 7b GewStG und der körperschaftsteuerlichen Analogie eine ähnliche wirtschaftliche Regelung definierten.

Gem. § 3a Abs. 1 Satz 1 EStG sind Betriebsvermögensmehrungen oder Betriebseinnahmen aus einem Schuldenerlass zum Zwecke einer unternehmensbezogenen Sanierung i. S. des § 3a Abs. 2 (der sog. Sanierungsertrag) steuerfrei.[2]

Um die Begünstigungen des § 3a EStG in Anspruch nehmen zu können, sind folgende Voraussetzungen wichtig:

- Betriebsvermögensmehrung oder Betriebseinnahme (z. B. im Rahmen eines unten beschriebenen Debt Buy-Backs),
- Erlass von Schulden,
- Nachweis der Unternehmenssanierung im Hinblick auf die Sanierungsbedürftigkeit, die Sanierungsfähigkeit des Unternehmens, die Sanierungseignung des betrieblich begründeten Schuldenerlasses und die Sanierungsabsicht der Gläubiger in der Regel durch ein IDW S 6-Gutachten. In weiter fortgeschrittenen Sanierungsstadien dürfte auch ein Restrukturierungsplan nach § 5 ff. StaRUG sowie ein Insolvenzplan nach § 217 ff. InsO genügen.

Zu den Sanierungserträgen gehören auch Erträge aus

- Forderungsverzichte gegen Besserungsschein,
- Erträge aus Debt-Equity-Swaps und hieraus entstandene Derivate, wie z. B. der Debt-Asset-Swap,
- Debt Buy-Backs,[3]

Zu beachten ist jedoch, dass die Ausübung der Steuerfreiheit des Sanierungsertrags u. a. zu folgenden Rechtsfolgen führt:

- Nichtabzugsfähigkeit von Aufwendungen, die im Zusammenhang mit der Sanierungsmaßnahme stehen (wie z. B. Kosten des IDW S 6-Gutachtens),
- Pflicht zur Ausübung innerhalb des Sanierungsjahres oder des Folgejahres,
- Untergang von Verlustverrechnungspotenzialen beim Steuerpflichtigen oder einer nahestehenden Person

All diese Rechtsfolgen sollen Gestaltungsmissbrauch verhindern und keine Doppelberücksichtigung ermöglichen.

Verrechnungsmöglichkeiten von Verlusten

Ist ein Erlass von Sanierungsgewinnen nicht möglich, so ist die Verrechnung des aus der Sanierung stammenden Ertrags mit vorhandenen Verlustvorträgen zu prüfen. Grundsätzlich können Verluste nur ein Jahr in die Vergangenheit zurückgetragen, jedoch unbegrenzt vorgetragen werden. Dabei können € 1 Mio. im jeweiligen Geschäftsjahr voll und der darüber hinaus gehende Verlust gemäß § 10d Abs. 2 EStG nur zu 60 % (analoge Regelung im § 10a des GewStG) verrechnet werden. Im Hinblick auf die Herausforderungen, denen sich Unternehmen in Folge der COVID-19-Pandemie stellen müssen, wurde der Betrag von € 1 Mio. für das Geschäftsjahr 2020 um € 4 Mio. auf € 5 Mio. und der von 2021 nach 2020 auf € 10 Mio. erhöht. Der hiernach verbleibende Verlustvortrag wird vollumfänglich vorgetragen, eröffnet aber in Zukunft weiterhin nur die erstgenannte Verrechnungsmöglichkeit. Die Verlustverrechnungsmöglichkeiten sind im folgenden Rechenbeispiel dargestellt:[4]

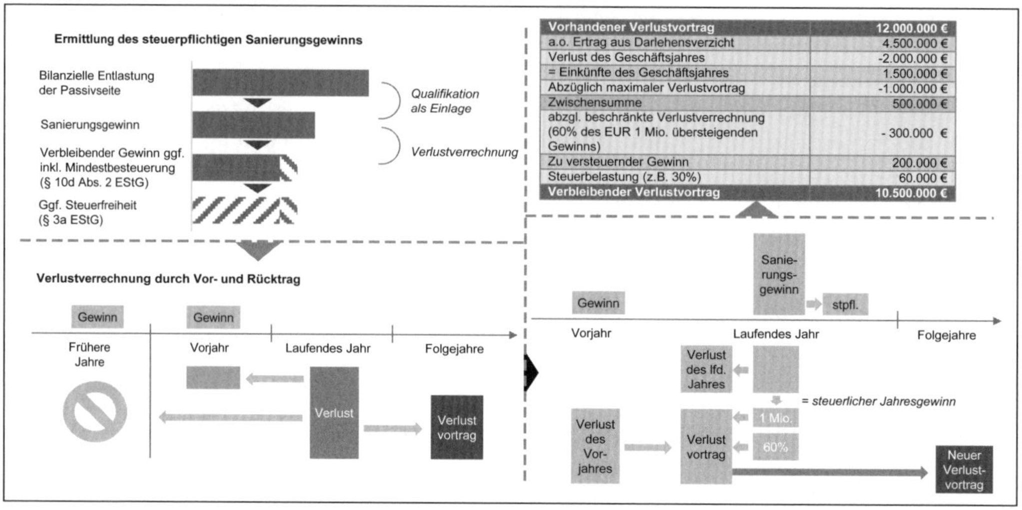

Abbildung 11-1: Systematik und Rechenbeispiel für die Nutzung von Verlustvorträgen

Häufig kommt es bei Restrukturierungen auch zur Veräußerung oder Sale-and-lease-back-Transaktionen von (nicht betriebsnotwendigen) Grundstücken und Gebäuden, um Liquidität zu generieren. Kommt es hierbei zu einer Veräußerung über Buchwert, so kann der Gewinn mit bestehenden Verlustvorträgen verrechnet werden. Sind diese nicht vorhanden oder in ihrer Höhe nicht ausreichend, besteht bei Grundstücken und Gebäuden – wie auch in klassischen Situationen – die Möglichkeit der Bildung einer § 6b EStG-Rücklage. Diese Regelung ermöglicht die steuerneutrale Übertragung des Veräußerungsgewinns auf eine folgende Ersatzinvestition innerhalb der darauffolgenden vier (bei neu hergestellten Gebäuden) bis sechs Jahren.

Übertragung von Verlustvorträgen

Der Aufrechterhaltung von vorhandenen Verlustvorträgen, die entweder zur Optimierung der Steuerbelastung durch Restrukturierungsmaßnahmen oder bei Wiedererlangung der Rentabilität genutzt werden sollen, kommt erhebliche Bedeutung zu. Für das Unternehmen sichert es zukünftige Liquidität. Der neue Investor muss dementsprechend nicht weitere Liquidität in dieser Höhe zur Verfügung stellen. Und auch für den Verkäufer ist die Übertragbarkeit von Verlustvorträgen wichtig, um hieraus gegebenenfalls Kaufpreiserhöhungspotenzial gegenüber dem Investor geltend zu machen. Kommt es im Rahmen einer M&A-Transaktion zu einem Wechsel des Anteilseigners, gehen Verlustvorträge dann verloren, wenn – gemäß § 8c Abs. 1 KStG – mehr als 50 % der Gesellschaftsanteile innerhalb von fünf Jahren mittel- oder unmittelbar an einen Erwerber oder diesem nahe stehende Personen übertragen werden. Bei weniger als 50 % Anteilsübertragungen können die Verlustvorträge weiterhin genutzt werden.

Darüber hinaus kommt es im Rahmen von § 8c Abs. 1a KStG nicht zum Untergang von Verlustvorträgen, wenn die Transaktion zum Zwecke der Sanierung erfolgt (sog. Sanierungsklausel). Diese Regelung war ebenfalls europarechtlich unter dem Blickwinkel unzulässiger Beihilfe zunächst ausgesetzt, trat jedoch nach einer Entscheidung des EuGH im Jahr 2018 wieder in Kraft. Die Sanierungsklausel greift jedoch nur, wenn die wesentlichen Betriebsstrukturen des Unternehmens erhalten bleiben. Der Gesetzgeber macht dies an folgenden Kriterien fest:

§ 8c Abs 1a KStG lautet:

„Die Erhaltung der wesentlichen Betriebsstrukturen setzt voraus, dass

1. die Körperschaft eine geschlossene Betriebsvereinbarung mit einer Arbeitsplatzregelung befolgt oder

2. die Summe der maßgebenden jährlichen Lohnsummen der Körperschaft innerhalb von fünf Jahren nach dem Beteiligungserwerb 400 Prozent der Ausgangslohnsumme nicht unterschreitet; § 13a Absatz 1 Satz 3 und 4 und Absatz 4 des Erbschaftsteuer- und Schenkungssteuergesetzes in der Fassung des Gesetzes vom 24. Dezember 2008 (BGBl. I S. 3018) gilt sinngemäß; oder

3. der Körperschaft durch Einlagen wesentliches Betriebsvermögen zugeführt wird. Eine wesentliche Betriebsvermögenszuführung liegt vor, wenn der Körperschaft innerhalb von zwölf Monaten nach dem Beteiligungserwerb neues Betriebsvermögen zugeführt wird, das mindestens 25 Prozent des in der Steuerbilanz zum Schluss des vorangehenden Wirtschaftsjahrs enthaltenen Aktivvermögens entspricht. Wird nur ein Anteil an der Körperschaft erworben, ist nur der entsprechende Anteil des Aktivvermögens zuzuführen. Der Erlass von Verbindlichkeiten durch den Erwerber oder eine diesem nahestehende Person steht der Zuführung neuen Betriebsvermögens gleich, soweit die Verbindlichkeiten werthaltig sind. Leistungen der Kapitalgesellschaft, die innerhalb von drei Jahren nach der Zuführung des neuen Betriebsvermögens erfolgen, mindern den Wert des zugeführten Betriebsvermögens. Wird dadurch die erforderliche Zuführung nicht mehr erreicht, ist Satz 1 nicht mehr anzuwenden.

Keine Sanierung liegt vor, wenn die Körperschaft ihren Geschäftsbetrieb im Zeitpunkt des Beteiligungserwerbs im Wesentlichen eingestellt hat oder nach dem Beteiligungserwerb ein Branchenwechsel innerhalb eines Zeitraums von fünf Jahren erfolgt."

Eines der o. g. Kriterien muss erfüllt sein, damit die Sanierungsklausel greift, was angesichts der häufig notwendigen Personalanpassungsmaßnahmen recht schwierig ist. Ebenso müssen Änderungen im Geschäftsmodell so angepasst werden, dass dies keinesfalls als Wechsel der Branche interpretiert werden kann.

Kommt die Sanierungsklausel nicht zur Anwendung, kann eine Nutzung der Verlustvorträge durch § 8d Abs. 2 KStG erreicht werden. Der Verlustvortrag wird „fortführungsgebunden". Der Wortlaut des § 8d Abs. 2 KStG in Auszügen:

„Wird der Geschäftsbetrieb im Sinne des Absatzes 1 eingestellt, geht der nach Absatz 1 zuletzt festgestellte fortführungsgebundene Verlustvortrag unter…Gleiches gilt, wenn

1. der Geschäftsbetrieb ruhend gestellt wird,

2. der Geschäftsbetrieb einer andersartigen Zweckbestimmung zugeführt wird,

3. die Körperschaft einen zusätzlichen Geschäftsbetrieb aufnimmt,

4. die Körperschaft sich an einer Mitunternehmerschaft beteiligt,

5. die Körperschaft die Stellung eines Organträgers im Sinne des § 14 Absatz 1 einnimmt oder

6. auf die Körperschaft Wirtschaftsgüter übertragen werden, die sie zu einem geringeren als dem gemeinen Wert ansetzt.“

Ein Teil dieser Voraussetzungen sind in Restrukturierungssituationen nur schwer erfüllbar, da es ja häufig gerade zu einem Wechsel im Geschäftsmodell oder zu Transaktionen zur Erweiterung von Geschäftsfeldern kommen kann.

Steuerliche Interessen des Veräußerers in der Krise

Die Veräußerung in der Krise führt i. d. R. zu Veräußerungsverlusten. Bei der Betrachtung der steuerlichen Auswirkungen einer Veräußerung ist vorab zu definieren,

- wer (natürliche oder juristische Person?),
- was (Personen- oder Kapitalgesellschaft gehalten im Betriebs- oder Privatvermögen?) und
- wie (Asset Deal oder Share Deal?)

veräußert.

Veräußerung durch eine natürliche Person

Der Verkauf eines gewerblichen oder freiberuflichen Einzelunternehmens im Wege eines Asset Deals führt zu Einkünften aus einem Gewerbebetrieb und unterliegt somit der Einkommensteuer. Kommt es – trotz der Restrukturierungssituation – zu einem Veräußerungsgewinn, sprich einer positiven Differenz aus Verkaufspreis und Anschaffungskosten, unterliegt er – nach Anwendung eines Freibetrags in Höhe von € 45.000 gemäß § 16 Abs. 4 EStG – einem ermäßigte Steuersatz gemäß § 34 Abs. 3 EStG, sofern der gesamte Betrieb veräußert wird und der Veräußerer das 55. Lebensjahr vollendet hat oder dauerhaft berufsunfähig ist. Hier wird ein ermäßigter Steuersatz von 56 % des durchschnittlichen Steuersatzes angewendet, der allerdings nur einmal im Leben, begrenzt auf einen Veräußerungsgewinn von bis zu € 5 Mio., gewährt wird. Der Freibetrag in Höhe von € 45.000 schmilzt ab einem Veräußerungsgewinn von € 136.000 ab. Entscheidend für die Vergünstigungen ist, dass alle wesentlichen Betriebsgrundlagen veräußert werden.

Veräußerungsverluste aus § 16 Abs. 1 EStG sind abzugs- und ausgleichfähig und können im Veranlagungszeitraum voll abgezogen und veranlagungszeitraumübergreifend wie beschrieben gemäß § 10d EStG verrechnet werden.

Diese Regelungen gelten auch für Mitunternehmeranteile. Umfasst ein Mitunternehmeranteil auch Sonderbetriebsvermögen, liegt eine begünstigte Veräußerung nur dann vor, wenn diese wesentlichen Betriebsgrundlagen (entgeltlich) mit übertragen werden.[5]

Verkauft eine natürliche Person Anteile an einer Kapitalgesellschaft (Share Deal), so unterliegt ein Veräußerungsgewinn im Rahmen der Einkünfte aus Gewerbebetrieb der Einkommensteuer, wenn der Veräußerer an der Gesellschaft zu mindestens 1 % unmittelbar oder mittelbar beteiligt ist (§ 17 EStG) oder Anteilsveräußerungen aus steuerlichem Betriebsvermögen erfolgen, sowie im Rahmen der Einkünfte aus Kapitalvermögen in allen sonstigen Fällen, wenn die Anschaffung der Anteile nach dem 31.12.2008 erfolgte. Für die Besteuerung gilt das sogenannte Teileinkünfteverfahren, wonach 60 % des Veräußerungsgewinns mit dem persönlichen Steuersatz zu besteuern sind. Analog sind Veräußerungsverluste nur zu 60 % steuerlich gelten zu machen. Für nach dem 31.12.2008 angeschaffte, nicht wesentliche, im Privatvermögen gehaltene Beteiligungen an Kapitalgesellschaften gilt nach § 20 EStG die Abgeltungssteuer in Höhe von 25 % zzgl. Solidaritätszuschlag und gegebenenfalls Kirchensteuer.

Veräußerung durch eine Kapitalgesellschaft

Bei einem Asset Deal einer Kapitalgesellschaft ist der Veräußerungsgewinn eines Betriebes oder Teilbetriebes gewerbe- und körperschaftsteuerpflichtig. Diese können, wie oben erwähnt, mit bestehenden Verlustvorträgen verrechnet werden. Jedoch gilt auch hier die Mindestbesteuerung, die durch die Anwendung des § 8 Abs. 1 KStG in Verbindung mit § 10d EStG besteht.

Veräußert eine Kapitalgesellschaft Anteile an einer Kapitalgesellschaft, sind die Einkünfte hieraus grundsätzlich gemäß § 8 Abs. 2 KStG steuerfrei, wenn zuvor keine steuerliche Teilwertabschreibung vorgenommen wurde. Nach § 8b Abs. 3 Satz 1 KStG gelten 5 % des Veräußerungsgewinns als nicht abzugsfähige Betriebsausgabe, sodass im Umkehrschluss 95 % des Veräußerungsgewinns steuerfrei bleiben. Die Steuerfreiheit erstreckt sich gem. § 7 Satz 4 GewStG auch auf die Gewerbesteuer.

Steuerliche Interessen des Investors in Krisensituationen des Zielobjektes

Ein Investor wird vor einer Übernahme grundsätzlich prüfen, ob sich ihm aufgrund des operativen Geschäfts überhaupt die Wahlmöglichkeit der Transaktionsstruktur, sprich die Wahl zwischen Asset Deal oder Share Deal, stellt. Die Vorteile des Asset Deals für einen Erwerber – und hier insbesondere die Möglichkeit der Generierung von Abschreibungspotenzial sowie des Zurücklassens der Verbindlichkeiten – wurden bereits im Kapitel „Transaktionsstrukturen" ausführlich erläutert. Steuerlich ist der Kaufpreis im Rahmen der Stufentheorie

- zunächst auf die bereits aktivierten Wirtschaftsgüter,
- anschließend auf die aktivierungsfähigen Wirtschaftsgüter,
- auf einen Geschäfts- oder Firmenwert zu allokieren und,
- sofern nachgewiesen werden kann, dass kein Geschäfts- oder Firmenwert existiert, als Betriebsausgabe sofort abzuziehen.

Bei der sogenannten modifizierten Stufentheorie sind stille Reserven einzelner Wirtschaftsgüter entweder

- proportional auf die Wirtschaftsgüter zu verteilen, die stille Reserven aufweisen, oder
- proportional zu den Teilwerten aller Wirtschaftsgüter zu verteilen.

Art und Umfang der Verteilung sind durch entsprechende Berechnungen oder Gutachten (z. B. Sachaufnahme-Gutachten mit Fortführungswerten, die im Rahmen des Insolvenzantragszeitraums angefertigt werden) zu dokumentieren.

Ist das Unternehmen z. B. im Besitz vorteilhafter Verträge, die für die Fortführung unerlässlich sind, so scheidet ein Asset Deal grundsätzlich aus, da diese Verträge ohne Zustimmung des Vertragspartners nicht übertragen werden können. Wenn die Zustimmung des Vertragspartners zweifelhaft erscheint, so verbleibt nur ein Share Deal.

Wie bereits bei der Betrachtung der Interessen des Zielunternehmen beschrieben, sind für einen Investor bei einem Share Deal im Weiteren die Nutzung vorhandener Verlustvorträge von erheblicher Bedeutung. Insbesondere bei der Rückkehr in die Gewinnzone sollen diese Erträge und die daraus resultierende Liquidität nicht unmittelbar durch Steuerzahlungen geschmälert werden. § 10d des EStG sowie § 10a des GewStG helfen zwar, diese Steuerlast unmittelbar zu minimieren, jedoch entsteht aufgrund der aktuellen Regelung eine Mindestbesteuerung und damit häufig ein Abfluss von Liquidität, die dringend für weitere Sanierungsmaßnahmen benötigt werden würde.

Steuerliche Behandlung eines Forderungsverzichts auf Gesellschafterdarlehen

Häufig erwirbt ein Investor von einem Gesellschafter nicht nur die Gesellschaftsanteile, sondern auch dessen Forderungen aus einem zuvor dem Unternehmen gewährten Gesellschafterdarlehen. Dieser Erwerb kann zum Nominalwert erfolgen, wird aber in der Praxis zumeist zu einem Preis erfolgen, der unter dem Nominalwert liegt. Entweder belässt der Investor seine Forderungen in voller Höhe als Verbindlichkeit auf der Passivseite des von ihm übernommenen Unternehmens oder er verzichtet auf einen Teil seiner Forderung bzw. wandelt diese – durch entsprechende gesellschaftsrechtliche Maßnahmen (wie z. B. durch einen Debt-Equity-Swaps im Wege der Kapitalerhöhung durch Sacheinlage) – in Eigenkapital um.

Die steuerlichen Auswirkungen eines Forderungsverzichts auf ein Gesellschafterdarlehen sind sehr komplex. Nicht nur entstehen im Unternehmen Sanierungsgewinne, sondern auch auf Ebene des Gesellschafters entstehen steuerliche Tatbestände, i. W. durch eine nachträgliche Veränderung der Anschaffungskosten. Die hierzu ergangenen Regelungen und Rechtsprechung ist zu komplex, um diese im Rahmen eines Praktikerhandbuchs vollends auszuführen. Vor diesem Hintergrund ist dieser Hinweis als Merkposten für Gespräche mit den standesrechtlich legitimierten steuerlichen Beratern zu sehen.

Sonstige steuerlich relevante Themen

Grunderwerbsteuer

Der Grunderwerbsteuer kommt in Sanierungssituationen eine besondere Bedeutung zu, sofern im Rahmen einer Anteilsübertragung auch mittelbar oder unmittelbar das Eigentum an einem Grundstück übertragen wird. Die Grunderwerbsteuer ist immer dann fällig, wenn ein Grundstück direkt oder mindestens 90 % der Gesellschaftsanteile der Gesellschaft übertragen werden, der das Grundstück mittelbar oder unmittelbar gehört. Für die Grunderwerbsteuer bestehen keine Sonderregelungen im Rahmen einer Sanierung. Sie greift auch dann, wenn der Eigentumsanteil im Wege einer Kapitalerhöhung oder eines Debt-Equity-Swaps erworben wird und in der Gesellschaft Immobilien vorhanden sind.

Die verbindliche Auskunft

Die verbindliche Auskunft soll es Steuerpflichtigen ermöglichen, die steuerlichen Konsequenzen bestimmter Sachverhalte bereits vor ihrer Verwirklichung genau abzuschätzen. Die Erteilung einer verbindlichen Auskunft steht im Ermessen der Finanzbehörde, ist gebührenpflichtig und umfasst auch die Kompetenz, ob es überhaupt eine verbindliche Auskunft erteilt (Entschließungsermessen) und welchen Inhalt die verbindliche Auskunft hat (Auswahlermessen).

Aufgrund der Bedeutung der Vorgänge empfiehlt sich in Restrukturierungssituationen, eine verbindliche Auskunft über die jeweiligen konkret beabsichtigten, steuerlich relevanten Maßnahmen einzuholen und damit die Gewissheit eines Erlasses der Steuern aus Sanierungsgewinnen sowie der Anwendbarkeit der Sanierungsklausel für den Erhalt der Verlustvorträge im Übertragungsfall zu Zwecken der Sanierung zu erhalten.

Grundsätzlich besteht kein Rechtsanspruch auf Erteilung einer verbindlichen Auskunft. Die Finanzämter sind jedoch angehalten, bei Vorliegen der Voraussetzungen dem Antrag stattzugeben. Nach § 89 Abs. 2 AO sollte das Finanzamt innerhalb von sechs Monaten die verbindliche Auskunft erteilen, ist jedoch verpflichtet, innerhalb dieses Zeitraums mitzuteilen, wenn diese Frist nicht gehalten werden kann. Dieser Zeitraum ist bei Sanierungen häufig viel zu lang, sodass in vielen Fällen eine verbindliche Auskunft aus Zeitgründen nicht eingeholt werden kann.

Weitere steuerliche Spezialfälle, wie z. B. das Umsatzsteuerrecht in der Insolvenz, die Behandlung von Abzinsungsgewinnen aufgrund von Zinsstundungen, Regelungen der Zinsschranke oder die Qualifizierung von liquiditätsabhängigen Zinszahlungen als erfolgsabhängige Vergütungen und damit der Besteuerung wie „Quasi-Dividenden", werden an dieser Stelle nicht weiter beleuchtet. Sie unterstreichen jedoch die Notwendigkeit einer versierten steuerlichen Beratung in Krisensituationen.

Schlussworte

Ein Schlusswort hat üblicherweise die Funktion, das vorher über viele Seiten hinweg Beschriebene zusammenzufassen und noch einmal als Ganzes greifbar zu machen. Diese Funktion soll mein Epilog unter anderem auch haben. Abseits von dem allfälligen Hinweis auf die professionelle Notwendigkeit, mit seinem Wissen stets à jour zu sein und zu bleiben, liegt mir allerdings noch etwas am Herzen. Ich will meinen Leserinnen und Lesern noch einen sehr wichtigen Gedanken mitgeben. Es kommt nicht so sehr darauf an, ob Sie nur einen oder 100 Deals begleitet haben. Sie tragen große Verantwortung!

Bei Transaktionen im Mittelstand handelt es sich niemals nur darum, ein Gut über eine Transaktionsschnittstelle an einen neuen Besitzer zu transferieren. Ein mitteständisches Unternehmen zu verkaufen, bedeutet auch und gerade in Notsituationen sehr viel mehr als das. Es geht um die Geschichte von Familien, die teils über Generationen hinweg als Arbeitgeber und Förderer ihrer Regionen wichtig waren, die das Unternehmen und seine Region mit ihrem tradierten Konzept aus Kundenorientierung, Sparsamkeit und Ideenreichtum international, oft weltweit bekannt gemacht und vernetzt haben. Und das dürfte wohl einer der wesentlichen Unterschiede zu börsennotierten Unternehmen sein. Mittelstand bedeutet immer auch „Bedeutung und Werte für andere".

Dieser Gedanke stand für mich am Anfang des Unternehmens, das ich vor fast zwei Jahrzehnten gegründet habe. Es ging mir darum, den Begriff der Wertorientierung (und damit meine ich nicht Cashflow-Orientierung, die in der Betriebswirtschaftslehre allzu häufig synonym mit dem Begriff Wertorientierung verwendet wird, weil es einfach nur schicker klingt und vom schnöden Mammon ablenkt) ins Spiel zu bringen und niemals aus dem Auge zu verlieren. Die Herausforderung bestand für mich darin, das Gebiet der kalten Zahlenwerte mit dem Ideal der Wert(e)orientierung zu verbinden. Der gedankliche Ansatz, dass mittelständische Transaktionen neben ihren sozialen und ethischen Werten auch finanzmathematisch erfassbare Werte repräsentierten, war damals auch keine Neuigkeit.

Nun ist die grundsätzliche Fähigkeit, etwas zu tun (oder etwas auszurechnen), ethisch gesehen noch nicht der Gipfel des Richtigen. Vielleicht sollte deshalb für uns auch etwas anderes gelten: Die Rettung, die Sicherung der Fortführung, die Übergabe an eine neue Generation von Unternehmern – dies sollte für uns niemals zur kalten Berechenbarkeit werden.

In diesem Sinne würde ich Ihnen auch gern einen Gedanken ans Herz legen: Sie tragen niemals nur die Verantwortung für das Gelingen der Transaktion. Wie groß Ihre Verantwortung ist, können Sie heute besser denn je messen und in Erfahrung bringen. Betrachten Sie die Unternehmen, deren Übergabe Sie in neue Hände begleitet und ermöglicht haben, auch nach dem bloßen „Deal". Überprüfen Sie, wie viele dieser Unternehmen nach zwei, fünf oder zehn Jahren noch am Markt aktiv sind. Wir würden sagen: Wenn Sie keines der Unternehmen, für deren Fortbestand Sie die Verantwortung übernommen haben, am Markt wiederfinden können, müssen Sie etwas falsch oder zumindest nicht ganz richtig gemacht haben. Sie haben sicher gut gerechnet – aber eventuell nicht wertorientiert gedacht.

Die größte und deshalb auch wichtigste Herausforderung birgt allerdings noch eine weitere Komplikation in sich. Im Vorwort dieses Buches verwendete ich insbesondere für die Disziplin der Distressed M&A-Beratung den Begriff „Masterclass". Diesen Begriff will ich auch jetzt in den Schlussworten wieder aufnehmen. Denn auf der M&A-Beratungsskala, so könnte man es sagen, reicht die Bandbreite von der einfachen und abschlussorientierten Philosophie „Hauptsache ein Deal" bis zum Ansatz der „wertorientierten Unternehmenstransaktionen".

Bei den Erstgenannten geht es wie bei dem Film „Und täglich grüßt das Murmeltier" um ein Geschehen, das sich jedes Mal gleich anfühlt. Es ist nach dem Closing zu Ende. Bei dem Zweitgenannten müssen Sie immer auch einen Gestaltungswillen für die Zukunft in sich tragen. Es geht hier nicht zuletzt auch um den Blick auf das, was in der Zeit nach dem Signing und Closing schon durch die Anlage der wertorientierten Transaktion möglich gemacht werden kann, sollte oder muss. Dieser Gedanke ans gestalterische Element und der Wille zur Gestaltung von Perspektiven über den Tag des Closings hinaus ist nämlich auch die Grundlage für eine weitere Bereitschaft und Fähigkeit, die es für den Eintritt in die „Masterclass" bedarf. Es geht dabei schlicht darum, nicht mehr in Nullsummenspielen als Zielgrößen zu denken. Denn hier verbirgt sich ein liegengelassenes Potenzial, das am Ende für praktisch alle Stakeholder wichtig ist – vor allem aber für Eigenkapitalgeber und finanzierende Banken. Viele Investoren und auch zahlreiche Berater tendieren dazu, die gelungene Zielwelt als ein Gebäude aus aufgehenden „Nullsummen" zu betrachten bzw. zu denken. Das ist auf den ersten Blick auch logisch und inhaltlich richtig. Denn schließlich geht es ja bei solchen Transaktionen üblicherweise darum, den vorhandenen Unternehmenswert auf die teilnehmenden Stakeholder umzulegen. Am Ende der Berechnung darf nichts übrig bleiben, aber leider kann in solchen Fällen auch nichts Neues entstehen. Häufig ist auch im Denksystem von Investoren ausschließlich verankert, dass ihr Gewinn in diesem Schritt nur dann größer wird, wenn er den Fremdkapitalgebern (sprich den Banken) entsprechend Anteile am Gesamtunternehmenswert, z. B. durch einen Forderungsverzicht, abnimmt. Dies ist jedoch wieder reines Nullsummendenken. Man kauft, was da ist. Und man gestaltet die Verhandlung so, dass am Ende alles vom Tisch geräumt ist.

Ich bitte, dies nicht missverstehen zu wollen. Aber die Schaffung eines reinen Tisches und einer Umverteilung von Anteilen sollte – wenn möglich – immer nur der Anfang und nicht das Ende sein. Gern will ich hier an den Satz des Philosophen Adorno erinnern: „Nur wenn das, was ist, sich ändern lässt, ist das, was ist, nicht alles."

„Masterclass" bedeutet, den Kuchen perspektivisch durch das Finden des neuen Best Owners und die damit zu erzielenden Synergien wachsen zu lassen, bevor man ihn zerschneidet. Hier liegt die Herausforderung und hier findet man auch die Art von Gefühl, die den Umgang gerade mit notleidenden Unternehmen zu einer auf wunderbare Weise ethisch dankbaren Aufgabe macht. Die Kunst besteht darin, auch bei schwierigen Situationen über die Nullsumme hinaus zu denken.

Die Befreiung vom „Nullsummenorientierten"- und „Hauptsache-ein-Deal"-Denken ist der Eintritt in die Welt der Art von wertorientierten Unternehmenstransaktionen, die über das Closing hinaus wirken wollen und können. Das Ziel kann hier nur sein: Der gedankliche Kuchen muss größer gemacht werden. Lassen Sie ihn perspektivisch wachsen!

Denken Sie bitte auch daran: Was kann das Unternehmen in drei Jahren tun? Wo müsste so ein Unternehmen aus heutiger Sicht in fünf Jahren stehen? Zu welcher Investorengruppe passt welche Geschichte? Zu welcher Story passen welche strategischen Investoren? Es gibt hier eine ganze Anzahl von Möglichkeiten, über die nachgedacht werden sollte. Wir sprechen über Bilder von Welten, die wir hier zuerst malen, dann extrapolierend berechnen und anschließend sowohl auf ihre Realisierbarkeit als auch auf ihre Attraktivität für ausgesuchte potenzielle Käufer überprüfen können. Und je besser wir diese Geschichten ermittelt – auf Investoren(gruppen) zugeschnitten – erzählt und berechnet haben, desto näher kommen wir dem Ziel, das aus unserer Sicht jede wertorientierte Unternehmenstransaktion verfolgen muss.

Man könnte sich hier auch an Schumpeters schönen Satz aus der im Jahre 1909 veröffentlichten Theorie der wirtschaftlichen Entwicklung orientieren: „Entwicklung heißt die Durchsetzung neuer Kombination von vorhandenen Dingen und Kräften."

Suchen Sie nicht und niemals nur den einfachsten Deal oder den am schnellsten zuschlagenden Käufer. Finden Sie den Investor, der in Ihrer Story der Best Owner sein wird. Der beste neue Eigentümer, für den die Investition in dieses Unternehmen auch das beste Investment ist. Zeichnen Sie für ihn das Bild von dem Unternehmen, das Sie für ihn durchleuchtet und mit einer aufwärts und vorwärts orientierten und nachvollziehbar berechneten Story versehen haben. Rechnen Sie mit ihm und auf der Basis seiner eigenen Zahlen und Annahmen aus, wie hoch die realisierbaren Synergien sein können. Öffnen Sie Ihren Blick – weiten Sie Ihre Perspektive. Tragen Sie die vorhandenen Dinge und Kräfte zusammen und bilden Sie daraus Möglichkeiten!

Was darüber hinaus sehr wichtig ist: Betrachten Sie mit dem potenziellen Käufer niemals nur die Kostenseite – auch wenn er aus Ihrer Sicht ja „nur" der Käufer ist. Betrachten Sie vor allem die Marktseite. Setzen Sie sich mit dem Markt auseinander, arbeiten Sie sich tief in den relevanten Markt und seine Institutionen ein. Denken Sie selbst wie ein Unternehmer, der vor allem den Kuchen vergrößern und damit die Voraussetzung schaffen kann, die dafür gebraucht werden.

Ob bzw. dass Sie den Best Owner gefunden haben, werden Sie im Laufe der Zeit feststellen können. Der erste Hinweis darauf wird sein, dass die Claims sich im Verhältnis zur Erstbetrachtung tatsächlich erhöht haben. Wichtig ist gerade im Falle von Distress, dass dieses Eine, das nottut, Ihnen gelingen sollte. Idealerweise schon im Rahmen der Transaktion oder alternativ im Nachgang sollte durch entsprechende Instrumente, wie z. B. Besserungsscheine, Earn-outs etc. eine „Recovery“ der ursprünglichen Claims erfolgen können.

Betrachten Sie Ihre Arbeit. Wenn im Distress jeder seinen Anteil erhält und die Perspektive für eine neue gemeinsame Zukunft geschaffen ist, dann haben Sie nicht nur Existenzen und Arbeitsplätze gesichert. Sie haben auch für flottierendes Kapital eine sinnvolle neue Heimat und Wertschöpfungsstätte geschaffen. Vor allem aber, und das würde mich sehr freuen, haben Sie auch die Prüfung der „Masterclass“ für wertorientierte Unternehmenstransaktionen bestanden.

Ich wünsche mir für Sie und Ihre Distressed M&A-Transaktionen alles Gute!

Endnoten

Kapitel 2

1 In Anlehnung an (Dausend, Bruder, 2010)
2 Vgl. (Tan, Lambrecht, 2021)

Kapitel 3

1 Vgl. (Crone & Werner, 2021)

Kapitel 4

1 Siehe hierzu: (Statistisches Bundesamt, 2021)
2 Quelle: https://www.ifm-bonn.org/statistiken/unternehmensuebertragungen-und-nachfolgen/unternehmensuebertragungen, abgerufen am 10.01.2022.
3 Vgl. (Creditsafe, 2021)
4 Vgl. (Porter, 2013), S. 74 ff.
5 Vgl. (Arlinghaus, 2013)
6 Vgl. (Porter, 2013), S. 76 ff.
7 Vgl. (Lucks, 2013), S. 76
8 Siehe (Bielomatik, 2020)
9 Siehe (Prettl Group, 2020)

Kapitel 5

1 Vgl. (Wirtz, 2003)
2 Für einen guten Überblick: (Bruner: „Applied Mergers and Acquisitions“, 2004)
3 Vgl. (Bousquet, 2017)
4 Vgl. (Ernst & Häcker, 2002)
5 Siehe hierzu detailliert Kapitel 10.
6 Siehe hierzu ausführlich Kapitel 10.
7 Siehe hierzu auch (Graumann & Lehnen, 2019)
8 Vgl. (Boston Consulting Group, 2017)
9 Vgl. (Painter, Dexter, Cherry, 2006), S. 86 ff.
10 Primack, Should private equity lower its hurdles?, in: Fortune, 29.3.2012, http://fortune/201203/29/should-privae-equity-lower-its-hurdles/
11 Vgl. (Pöllath, Rodin, Wewel, 2018), S. 102.
12 Siehe hierzu vertiefend https://www.roedl.de/themen/ma-dialog/2020-07/ma-vocabulary-experten-verstehen-debt-push-down
13 Vgl. (de Chapeaurouge, Hafner, 2018)
14 Vgl. (Bain & Company, 2021)
15 Vgl. (Bain & Company, 2021)

16 Vereinfachendes Beispiel: In der Regel wird der Investor nicht pari-passu zum Eigenkapital mit dem Marktwert der Forderung einsteigen, sondern zuvor durch eine Kapitalherabsetzung eine für sich bessere Basis für die Neuberechnung der Anteilsverhältnisse schaffen.
17 Unterschiedliche Kredittranchen stehen normalerweise in einem Rangverhältnis (Subordinationsverhältnis) zueinander. Hierbei kommen anfallende Zins- und Tilgungszahlungen zuerst der niedrigverzinsten höchsten Tranche (Senior-Tranche) zugute. Nach Deckung aller Ansprüche der obersten Tranche werden die Ansprüche der nächstrangigen Tranche (in der Regel ist dies die Mezzanine-Tranche) bedient. Dieses Prinzip setzt sich bis zu der untersten Tranche (der Junior-Tranche) fort und wird deshalb ebenso als „Wasserfall" bezeichnet. Hingegen werden auftretende Zahlungsausfälle zuerst einmal von der untersten Tranche (also der hochverzinslichen Junior-Tranche, die deshalb auch Erstverlust-Tranche genannt wird) getragen. Die höheren Tranchen werden von den Kreditausfällen erst dann betroffen, wenn die untergeordneten Tranchen vollständig aufgezehrt sind. Die genaue Ausgestaltung der Wasserfall-Struktur ist bei den einzelnen Fällen oft unterschiedlich ausgebildet; und oft bedarf es guter finanzmathematischer Kenntnisse, um die jeweilige Gestaltung genau zu durchschauen und das Risiko entsprechend einzuschätzen." (Quelle: Prof. Dr. Gerhard Merk, Universität Siegen, in: http://www.direktbroker.de/unser-service/boersenlexikon/wasserfall-prinzip-waterfall-principle–/16333384/W).
18 „Imagine distressed debt traders, restructuring bankers and turnaround consultants getting together and having a child. That child's name would be "distressed private equity.", gefunden in „Distressed Private Equity: The Best Place to invest when the world is collapsing", www.mergersandinquisitions.com/distressed -private-equity/
19 Vgl. (de Chapeaurouge, Hafner, 2018)

Kapitel 6

1 Dieser, bei grenzüberschreitenden Kreditverträgen häufig geforderte IBR ist eher eine historische Kennzahlenanalyse und somit nicht mit einem IDW S 6-Gutachten und den Anforderungen des BGH vergleichbar.
2 Vgl. (Crone, Werner, 2021)
3 Kurzüberblick: Der IDW S 6-Standard – Inhalte und Kriterien für Sanierungsgutachten, https://struktur-management-partner.com/de/sanierungsgutachten-nach-idw-s6.php, abgerufen am 09.06.2021.
4 Vgl. (Ringelspacher, 2015)
5 Ergänzend zum Poolführer kann es auch einen Sicherheitentreuhänder geben und im Rahmen von syndizierten Krediten auch einen sog. Security Agent.
6 Vgl. (BGHZ 10), S. 228 ff.
7 Vgl. (BGH ZIP 1995), S. 630.
8 Vgl. (Hinteregger, Jaroschinsky, 2020)
9 Vgl. (Schluck-Amend, Seibold, 2010)
10 Vgl. (Hinteregger, Jaroschinsky, 2020)
11 Vgl. (Riggert, 2015)
12 Siehe hierzu https://www.psvag.de/insolvenz-leistung/insolvenzverwalter/insolvenzplan/-beteiligung-des-psvag.html, abgerufen am 18.10.2021.
13 Auszug aus https://www.psvag.de/fileadmin/doc/merkblaetter/110/110_m_2_besonderheiten_bei_durchfuehrung_eines_insolvenzplans.pdf, abgerufen am 18.10.21.

Kapitel 7

1 Vgl. (Meier, Servaes, 2018)
2 (Weihe, 2003)
3 Vgl. (Deans, Kröger, Zeisel, 2002)
4 Vgl. (A.T.Kearny, 2016)
5 Vgl. (Schmidt, 2019)
6 Vgl. https://www.christenseninstitute.org/disruptive-innovations/
7 Vgl. (Schmidt, 2019), S. 7

8 Kartellrechtliche Schwellenwerte, die es im Rahmen einer ersten „Über-den-groben-Daumen-Regel“ im Mittelstand zu beachten gilt, sind: EU-anmeldepflichtig ist ein Zusammenschluss nur, wenn der weltweite Gesamtumsatz der beteiligten Unternehmen € 2,5 Mrd. übersteigt. Ist dies nicht der Fall, sind alle weiteren Kriterien hinfällig. Bundeskartellamtsanmeldepflichtig sind Zusammenschlüsse gem. § 35 GWB bei Unternehmen, deren Gesamtumsatz weltweit mehr als € 500 Mio. überschreitet. Auch hier gibt es weitere Kriterien, aber allein diese Umsatzschwellenwerte sind häufig bei kleineren und mittleren mittelständischen Transaktionen nicht erreicht. Zu beachten ist jedoch, dass Finanzinvestoren häufig mit ihren Portfolio-Unternehmen diesen Schwellen überschreiten und auch im Medienbereich niedrigere Schwellenwerte greifen.
9 (Weber, Gomez, Siegert, 2007)
10 Vgl. (Allert, 2014)
11 Vgl. (Subramanian, 2011)
12 Vgl. (Boone, Mulherin, 2007). Die Ergebnisse dieser Untersuchung stehen im Einklang mit den Ergebnissen der Modelle von (French, McCormick, 1984) und Hansen (1987, 2001), die argumentieren, dass die Wahl zwischen einer Auktion und einer Verhandlung (Boone & Mulherin, 2007) bei öffentlichen Übernahmen letztendlich eine Kompensation von Wettbewerbseffekten und Informationskosten darstellt.
13 Siehe www.mergermarket.com/trendreports/navigating-the-modern-deal-process-targeting
14 Vgl. (Weber, Siegert, Gomez, 2007)
15 Dem Autor sei an dieser Stelle eine Reminiszenz an die guten alten Zeiten der physischen Datenräume erlaubt. Physische Datenräume wurden entweder bei dem die Transaktion begleitenden Rechtsanwalt, der Wirtschaftsprüfungsgesellschaft oder in den Büroräumen des M&A-Beraters eingerichtet. In zumeist viel zu engen Räumlichkeiten wurden eine Vielzahl von Aktenordnern zur Verfügung gestellt. Damit keine unerlaubten Vervielfältigungen der Dokumente erfolgte, wurde der Datenraum durch eine Aufsichtsperson überwacht. Auch wenn dies als längst überfälliger Anachronismus anmutet, gibt es aus verhandlungstaktischer Sicht auch gute Gründe für einen physischen Datenraum. Während der Prüfung des Datenrauminhaltes durch das Due-Diligence-Team des Kaufinteressenten kommt es immer wieder zu persönlichen Kontakten zwischen Kaufinteressent und den Mitarbeitern des den Datenraum einrichtenden Beraters. Dabei kommen in vielen Fällen die Bedenken der Prüfer offen zum Ausdruck. Dies bietet Raum für Verhandlungen und ein aktives Setzen von Schwerpunkten in den weiteren Verkaufsverhandlungen mit den jeweiligen Interessenten. Ein weiterer, nicht zu unter-schätzender Aspekt ist die subjektive Risikoeinschätzung der Prüfer des Kaufinteressenten. Versuche bei Blackjack-Spielern haben gezeigt, dass sie die Wahrscheinlichkeit eines Erfolges ihres Blatts höher einschätzen, wenn sie die verdeckten Karten berühren, jedoch nicht sehen durften, im Vergleich zu der Einschätzung der Spieler, die die Karten nicht berühren durften. Würfelspieler werfen Würfel fester, wenn sie eine hohe Augenzahl benötigen, und Autofahrer schätzen das Unfallrisiko bei Tempo 220 auf der Autobahn deshalb niedriger ein als den Absturz eines Flugzeugs, weil sie das Lenkrad selbst in Händen halten. All diese Studienergebnisse zeigen, dass der Mensch davon ausgeht, Risiken besser bestimmen und damit besser umgehen zu können, wenn er Dinge in „Händen hält“. Dies ist bei der Wahl der Datenraumform zu berücksichtigen.
16 Vgl. (Boche, Luettges, 2020)
17 Vgl. (Boche, Dannemann, 2020)
18 Vgl. (Bruner, 2004)
19 Siehe (Mergermarket, 2017)
20 Vgl. (Saner, 2008)
21 Vgl. (Subramanian, 2010)
22 Siehe (Mergermarket, 2017)

Kapitel 8

1 Vgl. (Saner, 2008)
2 Vgl. (von Clausewitz, 1832)
3 Vgl. (Kaluza, 2018)

4 Die Principal-Agent-Theorie ist ein theoretisches Modell zur Erklärung der Interaktion zwischen zwei Wirtschaftssubjekten mit unterschiedlichem Informationsstand. Der Prinzipal ist der Auftraggeber; Auftragnehmer und Erbringer der geforderten Leistungen ist der besser informierte Agent. Da beide ihren eigenen Nutzen maximieren wollen, kann dies durch die ungleiche Informationsverteilung zu Ineffizienzen bis hin zum Marktversagen führen.
5 Die unterschiedliche Stresswirkung auf die beiden Beteiligtengruppen wird bereits hier deutlich. Die Summe der Stresspunkte des Unternehmers beläuft sich auf 23 von 27 möglichen Punkten, die des Beraters nur auf 8 Punkte. Allein aus dieser Aufstellung folgt, dass das Hinzuziehen eines Beraters in Stresssituationen absolut notwendig ist. Aber auch Berater sollten sich bewusst machen, dass sie sich nicht vollends der Stresssituation einer Distressed M&A-Transaktion entziehen können.
6 Vgl. (Allert, 2014)
7 Vgl. (Kaluza, 2018)
8 Vgl. (Kahneman, 2016)
9 Vgl. (Cialdini, 2006)
10 Vgl. (Mnookin, 2011)
11 Vgl. (Kaluza, 2018); S. 85.
12 Vgl. (Fisher, Ury, & Patton, 2018)
13 (Subramanian, 2010), S. 28.
14 In Anlehnung an (Maslow, 1943)
15 Vgl. (Haft, 2000)
16 Vgl. (Haft, 2000)
17 Umfangreiche Checklisten in (Allert, 2014)
18 Vgl. (Schranner, 2018)
19 Vgl. (Fisher, Ury, Patton, 2018)
20 Vgl. (Saner, 2008)
21 In Anlehnung an (Lewicki, Hiam, Olander, 1998)
22 Vgl. (Saner, 2008)
23 Vgl. (Axelrod, 1997)
24 Vgl. (Lax, Sebenius, 2006)
25 Vgl. (Lax, Sebenius, 2006)
26 Vgl. (Bouquet, Ousey, 2009)
27 Vgl. (Nasher, 2013)
28 Siehe (Ritzer, 2016)
29 Siehe (Blümle, Erbe, 2021), S. 350 ff.

Kapitel 9

1 Der Verkauf im Zeitraum nach Antragstellung auf Eröffnung des Insolvenzverfahrens, dem sogenannten vorläufigen Insolvenzverfahren, spielt in der Praxis eine untergeordnete Rolle, setzt sich doch der vorläufige Insolvenzverwalter hier Haftungsrisiken aus, die im eröffneten Verfahren nicht vorhanden sind.
2 Vgl. (Ziegenhagen, Denkhaus, 2016)
3 Vgl. (Hagebusch, Schiller, 2008)
4 Vgl. (Hagebusch, Knittel, Treuhandlösungen, 2020)
5 Vgl. (Stadler, 2011)
6 § 18 InsO: Der Schuldner droht zahlungsunfähig zu werden, wenn er voraussichtlich nicht in der Lage sein wird, die bestehenden Zahlungspflichten im Zeitpunkt der Fälligkeit zu erfüllen. In aller Regel ist ein Prognosezeitraum von 24 Monaten zugrunde zu legen.
7 Vgl. (Rosengarten, 2017)
8 Nach meiner Auffassung kommt in einer solchen Situation sowohl ein objektivierter Wertansatz in Frage als auch eine subjektive Wertermittlung im Sinne eines Grenzpreises, ab welchem Betrag eine Transaktion für den Verkäufer sinnvoll ist und ab welchem Betrag nicht mehr.
9 Siehe hierzu https://www.cmshs-bloggt.de/insolvenzrecht/schutz-vor-der-insolvenzanfechtung-durch-bargeschaefte/
10 Vgl. (Blech, 2017)

11 Ausführungen zur grundsätzlichen Haftung des Käufers beim Share Deal: Vgl. (Semler, 2015), S. 886 ff.

12 Vgl. (Blech, 2017)

13 Herausfordernd ist in solchen Situationen die Position des Managements. Nach § 76 Abs 1 AktG obliegt es den Pflichten des Vorstands, dass er bei Vorliegen einer finanzwirtschaftlichen Krise, die Bestandssicherung des Unternehmens in den Vordergrund stellt. Dabei muss in hohem Maße Wert auf Transaktionssicherheit im Rahmen der anstehenden Kapitalmaßnahmen gelegt werden, und alles ist zu unternehmen, um eine Insolvenzreife zu vermeiden. Hieraus ergeben sich nach Seibt folgende beiden Punkte:

a) eine Akzentverschiebung in der Auslegung von Kompetenzen, weg von Gesellschafter-/Hauptversammlungen hin zur Unternehmensverwaltung (sprich Vorstand oder Geschäftsführung).

b) Rücktritt der gesetzlich verankerten Bezugsrechte hinter das Gesetz des Werterhalts, respektive der Treuepflichten der Gesellschafter-/Aktionäre untereinander, werterhaltende Maßnahmen nicht zu verhindern. Diese Treuepflicht hat sich seit der Finanzmarktkrise in § 7 (7) FMStBG niedergeschlagen, in dem ein Obstruktionsverbot kodifiziert ist, sofern

- das betreffende Unternehmen sanierungsbedürftig und -fähig ist,
- das vom einzelnen Gesellschafter/Aktionär dringend geboten ist und
- das Verhalten zumutbar ist, d. h. der Gesellschafter/Aktionär keinen Schaden erlangt.

Diese Grundgedanken haben auch Einzug in die Konzeption des ESUG und zuletzt des StaRUG gehalten, in dem sowohl Finanzgläubiger als auch Anteilseigner nicht grundlos als sogenannter „Akkordstörer", Restrukturierungspläne verhindern können.

14 Vgl. (Stenzel, Will, 2019)

15 Vgl. (Hermanns, 2014)

16 Siehe (Allert, Cziesla, 2020)

17 Siehe (Schmidt, 2019)

18 Vgl. (Allert, Cziesla, 2020)

19 Korrekterweise müsste man diese Strategie sprachlich in zwei Unterkategorien unterteilen: „Loan-to-own" in Reinform bezeichnet die Refinanzierung von Verbindlichkeiten eines Unternehmens durch Neukreditgewährung mit dem Ziel, bei entsprechenden Voraussetzungen diesen „Loan" in Eigenkapital zu tauschen. Der in Deutschland häufiger vorkommenden Fall, nämlich den Erwerb einer bestehenden Kreditforderung, ist mit „buy-(claims)-to-own" besser spezifiziert. Da im deutschen Wirtschaftssprachgebrauch für beide Formen der Begriff „loan-to-own" Einzug gehalten hat, wird er auch nachfolgend für beide Varianten verwendet.

20 Der Debt-to-Asset-Swap begünstigt ein maßgeschneidertes Cherry Picking des Investors (ähnlich des Asset Deals, jedoch auch mit all seiner Problematik, i. W. des § 613a BGB) sowie den Ausschluss der später noch näher erläuterten Differenzhaftung.

21 Siehe hierzu Kapitel 10 Bewertung.

22 Vgl. (Schlitt, Meiisel , Hautkappe, Schmidt-Ehemann, Blöcker, 2020), S. 470.

23 Vgl. (Ziegenhagen, Denkhaus, 2016), Tz 168.

24 Der Gesetzgeber hat mit § 67 Abs. 5 StaRUG eine fast InsO-wortgleiche Vorschrift für den Restrukturierungsplan aufgenommen, sodass sich keine Änderung gegenüber einem Debt-Equity-Swap in der Insolvenz ergeben dürfte.

25 Vgl. https://perspektiv.de/files/img/Docs/Insolvenzmanagment/21_Debt%20Equity-Swap_Distressed%20Valuation.pdf, abgerufen am 11.01.2022

26 Prominente Beispiele hierfür sind u. a. Centrotherm, Solarworld, Pfleiderer, IVG, SKW Stahl sowie aus dem Sportbereich Borussia Dortmund und der Karlsruher SC.

27 Vgl. (Palenker, 2018), S. 77.

28 Vgl. (ebda.), S. 48.

29 Vgl. (Palenker, 2018), S. 84.

30 Vgl. (Lützenrath, 2006), S. 185.

31 Vgl. (Richter, 2006), S. 58.

32 Auch überschuldete Unternehmen haben grundsätzlich Zugang zum StaRUG, denn wenn die Annahme des Plans überwiegend wahrscheinlich ist, kann dies eine die insolvenzrechtliche Überschuldung ausschließende positive Fortführungsprognose begründen.

33 Stand-Still-Vereinbarungen beseitigen grundsätzlich die Zahlungsunfähigkeit, aber bei kurzen Laufzeiten i. d. R. nicht die drohende Zahlungsunfähigkeit.
34 Vgl. (Bea, Gerdes, 2021)
35 Vgl. (Bea, 2021)
36 Vgl. (Haft, 2000)
37 Vgl. (Reiser, 2021)
38 Vgl. (Blümle, Erbe, 2021)
39 Das gilt jedoch nur für die Gewährung, nicht aber die Rückführung der Finanzierung.
40 Auf diese Möglichkeit muss der Schuldner die Planbetroffenen jedoch hinweisen.
41 Vgl. (Reiser, 2021)
42 Vgl. (Reiser, 2021)
43 Vgl. (Bakertilly, 2021)
44 Vgl. (Gabor, Bäcker, 2021)
45 Vgl. (Herzig, 2021)
46 Vgl. (Gabor, Bäcker, 2021)
47 Vgl. (Braun, 2021)
48 Abel beschreibt in Crone/Werner (Hrsg.) „Modernes Sanierungsmanagement" die in der Praxis vorzufindende Begriffsungenauigkeit zutreffend: „Der Begriff des Regelinsolvenzverfahrens wird in der Praxis nicht einheitlich verwendet. Teile der Praxis und Literatur bezeichnen so das „fremdverwaltete" Insolvenzverfahren unter Bestellung eines Insolvenzverwalters im Gegensatz zur Eigenverwaltung. Andere verwenden den Begriff des Regelinsolvenzverfahrens für solche Insolvenzverfahren, in denen – anders als in einem Insolvenzplan unter Erhalt des Rechtsträgers – die Insolvenzmasse im Wege einer sogenannten übertragenden Sanierung oder Liquidation verwertet und der Erlös an die Gläubiger verteilt wird."
49 Vgl. (Kebekus, Georg, 2017)
50 Nach Abzug eines nicht durch Eigenkapital gedeckten Fehlbetrags.
51 In den letzten 12 Monaten vor dem letzten Abschlussstichtag.
52 Im Jahresdurchschnitt.
53 Vgl. (Sax, Stengel, 2020), S. 1037 ff.
54 Bei den Abzugspositionen zur Ermittlung des Kaufpreispotenzials sind nur die Positionen berücksichtigt, die liquiditätswirksam sind.
55 Vgl. (Abel, 2021)
56 Vgl. (Abel, 2021)
57 (Theiselmann, 2020)
58 Bei dem Zielunternehmen kommt es zu einem Wegfall von Passiva und damit zu einem Ertrag, der grundsätzlich zu versteuern ist.
59 Vgl. (Kurnay, Dr. Stenzel, 2014), S. 511.
60 siehe (Ziegenhagen, Denkhaus, 2016), S. 139 ff.
61 1996 meldete die Dörries Scharmann AG im Rahmen einer Krise der Muttergesellschaft Bremer Vulkan AG Konkurs an. Im Rahmen einer Restrukturierung wurde das ursprünglich mehr als 3.000 Mitarbeiter zählende Unternehmen auf 600 Mitarbeiter verkleinert.
62 abgekürzt TG. Häufig auch als „Beschäftigungs- und Qualifizierungsgesellschaft BGQ" benannt.
63 Im BAG-Urteil von 2003 weiter definiert „... bei zum Zeitpunkt des Zugangs greifbarer Nähe der Sanierungsdurchführung".
64 Hierunter versteht man – gem. Website der IG Metall – „einen Tarifvertrag, mit dem für ein sanierungsfähiges Unternehmen vorübergehend die tariflichen Leistungen ausgesetzt, verändert oder herabgesetzt werden" (siehe hierzu https://www.igmetall.de/tarif/tariflexikon?buchstabe=S&begriff=Sanierungstarifvertrag, abgerufen am 1.12.2021).
65 Vgl. (Eipper, 2018)
66 Vgl. (Ziegenhagen, Denkhaus, 2016), S. 104.
67 Vgl. (Gola, 2019)
68 Vgl. (Savary, 2020)

Kapitel 10

1 Vgl. 3. Buch Mose, Kapitel 25, ab Vers 14: „Wenn du nun deinem Nächsten etwas verkaufst oder ihm etwas abkaufst, soll keiner seinen Bruder übervorteilen, sondern nach der Zahl der Jahre vom Erlassjahr an sollst du es von ihm kaufen; danach, wie viel Jahre noch Ertrag bringen, soll er dir's verkaufen. Sind es noch viele Jahre, so darfst du den Kaufpreis steigern; sind es noch wenige Jahre, sollst du den Kaufpreis verringern; denn die Zahl der Ernten verkauft er dir."
2 Vgl. (Leuner, Hattenbach, 2019)
3 Vgl. (Institut der Wirtschaftsprüfer in Deutschland e.V., 2008)
4 Vgl. Kapitel 3, Seite 13.
5 Vgl. (Institut der Wirtschaftsprüfer in Deutschland e.V., 2008), Tz. 101.
6 WACC = Weighted Average Cost of Capital; d.h. die durchschnittlichen, gewichteten Kapitalkosten.
7 Vgl. (Institut der Wirtschaftsprüfer e.V., 2017), Tz. 8.
8 Vgl. (Gleißner, Ihlau, 2017)
9 Vgl. (Institut der Wirtschaftsprüfer in Deutschland e.V., 2008), Tz. 17
10 Vgl. (Institut der Wirtschaftsprüfer in Deutschland e.V., 2008), Tz. 49.
11 Vgl. (Peemöller, 2019), S. 41
12 Vgl. (Institut der Wirtschaftsprüfer in Deutschland e.V., 2008), Tz. 138.
13 In Anlehnung an: (Ihlau, Duscha, Gödecke, 2013), S. 43.
14 Vgl. (Institut der Wirtschaftsprüfer in Deutschland e.V., 2008), Tz. 77.
15 Vgl. (Institut der Wirtschaftsprüfer in Deutschland e.V., 2008), Tz. 78.
16 Die Kennzahl ROIC (Return On Invested Capital) wird in diesem Modell stellvertretend für die Rentabilität des Unternehmens herangezogen, Der ROIC definiert sich als: $\frac{EBITx\ (1 - Tax\ Rate)}{Invested\ Capital}$. Das investierte Kapital ist dabei nicht mit der Bilanzsumme gleichzusetzen. Am einfachsten ist das investierte Kapital aktivisch zu bestimmen, in dem man von den Aktiva die Vermögensgegenstände subtrahiert, die nicht für den operativen Geschäftsbetrieb notwendig sind. Vgl. (Koller, Goedhart, Wessels, 2020)
17 Vgl. (Ruiz de Vargas, 2021), S. 1667; (Fritz, 2008), S. 77.
18 Vgl. (Institut der Wirtschaftsprüfer e.V., 2017), Tz. 62.
19 Vgl. (Institut der Wirtschaftsprüfer e.V., 2017), Tz. 65.
20 Vgl. (Hayn, 2019), S. 1085.
21 Vgl. (Baetge, Krümmel, Schulz, Wiese, 2019), S. 465 ff.
22 Vgl. (Baetge, Krümmel, Schulz, Wiese, 2019), S. 434f.
23 Vgl. (Gleißner, Ihlau, 2017)
24 Vgl. (Ruiz de Vargas, 2021) und (Dörschell, Franken, Schulte, 2012)
25 Vgl. (Baetge, Krümmel, Schulz, Wiese, 2019), S. 472.
26 Vgl. (Mandl, Rabel, 2019), S. 70.
27 In Anlehnung an: (Ihlau, Duscha, Gödecke, 2013), S. 53.
28 Vgl. (Institut der Wirtschaftsprüfer in Deutschland e.V., 2008), Tz. 99.
29 Vgl. (Mandl, Rabel, 2019), S. 75.
30 Nur für börsennotierte Bewertungsobjekte relevant.
31 Leasingverpflichtungen sind nur abzuziehen, wenn die zur Ermittlung des Enterprise Values verwendeten Cashflows um die entsprechenden Aufwendungen bereinigt wurden.
32 Siehe dazu: https://de.statista.com/statistik/daten/studie/261431/umfrage/finanzierungsquellen-von-mittelstaendischen-unternehmen-in-deutschland/, abgerufen am 08.07.2021.
33 Vgl. (Werner, Kobabe, Hirdes, Finanzierung, 2007), S. 88 ff.
34 Vgl. (Müller-Seubert, 2008), S. 44.
35 Vgl. (Fischl, 2011), S. 25.
36 Vgl. (Prätsch, Schikorra, Ludwig, 2012), S. 216.
37 Vgl. (Werner, 2007), S. 22f.
38 Vgl. (Ruiz de Vargas, Zollner, 2019), S. 308.
39 Vgl. (Dörschell, Franken, Schulte, 2012), S. 8.
40 Vgl. (Baetge, Krümmel, Schulz, Wiese, 2019), S. 470.

41 In Anlehnung an: (Baetge, Krümmel, Schulz, Wiese, 2019), S. 421 f.
42 Häufig auch Recent Acquisition Method genannt.
43 Vgl. (Ballwieser, 2011), S. 10.
44 Vgl. (Ihlau, Duscha, Gödecke, 2013), S. 55.
45 Vgl. (Ballwieser, 2011), S. 211.
46 Vgl. (Ihlau, Duscha, Gödecke, 2013), S. 55.
47 Es ist eine irrige, in der Praxis jedoch durchaus anzutreffende Annahme, dass gerade durch Anwendung eines Umsatzmultiplikators krisenbehaftete Unternehmen bewertbar seien. In der Regel wird die Vergleichsgruppe (sog. Peer Group) der Unternehmen, die zur Bestimmung des Umsatz-Multiplikators herangezogen wurde, positive Ertragskennzahlen aufweisen. Würde man einen solchen Umsatz-Multiplikator anwenden, müssten man darüber hinaus in einer weiteren Berechnung den Barwert der Aufwendungen bestimmen, die notwendig sind, die mit der Peer Group vergleichbare Rentabilität zu erzielen.
48 Vgl. (Institut der Wirtschaftsprüfer in Deutschland e. V., 2008), Tz. 144.
49 Vgl. (Ihlau, Duscha, Gödecke, 2013), S. 57
50 Vgl. (Institut der Wirtschaftsprüfer in Deutschland e. V., 2008), Tz. 140–141.
51 Vgl. (ebda.), Tz. 170 ff.
52 Vgl. (ebda.), Tz. 140.
53 Vgl. (Sieben, Matry, 2019), S. 817.
54 Vgl. (Ihlau, Duscha, 2019), S. 867 ff.
55 Vgl. (Institut der Wirtschaftsprüfer in Deutschland e. V., 2008), Tz. 140.
56 In Anlehnung an: (Ihlau, Duscha, 2019), S. 873.
57 Vgl. (Ihlau, Duscha, 2019), S. 875 ff.
58 Auszug aus einem Gutachten im Rahmen eines Insolvenzverfahrens
59 Die nachfolgenden Ausführungen beziehen sich auf die Ermittlung eines subjektiven Unternehmenswertes im Sinne eines Entscheidungswertes für das Management. Jedoch wurden an verschiedenen Stellen Parameter verwendet, wie sie sich CAPM-Prämissen ergeben würden.
60 Vgl. (Achleitner, 2004), S. 84.
61 Vgl. (Baetge, Krümmel, Schulz, Wiese, 2019), S. 471.
62 Grundsätzlich werden bei einer „autonomen Finanzierungspolitik“ explizit die Fremdkapitalbestände des jeweiligen Jahres geplant und sind damit „planerisch“ sicher. Daher wird bei Unternehmensbewertungen von ertragreichen Unternehmen grundsätzlich der risikolose Fremdkapitalzinssatz zur Diskontierung des Tax Shield herangezogen. Siehe hierzu u. a. Ballwieser/Hachmeister, 2016, S. 156.
63 Vgl. (Baetge, Krümmel, Schulz, Wiese, 2019), S. 470.
64 Vgl. (Beumer, 2019), S. 777.
65 Siehe hierzu (Kniest, Meitner, Streitferdt, 2021)
66 Zum Beispiel: § 29 Nr. 1. S. 1 GmbHG.
67 Vgl. (Damodaran, 2018)
68 Siehe hierzu vertiefend zu Insolvenzkosten und den Anforderungen an Bewertungskalküle (Schreiter, Schwetzler, 2021)
69 Vgl. (Gleißner, Ihlau, Anwendung von Unternehmensbewertungsmethoden bei der Strategiebeurteilung, 2017)
70 Vgl. (Gleißner, Grundlagen des Risikomanagements, 2017)
71 Siehe: http://www.futurevalue.de/index.php?StrategienavigatorValueCalculator, abgerufen am 03.12.2021.
72 Vgl. Default, Transition and Recovery: 2019 Annual Global Corporate Default and Rating Transition Study, https://www.spglobal.com/ratings/en/research/articles/200429-default-transition-and-recovery-2019-annual-global-corporate-default-and-rating-transition-study-11444862, abgerufen am 18.03.2022.
73 Wichtige Begriffe im Zusammenhang von Wahrscheinlichkeitsverteilungen sind die Dichtefunktion sowie die Verteilungsfunktion. Diese beiden Funktionen bestimmen Wahrscheinlichkeitsverteilungen eindeutig, indem sie die aufgetretenen Frequenzen (auf der y-Achse) von bestimmten Zufallsgrößen (auf der x-Achse) bei wiederholter Durchführung beschreiben.
74 Vgl. (Gleißner, Grundlagen des Risikomanagements, 2017)

75 Eine Dichtefunktion oder Wahrscheinlichkeitsdichte zeigt, wo sich die einzelnen Merkmalsausprägungen auf einer Skala verteilen und in welchem Bereich die meisten Werte auftreten.
76 Siehe: https://novustat.com/statistik-blog/die-5-wichtigsten-wahrscheinlichkeitsverteilung.html, abgerufen am 3.12.2021.
77 Vgl. (Gleißner, Klein, 2017) sowie (Gleißner, Wolfrum, 2019)
78 Siehe hierzu auch Ausführungen zu Insolvenkosten
79 Vgl. (Gleißner, Ihlau, 2017)
80 (Wieland-Blöse, 2015)

Kapitel 11

1 Crone/Kreide (2021) führen aus, dass „ursprünglich die Besteuerung eines Unternehmens als Besteuerung des Totalgewinns über die Lebenszeit des Unternehmens“ konzipiert war. Da man jedoch bei einem Unternehmen von einer grundsätzlich unendlichen Lebensdauer ausgeht, hat man eine jährliche Abschnittsbesteuerung eingeführt.
2 Vgl. (Bös, 2019)
3 Bei einem Debt Buy-Back kauft die Gesellschaft selbst die Forderungen des Gläubigers – häufig deutlich unter dem Nominalwert. Diese Forderung wird mit der vorhandenen Verbindlichkeit verrechnet und erlischt damit auf der Passivseite im Wege der Konfusion.
4 Ein Verlustrücktrag ist gewerbesteuerlich nicht möglich, nur der Vortrag auf neue Rechnung.
5 Vgl. (Ziegenhagen, Denkhaus, 2016)

Literaturverzeichnis

Abel, P. (2021). Die Sanierung mittels Insolvenz. In H. Werner, & A. Crone, *Modernes Sanierungsmanagement* (S. 399–465). München: Vahlen Verlag.

Achleitner, A.-K. (2004). *Private Debt – alternative Finanzierung für den Mittelstand.* Stuttgart: Schäffer-Poeschel.

Allert, A. (2014). *Erfolgreich verhandeln bei Unternehmenstransaktionen im Mittelstand.* Lampterheim: Kübler Verlag GmbH.

Allert, A. (2017). Verhandeln in Krisen- und Sanierungssituationen. In H. Werner, & A. Crone, *Modernes Sanierungsmanagement: Sanierungskonzepte, Finanzinstrumente, Insolvenzverfahren, Haftungsrisiken, Arbeitsrecht und Verhandlungsführung* (S. 614–639). München: Verlag Franz Vahlen.

Allert, A., Cziesla, M. (Mai 2020). M&A-Transaktionen im Mittelstand: Der Einfluss von COVID-19 auf die Transaktionspraxis. *M&A Review.*

Arbeitskreis Bewertung nicht börsennotierter Unternehmen des EACVA e. V. (2011). Bewertung nicht börsennotierter Unternehmen – die Berücksichtigung von Insolvenzwahrscheinlichkeiten. *Bewertungspraktiker,* 12–22.

Arlinghaus, O. (2013). *Praxishandbuch Mergers&Acquisitions: Von der strategischen Überlegung zur erfolgreichen Integration* . München: Münchner Verlagsgruppe.

Asset Deal – Katalog von Fallgruppen. (2019). *Beschluss der Konferenz der unabhängigen Datenschutzaufsichtsbehörden des Bundes und der Länder* (S. 2). Arnsbach : https://www.datenschutzkonferenz-online.de/media/dskb/20190524_dskb_asset_deal.pdf.

AT Kearny (2016). *Unternehmenswebsite AT Kearny.* Von https://www.de.kearney.com/mergers acquisitions/article?/a/the-merger-endgame-revisited abgerufen

Axelrod, R. (1997). *Die Evolution der Kooperation.* München: Oldenbourg Wissenschaftsverlag.

Baetge, P. D., Krümmel, J., Schulz, R., Wiese, J. (2019). *Darstellung der Discounted Cashflow-Verfahren.* (P. D. Peemöller, Hrsg.) Münster/Lemgo/Hamburg/München: NWB Verlag GmbH & Co. KG.

Bain & Company (2021). *Global Private Equity Report 2021.* Boston, Massachusetts: Bain & Company.

Bakertilly. https://www.youtube.com/watch?v=8ptnJ-wVTXA&t=1539s, abgerufen am 02.02.2021

Ballwieser, W. (2011). *Unternehmensbewertung: Prozeß, Methoden und Probleme, 3. Auflage.* Stuttgart: Schäffer-Poeschel.

Bea, S. (Juli 2021). Distressed M&A-Transaktionen und neue Stakeholderanalyse im Kontext des StaRUG. *Sanierungsberater,* S. 51–57.

Bea, S., Gerdes, K. (2021). Herausforderungen und Chancen beim Unternehmenserwerb aus der Krise nach StaRUG. *Neue Spielregeln des Distressed M&A nach StaRUG.* Frankfurt am Main: Forum Institut für Management.

Beumer, J. (08/2020). Debt-Equity-Swap – Gestaltung, Bewertung und Verhandlungsspielräume im Sanierungsfall. *M&A-Review,* S. 222–227.

Bielomatik (2020). Transaktion baut Marktpräsenz beider Unternehmen aus. *Presse-Information*, 1.

Blech, U. (2017). Distressed M&A: Begriffe und Interessenslagen. In W. Meyer-Sparenberg, C. Jäckle, *Beck'sches M&A-Handbuch*. München: C.H.Beck Verlag.

Blümle, H., Erbe, J. (2021). Sanierungsmoderation. In E. Braun, *StaRUG – Unternehmensstabilisierungs- und Restrukturierungsgesetz* (S. 350 ff.). München: C.H. Beck Verlag.

Boche, M., Dannemann, S. (2020). Der Einsatz von W&&I-Versicherungen in Distressed M&A-Deals. *M&A Review*, S. 214–220.

Boche, M., Luettges, M. (2020). Contingent Liabilitiy Insurances – Versicherungen für bekannte Risiken in M&A-Transaktionen. *Betriebs-Berater*, S. 2764- 2770.

Boone, A. L., Mulherin, H. J. (Issue 2. vol. 62 2007). How are firms sold? *Journal of Finance*, S. 847–875.

Bös, S. (2019). Die Besteuerung von Sanoerun. *KSI*, S. 257–265.

Boston Consulting Group (2017). *Six Essentials for achieving postmerger synergies.*

Bouquet, T., Ousey, B. (2009). *Cold Steel: Lakshmi Mittal and the Multi-Billion-Dollar Battle for a Global Empire.* London: Abacus.

Bousquet, J. (August 2017). Synergies Valuation in M&A. Paris, Frankreich.

Braun, E. (2021). *StaRUG Unternehmensstabilisierungs- und restrukturierungsgesetz.* München: C.H.Beck Verlag.

Bruner, R. F. (2004). *Applied Mergers & Acquisitions.* New Jersey: John Wiley & Sons Inc.

Christensen, C. (1997). *The Innovator's Dilemma.* Cambridge: Harvard Business Review Press.

Cialdini, R. (2006). *Influence: The Psychology of Persuasion.* New York: HarperCollins Publishers.

CMS-Mitgliedssozietät CMS Hasche Sigle, Partnerschaft von Rechtsanwälten und Steuerberatern mbB. (April 2020). Von https://cms.law/de/deu/publication/checkliste-m-a-und-dsgvo abgerufen

Creditsafe (2021). *Firmeninsolvenzen Deutschland – ein aktueller Überblick.* Von https://www.creditsafe.com/de/de/wirtschaftsauskunft/wissenswertes/firmeninsolvenzen-2020.html, abgerufen

Crone, A. (2021). Erstellung Sanierungskonzepten. In A. Crone, H. Werner, *Modernes Sanierungsmanagement* (S. 85–112). Wiesbaden: Verlag Vahlen.

Crone, A., Kreide, R. (2021). Steuerliche Aspekte im Rahmen der Sanierung. In A. Crone, H. Werner, *Modernes Sanierungsmanagement* (S. 328–353). München: Verlag Franz Vahlen GmbH.

Crone, A., Werner, H. (2021). *Modernes Sanierungsmanagement.* München: Pahlen.

Damodaran, A. (2018). *The dark side of valuation.* New York: Pearson Education.

Dausend, F., Bruder, F. (2010). Distressed M&A – Unternehmenskauf in der Krise und Insolvenz. *Corporate Finance*, S. 234–237.

de Bra, P. (2020). Ablauf und Grundzüge eines Insolvenzverfahrens. In R. Dr. Theiselmann, *Praxishandbuch des Restrukturierungsrechts.* Hürth: Carl Heymanns Verlag .

de Chapeaurouge, A., Hafner, T. (2018). Loan-to-control als Strukturalternative des Praxisgebietes Distressed Mergers and Acquisitions. In T. Knecht, *Handbuch Unternehmensrestrukturierung* (S. 845–901). Wiesbaden: Springer Fachmedien Wiesbaden GmbH.

Deans, G., Kröger, F., Zeisel, S. (2002). Merger Endgames – Strategien für die Konsolidierungswelle. Wiesbaden: Gabler Verlag.

Desch, W. (2021). Plansbtimmungsverfahren, gerichtliche Vorprüfung und Stimmrechte. In W. Desch, *Das neue Restrukturierungsrecht – Praxisfragen des StaRUG* (S. 146). München: Verlag C.H.Beck oHG.

Dörschell, A., Franken, L., Schulte, J. (2012). *Der Kapitalisierungszinssatz in der Unternehmensbewertung.* Düsseldorf: IDW Verlag GmbH.

Eipper, C. (1. Feburar 2018). Praxistipps für die Evironmental Due Diligence bei Unternehmens- und Immobilientransaktionen. (A. &. GmbH, Interviewer)

Enzinger, A. (2019). Unternehmensbewertung: Verschuldungsgrad, Debt Beta und Insolvenzrisiko. *RWZ*(3/2019).

Ernst, D., Häcker, J. (2002). *Realoptionen im Investment Banking.* Stuttgart: Schäffer-Poeschel Verlag.

Fischl, B. (2011). *Alternative Unternehmensfinanzierung für den deutschen Mittelstand.* Wiesbaden: Springer Fachmedien.

Fisher, R., Ury, W., Patton, B. (2018). *Das Harvard-Konzept: Die unschlagbare Methode für beste Verhandlungsergebnisse.* München: Deutsche Verlags-Anstalt.

French, K. R., McCormick, R. E. (No. 4. Vol. 57 1984). Sealed Bids. Sunk Costs, and the Process of Competition. *The Journal of Business*, S. 417–441.

Fritz, T. (2008). *The Competitve Advantage Period and the Industriy Advantage Period.* Bremen: Gabler Edition.

Gabor, L., Bäcker, A. (2021). Schlüsselfaktoren von Unternehmensbewertungen und Vergleichsrechnung bei einer Transaktion nach StaRUG. *Neue Spielregeln des Distressed M&A nach StaRUG.* Frankfurt am Main: Forum Institut für Management.

Gleißner, W. (2017). *Grundlagen des Risikomanagements.* München: Verlag Franz Vahlen GmbH.

Gleißner, W., Füser, K. (2014). *Praxishandbuch Rating und Finanzierung.* München: Verlag Franz Vahlen.

Gleißner, W., Ihlau, S. (12. Juni 2017). Anwendung von Unternehmensbewertungsmethoden bei der Strategiebeurteilung. *Betriebs-Brater*, S. 1387–1391.

Gleißner, W., Klein, A. (2017). *Risikomanagement und Controlling.* München: Haufe-Lexware GmbH & Co. KG.

Gleißner, W., Wolfrum, M. (2019). *Risikoaggregation und Monte-Carlo-Simulation.* Wiesbaden: Springer Fachmedien Wiesbaden GmbH.

Graumann, M., Lehnen, M. (28. Oktober 2019). Analyse erwarteter Synergien mit Tornado-Diagrammen. *Der Betrieb*, S. 2361 – 2365.

Guserl, R., Pernsteiner, H. (2015). *Finanzmanagement.* Wiesbaden: Gabler Verlag.

Hafner, T., de Chapeaurouge , A. (2018). Loan-to-Control als Strukturalternative des Praxisgebietes Distressed Mergers and Acuisitions. In T. C. Knecht, U. Hommel, & H. Wohlenberg, *Handbuch Unternehmensrestrukturierung* (S. 845–904). Wiesbaden: Springer Gabler.

Haft, F. (2000). *Verhandlung und Mediation: Die Alternative zum Rechtsstreit.* München: Verlag C.H. Beck.

Hagebusch, A., Knittel, C. (2020). Treuhandlösungen. In R. Theiselmann, *Praxishandbuch des Restrukturierungsrechts.* Carl Heymanns Verlag.

Hagebusch, A., Schiller, C. (2008). Die Treuhand als Sanierungsinstrument. *BankPraktiker.*

Hayn, M. (2019). *Bewertung junger Unternehmen.* (Peemöller, Hrsg.) Frankfurt am Main: NWB Verlag GmbH & Co. KG.

Henselmann, K. (2019). *Geschichte der Unternehmensbewertung.* (Peemöller, Hrsg.) Nürnberg: NWB Verlag GmbH & Co. KG.

Hermanns, M. (2014). Gesellschaftsrechtliche Aspekte bei Fortführung von Krisenunternehmen. In M. Hermanns, & A. Buth, *Restrukturierung Sanierung Insolvenz.* München: C.H. Beck OHG.

Herzig, D. (2021). Gruppenübergreifende Mehrheitsentscheidungen. In E. Braun, *StaRUG.* München: C.H. Beck.

Hillebrand, C. (13. 04 2017). Going Concern versus Break Up. *ZInsO – Zeitschrift für das gesamte Insolvenzrecht*, S. 733–742.

Hinteregger, K., Jaroschinsky, A. (Juli/August 2020). Die Fortführungsvereinbarung als Sanierungsinstrument in der Automobilzulieferindustrie. *KSI*, S. 164–168.

Ihlau, S., Duscha, H. (2019). *Liqudidationswert.* (Peemöller, Hrsg.) Düsseldorf: NWB Verlag GmbH & Co. KG.

Ihlau, S., Duscha, H., Gödecke, S. (2013). *Besonderheiten bei der Bewertung von KMU.* Wiesbaden: Springer Gabler.

Institut der Wirtschaftsprüfer e. V. (02.01.2017). Beurteilung einer Unternehmensplanung bei Bewertung, Restrukturierungen, Due Diligence und Fairness Opinion. *IDW Praxishinweis.* Düsseldorf: IDW Verlag.

Institut der Wirtschaftsprüfer in Deutschland e. V. (2008). *S1 „Grundsätze zur Durchführung von Unternehmensbewertungen“.* Düsseldorf: IDW Verlag GmbH.

Jung, S., Krebs, P. (2016). *Die Vertragsverhandlung.* Wiesbaden: Springer Gabler.

Kahneman, D. (2016). *Schnelles Denken, langsames Denken.* München: Penguin Verlag.

Kaluza, G. (2018). *Stressbewältigung: Trainingsmanual zur psychologischen Gesundheitsförderung.* Heidelberg: Springer Verlag.

Kebekus, F., Georg, D. (2017). Unternehmensveräußerung aus der Perpektive des Insolvenzverwalters und Sachwalters. In Meyer-Sparenberg, Jäckle, *Beck'sches M&A-Handbuch.* München: C.H.Beck Verlag.

Kniest, W., Meitner, M., Streitferdt, F. (26. März 2021). Zur Bewertung von Krisenunternehmen und negativen Cashflows in der CAPM-Welt. *BewertungsPraktiker*, S. 2 ff.

Koller, T., Goedhart, M., Wessels, D. (2020). *Valuation – Measuring and managing the value of companies.* New Jersey: John Wiley & Sons Inc.

Kunowski, D.-K. D. (2019). *Bewertungen im Rahmen von Unternehmenserwerben für Zwecke der Rechnungslegung nach IFRS und HGB.* (Peemöller, Hrsg.) München: NWB Verlag GmbH & Co. KG.

Kurnay, R., Dr. Stenzel, I. (2014). M&A in der Krise. In Buth, & Hermanns, *Restrukturierung, Sanierung, Insolvenz.* München: Verlag C.H. Beck oHG.

Lax, D., Sebenius, J. (2006). *3-d Negotiation: Powerful Tools to Change the Game in Your Most Important Deals.* Boston: Harvard Business Review Press.

Leuner, R., Hattenbach, J. (2019). Bewertung ertragsschacher Unternehmen (Sanierung). In Peemöller, *Praxishandbuch der Unternehmensbewertung* (S. 1405–1423). Herne: NWB Verlag GmbH & Co. KG.

Lewicki, R., Hiam, A., Olander, K. (1998). *Verhandeln mit Strategie.* St Gallen – Zürich: Midas Management Verlag.

Lucks, K. (2013). *M&A Projekte erfolgreich führen.* Stuttgart: Schäffer-Poeschel Verlag.

Lützenrath, C. (2006). Bankstrategien im Umgang mit Distressed Opportunity-Investoren. In C. Lützenrath, J. Schuppener, & K. Peppmeier, *Distressed Debt und Non-Performing-Loans.* Wiesbaden: Betriebswirtschaftlicher Verlag Dr. Th. Gabler/GWV Fachverlage GmbH.

Madaus, S. (Januar 2021). *Planoptionen im neuen deutschen Restrukturierungsrecht.* Von https://stephanmadaus.de/wp-content/uploads/2020/10/Das-neue-deutsche-Restrukturierungsrecht-Schema.pps abgerufen

Mandl, P. D., Rabel, K. (2019). *Methoden der Unternehmensbewertung (Überblick).* (Peemöller, Hrsg.) Graz (Österreich): NWB Verlag GmbH & Co. KG.

Maslow, A. A. (1943). *A Theory of Human Motivation.* London: BN Publishing.

Meier, J.-M., Servaes, H. (2018). *The Bright Side of Fire Sales.* London/Dallas: www.ecgi.global/content/working-paper.

Mergermarket. (Oktober 2017). Navigating the modern deal process.

Mnookin, R. (2011). *Verhandeln mit dem Teufel.* Frankurt am Main: Campus-Verlag GmbH.

Moyer, S. G. (2005). *Distressed Debt Analysis.* Florida: J. Ross Publishing.

Müller-Seubert, G. (2008). Mittelstandsfinanzierung im Wandel: Neue Chancen oder neue Risiken? . In Goeke, Goeke (Hrsg.), *Praxishandbuch Mittelstandsfinanzierung* (S. 269). Wiesbaden: Betriebswirtschaftlicher Verlag Dr. Th. Gabler | GWV Fachverlage GmbH.

Nasher, J. (2013). *Deal!: Du gibst mir, was ich will.* Frankfurt: Campus Verlag.

Niedermeyer, C. C. (2017). *Unternehmens- und Forderungsbewertung für die Durchführung eines Debt-Equity-Swaps im Insolvenzplanzverfahren.* Eichstädt-Ingolstadt: Verlag Dr. Kovac GmbH.

Painter, Dexter, Cherry. (2006). *Leading Lawyers on Structuring Funds, Identifying and Negotiating Key Deal Terms, and Complying with Industry Regulations (Inside the Minds).*

Palenker, N. R. (2018). *Loan-to-own.* Baden-Baden: Nomos Verlagsgesellschaft.

Peemöller, P. D. (2019). *Praxishandbuch der Unternehmensbewertung, 7. Auflage.* Nürnberg: NWB Verlag GmbH & Co. KG.

Peemöller, P. D., Kunowski, S. (2019). *Ertragswertverfahren nach IDW.* (P. D. Peemöller, Hrsg.) Nürnberg/München: NWB Verlag GmbH & Co. KG.

Pöllath, R., Rodin, A., Wewel, U. (2018). *Private Equity und Venture Capital Fonds.* München: C. H. Beck.

Porter, M. E. (2013). *Wettbewerbsstrategien Methoden zur Analyse von Branchen und Konkurrenten.* Frankfurt amm Main: Campus Verlag.

Prätsch, J., Schikorra, U., Ludwig, E. (2012). *Finanzmanagement.* Heidelberg: Springer Medien.

Prettl Group. (2020). Prettl Unternehmensgruppe übernimmt Microtherm Gruppe. *Presseinformation*, 1–2.

Reiser, T.: https://www.pe-magazin.de/wege-aus-der-krise-neues-zur-sanierung-und-restrukturierung/, abgerufen am 11.02.2021

Richter, N. (2006). *Möglichkeiten und Grenzen des Distressed Debt Investing in Deutschland.* Wiesbaden: Deutscher Universitäts Verlag / GWV Fachverlage GmbH.

Riggert, R. (2015). Lieferanten. In Baur, Kantowsky, Schulte, *Stakeholder Management in der Restrukturierung* (S. 134–146). Wiesbaden: Springer Gabler.

Ringelspacher, E. (2015). Banken. In Baur, Kantowsky, Schulte, *Stakeholder-Management in der Restrukturierung.* Wiesbaden: Springer Gabler.

Ritzer, U.: https://www.sueddeutsche.de/wirtschaft/milliarden-prozess-quelle-erbin-schickedanz-kann-vor-gericht-wieder-hoffen-1.2957930, abgerufen am 20.04.2016

Rosengarten, J. (2017). Gestaltungsformen. In Meyer-Sparenberg, & Jäckle, *Beck'sches M&A-Handbuch.* München: C.H.Beck.

Rothenbücher, J., Schrottke, J., Niewiem, S., Bovermann, J. (2013). Integrationsmoedelle und Synergien. In Lucks, *M&A-Projekte erfolgreich führen – Instrumente und Best Practices.* Stuttgart: Schaeffer-Poeschel Verlag.

Ruiz de Vargas, S., Zollner, T. (2019). *Absicherungsstrategien gegen Risiken des Unternehmenskaufs.* (Peemöller, Hrsg.) München: NWB Verlag GmbH & Co., KG.

Ruiz de Vargas, S. (26. 11 2021). Zur praxisgerechten Auswahl zwischen dem nationalen, globale und internationalem CAPM. *BewertungsPraktiker,* S. 116 ff.

Saner, R. (2008). *Verhandlungstechnik: Strategie, Taktik, Motivation, Verhalten, Delegationsführung.* Bern, Schweiz: Haupt Verlag.

Sax, S., Stengel, A. (2020). M&A-Transaktionen in der Insolvenz: Übertragende Sanierung. In R. Dr. Theiselmann, *Praxishandbuch des Restrukturierungsrechts.* Hürth: Carl-Heymanns-Verlag.

Schlitt, M., Meiisel , P., Hautkappe, A., Schmidt-Ehemann, S., Blöcker, K. (2020). Eigenkapitalstärkung in der Krise. In Theiselmann, *Praxishandbuch des Restrukturierungsrechts.* Hürth: Carl Heymanns Verlag 2020/Wolters Kluwer Deutschland GmbH.

Schluck-Amend, A., Seibold, M. (2010). Fortführungsvereinbarung als Mittel der Unternehmensfortführung in der Insolvenz. *ZIP,* S. 66.

Schmidt, M. (2019). Unternehmenskaufvertrag. In Schalast, Raettig, *Grundlagen des M&A-Geschäftes – Strategie – Recht – Steuern.* Wiesbaden: Springer Fachmedien Wiesbaden GmbH.

Schranner, M. (2018). *Der Verhandlungsführer: Taktiken, die zum Erfolg führen.* Elsbethen: Verlag Ecowin.

Schreiter, M., Schwetzler, B. (19. September 2021). Unternehmensbewertung und Insolvenz. *WPg,* S. 1155 ff.

Schultz, C. (2019). Theorie der disruptiven Innovation. *WiSt • Wirtschaftswissenschaftliches Studium.*

Semler, F. (2015). Der Unternehmens- und Beteiligungskaufvertrag. In Hölters, *Handbuch Unternehmenskauf.* Köln: Verlag Dr. Otto Schmidt KG.

Sieben, P. D., Matry, H. (2019). *Der Substanzwert der Unternemung.* (Peemöller, Hrsg.) Köln: NWB Verlag GmbH & Co. KG.

Stadler, M. (2011). Herausforderungen und Chancen beim Treuhandmodell als Sanierungsinstrument. In Reifert, *Finanzielle Restrukturierung.* Stuttgart: Schaeffer-Poeschel-Verlag für Wirtschaft-Recht-Steuern.

Standard & Poors Global Inc.: https://www.maalot.co.il/Publications/TS20210408160139.PDF, abgerufen am ß7.05.2021

Statistisches Bundesamt: https://service.destatis.de/bevoelkerungspyramide/index.html, abgerufen am 10.12.2021

Stenzel, I., Will, T. (2019). *Die umwandlungsrechtliche Verschmelzung im Überblick.* Von https://www.cmshs-bloggt.de/gesellschaftsrecht/umwandlungsrechtlicht-verschmelzung-ueberblick/ abgerufen am 10.12.2021

Subramanian, G. (2010). *Dealmaking: The New Strategy of Negotiauctions.* New York: W. W. Norton & Company.

Subramanian, G. (2011). *Dealmaking: New Dealmaking Strategies for a Competitive Marketplace.* New York: Norton & Company.

Südi, D., Buchfink, D., Faerber, M.-R.: https://struktur-management-partner.com/de/sanierungsgutachten-nach-idw-s6.php, abgerufen am 16.06.2021.

Tan, G., Lambrecht, M. (2021). Krise und Insolvenzeröffnungsgründe als Ausgangspunkt. In Crone, Werner, *Modernes Sanierungsmanagement* (S. 365 ff.). Verlag Vahlen.

Theiselmann, R. (2020). *Praxishandbuch des Restrukturierungsrechts.* Köln: Carl Heymanns Verlag.

Vargas, D.-K. W. (2019). *Unternehmensbewertung im internationalen Kontext.* (Peemöller, Hrsg.) München: NWB Verlag GmbH & Co. KG.

von Clausewitz, C. (1832). *Vom Kriege*. Hamburg: Nikol Verlag.

Wagner, A.-M.: https://www.psp.eu/media/allgemein/psp_white-paper_datenschutz-und-m_a.pdf, abgerufen am 10.07.2019

Weber, B., Siegert, T., Gomez, P. (2007). *Firmen kaufen und verkaufen: Ein M&A-Leitfaden für Unternehmer und Manager*. Frankfurt: Frankfurter Allgemeine Buch.

Weihe, R. (2003). Interessenskonflikte zwischen Unternehmensverkäufer und Management. Wiesbaden: Gabler Edition Wissenschaft.

Werner, H. S. (2007). *Mezzanine-Kapital*. Köln: Bank-Verlag Medien.

Werner, H. S., Kobabe, R., Hirdes, M. (2007). *Finanzierung*. Stuttgart: Schäffer-Poeschel Verlag für Wirtschaft·Steuern·Recht GmbH.

Wieland-Blöse, H. (2015). Bewertung in der Unternehmenskrise. In Fleischer, Hüttemann, *Rechtshandbuch Unternehmensbewertung* (S. 317 ff.). Köln: Verlag Dr. Otto Schmidt KG.

Wirtz, B. (2003). *Mergers & Acquisitions Management*. Wiesbaden: Betriebswirtschaftlicher Verlag Dr. Th. Gabler/GWV Fachverlage GmbH.

Ziegenhagen, A., Denkhaus, S. (2016). *Unternehmenskauf in Krise und Insolvenz*. Köln: RWS Verlag Kommunikationsforum GmbH.

Index

D

E

F

M

N

O

P

R

S

T

U

Danksagung

Mein Dank gilt meinen vielen Geschäftspartner, von denen ich im Laufe der letzten drei Jahrzehnte lernen durfte. Einige von ihnen hatten sich auch bereit erklärt, einige Kapitel Korrektur zu lesen, was ich dankend angenommen habe. Vor allem danke ich meiner Familie, die dieses Projekt uneingeschränkt unterstützt hat, auch wenn das Schreiben dieses Buchs in die Zeit der Geburt unseres Sohnes fiel. Hier Freiraum zu finden für das Schreiben an einer Monografie war nur möglich, da meine Frau die gesamte Familienarbeit auf sich genommen hat. Schließen will ich diese Danksagung, bei aller Hilfe, die mir zuteilgeworden ist, mit den Worten Henry Kissingers aus einem seiner Werke beenden: „Ich brauche wohl nicht hinzufügen, dass die Unzulänglichkeiten dieses Buches auf mein eigenes Konto kommen."